普通高等教育"十一五"国家级规划教材配套参考书

离散数学
学习指导与习题解析

（第3版）

屈婉玲　曹永知　耿素云　张立昂

中国教育出版传媒集团

高等教育出版社·北京

内容提要

　　本书是与《离散数学》(第3版)(屈婉玲、曹永知、耿素云、张立昂，高等教育出版社，2024年)配套的教学参考书，与主教材做了同步更新．本书分为集合论、初等数论、图论、组合数学、代数结构、数理逻辑等6个部分．每部分按章对相关知识点进行了全面的总结，并对解题方法进行了系统的分析和阐述．各章都按照内容提要，基本要求，习题课，习题、解答或提示，小测验进行组织，并在最后给出了4套综合性的模拟试题，全书包含各种练习题上千道．

　　本书可作为高等学校计算机科学与技术、软件工程、智能科学与技术、数据科学与大数据技术、网络空间安全、信息安全、信息与计算科学等专业本科生离散数学课程的教学参考书，也可为其他学习离散数学的读者，特别是初学者提供有益的帮助．

图书在版编目（CIP）数据

离散数学学习指导与习题解析 / 屈婉玲等主编 .
3 版 . -- 北京：高等教育出版社，2024.12 . -- ISBN
978-7-04-062926-2

Ⅰ . O158

中国国家版本馆 CIP 数据核字第 2024TT9918 号

Lisan Shuxue Xuexi Zhidao yu Xiti Jiexi

策划编辑	张海波	责任编辑	张海波	封面设计	李卫青	版式设计	李彩丽
责任绘图	黄云燕	责任校对	吕红颖	责任印制	张益豪		

出版发行	高等教育出版社	网　　址	http://www.hep.edu.cn
社　　址	北京市西城区德外大街4号		http://www.hep.com.cn
邮政编码	100120	网上订购	http://www.hepmall.com.cn
印　　刷	北京鑫海金澳胶印有限公司		http://www.hepmall.com
开　　本	787mm×1092mm　1/16		http://www.hepmall.cn
印　　张	36.25	版　　次	2008 年 6 月第 1 版
字　　数	770千字		2024 年 12 月第 3 版
购书热线	010-58581118	印　　次	2024 年 12 月第 1 次印刷
咨询电话	400-810-0598	定　　价	65.00 元

第 3 版前言

　　本书是与《离散数学》(第 3 版)(屈婉玲、曹永知、耿素云、张立昂，高等教育出版社，2024 年，以下简称"主教材") 配套的教学参考书. 本书主教材是在 2015 年出版的普通高等教育"十一五"国家级规划教材《离散数学》(第 2 版) 的基础上修订而成的. 本书主教材在修订过程中调整了章节顺序，更新了部分例题、证明表述，采用 LaTeX 排版，美化了数学公式、引用和索引等，并订正了部分疏漏之处. 配合主教材，本书在保持 2015 年出版的《离散数学学习指导与习题解析》(第 2 版) 和 2008 年出版的《离散数学学习指导与习题解析》风格的基础上对相关内容做了相应的更新.

　　本书第 1 章 ～ 第 3 章 (集合论)、第 10 章 ～ 第 14 章 (组合数学、代数结构) 来自第 2 版中屈婉玲教授撰写的内容，第 4 章 (初等数论) 来自第 2 版中张立昂教授撰写的内容，第 5 章 ～ 第 9 章 (图论)、第 15 章 ～ 第 19 章 (数理逻辑) 来自第 2 版中耿素云教授撰写的内容. 本次修订特邀请曹永知教授加入编写组，负责本次及以后的再版修订工作. 欢迎读者提出宝贵的建议和意见，请发送至 caoyz@pku.edu.cn。

　　在修订过程中，我们采用了 ElegantLaTeX 项目组免费提供的书籍模板 ElegantBook，在此表示谢意！

作者

2024 年 2 月于北大燕园

第 2 版前言

本书是《离散数学》(第 2 版)(屈婉玲、耿素云、张立昂,高等教育出版社,以下简称"主教材")的教学参考书. 本书主教材于 2015 年出版,是在 2008 年出版的普通高等教育"十一五"国家级规划教材《离散数学》的基础上修订而成的. 本书主教材在修订过程中保持了原书的基本结构和主要内容,增加了关于消解证明法和中国邮递员问题的阐述,并对文字做了进一步的加工. 此外,还补充了有关加法器设计、进程代数建模、全同态加密等重要的应用实例,同时更新和补充了部分例题和习题. 配合主教材,本书在保持 2008 年出版的《离散数学学习指导与习题解析》风格的基础上对上述内容做了相应的更新.

本书第 1～第 5 章、第 14～第 18 章由耿素云完成,第 6～第 13 章由屈婉玲完成,第 19 章由张立昂完成. 欢迎读者批评指正!

作者

2015 年 2 月于燕园

目　录

第 1 部分　集　合　论

第 2 部分   初 等 数 论

第 3 部分　图　　论

第 4 部分　组 合 数 学

第 5 部 分　代 数 结 构

第 6 部分　数 理 逻 辑

模拟试题及解答

第 1 部分　　集　合　论

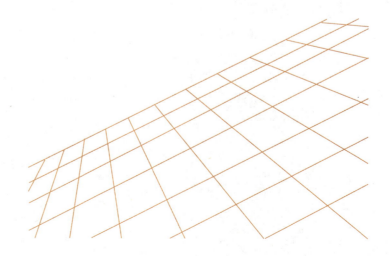

第 1 章
集　　合

1.1　内容提要

1.1.1　基本概念

集合与元素

　　集合是一个不能精确定义的基本概念. 直观地说, 把一些事物汇集到一起组成一个整体就称作 集合, 而这些事物就是这个集合的 元素 或 成员.

　　在本书所采用的体系中, 规定元素和集合之间的关系是隶属关系, 即 属于 或 不属于, 属于记作 $\in$, 不属于记作 $\notin$.

集合的表示法

　　列举法、描述法.

集合间的关系

　　定义 1.1.1　设 A, B 为集合, 若 B 中每个元素都是 A 中的元素, 则称 B 是 A 的子集合, 简称为 子集. 这时也称 B 包含于 A, 或 A 包含 B, 记作 $B \subseteq A$.

　　定义 1.1.2　设 A, B 为集合, 如果 $A \subseteq B$ 且 $B \subseteq A$, 那么称 A 与 B 相等, 记作 $A = B$.

　　若 A 与 B 不相等, 则记作 $A \neq B$.

　　定义 1.1.3　设 A, B 为集合, 如果 $B \subseteq A$, 但 $B \neq A$, 那么称 B 是 A 的 真子集,

记作 $B \subset A$.

若 B 不是 A 的真子集，则记作 $B \not\subset A$.

特殊集合

自然数集 $\mathbb{N}$、有理数集 $\mathbb{Q}$、实数集 $\mathbb{R}$、复数集 $\mathbb{C}$ 等.

定义 1.1.4　不含任何元素的集合称作 空集，记作 $\varnothing$.

定义 1.1.5　设 A 为集合，称由 A 的全体子集构成的集合为 A 的 幂集，记作 $P(A)$ 或 2^A.

定义 1.1.6　在一个具体问题中，若所涉及的集合都是某个集合的子集，则称这个集合为 全集，记作 E.

重要结果

- 空集是任何集合的子集，且空集是唯一的.
- 如果 $|A| = n$，那么 $|P(A)| = 2^n$.

1.1.2　基本运算

集合初级运算

定义 1.1.7　设 A, B 为集合，A 与 B 的 并集 $A \cup B$、交集 $A \cap B$ 以及 B 对 A 的 相对补集 $A - B$ 分别定义如下：

$$A \cup B = \{x | x \in A \lor x \in B\},$$

$$A \cap B = \{x | x \in A \land x \in B\},$$

$$A - B = \{x | x \in A \land x \notin B\}.$$

定义 1.1.8　设 A, B 为集合，A 与 B 的 对称差 $A \oplus B$ 定义为

$$A \oplus B = (A - B) \cup (B - A).$$

对称差运算的另一种等价定义是

$$A \oplus B = (A \cup B) - (A \cap B).$$

在给定全集 E 以后，E 的子集 A 的 绝对补集 $\sim A$ 定义如下.

定义 1.1.9　$\sim A = E - A = \{x | x \in E \land x \notin A\}$.

集合的广义运算

定义 1.1.10　设 $\mathcal{A}$ 为一个集族，由 $\mathcal{A}$ 中全体元素的元素组成的集合称作 $\mathcal{A}$ 的 广义并，记作 $\cup\mathcal{A}$；用描述法表示为

$$\cup\mathcal{A} = \{x | \exists A \in \mathcal{A} \text{使得} x \in A\}.$$

定义 1.1.11 设 $\mathcal{A}$ 为一个非空集族，由 $\mathcal{A}$ 中全体元素的公共元素组成的集合称作 $\mathcal{A}$ 的 广义交，记作 $\cap \mathcal{A}$；用描述法表示为

$$\cap \mathcal{A} = \{x | \forall A \in \mathcal{A} \text{均有} x \in A\}.$$

注意

- 当集族 $\mathcal{A}$ 是空族，即 $\mathcal{A} = \varnothing$ 时，$\cup \mathcal{A} = \varnothing$, 而 $\cap \mathcal{A}$ 没有定义.
- 广义运算在某些情况下可以转换成初级运算.

$$\cup \{A_1, A_2, \ldots, A_n\} = A_1 \cup A_2 \cup \cdots \cup A_n,$$

$$\cap \{A_1, A_2, \ldots, A_n\} = A_1 \cap A_2 \cap \cdots \cap A_n.$$

运算的优先权规定

一类运算 (广义运算、幂集和绝对补运算) 由右向左进行，二类运算 (相对补、对称差和初级运算) 优先顺序由括号确定，一类运算优先于二类运算.

1.1.3 集合恒等式

集合运算的主要算律

交换律	$A \cup B = B \cup A, \ A \cap B = B \cap A, \ A \oplus B = B \oplus A.$
结合律	$(A \cup B) \cup C = A \cup (B \cup C), \ (A \cap B) \cap C = A \cap (B \cap C),$
	$(A \oplus B) \oplus C = A \oplus (B \oplus C).$
幂等律	$A \cup A = A, \ A \cap A = A.$
分配律	$A \cup (B \cap C) = (A \cup B) \cap (A \cup C),$
	$A \cap (B \cup C) = (A \cap B) \cup (A \cap C),$
	$A \cap (B \oplus C) = (A \cap B) \oplus (A \cap C).$
吸收律	$A \cup (A \cap B) = A, \ A \cap (A \cup B) = A.$
矛盾律与排中律	$A \cap \sim A = \varnothing, \ A \cup \sim A = E.$
零律	$A \cap \varnothing = \varnothing, \ A \cup E = E.$
同一律	$A \cup \varnothing = A, \ A \cap E = A.$
德摩根律	$A - (B \cup C) = (A - B) \cap (A - C),$

$$A - (B \cap C) = (A - B) \cup (A - C),$$

$$\sim (B \cup C) =\sim B \cap \sim C, \quad \sim (B \cap C) =\sim B \cup \sim C.$$

双重否定律　　　　　　　$\sim\sim A = A.$

1.1.4　有穷集合元素的计数

计数方法

文氏图或包含排斥原理. 集合之间的关系和初级运算可以用 文氏图 (Venn diagram，也称 维恩图) 给予形象描述.

定理 1.1.1 (包含排斥原理)　设 S 为有穷集，$P_1, P_2, \cdots, P_n$ 是 n 条性质. 集合 S 中的任何元素 x 或者具有性质 P_i，或者不具有性质 P_i，两种情况必居其一. 令 A_i 表示由 S 中具有性质 P_i 的元素构成的子集，则 S 中不具有性质 $P_1, P_2, \cdots, P_n$ 的元素个数为

$$|\overline{A_1} \cap \overline{A_2} \cap \cdots \cap \overline{A_n}| = |S| - \sum_{i=1}^{n} |A_i| + \sum_{1 \leqslant i < j \leqslant n} |A_i \cap A_j| - \sum_{1 \leqslant i < j < k \leqslant n} |A_i \cap A_j \cap A_k| + \cdots +$$

$$(-1)^n |A_1 \cap A_2 \cap \cdots \cap A_n|.$$

推论 1.1.1　集合 S 中至少具有一条性质的元素个数为

$$|A_1 \cup A_2 \cup \cdots \cup A_n| = \sum_{i=1}^{n} |A_i| - \sum_{1 \leqslant i < j \leqslant n} |A_i \cap A_j| + \sum_{1 \leqslant i < j < k \leqslant n} |A_i \cap A_j \cap A_k| - \cdots +$$

$$(-1)^{n-1} |A_1 \cap A_2 \cap \cdots \cap A_n|.$$

错位排列数

$$D_n = n! \left[1 - \frac{1}{1!} + \frac{1}{2!} - \cdots + (-1)^n \frac{1}{n!} \right].$$

1.2　基本要求

1. 熟练掌握集合的两种表示法.
2. 能够判别元素是否属于给定的集合.
3. 能够判别两个集合之间是否存在包含、相等、真包含等关系.
4. 熟练掌握集合的基本运算 (幂集运算、初级运算和广义运算)，并能够化简集合表达式.
5. 能够使用包含排斥原理进行有穷集合的计数.
6. 掌握证明集合等式或者包含关系的基本方法.

1.3　习题课

1.3.1　题型一：判断元素与集合、集合与集合的关系

1. 判断下列命题是否为真.

(1) $\{x\} \subseteq \{x\}$.

(2) $\{x\} \in \{x\}$.

(3) $\{x\} \in \{x, \{x\}\}$.

(4) $\{x\} \subseteq \{x, \{x\}\}$.

(5) $x \in \{x\} - \{\{x\}\}$.

(6) $X \subseteq \{X\} \cup X$.

(7) 若 $x \in A, A \in P(B)$，则 $x \in P(B)$.

(8) 若 $X \subseteq A, A \subseteq P(B)$，则 $X \subseteq P(B)$.

2. 设 $A = \{\varnothing\}, B = P(P(A))$，问下列陈述是否正确.

(1) $\varnothing \in B, \varnothing \subseteq B$.

(2) $\{\varnothing\} \in B, \{\varnothing\} \subseteq B$.

(3) $\{\{\varnothing\}\} \in B, \{\{\varnothing\}\} \subseteq B$.

(4) $\{\{\varnothing\}, \varnothing\} \subseteq B$.

(5) $\{\{\{\{\varnothing\}\}, \{\varnothing\}\}\} \subseteq B$.

解答与分析

1. (1)、(3)、(4)、(5)、(6)、(8) 为真，其余为假.

判断元素 a 与集合 A 的隶属关系是否成立的基本方法如下：把 a 作为一个整体，检查它是否在 A 中出现，注意这里的 a 可能是集合表达式.

判断集合包含 $A \subseteq B$ 一般可以使用以下 4 种方法.

方法一　若 A, B 是用列举法定义的，则依次检查 A 的每个元素是否在 B 中出现.

方法二　若 A, B 是用描述法定义的，且 A, B 中元素性质分别为 P 和 Q，则"如果 P，那么 Q"意味着 $A \subseteq B$，"P 当且仅当 Q"意味着 $A = B$.

方法三　借助集合运算来判断 $A \subseteq B$ 是否成立，即若 $A \cup B = B$, $A \cap B = A$, $A - B = \varnothing$ 三个等式中有一个成立，则 $A \subseteq B$.

方法四　可以借助文氏图来判断集合的包含关系 (注意这里是判断，而不是证明).

注意在判断前应该先化简集合公式. 例如 (5) 右部的集合公式是 $\{x\} - \{\{x\}\}$，化简后等于 $\{x\}$，因此不难看出 (5) 为真. 此外，包含关系具有传递性，但是属于关系不具有传递性. 因此 (7) 为假而 (8) 为真.

2. 先计算 B. $B = P(P(A)) = P(\{\varnothing, \{\varnothing\}\}) = \{\varnothing, \{\varnothing\}, \{\{\varnothing\}\}, \{\varnothing, \{\varnothing\}\}\}$. 从而不难

看出 (1)、(2)、(3)、(4) 正确，(5) 错误.

1.3.2　题型二：集合的基本运算

1. 设 $A=\{1,2,3,4,5,6\}, B=\{2,4,6\}, C=\{x|x=n^3, n\in\mathbb{N}, x<15\}$，求
(1) $A\cup C$.
(2) $B-A$.
(3) $P(B)$.
2. 设 A 为任意集合，求 $(A\oplus A)-A$.
3. 求 $\cup\{\{k\}|k\in\mathbb{R}\}$，其中 $\mathbb{R}$ 为实数集.

解答与分析

1. (1) $\{0,1,2,3,4,5,6,8\}$.
(2) $\varnothing$.
(3) $\{\varnothing,\{2\},\{4\},\{6\},\{2,4\},\{2,6\},\{4,6\},\{2,4,6\}\}$.
2. $\varnothing$.
3. $\mathbb{R}$.

1.3.3　题型三：集合运算性质分析

1. 设 A,B,C 为任意集合，判断下列命题的真假.
(1) $A\cap(B-C)=(A\cap B)-(A\cap C)$.
(2) $(A-B)\cap(B-A)=\varnothing$.
(3) $A-(B\cup C)=(A-B)\cup C$.
(4) $\sim(A-B)=\sim(B-A)$.
(5) $\sim(A\cap B)\subseteq A$.
(6) $(A\cap B)\cup(B-A)\subseteq A$.
(7) $A\cup B=A\Leftrightarrow B=\varnothing$.
2. 确定下列集合等式成立的充分必要条件.
(1) $A\cap B=A\cup B$.
(2) $(A-C)\cup B=(A\cup B)-C$.

解答与分析

1. 只有 (1) 和 (2) 是真命题，其余都是假命题.
解决这类问题的基本过程如下.
1) 先将等式化简或恒等变形.
2) 查找集合运算的相关算律，如果与算律相符，那么结果为真.

3) 注意一些等式成立的充要条件，如

$$A - B = A \Leftrightarrow A \cap B = \varnothing,$$

$$A - B = \varnothing \Leftrightarrow A \subseteq B \Leftrightarrow A \cup B = B \Leftrightarrow A \cap B = A.$$

如果与条件相符，那么命题为真，否则为假. 例如 (7) 中的 $A \cup B = A$ 的充分必要条件应该是 $B \subseteq A$，而不是 $B = \varnothing$.

4) 如果不符合算律，也不符合上述条件，那么可以用文氏图表示集合，看看命题是否成立. 如果成立，再给出证明. 例如对 (2) 中的等式证明如下.

$$(A - B) \cap (B - A) = A \cap {\sim} B \cap B \cap {\sim} A = (A \cap {\sim} A) \cap (B \cap {\sim} B) = \varnothing.$$

5) 试举出反例，证明命题为假. 例如 (3) 的反例如下：$A = \varnothing, B = \{1\}, C = \{2\}$. 在给出反例时应该为公式中出现的所有集合指定元素，而不是只指定一部分集合. 当然反例不是唯一的，应该尽可能选择简单的集合.

2. 一般可采用以下两种方法找出集合等式成立的充分必要条件.

方法一　直接利用已知的充分必要条件.

方法二　先推导出必要条件，再验证这个条件的充分性.

(1) 的充分必要条件是 $A = B$. 充分性是显然的，下面推导出必要性. 由 $A \cap B = A \cup B$ 得

$$A \cup (A \cap B) = A \cup (A \cup B),$$

化简得 $A = A \cup B$，从而有 $A \subseteq B$. 类似可以证明 $B \subseteq A$.

(2) 的充分必要条件是 $B \cap C = \varnothing$. 由 $(A - C) \cup B = (A \cup B) - C$ 得必要条件

$$((A - C) \cup B) \cap C = ((A \cup B) - C) \cap C,$$

即

$$((A - C) \cap C) \cup (B \cap C) = (A \cup B) \cap {\sim} C \cap C,$$

亦即 $B \cap C = \varnothing$.

下面验证充分性. 如果 $B \cap C = \varnothing$，那么有 $B \subseteq {\sim} C$，从而得到

$$(A - C) \cup B = (A \cap {\sim} C) \cup B$$

$$= (A \cup B) \cap ({\sim} C \cup B)$$

$$= (A \cup B) \cap {\sim} C$$

$$= (A \cup B) - C.$$

1.3.4   题型四：集合间关系的证明

1. 设 A, B, C 为任意集合，$A \cup B = A \cup C$ 且 $A \cap B = A \cap C$. 证明：$B = C$. (习题 1 题 1.32)

2. 证明：$A - B = A \Leftrightarrow A \cap B = \varnothing$.

3. 设 $\mathcal{A} \neq \varnothing$，证明：$P(\cap \mathcal{A}) = \cap\{P(A) | A \in \mathcal{A}\}$.

解答与分析

1. 方法一   恒等变形法.

由条件得

$$B = B \cap (B \cup A) = B \cap (A \cup B)$$
$$= B \cap (A \cup C)$$
$$= (B \cap A) \cup (B \cap C)$$
$$= (A \cap C) \cup (B \cap C)$$
$$= (A \cup B) \cap C$$
$$= (A \cup C) \cap C$$
$$= C.$$

方法二   反证法.

假设 $B \neq C$，则存在 $x \in B$ 但是 $x \notin C$，或存在 $x \in C$ 但是 $x \notin B$. 不妨设为前者. 若 x 属于 A，则 x 属于 $A \cap B$ 但是 x 不属于 $A \cap C$，与已知矛盾；若 x 不属于 A，则 x 属于 $A \cup B$ 但是 x 不属于 $A \cup C$，也与已知矛盾. 故 $B = C$.

方法三   利用已知等式通过运算得到新的等式.

由已知等式可以得到

$$(A \cup B) - (A \cap B) = (A \cup C) - (A \cap C),$$

即 $A \oplus B = A \oplus C$. 从而有

$$A \oplus (A \oplus B) = A \oplus (A \oplus C),$$

即

$$(A \oplus A) \oplus B = (A \oplus A) \oplus C.$$

由于 $A \oplus A = \varnothing$，化简上式得 $B = C$.

2. 必要性. 假设 $A \cap B \neq \varnothing$, 必有 x 属于 $A \cap B$, 则 x 属于 A 同时 x 属于 B, 即 x 属于 A 但是 x 不属于 $A - B$, 与 $A - B = A$ 矛盾.

充分性. 显然 $A - B \subseteq A$. 下面证明 $A \subseteq A - B$. 对任意 $x \in A$, 均有 $x \notin B$, 即 $x \in A - B$, 否则与条件 $A \cap B = \varnothing$ 矛盾. 这就证明了 $A \subseteq A - B$.

综上所述, 命题得证.

以上两个例题都涉及集合包含关系或等式的证明. 涉及集合命题的表达式一般由几类不同的符号构成.

1) 集合与集合由代数运算符 $(\cap, \cup, -, \sim, \oplus$ 等) 联结而成的新集合, 如 $(A \cap B) \cup \sim C, P - Q$ 等.

2) 集合与集合由关系运算符 $(\subseteq, =, \subset, \not\subset, \neq$ 等) 联结而成的基本命题, 如 $A \cap B \subseteq A, A - B = \varnothing$ 等.

3) 由基本命题与逻辑联结词 $(\wedge, \vee, \neg, \Rightarrow, \Leftrightarrow$ 等) 构成的复合命题, 如 $A \cup B = A \cup C \wedge A \cap B = A \cap C \Rightarrow B = C$ 等.

这里先说明如何分析一个表达式中已知条件和要证明的结论. 所谓已知条件, 就是 "$\Rightarrow$" 符号以前的基本命题, 而要证明的结论就是 "$\Rightarrow$" 符号以后的基本命题. 如果题目中出现的是 "$\Leftrightarrow$" 符号, 那么意味着两边的基本命题互为条件和结论. 这就是说, 要从两个方向加以证明: 必要性, 即 "$\Rightarrow$" 方向的命题, 以及充分性, 即 "$\Leftarrow$" 方向的命题. 例如第 2 题含两个基本命题: $A - B = A$ 和 $A \cap B = \varnothing$. 它们互为条件和结论, 所以要从两个方向分别证明充分性和必要性.

分析题目的基本方法是先将表达式中的基本命题挑出来, 这些基本命题的特征是: 命题中只含有集合、集合运算符、集合关系符, 不含有逻辑联结词. 而分割基本命题的符号是逻辑联结词, 然后根据 "$\Rightarrow$" "$\Leftarrow$" "$\Leftrightarrow$" 等逻辑联结词确定问题的已知条件和要证明的结论. 已知条件和结论可以由若干个基本命题构成, 它们之间的联系是逻辑关系 "$\wedge$" "$\vee$" "$\neg$" 等. 例如, 第 1 题的已知条件有两个基本命题: $A \cup B = A \cup C$ 和 $A \cap B = A \cap C$, 要证明的结论是基本命题 $B = C$.

关于命题和逻辑联结词的深入讨论, 留给第 15 章 ~ 第 19 章数理逻辑部分, 这里只是用到一些基本常识.

下面说明**基本的证明方法**.

1) 证明集合 $P \subseteq Q$ 的基本方法.

方法一　命题演算法. 具体书写规范如下.

任取 x, 完成下述推理过程:

$$x \in P \Rightarrow \cdots \Rightarrow x \in Q.$$

在推理过程中可以使用定理、定义、已知条件以及逻辑推理规则. 第 2 题的充分性证明就使用了这种方法.

　　方法二　利用包含的传递性. 具体说来就是寻找中间集合 R, 满足 $P \subseteq R, R \subseteq Q$, 利用传递性得 $P \subseteq Q$. 例如, 证明 $A - C \subseteq A \cup B$. 这里取 A 作为中间集合, 根据定义有 $A - C \subseteq A, A \subseteq A \cup B$, 因而有 $A - C \subseteq A \cup B$.

　　方法三　反证法. 在第 1 题的证明中就使用了这种方法.

　　2) 证明 $P = Q$ 的基本方法.

　　方法一　命题演算法, 相当于证明两个方向的包含关系, 具体书写规范如下.

　　任取 x, 证明

$$x \in P \Rightarrow \cdots \Rightarrow x \in Q,$$

$$x \in Q \Rightarrow \cdots \Rightarrow x \in P.$$

　　有时某个方向的包含关系是显然的结果, 那么只需证明其中的一个方向即可, 第 2 题的证明就是这种情况. 而当以上两个方向的推理互为逆过程时可以将这两个过程合写成一个过程, 即

$$x \in P \Leftrightarrow \cdots \Leftrightarrow x \in Q.$$

　　在这种情况下, 必须保证推理的每一步都是可逆的, 即左边可以推导出右边, 同时右边也可以推导出左边.

　　方法二　恒等变形法. 这种方法就是不断将集合公式中的成分用相等的其他集合代替, 通过使用集合算律和已知条件进行恒等变形, 将 P 转换成 Q, 或者将 Q 转换成 P, 或者将 P 和 Q 都转换成另外一个相同的公式.

　　方法三　反证法. 使用这种方法, 首先假设 $P \neq Q$, 然后推导出矛盾.

　　方法四　利用已知等式通过运算得到新的等式. 这里的运算指的是集合的并、交、相对补、对称差等. 通过运算得到新的等式, 对这些等式还可以进一步进行恒等变换, 最终得到所需要的结果.

　　第 1 题的证明使用了上面后三种方法.

　　3. 证明思想与前两道题类似, 只是这里要使用广义交的定义. 先证 $P(\cap \mathcal{A}) \subseteq \cap \{P(A) | A \in \mathcal{A}\}$. 对任意 $X \in P(\cap \mathcal{A})$, 有 $X \subseteq \cap \mathcal{A}$. 由广义交的定义, 对任意 $A \in \mathcal{A}$, 均有 $X \subseteq A$, 即 $X \in P(A)$. 从而得到 $X \in \cap \{P(A) | A \in \mathcal{A}\}$, 故 $P(\cap \mathcal{A}) \subseteq \cap \{P(A) | A \in \mathcal{A}\}$. 反包含 $\cap \{P(A) | A \in \mathcal{A}\} \subseteq P(\cap \mathcal{A})$ 同理可证.

1.3.5　题型五：有穷集合的计数

　　某班有 50 个学生, 在第一次考试中有 26 人得 100 分, 在第二次考试中有 21 人得 100 分. 如果两次考试中都没有得 100 分的有 17 人, 那么两次考试都得 100 分的有多

少人?

解答与分析

求解方法有以下两种.

<u>方法一</u> 文氏图填图法.

先根据性质设定集合. 设第一次考试得 100 分的学生构成集合 A,第二次考试得 100 分的学生构成集合 B,全班学生构成全集 E. 画出文氏图如图 1.3.1 所示. 下面在相应的区域中填上数字,先从交集填起. 因为 $A \cap B$ 中元素数是未知的,因此填上 x,接着用 $26 - x$ 和 $21 - x$ 分别作为 $A - B$ 和 $B - A$ 的元素数填入相应位置. 最后填入 $E - (A \cup B)$ 的元素数. 从而得到下述方程:

$$(26 - x) + x + (21 - x) + 17 = 50,$$

于是有 $x = 14$.

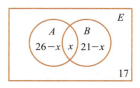

图 1.3.1

<u>方法二</u> 使用包含排斥原理.

集合 A, B 和全集 E 设定同上,那么有

$$|E| = 50, |A| = 26, |B| = 21, |\overline{A} \cap \overline{B}| = 17.$$

根据包含排斥原理知

$$|\overline{A} \cap \overline{B}| = |E| - (|A| + |B|) + |A \cap B|,$$

从而

$$|A \cap B| = |\overline{A} \cap \overline{B}| - |E| + |A| + |B|$$
$$= 17 - 50 + 26 + 21$$
$$= 14.$$

1.4 习题、解答或提示

1.4.1 习题 1

1.1 用描述法表示下列集合.

(1) 小于 5 的非负整数集.

(2) 奇整数集.

(3) 10 的整倍数的集合.

1.2 用列举法表示下列集合.

(1) $S_1 = \{x|x$ 是十进制的数字$\}$.

(2) $S_2 = \{x|x = 2 \vee x = 5\}$.

(3) $S_3 = \{x|x \in \mathbb{Z} \wedge 3 < x < 12\}$.

(4) $S_4 = \{x|x \in \mathbb{R} \wedge x^2 - 1 = 0 \wedge x > 3\}$.

(5) $S_5 = \{\langle x,y\rangle|x,y \in \mathbb{Z} \wedge 0 \leqslant x \leqslant 2 \wedge -1 \leqslant y \leqslant 0\}$.

1.3 列出下列集合的元素.

(1) $\{x|x \in \mathbb{N}$且存在$t \in \{2,3\}$使得$x = 2t\}$.

(2) $\{x|x \in \mathbb{N}$且存在$t \in \{0,1\}, s \in \{3,4\}$使得$t < x < s\}$.

(3) $\{x|x \in \mathbb{N}$且对任意的t,若t整除2,则有$x \neq t\}$.

1.4 设 F 表示一年级大学生的集合, S 表示二年级大学生的集合, M 表示数学专业学生的集合, R 表示计算机专业学生的集合, T 表示选修离散数学课程学生的集合, G 表示星期一晚上参加音乐会的学生的集合, H 表示星期一晚上很迟才睡觉的学生的集合. 下列句子所对应的集合表达式分别是什么? 请从备选的答案中挑出来.

(1) 所有计算机专业二年级的学生都选修了离散数学课程.

(2) 这些且只有这些选修了离散数学课程的学生或者星期一晚上去听音乐会的学生在星期一晚上很迟才睡觉.

(3) 选修了离散数学课程的学生都没参加星期一晚上的音乐会.

(4) 这个音乐会只有大学一、二年级的学生参加.

(5) 除数学专业和计算机专业以外的二年级学生都参加了音乐会.

备选答案:

① $T \subseteq G \cup H$ ② $G \cup H \subseteq T$ ③ $S \cap R \subseteq T$

④ $H = G \cup T$ ⑤ $T \cap G = \varnothing$ ⑥ $F \cup S \subseteq G$

⑦ $G \subseteq F \cup S$ ⑧ $S - (R \cup M) \subseteq G$ ⑨ $G \subseteq S - (R \cap M)$

1.5 判断下列陈述是否正确.

(1) $\varnothing \subseteq \varnothing$.

(2) $\varnothing \in \varnothing$.

(3) $\varnothing \subseteq \{\varnothing\}$.

(4) $\varnothing \in \{\varnothing\}$.

(5) $\{a, b\} \subseteq \{a, b, c, \{a, b, c\}\}$.

(6) $\{a, b\} \in \{a, b, c, \{a, b\}\}$.

(7) $\{a, b\} \subseteq \{a, b, \{\{a, b\}\}\}$.

(8) $\{a, b\} \in \{a, b, \{\{a, b\}\}\}$.

1.6 设 a, b, c 互不相同，判断下列等式中哪些等式成立.

(1) $\{\{a, b\}, c, \varnothing\} = \{\{a, b\}, c\}$.

(2) $\{a, b, a\} = \{a, b\}$.

(3) $\{\{a\}, \{b\}\} = \{\{a, b\}\}$.

(4) $\{\varnothing, \{\varnothing\}, a, b\} = \{\{\varnothing, \{\varnothing\}\}, a, b\}$.

1.7 设 $E = S_1 = \{1, 2, 3, \cdots, 9\}, S_2 = \{2, 4, 6, 8\}, S_3 = \{1, 3, 5, 7, 9\}, S_4 = \{3, 4, 5\}$, $S_5 = \{3, 5\}$，确定在以下条件下 E 的非空子集 X 是否与 S_1, S_2, S_3, S_4, S_5 中的某个集合相等. 如果是，又与哪个集合相等？

(1) $X \cap S_5 = \varnothing$.

(2) $X \subseteq S_4$ 但 $X \cap S_2 = \varnothing$.

(3) $X \subseteq S_1$ 且 $X \nsubseteq S_3$.

(4) $X - S_3 = \varnothing$.

(5) $X \subseteq S_3$ 且 $X \nsubseteq S_1$.

1.8 求下列集合的幂集.

(1) $\{a, b, c\}$.

(2) $\{1, \{2, 3\}\}$.

(3) $\{\varnothing\}$.

(4) $\{\varnothing, \{\varnothing\}\}$.

(5) $\{\{1, 2\}, \{2, 1, 1\}, \{2, 1, 1, 2\}\}$.

(6) $\{\{\varnothing, 2\}, \{2\}\}$.

1.9 设 $E = \{1, 2, 3, 4, 5, 6\}, A = \{1, 4\}, B = \{1, 2, 5\}, C = \{2, 4\}$，完成下列集合运算.

(1) $A \cap \sim B$.

(2) $(A \cap B) \cup \sim C$.

(3) $\sim (A \cap B)$.

(4) $P(A) \cap P(B)$.

(5) $P(A) - P(B)$.

1.10 设 A, B, C, D 是 $\mathbb{Z}$ 的子集，其中

$A = \{1, 2, 7, 8\}$,

$B = \{x | x^2 < 50 \wedge x \in \mathbb{Z}\}$,

$C = \{x | x \in \mathbb{Z} \wedge 0 \leqslant x \leqslant 30 \wedge x \text{ 可以被 } 3 \text{ 整除}\}$,

$D = \{x | x = 2^k \wedge k \in \mathbb{Z} \wedge 0 \leqslant k \leqslant 6\}$.

用列举法表示下列集合.

(1) $A \cup B \cup C \cup D$.

(2) $A \cap B \cap C \cap D$.

(3) $B - (A \cup C)$.

(4) $(\sim A \cap B) \cup D$.

1.11 (1) 设 $\mathbb{R}$ 为实数集,

$X = \{x | x \in \mathbb{R} \text{ 且 } -3 \leqslant x < 0\}$,

$Y = \{x | x \in \mathbb{R} \text{ 且 } -1 \leqslant x < 5\}$,

$W = \{x | x \in \mathbb{R} \text{ 且 } x < 1\}$.

求 $(X \cap Y) - W$.

(2) 设 $X = \{1, 2, 3\}, Y = \{2, 3, 4, 5\}, W = \{2, 3\}$, 求 $(X \cup Y) \oplus W$.

1.12 (1) 设 A 是 n 元集, 其元素为英文字母, B 是 m 元集, 其元素为自然数, 其中 $n, m \in \mathbb{Z}^+$. 求 $P(A) \cap P(B)$.

(2) 设 $A = \{1, 2, 3, 4, 5, 6\}, B = \{x | x = n^2 + 1, n \in \mathbb{N}, x < 20\}$, 求 $A \cup B$.

(3) 设 $A = \{\{a, \{a\}\}, a\}, B = \{a, \{a\}\}$, 求 $A \oplus B$.

1.13 设 $\mathbb{Z}$ 为全集, A, B, C 为 $\mathbb{Z}$ 的子集,

$A = \{x | \text{存在} t \in \mathbb{Z} \text{使得} t \geqslant 4 \wedge x = 3t\}$,

$B = \{x | \text{存在} t \in \mathbb{Z} \text{使得} x = 2t\}$,

$C = \{x | x \in \mathbb{Z} \wedge |x| \leqslant 10\}$.

试用 A, B, C 以及集合运算分别给出以下集合的表达式.

(1) 所有奇数的集合.

(2) $\{-10, -8, -6, -4, -2, 0, 2, 4, 6, 8, 10\}$.

(3) $\{x | \text{存在} t \in \mathbb{Z} \text{使得} t \geqslant 2 \wedge x = 6t\}$.

(4) $\{x | \text{存在} t \in \mathbb{Z} \text{使得} t \geqslant 5 \wedge x = 2t + 1\} \cup \{x | \text{存在} t \in \mathbb{Z} \text{使得} t \leqslant -5 \wedge x = 2t - 1\}$.

1.14 化简下列集合表达式.

(1) $((A \cup B) \cap B) - (A \cup B)$.

(2) $((A \cup B \cup C) - (B \cup C)) \cup A$.

(3) $(B - (A \cap C)) \cup (A \cap B \cap C)$.

1.15 化简下列集合表达式.

(1) $\cup\{\{3,4\},\{\{3\},\{4\}\},\{3,\{4\}\},\{\{3\},4\}\}$.

(2) $\cup\{\{\varnothing\},\{\{\varnothing\}\}\}$.

1.16 设集族 $\mathcal{A} = \{\{1,2\},\{2,3\},\{1,3\},\{\varnothing\}\}$，计算下列表达式.

(1) $\cup\mathcal{A}$.

(2) $\cap\mathcal{A}$.

1.17 判断下列陈述是否正确.

(1) $a \in \{\{a\}\}$.

(2) $\{a\} \in \{\{a\}\}$.

(3) $x \in \{x\} - \{\{x\}\}$.

(4) $\{x\} \subseteq \{x\} - \{\{x\}\}$.

(5) $A - B = A \Leftrightarrow B = \varnothing$.

(6) $A - B = \varnothing \Leftrightarrow A = B$.

(7) $A \oplus A = A$.

(8) $A - (B \cup C) = (A - B) \cap (A - C)$.

(9) 如果 $A \cap B = B$，那么 $A = E$.

(10) 对任意集合 A，均有 $\varnothing \subseteq P(A)$ 且 $\varnothing \in P(A)$.

1.18 化简下列集合表达式.

(1) $(A \cap B) \cup (A - B)$.

(2) $(A \cup (B - A)) - B$.

(3) $((A - B) - C) \cup ((A - B) \cap C) \cup ((A \cap B) - C) \cup (A \cap B \cap C)$.

(4) $(A \cap B \cap C) \cup (A \cap \sim B \cap C) \cup (\sim A \cap B \cap C)$.

1.19 若 $P - Q = P$，判断下列陈述中哪些是正确的，并说明理由.

(1) $P \cap Q = \varnothing$.

(2) $Q = P$.

(3) $P \subseteq Q$.

(4) $Q \subseteq P$.

1.20 设 A, B, C 代表任意集合，试判断下列陈述中哪些是正确的. 如果正确，请给出证明；否则，请给出反例.

(1) 若 $A \subset B$ 且 $B \subseteq C$，则 $A \subset C$.

(2) 若 $A \neq B$ 且 $B \neq C$，则 $A \neq C$.

(3) 若 $a \in B$ 且 $B \not\subseteq C$，则 $a \notin C$.

(4) $(A - B) \cup (B - C) = A - C$.

(5) $(A - B) \cup B = A$.

(6) $(A \cup B) - A = B$.

(7) $(A \cap B) - A = \varnothing$.

(8) 若 $A \cup B = A \cup C$，则 $B = C$.

1.21 设 A, B 为任意集合，证明：$(A - B) \cup (B - A) = (A \cup B) - (A \cap B)$.

1.22 设 A, B, C 为任意集合，证明：

(1) $(A - B) - C = A - (B \cup C)$.

(2) $(A - B) - C = (A - C) - (B - C)$.

(3) $(A - B) - C = (A - C) - B$.

1.23 证明下列集合恒等式.

(1) $A \cap (B \cup \sim A) = B \cap A$.

(2) $\sim ((\sim A \cup \sim B) \cap \sim A) = A$.

1.24 设 A, B 为集合，$(A - B) \cup (B - A) = A \cup B$. 证明：$A \cap B = \varnothing$.

1.25 证明下列陈述彼此等价.

(1) $A \subseteq B$.

(2) $\sim B \subseteq \sim A$.

(3) $\sim A \cup B = E$.

(4) $A - B \subseteq B$.

1.26 证明：若 $P(A) \subseteq P(B)$，则 $A \subseteq B$.

1.27 设 A, B, C 为任意集合，证明：$C \subseteq A \wedge C \subseteq B$ 当且仅当 $C \subseteq A \cap B$.

1.28 设 P, Q 为任意集合，证明：$P \subseteq Q$ 当且仅当 $P - Q \subseteq \sim P$.

1.29 证明：如果对一切集合 X，均有 $X \cup Y = X$，那么 $Y = \varnothing$.

1.30 设 A, B 为集合，且 $A \subseteq B$，证明：$B \cup \sim A = E$.

1.31 设 A, B, C 为任意集合，$A \cap C \subseteq B \cap C$ 且 $A - C \subseteq B - C$. 证明：$A \subseteq B$.

1.32 设 A, B, C 为任意集合，$A \cup B = A \cup C$ 且 $A \cap B = A \cap C$. 证明：$B = C$.

1.33 设 A, B, C, D 为任意集合，判断下列陈述是否正确. 如果正确请给出证明，否则请举一个反例.

(1) 若 $A \subseteq B, C \subseteq D$，则 $A \cup C \subseteq B \cup D$.

(2) 若 $A \subset B, C \subset D$，则 $A \cup C \subset B \cup D$.

1.34 设 A, B 为任意集合，证明：若 $A \subseteq B$，则 $P(A) \subseteq P(B)$.

1.35 设 A, B 为任意集合.

(1) 证明：$P(A) \cap P(B) = P(A \cap B)$.

(2) 证明：$P(A) \cup P(B) \subseteq P(A \cup B)$.

(3) 举一反例，说明 $P(A) \cup P(B) = P(A \cup B)$ 对某些集合 A 和 B 是不成立的.

1.36 设 A, B 为集合，分别求下列等式成立的充分必要条件. 例如，$A \cap B = A$ 的充分必要条件是 $A \subseteq B$.

(1) $A \cup B = A$.

(2) $A - B = A$.

(3) $A - B = B$.

(4) $A - B = B - A$.

(5) $A \oplus B = A$.

(6) $A \oplus B = \varnothing$.

1.37 寻找下列等式成立的充分必要条件.

(1) $(A - B) \cup (A - C) = A$.

(2) $(A - B) \cup (A - C) = \varnothing$.

(3) $(A - B) \cap (A - C) = \varnothing$.

(4) $(A - B) \cap (A - C) = A$.

1.38 设全集 E 为 n 元集, 按照某种给定顺序排列为 $E = \{x_1, x_2, \ldots, x_n\}$. 在计算机中可以用长为 n 的 $0 - 1$ 串表示 E 的子集. 令 m 元子集 $A = \{x_{i_1}, x_{i_2}, \ldots, x_{i_m}\}$, 则 A 所对应的 $0 - 1$ 串为 $j_1 j_2 \ldots j_n$, 其中

$$j_k = \begin{cases} 1, & k = i_1, i_2, \cdots, i_m, \\ 0, & \text{否则}. \end{cases}$$

例如, 设 $E = \{1, 2, \cdots, 8\}$, 则 $A = \{1, 2, 5, 6\}$ 和 $B = \{3, 7\}$ 对应的 $0 - 1$ 串分别为 11001100 和 00100010.

(1) 设 A 对应的 $0 - 1$ 串为 10110010, 则 $\sim A$ 对应的 $0 - 1$ 串是什么?

(2) 设 A 与 B 对应的 $0 - 1$ 串分别为 $i_1 i_2 \cdots i_n$ 和 $j_1 j_2 \cdots j_n$, 且 $A \cup B, A \cap B, A - B, A \oplus B$ 对应的 $0 - 1$ 串分别为 $a_1 a_2 \cdots a_n, b_1 b_2 \cdots b_n, c_1 c_2 \cdots c_n, d_1 d_2 \cdots d_n$, 求 $a_k, b_k, c_k, d_k, k = 1, 2, \cdots, n$.

1.39 求 $\cup \mathcal{A}$ 和 $\cap \mathcal{A}$.

(1) 设 $\mathcal{A} = \{A_i | A_i$ 为实数区间 $\left(-\dfrac{1}{i}, \dfrac{1}{i}\right), i \in \mathbb{Z}^+\}$.

(2) 设 $\mathcal{A} = \{A_i | A_i$ 为实数区间 $\left[-\dfrac{1}{i}, \dfrac{1}{i}\right], i \in \mathbb{Z}^+\}$.

1.40 设 $\mathcal{A} = \{\{\varnothing\}, \{\{\varnothing\}\}\}$, 计算下列各式.

(1) $P(\mathcal{A})$.

(2) $P(\cup \mathcal{A})$.

(3) $\cup P(\mathcal{A})$.

1.41 画出下列集合的文氏图.

(1) $\sim A \cap \sim B$.

(2) $(A - (B \cup C)) \cup ((B \cup C) - A)$.

(3) $A \cap (\sim B \cup C)$.

1.42 用公式表示题 1.42 图中阴影部分的集合.

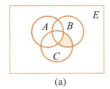 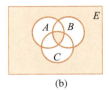

(a)   (b)

题 1.42 图

1.43 对 60 个人的调查表明, 有 25 人阅读《三联生活周刊》杂志, 26 人阅读《读者》杂志, 26 人阅读《中国国家地理》杂志, 9 人阅读《三联生活周刊》和《中国国家地理》杂志, 11 人阅读《三联生活周刊》和《读者》杂志, 8 人阅读《读者》和《中国国家地理》杂志, 还有 8 人什么杂志也不读.

(1) 求阅读全部三种杂志的人数.

(2) 分别求只阅读《三联生活周刊》《读者》和《中国国家地理》杂志的人数.

1.44 某班有 25 个学生, 其中 14 人会打篮球, 12 人会打排球, 6 人会打篮球和排球, 5 人会打篮球和网球, 还有 2 人会打这 3 种球. 已知 6 个会打网球的人都会打篮球或排球. 求不会打球的人数.

1.45 在 $1 \sim 300$(含 1 和 300) 的整数中分别求满足以下条件的整数个数.

(1) 同时能被 3, 5 和 7 整除.

(2) 不能被 3 和 5 整除, 也不能被 7 整除.

(3) 可以被 3 整除, 但不能被 5 和 7 整除.

(4) 可以被 3 或 5 整除, 但不能被 7 整除.

(5) 只被 3, 5 和 7 之中的一个数整除.

1.46 使用包含排斥原理求不超过 120 的素数个数.

1.47 在 $1 \sim 10\ 000$(含 1 和 10 000) 中不能被 4, 5 和 6 整除的整数有多少个?

1.48 在 $1 \sim 10\ 000$(含 1 和 10 000) 中既不是某个整数的平方, 也不是某个整数的立方的整数有多少个?

1.49 在 $1 \sim 1\ 000\ 000$(含 1 和 1 000 000) 中有多少个整数包含了数字 1, 2, 3 和 4?

1.50 证明错位排列数 D_n 满足: n 为偶数当且仅当 D_n 为奇数.

1.4.2 解答或提示

1.1 (1)$\{x|x < 5 \wedge x \in \mathbb{N}\}$.

(2)$\{x|x = 2k + 1, k \in \mathbb{Z}\}$.

(3)$\{x|x = 10k, k \in \mathbb{Z}\}$.

1.2 (1) $\{0, 1, 2, 3, 4, 5, 6, 7, 8, 9\}$.

(2) $\{2, 5\}$.

(3) $\{4, 5, 6, 7, 8, 9, 10, 11\}$.

(4) $\varnothing$.

(5) $\{\langle 0, -1 \rangle, \langle 0, 0 \rangle, \langle 1, -1 \rangle, \langle 1, 0 \rangle, \langle 2, -1 \rangle, \langle 2, 0 \rangle\}$.

1.3 (1) $\{4, 6\}$.

(2) $\{1, 2, 3\}$.

(3) $\mathbb{N} - \{1, 2\}$.

1.4 (1) ③. (2) ④. (3) ⑤. (4) ⑦. (5) ⑧.

1.5 (1)、(3)、(4)、(5)、(6)、(7) 正确，其余错误.

1.6 只有 (2) 成立，其他均不成立.

1.7 (1) 和 S_5 不交的子集不含有 3 和 5，因此 $X = S_2$.

(2) S_4 的子集只能是 S_4 和 S_5. 由于与 S_2 不交，不能含有偶数，因此 $X = S_5$.

(3) S_1, S_2, S_3, S_4 和 S_5 都是 S_1 的子集，不包含于 S_3 的子集需要含有偶数，因此 $X = S_1, S_2$ 或 S_4.

(4) $X - S_3 = \varnothing$ 意味着 X 是 S_3 的子集，因此 $X = S_3$ 或 S_5.

(5) 由于 S_3 是 S_1 的子集，因此这样的 X 不存在.

1.8 (1) $\{\varnothing, \{a\}, \{b\}, \{c\}, \{a, b\}, \{a, c\}, \{b, c\}, \{a, b, c\}\}$.

(2) $\{\varnothing, \{1\}, \{\{2, 3\}\}, \{1, \{2, 3\}\}\}$.

(3) $\{\varnothing, \{\varnothing\}\}$.

(4) $\{\varnothing, \{\varnothing\}, \{\{\varnothing\}\}, \{\varnothing, \{\varnothing\}\}\}$.

(5) $\{\varnothing, \{\{1, 2\}\}\}$.

(6) $\{\varnothing, \{\{\varnothing, 2\}\}, \{\{2\}\}, \{\{\varnothing, 2\}, \{2\}\}\}$.

1.9 (1) $\{4\}$.

(2) $\{1, 3, 5, 6\}$.

(3) $\{2, 3, 4, 5, 6\}$.

(4) $\{\varnothing, \{1\}\}$.

(5) $\{\{4\}, \{1, 4\}\}$.

1.10 (1) $\{0, \pm 1, \pm 2, \pm 3, \pm 4, \pm 5, \pm 6, \pm 7, 8, 9, 12, 15, 16, 18, 21, 24, 27, 30, 32, 64\}$.

(2) $\varnothing$.

(3) $\{-1, -2, -3, \pm 4, \pm 5, -6, -7\}$.

(4) $\{0, \pm 1, \pm 2, \pm 3, \pm 4, \pm 5, \pm 6, -7, 8, 16, 32, 64\}$.

1.11 (1) $\varnothing$.

(2) $\{1, 4, 5\}$.

1.12 (1) $\{\varnothing\}$.

(2) $\{1, 2, 3, 4, 5, 6, 10, 17\}$.

(3) $\{\{a, \{a\}\}, \{a\}\}$.

1.13 (1) $\mathbb{Z} - B$.

(2) $B \cap C$.

(3) $A \cap B$.

(4) $(\mathbb{Z} - B) - C$.

1.14 (1) $\varnothing$.

(2) A.

(3) B.

1.15 (1) $\{3, 4, \{3\}, \{4\}\}$.

(2) $\{\varnothing, \{\varnothing\}\}$.

1.16 (1) $\{1, 2, 3, \varnothing\}$.

(2) $\varnothing$.

1.17 (2)、(3)、(4)、(8)、(10) 正确, 其余错误.

1.18 (1) A.

(2) $A - B$.

(3) A.

(4) $(A \cup B) \cap C$.

1.19 (1) 正确, 其余错误. 对于 (1), 由条件 $P - Q = P$, 有 $(P - Q) \cap Q = P \cap Q$, 从而有 $\varnothing = P \cap Q$.

(2)、(3)、(4) 的反例: $P = \{1\}, Q = \{2\}$.

1.20 (1) 正确. 证明如下.

由 $A \subset B, B \subseteq C$, 显然有 $A \subseteq C$. 由 $A \subset B$ 可知存在 $x \in B$, 但 $x \notin A$. 由于 $B \subseteq C$, 因此 $x \in C$ 且 $x \notin A$, 从而证明了 $A \subset C$.

(2) 错误, 反例如下: $A = C = \{1\}, B = \{2\}$.

(3) 错误, 反例如下: $a = 1, B = \{1, 2\}, C = \{1, 3\}$. (4) 错误, 反例如下: $A = \{1\}, B = \{2\}, C = \{3\}$. (5) 错误, 反例如下: $A = \{1\}, B = \{2\}$. (6) 错误, 反例如下: $A = \{1\}, B = \{1, 2\}$. (7) 正确, 证明如下: $(A \cap B) - A = A \cap B \cap \sim A = B \cap \varnothing = \varnothing$. (8)

错误，反例如下：$A = \{1, 2\}, B = \{1\}, C = \{2\}$.

1.21　$(A - B) \cup (B - A)$

$= (A \cap \sim B) \cup (B \cap \sim A)$

$= (A \cup B) \cap (\sim B \cup B) \cap (A \cup \sim A) \cap (\sim B \cup \sim A)$

$= (A \cup B) \cap E \cap \sim (A \cap B)$

$= (A \cup B) - (A \cap B)$.

1.22　(1) $(A - B) - C = A \cap \sim B \cap \sim C$

$= A \cap \sim (B \cup C)$

$= A - (B \cup C)$.

(2) $(A - C) - (B - C) = A \cap \sim C \cap \sim (B \cap \sim C)$

$= A \cap \sim C \cap (\sim B \cup C)$

$= (A \cap \sim C \cap \sim B) \cup (A \cap \sim C \cap C)$

$= A \cap \sim B \cap \sim C$

$= (A - B) - C$.

(3) $(A - B) - C = A \cap \sim B \cap \sim C$

$= A \cap \sim C \cap \sim B$

$= (A - C) - B$.

1.23　(1)　$A \cap (B \cup \sim A) = (A \cap B) \cup (A \cap \sim A)$

$= (A \cap B) \cup \varnothing$

$= A \cap B$

$= B \cap A$.

(2) $\sim ((\sim A \cup \sim B) \cap \sim A) = \sim (\sim A \cup \sim B) \cup \sim \sim A$

$= (A \cap B) \cup A$

$= A$.

1.24 反证法. 假设 $A \cap B \neq \varnothing$, 那么 $\exists x \in A \cap B$, 即 $x \in A$ 且 $x \in B$. 因此 $x \notin A - B$, 同时 $x \notin B - A$, 于是 $x \notin (A - B) \cup (B - A)$. 由条件 $(A - B) \cup (B - A) = A \cup B$ 知, $x \notin A \cup B$, 这与 $x \in A$, $x \in B$ 均矛盾.

1.25 先证 (1)$\Rightarrow$(2). 对任意 $x \in\ \sim B$, 有 $x \in E$, $x \notin B$. 因为 $A \subseteq B$, 所以 $x \notin A$, 故 $x \in\ \sim A$, (2) 成立.

下证 (2)$\Rightarrow$(3). 由 $\sim B \subseteq\ \sim A$ 知, $E =\ \sim B \cup B \subseteq\ \sim A \cup B \subseteq E$, 故 $\sim A \cup B = E$, (3) 成立.

下证 (3)$\Rightarrow$(4). 由 $\sim A \cup B = E$ 得, $\sim (\sim A \cup B) =\ \sim E = \varnothing$, 故 $A \cap\ \sim B = \varnothing$. 从而 $A - B = A \cap\ \sim B = \varnothing \subseteq B$, (4) 成立.

最后证 (4)$\Rightarrow$(1). 由 $A - B \subseteq B$ 知, $(A - B) \cup B \subseteq B$, 于是有 $A \cup B \subseteq B$, 故 $A \subseteq B$, (1) 成立.

1.26 对任意 $x \in A$, 有 $\{x\} \subseteq A$, 故 $\{x\} \in P(A)$. 由条件 $P(A) \subseteq P(B)$ 得, $\{x\} \in P(B)$, 即 $\{x\} \subseteq B$, 于是有 $x \in B$.

1.27 必要性. 对任意 $x \in C$, 由 $C \subseteq A$ 且 $C \subseteq B$ 知, $x \in A$ 且 $x \in B$, 故 $x \in A \cap B$, 这就证明了 $C \subseteq A \cap B$.

充分性. 由 $C \subseteq A \cap B \subseteq A$ 知, $C \subseteq A$; 由 $C \subseteq A \cap B \subseteq B$ 知, $C \subseteq B$.

1.28 必要性. 由 $P \subseteq Q$ 得, $P - Q = \varnothing \subseteq\ \sim P$, 即 $P - Q \subseteq\ \sim P$.

充分性. 假设 $P \not\subseteq Q$, 那么存在 $x \in P$, 但是 $x \notin Q$, 即 $x \in P - Q$. 由条件 $P - Q \subseteq\ \sim P$ 有, $x \in\ \sim P$, 这与 $x \in P$ 矛盾.

1.29 反证法. 假设 $Y \neq \varnothing$, 取 $X = \varnothing$, 则有 $X = \varnothing \cup Y = Y \neq \varnothing$, 矛盾. 故 $Y = \varnothing$.

1.30 由 $A \subseteq B$ 有, $E = A \cup\ \sim A \subseteq B \cup\ \sim A \subseteq E$, 从而 $B \cup\ \sim A = E$. 本题说明题 1.25 中 (1) 和 (3) 等价.

1.31 方法一 对任意 $x \in A$, 如果 $x \in C$, 那么有 $x \in A \cap C \subseteq B \cap C$, 故 $x \in B$; 如果 $x \notin C$, 那么有 $x \in A - C \subseteq B - C$, 故亦有 $x \in B$. 这表明, A 中元素 x 无论是否属于 C, 均有 $x \in B$, 故 $A \subseteq B$.

方法二 由 $A \cap C \subseteq B \cap C, A - C \subseteq B - C$, 利用 1.33 题 (1) 的结论, 有 $(A \cap C) \cup (A - C) \subseteq (B \cap C) \cup (B - C)$, 即 $(A \cap C) \cup (A \cap\ \sim C) \subseteq (B \cap C) \cup (B \cap\ \sim C)$, 因此有 $A \cap (C \cup\ \sim C) \subseteq B \cap (C \cup\ \sim C)$, 于是有 $A \cap E \subseteq B \cap E$, 故 $A \subseteq B$.

1.32 见 1.3.4 节习题课题型四第 1 题.

1.33 (1) 正确. 任取 $x \in A \cup C$, 则有 $x \in A$ 或 $x \in C$. 因为 $A \subseteq B, C \subseteq D$, 所以 $x \in B$ 或 $x \in D$, 从而有 $x \in B \cup D$. 故 $A \cup C \subseteq B \cup D$ 成立.

(2) 不一定正确. 反例如下: $A = \{1\}, B = \{1, 2\}, C = \{2\}, D = \{1, 2\}$.

1.34 任取 $X \in P(A)$, 则有 $X \subseteq A \subseteq B$, 故 $X \in P(B)$. 这就证明了 $P(A) \subseteq P(B)$.

1.35 (1) 任取 X, 利用题 1.27 的结果得

$$X \in P(A) \cap P(B) \Leftrightarrow X \in P(A) \land X \in P(B)$$

$$\Leftrightarrow X \subseteq A \land X \subseteq B$$

$$\Leftrightarrow X \subseteq A \cap B$$

$$\Leftrightarrow X \in P(A \cap B).$$

(2) 任取 X,

$$X \in P(A) \cup P(B) \Leftrightarrow X \in P(A) \lor X \in P(B)$$

$$\Leftrightarrow X \subseteq A \lor X \subseteq B$$

$$\Rightarrow X \subseteq A \cup B$$

$$\Leftrightarrow X \in P(A \cup B).$$

注意与 (1) 的推理不同, 上面的推理中第 3 步是 "$\Rightarrow$" 符号, 而不是 "$\Leftrightarrow$" 符号.

(3) 反例如下: 令 $A = \{1\}, B = \{2\}$, 则

$$P(A) \cup P(B) = \{\varnothing, \{1\}, \{2\}\},$$

$$P(A \cup B) = \{\varnothing, \{1\}, \{2\}, \{1, 2\}\}.$$

1.36 根据 1.3.3节习题课题型三中的分析有

(1) 充分必要条件是 $B \subseteq A$.

(2) 充分必要条件是 $A \cap B = \varnothing$.

(3) 充分必要条件是 $A = B = \varnothing$. 由 $A - B = B$ 得

$$(A \cap \sim B) \cap B = B \cap B,$$

化简得 $B = \varnothing$. 再将这个结果代入已知等式得 $A = \varnothing$. 从而得到必要条件 $A = B = \varnothing$.

下面验证充分性. 如果 $A = B = \varnothing$ 成立, 那么 $A - B = \varnothing = B$ 也成立.

(4) 充分必要条件是 $A = B$. 充分性是显然的, 下面验证必要性. 由 $A - B = B - A$ 得

$$(A - B) \cup A = (B - A) \cup A,$$

从而有 $A = A \cup B$, 即 $A \subseteq B$. 同理可证 $B \subseteq A$.

(5) 充分必要条件是 $B = \varnothing$. 充分性是显然的, 下面验证必要性. 由 $A \oplus B = A$ 得

$$A \oplus (A \oplus B) = A \oplus A.$$

根据结合律有

$$(A \oplus A) \oplus B = A \oplus A,$$

即 $\varnothing \oplus B = \varnothing$, 从而得 $B = \varnothing$.

(6) 充分必要条件是 $A = B$. 充分性是显然的，下面验证必要性. 由 $A \oplus B = \varnothing$ 得

$$(A - B) \cup (B - A) = \varnothing,$$

即 $A - B = \varnothing$ 和 $B - A = \varnothing$，从而得到 $A \subseteq B$ 和 $B \subseteq A$，即 $A = B$.

1.37 (1) $(A - B) \cup (A - C) = A \Leftrightarrow A - (B \cap C) = A$

$$\Leftrightarrow A \cap (B \cap C) = \varnothing$$

$$\Leftrightarrow A \cap B \cap C = \varnothing.$$

(2) $(A - B) \cup (A - C) = \varnothing \Leftrightarrow A - (B \cap C) = \varnothing$

$$\Leftrightarrow A \subseteq B \cap C.$$

(3) $(A - B) \cap (A - C) = \varnothing \Leftrightarrow A - (B \cup C) = \varnothing$

$$\Leftrightarrow A \subseteq B \cup C.$$

(4) $(A - B) \cap (A - C) = A \Leftrightarrow A - (B \cup C) = A$

$$\Leftrightarrow A \cap (B \cup C) = \varnothing.$$

1.38 (1) 01001101.

(2) $a_k = 0 \Leftrightarrow i_k = j_k = 0$; $b_k = 1 \Leftrightarrow i_k = j_k = 1$; $c_k = 1 \Leftrightarrow i_k = 1$ 且 $j_k = 0$; $d_k = 1 \Leftrightarrow i_k \neq j_k$.

1.39 (1) $\cup \mathcal{A} = (-1, 1)$, $\cap \mathcal{A} = \{0\}$.

(2) $\cup \mathcal{A} = [-1, 1]$, $\cap \mathcal{A} = \{0\}$.

1.40 (1) $P(\mathcal{A}) = \{\varnothing, \{\{\varnothing\}\}, \{\{\{\varnothing\}\}\}, \{\{\varnothing\}, \{\{\varnothing\}\}\}\}$.

(2) $P(\cup \mathcal{A}) = \{\varnothing, \{\varnothing\}, \{\{\varnothing\}\}, \{\varnothing, \{\varnothing\}\}\}$.

(3) $\cup P(\mathcal{A}) = \{\{\varnothing\}, \{\{\varnothing\}\}\}$.

1.41 如图 1.4.1 所示.

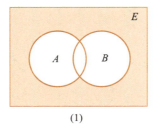 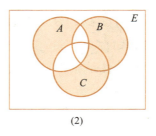 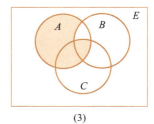

(1)　　　　　　　　(2)　　　　　　　　(3)

图 1.4.1

1.42 (a) $(B \cap C) - A$.

(b) $(A \cap B \cap C) \cup \sim (A \cup B \cup C)$.

1.43 (1) 3 人.

(2) 只阅读《三联生活周刊》《读者》和《中国国家地理》杂志的人数分别为 8 人、10 人和 12 人.

1.44 5 人.

1.45 (1) 2; (2) 138; (3) 68; (4) 120; (5) 124.

1.46 因为 $11^2 = 121$, 不超过 120 的合数至少含有 2, 3, 5 或 7 这几个素因子之一. 先考虑不能被 2, 3, 5, 7 整除的整数. 设

$$S = \{x | x \in \mathbb{Z}, 1 \leqslant x \leqslant 120\},$$

$$A_1 = \{x | x \in S, x \text{ 是 2 的倍数}\},$$

$$A_2 = \{x | x \in S, x \text{ 是 3 的倍数}\},$$

$$A_3 = \{x | x \in S, x \text{ 是 5 的倍数}\},$$

$$A_4 = \{x | x \in S, x \text{ 是 7 的倍数}\},$$

则有

$$|S| = 120, \ |A_1| = 60, \ |A_2| = 40, \ |A_3| = 24, \ |A_4| = 17,$$

$$|A_1 \cap A_2| = 20, \ |A_1 \cap A_3| = 12, \ |A_1 \cap A_4| = 8, \ |A_2 \cap A_3| = 8, \ |A_2 \cap A_4| = 5,$$

$$|A_3 \cap A_4| = 3,$$

$$|A_1 \cap A_2 \cap A_3| = 4, \ |A_1 \cap A_2 \cap A_4| = 2, \ |A_1 \cap A_3 \cap A_4| = 1, \ |A_2 \cap A_3 \cap A_4| = 1,$$

$$|A_1 \cap A_2 \cap A_3 \cap A_4| = 0.$$

根据包含排斥原理, 不能被 2, 3, 5, 7 整除的整数个数为

$$|\overline{A_1} \cap \overline{A_2} \cap \overline{A_3} \cap \overline{A_4}| = 120 - (60 + 40 + 24 + 17)$$

$$+ (20 + 12 + 8 + 8 + 5 + 3) - (4 + 2 + 1 + 1) + 0$$

$$= 120 - 141 + 56 - 8$$

$$= 27.$$

因为 2, 3, 5, 7 均不满足上述条件, 但是它们都是素数. 另外, 1 满足上述条件, 但是 1 不是素数, 因此, 不超过 120 的素数有 $27 + 4 - 1 = 30$ 个.

1.47 使用包含排斥原理，不能被 4，5 和 6 整除的数的个数为 5 334.

1.48 在 1～10 000 中是某个数的平方的数有 100 个. 由于 $21^3 < 10\,000 < 22^3$，因此在 1～10 000 中是某个数的立方的数有 21 个. 同理，由于 $4\,096 = 4^6 < 10\,000 < 5^6 = 125^2$，因此既是某个数的平方，也是某个数的立方的数有 4 个. 根据包含排斥原理，所求的数的个数是

$$10\,000 - (100 + 21) + 4 = 9\,883.$$

1.49 设 A_1, A_2, A_3, A_4 分别表示由 0～999 999 中不包含数字 1，2，3，4 的数构成的集合. 根据包含排斥原理，所求的数的个数是

$$N = |\overline{A_1} \cap \overline{A_2} \cap \overline{A_3} \cap \overline{A_4}|$$

$$= 10^6 - 4 \times 9^6 + 6 \times 8^6 - 4 \times 7^6 + 6^6$$

$$= 23\,160.$$

1.50 对 n 进行归纳. 当 $n = 0$ 时，$D_0 = 1$，命题为真. 假设对一切小于 n 的自然数为真，考虑关于 D_n 的递推方程 $D_n = (n-1)(D_{n-2} + D_{n-1})$. 如果 n 为偶数，那么 $n-1$ 为奇数，$n-2$ 为偶数. 根据归纳假设，D_{n-1} 为偶数，D_{n-2} 为奇数，它们的和为奇数，从而得到 D_n 为奇数. 反之，设 D_n 为奇数. 假若 n 为奇数，那么 $n-1$ 为偶数. 根据递推方程 D_n 也是偶数. 与 D_n 为奇数矛盾.

1.5 小测验

1.5.1 试题

1. 填空题 (6 小题，每小题 5 分，共 30 分).

(1) $A = \{2, a, \{3\}, 4\}, B = \{\varnothing, 4, \{a\}, 3\}$，则 $A \oplus B = $_____.

(2) 设 $\mathcal{A} = \{\{\{1,2\}\}, \{1\}\}$，则 $P(\mathcal{A}) = $_____.

(3) 设 X, Y, Z 为任意集合，且 $X \oplus Y = \{1,2,3\}, X \oplus Z = \{2,3,4\}$，若 $2 \in Y$，则一定有_____.

A. $1 \in Z$ B. $2 \in Z$ C. $3 \in Z$ D. $4 \in Z$

(4) 下列命题中为真的是_____.

A. $\{a, \{b\}\} \in \{\{a, \{b\}\}\}$ B. $\varnothing \in P(\cup\{\varnothing, \{\varnothing\}\})$ C. $\{a\} \subseteq X \Leftrightarrow a \in X$

D. $X \cup Y = Y \Leftrightarrow X = \varnothing$ E. $X - Y = X \Leftrightarrow X \subseteq \sim Y$

(5) 设 $[0,1]$ 和 $(0,1)$ 分别表示实数集上的闭区间和开区间，则下列命题中为真的是__.

A. $\{0,1\} \subseteq (0,1)$ B. $\{0,1\} \subseteq [0,1]$ C. $(0,1) \subseteq [0,1]$

D. $[0,1] \subseteq \mathbb{Q}$　　　　　E. $\{0,1\} \subseteq \mathbb{Z}$

(6) 设 $[a,b], (c,d)$ 代表实数区间，那么 $([0,4] \cap [2,6]) - (1,3) =$_____.

2. 简答题 (4 小题，每小题 10 分，共 40 分).

(1) 设 $E = \{1, 2, \cdots, 12\}, A = \{1,3,5,7,9,11\}, B = \{2,3,5,7,11\}, C = \{2,3,6,12\}$, $D = \{2,4,8\}$，计算：$A \cup B, A \cap C, C - (A \cup B), A - B, C - D, B \oplus D$.

(2) 设 $\mathcal{A} = \{\{a\}, \{a,b\}\}$，求 $\cup \mathcal{A}, \cap \mathcal{A}$.

(3) 设 A, B, C 为集合，判断下列集合等式是否为恒等式，并说明理由.

$$(A \cup B \cup C) - (A \cup B) = C,$$

$$A - (B - C) = (A - B) - (A - C).$$

(4) 找出下列集合等式成立的充分必要条件，并简单说明理由.

$$(A - B) \oplus (A - C) = \varnothing.$$

3. 证明题 (2 小题，每小题 10 分，共 20 分).

(1) 若 $A \subseteq B$，则 $C - B \subseteq C - A$.

(2) $A \cup B = E \Leftrightarrow \sim A \subseteq B \Leftrightarrow \sim B \subseteq A$.

4. 应用题 (10 分).

一个学校有 507，292，312 和 344 个学生分别选修了"微积分""离散数学""数据结构"和"程序设计语言"课程，且有 14 人同时选修了"微积分"和"数据结构"课程，213 人同时选修了"微积分"和"程序设计语言"课程，211 人同时选修了"离散数学"和"数据结构"课程，43 人同时选修了"离散数学"和"程序设计语言"课程，没有学生同时选修"微积分"和"离散数学"课程，也没有学生同时选修"数据结构"和"程序设计语言"课程. 问: 有多少学生选修了"微积分""离散数学""数据结构"或"程序设计语言"?

1.5.2　答案或解答

1. (1) $\{2, a, \{3\}, \varnothing, \{a\}, 3\}$.

(2) $\{\varnothing, \{\{1\}\}, \{\{\{1,2\}\}\}, A\}$.

(3) B.

(4) A, B, C, E.

(5) B, C, E.

(6) $[3,4]$.

2. (1) $A \cup B = \{1,2,3,5,7,9,11\}$,
$A \cap C = \{3\}$,

$C - (A \cup B) = \{6, 12\},$

$A - B = \{1, 9\},$

$C - D = \{3, 6, 12\},$

$B \oplus D = \{3, 4, 5, 7, 8, 11\}.$

(2) $\cup \mathcal{A} = \{a, b\},$

$\cap \mathcal{A} = \{a\}.$

(3) $(A \cup B \cup C) - (A \cup B) = C$ 不一定成立, 反例如下: $A = \{1\}, B = C = \{2\}.$

$A - (B - C) = (A - B) - (A - C)$ 不一定成立, 反例如下: $A = \{1\}, B = \{2\}, C = \varnothing.$

(4) $X \oplus Y = \varnothing$ 的充分必要条件是 $X = Y$, 因此有 $(A - B) \oplus (A - C) = \varnothing \Leftrightarrow A - B = A - C.$

3. (1) 任取 $x \in C - B$, 则有 $x \in C, x \notin B$. 由条件 $A \subseteq B$ 显然有, $x \notin A$, 故 $x \in C - A$, 命题得证.

(2) 因为 A 和 B 的位置对称, 所以只需证明 $A \cup B = E \Leftrightarrow \sim A \subseteq B.$

先证 $A \cup B = E \Rightarrow \sim A \subseteq B$. 任取 $x \in \sim A$, 有 $x \in \sim A \cap E$, 即 $x \in \sim A \cap (A \cup B) = (\sim A \cap A) \cup (\sim A \cap B) = \sim A \cap B$, 从而有 $x \in B$, 故 $\sim A \subseteq B.$

下证 $\sim A \subseteq B \Rightarrow A \cup B = E$. 显然 $A \cup B \subseteq E$. 反过来, 对任意 $x \in E$, 有 $x \in \sim A \cup A$, 所以 $x \in \sim A$ 或 $x \in A$. 由条件 $\sim A \subseteq B$ 得, $x \in B$ 或 $x \in A$, 因此 $x \in A \cup B$, 故 $E \subseteq A \cup B$. 这就证明了 $A \cup B = E.$

4. 用文氏图或包含排斥原理求解. 文氏图如图 1.5.1 所示, 答案为 974.

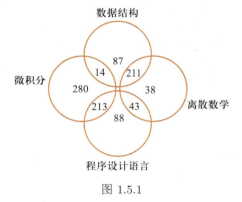

图 1.5.1

第 2 章
二 元 关 系

2.1 内容提要

2.1.1 有序对与笛卡儿积

有序对

　　定义 2.1.1　由两个元素 x 和 y（允许 $x = y$）按照一定顺序排列成的二元组称作一个 有序对 或 序偶，记作 $\langle x, y \rangle$，其中 x 是它的第一元素，y 是它的第二元素.

　　有序对 $\langle x, y \rangle$ 具有以下性质.

- 当 $x \neq y$ 时，$\langle x, y \rangle \neq \langle y, x \rangle$.
- $\langle x, y \rangle = \langle u, v \rangle \Leftrightarrow x = u \land y = v$.

笛卡儿积

　　定义 2.1.2　设 A, B 为集合，用 A 中元素为第一元素、B 中元素为第二元素构成有序对，由所有这样的有序对组成的集合称作 A 和 B 的 笛卡儿积，记作 $A \times B$，即

$$A \times B = \{\langle x, y \rangle | x \in A, y \in B\}.$$

笛卡儿积运算的性质

　　不满足交换律、结合律，但是对并和交运算满足分配律. 若 A 或 B 中有一个为空集，则 $A \times B$ 就是空集.

笛卡儿积中元素的计数

若 $|A| = n, |B| = m$，则 $|A \times B| = mn$.

2.1.2 二元关系

二元关系

定义 2.1.3 如果一个集合满足以下条件之一：

(1) 集合非空，且它的元素都是有序对；

(2) 集合是空集，

那么称该集合为一个 二元关系，记作 R. 二元关系也可简称为 关系. 对于二元关系 R，若 $\langle x, y \rangle \in R$，则记作 xRy；若 $\langle x, y \rangle \notin R$，则记作 $x\cancel{R}y$.

从 A 到 B 的关系

定义 2.1.4 设 A, B 为集合，$A \times B$ 的任何子集所定义的二元关系称作 从 A 到 B 的二元关系，特别当 $A = B$ 时称作 A 上的二元关系.

若 $|A| = n, |B| = m$, 则 $|A \times B| = mn$, 从 A 到 B 的二元关系有 2^{mn} 个，A 上的关系有 2^{n^2} 个.

A 上的某些特殊关系

对于任何集合 A，空集 $\varnothing$ 是 $A \times A$ 的子集，称作 A 上的 空关系.

定义 2.1.5 对任意集合 A，A 上的 全域关系 E_A 和 恒等关系 I_A 分别定义为

$$E_A = \{\langle x, y \rangle | x \in A \wedge y \in A\} = A \times A,$$

$$I_A = \{\langle x, x \rangle | x \in A\}.$$

2.1.3 关系的表示及性质

表示一个关系的方式有 3 种：关系的集合表达式、关系矩阵、关系图.

关系矩阵

若 $A = \{x_1, x_2, \cdots, x_n\}, B = \{y_1, y_2, \cdots, y_m\}$，$R$ 是从 A 到 B 的关系，则 R 的 关系矩阵 是布尔矩阵 $\boldsymbol{M}_R = (r_{ij})_{n \times m}$，其中 $r_{ij} = 1 \Leftrightarrow \langle x_i, y_j \rangle \in R, r_{ij} = 0 \Leftrightarrow \langle x_i, y_j \rangle \notin R$. 若 R 为 A 上的关系，则 R 的关系矩阵为 n 阶方阵.

关系图

若 $A = \{x_1, x_2, \cdots, x_n\}$，$R$ 是 A 上的关系，则 R 的 关系图 是 $G_R = \langle A, R \rangle$，其中 A 为顶点集，R 为边集. 也就是说，A 中每个元素都对应一个顶点，如果 $\langle x_i, x_j \rangle \in R$，那么在图中就有一条从 x_i 到 x_j 的有向边.

关系的性质

设 R 是集合 A 上的关系，R 的性质有：

R **在** A **上自反** 当且仅当 $\forall x \in A, \langle x, x \rangle \in R.$

R **在** A **上反自反** 当且仅当 $\forall x \in A, \langle x, x \rangle \notin R.$

R **在** A **上对称** 当且仅当 $\forall x, y \in A,$ 若 $\langle x, y \rangle \in R,$ 则 $\langle y, x \rangle \in R.$

R **在** A **上反对称** 当且仅当 $\forall x, y \in A,$ 若 $\langle x, y \rangle \in R, \langle y, x \rangle \in R,$ 则 $x = y.$

当且仅当 $\forall x, y \in A,$ 若 $\langle x, y \rangle \in R, x \neq y,$ 则 $\langle y, x \rangle \notin R.$

R **在** A **上传递** 当且仅当 $\forall x, y, z \in A,$ 若 $\langle x, y \rangle \in R, \langle y, z \rangle \in R,$ 则 $\langle x, z \rangle \in R.$

R 的表示有 3 种方法，对 R 的性质的判别也有 3 种方法，如表 2.1.1 所示.

表 2.1.1

表示形式	性质				
	自反性	反自反性	对称性	反对称性	传递性
集合表达式	$I_A \subseteq R$	$R \cap I_A = \varnothing$	$R = R^{-1}$	$R \cap R^{-1} \subseteq I_A$	$R \circ R \subseteq R$
关系矩阵	主对角线元素全是 1	主对角线元素全是 0	矩阵是对称矩阵	若 $r_{ij}=1$ 且 $i \neq j$，则 $r_{ji}=0$	对 $\boldsymbol{M}^2$ 中 1 所在的位置，$\boldsymbol{M}$ 中相应的位置都是 1
关系图	每个顶点都有环	每个顶点都没有环	如果两个顶点之间有边，那么一定是一对方向相反的边 (无单边)	如果两个顶点之间有边，那么一定是一条有向边 (无双向边)	如果从顶点 x_i 到 x_j 有边，从 x_j 到 x_k 有边，那么从 x_i 到 x_k 也有边

2.1.4 关系运算的定义及性质

运算的定义

定义域 $\operatorname{dom} R = \{x \mid \exists y \text{ 使得 } \langle x, y \rangle \in R\}.$

值域 $\operatorname{ran} R = \{y \mid \exists x \text{ 使得 } \langle x, y \rangle \in R\}.$

域 $\operatorname{fld} R = \operatorname{dom} R \cup \operatorname{ran} R.$

逆 $R^{-1} = \{\langle y, x \rangle \mid \langle x, y \rangle \in R\}.$

右复合　　　$F \circ G = \{ \langle x, z \rangle \mid \exists y \text{ 使得} \langle x, y \rangle \in F, \langle y, z \rangle \in G \}.$

限制　　　　$R \upharpoonright A = \{ \langle x, y \rangle \mid \langle x, y \rangle \in R, x \in A \}.$

像　　　　　$R[A] = \operatorname{ran}(R \upharpoonright A).$

幂　　　　　$R^0 = I_A,$

$\qquad\qquad R^{n+1} = R^n \circ R.$

自反闭包　　$r(R) = R \cup R^0.$

对称闭包　　$s(R) = R \cup R^{-1}.$

传递闭包　　$t(R) = R \cup R^2 \cup R^3 \cup \cdots;$

$\qquad\qquad t(R) = R \cup R^2 \cup R^3 \cup \cdots \cup R^n.$　　　（对于 n 元集上的关系 R）

运算的性质

$$(F^{-1})^{-1} = F.$$

$$\operatorname{dom} F^{-1} = \operatorname{ran} F, \ \operatorname{ran} F^{-1} = \operatorname{dom} F.$$

$$(F \circ G) \circ H = F \circ (G \circ H).$$

$$(F \circ G)^{-1} = G^{-1} \circ F^{-1}.$$

$$R \circ I_A = I_A \circ R = R.$$

$$F \circ (G \cup H) = F \circ G \cup F \circ H.$$

$$(G \cup H) \circ F = G \circ F \cup H \circ F.$$

$$F \circ (G \cap H) \subseteq F \circ G \cap F \circ H.$$

$$(G \cap H) \circ F \subseteq G \circ F \cap H \circ F.$$

$$F \upharpoonright (A \cup B) = F \upharpoonright A \cup F \upharpoonright B.$$

$$F[A \cup B] = F[A] \cup F[B].$$

$$F \upharpoonright (A \cap B) = F \upharpoonright A \cap F \upharpoonright B.$$

$$F[A \cap B] \subseteq F[A] \cap F[B].$$

$$R^m \circ R^n = R^{m+n}.$$

$$(R^m)^n = R^{mn}.$$

$$R_1 \subseteq R_2 \Rightarrow r(R_1) \subseteq r(R_2), s(R_1) \subseteq s(R_2), t(R_1) \subseteq t(R_2).$$

$$R\,自反 \Rightarrow s(R)\,和\,t(R)\,自反.$$

$$R\,对称 \Rightarrow r(R)\,和\,t(R)\,对称.$$

$$R\,传递 \Rightarrow r(R)\,传递.$$

运算与性质间的联系

　　设 R_1, R_2 为非空集合 A 上的关系，如果它们满足某种性质，那么经过相应的运算后得到的关系是否也满足同样的性质呢？相关结论见表 2.1.2.

表 2.1.2

运算	性质				
	自反性	反自反性	对称性	反对称性	传递性
R_1^{-1}	✓	✓	✓	✓	✓
$R_1 \cap R_2$	✓	✓	✓	✓	✓
$R_1 \cup R_2$	✓	✓	✓	✗	✗
$R_1 - R_2$	✗	✓	✓	✓	✗
$R_1 \circ R_2$	✓	✗	✗	✗	✗

2.1.5　等价关系与划分

等价关系

　　定义 2.1.6　设 R 为非空集合 A 上的关系. 如果 R 是自反的、对称的和传递的，那么称 R 为 A 上的 等价关系. 设 R 是一个等价关系，若 $\langle x, y \rangle \in R$，则称 x 等价于 y，记作 $x \sim y$.

等价类

　　定义 2.1.7　设 R 为非空集合 A 上的等价关系，$\forall x \in A$，令

$$[x]_R = \{y | y \in A, \langle x, y \rangle \in R\},$$

称 $[x]_R$ 为 x 关于 R 的等价类，简称为 x 的等价类，简记为 $[x]$ 或 $\bar{x}$.

等价类的性质

定理 2.1.1　设 R 为非空集合 A 上的等价关系，则

(1) $\forall x \in A, [x]$ 是 A 的非空子集.

(2) $\forall x, y \in A$，如果 xRy，那么 $[x] = [y]$.

(3) $\forall x, y \in A$，如果 $x\not{R}y$，那么 $[x] \cap [y] = \varnothing$.

(4) $\cup\{[x]|x \in A\} = A$.

商集

定义 2.1.8　设 R 为非空集合 A 上的等价关系，以 R 的所有等价类作为元素的集合称为 A 关于 R 的商集，记作 A/R，即

$$A/R = \{[x]_R | x \in A\}.$$

集合 A 的划分

定义 2.1.9　设 A 为非空集合，若 A 的子集族 $\pi \subseteq P(A)$ 满足下面的条件：

(1) $\varnothing \notin \pi$；

(2) $\forall X, Y \in \pi$，若 $X \neq Y$，则 $X \cap Y = \varnothing$；

(3) $\cup\pi = A$，

则称 π 是 A 的一个划分，称 π 中的元素为 A 的划分块.

等价关系与划分间的一一对应

集合 A 上的等价关系 R 所确定的商集 A/R 就是 A 的划分；反之，给定 A 的一个划分 π，定义 A 上的关系 $R = \{\langle x, y \rangle | x, y \in A$ 且 x, y 在 π 的同一划分块里$\}$，易验证 R 是 A 上的等价关系.

2.1.6　偏序关系与偏序集

偏序关系

定义 2.1.10　设 R 为非空集合 A 上的关系. 如果 R 是自反的、反对称的和传递的，那么称 R 为 A 上的偏序关系，记作 $\preccurlyeq$. 设 $\preccurlyeq$ 为偏序关系，若 $\langle x, y \rangle \in \preccurlyeq$，则记作 $x \preccurlyeq y$，读作 x "小于或等于" y.

偏序集与全序集

定义 2.1.11　设 $\preccurlyeq$ 为非空集合 A 上的偏序关系，对 $\forall x, y \in A$，定义

(1) $x \prec y$，如果 $x \preccurlyeq y$ 且 $x \neq y$.

(2) x 与 y 是可比的，如果 $x \preccurlyeq y$ 或 $y \preccurlyeq x$.

在偏序集中任取元素 x, y，可能出现下述 4 种不同情况：$x = y, x \prec y, y \prec x, x$ 与 y 不可比，即 x 与 y 没有序的关系.

定义 2.1.12 设 R 为非空集合 A 上的偏序关系，若 $\forall x, y \in A$，x 与 y 都是可比的，则称 R 为 A 上的 全序关系 (或 线序关系).

定义 2.1.13 集合 A 和 A 上的偏序关系 $\preccurlyeq$ 一起称作 偏序集，记作 $\langle A, \preccurlyeq \rangle$.

哈斯图

定义 2.1.14 设 $\langle A, \preccurlyeq \rangle$ 为偏序集，$\forall x, y \in A$，若 $x \prec y$ 且不存在 $z \in A$ 使得 $x \prec z \prec y$，则称 y 覆盖 x.

有穷偏序集 $\langle A, \preccurlyeq \rangle$ 可以用 哈斯图 来表示. 在哈斯图中用顶点表示 A 中的元素，如果对于不同的顶点 x 和 y，$x \prec y$，那么将 x 画在 y 的下方；如果 y 覆盖 x，那么在 x 和 y 之间连一条线段.

特殊元素

设 $\langle A, \preccurlyeq \rangle$ 为偏序集，B 是 A 的子集，有如下一些与 B 相关的特殊元素.

B 的极大元 y $\quad$ $y \in B$ 且不存在 $x \in B$ 使得 $y \prec x$，这等价于 $y \in B$ 且对 $\forall x \in B$，若 $y \preccurlyeq x$，则 $x = y$.

B 的极小元 y $\quad$ $y \in B$ 且不存在 $x \in B$ 使得 $x \prec y$，这等价于 $y \in B$ 且对 $\forall x \in B$，若 $x \preccurlyeq y$，则 $x = y$.

B 的最大元 y $\quad$ $y \in B$ 且对 $\forall x \in B$，均有 $x \preccurlyeq y$.

B 的最小元 y $\quad$ $y \in B$ 且对 $\forall x \in B$，均有 $y \preccurlyeq x$.

B 的上界 y $\quad$ $y \in A$ 且对 $\forall x \in B$，均有 $x \preccurlyeq y$.

B 的下界 y $\quad$ $y \in A$ 且对 $\forall x \in B$，均有 $y \preccurlyeq x$.

B 的上确界 (最小上界) $\quad$ B 的上界中的最小元.

B 的下确界 (最大下界) $\quad$ B 的下界中的最大元.

2.2 基本要求

1. 理解有序对、二元关系、集合 A 到 B 的关系、集合 A 上的关系 (包括空关系、全域关系、小于或等于关系、整除关系、包含关系等) 的定义. 掌握笛卡儿积的运算和性质.

2. 熟练掌握关系表达式、关系矩阵、关系图的表示法.

3. 熟练掌握关系的定义域、值域、逆、右复合、限制、像、幂的计算方法.

4. 熟练计算集合 A 上关系 R 的自反闭包、对称闭包和传递闭包.

5. 能够证明含有上述关系运算的集合恒等式或者包含式.

6. 熟练掌握判断关系 5 种性质的方法，并能够对关系的自反、对称、反对称、传递性给出证明.

7. 熟练掌握等价关系、等价类、商集、划分的概念，以及等价关系与划分的对应性质.

8. 熟练掌握偏序关系、偏序集、哈斯图、偏序集中的特殊元素等概念.

9. 能够利用上述关系模型处理简单的实际问题.

2.3 习题课

2.3.1 题型一：有序对与笛卡儿积

1. 设 $\langle x, y+5 \rangle = \langle y-1, 2x \rangle$，求 x 和 y.

2. 已知 $A = \{0,1\}, B = \{1,2\}$，确定下面集合的元素.

(1) $A \times \{1\} \times B$.

(2) $A^2 \times B$.

(3) $(B \times A)^2$.

解答与分析

1. 由有序对相等的条件得到方程组

$$\begin{cases} x = y-1, \\ y+5 = 2x. \end{cases}$$

解得 $x = 6, y = 7$.

2. (1) $\{\langle 0,1,1 \rangle, \langle 0,1,2 \rangle, \langle 1,1,1 \rangle, \langle 1,1,2 \rangle\}$.

(2) $\{\langle 0,0,1 \rangle, \langle 0,0,2 \rangle, \langle 0,1,1 \rangle, \langle 0,1,2 \rangle, \langle 1,0,1 \rangle, \langle 1,0,2 \rangle, \langle 1,1,1 \rangle, \langle 1,1,2 \rangle\}$.

(3) $\{\langle \langle 1,0 \rangle, \langle 1,0 \rangle \rangle, \langle \langle 1,0 \rangle, \langle 1,1 \rangle \rangle, \langle \langle 1,0 \rangle, \langle 2,0 \rangle \rangle, \langle \langle 1,0 \rangle, \langle 2,1 \rangle \rangle,$

$\langle \langle 1,1 \rangle, \langle 1,0 \rangle \rangle, \langle \langle 1,1 \rangle, \langle 1,1 \rangle \rangle, \langle \langle 1,1 \rangle, \langle 2,0 \rangle \rangle, \langle \langle 1,1 \rangle, \langle 2,1 \rangle \rangle,$

$\langle \langle 2,0 \rangle, \langle 1,0 \rangle \rangle, \langle \langle 2,0 \rangle, \langle 1,1 \rangle \rangle, \langle \langle 2,0 \rangle, \langle 2,0 \rangle \rangle, \langle \langle 2,0 \rangle, \langle 2,1 \rangle \rangle,$

$\langle \langle 2,1 \rangle, \langle 1,0 \rangle \rangle, \langle \langle 2,1 \rangle, \langle 1,1 \rangle \rangle, \langle \langle 2,1 \rangle, \langle 2,0 \rangle \rangle, \langle \langle 2,1 \rangle, \langle 2,1 \rangle \rangle\}$.

2.3.2 题型二：关系的基本概念

1. $R = \{\langle x,y \rangle | x,y \in \{2,3,4,5,6,7,8\}, x \mid y, x \neq y\}$，用列举法表示关系 R.

2. R 为 $A \times A$ 上的关系，其中 $A = \{1,2,3,4\}$，且 $\langle x,y \rangle R \langle u,v \rangle \Leftrightarrow xv = uy$，列出 R 的元素.

3. 设 A 中有 $n(n \geqslant 1)$ 个元素，R 为 A 上的二元关系，且已知 R 中有 r 个有序对，问：

(1) A 上有多少个不同的二元关系?

(2) I_A 中有多少个有序对?

(3) E_A 中有多少个有序对?

(4) $\sim R = E_A - R$ 中有多少个有序对?

解答与分析

1. $R = \{\langle 2, 4 \rangle, \langle 2, 6 \rangle, \langle 2, 8 \rangle, \langle 3, 6 \rangle, \langle 4, 8 \rangle\}$.

2. 注意到 $xv = uy \Leftrightarrow \dfrac{x}{y} = \dfrac{u}{v}$, 因此第一元素与第二元素的比值相同的有序对彼此正好有关系.

$$R = \{\langle \langle 1, 1 \rangle, \langle 2, 2 \rangle \rangle, \langle \langle 1, 1 \rangle, \langle 3, 3 \rangle \rangle, \langle \langle 1, 1 \rangle, \langle 4, 4 \rangle \rangle, \langle \langle 2, 2 \rangle, \langle 1, 1 \rangle \rangle, \langle \langle 2, 2 \rangle, \langle 3, 3 \rangle \rangle,$$

$$\langle \langle 2, 2 \rangle, \langle 4, 4 \rangle \rangle, \langle \langle 3, 3 \rangle, \langle 1, 1 \rangle \rangle, \langle \langle 3, 3 \rangle, \langle 2, 2 \rangle \rangle, \langle \langle 3, 3 \rangle, \langle 4, 4 \rangle \rangle,$$

$$\langle \langle 4, 4 \rangle, \langle 1, 1 \rangle \rangle, \langle \langle 4, 4 \rangle, \langle 2, 2 \rangle \rangle, \langle \langle 4, 4 \rangle, \langle 3, 3 \rangle \rangle, \langle \langle 1, 2 \rangle, \langle 2, 4 \rangle \rangle,$$

$$\langle \langle 2, 4 \rangle, \langle 1, 2 \rangle \rangle, \langle \langle 2, 1 \rangle, \langle 4, 2 \rangle \rangle, \langle \langle 4, 2 \rangle, \langle 2, 1 \rangle \rangle \} \cup I_{A \times A}.$$

3. (1) A 上有 2^{n^2} 个二元关系.

(2) I_A 中有 n 个有序对.

(3) E_A 中有 n^2 个有序对.

(4) $\sim R$ 中有 $n^2 - r$ 个有序对.

2.3.3 题型三：关系的表示及性质判断

1. 设 $A = \{1, 2, 3\}$, 举出 A 上关系 R 的例子, 使它具有下列性质.

(1) R 既是对称的又是反对称的.

(2) R 既不是对称的又不是反对称的.

(3) R 是传递的.

2. 设 $A = \{a, b, c\}, R = \{\langle a, b \rangle, \langle a, c \rangle\}$.

(1) 给出 R 的关系矩阵.

(2) 说明 R 具有的性质 (自反性、反自反性、对称性、反对称性、传递性).

3. 设 $R = \{\langle x, y \rangle \mid x - y + 2 > 0, x - y - 2 < 0\}$ 是实数集上的关系, 指出 R 具有什么性质, 并说明理由.

解答与分析

1. (1) 只要 R 是 I_A 的子集, 就满足这个要求, 例如, $R = \{\langle 1, 1 \rangle, \langle 2, 2 \rangle\}$.

(2) 只要 R 的关系图中同时含有单向边和双向边即可, 例如, $R = \{\langle 1, 2 \rangle, \langle 2, 1 \rangle, \langle 1, 3 \rangle\}$.

(3) 有许多传递关系的实例, 例如, $I_A, E_A, R = \{\langle 1, 2 \rangle\}$ 等都满足要求.

2. (1) $\begin{pmatrix} 0 & 1 & 1 \\ 0 & 0 & 0 \\ 0 & 0 & 0 \end{pmatrix}$.

(2) 反自反性、反对称性、传递性.

3. 因为对任意实数 x 都有 $x - x + 2 > 0, x - x - 2 < 0$ 成立，所以 $\langle x, x \rangle \in R$, 故 R 是自反的且不是反自反的.

如果 $\langle x, y \rangle \in R$, 即有 $x - y + 2 > 0$ 和 $x - y - 2 < 0$, 从而得到 $y - x - 2 < 0$ 和 $y - x + 2 > 0$. 这就证明了 $\langle y, x \rangle \in R$, 从而验证了对称性.

由 $\langle 1, 1.5 \rangle$ 和 $\langle 1.5, 1 \rangle$ 同时属于 R 可知 R 不是反对称的.

最后，由 $\langle 1, 1.5 \rangle, \langle 1.5, 3 \rangle$ 同时属于 R, 但是 $\langle 1, 3 \rangle$ 不属于 R 可知，R 不是传递的.

关系有 3 种表示法：集合表达式、关系矩阵、关系图. 采用不同的表示法时，对关系性质的判断方法也不同. 主要的判断方法已经在表 2.1.1 中给出.

在关系图中判断关系是否具有传递性的一般方法是：如果图中有一条从顶点 x_i 到 x_j 的路径，并且这条路径至少含有两条边，那么就应该有一条从 x_i 到 x_j 的边. 如果这条路径是一条回路，那么这条路径上的每个顶点都应该有环，缺少任何一个环都破坏了传递性.

另外需要说明的是，如果不存在 x, y, z 同时满足 $\langle x, y \rangle \in R$ 且 $\langle y, z \rangle \in R$, 那么传递性定义中的前件为假，结论自然为真，换言之，这个关系满足传递性的定义，因此具有传递性. 这也解释了本题型第 1 题中 $R = \{\langle 1, 2 \rangle\}$ 为什么满足传递性.

图 2.3.1 给出了集合 $\{a, b, c\}$ 上的 3 个关系的关系图. 在图 2.3.1(a) 中存在一条长度为 2 的路径：$c \to a \to b$, 但是缺少从 c 到 b 的边，因此不是传递的. 图 2.3.1(b) 存在一条长度为 2 的回路，但是这条回路上的顶点都没有环，因此也破坏了传递性. 在图 2.3.1(c) 中，传递性条件的前件永远为假，因此传递性条件成立，所以这个关系反而是传递的.

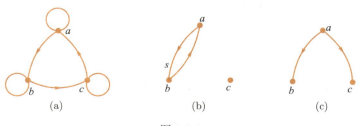

(a)　　　　　　　　(b)　　　　　　　　(c)

图 2.3.1

2.3.4　题型四：关系的基本运算

1. 设二元关系 $R = \{\langle\{1\}, a\rangle, \langle 1, b\rangle, \langle 2, c\rangle, \langle 3, \{d\}\rangle\}$，求 $\operatorname{dom} R, \operatorname{ran} R$.

2. 设 $R = \{\langle x, y\rangle | x, y \in \mathbb{N} \text{且} x + 3y = 12\}$.

(1) 求 R 的集合表达式.

(2) $\operatorname{dom} R, \operatorname{ran} R$.

(3) 求 $R \circ R$.

(4) 求 $R \upharpoonright \{2, 3, 4, 6\}$.

(5) 求 $R[\{3\}]$.

(6) 求 R^3.

3. 设二元关系 $R = \{\langle a, b\rangle, \langle\{a\}, b\rangle, \langle\{\varnothing\}, \{\varnothing\}\rangle, \langle\varnothing, \{\varnothing\}\rangle\}$，求

(1) $\operatorname{dom} R, \operatorname{ran} R$.

(2) $R \circ R,\ R^{-1} \circ R^{-1}$.

解答与分析

1. $\operatorname{dom} R = \{\{1\}, 1, 2, 3\}$, $\operatorname{ran} R = \{a, b, c, \{d\}\}$.

2. (1) $R = \{\langle 0, 4\rangle, \langle 3, 3\rangle, \langle 6, 2\rangle, \langle 9, 1\rangle, \langle 12, 0\rangle\}$.

(2) $\operatorname{dom} R = \{0, 3, 6, 9, 12\}, \operatorname{ran} R = \{0, 1, 2, 3, 4\}$.

(3) $R \circ R = \{\langle 3, 3\rangle, \langle 12, 4\rangle\}$.

(4) $R \upharpoonright \{2, 3, 4, 6\} = \{\langle 3, 3\rangle, \langle 6, 2\rangle\}$.

(5) $R[\{3\}] = \{3\}$.

(6) $R^3 = \{\langle 3, 3\rangle\}$.

3. (1) $\operatorname{dom} R = \{a, \{a\}, \{\varnothing\}, \varnothing\}, \operatorname{ran} R = \{b, \{\varnothing\}\}$.

(2) $R \circ R = \{\langle\{\varnothing\}, \{\varnothing\}\rangle, \langle\varnothing, \{\varnothing\}\rangle\}$.

$R^{-1} \circ R^{-1} = \{\langle\{\varnothing\}, \{\varnothing\}\rangle, \langle\{\varnothing\}, \varnothing\rangle\}$.

2.3.5　题型五：求关系闭包

设关系 R 的关系图如图 2.3.2 所示，求 $r(R), s(R), t(R)$ 的关系图.

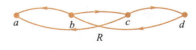

图 2.3.2

解答与分析

自反闭包、对称闭包和传递闭包如图 2.3.3 所示. 注意传递闭包的计算关键在于检查顶点之间的可达性. 如果从顶点 x_i 到达 x_j 有一条至少 2 步长的路径，那么在传递闭包

$t(R)$ 的关系图中就存在一条边. 如果这条路径是回路 (如图 2.3.2 中的 $b \to c \to d \to b$), 那么在传递闭包的图中, 该路径上的每个顶点都应该有一个环.

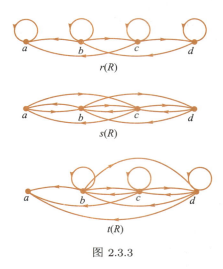

图 2.3.3

2.3.6 题型六：证明涉及关系的式子

1. 设 R 为 A 到 B 的关系, S 为 B 到 C 的关系, $T, W \subseteq A$, 证明：

(1) $R[T] \subseteq B$.

(2) $(R \circ S)[T] = S[R[T]]$.

(3) $R[T \cup W] = R[T] \cup R[W]$.

(4) $R[T \cap W] \subseteq R[T] \cap R[W]$.

2. 设 R_1 和 R_2 是 A 上的关系, 证明：

(1) $r(R_1 \cup R_2) = r(R_1) \cup r(R_2)$.

(2) $s(R_1 \cup R_2) = s(R_1) \cup s(R_2)$.

(3) $t(R_1 \cup R_2) \supseteq t(R_1) \cup t(R_2)$.

解答与分析

1. (1) 对 $\forall y \in R[T]$, 由定义, $\exists x \in T$ 使得 $\langle x, y \rangle \in R$. 因为 R 为从 A 到 B 的关系, 所以 $y \in B$, 这就证明了 $R[T] \subseteq B$.

(2) 先证 $(R \circ S)[T] \subseteq S[R[T]]$. 对 $\forall y \in (R \circ S)[T]$, 由定义, $\exists x \in T$ 使得 $\langle x, y \rangle \in R \circ S$. 进而 $\exists t \in B$ 使得 $\langle x, t \rangle \in R$, $\langle t, y \rangle \in S$. 由 $x \in T$ 和 $\langle x, t \rangle \in R$ 知, $t \in R[T]$, 注意到 $\langle t, y \rangle \in S$, 故 $y \in S[R[T]]$, 于是证明了 $(R \circ S)[T] \subseteq S[R[T]]$.

反过来, 对 $\forall y \in S[R[T]]$, 由定义 $\exists t \in R[T]$ 使得 $\langle t, y \rangle \in S$. 由 $t \in R[T]$ 知, $\exists x \in T$ 使得 $\langle x, t \rangle \in R$, 从而有 $\langle x, y \rangle \in R \circ S$, 这意味着 $y \in (R \circ S)[T]$, 故证明了 $S[R[T]] \subseteq (R \circ S)[T]$.

(3) 由关系在集合上限制的定义, 不难看出, 如果 $X \subseteq Y \subseteq A$, 那么必然有 $R[X] \subseteq R[Y]$. 因此, 显然有 $R[T] \subseteq R[T \cup W]$ 和 $R[W] \subseteq R[T \cup W]$, 故 $R[T] \cup R[W] \subseteq R[T \cup W]$.

反过来, 对 $\forall y \in R[T \cup W]$, $\exists x \in T \cup W$ 使得 $\langle x, y \rangle \in R$. 进一步, 若 $x \in T$, 则有 $y \in R[T]$; 而若 $x \in W$, 则有 $y \in R[W]$. 故对于 $x \in T \cup W$, 总有 $y \in R[T] \cup R[W]$, 这就证明了 $R[T \cup W] \subseteq R[T] \cup R[W]$.

(4) 由 (3) 的证明知, 关系在集合上的限制满足单调性, 故由 $T \cap W \subseteq T$ 和 $T \cap W \subseteq W$ 有, $R[T \cap W] \subseteq R[T]$ 且 $R[T \cap W] \subseteq R[W]$, 从而有 $R[T \cap W] \subseteq R[T] \cap R[W]$.

2. (1) 由 $R_1 \subseteq R_1 \cup R_2, R_2 \subseteq R_1 \cup R_2$ 易证如下的包含式:

$$r(R_1) \subseteq r(R_1 \cup R_2), \ r(R_2) \subseteq r(R_1 \cup R_2).$$

从而有

$$r(R_1) \cup r(R_2) \subseteq r(R_1 \cup R_2).$$

反之, 由 $R_1 \subseteq r(R_1), R_2 \subseteq r(R_2)$ 得

$$R_1 \cup R_2 \subseteq r(R_1) \cup r(R_2).$$

又知道 $r(R_1) \cup r(R_2)$ 是自反的, 即 $r(R_1) \cup r(R_2)$ 是包含 $R_1 \cup R_2$ 的自反关系, 根据闭包的最小性, 可得

$$r(R_1 \cup R_2) \subseteq r(R_1) \cup r(R_2).$$

综上所述, 命题得证.

(2) 证明过程与 (1) 相似, 只需将 $r(R)$ 替换成 $s(R)$ 即可.

(3) 证明类似 (1) 的前半部分.

以上涉及关系运算的恒等式或者包含式的证明方法实际上就是集合恒等式或者包含式的证明方法, 只不过在证明中需要引入相应关系运算的定义.

2.3.7 题型七: 证明关系的性质

1. 设 R 是 A 上的等价关系, 设 $S = \{\langle a, b \rangle | \exists c$ 使得 $\langle a, c \rangle \in R, \langle c, b \rangle \in R\}$. 证明: S 也是 A 上的等价关系.

2. (1) 证明: 如果 R_1 和 R_2 都是反对称的, 那么 $R_1 \cap R_2$ 也是反对称的.

(2) 设 R_1 和 R_2 都是传递的, 举出反例说明 $R_1 \circ R_2$ 不一定是传递的.

3. 设 R 是复数集 $\mathbb{C}$ 上的关系, 且满足 $xRy \Leftrightarrow x - y = a + bi$, a 和 b 为给定的非负整数, 试确定 R 的性质 (自反性、反自反性、对称性、反对称性、传递性), 并证明之.

解答与分析

1. 设 R 是 A 上的等价关系. 下面逐条验证 S 满足自反性、对称性和传递性.

自反性. 对 $\forall x \in A$, 因为 R 是 A 上的等价关系, 满足自反性, 所以 $\langle x, x \rangle \in R$. 这样 $\exists x$ 使得 $\langle x, x \rangle \in R \wedge \langle x, x \rangle \in R$, 故 $\langle x, x \rangle \in S$, 即 S 在 A 上是自反的.

对称性. 对 $\forall \langle x, y \rangle \in S$, 则 $\exists c$ 使得 $\langle x, c \rangle \in R, \langle c, y \rangle \in R$. 因为 R 是对称的, 所以有 $\langle c, x \rangle \in R, \langle y, c \rangle \in R$, 即 $\exists c$ 使得 $\langle y, c \rangle \in R, \langle c, x \rangle \in R$. 这表明 $\langle y, x \rangle \in S$, 因此 S 是对称的.

传递性. 给定 $\forall \langle x, y \rangle, \langle y, z \rangle \in S$, 则 $\exists c$ 使得 $\langle x, c \rangle \in R, \langle c, y \rangle \in R$, 同时 $\exists d$ 使得 $\langle y, d \rangle \in R, \langle d, z \rangle \in R$. 因为 R 在 A 上是传递的, 于是得 $\langle x, y \rangle \in R, \langle y, z \rangle \in R$, 从而 $\langle x, z \rangle \in S$. 这就证明了 S 是传递的.

2. (1) 对 $\forall \langle x, y \rangle \in R_1 \cap R_2, \langle y, x \rangle \in R_1 \cap R_2$, 则有 $\langle x, y \rangle \in R_i, \langle y, x \rangle \in R_i$, 这里 $i = 1, 2$. 因为 R_i, $i = 1, 2$, 是反对称的, 所以有 $x = y$, 这就证明了 $R_1 \cap R_2$ 也是反对称的.

(2) 反例如下: $A = \{1, 2, 3\}, R_1 = \{\langle 1, 1 \rangle, \langle 2, 3 \rangle\}, R_2 = \{\langle 1, 2 \rangle, \langle 3, 3 \rangle\}$ 是 A 上的关系, 它们都是传递的, 但是 $R_1 \circ R_2 = \{\langle 1, 2 \rangle, \langle 2, 3 \rangle\}$ 不是传递的.

以上例题都是关于关系性质的证明题, 证明关系性质主要是证明自反性、对称性、反对称性、传递性这 4 种性质, 通常的证明方法是利用定义证明. 根据自反性、对称性、反对称性、传递性的定义, 证明的过程可以总结如下.

证明 R 在 A 上自反

任取 x,

$$x \in A \quad \Rightarrow \cdots\cdots\cdots\cdots\cdots\cdots\cdots\cdots\cdots \Rightarrow \langle x, x \rangle \in R$$

前提　　　　　　　推理过程　　　　　　　结论

证明 R 在 A 上对称

任取 $\langle x, y \rangle$,

$$\langle x, y \rangle \in R \quad \Rightarrow \cdots\cdots\cdots\cdots\cdots\cdots\cdots\cdots \Rightarrow \langle y, x \rangle \in R$$

前提　　　　　　　推理过程　　　　　　　结论

证明 R 在 A 上反对称

任取 $\langle x, y \rangle$,

$$\langle x, y \rangle \in R \wedge \langle y, x \rangle \in R \Rightarrow \cdots\cdots\cdots\cdots\cdots\cdots\cdots \Rightarrow x = y$$

前提　　　　　　　　　　推理过程　　　　　　　结论

证明 R 在 A 上传递

任取 $\langle x,y \rangle, \langle y,z \rangle$,

$$\langle x,y \rangle \in R \wedge \langle y,z \rangle \in R \Rightarrow \cdots\cdots\cdots\cdots\cdots\cdots\cdots \Rightarrow \langle x,z \rangle \in R$$

前提　　　　　　　　　　推理过程　　　　　　　　结论

在做证明之前, 首先要从题目的已知条件和要证明的结果中找出推理的前提和结论, 然后套用相应的推理模式. 在推理过程中可以使用定义、定理、已知条件、逻辑等值式或推理规则 (见《离散数学》第 3 版 (以下简称"主教材") 第 15~19 章). 这里特别要注意, 证明自反性的前提是任取集合 A 中的元素 x, 而证明其他性质都是任取关系 R 中的有序对.

3. 当 $a=b=0$ 时, 满足自反性、对称性、反对称性和传递性, 不满足反自反性.

证明如下: $xRy \Leftrightarrow x-y=a+bi=0 \Leftrightarrow x=y$, 所以 $R=I_{\mathbb{C}}$, 是 $\mathbb{C}$ 上的恒等关系. 因此有 $I_{\mathbb{C}} \subseteq R, R^{-1}=I_{\mathbb{C}}^{-1}=I_{\mathbb{C}}=R, R \cap R^{-1}=I_{\mathbb{C}} \cap I_{\mathbb{C}}=I_{\mathbb{C}} \subseteq I_{\mathbb{C}}, R \circ R=I_{\mathbb{C}} \circ I_{\mathbb{C}}=I_{\mathbb{C}}=R \subseteq R, R \cap I_{\mathbb{C}} \neq \varnothing$, 根据主教材中定理 2.4.1(见主教材第 2.4 节) 得证.

当 a,b 不全为 0 时, 只满足反自反性和反对称性, 不满足自反性、对称性和传递性. 事实上, 对 $\forall x \in \mathbb{C}$, 若 $\langle x,x \rangle \in R$, 则有 $x-x=a+bi$, 但是 $x-x=0$, 而 $a+bi \neq 0$, 矛盾! 因此 $\langle x,x \rangle \notin R$. 所以 R 是反自反的.

下面证明 R 满足反对称性. 假设 $\langle x,y \rangle \in R$ 且 $\langle y,x \rangle \in R$, 则有 $x-y=a+bi, y-x=a+bi$, 于是 $x-y=y-x$, 故 $x=y$, 因此 R 是反对称的.

因为 R 是反自反的, 故 R 不满足自反性.

R 不满足对称性的反例如下: $\langle a+bi, 0 \rangle \in R$, 但是 $\langle 0, a+bi \rangle \notin R$.

R 不满足传递性的反例如下: $\langle a+bi, 0 \rangle \in R, \langle 0, -a-bi \rangle \in R$, 但是 $\langle a+bi, -a-bi \rangle \notin R$.

在本题中证明性质成立既使用了定义, 也使用了有关性质的充分必要条件. 证明性质不成立, 只要举一个反例即可.

有些题目中含有一些给定的常数, 但是又没有具体指定这些常数的值 (如本题中的 a 和 b). 注意在解题时要根据这些常数的不同取值进行讨论.

2.3.8　题型八: 等价类、商集及划分

1. 设 $A=\{1,2,3\}, R$ 为 $A \times A$ 上的等价关系, 且 $\langle \langle a,b \rangle, \langle c,d \rangle \rangle \in R$ 当且仅当 $a-b=c-d$.

(1) 设 I 为 $A \times A$ 上的恒等关系, 求 $R-I$.

(2) 求 R 对应的 $A \times A$ 的划分 π.

2. 设 R 是集合 A 上的等价关系, $|A|=n, |R|=r, |A/R|=m$, 证明: $mr \geqslant n^2$.

解答与分析

1. (1) $R-I = \{\langle\langle 1,2\rangle, \langle 2,3\rangle\rangle, \langle\langle 2,3\rangle, \langle 1,2\rangle\rangle, \langle\langle 2,1\rangle, \langle 3,2\rangle\rangle, \langle\langle 3,2\rangle, \langle 2,1\rangle\rangle, \langle\langle 1,1\rangle, \langle 2,2\rangle\rangle,$
$\langle\langle 2,2\rangle, \langle 1,1\rangle\rangle, \langle\langle 1,1\rangle, \langle 3,3\rangle\rangle, \langle\langle 3,3\rangle, \langle 1,1\rangle\rangle, \langle\langle 2,2\rangle, \langle 3,3\rangle\rangle, \langle\langle 3,3\rangle, \langle 2,2\rangle\rangle\}.$

(2) $\{\{\langle 1,2\rangle, \langle 2,3\rangle\}, \{\langle 2,1\rangle, \langle 3,2\rangle\}, \{\langle 1,1\rangle, \langle 2,2\rangle, \langle 3,3\rangle\}, \{\langle 1,3\rangle\}, \{\langle 3,1\rangle\}\}.$

2. 设 $A/R = \{A_1, A_2, \cdots, A_m\}, |A_i| = n_i$，下面证明

$$\bigcup_{i=1}^{m}(A_i \times A_i) = R. \tag{2.3.1}$$

因为对 $\forall\langle x,y\rangle$,

$$\langle x,y\rangle \in \bigcup_{i=1}^{m}(A_i \times A_i) \Leftrightarrow \exists i \in \{1,2,\cdots,m\} \text{ 使得 } \langle x,y\rangle \in A_i \times A_i$$

$$\Leftrightarrow \exists i \in \{1,2,\cdots,m\} \text{ 使得 } x,y \in A_i$$

$$\Leftrightarrow \langle x,y\rangle \in R,$$

故式(2.3.1)成立. 由于等价类彼此不交, 故有 $\sum_{i=1}^{m} n_i^2 = r$, 注意到 $\sum_{i=1}^{m} n_i = n$, 从而由均值不等式 (平方平均数不小于算术平均数), 得到

$$r = \sum_{i=1}^{m} n_i^2 \geqslant \frac{\left(\sum_{i=1}^{m} n_i\right)^2}{m} = \frac{n^2}{m}.$$

这就证明了 $mr \geqslant n^2$.

2.3.9 题型九：偏序集与哈斯图

1. 设图 2.3.4 是偏序集 $\langle A, \preccurlyeq\rangle$ 的哈斯图.

(1) 求 A 和 $\preccurlyeq$ 的集合表达式.

(2) 求该偏序集的极大元、极小元、最大元、最小元.

2. 设 $\langle A, R\rangle$ 为偏序集, 其中 $A = \{1,2,3,4,6,9,24,54\}$, R 是 A 上的整除关系.

(1) 画出 $\langle A, R\rangle$ 的哈斯图.

(2) 求 A 中的极大元.

(3) 令 $B = \{4,6,9\}$, 求 B 的上确界和下确界.

3. 设 $A = \{1,2,3,4\}$, 图 2.3.5 给出了 A 上偏序的关系图, 试画出它的哈斯图并指出该偏序集的极大元、最大元、极小元、最小元.

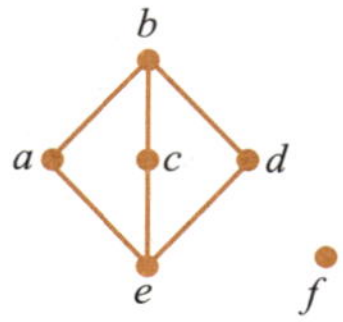

图 2.3.4

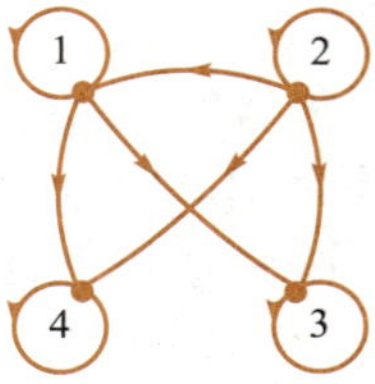

图 2.3.5

解答与分析

1. (1) $A = \{a,b,c,d,e,f\}$,
$$\preccurlyeq = \{\langle e,a \rangle, \langle e,c \rangle, \langle e,d \rangle, \langle e,b \rangle, \langle a,b \rangle, \langle c,b \rangle, \langle d,b \rangle\} \cup I_A.$$

(2) 极大元为 b, f; 极小元为 e, f; 没有最大元和最小元.

2. (1) 哈斯图如图 2.3.6 所示.

(2) 极大元为 24, 54.

(3) B 没有上确界, 下确界为 1.

3. (1) 哈斯图如图 2.3.7 所示.

(2) 极大元为 3, 4; 没有最大元; 极小元和最小元为 2.

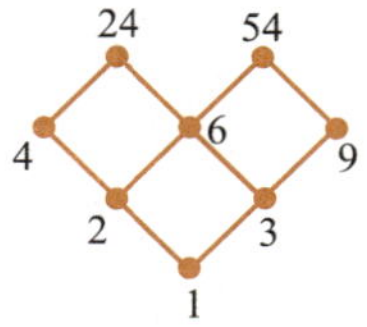

图 2.3.6

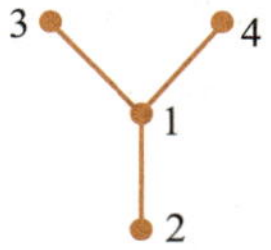

图 2.3.7

注意　在偏序集中有以下事实.

(1) 有穷偏序集一定存在极大元和极小元, 不一定存在最大元和最小元.

(2) 极大元和极小元可能存在多个, 最大元和最小元如果存在, 一定是唯一的.

(3) 最大元一定是极大元, 最小元一定是极小元, 反之不对.

(4) 孤立元素本身既是极大元, 也是极小元.

(5) 上界、下界、最小上界、最大下界可能不存在. 最小上界、最大下界如果存在, 那么一定是唯一的.

(6) 最大元一定是最小上界, 最小元一定是最大下界. 反之不对.

2.4 习题、解答或提示

2.4.1 习题 2

2.1 已知 $A = \{\varnothing, \{\varnothing\}\}$，求 $A \times P(A)$.

2.2 对于任意集合 A, B, C，若 $A \times B \subseteq A \times C$，是否一定有 $B \subseteq C$ 成立? 为什么?

2.3 设 A, B, C, D 是任意集合.

    (1) 求证 $(A \cap B) \times (C \cap D) = (A \times C) \cap (B \times D)$.

    (2) 下列等式中哪些成立，哪些不成立? 对于成立的给出证明，对于不成立的举一反例.

$$(A \cup B) \times (C \cup D) = (A \times C) \cup (B \times D),$$

$$(A - B) \times (C - D) = (A \times C) - (B \times D).$$

2.4 判断下列命题的真假. 如果为真，给出证明；如果为假，给出反例.

    (1) $A \cup (B \times C) = (A \cup B) \times (A \cup C)$.

    (2) $A \times (B \cap C) = (A \times B) \cap (A \times C)$.

    (3) 存在集合 A 使得 $A \subseteq A \times A$.

    (4) $P(A) \times P(A) = P(A \times A)$.

2.5 设 A, B 为任意集合，证明：若 $A \times A = B \times B$，则 $A = B$.

2.6 列出从集合 $A = \{1, 2\}$ 到 $B = \{1\}$ 的所有二元关系.

2.7 列出集合 $A = \{2, 3, 4\}$ 上的恒等关系 I_A、全域关系 E_A、小于或等于关系 L_A、整除关系 D_A.

2.8 列出集合

$$A = \{\varnothing, \{\varnothing\}, \{\varnothing, \{\varnothing\}\}, \{\varnothing, \{\varnothing\}, \{\varnothing, \{\varnothing\}\}\}\}$$

上的包含关系.

2.9 设 $A = \{1, 2, 4, 6\}$，列出下列关系 R.

    (1) $R = \{\langle x, y \rangle \mid x, y \in A, x + y \neq 2\}$.

    (2) $R = \{\langle x, y \rangle \mid x, y \in A, |x - y| = 1\}$.

    (3) $R = \left\{\langle x, y \rangle \mid x, y \in A, \dfrac{x}{y} \in A\right\}$.

    (4) $R = \{\langle x, y \rangle \mid x, y \in A, y \text{ 为素数}\}$.

2.10 给定 $\mathbb{Z}^+$ 上的关系 R 和 S：$\forall x, y \in \mathbb{Z}^+$，满足

$$xRy \Leftrightarrow x \text{ 整除} y,$$

$$xSy \Leftrightarrow 5x \leqslant y.$$

对于下面每个小题, 确定哪些有序对属于给定的关系.

(1) 关系: $R \cup S$, 有序对: $\langle 2,6 \rangle, \langle 3,17 \rangle, \langle 2,1 \rangle, \langle 0,0 \rangle$.

(2) 关系: $R \cap S$, 有序对: $\langle 3,6 \rangle, \langle 1,2 \rangle, \langle 2,12 \rangle$.

(3) 关系: $\sim R$ (以全域关系为全集), 有序对: $\langle 1,5 \rangle, \langle 2,8 \rangle, \langle 3,15 \rangle$.

2.11 R 是 X 上的二元关系, 对 $\forall x \in X$, 定义集合

$$R(x) = \{y \mid xRy\}.$$

显然 $R(x) \subseteq X$. 如果 $X = \{-4, -3, -2, -1, 0, 1, 2, 3, 4\}$, 且令

$$R_1 = \{\langle x,y \rangle \mid x,y \in X, x < y\},$$

$$R_2 = \{\langle x,y \rangle \mid x,y \in X, y-1 < x < y+2\},$$

$$R_3 = \{\langle x,y \rangle \mid x,y \in X, x^2 \leqslant y\}.$$

求 $R_1(0), R_1(1), R_2(0), R_2(-1), R_3(3)$.

2.12 设 $A = \{0,1,2,3\}$, R 是 A 上的关系, 其中

$$R = \{\langle 0,0 \rangle, \langle 0,3 \rangle, \langle 2,0 \rangle, \langle 2,1 \rangle, \langle 2,3 \rangle, \langle 3,2 \rangle\}.$$

给出 R 的关系矩阵和关系图.

2.13 设

$$A = \{\langle 1,2 \rangle, \langle 2,4 \rangle, \langle 3,3 \rangle\},$$

$$B = \{\langle 1,3 \rangle, \langle 2,4 \rangle, \langle 4,2 \rangle\}.$$

求 $A \cup B, A \cap B, \mathrm{dom}\, A, \mathrm{dom}\, B, \mathrm{dom}(A \cup B), \mathrm{ran}\, A, \mathrm{ran}\, B, \mathrm{ran}(A \cap B), \mathrm{fld}(A - B)$.

2.14 设

$$R = \{\langle 0,1 \rangle, \langle 0,2 \rangle, \langle 0,3 \rangle, \langle 1,2 \rangle, \langle 1,3 \rangle, \langle 2,3 \rangle\},$$

求 $R \circ R, R^{-1}, R \upharpoonright \{0,1\}, R[\{1,2\}]$.

2.15 设

$$A = \{\langle \varnothing, \{\varnothing, \{\varnothing\}\} \rangle, \langle \{\varnothing\}, \varnothing \rangle\},$$

求 $A^{-1}, A^2, A^3, A \upharpoonright \{\varnothing\}, A[\varnothing], A \upharpoonright \varnothing, A \upharpoonright \{\{\varnothing\}\}, A[\{\{\varnothing\}\}]$.

2.16 设 $A = \{a, b, c, d\}, R_1, R_2$ 为 A 上的关系，其中

$$R_1 = \{\langle a, a \rangle, \langle a, b \rangle, \langle b, d \rangle\},$$

$$R_2 = \{\langle a, d \rangle, \langle b, c \rangle, \langle b, d \rangle, \langle c, b \rangle\}.$$

求 $R_1 \circ R_2, R_2 \circ R_1, R_1^2, R_2^3$.

2.17 设 $A = \{1, 2, 3\}$，试给出 A 上两个不同的关系 R_1 和 R_2，使得 $R_1^2 = R_1, R_2^2 = R_2$.

2.18 证明主教材中定理 2.3.4 的 (1)，(2)，(4).

2.19 证明主教材中定理 2.3.5 的 (2)，(3).

2.20 设 R_1 和 R_2 为 A 上的关系，证明：
   (1) $(R_1 \cup R_2)^{-1} = R_1^{-1} \cup R_2^{-1}$.
   (2) $(R_1 \cap R_2)^{-1} = R_1^{-1} \cap R_2^{-1}$.

2.21 设 $A = \{1, 2, \cdots, 10\}$，定义 A 上的关系

$$R = \{\langle x, y \rangle \mid x, y \in A, x + y = 10\}.$$

说明 R 具有哪些性质并说明理由.

2.22 给定 $A = \{1, 2, 3, 4\}, A$ 上的关系 $R = \{\langle 1, 3 \rangle, \langle 1, 4 \rangle, \langle 2, 3 \rangle, \langle 2, 4 \rangle, \langle 3, 4 \rangle\}$.
   (1) 画出 R 的关系图.
   (2) 说明 R 的性质.

2.23 设 $A = \{1, 2, 3\}$. 题 2.23 图给出了 12 种 A 上的关系，对于每种关系写出相应的关系矩阵，并说明它所具有的性质.

2.24 试对表 2.1.2 中打"✓"部分的命题给出证明，对打"×"部分的命题举出反例.

2.25 设 R 的关系图如题 2.25 图所示，试给出 $r(R), s(R)$ 和 $t(R)$ 的关系图.

2.26 设 $A = \{1, 2, 3, 4, 5, 6\}, R$ 为 A 上的关系，R 的关系图如题 2.26 图所示.
   (1) 求 R^2, R^3 的集合表达式.
   (2) 求 $r(R), s(R), t(R)$ 的集合表达式.

2.27 证明主教材中定理 2.5.1 的 (2).

2.28 证明主教材中定理 2.5.2 的 (2) 和 (3).

2.29 证明主教材中定理 2.5.3.

2.30 证明主教材中定理 2.5.4 的 (1) 和 (3).

2.31 设 $A = \{1, 2, 3, 4\}, R$ 是 A 上的等价关系，且 R 在 A 上所构成的等价类是 $\{1\}, \{2, 3, 4\}$.

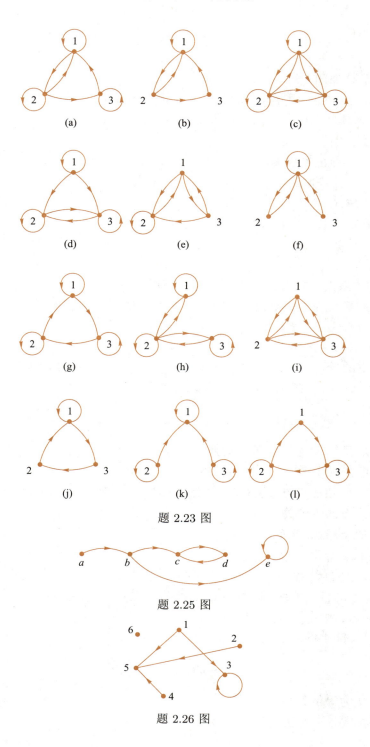

题 2.23 图

题 2.25 图

题 2.26 图

(1) 求 R.

(2) 求 $R \circ R^{-1}$.

(3) 求 R 的传递闭包.

2.32 对于给定的 A 和 R, 判断 R 是否为 A 上的等价关系.

    (1) A 为实数集, $\forall x, y \in A, xRy \Leftrightarrow x - y = 2$.

    (2) $A = \{1, 2, 3\}, \forall x, y \in A, xRy \Leftrightarrow x + y \neq 3$.

    (3) $A = \mathbb{Z}^+$, 即正整数集, $\forall x, y \in A, xRy \Leftrightarrow xy$ 是奇数.

    (4) $A = P(S), |S| \geqslant 2, \forall X, Y \in A, XRY \Leftrightarrow X \subseteq Y$ 或 $Y \subseteq X$.

    (5) $A = P(S), C \subseteq S, \forall X, Y \in A, XRY \Leftrightarrow X \oplus Y \subseteq C$.

2.33 设 $A = \{a, b, c, d\}$, A 上的等价关系

$$R = \{\langle a, b \rangle, \langle b, a \rangle, \langle c, d \rangle, \langle d, c \rangle\} \cup I_A.$$

画出 R 的关系图, 并求出 A 中各元素的等价类.

2.34 设 π 是正整数集 $\mathbb{Z}^+$ 的子集族, 判断 π 是否构成 $\mathbb{Z}^+$ 的划分.

    (1) $S_1 = \{x \mid x \in \mathbb{Z}^+, x$ 是素数$\}, S_2 = \mathbb{Z}^+ - S_1, \pi = \{S_1, S_2\}$.

    (2) $\pi = \{\{x\} \mid x \in \mathbb{Z}^+\}$.

2.35 对任意非空的集合 A, A 的非空子集族 $P(A) - \{\varnothing\}$ 是否构成 A 的划分?

2.36 设 $A = \{1, 2, 3, 4\}$, 在 $A \times A$ 上定义二元关系 R,

$$\forall \langle u, v \rangle, \langle x, y \rangle \in A \times A, \langle u, v \rangle R \langle x, y \rangle \Leftrightarrow u + y = x + v.$$

    (1) 证明 R 是 $A \times A$ 上的等价关系.

    (2) 确定由 R 导出的对 $A \times A$ 的划分.

2.37 设 $A = \{a, b, c, d, e, f\}, R$ 是 A 上的关系, 且 $R = \{\langle a, b \rangle, \langle a, c \rangle, \langle e, f \rangle\}$, 设 $R^* = tsr(R)$, 则 R^* 是 A 上的等价关系.

    (1) 给出 R^* 的关系矩阵.

    (2) 写出商集 A/R^*.

2.38 设 R 为 A 上的自反和传递关系, 证明 $R \cap R^{-1}$ 是 A 上的等价关系.

2.39 设 R 是 A 上的自反关系, 证明 R 是 A 上等价关系的充分必要条件是: 若 $\langle a, b \rangle \in R$ 且 $\langle a, c \rangle \in R$, 则有 $\langle b, c \rangle \in R$.

2.40 设 R 为 $\mathbb{N} \times \mathbb{N}$ 上的二元关系, $\forall \langle a, b \rangle, \langle c, d \rangle \in \mathbb{N} \times \mathbb{N}$,

$$\langle a, b \rangle R \langle c, d \rangle \Leftrightarrow b = d.$$

    (1) 证明 R 为等价关系.

    (2) 求商集 $\mathbb{N} \times \mathbb{N}/R$.

2.41 设 $A = \{1,2,3,4\}$, R 为 $A \times A$ 上的二元关系，$\forall \langle a,b \rangle, \langle c,d \rangle \in A \times A$,

$$\langle a,b \rangle R \langle c,d \rangle \Leftrightarrow a+b = c+d.$$

(1) 证明 R 为等价关系.
(2) 求由 R 导出的划分.

2.42 设 R 是 A 上的自反和传递关系，如下定义 A 上的关系 T，使得 $\forall x,y \in A$,

$$\langle x,y \rangle \in T \Leftrightarrow \langle x,y \rangle \in R \text{且} \langle y,x \rangle \in R.$$

证明 T 是 A 上的等价关系.

2.43 对于下列集合与整除关系，画出哈斯图.
(1) $\{1,2,3,4,6,8,12,24\}$.
(2) $\{1,2,3,4,5,6,7,8,9,10,11,12\}$.

2.44 针对题 2.44 图中的各个哈斯图，写出集合以及偏序关系的表达式.

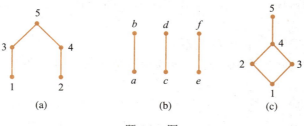

题 2.44 图

2.45 题 2.45 图是两个偏序集 $\langle A, R_{\preccurlyeq} \rangle$ 的哈斯图. 分别写出集合 A 和偏序关系 $R_{\preccurlyeq}$ 的集合表达式.

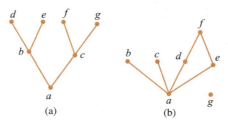

题 2.45 图

2.46 分别画出下列各偏序集 $\langle A, R_{\preccurlyeq} \rangle$ 的哈斯图，并找出 A 的极大元、极小元、最大元和最小元.

(1) $A = \{a, b, c, d, e, f\}$,
　　$R_{\preccurlyeq} = \{\langle a, d\rangle, \langle a, c\rangle, \langle a, b\rangle, \langle a, e\rangle, \langle b, e\rangle, \langle c, e\rangle, \langle d, e\rangle\} \cup I_A$.

(2) $A = \{a, b, c, d, e\}$,
　　$R_{\preccurlyeq} = \{\langle c, d\rangle\} \cup I_A$.

2.47　$A = \{1, 2, \cdots, 12\}$, $\preccurlyeq$ 为整除关系,

$$B = \{x \mid x \in A, 2 \leqslant x \leqslant 4\}.$$

在偏序集 $\langle A, \preccurlyeq\rangle$ 中求 B 的上界、下界、最小上界和最大下界.

2.48　设 $\langle A, R\rangle$ 和 $\langle B, S\rangle$ 为偏序集, 在集合 $A \times B$ 上定义关系 T 如下.

$$\forall \langle a_1, b_1\rangle, \langle a_2, b_2\rangle \in A \times B,$$

$$\langle a_1, b_1\rangle T \langle a_2, b_2\rangle \Leftrightarrow a_1 R a_2 \wedge b_1 S b_2.$$

证明: T 为 $A \times B$ 上的偏序关系.

2.49　设 $\langle A, R\rangle$ 为偏序集, 在 A 上定义新的关系 S 如下: $\forall x, y \in A, xSy \Leftrightarrow yRx$, 称 S 为 R 的对偶关系.

(1) 证明: S 也是 A 上的偏序关系.

(2) 如果 R 是整数集上的小于或等于关系, 那么 S 是什么关系? 如果 R 是正整数集上的整除关系, 那么 S 是什么关系?

(3) 偏序集 $\langle A, R\rangle$ 和 $\langle A, S\rangle$ 中的极大元、极小元、最大元、最小元等之间有什么关系?

2.50　一个项目 P 由 12 个任务构成, 任务之间的顺序关系如题 2.50 图所示. 从任务 m 到 n 的有向边表示任务 m 必须安排在 n 之前完成. 试给出 P 的一个拓扑排序.

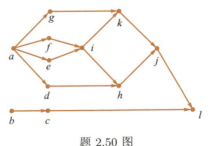

题 2.50 图

2.4.2　解答或提示

2.1　$\{\langle\varnothing, \varnothing\rangle, \langle\varnothing, \{\varnothing\}\rangle, \langle\varnothing, \{\{\varnothing\}\}\rangle, \langle\varnothing, \{\varnothing, \{\varnothing\}\}\rangle, \langle\{\varnothing\}, \varnothing\rangle, \langle\{\varnothing\}, \{\varnothing\}\rangle, \langle\{\varnothing\}, \{\{\varnothing\}\}\rangle,$
$\langle\{\varnothing\}, \{\varnothing, \{\varnothing\}\}\rangle\}$.

2.2　当 $A \neq \varnothing$ 时 $B \subseteq C$ 成立. 因为 $A \neq \varnothing$, 所以存在 $x \in A$, 对 $\forall y \in B$, 由 $\langle x, y \rangle \in A \times B \subseteq A \times C$ 知, $y \in C$, 故 $B \subseteq C$. 但是当 $A = \varnothing$ 时不一定有 $B \subseteq C$, 反例如下: $A = \varnothing, B = \{1\}, C = \{2\}$.

2.3　(1) 任取 $\langle x, y \rangle$,

$$\langle x, y \rangle \in (A \cap B) \times (C \cap D) \Leftrightarrow x \in A \cap B \wedge y \in C \cap D$$

$$\Leftrightarrow x \in A \wedge x \in B \wedge y \in C \wedge y \in D$$

$$\Leftrightarrow (x \in A \wedge y \in C) \wedge (x \in B \wedge y \in D)$$

$$\Leftrightarrow \langle x, y \rangle \in A \times C \wedge \langle x, y \rangle \in B \times D$$

$$\Leftrightarrow \langle x, y \rangle \in (A \times C) \cap (B \times D).$$

(2) 都不成立. 反例如下:

$$A = \{1\}, B = \{1, 2\}, C = \{2\}, D = \{3\}.$$

2.4　(1) 为假, 反例如下:

$$A = \{1\}, B = \varnothing, C = \{2\}.$$

(2) 为真, 证明如下. 任取 $\langle x, y \rangle$,

$$\langle x, y \rangle \in A \times (B \cap C) \Leftrightarrow x \in A \wedge y \in B \cap C$$

$$\Leftrightarrow x \in A \wedge y \in B \wedge y \in C$$

$$\Leftrightarrow (x \in A \wedge y \in B) \wedge (x \in A \wedge y \in C)$$

$$\Leftrightarrow \langle x, y \rangle \in A \times B \wedge \langle x, y \rangle \in A \times C$$

$$\Leftrightarrow \langle x, y \rangle \in (A \times B) \cap (A \times C).$$

(3) 为真, 令 $A = \varnothing$ 即可.

(4) 为假, 反例如下: $A = \varnothing$.

2.5　任取 x, 由题设 $A \times A = B \times B$ 得

$$x \in A \Leftrightarrow x \in A \wedge x \in A$$

$$\Leftrightarrow \langle x, x \rangle \in A \times A$$

$$\Leftrightarrow \langle x, x \rangle \in B \times B$$

$$\Leftrightarrow x \in B \wedge x \in B$$

$$\Leftrightarrow x \in B.$$

2.6 $A \times B = \{\langle 1,1 \rangle, \langle 2,1 \rangle\}$，有 4 个二元关系：$R_1 = \varnothing, R_2 = \{\langle 1,1 \rangle\}, R_3 = \{\langle 2,1 \rangle\}$，
$R_4 = A \times B$.

2.7 $I_A = \{\langle 2,2 \rangle, \langle 3,3 \rangle, \langle 4,4 \rangle\}$;
$E_A = \{\langle 2,3 \rangle, \langle 2,4 \rangle, \langle 3,2 \rangle, \langle 3,4 \rangle, \langle 4,2 \rangle, \langle 4,3 \rangle\} \cup I_A$;
$L_A = \{\langle 2,2 \rangle, \langle 2,3 \rangle, \langle 2,4 \rangle, \langle 3,3 \rangle, \langle 3,4 \rangle, \langle 4,4 \rangle\}$;
$D_A = \{\langle 2,2 \rangle, \langle 2,4 \rangle, \langle 3,3 \rangle, \langle 4,4 \rangle\}$.

2.8 $R = \{\langle \varnothing, \varnothing \rangle, \langle \varnothing, \{\varnothing\} \rangle, \langle \varnothing, \{\varnothing, \{\varnothing\}\} \rangle, \langle \varnothing, \{\varnothing, \{\varnothing\}, \{\varnothing, \{\varnothing\}\}\} \rangle,$
$\quad\quad \langle \{\varnothing\}, \{\varnothing\} \rangle, \langle \{\varnothing\}, \{\varnothing, \{\varnothing\}\} \rangle, \langle \{\varnothing\}, \{\varnothing, \{\varnothing\}, \{\varnothing, \{\varnothing\}\}\} \rangle,$
$\quad\quad \langle \{\varnothing, \{\varnothing\}\}, \{\varnothing, \{\varnothing\}\} \rangle, \langle \{\varnothing, \{\varnothing\}\}, \{\varnothing, \{\varnothing\}, \{\varnothing, \{\varnothing\}\}\} \rangle,$
$\quad\quad \langle \{\varnothing, \{\varnothing\}, \{\varnothing, \{\varnothing\}\}\}, \{\varnothing, \{\varnothing\}, \{\varnothing, \{\varnothing\}\}\} \rangle\}$.

2.9 (1) $\{\langle 1,2 \rangle, \langle 1,4 \rangle, \langle 1,6 \rangle, \langle 2,1 \rangle, \langle 2,2 \rangle, \langle 2,4 \rangle, \langle 2,6 \rangle, \langle 4,1 \rangle, \langle 4,2 \rangle, \langle 4,4 \rangle, \langle 4,6 \rangle, \langle 6,1 \rangle,$
$\quad\quad \langle 6,2 \rangle, \langle 6,4 \rangle, \langle 6,6 \rangle\}$.

(2) $\{\langle 1,2 \rangle, \langle 2,1 \rangle\}$.

(3) $\{\langle 1,1 \rangle, \langle 2,1 \rangle, \langle 4,1 \rangle, \langle 6,1 \rangle, \langle 2,2 \rangle, \langle 4,2 \rangle, \langle 4,4 \rangle, \langle 6,6 \rangle\}$.

(4) $\{\langle 1,2 \rangle, \langle 2,2 \rangle, \langle 4,2 \rangle, \langle 6,2 \rangle\}$.

2.10 (1) $\langle 2,6 \rangle, \langle 3,17 \rangle \in R \cup S$.

(2) $\langle 2,12 \rangle \in R \cap S$.

(3) 都不属于 $\sim R$.

2.11 根据 R_1, R_2 和 R_3 的定义可知，R_1 是小于关系，$R_1(0)$ 是 X 中大于 0 的数的
集合，因此 $R_1(0) = \{1,2,3,4\}$. 类似地有 $R_1(1) = \{2,3,4\}$.

$\langle x,y \rangle \in R_2$ 当且仅当 $y - 1 < x < y + 2$，即 $x - 2 < y < x + 1$. 这说明 $R_2(0)$ 中的 y
满足 $-2 < y < 1$，因此 $R_2(0) = \{-1,0\}$. 类似地有 $R_2(-1) = \{-2,-1\}$.

$\langle x,y \rangle \in R_3$ 当且仅当 $x^2 \leqslant y$，故 $R_3(3) = \{y | y \in X, 9 \leqslant y\} = \varnothing$.

2.12 R 的关系矩阵和关系图如图 2.4.1 所示.

$$\begin{pmatrix} 1 & 0 & 0 & 1 \\ 0 & 0 & 0 & 0 \\ 1 & 1 & 0 & 1 \\ 0 & 0 & 1 & 0 \end{pmatrix}$$

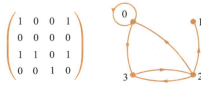

图 2.4.1

2.13 $A \cup B = \{\langle 1, 2 \rangle, \langle 2, 4 \rangle, \langle 3, 3 \rangle, \langle 1, 3 \rangle, \langle 4, 2 \rangle\}$,

$A \cap B = \{\langle 2, 4 \rangle\}$,

$\mathrm{dom}\, A = \{1, 2, 3\}$, $\mathrm{dom}\, B = \{1, 2, 4\}$, $\mathrm{dom}(A \cup B) = \{1, 2, 3, 4\}$,

$\mathrm{ran}\, A = \{2, 3, 4\}$, $\mathrm{ran}\, B = \{2, 3, 4\}$, $\mathrm{ran}(A \cap B) = \{4\}$,

$\mathrm{fld}(A - B) = \{1, 2, 3\}$.

2.14 $R \circ R = \{\langle 0, 2 \rangle, \langle 0, 3 \rangle, \langle 1, 3 \rangle\}$,

$R^{-1} = \{\langle 1, 0 \rangle, \langle 2, 0 \rangle, \langle 3, 0 \rangle, \langle 2, 1 \rangle, \langle 3, 1 \rangle, \langle 3, 2 \rangle\}$,

$R \upharpoonright \{0, 1\} = \{\langle 0, 1 \rangle, \langle 0, 2 \rangle, \langle 0, 3 \rangle, \langle 1, 2 \rangle, \langle 1, 3 \rangle\}$,

$R[\{1, 2\}] = \{2, 3\}$.

2.15 $A^{-1} = \{\langle \{\varnothing, \{\varnothing\}\}, \varnothing \rangle, \langle \varnothing, \{\varnothing\} \rangle\}$,

$A^2 = \{\langle \{\varnothing\}, \{\varnothing, \{\varnothing\}\} \rangle\}$,

$A^3 = \varnothing$,

$A \upharpoonright \{\varnothing\} = \{\langle \varnothing, \{\varnothing, \{\varnothing\}\} \rangle\}$,

$A[\varnothing] = \varnothing$,

$A \upharpoonright \varnothing = \varnothing$,

$A \upharpoonright \{\{\varnothing\}\} = \{\langle \{\varnothing\}, \varnothing \rangle\}$,

$A[\{\{\varnothing\}\}] = \{\varnothing\}$.

2.16 $R_1 \circ R_2 = \{\langle a, d \rangle, \langle a, c \rangle\}$, $R_2 \circ R_1 = \{\langle c, d \rangle\}$.

$R_1^2 = \{\langle a, a \rangle, \langle a, b \rangle, \langle a, d \rangle\}$, $R_2^3 = \{\langle b, c \rangle, \langle c, b \rangle, \langle b, d \rangle\}$.

2.17 $R_1 = I_A$, $R_2 = E_A$.

2.18 (1) $F \circ (G \cup H) = F \circ G \cup F \circ H$.

任取 $\langle x, y \rangle$,

$$\langle x, y \rangle \in F \circ (G \cup H) \Leftrightarrow \exists t(\langle x, t \rangle \in F \wedge \langle t, y \rangle \in G \cup H)$$

$$\Leftrightarrow \exists t(\langle x, t \rangle \in F \wedge (\langle t, y \rangle \in G \vee \langle t, y \rangle \in H))$$

$$\Leftrightarrow \exists t((\langle x, t \rangle \in F \wedge \langle t, y \rangle \in G) \vee (\langle x, t \rangle \in F \wedge \langle t, y \rangle \in H))$$

$$\Leftrightarrow \exists t(\langle x, t \rangle \in F \wedge \langle t, y \rangle \in G) \vee \exists t(\langle x, t \rangle \in F \wedge \langle t, y \rangle \in H)$$

$$\Leftrightarrow \langle x, y \rangle \in F \circ G \vee \langle x, y \rangle \in F \circ H$$

$$\Leftrightarrow \langle x, y \rangle \in F \circ G \cup F \circ H.$$

(2) 和 (4) 类似可证.

2.19 (2) 见第 2.3.6节习题课题型六第 1 题 (3).

(3) 任取 $\langle x, y \rangle$,

$$\langle x, y \rangle \in F \upharpoonright (A \cap B) \Leftrightarrow x \in A \cap B \wedge \langle x, y \rangle \in F$$

$$\Leftrightarrow x \in A \wedge x \in B \wedge \langle x, y \rangle \in F$$

$$\Leftrightarrow (x \in A \wedge \langle x, y \rangle \in F) \wedge (x \in B \wedge \langle x, y \rangle \in F)$$

$$\Leftrightarrow \langle x, y \rangle \in F \upharpoonright A \wedge \langle x, y \rangle \in F \upharpoonright B$$

$$\Leftrightarrow \langle x, y \rangle \in F \upharpoonright A \cap F \upharpoonright B.$$

2.20 (1) 任取 $\langle x, y \rangle$,

$$\langle x, y \rangle \in (R_1 \cup R_2)^{-1} \Leftrightarrow \langle y, x \rangle \in R_1 \cup R_2$$

$$\Leftrightarrow \langle y, x \rangle \in R_1 \vee \langle y, x \rangle \in R_2$$

$$\Leftrightarrow \langle x, y \rangle \in R_1^{-1} \vee \langle x, y \rangle \in R_2^{-1}$$

$$\Leftrightarrow \langle x, y \rangle \in R_1^{-1} \cup R_2^{-1}.$$

(2) 类似可证.

2.21 只具有对称性.

因为 $1 + 1 \neq 10$, 所以 $\langle 1, 1 \rangle \notin R$, 故 R 不是自反的.

又由于 $\langle 5, 5 \rangle \in R$, 因此 R 不是反自反的.

根据 $xRy \Leftrightarrow x + y = 10 \Leftrightarrow y + x = 10 \Leftrightarrow yRx$ 可知, R 是对称的.

又由于 $\langle 1, 9 \rangle, \langle 9, 1 \rangle$ 都属于 R, 因此 R 不是反对称的.

因为 $\langle 1, 9 \rangle, \langle 9, 1 \rangle$ 都属于 R, 如果 R 是传递的, 那么必有 $\langle 1, 1 \rangle \in R$. 但这是不成立的, 因此 R 也不是传递的.

2.22 (1) R 的关系图如图 2.4.2 所示.

图 2.4.2

(2) 具有反自反、反对称、传递的性质.

2.23

(a) 自反

$$\begin{pmatrix} 1 & 1 & 0 \\ 1 & 1 & 1 \\ 1 & 0 & 1 \end{pmatrix}$$

(b) 5 种性质均不具备

$$\begin{pmatrix} 1 & 1 & 0 \\ 1 & 0 & 1 \\ 1 & 0 & 0 \end{pmatrix}$$

(c) 自反、对称、传递

$$\begin{pmatrix} 1 & 1 & 1 \\ 1 & 1 & 1 \\ 1 & 1 & 1 \end{pmatrix}$$

(d) 自反、传递

$$\begin{pmatrix} 1 & 1 & 1 \\ 0 & 1 & 1 \\ 0 & 1 & 1 \end{pmatrix}$$

(e) 5 种性质均不具备

$$\begin{pmatrix} 0 & 1 & 1 \\ 1 & 1 & 0 \\ 1 & 1 & 0 \end{pmatrix}$$

(f) 对称

$$\begin{pmatrix} 1 & 1 & 1 \\ 1 & 0 & 0 \\ 1 & 0 & 0 \end{pmatrix}$$

(g) 自反、反对称

$$\begin{pmatrix} 1 & 0 & 1 \\ 1 & 1 & 0 \\ 0 & 1 & 1 \end{pmatrix}$$

(h) 自反、对称

$$\begin{pmatrix} 1 & 1 & 0 \\ 1 & 1 & 1 \\ 0 & 1 & 1 \end{pmatrix}$$

(i) 对称

$$\begin{pmatrix} 0 & 1 & 1 \\ 1 & 0 & 1 \\ 1 & 1 & 1 \end{pmatrix}$$

(j) 反对称

$$\begin{pmatrix} 1 & 0 & 1 \\ 1 & 0 & 0 \\ 0 & 1 & 0 \end{pmatrix}$$

(k) 自反、反对称、传递

$$\begin{pmatrix} 1 & 0 & 0 \\ 1 & 1 & 0 \\ 1 & 0 & 1 \end{pmatrix}$$

(l) 反对称

$$\begin{pmatrix} 0 & 0 & 1 \\ 1 & 1 & 0 \\ 0 & 1 & 1 \end{pmatrix}$$

2.24　在第 2.3.7 节习题课题型七中已经证明了部分命题，这里再选择部分命题加以证明.

(1) 若 R_1 在 A 上是自反的，则 R_1^{-1} 在 A 上也是自反的.

证明：任取 $x \in A$，因为 R_1 在 A 上是自反的，所以 $\langle x, x \rangle \in R_1$，从而有 $\langle x, x \rangle \in R_1^{-1}$，故 R_1^{-1} 在 A 上也是自反的.

(2) 若 R_1 在 A 上是对称的，则 R_1^{-1} 在 A 上也是对称的.

证明：任取 $\langle x, y \rangle \in R_1^{-1}$，则有 $\langle y, x \rangle \in R_1$. 因为 R_1 在 A 上是对称的，所以有 $\langle x, y \rangle \in R_1$，故 $\langle y, x \rangle \in R_1^{-1}$. 这证明了 R_1^{-1} 在 A 上也是对称的.

(3) 若 R_1 和 R_2 在 A 上是反对称的，则 $R_1 - R_2$ 在 A 上也是反对称的.

证明：对任意 $\langle x, y \rangle$，若 $\langle x, y \rangle \in R_1 - R_2$ 且 $\langle y, x \rangle \in R_1 - R_2$，则 $\langle x, y \rangle \in R_1$ 且 $\langle y, x \rangle \in R_1$. 因为 R_1 在 A 上是反对称的，所以 $x = y$，故 $R_1 - R_2$ 在 A 上是反对称的. 由证明过程可知，这里其实不需要 R_2 在 A 上是反对称的条件.

(4) 若 R_1, R_2 在 A 上是反自反的，则 $R_1 - R_2$ 在 A 上也是反自反的.

证明：任取 $x \in A$，因为 R_1 在 A 上是反自反的，所以 $\langle x, x \rangle \notin R_1$，进而 $\langle x, x \rangle \notin R_1 - R_2$，所以 $R_1 - R_2$ 在 A 上也是反自反的. 由证明过程可知，这里其实不需要 R_2 在 A 上是反

自反的条件.

(5) 若 R_1, R_2 在 A 上是对称的, 则 $R_1 - R_2$ 在 A 上也是对称的.

证明: 对任意 $\langle x, y \rangle \in R_1 - R_2$, 有 $\langle x, y \rangle \in R_1, \langle x, y \rangle \notin R_2$. 因为 R_1, R_2 在 A 上是对称的, 所以有 $\langle y, x \rangle \in R_1, \langle y, x \rangle \notin R_2$, 即 $\langle y, x \rangle \in R_1 - R_2$, 这就证明了 $R_1 - R_2$ 在 A 上也是对称的.

(6) 若 R_1 和 R_2 在 A 上是传递的, 则 $R_1 \cap R_2$ 在 A 上也是传递的.

证明: 任取 $\langle x, y \rangle, \langle y, z \rangle$, 因为 R_1 和 R_2 在 A 上是传递的, 所以有

$$\langle x, y \rangle \in R_1 \cap R_2 \wedge \langle y, z \rangle \in R_1 \cap R_2$$

$$\Rightarrow (\langle x, y \rangle \in R_1 \wedge \langle x, y \rangle \in R_2) \wedge (\langle y, z \rangle \in R_1 \wedge \langle y, z \rangle \in R_2)$$

$$\Rightarrow (\langle x, y \rangle \in R_1 \wedge \langle y, z \rangle \in R_1) \wedge (\langle x, y \rangle \in R_2 \wedge \langle y, z \rangle \in R_2)$$

$$\Rightarrow \langle x, z \rangle \in R_1 \wedge \langle x, z \rangle \in R_2$$

$$\Rightarrow \langle x, z \rangle \in R_1 \cap R_2,$$

故 $R_1 \cap R_2$ 在 A 上也是传递的.

反例如下.

(7) $A = \{1, 2\}, R_1 = \{\langle 1, 2 \rangle\}, R_2 = \{\langle 2, 1 \rangle\}$, 那么 R_1 与 R_2 都是反对称的和传递的, 但是 $R_1 \cup R_2$ 不是反对称的, 也不是传递的.

(8) I_A 和 E_A 都是自反的, 但是 $E_A - I_A$ 不是自反的. 令 $A = \{1, 2, 3\}$, 则有 $R_1 = \{\langle 1, 2 \rangle, \langle 2, 3 \rangle, \langle 1, 3 \rangle\}, R_2 = \{\langle 1, 3 \rangle\}$ 都是传递的, 但是 $R_1 - R_2$ 不是传递的.

(9) 设 $A = \{1, 2, 3, 4\}$.

若 $R_1 = \{\langle 1, 2 \rangle\}, R_2 = \{\langle 2, 1 \rangle\}$, 则它们都是反自反的, 但是 $R_1 \circ R_2$ 不是反自反的.

若 $R_1 = \{\langle 1, 2 \rangle, \langle 2, 1 \rangle\}, R_2 = \{\langle 2, 2 \rangle\}$, 则它们都是对称的, 可是 $R_1 \circ R_2$ 不是对称的.

若 $R_1 = \{\langle 1, 2 \rangle, \langle 2, 3 \rangle\}, R_2 = \{\langle 2, 2 \rangle, \langle 3, 1 \rangle\}$, 则它们都是反对称的, 但是 $R_1 \circ R_2$ 不是反对称的.

2.25 $r(R), s(R), t(R)$ 的关系图如图 2.4.3 所示.

2.26 (1) $R^2 = \{\langle 1, 3 \rangle, \langle 3, 3 \rangle\}, R^3 = \{\langle 1, 3 \rangle, \langle 3, 3 \rangle\}$.

(2) $r(R) = \{\langle 1, 1 \rangle, \langle 1, 3 \rangle, \langle 1, 5 \rangle, \langle 2, 2 \rangle, \langle 2, 5 \rangle, \langle 3, 3 \rangle, \langle 4, 4 \rangle, \langle 4, 5 \rangle, \langle 5, 5 \rangle, \langle 6, 6 \rangle\}$.

$s(R) = \{\langle 1, 5 \rangle, \langle 5, 1 \rangle, \langle 2, 5 \rangle, \langle 5, 2 \rangle, \langle 3, 3 \rangle, \langle 1, 3 \rangle, \langle 3, 1 \rangle, \langle 4, 5 \rangle, \langle 5, 4 \rangle\}$.

$t(R) = \{\langle 1, 3 \rangle, \langle 1, 5 \rangle, \langle 2, 5 \rangle, \langle 3, 3 \rangle, \langle 4, 5 \rangle\}$.

2.27 显然 $R \subseteq R \cup R^{-1}$. 下面证明 $R \cup R^{-1}$ 是对称的. 任取 $\langle x, y \rangle$,

$$\langle x, y \rangle \in R \cup R^{-1} \Leftrightarrow \langle x, y \rangle \in R \vee \langle x, y \rangle \in R^{-1}$$

$$\Leftrightarrow \langle x, y \rangle \in R \vee \langle y, x \rangle \in R$$

$$\Leftrightarrow \langle y, x \rangle \in R \vee \langle y, x \rangle \in R^{-1}$$

$$\Leftrightarrow \langle y, x \rangle \in R \cup R^{-1},$$

这证明了 $R \cup R^{-1}$ 是包含 R 的对称关系.

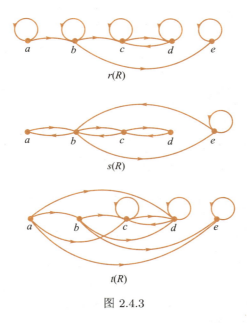

图 2.4.3

假设 R' 也是包含 R 的对称关系，那么 $\forall \langle x, y \rangle$ 有

$$\langle x, y \rangle \in R \cup R^{-1} \Rightarrow \langle x, y \rangle \in R \vee \langle x, y \rangle \in R^{-1}$$

$$\Rightarrow \langle x, y \rangle \in R \vee \langle y, x \rangle \in R$$

$$\Rightarrow \langle x, y \rangle \in R' \vee \langle y, x \rangle \in R'$$

$$\Rightarrow \langle x, y \rangle \in R' \vee \langle x, y \rangle \in R'$$

$$\Rightarrow \langle x, y \rangle \in R'.$$

根据对称闭包定义，$s(R) = R \cup R^{-1}$.

2.28　(2) 显然 $R \subseteq s(R)$. 因为 R 是包含 R 的对称关系，根据闭包定义又有 $s(R) \subseteq R$.
(3) 使用传递闭包定义类似可证.

2.29 (1) 任取 $\langle x, y \rangle$,

$$\langle x, y \rangle \in r(R_1) \Rightarrow \langle x, y \rangle \in R_1 \cup I_A$$

$$\Rightarrow \langle x, y \rangle \in R_1 \vee \langle x, y \rangle \in I_A$$

$$\Rightarrow \langle x, y \rangle \in R_2 \vee \langle x, y \rangle \in I_A$$

$$\Rightarrow \langle x, y \rangle \in R_2 \cup I_A$$

$$\Rightarrow \langle x, y \rangle \in r(R_2),$$

即 $r(R_1) \subseteq r(R_2)$.

(2) 和 (3) 的证明与 (1) 类似. 在证明 $t(R_1) \subseteq t(R_2)$ 时, 注意先利用数学归纳法证明 $R_1^n \subseteq R_2^n$, 其中 n 为正整数.

2.30 (1) 设 R 是 A 上的关系, 由于 R 是自反的, $I_A \subseteq R$, 因此 $I_A \subseteq R \subseteq s(R)$, 从而证明了 $s(R)$ 是自反的. 同理可证 $t(R)$ 也是自反的.

(3) $r(R) \circ r(R) = (R \cup I_A) \circ (R \cup I_A)$

$$= R \circ R \cup I_A \circ R \cup R \circ I_A \cup I_A \circ I_A$$

$$\subseteq R \cup R \cup R \cup I_A$$

$$= R \cup I_A$$

$$= r(R).$$

根据传递性的充分必要条件知, $r(R)$ 是传递的.

2.31 (1) $R = \{\langle 2,3 \rangle, \langle 3,2 \rangle, \langle 2,4 \rangle, \langle 4,2 \rangle, \langle 3,4 \rangle, \langle 4,3 \rangle\} \cup I_A$.

(2) R.

(3) R.

2.32 (1) 不是等价关系, 因为 $\langle 1,1 \rangle \notin R$, R 不是自反的.

(2) 不是等价关系, 因为 R 不是传递的, $1R3, 3R2$, 但是没有 $1R2$.

(3) 不是等价关系, 因为 $\langle 2,2 \rangle \notin R, R$ 不是自反的.

(4) 不是等价关系, 因为 R 不是传递的. 反例如下.

令 $S = \{1,2\}, A = \{\varnothing, \{1\}, \{2\}, \{1,2\}\}, X = \{1\}, Y = \{1,2\}, Z = \{2\}$. 那么 XRY, YRZ, 但是没有 XRZ.

(5) 是等价关系. 验证如下.

任取 $X \in A$, 由于 $X \oplus X = \varnothing \subseteq C$, 因此 XRX 成立, R 是自反的.

任取 $\langle X, Y \rangle \in R$, 有 $X \oplus Y \subseteq C \Rightarrow Y \oplus X \subseteq C \Rightarrow YRX$, R 是对称的.

任取 $\langle X, Y \rangle \in R, \langle Y, Z \rangle \in R$，有 $X \oplus Y \subseteq C, Y \oplus Z \subseteq C$，从而有

$$X \oplus Z = (X \oplus Y) \oplus (Y \oplus Z) \subseteq (X \oplus Y) \cup (Y \oplus Z) \subseteq C \cup C = C,$$

因此 $\langle X, Z \rangle \in R, R$ 是传递的.

2.33 关系图如图 2.4.4 所示.

$$[a] = [b] = \{a, b\}, \ [c] = [d] = \{c, d\}.$$

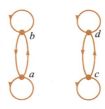

图 2.4.4

2.34 都构成划分.

2.35 当 $|A| = 1$ 时，$P(A) - \{\varnothing\}$ 构成 A 的划分；如果 $|A| > 1$，那么不构成 A 的划分.

2.36 (1) 注意到 $\langle u, v \rangle R \langle x, y \rangle \Leftrightarrow u + y = x + v \Leftrightarrow u - v = x - y$.

任取 $\langle x, y \rangle$，

$$\langle x, y \rangle \in A \times A \Rightarrow x - y = x - y \Rightarrow \langle x, y \rangle R \langle x, y \rangle.$$

任取 $\langle x, y \rangle, \langle u, v \rangle$，

$$\langle x, y \rangle R \langle u, v \rangle \Rightarrow x - y = u - v \Rightarrow u - v = x - y \Rightarrow \langle u, v \rangle R \langle x, y \rangle.$$

任取 $\langle x, y \rangle, \langle u, v \rangle, \langle s, t \rangle$，

$$\langle x, y \rangle R \langle u, v \rangle \wedge \langle u, v \rangle R \langle s, t \rangle \Rightarrow x - y = u - v \wedge u - v = s - t$$
$$\Rightarrow x - y = s - t$$
$$\Rightarrow \langle x, y \rangle R \langle s, t \rangle.$$

(2) $\{\{\langle 1, 1 \rangle, \langle 2, 2 \rangle, \langle 3, 3 \rangle, \langle 4, 4 \rangle\}, \{\langle 1, 2 \rangle, \langle 2, 3 \rangle, \langle 3, 4 \rangle\}, \{\langle 1, 3 \rangle, \langle 2, 4 \rangle\},$
$\{\langle 1, 4 \rangle\}, \{\langle 4, 1 \rangle\}, \{\langle 3, 1 \rangle, \langle 4, 2 \rangle\}, \{\langle 2, 1 \rangle, \langle 3, 2 \rangle, \langle 4, 3 \rangle\}\}$.

2.37 (1) 关系矩阵如下：

$$\begin{pmatrix} 1 & 1 & 1 & 0 & 0 & 0 \\ 1 & 1 & 1 & 0 & 0 & 0 \\ 1 & 1 & 1 & 0 & 0 & 0 \\ 0 & 0 & 0 & 1 & 0 & 0 \\ 0 & 0 & 0 & 0 & 1 & 1 \\ 0 & 0 & 0 & 0 & 1 & 1 \end{pmatrix}.$$

(2) $A/R^* = \{\{a,b,c\},\{d\},\{e,f\}\}$.

2.38 任取 $x \in A$，因为 R 是自反的，所以 $\langle x,x \rangle \in R$. 从而有 $\langle x,x \rangle \in R^{-1}$，故 $\langle x,x \rangle \in R \cap R^{-1}$.

任取 $\langle x,y \rangle$，

$$\langle x,y \rangle \in R \cap R^{-1} \Rightarrow \langle x,y \rangle \in R \wedge \langle x,y \rangle \in R^{-1}$$
$$\Rightarrow \langle y,x \rangle \in R^{-1} \wedge \langle y,x \rangle \in R$$
$$\Rightarrow \langle y,x \rangle \in R \cap R^{-1}.$$

任取 $\langle x,y \rangle, \langle y,z \rangle$，由 R 的传递性知，

$$\langle x,y \rangle \in R \cap R^{-1} \wedge \langle y,z \rangle \in R \cap R^{-1}$$
$$\Rightarrow \langle x,y \rangle \in R \wedge \langle x,y \rangle \in R^{-1} \wedge \langle y,z \rangle \in R \wedge \langle y,z \rangle \in R^{-1}$$
$$\Rightarrow (\langle x,y \rangle \in R \wedge \langle y,z \rangle \in R) \wedge (\langle x,y \rangle \in R^{-1} \wedge \langle y,z \rangle \in R^{-1})$$
$$\Rightarrow \langle x,z \rangle \in R \wedge \langle x,z \rangle \in R^{-1}$$
$$\Rightarrow \langle x,z \rangle \in R \cap R^{-1}.$$

2.39 充分性. 任取 $\langle x,y \rangle, \langle y,z \rangle$，根据自反性有 $\langle x,x \rangle \in R$.
$\langle x,y \rangle \in R \Rightarrow \langle x,y \rangle \in R \wedge \langle x,x \rangle \in R \Rightarrow \langle y,x \rangle \in R$，对称性得证.
$\langle x,y \rangle \in R \wedge \langle y,z \rangle \in R \Rightarrow \langle y,x \rangle \in R \wedge \langle y,z \rangle \in R \Rightarrow \langle x,z \rangle \in R$，传递性得证.
必要性. 任取 $\langle a,b \rangle, \langle a,c \rangle$，

$$\langle a,b \rangle \in R \wedge \langle a,c \rangle \in R \Rightarrow \langle b,a \rangle \in R \wedge \langle a,c \rangle \in R \Rightarrow \langle b,c \rangle \in R.$$

2.40 (1) $\forall \langle a,b \rangle \in \mathbb{N} \times \mathbb{N}, b = b \Rightarrow \langle a,b \rangle R \langle a,b \rangle$，因此 R 是自反的.

$\forall \langle a,b \rangle, \langle c,d \rangle \in \mathbb{N} \times \mathbb{N}, \langle a,b \rangle R \langle c,d \rangle \Leftrightarrow b = d \Rightarrow d = b \Leftrightarrow \langle c,d \rangle R \langle a,b \rangle$，因此 R 是对称关系.

$\forall \langle a,b \rangle, \langle c,d \rangle, \langle e,f \rangle \in \mathbb{N} \times \mathbb{N}$,

$$\langle a,b \rangle R \langle c,d \rangle \wedge \langle c,d \rangle R \langle e,f \rangle \Leftrightarrow b = d \wedge d = f \Rightarrow b = f \Leftrightarrow \langle a,b \rangle R \langle e,f \rangle,$$

因此 R 是传递的.

(2) $\mathbb{N} \times \mathbb{N}/R = \{\mathbb{N} \times \{n\} | n \in \mathbb{N}\}$.

2.41 (1) $\forall \langle a,b \rangle \in A \times A, a + b = a + b \Leftrightarrow \langle a,b \rangle R \langle a,b \rangle$，$R$ 是自反的.

$\forall \langle a,b \rangle, \langle c,d \rangle \in A \times A$,

$$\langle a,b \rangle R \langle c,d \rangle \Leftrightarrow a + b = c + d \Rightarrow c + d = a + b \Rightarrow \langle c,d \rangle R \langle a,b \rangle,$$

故 R 是对称的.

$\forall \langle a,b \rangle, \langle c,d \rangle, \langle e,f \rangle \in A \times A$,

$$\begin{aligned} \langle a,b \rangle R \langle c,d \rangle \wedge \langle c,d \rangle R \langle e,f \rangle &\Leftrightarrow a + b = c + d \wedge c + d = e + f \\ &\Rightarrow a + b = e + f \\ &\Rightarrow \langle a,b \rangle R \langle e,f \rangle, \end{aligned}$$

故 R 是传递的.

(2) $\{\{\langle 1,1 \rangle\}, \{\langle 1,2 \rangle, \langle 2,1 \rangle\}, \{\langle 1,3 \rangle, \langle 2,2 \rangle, \langle 3,1 \rangle\}, \{\langle 1,4 \rangle, \langle 2,3 \rangle, \langle 3,2 \rangle, \langle 4,1 \rangle\},$
$\{\langle 2,4 \rangle, \langle 3,3 \rangle, \langle 4,2 \rangle\}, \{\langle 3,4 \rangle, \langle 4,3 \rangle\}, \{\langle 4,4 \rangle\}\}$.

2.42 $\forall x \in A \Rightarrow \langle x,x \rangle \in R \Rightarrow \langle x,x \rangle \in R \wedge \langle x,x \rangle \in R \Rightarrow \langle x,x \rangle \in T$, 故 T 是自反的.

$\forall x,y \in A$,

$$\begin{aligned} \langle x,y \rangle \in T &\Leftrightarrow \langle x,y \rangle \in R \wedge \langle y,x \rangle \in R \\ &\Rightarrow \langle y,x \rangle \in R \wedge \langle x,y \rangle \in R \\ &\Rightarrow \langle y,x \rangle \in T, \end{aligned}$$

故 T 是对称的.

$\forall x,y,z \in A$,

$$\begin{aligned} \langle x,y \rangle \in T \wedge \langle y,z \rangle \in T &\Leftrightarrow (\langle x,y \rangle \in R \wedge \langle y,x \rangle \in R) \wedge (\langle y,z \rangle \in R \wedge \langle z,y \rangle \in R) \\ &\Leftrightarrow (\langle x,y \rangle \in R \wedge \langle y,z \rangle \in R) \wedge (\langle z,y \rangle \in R \wedge \langle y,x \rangle \in R) \\ &\Leftrightarrow \langle x,z \rangle \in R \wedge \langle z,x \rangle \in R \end{aligned}$$

$$\Rightarrow \langle x, z \rangle \in T,$$

所以 T 是传递的.

2.43 哈斯图如图 2.4.5 所示.

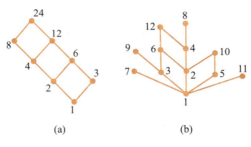

图 2.4.5

2.44 (a) 偏序集 $\langle A, R \rangle$, $A = \{1, 2, 3, 4, 5\}$, $R = \{\langle 1, 3 \rangle, \langle 1, 5 \rangle, \langle 2, 4 \rangle, \langle 2, 5 \rangle, \langle 3, 5 \rangle, \langle 4, 5 \rangle\}$ $\cup I_A$.

(b) 偏序集 $\langle A, R \rangle$, $A = \{a, b, c, d, e, f\}$, $R = \{\langle a, b \rangle, \langle c, d \rangle, \langle e, f \rangle\} \cup I_A$.

(c) 偏序集 $\langle A, R \rangle$, $A = \{1, 2, 3, 4, 5\}$, $R = \{\langle 1, 2 \rangle, \langle 1, 4 \rangle, \langle 1, 5 \rangle, \langle 1, 3 \rangle, \langle 2, 4 \rangle, \langle 2, 5 \rangle,$ $\langle 3, 4 \rangle, \langle 3, 5 \rangle, \langle 4, 5 \rangle\} \cup I_A$.

2.45 (a) $A = \{a, b, c, d, e, f, g\}$,

$\qquad R_{\preccurlyeq} = \{\langle a, b \rangle, \langle a, c \rangle, \langle a, d \rangle, \langle a, e \rangle, \langle a, f \rangle, \langle a, g \rangle, \langle b, d \rangle, \langle b, e \rangle, \langle c, f \rangle, \langle c, g \rangle\} \cup I_A$.

(b) $A = \{a, b, c, d, e, f, g\}$,

$\qquad R_{\preccurlyeq} = \{\langle a, b \rangle, \langle a, c \rangle, \langle a, d \rangle, \langle a, e \rangle, \langle a, f \rangle, \langle d, f \rangle, \langle e, f \rangle\} \cup I_A$.

2.46 哈斯图如图 2.4.6 所示.

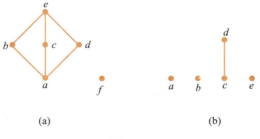

图 2.4.6

(1) 极大元: e, f; 极小元: a, f; 没有最大元与最小元.

(2) 极大元: a, b, d, e; 极小元: a, b, c, e; 没有最大元与最小元.

2.47　B 的上界为 12，最小上界也是 12；B 的下界为 1，最大下界也是 1.

2.48　$\forall \langle a, b \rangle \in A \times B, aRa \wedge bSb \Rightarrow \langle a, b \rangle T \langle a, b \rangle$，故 T 是自反的.

下面证明反对称性. $\forall \langle a_1, b_1 \rangle, \langle a_2, b_2 \rangle \in A \times B,$

$$\langle a_1, b_1 \rangle T \langle a_2, b_2 \rangle \wedge \langle a_2, b_2 \rangle T \langle a_1, b_1 \rangle \Leftrightarrow (a_1 R a_2 \wedge b_1 S b_2) \wedge (a_2 R a_1 \wedge b_2 S b_1)$$

$$\Leftrightarrow (a_1 R a_2 \wedge a_2 R a_1) \wedge (b_1 S b_2 \wedge b_2 S b_1)$$

$$\Rightarrow a_1 = a_2 \wedge b_1 = b_2$$

$$\Rightarrow \langle a_1, b_1 \rangle = \langle a_2, b_2 \rangle.$$

下面证明传递性. $\forall \langle a_1, b_1 \rangle, \langle a_2, b_2 \rangle, \langle a_3, b_3 \rangle \in A \times B,$

$$\langle a_1, b_1 \rangle T \langle a_2, b_2 \rangle \wedge \langle a_2, b_2 \rangle T \langle a_3, b_3 \rangle \Leftrightarrow (a_1 R a_2 \wedge b_1 S b_2) \wedge (a_2 R a_3 \wedge b_2 S b_3)$$

$$\Rightarrow (a_1 R a_2 \wedge a_2 R a_3) \wedge (b_1 S b_2 \wedge b_2 S b_3)$$

$$\Rightarrow a_1 R a_3 \wedge b_1 S b_3$$

$$\Rightarrow \langle a_1, b_1 \rangle T \langle a_3, b_3 \rangle.$$

2.49　(1) $\forall x \in A \Rightarrow xRx \Leftrightarrow xSx$，故 S 是自反的.

$\forall x, y \in A, xSy \wedge ySx \Leftrightarrow yRx \wedge xRy \Rightarrow x = y$，故 S 是反对称的.

$\forall x, y, z \in A, xSy \wedge ySz \Leftrightarrow yRx \wedge zRy \Rightarrow zRy \wedge yRx \Rightarrow zRx \Rightarrow xSz$，故 S 是传递的.

(2) 如果 R 是整数集上的小于或等于关系，那么 S 是大于或等于关系；如果 R 是正整数集上的整除关系，那么 S 是倍数关系.

(3) $\langle A, R \rangle$ 中的极大元恰好为 $\langle A, S \rangle$ 中的极小元，$\langle A, R \rangle$ 中的极小元恰好为 $\langle A, S \rangle$ 中的极大元. $\langle A, R \rangle$ 中的最大元恰好为 $\langle A, S \rangle$ 中的最小元，$\langle A, R \rangle$ 中的最小元恰好为 $\langle A, S \rangle$ 中的最大元.

2.50　结果不唯一. 一种可能的排序是

$$a, b, c, d, e, f, g, i, k, h, j, l.$$

2.5　小测验

2.5.1　试题

1. 填空题 (6 小题，每小题 5 分，共 30 分).

(1) 设 $A = \{1,2,3\}$，A 上的关系 R 的补关系 $\overline{R} = \{\langle x,y\rangle | \langle x,y\rangle \notin R\}$ 也是 A 上的关系，若 $R = \{\langle x,y\rangle | x = y+1$ 或 $x = y-1\}$，则 $\overline{R} =$ _____.

(2) 设 $A = \{1,2,3\}$，$B = \{4,5,6,8\}$，R 和 S 均是从 A 到 B 的关系：xRy 当且仅当 $\gcd(x,y) = 1$，即 x 与 y 的最大公因数等于 1；xSy 当且仅当 $x+y < 8$. 则 $R \cap S =$ _____.

(3) 下列各关系中具有自反性和对称性的关系是 _____.

R_1 是自然数集 $\mathbb{N}$ 上的关系，且 xR_1y 当且仅当 $x+y$ 是偶数.

R_2 是自然数集 $\mathbb{N}$ 上的关系，且 xR_2y 当且仅当 $x > y$ 或 $y > x$.

R_3 是自然数集 $\mathbb{N}$ 上的关系，且 xR_3y 当且仅当 $|x| + |y| \neq 3$.

R_4 是自然数集 $\mathbb{Q}$ 上的关系，且 xR_4y 当且仅当 $y = x+2$.

R_5 是自然数集 $\mathbb{N}$ 上的关系，且 xR_5y 当且仅当 $x \cdot y = 4$.

(4) 已知 $R \subseteq A \times A$ 且 $A = \{a,b,c\}$，R 的关系矩阵

$$\boldsymbol{M}(R) = \begin{pmatrix} 1 & 0 & 0 \\ 0 & 1 & 1 \\ 0 & 1 & 1 \end{pmatrix},$$

则传递闭包 $t(R)$ 的关系矩阵 $\boldsymbol{M}(t(R)) =$ _____.

(5) 设集合 $X = \{1,2,3\}$，下列关系中 _____ 不是等价的.

$A = \{\langle 1,1\rangle, \langle 2,2\rangle, \langle 3,3\rangle\}$.

$B = \{\langle 1,1\rangle, \langle 2,2\rangle, \langle 3,3\rangle, \langle 3,2\rangle, \langle 2,3\rangle\}$.

$C = \{\langle 1,1\rangle, \langle 2,2\rangle, \langle 3,3\rangle, \langle 1,4\rangle\}$.

$D = \{\langle 1,1\rangle, \langle 2,2\rangle, \langle 1,2\rangle, \langle 2,1\rangle, \langle 1,3\rangle, \langle 3,1\rangle, \langle 3,3\rangle, \langle 2,3\rangle, \langle 3,2\rangle\}$.

(6) 设 $A = \{a,b,c,d,e,f\}$，R 是 A 上如下定义的二元关系：

$$R = \{\langle a,b\rangle, \langle b,c\rangle, \langle c,a\rangle, \langle e,f\rangle, \langle f,e\rangle\}.$$

使得 $R^s = R^t$ 成立的最小的自然数 s,t，其中 $s < t$，是 _____.

2. 简答题 (4 小题，每小题 10 分，共 40 分).

(1) 给出集合 $A = \{a,b,c\}$ 上的一个关系 R，使得 R 不具有以下 5 种性质 (自反、反自反、对称、反对称、传递) 中的任何一种，解释为什么所给的关系没有这些性质，并画出 R 的关系图.

(2) 设 $A = \{a,b,c,d,e,f\}$，R 是 A 上的二元关系，且 $R = \{\langle a,c\rangle, \langle c,d\rangle, \langle d,a\rangle\}$. 设 $R^* = tsr(R)$，则 R^* 是 A 上的等价关系. 写出 R^* 的关系表达式和商集 A/R^*.

(3) 图 2.5.1 是偏序集 $\langle X, \preccurlyeq\rangle$ 的哈斯图，求 X 和 $\preccurlyeq$ 的集合表达式，并指出该偏序集的极大元、极小元、最大元、最小元.

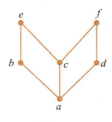

图 2.5.1

(4) $A = \{a, b, c, d\}, \pi_i (i = 1, 2, 3, 4)$ 是 A 的划分，其中

$$\pi_1 = \{\{a\}, \{b\}, \{c\}, \{d\}\},$$

$$\pi_2 = \{\{a, c\}, \{b, d\}\},$$

$$\pi_3 = \{\{a, b\}, \{c\}, \{d\}\},$$

$$\pi_4 = \{\{a, b, c, d\}\}.$$

设 $\Pi = \{\pi_1, \pi_2, \pi_3, \pi_4\}$，$\preccurlyeq$ 为划分的加细关系，即 $\pi_i \preccurlyeq \pi_j$ 当且仅当 π_i 的每个划分块都包含在 π_j 的某个划分块中，求偏序集 $\langle \Pi, \preccurlyeq \rangle$ 的哈斯图.

3. 证明题 (2 小题，每小题 10 分，共 20 分).

(1) 指出下面命题证明中的错误.

命题：设 R 是集合 A 上的对称、传递的关系，则 R 是自反的.

证明：设 $x \in A$，根据对称性由 $\langle x, y \rangle \in R$ 得到 $\langle y, x \rangle \in R$，再使用传递性得到 $\langle x, x \rangle \in R$. 从而证明了 R 的自反性.

(2) 设 R 是 A 上任意自反和传递的关系，证明 $R \circ R = R$. 该命题的逆命题是否成立？证明你的结论.

4. 应用题 (10 分).

在一个道路网络上连接有 8 个城市，分别标记为 a, b, c, d, e, f, g, h. 城市之间直接连接的道路是单向的，有 $a \to b, a \to c, b \to g, g \to b, c \to f, f \to e, b \to d, d \to f$. 对每一个城市，求出从它出发能够到达的所有其他城市.

2.5.2 答案或解答

1. (1) $\overline{R} = \{\langle 1, 1 \rangle, \langle 1, 3 \rangle, \langle 3, 1 \rangle, \langle 2, 2 \rangle, \langle 3, 3 \rangle\}$.

(2) $\{\langle 1, 4 \rangle, \langle 1, 5 \rangle, \langle 1, 6 \rangle, \langle 2, 5 \rangle, \langle 3, 4 \rangle\}$.

(3) R_1 和 R_3.

(4) $\boldsymbol{M}(R)$.

(5) C.

(6) $s = 0, t = 6$.

2. (1) $R = \{\langle a, a\rangle, \langle a, b\rangle, \langle b, a\rangle, \langle a, c\rangle\}$. 由于 $\langle b, b\rangle \notin R$, 故 R 不是自反的; 由于 $\langle a, a\rangle \in R$, 故 R 不是反自反的. 由于 $\langle a, c\rangle \in R$ 但 $\langle c, a\rangle \notin R$, 故 R 不是对称的; 由于 $\langle a, b\rangle, \langle b, a\rangle$ 同时属于 R, 故 R 不是反对称的. 最后, 由于 $\langle b, a\rangle, \langle a, b\rangle \in R$ 但 $\langle b, b\rangle \notin R$, 故 R 不是传递的. R 的关系图如图 2.5.2 所示.

(2) $R^* = \{\langle a, c\rangle, \langle c, a\rangle, \langle c, d\rangle, \langle d, c\rangle, \langle d, a\rangle, \langle a, d\rangle\} \cup I_A$,

$A/R^* = \{\{a, c, d\}, \{b\}, \{e\}, \{f\}\}$.

(3) $X = \{a, b, c, d, e, f\}$,

$\preccurlyeq = \{\langle a, b\rangle, \langle a, c\rangle, \langle a, d\rangle, \langle a, e\rangle, \langle a, f\rangle, \langle b, e\rangle, \langle c, e\rangle, \langle c, f\rangle, \langle d, f\rangle\} \cup I_X$.

极大元: e, f; 极小元: a; 最大元不存在; 最小元: a.

(4) 哈斯图如图 2.5.3 所示.

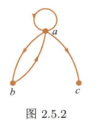

图 2.5.2　　　　　　　　　　　　图 2.5.3

3. (1) 在 $\langle x, y\rangle \in R$ 的条件下可以推导出 $\langle x, x\rangle \in R$, 但是这个条件不一定对 A 上所有的 x 为真.

(2) 由于 R 是传递的, 因此 $R \circ R \subseteq R$, 下面证明 $R \subseteq R \circ R$.

任取 $\langle a, b\rangle$, 由于 R 的自反性必有 $\langle a, a\rangle \in R$, 因此得到

$$\langle a, b\rangle \in R \Rightarrow \langle a, a\rangle \in R \wedge \langle a, b\rangle \in R \Rightarrow \langle a, b\rangle \in R \circ R.$$

逆命题不一定为真. 反例如下: $A = \{1, 2\}, R = \{\langle 1, 1\rangle\}$, 那么 $R \circ R = R$, 但是 R 不是自反的.

4. 令 $S = \{a, b, c, d, e, f, g, h\}$, 定义 S 上的关系 R:

$$\langle x, y\rangle \in R \Leftrightarrow \text{从 } x \text{ 到 } y \text{ 有一条直接的道路}.$$

那么 $R = \{\langle a, b\rangle, \langle a, c\rangle, \langle b, g\rangle, \langle g, b\rangle, \langle c, f\rangle, \langle f, e\rangle, \langle b, d\rangle, \langle d, f\rangle\}, t(R)$ 就是 S 上的连通关系, $\langle a, b\rangle \in t(R) \Leftrightarrow$ 从 a 可达 b. 而 $\{a\}$ 在 $t(R) - I_S$ 下的像就是从城市 a 出发可达的其他城市的集合.

$t(R) - I_S = \{\langle a, b\rangle, \langle a, d\rangle, \langle a, f\rangle, \langle a, c\rangle, \langle a, g\rangle, \langle a, e\rangle, \langle b, g\rangle, \langle b, d\rangle, \langle b, f\rangle, \langle b, e\rangle, \langle c, f\rangle,$

$$\langle c, e\rangle, \langle d, f\rangle, \langle d, e\rangle, \langle f, e\rangle, \langle g, b\rangle, \langle g, d\rangle, \langle g, f\rangle, \langle g, e\rangle\},$$

$$(t(R) - I_S)[\{a\}] = \{b, c, d, e, f, g\},$$

$$(t(R) - I_S)[\{b\}] = \{d, e, f, g\},$$

$$(t(R) - I_S)[\{c\}] = (t(R) - I_S)[\{d\}] = \{e, f\},$$

$$(t(R) - I_S)[\{f\}] = \{e\},$$

$$(t(R) - I_S)[\{g\}] = \{b, d, e, f\}.$$

第 3 章
函　　数

3.1　内容提要

3.1.1　函数的基本概念

函数

　　定义 3.1.1　设 F 为二元关系, 若 $\forall x \in \mathrm{dom}\, F$ 都存在唯一的 $y \in \mathrm{ran}\, F$ 使得 xFy 成立, 则称 F 为函数 [1]. 对于函数 F, 若有 xFy, 则记作 $y = F(x)$, 并称 y 为 F 在 x 的值.

函数相等

　　定义 3.1.2　设 F, G 为函数, 如果 $F \subseteq G$ 且 $G \subseteq F$, 那么称函数 F 和 G 相等, 记作 $F = G$.

　　由定义可知, 如果两个函数 F 和 G 相等, 那么一定满足下面两个条件:

　　(1) $\mathrm{dom}\, F = \mathrm{dom}\, G$;

　　(2) $\forall x \in \mathrm{dom}\, F = \mathrm{dom}\, G$, 都有 $F(x) = G(x)$.

从 A 到 B 的函数

　　定义 3.1.3　设 A, B 为集合, 若 f 为函数, 且 $\mathrm{dom}\, f = A, \mathrm{ran}\, f \subseteq B$, 则称 f 为从 A 到 B 的函数, 记作 $f : A \to B$.

---

　　[1] 函数也可以称作映射.

B 上 A

定义 3.1.4 所有从 A 到 B 的函数的集合记作 B^A，读作"B 上 A". 符号化表示为

$$B^A = \{f | f : A \to B\}.$$

若 $|B| = m, |A| = n$，则 $|B^A| = m^n$.

特别地，当 $A = \varnothing$ 时，无论 B 是否为空集，均有唯一的函数 $\varnothing : A \to B$；而当 $A \neq \varnothing$ 且 $B = \varnothing$ 时，不存在从 A 到 B 的函数.

像与原像

定义 3.1.5 设函数 $f : A \to B, A_1 \subseteq A, B_1 \subseteq B$.

(1) 令 $f(A_1) = \{f(x) | x \in A_1\}$，称 $f(A_1)$ 为 A_1 在 f 下的像. 特别地，当 $A_1 = A$ 时称 $f(A)$ 为 函数的像.

(2) 令 $f^{-1}(B_1) = \{x | x \in A, f(x) \in B_1\}$，称 $f^{-1}(B_1)$ 为 B_1 在 f 下的 原像.

一般说来，像与原像满足下述性质：

$$A_1 \subseteq f^{-1}(f(A_1)), \ f(f^{-1}(B_1)) \subseteq B_1.$$

函数的性质

定义 3.1.6 设 $f : A \to B$.

(1) 若 $\operatorname{ran} f = B$，则称 $f : A \to B$ 是 满射.

(2) 若 $\forall y \in \operatorname{ran} f$ 都存在唯一的 $x \in A$ 使得 $f(x) = y$，则称 $f : A \to B$ 是 单射.

(3) 若 $f : A \to B$ 既是满射又是单射，则称 $f : A \to B$ 是 双射 (或 一一映射).

显然，$f : A \to B$ 是单射当且仅当 $\forall x_1, x_2 \in A$，若 $x_1 \neq x_2$，则 $f(x_1) \neq f(x_2)$. 这也等价于 $\forall x_1, x_2 \in A$，若 $f(x_1) = f(x_2)$，则 $x_1 = x_2$.

特殊函数

定义 3.1.7

(1) 设 $f : A \to B$，若存在 $c \in B$ 使得对所有的 $x \in A$ 都有 $f(x) = c$，则称 $f : A \to B$ 是 常函数.

(2) 称 A 上的恒等关系 I_A 为 A 上的 恒等函数. 即对所有的 $x \in A$ 都有 $I_A(x) = x$.

(3) 设 $\langle A, \preccurlyeq \rangle, \langle B, \preccurlyeq \rangle$ 为偏序集，$f : A \to B$，如果对任意的 $x_1, x_2 \in A$，当 $x_1 \preccurlyeq x_2$ 时，均有 $f(x_1) \preccurlyeq f(x_2)$，那么称 f 为 单调递增 的；如果对任意的 $x_1, x_2 \in A$，当 $x_1 \prec x_2$ 时，有 $f(x_1) \prec f(x_2)$，那么称 f 为 严格单调递增 的. 类似地，也可以定义 单调递减 的和 严格单调递减 的函数.

(4) 设 A 为集合，对于任意的 $A' \subseteq A$，A' 的 特征函数 $\chi_{A'} : A \to \{0, 1\}$ 定义为

$$\chi_{A'}(a) = \begin{cases} 1, & a \in A', \\ 0, & a \in A - A'. \end{cases}$$

(5) 设 R 是 A 上的等价关系，令

$$g : A \to A/R,$$

$$g(a) = [a], \forall a \in A,$$

称 g 是从 A 到商集 A/R 的 自然映射.

3.1.2　函数的复合与反函数

有关函数复合的定理

(1) 设 F, G 是函数，则 $F \circ G$ 也是函数，且满足

$$\mathrm{dom}(F \circ G) = \{x | x \in \mathrm{dom}\, F \wedge F(x) \in \mathrm{dom}\, G\},$$

$$\forall x \in \mathrm{dom}(F \circ G), 有 F \circ G(x) = G(F(x)).$$

注意, 这里采用的是从左往右的复合顺序, 有的文献会采用从右往左的复合顺序, 一般根据上下文能够区分开.

(2) 设 $f : A \to B, g : B \to C$, 若 f, g 都是满射 (单射或者双射), 则 $f \circ g : A \to C$ 也是满射 (单射或者双射).

(3) 设 $f : A \to B$, 则有 $f = f \circ I_B = I_A \circ f$.

有关反函数的定理

(1) 设 $f : A \to B$ 是双射，则 $f^{-1} : B \to A$ 也是双射.

(2) 设 $f : A \to B$ 是双射，则 $f^{-1} \circ f = I_B, f \circ f^{-1} = I_A$.

3.1.3　集合的等势与优势

等势

定义 3.1.8　设 A, B 是集合，如果存在从 A 到 B 的双射函数，那么称 A 和 B 是 等势 的，记作 $A \approx B$；如果 A 与 B 不等势，那么记作 $A \not\approx B$.

等势具有下述性质.

定理 3.1.1　设 A, B, C 为任意集合，则

$$A \approx A;\ A \approx B \Rightarrow B \approx A;\ A \approx B \wedge B \approx C \Rightarrow A \approx C.$$

定理 3.1.2(康托尔定理)　$\mathbb{N} \not\approx \mathbb{R}, A \not\approx P(A)$.

优势与真优势

设 A, B 为集合，如果存在从 A 到 B 的单射函数，那么称 B 优势于 A，记作 $A \preccurlyeq \cdot B$. 若 B 不优势于 A，则记作 $A \npreccurlyeq \cdot B$. 若 $A \preccurlyeq \cdot B$ 且 $A \not\approx B$，则称 B 真优势于 A，记作 $A \prec \cdot B$. 若 B 不是真优势于 A，则记作 $A \nprec \cdot B$.

优势具有下述性质.

定理 3.1.3　设 A, B, C 是任意集合，则

$$A \preccurlyeq \cdot A; \ A \preccurlyeq \cdot B \wedge B \preccurlyeq \cdot A \Rightarrow A \approx B; \ A \preccurlyeq \cdot B \wedge B \preccurlyeq \cdot C \Rightarrow A \preccurlyeq \cdot C.$$

有关等势与优势的重要结果

$\mathbb{N} \approx \mathbb{Z} \approx \mathbb{Q} \approx \mathbb{N} \times \mathbb{N}.$

$\mathbb{R} \approx [a, b] \approx (c, d) \approx \{0, 1\}^{\mathbb{N}} \approx P(\mathbb{N}).$

$\{0, 1\}^A \approx P(A).$

$\mathbb{N} \prec \cdot \mathbb{R}.$

$A \prec \cdot P(A).$

3.1.4　集合的基数

集合 A 的基数记作 $\operatorname{card} A$.

几个常见的基数

有穷集 A 的基数是 A 中的元素个数，记作 $|A|$. 自然数集的基数是 $\aleph_0$，实数集的基数是 $\aleph$.

基数的相等与大小

$$\operatorname{card} A = \operatorname{card} B \Leftrightarrow A \approx B.$$

$$\operatorname{card} A \leqslant \operatorname{card} B \Leftrightarrow A \preccurlyeq \cdot B.$$

$$\operatorname{card} A < \operatorname{card} B \Leftrightarrow A \prec \cdot B.$$

将已知的基数按从小到大的顺序排列就得到：

$$0, 1, 2, \cdots, n, \cdots, \aleph_0, \aleph, \cdots$$

其中 $0, 1, 2, \cdots, n, \cdots$ 恰好是全体自然数，是有穷集合的基数，也称作 有穷基数，而 $\aleph_0, \aleph, \cdots$ 是无穷集合的基数，也称作 无穷基数，$\aleph_0$ 是最小的无穷基数，而 $\aleph$ 后面还有更大的基数，如 $\operatorname{card} P(\mathbb{R})$ 等.

定义 3.1.9　设 A 为集合，若 $\operatorname{card} A \leqslant \aleph_0$，则称 A 为 可数集 或 可列集.

定义 3.1.10　一个集合是 有穷集 当且仅当它是空集或者与某个 $\mathbb{N}_k (k \geqslant 1)$ 等势；若一个集合不是有穷的，则称作 无穷集.

3.2 基本要求

1. 掌握函数的基本概念，会判断给定的关系是否为函数、是否为从 A 到 B 的函数.
2. 熟练计算函数的值、像、原像以及 B^A.
3. 会判断和证明函数的单射、满射、双射性质.
4. 对给定集合 A 和 B，会判断或构造从 A 到 B 的双射函数.
5. 会计算复合函数、双射函数的反函数.
6. 会判断或证明两个集合等势或者不等势.
7. 了解如何精确地定义有穷集.
8. 了解有关等势或者优势的重要结果.
9. 了解基数的定义，会计算简单集合的基数.

3.3 习题课

3.3.1 题型一：函数定义

设 $\mathbb{C}, \mathbb{R}, \mathbb{Z}, \mathbb{N}$ 分别代表复数集、实数集、整数集及自然数集. 针对下列给定的集合 A, B 及 $f(f \subseteq A \times B)$，判断 f 是否为从 A 到 B 的函数. 如果不是, 说明理由.

(1) $A = B = \mathbb{R}, xfy \Leftrightarrow x^2 = y^2$.
(2) $A = B = \mathbb{R}^+, xfy \Leftrightarrow x^2 = y^2$.
(3) $A = \mathbb{N}, B = \mathbb{Z}, xfy \Leftrightarrow x^2 = y^3$.
(4) $A = \mathbb{N}, B = \mathbb{Z}, xfy \Leftrightarrow x^3 = y^2$.
(5) $A = B = \mathbb{C}, x = a + b\mathrm{i}, y = c + d\mathrm{i}, xfy \Leftrightarrow a = c$.

解答与分析

(1) 不是，因为 $\langle 1, 1 \rangle, \langle 1, -1 \rangle$ 都属于 f.
(2) 是.
(3) 不是，因为 $\mathrm{dom} f \neq \mathbb{N}$.
(4) 不是，因为 $\langle 1, 1 \rangle, \langle 1, -1 \rangle$ 都属于 f.
(5) 不是，因为 $\langle 1, 1 + \mathrm{i} \rangle, \langle 1, 1 + 2\mathrm{i} \rangle$ 都属于 f.

3.3.2 题型二：判断函数单满射

设 $\mathbb{R}$ 代表实数集，针对下列给定函数 f，判断 $f : \mathbb{R} \to \mathbb{R}$ 是否为单射或满射. 如果不是，请说明理由.

(1) $f(x) = 2^x$.

(2) $f(x) = \lfloor x \rfloor$.

(3) $f(x) = \begin{cases} \dfrac{2x-1}{x-1}, & x \neq 1, \\ 0, & x = 1. \end{cases}$

(4) $f(x) = 2^x + x$.

(5) $f(x) = \dfrac{2x}{x^2+1}$.

(6) $f(x) = x^3 - x^2$.

(7) $f(x) = \begin{cases} x \ln|x|, & x \neq 0, \\ 0, & x = 0. \end{cases}$

(8) $f(x) = \begin{cases} \sqrt{x+1}, & x \in \mathbb{R}^+, \\ 2x, & x \in \mathbb{R} - \mathbb{R}^+. \end{cases}$

(9) $f(x) = \sin x$.

解答与分析

(1) 是单射, 但不是满射. 因为 $\operatorname{ran} f = \mathbb{R}^+ \neq \mathbb{R}$.

(2) 既不是单射, 也不是满射. 因为 $f(1) = f(1.2)$, 且 $\operatorname{ran} f = \mathbb{Z} \neq \mathbb{R}$.

(3) 既不是单射, 也不是满射. 因为 $f(1) = f\left(\dfrac{1}{2}\right) = 0$, 且 $2 \notin \operatorname{ran} f$.

(4) 双射.

(5) 既不是单射, 也不是满射. 通过求导可知 f 在 $x = 1$ 和 $x = -1$ 处取得极值, $f(1) = 1, f(-1) = -1$, 所以 $\operatorname{ran} f = f(\mathbb{R}) = [-1, 1]$, 故 f 不是满射. 在极大值两边容易找到 $f(2) = f\left(\dfrac{1}{2}\right) = \dfrac{4}{5}$, 因此 f 也不是单射.

(6) 不是单射, 但是满射. 通过求导可知在 $x = 0$ 处取得一个极大值 $f(0) = 0$, 而在 $x = \dfrac{2}{3}$ 处取得极小值 $f\left(\dfrac{2}{3}\right) < 0$. 当 $x = 1$ 时, $f(1) = 0$. 因此函数 f 不是单射.

(7) 不是单射, 但是满射. 因为 $f(1) = f(-1) = 0$.

(8) 是单射, 但不是满射. 因为 $\operatorname{ran} f = f(\mathbb{R}) = \mathbb{R} - (0, 1]$.

(9) 既不是单射, 也不是满射. 因为 $\operatorname{ran} f = f(\mathbb{R}) = [-1, 1], f(0) = f(2\pi)$.

对于实数集上的函数, 通常可以通过求导找到极值点. 而有的极小值 (或极大值) 恰好是函数的最小值 (或最大值), 这样就可以求出函数的值域, 从而判断函数是否为满射.

此外，当函数连续时，如果函数存在极值，那么可以断定函数不是单射. 因为在极值点两侧可以找到不相等的 x_1 和 x_2 满足 $f(x_1) = f(x_2)$.

通过这个例题可以看到，证明函数不具有某种性质的一般方法就是给出反例. 为证明函数不是单射，需要找到 $x_1 \neq x_2$ 且 $f(x_1) = f(x_2)$(有时可能不容易找到具体的 x_1 和 x_2，但是可以证明这样的 x_1 和 x_2 是存在的). 证明函数不是满射的一般方法就是找到 $y \in B - \operatorname{ran} f$.

3.3.3　题型三：函数的计算

1. 设 $f : \mathbb{R} \to \mathbb{R}, f(x) = \sin x + 1$，计算

(1) $f\left(\left\{0, \dfrac{3\pi}{2}\right\}\right)$.

(2) $f^{-1}\left(\left(\dfrac{1}{2}, +\infty\right)\right)$.

(3) $f^{-1}(\{0\})$.

2. 对于给定的函数 f 和 g，求复合函数 $f \circ g$. 若 f 或 g 存在反函数，则求出它们的反函数.

(1) $f : \mathbb{R} \to \mathbb{R}, f(x) = x + 1; g : \mathbb{R} \to \mathbb{Z}, g(x) = \left\lfloor x - \dfrac{1}{3}\right\rfloor$.

(2) $f : \mathbb{R} \times \mathbb{R} \to \mathbb{C}, f(\langle x, y\rangle) = x + y\mathrm{i}; g : \mathbb{C} \to \mathbb{R}, g(z) = |z| + 1$，这里 $|z|$ 是复数 z 的模.

(3) $f : \mathbb{N} \to \mathbb{R}, f(x) = \sqrt{x}; g : \mathbb{R} \to \mathbb{R}, g(x) = x^4 - x^2$.

解答与分析

1. (1) $\{0, 1\}$.

(2) $\cup\left\{\left(-\dfrac{\pi}{6} + 2k\pi, \dfrac{7}{6}\pi + 2k\pi\right) \middle| k \in \mathbb{Z}\right\}$.

要使得 $\dfrac{1}{2} < \sin x + 1 < +\infty$，即 $-\dfrac{1}{2} < \sin x \leqslant 1$. 下面找到自变量 x 在一个周期内的变化范围，应该是 $-\dfrac{\pi}{6} \sim \dfrac{7}{6}\pi$. 考虑到周期性，应该取所有的区间 $\left(-\dfrac{\pi}{6} + 2k\pi, \dfrac{7}{6}\pi + 2k\pi\right)$，其中 $k \in \mathbb{Z}$. 由于这些区间两两不相交，所以 $f^{-1}\left(\left(\dfrac{1}{2}, +\infty\right)\right)$ 就是它们的并集.

(3) $\left\{\dfrac{3}{2}\pi + 2k\pi \middle| k \in \mathbb{Z}\right\}$.

2. (1) $f \circ g(x) = \left\lfloor x + \dfrac{2}{3}\right\rfloor, f^{-1} : \mathbb{R} \to \mathbb{R}, f^{-1}(x) = x - 1, g$ 不存在反函数.

(2) $f \circ g(\langle x, y \rangle) = \sqrt{x^2 + y^2} + 1, f^{-1} : \mathbb{C} \to \mathbb{R} \times \mathbb{R}, f^{-1}(x + y\mathrm{i}) = \langle x, y \rangle, g$ 不存在反函数.

(3) $f \circ g(x) = x^2 - x, f, g$ 都不存在反函数.

注意在计算复合函数时, 分段函数的分界点可能会发生变化 (见主教材中例 3.2.1).

3.3.4　题型四：构造双射函数

针对下列给定的集合 A 和 B, 构造双射函数 $f : A \to B$.

1. $A = P(\{a, b, c, d\}), B = \{0, 1\}^{\{a, b, c, d\}}$.
2. $A = [-1, 1), B = (2, 4]$.
3. $A = \{2^n | n \in \mathbb{N}\}, B = \mathbb{N} - \{0, 1, 2\}$.

解答与分析

1. A 有 16 个子集, B 有 16 个函数, 容易给出一种双射对应关系. 一般说来, $A = P(S), B = \{0, 1\}^S$, 那么令 $f : A \to B, f(X) = \chi_X$, 其中 χ_X 是子集 X 的特征函数. 即

$$\chi_X(x) = \begin{cases} 1, & x \in X, \\ 0, & x \in S - X. \end{cases}$$

易验证 f 是双射.

2. 如图 3.3.1 所示, 在 x 轴上画出 A 代表的区间, 在 y 轴旁边画出 B 代表的区间. 直线 $y = -x + 3$ 经过两点 $(-1, 4)$ 和 $(1, 2)$, 恰好构造了从 A 到 B 的双射函数. 因此得到

$$f : A \to B, \ f(x) = -x + 3.$$

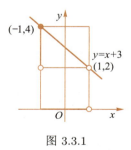

图 3.3.1

当然这种双射函数不是唯一的, 可能有多种选择, 这只是其中的一种. 一般说来, 只要 A 和 B 代表的区间是同类型的, 即都是闭区间、开区间, 或者都是半开半闭区间, 那么都可以利用过两点的直线方程来构造双射函数, 其中这两个点的横、纵坐标分别代表 A 和 B 区间的一个端点. 例如, $y = -x + 3$ 是过点 $(-1, 4)$ 和点 $(1, 2)$ 的直线方程, 点 $(-1, 4)$

的横坐标 -1 代表 A 区间 $[-1,1)$ 的一个端点, 纵坐标 4 代表 B 区间 $(2,4]$ 的一个端点. 注意当 A 和 B 代表的区间为半开半闭区间时, 一个点的横、纵坐标分别代表 A 和 B 区间的两个开端点, 而另一个点的横、纵坐标则代表 A 和 B 区间的两个闭端点.

3. 容易看出 B 与自然数集只不过相差几个元素, 先构造从 A 到自然数集的双射, 然后再将对应关系进行适当的移位就可以了. 为构造从集合 A 到自然数集的对应关系, 只需将 A 中的元素排列出一个顺序, 并指定一个首元素. 然后从首元素开始对 A 中的元素进行 "计数", 第一个元素对应 0, 第二个元素对应 $1, \cdots,$ 第 $n+1$ 元素对应 $n \cdots\cdots$ 这就建立了 A 与自然数集之间的双射. 令

$$g : A \to \mathbb{N}, \ g(x) = \log_2 x,$$

$$f : A \to B, \ f(x) = g(x) + 3 = \log_2 x + 3,$$

则 f 为所求.

3.3.5　题型五：证明有关函数的等式或单满射性

1. 设 $f : A \to B, A_1 \subseteq A, B_1 \subseteq B$, 证明: $f(A \cap f^{-1}(B_1)) = f(A) \cap B_1$.

2. 设 $A \to B, g : B \to A, h : B \to A$, 且满足 $g \circ f = h \circ f = I_B$ 和 $f \circ g = f \circ h = I_A$, 证明: $g = h$.

3. 设 $f : A \to B, g : B \to A$, 且 $f \circ g = I_A$, 证明 f 是单射, g 是满射.

解答与分析

1. 先证 $f(A \cap f^{-1}(B_1)) \subseteq f(A) \cap B_1$. 对任意 $y \in f(A \cap f^{-1}(B_1))$, 存在 $x \in A \cap f^{-1}(B_1)$ 使得 $f(x) = y$. 由 $x \in A$ 和 $f(x) = y$ 知, $y \in f(A)$. 而由 $x \in f^{-1}(B_1)$ 和 $f(x) = y$ 知, $y \in f(f^{-1}(B_1)) \subseteq B_1$. 因此有 $y \in f(A) \cap B_1$.

反过来, 对任意 $y \in f(A) \cap B_1$, 存在 $x \in A$ 使得 $f(x) = y \in B_1$, 故 $x \in f^{-1}(B_1)$, 从而有 $x \in A \cap f^{-1}(B_1)$, 因此 $y = f(x) \in f(A \cap f^{-1}(B_1))$, 这就证明了 $f(A) \cap B_1 \subseteq f(A \cap f^{-1}(B_1))$.

2. 利用已知条件、函数复合运算的定理以及结合律得

$$g = I_B \circ g = (h \circ f) \circ g = h \circ (f \circ g) = h \circ I_A = h.$$

3. 假设 $f(x_1) = f(x_2)$, 由 $f \circ g = I_A$ 有 $g(f(x)) = x$, 从而有

$$x_1 = g(f(x_1)) = g(f(x_2)) = x_2.$$

这就证明了 f 是单射.

任取 $x \in A$, 由于 f 是从 A 到 B 的函数, 故存在 $y \in B$ 使得 $f(x) = y$. 由 $f \circ g = I_A$ 有 $g(f(x)) = x$, 即 $g(y) = x$, 因此 g 是满射.

对涉及函数等式的证明，经常采用集合等式的证明方法，正如第 1 题的证明所显示的. 与一般集合等式证明的区别在于，这里要用到函数的定义、运算性质等相关概念.

证明函数 $f : A \to B$ 是满射的基本方法是：任取 $y \in B$，找到 $x \in A$ 或者证明存在 $x \in A$，使得 $f(x) = y$，当然这里的 x 与 y 相关，可能是一个关于 y 的表达式.

证明函数 $f : A \to B$ 是单射的基本方法是：假设 A 中存在 x_1 和 x_2，使得 $f(x_1) = f(x_2)$，利用已知条件或者相关定理最终证明 $x_1 = x_2$.

3.3.6　题型六：证明集合等势

1. 设 $A \subset B$，证明 $A \preccurlyeq \cdot B$. 根据题设，能够得到 $A \prec \cdot B$ 吗? 为什么?

2. 设 $\mathcal{A} = \{A_n | n \in \mathbb{N}\}, \mathcal{B} = \{B_n | n \in \mathbb{N}\}$，且满足：

(1) 对于任意 $n \in \mathbb{N}$，有 $A_n \approx B_n$；

(2) 对于任意 $n \neq m$，有 $A_n \cap A_m = \varnothing, B_n \cap B_m = \varnothing$.

证明 $\cup \mathcal{A} \approx \cup \mathcal{B}$.

解答与分析

1. 令 $f : A \to B, f(x) = x$，则 f 为单射函数，从而有 $A \preccurlyeq \cdot B$. 不一定能得到 $A \prec \cdot B$. 对于无穷集 B 来说，可能与它的真子集 A 等势. 例如，$\mathbb{Q} \approx \mathbb{N}$.

2. 对任意 n，存在双射 $f_n : A_n \to B_n$，令 $f = \cup \{f_n | n \in \mathbb{N}\}$，下面证明 f 是从 $\cup \mathcal{A}$ 到 $\cup \mathcal{B}$ 的双射.

先证明 f 为函数. $\forall x \in \cup \mathcal{A}, \exists n \in \mathbb{N}$ 使得 $x \in A_n$，由于 A_n 与其他 A_m 不交，因此只有唯一的 $f_n(x) \in B_n \subseteq \cup \mathcal{B}$.

下面证明 f 的满射性. 任取 $y \in \cup \mathcal{B}$，必存在 $B_n, n \in \mathbb{N}$，使得 $y \in B_n$. 由于 B_n 与 B_m 不交，因此存在 $x \in A_n \subseteq \cup \mathcal{A}$，使得 $f_n(x) = y$，即 $f(x) = y$.

再证明 f 的单射性. 假设 $f(x_1) = f(x_2) = y \in \cup \mathcal{B}$，存在 $B_n, n \in \mathbb{N}$，使得 $y \in B_n$. 由于 B_n 与 B_m 不交，因此 $x_1, x_2 \in A_n$，根据 f_n 的单射性必有 $x_1 = x_2$.

证明集合等势的基本方法是：首先构造从其中一个集合到另一个集合的函数，然后证明函数的双射性. 证明优势的方法与此类似，但构造的函数只要是单射函数就可以了.

3.3.7　题型七：计算或证明集合基数

1. 已知有穷集 $S = \{a_1, a_2, \cdots, a_n\}$，计算下列集合的基数.

$$S, \ P(S), \ \mathbb{N}, \ \mathbb{N} \times \mathbb{N} \times \mathbb{N}, \ P(\mathbb{N}), \ \mathbb{R}, \ \mathbb{R} \times \mathbb{R}.$$

2. 已知 $A \subseteq B \subseteq C$ 且 $A \approx C$，证明 $\operatorname{card} A = \operatorname{card} B = \operatorname{card} C$.

解答与分析

1. $\operatorname{card} S = n$, $\operatorname{card} P(S) = 2^n$, $\operatorname{card} \mathbb{N} = \aleph_0$, $\operatorname{card} \mathbb{N} \times \mathbb{N} \times \mathbb{N} = \aleph_0$, $\operatorname{card} P(\mathbb{N}) = \aleph$, $\operatorname{card} \mathbb{R} = \aleph$, $\operatorname{card} \mathbb{R} \times \mathbb{R} = \aleph$.

2. 因为 $A \subseteq B$, 所以存在单射函数 $f : A \to B, f(x) = x$, 因此 $A \preccurlyeq \cdot B$. 同理存在单射函数 $g : B \to C$. 又 $A \approx C$, 故存在双射函数 $h : C \to A$, 因此 $g \circ h : B \to A$ 为单射函数, 从而得到 $B \preccurlyeq \cdot A$. 综上所述有 $A \approx B$. 根据等势的传递性有 $A \approx B \approx C$, 因此 $\operatorname{card} A = \operatorname{card} B = \operatorname{card} C$.

3.4 习题、解答或提示

3.4.1 习题 3

3.1 设 $f : \mathbb{N} \to \mathbb{N}$, 且

$$f(x) = \begin{cases} 1, & x \text{ 为奇数}, \\ \dfrac{x}{2}, & x \text{ 为偶数}. \end{cases}$$

求 $f(0), f(\{0\}), f(1), f(\{1\}), f(\{0, 2, 4, 6, \cdots\}), f(\{4, 6, 8\}), f(\{1, 3, 5, 7\})$.

3.2 设 $A = \{1, 2\}, B = \{a, b, c\}$, 求 B^A.

3.3 给定函数 f 和集合 A, B 如下.

(1) $f : \mathbb{R} \to \mathbb{R}, f(x) = x, A = \{8\}, B = \{4\}$.

(2) $f : \mathbb{R} \to \mathbb{R}^+, f(x) = 2^x, A = \{1\}, B = \{1, 2\}$.

(3) $f : \mathbb{N} \to \mathbb{N} \times \mathbb{N}, f(x) = \langle x, x + 1 \rangle, A = \{5\}, B = \{\langle 2, 3 \rangle\}$.

(4) $f : \mathbb{N} \to \mathbb{N}, f(x) = 2x + 1, A = \{2, 3\}, B = \{1, 3\}$.

(5) $f : \mathbb{Z} \to \mathbb{N}, f(x) = |x|, A = \{-1, 2\}, B = \{1\}$.

(6) $f : S \to S, S = [0, 1], f(x) = \dfrac{x}{2} + \dfrac{1}{4}, A = (0, 1), B = \left[\dfrac{1}{4}, \dfrac{1}{2} \right]$.

(7) $f : S \to \mathbb{R}, S = [0, +\infty), f(x) = \dfrac{1}{x+1}, A = \left\{ 0, \dfrac{1}{2} \right\}, B = \left\{ \dfrac{1}{2} \right\}$.

(8) $f : S \to \mathbb{R}^+, S = (0, 1), f(x) = \dfrac{1}{x}, A = S, B = \{2, 3\}$.

对以上每一组 f 和 A, B, 分别回答下列问题.

(a) f 是不是满射、单射和双射? 如果 f 是双射, 求 f 的反函数.

(b) 求 A 在 f 下的像 $f(A)$ 和 B 在 f 下的原像 $f^{-1}(B)$.

3.4 判断下列函数中哪些是满射, 哪些是单射, 哪些是双射.

(1) $f : \mathbb{N} \to \mathbb{N}, f(x) = x^2 + 2$.

(2) $f : \mathbb{N} \to \mathbb{N}, f(x) = x \mod 3$, 即 x 除以 3 的余数.

(3) $f : \mathbb{N} \to \mathbb{N}, f(x) = \begin{cases} 1, & x \text{ 为奇数}, \\ 0, & x \text{ 为偶数}. \end{cases}$

(4) $f : \mathbb{N} \to \{0, 1\}, f(x) = \begin{cases} 0, & x \text{ 为奇数}, \\ 1, & x \text{ 为偶数}. \end{cases}$

(5) $f : \mathbb{N} - \{0\} \to \mathbb{R}, f(x) = \lg x$.

(6) $f : \mathbb{R} \to \mathbb{R}, f(x) = x^2 - 2x - 15$.

3.5 设 $X = \{a, b, c, d\}, Y = \{1, 2, 3\}, f = \{\langle a, 1 \rangle, \langle b, 2 \rangle, \langle c, 3 \rangle\}$，判断下列陈述是否正确.

(1) f 是从 X 到 Y 的二元关系，但不是从 X 到 Y 的函数.

(2) f 是从 X 到 Y 的函数，但不是满射，也不是单射.

(3) f 是从 X 到 Y 的满射，但不是单射.

(4) f 是从 X 到 Y 的双射.

3.6 对于给定的 A, B 和 f，判断 f 是否为从 A 到 B 的函数 $f : A \to B$. 如果是，说明 f 是否为单射、满射、双射.

(1) $A = \mathbb{Z}, B = \mathbb{N}, f(x) = x^2 + 1$.

(2) $A = \mathbb{N}, B = \mathbb{Q}, f(x) = \dfrac{1}{x}$.

(3) $A = \mathbb{Z} \times \mathbb{N}, B = \mathbb{Q}, f(\langle x, y \rangle) = \dfrac{x}{y + 1}$.

(4) $A = \{1, 2, 3\}, B = \{p, q, r\}, f = \{\langle 1, q \rangle, \langle 2, q \rangle, \langle 3, q \rangle\}$.

(5) $A = B = \mathbb{N}, f(x) = 2^x$.

(6) $A = B = \mathbb{R} \times \mathbb{R}, f(\langle x, y \rangle) = \langle y + 1, x + 1 \rangle$.

(7) $A = \mathbb{Z} \times \mathbb{Z}, B = \mathbb{Z}, f(\langle x, y \rangle) = x^2 + 2y^2$.

(8) $A = B = \mathbb{R}, f(x) = \dfrac{1}{\sqrt{x + 1}}$.

(9) $A = \mathbb{N} \times \mathbb{N} \times \mathbb{N}, B = \mathbb{N}, f(\langle x, y, z \rangle) = x + y - z$.

3.7 设 $A = \{a, b, c, d\}, B = \{0, 1, 2\}$.

(1) 给出一个函数 $f : A \to B$，使得 f 不是单射，也不是满射.

(2) 给出一个函数 $f : A \to B$，使得 f 不是单射，但是满射.

(3) 能够给出一个函数 $f : A \to B$，使得 f 是单射但不是满射吗？

(4) 设 $|A| = m, |B| = n$，分别说明存在单射、满射、双射函数 $f : A \to B$ 的条件.

3.8 分别给出自然数集 $\mathbb{N}$ 上的函数 f，使得

(1) f 是单射，但不是满射；

(2) f 是满射，但不是单射.

3.9 设 $n \geqslant 1$，A 是 n 元集，则从 A 到 A 的函数中有多少个双射函数？多少个单射函数？

3.10 设 $f : \mathbb{N} \times \mathbb{N} \to \mathbb{N}, f(\langle x, y \rangle) = x + y + 1$.

(1) 说明 f 是否为单射、满射、双射.

(2) 令 $A = \{\langle x, y \rangle \mid x, y \in \mathbb{N}, \text{且} f(\langle x, y \rangle) = 3\}$，求 A.

(3) 令 $B = \{f(\langle x, y \rangle) \mid x, y \in \{1, 2, 3\} \text{且} x = y\}$，求 B.

3.11 确定 f 是否为从 X 到 Y 的函数，并对 $f : X \to Y$ 指出哪些是单射，哪些是满射，哪些是双射.

(1) $X = Y = \mathbb{R}, f(x) = x^2 - x$.

(2) $X = Y = \mathbb{R}, f(x) = \sqrt{x}$.

(3) $X = Y = \mathbb{R}, f(x) = \dfrac{1}{x}$.

(4) $X = Y = \mathbb{Z}^+ = \{x \mid x \in \mathbb{Z}, x > 0\}, f(x) = x + 1$.

(5) $X = Y = \mathbb{Z}, f(x) = \begin{cases} x, & x = 1, \\ x - 1, & x > 1. \end{cases}$

3.12 设 $f : S \to T, A$ 和 B 都是 S 的子集.

(1) 证明：$f(A \cap B) \subseteq f(A) \cap f(B)$.

(2) 举出反例说明等式 $f(A \cap B) = f(A) \cap f(B)$ 不是永远成立的.

(3) 说明对于什么函数上述等式成立.

3.13 设 A 为非空集合，R 为 A 上的等价关系，$g : A \to A/R$ 为自然映射.

(1) 设 n 为给定自然数，R 为整数集上的模 n 相等关系，求 $g(2), g(0)$.

(2) 说明 g 的性质（单射、满射、双射）.

(3) 在什么条件下，g 为双射函数.

3.14 设 S 为集合，A, B 是 S 的子集，χ_X 表示 X 的特征函数，且

$$\chi_A = \{\langle a, 1 \rangle, \langle b, 1 \rangle, \langle c, 0 \rangle, \langle d, 0 \rangle\},$$

$$\chi_B = \{\langle a, 0 \rangle, \langle b, 1 \rangle, \langle c, 0 \rangle, \langle d, 1 \rangle\}.$$

求 $\chi_{A \cap B}$.

3.15 设 $A = \{1, 2, 3, 4\}, A_1 = \{1, 2\}, A_2 = \{1\}, A_3 = \varnothing$ 是 A 的子集，求 A_1, A_2, A_3 和 A 的特征函数 $\chi_{A_1}, \chi_{A_2}, \chi_{A_3}$ 和 χ_A.

3.16 设 $A = \{a, b, c\}, R$ 为 A 上的等价关系，且

$$R = \{\langle a, b \rangle, \langle b, a \rangle\} \cup I_A.$$

求自然映射 $g : A \to A/R$.

3.17 设 $f, g, h \in \mathbb{R}^{\mathbb{R}}$，且

$$f(x) = x + 3, \quad g(x) = 2x + 1, \quad h(x) = \frac{x}{2}.$$

求 $f \circ g, g \circ f, f \circ f, g \circ g, h \circ f, g \circ h, f \circ h, g \circ h \circ f$.

3.18 设 $f, g, h \in \mathbb{N}^{\mathbb{N}}$，且有

$$f(n) = n + 1, \quad g(n) = 2n, \quad h(n) = \begin{cases} 0, & n \text{ 为偶数}, \\ 1, & n \text{ 为奇数}. \end{cases}$$

求 $f \circ f, g \circ f, f \circ g, h \circ g, g \circ h, h \circ g \circ f$.

3.19 设 $f, g, h \in \mathbb{R}^{\mathbb{R}}$，且

$$f(x) = x^2 - 2, \quad g(x) = x + 4, \quad h(x) = x^3 - 1.$$

(1) 求 $g \circ f, f \circ g$.

(2) $g \circ f$ 和 $f \circ g$ 是否为单射、满射、双射?

(3) f, g, h 中哪些函数有反函数? 如果有，求出这些反函数.

3.20 设 $f, g \in \mathbb{N}^{\mathbb{N}}$，且

$$f(x) = \begin{cases} x + 1, & x = 0, 1, 2, 3, \\ 0, & x = 4, \\ x, & x \geqslant 5, \end{cases} \qquad g(x) = \begin{cases} \dfrac{x}{2}, & x \text{ 为偶数}, \\ 3, & x \text{ 为奇数}. \end{cases}$$

(1) 求 $f \circ g$.

(2) 说明 $f \circ g$ 是否为单射、满射、双射.

3.21 设 $f : \mathbb{N} \to \mathbb{N} \times \mathbb{N}, f(x) = \langle x, x + 1 \rangle$.

(1) 说明 f 是否为单射和满射，并说明理由.

(2) f 的反函数是否存在? 如果存在，求出 f 的反函数.

(3) 求 $\operatorname{ran} f$.

3.22 设 $f : \mathbb{Z} \to \mathbb{Z}, f(x) = x \bmod n$，其中 $n \in \mathbb{Z}^{+}$. 在 $\mathbb{Z}$ 上定义等价关系 $R : \forall x, y \in \mathbb{Z}$,

$$\langle x, y \rangle \in R \Leftrightarrow f(x) = f(y).$$

(1) 计算 $f(\mathbb{Z})$.

(2) 确定商集 $\mathbb{Z}/R$.

3.23 设 f_1, f_2, f_3, f_4 为从实数集 $\mathbb{R}$ 到 $\mathbb{R}$ 的函数，且

$$f_1(x) = \begin{cases} 1, & x \geqslant 0, \\ -1, & x < 0; \end{cases} \quad f_2(x) = x; \quad f_3(x) = \begin{cases} -1, & x \text{ 为整数}, \\ 1, & \text{否则}; \end{cases} \quad f_4(x) = 1.$$

若在 $\mathbb{R}$ 上定义二元关系 E_i：$\forall x, y \in \mathbb{R}, \langle x, y \rangle \in E_i \Leftrightarrow f_i(x) = f_i(y)$，则 E_i 是 $\mathbb{R}$ 上的等价关系，称作 f_i 导出的等价关系. 求商集 $\mathbb{R}/E_i, i = 1, 2, 3, 4$.

3.24 对于以下集合 A 和 B，构造从 A 到 B 的双射函数.

(1) $A = \{1, 2, 3\}$, $B = \{a, b, c\}$.

(2) $A = (0, 1)$, $B = (0, 2)$.

(3) $A = \{x \mid x \in \mathbb{Z}, x < 0\}$, $B = \mathbb{N}$.

(4) $A = \mathbb{R}$, $B = \mathbb{R}^+$.

3.25 设 $f : \mathbb{R} \times \mathbb{R} \to \mathbb{R} \times \mathbb{R}$, $f(\langle x, y \rangle) = \left\langle \dfrac{x+y}{2}, \dfrac{x-y}{2} \right\rangle$，证明 f 是双射.

3.26 设 $f : A \to B$, $g : B \to C$，且 $f \circ g : A \to C$ 是双射. 证明：

(1) $f : A \to B$ 是单射.

(2) $g : B \to C$ 是满射.

3.27 按照阶从低到高的次序排列下列函数，若 $f(n)$ 与 $g(n)$ 的阶相等，则表示为 $f(n) = \Theta(g(n))$.

$$n, \ \sqrt{n}, \ \log n, \ n^3, \ n \log n, \ 2n^3 + n, \ 2^n, \ (\log n)^2, \ \lg n, \ n^3 + \log n.$$

3.28 设 $n \in \mathbb{Z}^+$，证明

$$(\log n)^{\log n} = n^{\log \log n},$$

$$4^{\log n} = n^2,$$

$$2 = n^{1/\log n},$$

$$2^{\sqrt{2 \log n}} = n^{\sqrt{2/\log n}}.$$

3.29 设 $A = \{a, b, c\}, B = 2^A$，由定义证明 $P(A) \approx 2^A$.

3.30 设 $[1, 2]$ 和 $[0, 1]$ 是实数区间，由定义证明 $[1, 2] \approx [0, 1]$.

3.31 设 $A = \{2x \mid x \in \mathbb{N}\}$，证明 $A \approx \mathbb{N}$.

3.32 证明主教材中定理 3.3.1.

3.33 证明主教材中定理 3.3.3 的 (1)，(3).

3.34 设 A, B, C, D 是集合，且 $A \approx C, B \approx D$，证明 $A \times B \approx C \times D$.

3.35 找出 $\mathbb{N}$ 的 3 个不同的真子集，使得它们都与 $\mathbb{N}$ 等势.

3.36 找出 $\mathbb{N}$ 的 3 个不同的真子集 A, B, C 使得

$$A \prec \cdot \mathbb{N}, \ B \prec \cdot \mathbb{N}, \ C \prec \cdot \mathbb{N}.$$

3.37 根据 $\mathbb{N}_k$ 的定义计算以下各式.

(1) $\mathbb{N}_3 \cup \mathbb{N}_6, \mathbb{N}_2 \cap \mathbb{N}_5$.

(2) $\mathbb{N}_4 - \mathbb{N}_3, \mathbb{N}_3 \oplus \mathbb{N}_1$.

(3) $\mathbb{N}_1 \times \mathbb{N}_4, \mathbb{N}_2^{\mathbb{N}_2}$.

3.38 计算下列集合的基数.

(1) $A = \{x, y, z\}$.

(2) $B = \{x \mid x = n^2, n \in \mathbb{N}\}$.

(3) $C = \{x \mid x = n^{109}, n \in \mathbb{N}\}$.

(4) $B \cap C$.

(5) $B \cup C$.

(6) 平面上所有的圆心在 x 轴上的单位圆的集合.

3.39 设 A, B 为可数集，证明：

(1) $A \cup B$ 是可数集.

(2) $A \times B$ 是可数集.

3.4.2 解答或提示

3.1 $f(0) = 0$, $f(\{0\}) = \{0\}$,

$f(1) = 1$, $f(\{1\}) = \{1\}$,

$f(\{0, 2, 4, 6, \cdots\}) = \mathbb{N}$,

$f(\{4, 6, 8\}) = \{2, 3, 4\}$,

$f(\{1, 3, 5, 7\}) = \{1\}$.

3.2 $B^A = \{f_1, f_2, \cdots, f_9\}$, 其中，

$f_1 = \{\langle 1, a \rangle, \langle 2, a \rangle\}$, $f_2 = \{\langle 1, a \rangle, \langle 2, b \rangle\}$, $f_3 = \{\langle 1, a \rangle, \langle 2, c \rangle\}$,

$f_4 = \{\langle 1, b \rangle, \langle 2, a \rangle\}$, $f_5 = \{\langle 1, b \rangle, \langle 2, b \rangle\}$, $f_6 = \{\langle 1, b \rangle, \langle 2, c \rangle\}$,

$f_7 = \{\langle 1, c \rangle, \langle 2, a \rangle\}$, $f_8 = \{\langle 1, c \rangle, \langle 2, b \rangle\}$, $f_9 = \{\langle 1, c \rangle, \langle 2, c \rangle\}$.

3.3 (1) 双射，反函数 $f^{-1} = f$: $f(\{8\}) = \{8\}$, $f^{-1}(\{4\}) = \{4\}$.

(2) 双射，反函数 $f^{-1} : \mathbb{R}^+ \to \mathbb{R}$, $f^{-1}(x) = \log_2 x$, $f(\{1\}) = \{2\}$, $f^{-1}(\{1, 2\}) = \{0, 1\}$.

(3) 单射，$f(\{5\}) = \{\langle 5, 6 \rangle\}$, $f^{-1}(\{\langle 2, 3 \rangle\}) = \{2\}$.

(4) 单射，$f(\{2, 3\}) = \{5, 7\}$, $f^{-1}(\{1, 3\}) = \{0, 1\}$.

(5) 满射，$f(\{-1, 2\}) = \{1, 2\}$, $f^{-1}(\{1\}) = \{-1, 1\}$.

(6) 单射，$f((0,1)) = \left(\dfrac{1}{4}, \dfrac{3}{4}\right)$, $f^{-1}\left(\left[\dfrac{1}{4}, \dfrac{1}{2}\right]\right) = \left[0, \dfrac{1}{2}\right]$.

(7) 单射，$f\left(\left\{0, \dfrac{1}{2}\right\}\right) = \left\{1, \dfrac{2}{3}\right\}$, $f^{-1}\left(\left\{\dfrac{1}{2}\right\}\right) = \{1\}$.

(8) 单射，$f((0,1)) = (1, +\infty)$, $f^{-1}(\{2,3\}) = \left\{\dfrac{1}{2}, \dfrac{1}{3}\right\}$.

3.4 (1) 单射.

(2) 既不是单射，也不是满射.

(3) 既不是单射，也不是满射.

(4) 满射.

(5) 单射.

(6) 既不是单射，也不是满射.

3.5 (1) 为真，其余均为假.

3.6 (1) $f : A \to B$，既不是单射，也不是满射.

(2) 不是从 A 到 B 的函数，因为 $\mathrm{dom}\, f \neq \mathbb{N}$.

(3) $f : A \to B$，是满射，但不是单射，因为 $f(\langle 0, 1 \rangle) = f(\langle 0, 2 \rangle) = 0$.

(4) $f : A \to B$，既不是单射，也不是满射.

(5) $f : A \to B$，是单射，但不是满射.

(6) $f : A \to B$，是单射、满射、双射.

(7) $f : A \to B$，既不是单射，也不是满射.

(8) 不是从 A 到 B 的函数，因为 $\mathrm{dom}\, f \neq \mathbb{R}$.

(9) 不是从 A 到 B 的函数，因为 $\mathrm{ran}\, f \not\subseteq \mathbb{N}$.

3.7 (1) 结果不唯一，例如，$f = \{\langle a, 0 \rangle, \langle b, 0 \rangle, \langle c, 0 \rangle, \langle d, 0 \rangle\}$.

(2) 结果不唯一，例如，$f = \{\langle a, 0 \rangle, \langle b, 1 \rangle, \langle c, 2 \rangle, \langle d, 2 \rangle\}$.

(3) 不能.

(4) 存在单射函数的充分必要条件是 $m \leqslant n$，存在满射函数的充分必要条件是 $m \geqslant n$，存在双射函数的充分必要条件是 $m = n$.

3.8 (1) $f : \mathbb{N} \to \mathbb{N}$, $f(x) = 2x$.

(2) $f : \mathbb{N} \to \mathbb{N}$, $f(x) = \begin{cases} 0, & x = 0, \\ x - 1, & x > 0. \end{cases}$

3.9 双射函数与单射函数都是 $n!$ 个.

3.10 (1) 不是单射，不是满射，也不是双射.

(2) $\{\langle 1, 1 \rangle, \langle 0, 2 \rangle, \langle 2, 0 \rangle\}$.

(3) $\{3, 5, 7\}$.

3.11　(1) $f : X \to Y$ 不是单射, 不是满射, 也不是双射.

(2) f 不是从 X 到 Y 的函数.

(3) f 不是从 X 到 Y 的函数.

(4) $f : X \to Y$ 是单射, 但不是满射, 也不是双射.

(5) f 不是从 X 到 Y 的函数.

3.12　(1) 对任意 $y \in f(A \cap B)$, 存在 $x \in A \cap B$ 使得 $f(x) = y$. 由 $x \in A$ 和 $f(x) = y$ 知, $y \in f(A)$; 而由 $x \in B$ 和 $f(x) = y$ 知, $y \in f(B)$. 因此有 $y \in f(A) \cap f(B)$, 这就证明了 $f(A \cap B) \subseteq f(A) \cap f(B)$.

(2) $f : \mathbb{R} \to \mathbb{R}$, $f(x) = x^2$, $A = [0, 1]$, $B = [-1, 0]$, 有 $f(A \cap B) = f(\{0\}) = \{0\}$, $f(A) \cap f(B) = [0, 1] \cap [0, 1] = [0, 1]$.

(3) 当 f 是单射函数时, 上述等式成立.

3.13　(1) 如果 $n = 1$, 那么 $g(2) = g(0) = \mathbb{Z}$.

如果 $n = 2$, 那么 $g(2) = g(0) = \{2k \mid k \in \mathbb{Z}\}$.

如果 $n > 2$, 那么 $g(2) = \{kn + 2 \mid k \in \mathbb{Z}\}$, $g(0) = n\mathbb{Z} = \{kn \mid k \in \mathbb{Z}\}$.

(2) 满射, 不一定是单射和双射.

(3) 当等价关系 R 是 A 上的恒等关系时, g 是双射函数.

3.14　$\chi_{A \cap B} = \{\langle a, 0 \rangle, \langle b, 1 \rangle, \langle c, 0 \rangle, \langle d, 0 \rangle\}$.

3.15　$\chi_{A_1} = \{\langle 1, 1 \rangle, \langle 2, 1 \rangle, \langle 3, 0 \rangle, \langle 4, 0 \rangle\}$,

$\chi_{A_2} = \{\langle 1, 1 \rangle, \langle 2, 0 \rangle, \langle 3, 0 \rangle, \langle 4, 0 \rangle\}$,

$\chi_{A_3} = \{\langle 1, 0 \rangle, \langle 2, 0 \rangle, \langle 3, 0 \rangle, \langle 4, 0 \rangle\}$,

$\chi_A = \{\langle 1, 1 \rangle, \langle 2, 1 \rangle, \langle 3, 1 \rangle, \langle 4, 1 \rangle\}$.

3.16　$g : A \to A/R$, $g(a) = g(b) = \{a, b\}$, $g(c) = \{c\}$.

3.17　$f \circ g(x) = 2x + 7$, $g \circ f(x) = 2x + 4$,

$f \circ f(x) = x + 6$, $g \circ g(x) = 4x + 3$,

$h \circ f(x) = \dfrac{x}{2} + 3$, $g \circ h(x) = x + \dfrac{1}{2}$,

$f \circ h(x) = \dfrac{x + 3}{2}$, $g \circ h \circ f(x) = x + \dfrac{7}{2}$.

3.18　$f \circ f(n) = n + 2$, $g \circ f(n) = 2n + 1$,

$f \circ g(n) = 2n + 2$, $g \circ h(n) = 0$,

$$h \circ g(n) = \begin{cases} 0, & n \text{ 为偶数}, \\ 2, & n \text{ 为奇数}. \end{cases}$$

$$h \circ g \circ f(n) = \begin{cases} 1, & n \text{ 为偶数,} \\ 3, & n \text{ 为奇数.} \end{cases}$$

3.19 (1) $g \circ f(x) = x^2 + 8x + 14$, $f \circ g(x) = x^2 + 2$.

(2) 都不是单射，也不是满射和双射.

(3) g 和 h 有反函数，$g^{-1} : \mathbb{R} \to \mathbb{R}$, $g^{-1}(x) = x - 4$; $h^{-1} : \mathbb{R} \to \mathbb{R}$, $h^{-1}(x) = \sqrt[3]{x+1}$.

3.20 (1) $f \circ g : \mathbb{N} \to \mathbb{N}$,

$$f \circ g(x) = \begin{cases} 1, & x = 1, \\ 2, & x = 3, \\ 0, & x = 4, \\ 3, & x = 0, 2 \text{ 或 } x \text{ 为大于或等于 5 的奇数,} \\ \dfrac{x}{2}, & x \text{ 为大于 5 的偶数.} \end{cases}$$

(2) 是满射，但不是单射，也不是双射.

3.21 (1) 单射. 假设 $f(x_1) = f(x_2)$，那么有 $\langle x_1, x_1 + 1 \rangle = \langle x_2, x_2 + 1 \rangle$. 根据有序对相等的条件得 $x_1 = x_2$，因此 f 是单射. 但是 f 不是满射，因为 $\langle 0, 0 \rangle \notin \operatorname{ran} f$.

(2) 不存在反函数.

(3) $\operatorname{ran} f = \{\langle n, n+1 \rangle | n \in \mathbb{N}\}$.

3.22 (1) $f(\mathbb{Z}) = \{0, 1, \cdots, n-1\}$.

(2) $\mathbb{Z}/R = \{\{nk + i | k \in \mathbb{Z}\} | i = 0, 1, \cdots, n-1\}$.

3.23 $\mathbb{R}/E_1 = \{\mathbb{R}^-, \mathbb{R} - \mathbb{R}^-\}$，其中 $\mathbb{R}^-$ 为负实数构成的集合.

$\mathbb{R}/E_2 = \{\{x\} | x \in \mathbb{R}\}$.

$\mathbb{R}/E_3 = \{\mathbb{Z}, \mathbb{R} - \mathbb{Z}\}$,

$\mathbb{R}/E_4 = \{\mathbb{R}\}$.

3.24 这些函数都不是唯一的，以下只是一个可能的结果.

(1) $f = \{\langle 1, a \rangle, \langle 2, b \rangle, \langle 3, c \rangle\}$.

(2) $f(x) = 2x$.

(3) $f(x) = |x| - 1$.

(4) $f(x) = e^x$.

3.25 先证单射. 假设存在 $\langle x, y \rangle, \langle u, v \rangle$ 使得 $f(\langle x, y \rangle) = f(\langle u, v \rangle)$，则有

$$\left\langle \frac{x+y}{2}, \frac{x-y}{2} \right\rangle = \left\langle \frac{u+v}{2}, \frac{u-v}{2} \right\rangle.$$

从而有 $\begin{cases} \dfrac{x+y}{2} = \dfrac{u+v}{2}, \\ \dfrac{x-y}{2} = \dfrac{u-v}{2}. \end{cases}$

解得 $x = u, y = v$，故 $\langle x, y \rangle = \langle u, v \rangle$，这就证明了 f 是单射.

再证满射. 任取 $\langle u, v \rangle \in \mathbb{R} \times \mathbb{R}$，存在 $\langle u+v, u-v \rangle \in \mathbb{R} \times \mathbb{R}$，使得

$$f(\langle u+v, u-v \rangle) = \langle u, v \rangle,$$

所以 f 是满射，从而证明了 f 是双射.

3.26 (1) 反证法. 假设 f 不是单射，则存在 $x_1, x_2 \in A, x_1 \neq x_2$，使得 $f(x_1) = f(x_2)$. 进一步，有 $f \circ g(x_1) = f \circ g(x_2)$，这与 $f \circ g$ 的双射性矛盾. 故 f 是单射.

(2) 任取 $c \in C$，由于 $f \circ g$ 是双射，所以存在 $a \in A$，使得 $f \circ g(a) = c$，即 $g(f(a)) = c$，显然 $f(a) \in B$，因此 g 是满射.

3.27 $\log n = \Theta(\lg n)$，$(\log n)^2$，$\sqrt{n}$，n，$n \log n$，$2n^3 + n = \Theta(n^3)$，$n^3 + \log n = \Theta(n^3)$，$2^n$.

3.28 由 $\log(\log n)^{\log n} = \log n (\log \log n) = (\log \log n) \log n = \log(n^{\log \log n})$ 得证.

因为 $2^{\log n} = n$，因此

$$4^{\log n} = 2^{2 \log n} = (2^{\log n})^2 = n^2.$$

因为 $\log(n^{1/\log n}) = \dfrac{\log n}{\log n} = 1$，因此 $2 = n^{1/\log n}$.

因为 $\log(2^{\sqrt{2 \log n}}) = \sqrt{2 \log n}$，$\log(n^{\sqrt{2/\log n}}) = \sqrt{2/\log n} \log n = \sqrt{2 \log n}$，从而得到 $2^{\sqrt{2 \log n}} = n^{\sqrt{2/\log n}}$.

3.29 $P(A) = \{\varnothing, \{a\}, \{b\}, \{c\}, \{a, b\}, \{a, c\}, \{b, c\}, \{a, b, c\}\}$，

$2^A = \{f_0, f_1, f_2, f_3, f_4, f_5, f_6, f_7\}$，其中，

$$f_0 = \{\langle a, 0 \rangle, \langle b, 0 \rangle, \langle c, 0 \rangle\}, \ f_1 = \{\langle a, 1 \rangle, \langle b, 0 \rangle, \langle c, 0 \rangle\},$$

$$f_2 = \{\langle a, 0 \rangle, \langle b, 1 \rangle, \langle c, 0 \rangle\}, \ f_3 = \{\langle a, 0 \rangle, \langle b, 0 \rangle, \langle c, 1 \rangle\},$$

$$f_4 = \{\langle a, 1 \rangle, \langle b, 1 \rangle, \langle c, 0 \rangle\}, \ f_5 = \{\langle a, 1 \rangle, \langle b, 0 \rangle, \langle c, 1 \rangle\},$$

$$f_6 = \{\langle a, 0 \rangle, \langle b, 1 \rangle, \langle c, 1 \rangle\}, \ f_7 = \{\langle a, 1 \rangle, \langle b, 1 \rangle, \langle c, 1 \rangle\}.$$

按如下方法构造双射函数 f：

$$f(\varnothing) = f_0, \ f(\{a\}) = f_1, \ f(\{b\}) = f_2, \ f(\{c\}) = f_3,$$

$$f(\{a,b\}) = f_4,\ f(\{a,c\}) = f_5,\ f(\{b,c\}) = f_6,\ f(\{a,b,c\}) = f_7.$$

根据等势定义有 $P(A) \approx 2^A$.

这个结果可以推广到任意集合 A. 对于任意 $g \in 2^A$, 令 $B = \{x \in A | g(x) = 1\}$, 则 $B \in P(A)$, 且 $f(B) = \chi_B = g$, 这里的 χ_B 是集合 B 的特征函数.

3.30 令 $f : [1,2] \to [0,1]$, $f(x) = x - 1$, 则 f 为从 $[1,2]$ 到 $[0,1]$ 的双射函数.

3.31 令 $f : A \to \mathbb{N}$, $f(x) = \dfrac{x}{2}$, 则 f 为双射函数.

3.32 (1) 取 $I_A : A \to A$, 则 I_A 是双射函数, 因此 $A \approx A$.

(2) 假设 $A \approx B$, 那么存在双射函数 $f : A \to B$, 于是有双射函数 $f^{-1} : B \to A$, 因此 $B \approx A$.

(3) 假设 $A \approx B, B \approx C$, 因此存在双射函数 $f : A \to B, g : B \to C$, 那么 $f \circ g : A \to C$ 为双射函数, 因此 $A \approx C$.

3.33 (1) I_A 是从 A 到 A 的单射函数, 因此 $A \preccurlyeq \cdot A$.

(2) 假设 $A \preccurlyeq \cdot C, B \preccurlyeq \cdot C$, 那么存在单射函数 $f : A \to B$, $g : B \to C$, 于是 $f \circ g : A \to C$ 为单射函数, 因此 $A \preccurlyeq \cdot C$.

3.34 提示: 根据 $A \approx C, B \approx D$, 存在双射函数 $f : A \to C, g : B \to D$, 构造函数 $h : A \times B \to C \times D, h(\langle a,b \rangle) = \langle f(a), g(b) \rangle$. 容易证明 h 的双射性.

3.35 答案不唯一, 例如, $A = \{2n | n \in \mathbb{N}\}, B = \{2^k | k \in \mathbb{N}\}, C = \mathbb{Z}^+$.

3.36 答案不唯一, 例如, $A = \{1,2,3\}, B = \{2,4,6,8\}, C = \{0,1,\cdots,10\}$.

3.37 (1) $\mathbb{N}_3 \cup \mathbb{N}_6 = \mathbb{N}_6, \mathbb{N}_2 \cap \mathbb{N}_5 = \mathbb{N}_2$;

(2) $\mathbb{N}_4 - \mathbb{N}_3 = \{3\}, \mathbb{N}_3 \oplus \mathbb{N}_1 = \{1,2\}$;

(3) $\mathbb{N}_1 \times \mathbb{N}_4 = \{\langle 0,0 \rangle, \langle 0,1 \rangle, \langle 0,2 \rangle, \langle 0,3 \rangle\}$,
$\mathbb{N}_2^{\mathbb{N}_2} = \{f_0, f_1, f_2, f_3\}$, 其中,

$$f_0 = \{\langle 0,0 \rangle, \langle 1,0 \rangle\},\ f_1 = \{\langle 0,0 \rangle, \langle 1,1 \rangle\},\ f_2 = \{\langle 0,1 \rangle, \langle 1,0 \rangle\},\ f_3 = \{\langle 0,1 \rangle, \langle 1,1 \rangle\}.$$

3.38 (1) 3. (2) $\aleph_0$. (3) $\aleph_0$. (4) $\aleph_0$. (5) $\aleph_0$. (6) $\aleph$.

3.39 (1) 不妨设 $A \cap B = \varnothing$. 若两个集合都是有穷集, 例如 $A = \{a_0, a_1, \cdots, a_{n-1}\}, B = \{b_0, b_1, \cdots, b_{m-1}\}$, 那么 $\mathrm{card}(A \cup B) = n + m \leqslant \aleph_0$.

如果其中一个集合是有穷集, 另一个是无穷可数集, 例如 $A = \{a_0, a_1, \cdots, a_{n-1}\}$, $\mathrm{card}\, B = \aleph_0$. 按如下方法构造双射 $h : A \cup B \to \mathbb{N}$. 当 $x \in A$ 时, $x = a_i$, 令 $h(x) = i$; 当 $x \in B$ 时, $x = b_j, j = 0,1,\cdots$, 那么定义 $h(x) = j + n$.

如果 $\mathrm{card}\, A = \mathrm{card}\, B = \aleph_0$, 那么存在双射 $f : A \to \mathbb{N}$ 和 $g : B \to \mathbb{N}$. 按如下方法构造函数 $h : A \cup B \to \mathbb{N}$,

$$h(x) = \begin{cases} 2i, & x \in A \text{ 且 } f(x) = i, \\ 2j+1, & x \in B \text{ 且 } g(x) = j. \end{cases}$$

显然 h 为双射. 这就证明了 $\mathrm{card}(A \cup B) = \aleph_0$.

(2) 若两个集合都是有穷集, 例如 $A = \{a_0, a_1, \cdots, a_{n-1}\}, B = \{b_0, b_1, \cdots, b_{m-1}\}$, 则有 $\mathrm{card}(A \times B) = n \cdot m \leqslant \aleph_0$.

如果其中一个集合是有穷集, 另一个是无穷可数集, 例如 $A = \{a_0, a_1, \cdots, a_{n-1}\}$, $\mathrm{card}\,B = \aleph_0$. 按如下方法构造双射 $h : A \times B \to \mathbb{N}$, $h(\langle a_i, b_j \rangle) = i + jn$.

如果 $\mathrm{card}\,A = \mathrm{card}\,B = \aleph_0$, 那么存在双射 $f : A \to \mathbb{N}$ 和 $g : B \to \mathbb{N}$. 按如下方法构造函数 $h : A \times B \to \mathbb{N}$,

$$h(\langle x, y \rangle) = \frac{(i+j+1)(i+j)}{2} + i, \text{ 其中 } f(x) = i, \ g(y) = j.$$

显然 h 是双射. 从而得到 $\mathrm{card}(A \times B) = \aleph_0$. 注意这里 h 函数的构造参照了 $\mathbb{N} \times \mathbb{N} \approx \mathbb{N}$ 的证明 (见主教材中例 3.3.1).

3.5 小测验

3.5.1 试题

1. 填空题 (6 小题, 每小题 5 分, 共 30 分).

(1) 设 $X = \{a, b, c\}, Y = \{1, 2, 3\}, f = \{\langle a, 1 \rangle, \langle b, 2 \rangle, \langle c, 3 \rangle\}$, 则下列说法中唯一正确的是_____.

A. f 是从 X 到 Y 的二元关系, 但不是从 X 到 Y 的函数.

B. f 是从 X 到 Y 的函数, 但不是满射函数, 也不是单射函数.

C. f 是从 X 到 Y 的满射函数, 但不是单射函数.

D. f 是从 X 到 Y 的双射函数.

(2) 设 $f : \mathbb{Z} \times \mathbb{Z} \to \mathbb{Z}, \mathbb{Z}$ 为整数集, $\forall \langle n, k \rangle \in \mathbb{Z} \times \mathbb{Z}$, $f(\langle n, k \rangle) = n^2 k$, 则 $\mathrm{ran}\,f = $ _____.

(3) 设 $A = \{a, b, c\}$, $R = \{\langle a, b \rangle, \langle b, a \rangle\} \cup I_A$ 是 A 上的等价关系, 设自然映射 $g : A \to A/R$, 那么 $g(a) = $_____.

(4) 设 $f : \mathbb{R} \to \mathbb{R}, f(x) = x^2 - 3x + 2$, 其中 $\mathbb{R}$ 为实数集, 则 $f(\{1, 3\}) - f^{-1}(\{-6\})$ =_____.

(5) 设 $\mathbb{R}$ 为实数集, $f : \mathbb{R} \to \mathbb{R}, f(x) = x^2 - x + 2$; $g : \mathbb{R} \to \mathbb{R}, g(x) = x - 3$, 则 $f \circ g(x) = $_____.

(6) 设 $f : A \to A$, 如果 f 是双射, 那么 $f \circ f^{-1} = $_____.

2. 简答题 (4 小题，每小题 10 分，共 40 分).

(1) 下列定义中哪些函数是从实数集 $\mathbb{R}$ 到 $\mathbb{R}$ 的双射函数? 如果不是，说明理由.

$$f_1(x) = \begin{cases} 1, & x > 0, \\ -1, & x \leqslant 0. \end{cases}$$

$$f_2(x) = \ln x, \ x > 0.$$

$$f_3(x) = \frac{1}{x^3 + 8}, \ x \neq -2.$$

$$f_4(x) = x^3 + 8.$$

(2) 计算下列集合 A, B, C 的基数.

l 是坐标平面上的一条直线，A 是 l 上所有点的集合.

$S = \{a, b\}$，B 是由 S 中字符构成的有限长度的串的集合.

C 是某个服务器登录密码的集合，要求每个密码由 6 位构成，每位可以是小写英文字母或者十进制数字.

(3) 对于以下给定的每组集合 X 和 Y，构造从 X 到 Y 的双射函数.

A. $X = 2\mathbb{Z} = \{2k | k \in \mathbb{Z}\}, Y = \mathbb{N}$，其中 $\mathbb{Z}$ 为整数集，$\mathbb{N}$ 为自然数集.

B. $X = \mathbb{R}, Y = (0, +\infty)$，其中 $\mathbb{R}$ 为实数集.

C. $X = P(\{a, b\}), Y = \{0, 1\}^{\{a,b\}}$.

(4) 由 $f : A \to B$ 导出的 A 上的等价关系 R 定义如下: $R = \{\langle x, y \rangle | x, y \in A, f(x) = f(y)\}$. 设 $f_1, f_2, f_3, f_4 \in \mathbb{N}^{\mathbb{N}}$，且满足:

$$f_1(n) = n, \forall n \in \mathbb{N}.$$

$$f_2(n) = \begin{cases} 1, & n \text{ 为奇数}, \\ 0, & n \text{ 为偶数}. \end{cases}$$

$$f_3(n) = \begin{cases} 0, & n = 3k, k \in \mathbb{N}, \\ 1, & n = 3k + 1, k \in \mathbb{N}, \\ 2, & n = 3k + 2, k \in \mathbb{N}. \end{cases}$$

$$f_4(n) = \begin{cases} 0, & n = 6k, k \in \mathbb{N}, \\ 1, & n = 6k + 1, k \in \mathbb{N}, \\ 2, & n = 6k + 2, k \in \mathbb{N}, \\ 3, & n = 6k + 3, k \in \mathbb{N}, \\ 4, & n = 6k + 4, k \in \mathbb{N}, \\ 5, & n = 6k + 5, k \in \mathbb{N}. \end{cases}$$

令 R_i 为 f_i 导出的等价关系, 求商集 N/R_i, 这里 $i = 1, 2, 3, 4$, 并分别求 $H = \{10k | k \in \mathbb{N}\}$ 在 f_1, f_2, f_3, f_4 下的像.

3. 证明题 (2 小题, 每小题 10 分, 共 20 分).

(1) 设 $f : A \to A$ 是满射函数, 且 $f \circ f = f$, 证明 $f = I_A$.

(2) 设 A, B, C 是集合, $A \cap B = A \cap C = \varnothing$, 且 $B \approx C$. 证明: $A \cup B \approx A \cup C$.

4. 应用题 (10 分).

设 $\operatorname{card} A = \aleph$, B 是 A 的可数子集, $\operatorname{card}(A - B)$ 是否为可数的? 解释你的判断.

3.5.2 答案或解答

1. (1) D.

(2) $\mathbb{Z}$.

(3) $\{a, b\}$.

(4) $\{0, 2\}$.

(5) $x^2 - x - 1$.

(6) I_A.

2. (1) 只有 f_4 是双射函数.

因为 $\operatorname{ran} f_1 = \{1, -1\}$, 故 f_1 不是满射函数; 又因为 $f_1(1) = f_1(2) = 1$, 故 f_1 也不是单射函数.

由于 $\operatorname{dom} f_2 = \mathbb{R}^+ \neq \mathbb{R}$, 所以 f_2 不是从 $\mathbb{R}$ 到 $\mathbb{R}$ 的函数.

因为 $-2 \notin \operatorname{dom} f_3$, 故 f_3 不是从 $\mathbb{R}$ 到 $\mathbb{R}$ 的函数.

(2) $\operatorname{card} A = \aleph$, $\operatorname{card} B = \aleph_0$, $\operatorname{card} C = 36^6$.

(3) A. $f : 2\mathbb{Z} \to \mathbb{Z}$, $f(x) = \begin{cases} x - 1, & x > 0, \\ |x|, & x \leqslant 0. \end{cases}$

B. $f : \mathbb{R} \to \mathbb{R}^+$, $f(x) = \mathrm{e}^x$.

C. $f : P(\{a, b\}) \to \{0, 1\}^{\{a, b\}}$, $f(X) = \chi_X$, 其中 χ_X 为 X 的特征函数.

(4) $\mathbb{N}/R_1 = \{\{n\} | n \in \mathbb{N}\}$,

$\mathbb{N}/R_2 = \{2\mathbb{N}, 2\mathbb{N} + 1\}$,

$\mathbb{N}/R_3 = \{3\mathbb{N}, 3\mathbb{N} + 1, 3\mathbb{N} + 2\}$,

$\mathbb{N}/R_4 = \{6\mathbb{N}, 6\mathbb{N} + 1, 6\mathbb{N} + 2, 6\mathbb{N} + 3, 6\mathbb{N} + 4, 6\mathbb{N} + 5\}$,

其中, $k\mathbb{N} = \{kn | n \in \mathbb{N}\}$, $k\mathbb{N} + i = \{kn + i | n \in \mathbb{N}\}$.

$f_1(H) = H$, $f_2(H) = \{0\}$, $f_3(H) = \{0, 1, 2\}$, $f_4(H) = \{0, 2, 4\}$.

3. (1) <u>方法一</u> 任取 $y \in A$, 必有 $x \in A$ 使得 $\langle x, y \rangle \in f$, 由题设有 $\langle x, y \rangle \in f \circ f$, 因此存在 $z \in A$ 使得 $\langle x, z \rangle \in f$ 且 $\langle z, y \rangle \in f$. 由于 $f(x)$ 是唯一的, 因此 $y = z$, 从而

$\langle y, y \rangle \in f$. 由 y 的任意性知 $I_A \subseteq f$. 反过来，任取 $\langle x, y \rangle \in f$，根据题设存在 $z \in A$ 使得 $\langle x, z \rangle \in f$ 且 $\langle z, y \rangle \in f$. 由于 $I_A \subseteq f$，有 $\langle x, x \rangle \in f, \langle z, z \rangle \in f$，因此 $x = z, z = y$，从而得到 $x = y$. 这就证明了 $f \subseteq I_A$. 综上所述，命题得证.

<u>方法二</u>　假设 $f \neq I_A$，则存在 $x \in A$ 使得 $f(x) \neq I_A(x)$，即 $f(x) \neq x$. 因为 $f : A \to A$ 是满射，故存在 $x' \in A$ 使得 $f(x') = x$. 从而有 $f \circ f(x') = f(x) \neq x = f(x')$，即 $f \circ f(x') \neq f(x')$. 这与条件 $f \circ f = f$ 矛盾，故 $f = I_A$.

(2) 因为 $B \approx C$，所以存在双射 $f : B \to C$. 令 $g : A \cup B \to A \cup C$，

$$g(x) = \begin{cases} x, & x \in A, \\ f(x), & x \in B. \end{cases}$$

因为 $A \cap B = \varnothing$，所以 g 是函数. 假设 $g(x_1) = g(x_2)$，若 $g(x_1) \in C$，则由 $A \cap C = \varnothing$ 知，$g(x_1) \notin A$，$f(x_1) = g(x_1) = g(x_2) = f(x_2)$. 由于 f 是单射，故 $x_1 = x_2$. 如果 $g(x_1) \in A$，那么由 $A \cap C = \varnothing$ 知，$x_1 = g(x_1) = g(x_2) = x_2$，因此得到 $x_1 = x_2$. 从而证明了 g 的单射性.

对于任意 $y \in A \cup C$，有 $y \in A$ 或 $y \in C$. 若 $y \in A$，则 $y \in A \cup B$ 且 $g(y) = y$. 若 $y \in C$，则存在 $f^{-1}(y) = x, x \in B$. 因此 $x \in A \cup B$，且 $g(x) = g(f^{-1}(y)) = f(f^{-1}(y)) = y$. 从而证明了 g 的满射性.

综上所述，根据等势定义有 $A \cup B \approx A \cup C$.

4. $\operatorname{card}(A - B)$ 不是可数的. 用反证法证明如下.

如果 $\operatorname{card}(A - B)$ 是可数的，而 B 也是可数的，那么它们的并集也是可数的，从而得到 $\operatorname{card} A = \operatorname{card}((A - B) \cup B) \leqslant \aleph_0$，而 $\aleph_0 < \aleph$，这与已知 $\operatorname{card} A = \aleph$ 矛盾.

第 2 部分　初 等 数 论

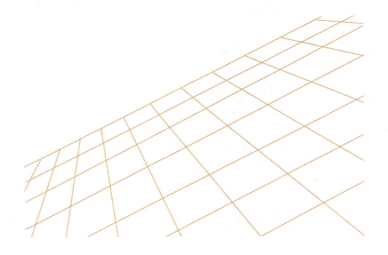

第 4 章
初等数论基础及
其应用

4.1 内容提要

4.1.1 素数

整除

设 a, b 是两个整数, 且 $b \neq 0$. 如果存在整数 c 使 $a = bc$, 那么称 a 被 b 整除, 或 b 整除 a, 记作 $b \mid a$. 此时, 又称 a 为 b 的倍数, b 为 a 的因子. 把 b 不整除 a 记作 $b \nmid a$.

带余除法

设 a, b 是两个整数, 且 $b \neq 0$, 则存在唯一的整数 q 和 r, 使得

$$a = qb + r, \ \text{其中} 0 \leqslant r < |b|,$$

这个式子称作带余除法, 记余数 $r = a \bmod b$.

定义 4.1.1 设 a 是大于 1 的正整数, 如果 a 的正因子只有 1 和 a, 那么称 a 为素数或质数; 否则, 称 a 为合数.

定理 4.1.1(算术基本定理) 设 $a > 1$, 则

$$a = p_1^{r_1} p_2^{r_2} \cdots p_k^{r_k},$$

其中 $p_1, p_2, \cdots, p_k$ 是互不相同的素数, $r_1, r_2, \cdots, r_k$ 是正整数, 并且在不计顺序的情况下, 该表示是唯一的.

定理 4.1.2　有无穷多个素数.

定理 4.1.3(素数定理)　$\lim\limits_{n\to+\infty}\dfrac{\pi(n)}{n/\ln n}=1.$

定理 4.1.4　若 a 是一个合数,则 a 必有一个小于或等于 $\sqrt{a}$ 的真因子,从而 a 必有一个小于或等于 $\sqrt{a}$ 的素因子.

埃拉托色尼 (Eratosthenes) 筛法

10 以内的素数是 2,3,5,7,用它们除 100 以内大于 10 的数,删去所有能被它们整除的数,剩下 (含 2,3,5,7 在内) 的就是 100 以内的所有素数. 再用这些素数除 $100^2 =$ 10 000 以内大于 100 的数,删去所有能被它们整除的数,可以得到 10 000 以内的所有素数. 重复这个做法可以得到任意给定的正整数以内的所有素数. 这个方法称作埃拉托色尼 (Eratosthenes) 筛法.

4.1.2　最大公因数与最小公倍数

最大公因数

设 a 和 b 是两个整数,如果 $d\,|\,a$ 且 $d\,|\,b$,那么称 d 为 a 与 b 的公因数,或公约数. 除 0 之外,任何整数只有有限个因子. 因而,两个不全为 0 的整数 a 和 b 只有有限个公因子,其中最大的称作最大公因数,或最大公约数. 记作 $\gcd(a,b)$.

最小公倍数

设 a 和 b 是两个非零整数,如果 $a\,|\,m$ 且 $b\,|\,m$,那么称 m 为 a 与 b 的公倍数. a 与 b 有无穷多个公倍数,其中最小的正公倍数称作最小公倍数. 记作 $\operatorname{lcm}(a,b)$.

定理 4.1.5

(1) 若 $a\,|\,m,b\,|\,m$,则 $\operatorname{lcm}(a,b)\,|\,m$.

(2) 若 $d\,|\,a,d\,|\,b$,则 $d\,|\,\gcd(a,b)$.

设 $a=p_1^{r_1}p_2^{r_2}\cdots p_k^{r_k},b=p_1^{s_1}p_2^{s_2}\cdots p_k^{s_k}$,其中 $p_1,p_2,\cdots,p_k$ 是互不相同的素数,$r_1,r_2,\cdots,$ $r_k,s_1,s_2,\cdots,s_k$ 是非负整数,则

$$\gcd(a,b)=p_1^{\min(r_1,s_1)}p_2^{\min(r_2,s_2)}\cdots p_k^{\min(r_k,s_k)},$$
$$\operatorname{lcm}(a,b)=p_1^{\max(r_1,s_1)}p_2^{\max(r_2,s_2)}\cdots p_k^{\max(r_k,s_k)}.$$

辗转相除法 (又称欧几里得算法)

定理 4.1.6　设 $a=qb+r$,其中 a,b,q,r 都是整数,则 $\gcd(a,b)=\gcd(b,r)$.

设有整数 a,b,且 $b\neq 0$. 做带余除法

$$a=q_1b+r_2,\quad 0\leqslant r_2<|b|.$$

若 $r_2 > 0$, 再对 b 和 r_2 做带余除法, 得

$$b = q_2 r_2 + r_3, \quad 0 \leqslant r_3 < r_2.$$

重复上述过程. 由于 $|b| > r_2 > r_3 > \cdots \geqslant 0$, 必存在 k 使 $r_{k+1} = 0$. 于是, 有

$$a = q_1 b + r_2, \qquad 1 \leqslant r_2 < |b|;$$

$$b = q_2 r_2 + r_3, \qquad 1 \leqslant r_3 < r_2;$$

$$r_2 = q_3 r_3 + r_4, \qquad 1 \leqslant r_4 < r_3;$$

$$\cdots$$

$$r_{k-2} = q_{k-1} r_{k-1} + r_k, \quad 1 \leqslant r_k < r_{k-1};$$

$$r_{k-1} = q_k r_k.$$

①

根据定理 4.1.6, 有

$$\gcd(a, b) = \gcd(b, r_2) = \cdots = \gcd(r_{k-1}, r_k) = r_k.$$

这就是辗转相除法, 又称作欧几里得 (Euclid) 算法.

定理 4.1.7　设 a 和 b 不全为 0, 则存在整数 x 和 y 使得 $\gcd(a, b) = xa + yb$.

互素

定义 4.1.2　如果 $\gcd(a, b) = 1$, 那么称 a 和 b 互素.

如果整数 $a_1, a_2, \cdots, a_n$ 中的任意两个都互素, 那么称它们两两互素.

定理 4.1.8　整数 a 和 b 互素的充分必要条件是存在整数 x 和 y 使得 $xa + yb = 1$.

4.1.3　同余

同余的概念及性质

定义 4.1.3　设 m 是正整数, a 和 b 是整数. 若 $m \mid a - b$, 则称 a 模 m 同余于 b, 或 a 与 b 模 m 同余, 记作 $a \equiv b \pmod{m}$. 若 a 与 b 模 m 不同余, 则记作 $a \not\equiv b \pmod{m}$.

命题 4.1.1　同余关系是等价关系, 即同余关系具有以下性质.

(1) 自反性: $a \equiv a \pmod{m}$.

(2) 对称性: 若 $a \equiv b \pmod{m}$, 则 $b \equiv a \pmod{m}$.

(3) 传递性: 若 $a \equiv b \pmod{m}, b \equiv c \pmod{m}$, 则 $a \equiv c \pmod{m}$.

命题 4.1.2

(1) 若 $a \equiv b \pmod{m}, c \equiv d \pmod{m}$，则 $a \pm c \equiv b \pm d \pmod{m}$，$ac \equiv bd \pmod{m}$，$a^k \equiv b^k \pmod{m}$，其中 k 是非负整数.

(2) 设 $d \geqslant 1, d \mid m$，若 $a \equiv b \pmod{m}$，则 $a \equiv b \pmod{d}$.

(3) 设 $d \geqslant 1$，则 $a \equiv b \pmod{m}$ 当且仅当 $da \equiv db \pmod{dm}$.

(4) 设 c 与 m 互素，则 $a \equiv b \pmod{m}$ 当且仅当 $ca \equiv cb \pmod{m}$.

模 m 等价类及其运算

整数 a 在模 m 同余关系下的等价类记作 $[a]_m$，称作 a 的 模 m 等价类. 在不会引起混淆的情况下，可以略去下标 m，简记作 $[a]$，有时也会直接记作 a. 把整数集 $\mathbb{Z}$ 在模 m 同余关系下的商集记作 $\mathbb{Z}_m$. 可以在 $\mathbb{Z}_m$ 上定义加法和乘法如下：对任意的整数 a, b，

$$[a] \oplus [b] = [a+b], \quad [a] \otimes [b] = [ab].$$

4.1.4　一次同余方程

一次同余方程及其有解的条件

设 $m > 0$，方程

$$ax \equiv c \pmod{m} \tag{4.1.1}$$

称作 一次同余方程，使方程 (4.1.1) 成立的整数称作方程的 解.

定理 4.1.9　方程 (4.1.1) 有解的充分必要条件是 $\gcd(a, m) \mid c$.

模 m 逆

定义 4.1.4　如果 $ab \equiv 1 \pmod{m}$，那么称 b 为 a 的 模 m 逆，记作 $a^{-1} \pmod{m}$ 或 a^{-1}.

定理 4.1.10

(1) a 的模 m 逆存在的充分必要条件是 a 与 m 互素.

(2) 设 a 与 m 互素，则在模 m 下 a 的模 m 逆是唯一的，即 a 的任意两个模 m 逆都模 m 同余.

4.1.5　欧拉定理和费马小定理

欧拉函数

欧拉函数 ϕ 是数论中的一个重要函数，定义如下：设 n 是正整数，$\phi(n)$ 表示 $\{1, 2, \cdots, n\}$ 中与 n 互素的元素个数.

定理 4.1.11(欧拉定理)　设 a 与 n 互素，则

$$a^{\phi(n)} \equiv 1 \pmod{n}. \tag{4.1.2}$$

定理 4.1.12(费马小定理) 设 p 是素数，a 与 p 互素，则

$$a^{p-1} \equiv 1 \pmod{p}. \tag{4.1.3}$$

该定理的另一种形式是，设 p 是素数，则对任意的整数 a，

$$a^p \equiv a \pmod{p}. \tag{4.1.4}$$

4.1.6 均匀伪随机数的产生方法

线性同余法

能产生服从 $(0,1)$ 均匀分布的伪随机数最常用的方法是 线性同余法. 选择 4 个非负整数：模数 m、乘数 a、常数 c 和种子数 x_0，其中 $2 \leqslant a < m, 0 \leqslant c < m, 0 \leqslant x_0 < m$，按照下述递推公式产生伪随机数序列：

$$x_n = (ax_{n-1} + c) \bmod m, \quad n = 1, 2, \cdots. \tag{4.1.5}$$

为了得到服从 $(0,1)$ 均匀分布的伪随机数，取

$$u_n = x_n/m, \quad n = 1, 2, \cdots. \tag{4.1.6}$$

种子数 x_0 在计算时随机给出，其他 3 个参数 m, a 和 c 是固定不变的，它们的取值决定了所产生的伪随机数的质量.

乘同余法

取 $c = 0$，式 (4.1.5) 简化为

$$x_n = ax_{n-1} \bmod m, \quad n = 1, 2, \cdots, \tag{4.1.7}$$

称作 乘同余法.

4.1.7 RSA 公钥密码

基本术语

所谓 密码，简单地说就是一组含有参数 k 的变换 E. 信息 m 通过变换 E 得到 $c = E(m)$. 原始信息 m 称作 明文，经过变换得到的信息 c 称作 密文. 从明文得到密文的过程称作 加密，变换 E 称作 加密算法，参数 k 称作 密钥.

从密文 c 恢复明文 m 的过程称作 解密. 解密算法 D 是加密算法 E 的逆运算. 解密算法也含有参数，称作解密算法的 密钥.

RSA 公钥密码

RSA 公钥密码 的基础是欧拉定理 (定理 4.1.11)，它的安全性依赖于大数因子分解的困难性.

取两个不相等的大素数 p 和 q，记 $n = pq$. 选择正整数 w，w 与 $\phi(n)$ 互素，设 d 是 w 的模 $\phi(n)$ 逆，即 $dw \equiv 1 \pmod{\phi(n)}$.

RSA 密码算法如下：首先将明文数字化，然后把明文分成若干段，每一个明文段的值均小于 n. 对每一个明文段 m，

加密算法：$c = E(m) = m^w \bmod n$，

解密算法：$D(c) = c^d \bmod n$，

其中加密密钥 w 和 n 是公开的，p，q，$\phi(n)$ 和 d 是保密的.

4.2 基本要求

1. 熟练掌握整除、素数、合数的概念及其性质，掌握算术基本定理，能够熟练地进行 (较小的) 整数素因子分解，会判断一个 (较小的) 数是否是素数，掌握埃拉托色尼 (Eratosthenes) 筛法.

2. 熟练掌握最大公因数和最小公倍数的概念及其性质，会求最大公因数和最小公倍数，掌握辗转相除法.

3. 熟练掌握互素的概念及其性质.

4. 熟练掌握同余的概念及其性质，掌握一次同余方程的解的概念及其存在的充分必要条件，掌握模 m 逆的概念及其存在的充分必要条件，会求一次同余方程的解和模 m 逆.

5. 掌握欧拉定理和费马小定理.

6. 会做基本的证明.

7. 了解初等数论在伪随机数生成和密码学中的应用，掌握产生均匀伪随机数的线性同余法和乘同余法，知道明文、密文、加密、解密、密钥、私钥密码和公钥密码等概念，了解凯撒密码、维吉尼亚密码和 RSA 公钥密码.

4.3 习题课

4.3.1 题型一：基本概念和素因子分解

1. 判断下列命题的真假.

(1) $3 \mid -12$. (2) $3 \mid 8$. (3) $-5 \mid 45$. (4) $0 \mid 8$. (5) $-21 \mid 0$.

2. 给出下列整数的素因子分解.

(1) 585. (2) 20!! $= 2 \times 4 \times 6 \times \cdots \times 20$.

3. 判断下列整数是素数，还是合数. (1) 113；(2) 2 299.

4. 如果一个正整数等于它的除自身外的所有正因子之和,那么称这个正整数是完全数.

(1) 验证 6 和 28 是完全数.

(2) 证明：当 $2^p - 1$ 是素数时，$2^{p-1}(2^p - 1)$ 是完全数.

解答与分析

1. (1) 真. (2) 假. (3) 真. (4) 假. (5) 真.

注意：0 不能做除数，故 $0 \mid 8$ 为假. 而任何数都可以整除 0，故 $-21 \mid 0$ 为真.

2. (1) $585 = 3^2 \times 5 \times 13$.

(2) $20!! = 2^{10} \times 10! = 2^{10} \times 2 \times 3 \times 2^2 \times 5 \times (2 \times 3) \times 7 \times 2^3 \times 3^2 \times (2 \times 5) = 2^{18} \times 3^4 \times 5^2 \times 7$.

3. (1) $\sqrt{113} < 11$，根据定理 4.1.4，只需检查小于 11 的素数是否能整除 113. 小于 11 的素数有 2,3,5,7. 它们都不能整除 113，故 113 是素数.

(2) $\sqrt{2\,299} < 48$，小于 48 的素数有 2,3,5,7,11,13,17,19,23,29,31,37,41,43,47. 逐个检查的结果是 11 能整除 2 299，故 2 299 是合数.

当数 a 比较大时，不一定能记住所有不超过 $\sqrt{a}$ 的素数，此时可以用埃拉托色尼筛法产生所有不超过 $\sqrt{a}$ 的素数. 首先，不超过 10 的素数有 2,3,5,7. 用它们逐个除 11~48 之间的数，删去可以被它们整除的数，得到 11,13,17,19,23,29,31,37,41,43,47，加上原有的 2,3,5,7，就是所有不超过 48 的素数.

4. (1) 6 除自身外的正因子有 1,2,3，而 $1 + 2 + 3 = 6$，故 6 是完全数.

28 除自身外的正因子有 1,2,4,7,14，它们的和恰好等于 28，故 28 是完全数.

(2) 由于 $2^p - 1$ 是素数，$2^{p-1}(2^p - 1)$ 除自身外的正因子有

$$1, 2, 2^2, \cdots, 2^{p-1}, (2^p - 1), 2(2^p - 1), 2^2(2^p - 1), \cdots, 2^{p-2}(2^p - 1).$$

它们的和为

$$(1 + 2 + 2^2 + \cdots + 2^{p-2})2^p + 2^{p-1} = (2^{p-1} - 1)2^p + 2^{p-1} = 2^{p-1}(2^p - 1).$$

得证 $2^{p-1}(2^p - 1)$ 是完全数.

4.3.2　题型二：求最大公因数和最小公倍数

1. 求 280 与 180 的最大公因数和最小公倍数.

2. 验证 35 与 72 互素，并求 x, y 使得 $35x + 72y = 1$.

3. 证明：对任意的正整数 a 和 b，$ab = \gcd(a, b) \cdot \text{lcm}(a, b)$.

4. 求欧拉函数 $\phi(15)$.

解答与分析

1. 方法一　利用整数的素因子分解. 因为

$$280 = 2^3 \times 5 \times 7, \; 180 = 2^2 \times 3^2 \times 5,$$

所以有

$$\gcd(280, 180) = 2^2 \times 5 = 20,$$
$$\mathrm{lcm}(280, 180) = 2^3 \times 3^2 \times 5 \times 7 = 2\,520.$$

方法二　用辗转相除法和公式 $ab = \gcd(a, b) \cdot \mathrm{lcm}(a, b)$ (见本题型第 3 题).
做辗转相除:

$$280 = 180 + 100,$$
$$180 = 100 + 80,$$
$$100 = 80 + 20,$$
$$80 = 4 \times 20.$$

于是

$$\gcd(280, 180) = 20,$$
$$\mathrm{lcm}(280, 180) = \frac{280 \times 180}{20} = 2\,520.$$

2. 为了证明 35 和 72 互素, 只需计算出 $\gcd(35, 72) = 1$. 这有多种方法, 例如, 35 只含素因子 5 和 7, 而 72 只含素因子 2 和 3, 两者没有共同的素因子, 故互素. 但考虑到第二个要求, 应该用辗转相除法.

$$72 = 2 \times 35 + 2,$$
$$35 = 17 \times 2 + 1,$$

得 $\gcd(35, 72) = 1$, 故 35 和 72 互素.
又由上述两式得,

$$1 = 35 - 17 \times 2$$

$$= 35 - 17 \times (72 - 2 \times 35)$$

$$= 35 \times 35 - 17 \times 72,$$

即 $x = 35, y = -17$.

3. 不难验证，对任意的正整数 x 和 y, $\min(x,y) + \max(x,y) = x + y$.
设

$$a = p_1^{r_1} p_2^{r_2} \cdots p_k^{r_k}, \ b = p_1^{s_1} p_2^{s_2} \cdots p_k^{s_k},$$

其中，$p_1, p_2, \cdots, p_k$ 是互不相同的素数，$r_1, r_2, \cdots, r_k, s_1, s_2, \cdots, s_k$ 是非负整数. 则

$$\gcd(a,b) = p_1^{\min(r_1,s_1)} p_2^{\min(r_2,s_2)} \cdots p_k^{\min(r_k,s_k)},$$

$$\mathrm{lcm}(a,b) = p_1^{\max(r_1,s_1)} p_2^{\max(r_2,s_2)} \cdots p_k^{\max(r_k,s_k)}.$$

于是

$$\gcd(a,b) \cdot \mathrm{lcm}(a,b) = p_1^{\min(r_1,s_1)+\max(r_1,s_1)} p_2^{\min(r_2,s_2)+\max(r_2,s_2)} \cdots p_k^{\min(r_k,s_k)+\max(r_k,s_k)}$$

$$= p_1^{r_1+s_1} p_2^{r_2+s_2} \cdots p_k^{r_k+s_k}$$

$$= ab.$$

4. $1, 2, \cdots, 15$ 中与 15 互素的数是 $1, 2, 4, 7, 8, 11, 13, 14$, 故 $\phi(15) = 8$.

4.3.3　题型三：同余的概念及性质

1. 判断下列命题的真假.

(1) $527 \equiv 465 \pmod{15}$.

(2) $215 \equiv -175 \pmod{13}$.

2. 计算：

(1) $2\,100 \bmod 11$.

(2) $2^{340} \bmod 31$.

3. 求使下列同余关系成立的所有正整数 x.

(1) $20 \equiv 2 \pmod{x}$.

(2) $30 \equiv x \pmod{8}$.

(3) $x \equiv 3 \pmod{5}$.

4. 证明同余关系是等价关系，即同余关系具有

(1) 自反性：$a \equiv a \pmod{m}$.

(2) 对称性：$a \equiv b \pmod{m} \Rightarrow b \equiv a \pmod{m}$.

(3) 传递性：$a \equiv b \pmod{m}$ 且 $b \equiv c \pmod{m} \Rightarrow a \equiv c \pmod{m}$.

解答与分析

1. (1) 假. (2) 真.

2. (1) <u>方法一</u> 用带余除法. 由 $2\,100 = 190 \times 11 + 10$，得 $2\,100 \bmod 11 = 10$.

    <u>方法二</u> 利用同余的性质化简计算. 因为

$$2\,100 \equiv 21 \times 10 \times 10 \equiv (-1) \times (-1) \times (-1) \equiv -1 \equiv 10 \pmod{11},$$

故 $2\,100 \bmod 11 = 10$.

    显然，当数不大时，可以用带余除法直接计算余数. 而当数很大或由较复杂的形式表示时，则需要设法用同余的性质化简计算.

(2) 因为 $2^{340} \equiv 2^{5 \times 68} \equiv 32^{68} \equiv 1^{68} \equiv 1 \pmod{31}$，故 $2^{340} \bmod 31 = 1$.

3. (1) $x \mid (20 - 2)$，即 $x \mid 18$，故 $x = 1, 2, 3, 6, 9, 18$.

(2) $8 \mid (30 - x)$，得 $x = 30 - 8k$，其中 k 为小于或等于 3 的整数.

(3) $5 \mid (x - 3)$，得 $x = 3 + 5k$，其中 k 为非负整数.

4. (1) 显然.

(2) 由 $a \equiv b \pmod{m}$，有 $m \mid (a - b)$，自然也有 $m \mid (b - a)$，故 $b \equiv a \pmod{m}$.

(3) 根据定义，由 $a \equiv b \pmod{m}$，有 $m \mid (a - b)$，即 $a = b + k_1 m$. 同理，由 $b \equiv c \pmod{m}$，有 $b = c + k_2 m$. 于是，$a = c + k_2 m + k_1 m = c + (k_1 + k_2)m$，故 $a \equiv c \pmod{m}$.

4.3.4　题型四：解一次同余方程和求模 m 逆

1. 下列一次同余方程是否有解? 若有解，试给出它的全部解.

(1) $10x \equiv 6 \pmod{4}$.

(2) $15x \equiv 6 \pmod{10}$.

2. 对下列每一组数 a 和 m，是否有 a 的模 m 逆? 若有，试给出.

(1) $a = 8, m = 3$.

(2) $a = 20, m = 8$.

解答与分析

1. (1) $\gcd(10, 4) = 2, 2 \mid 6$，根据定理 4.1.9，方程有解. 取模 4 等价类的代表元 $-1, 0, 1, 2$，代入方程验证，得

$$10 \times (-1) \equiv 10 \times 1 \equiv 2 \equiv 6 \pmod{4},$$

$$10 \times 0 \equiv 10 \times 2 \equiv 0 \pmod{4},$$

故

$$x \equiv -1, 1 \ (\mathrm{mod}\, 4),$$

即

$$x = 4k \pm 1, k \in \mathbb{Z}.$$

(2) $\gcd(15, 10) = 5, 5 \nmid 6$，故方程无解.

2. (1) 8 与 3 互素，根据定理 4.1.10，8 的模 3 逆存在.

<u>方法一</u>　直接观察. 不难看出 $2 \times 8 \equiv 1 \ (\mathrm{mod}\, 3)$，故 $8^{-1} \equiv 2 \ (\mathrm{mod}\, 3)$.

<u>方法二</u>　检查模 3 等价类的代表元 $0, 1, 2$. 检查结果如下：

$$0 \times 8 \equiv 0 \ (\mathrm{mod}\, 3),$$

$$1 \times 8 \equiv 2 \ (\mathrm{mod}\, 3),$$

$$2 \times 8 \equiv 1 \ (\mathrm{mod}\, 3).$$

故

$$8^{-1} \equiv 2 \ (\mathrm{mod}\, 3).$$

<u>方法三</u>　用辗转相除法. 计算如下：

$$8 = 2 \times 3 + 2,$$

$$3 = 2 + 1,$$

$$1 = 3 - 2$$

$$= 3 - (8 - 2 \times 3)$$

$$= 3 \times 3 - 8,$$

得

$$(-1) \times 8 \equiv 1 \ (\mathrm{mod}\, 3),$$

$$8^{-1} \equiv -1 \equiv 2 \ (\mathrm{mod}\, 3).$$

(2) $\gcd(20, 8) = 4, 20$ 与 8 不互素，故 20 的模 8 逆不存在.

4.3.5 题型五：欧拉定理和费马小定理的应用

1. 利用费马小定理证明 10 不是素数.
2. 利用费马小定理计算 $5^{923} \bmod 11$.

解答与分析

1. $3^{10-1} \equiv 27^3 \equiv (-3)^3 \equiv -27 \equiv 3 \not\equiv 1 \pmod{10}$，根据费马小定理，得证 10 不是素数.

2. $5^{923} \equiv 5^{10 \times 92 + 3} \equiv (5^{10})^{92} \times 5^3 \equiv 5^3 \equiv 4 \pmod{11}$，得 $5^{923} \bmod 11 = 4$.

4.3.6 题型六：产生均匀伪随机数

用下列公式产生伪随机数，并指出所产生的伪随机数序列的周期.

1. 线性同余法：$x_n = (3x_{n-1} + 1) \bmod 11, x_0 = 0$.
2. 乘同余法：$x_n = 7x_{n-1} \bmod 13, x_0 = 1$.

解答与分析

1. 产生的序列为：$0, 1, 4, 2, 7, 0, 1, \cdots$，周期等于 5.
2. 产生的序列为：$1, 7, 10, 5, 9, 11, 12, 6, 3, 8, 4, 2, 1, \cdots$，周期等于 12.

4.3.7 题型七：凯撒密码、维吉尼亚密码和 RSA 公钥密码

1. 用下列加密算法将 "QIANJIN" 译成密文.
(1) 凯撒密码 $E(i) = (i + k) \bmod 26$，其中 $k = 4$.
(2) 维吉尼亚密码 $E(m_1 m_2) = c_1 c_2$，其中 $c_i = (m_i + k_i) \bmod 26, i = 1, 2, k_1 = 1, k_2 = 2$.

2. 用 RSA 公钥密码将 "QJ" 译成密文，这里取 $p = 5, q = 7, w = 5$.

解答与分析

用 $00, 01, \cdots, 25$ 分别表示 A, B, $\cdots$, Z.

1. (1) 20 12 04 17 13 12 17.
(2) 17 10 01 15 10 10 14.
2. 11 04.

4.4　习题、解答或提示

4.4.1　习题 4

4.1 判断下列整除式子是否正确.

$$3\mid 7,\ 5\mid -35,\ -7\mid -21,\ 12\mid 4,\ 2\mid 0,\ 0\mid 2,\ 0\mid 0.$$

4.2 给出 24 的全部因子.

4.3 对下列每一组数做带余除法，其中第一个数是被除数，第二个是除数.

(1) 35, 4.　(2) 5, 8.　(3) 12, 3.　(4) −4, 3.　(5) −28, 7. (6) −6, −4.

4.4 设 a,b,c,d 均为正整数，下列叙述是否正确？若正确，请给出证明；否则，请给出反例.

(1) 若 $a\mid c, b\mid c$，则 $ab\mid c$.

(2) 若 $a\mid c, b\mid d$，则 $ab\mid cd$.

(3) 若 $ab\mid c$，则 $a\mid c$.

(4) 若 $a\mid bc$，则 $a\mid b$ 或 $a\mid c$.

4.5 给出下列正整数的素因子分解.

$$126,\ 256,\ 1\ 092,\ 6\ 325,\ 20!.$$

4.6 判断下列正整数是素数，还是合数.

$$113,\ 221,\ 527,\ 2^{13}-1.$$

4.7 设计用埃拉托色尼筛法求正整数 N 以内的所有素数的算法.

4.8 证明：对任意的整数 n，有

(1) $6\mid n(n+1)(n+2)$.

(2) $\dfrac{1}{5}n^5+\dfrac{1}{3}n^3+\dfrac{7}{15}n$ 是整数.

4.9 证明：对任意的整数 $n>1$, $1+\dfrac{1}{2}+\cdots+\dfrac{1}{n}$ 不是整数.

4.10 (1) 设全体素数从小到大顺序排列为 $p_1=2,p_2=3,p_3,p_4,\cdots$. 试证明：

$$p_n\leqslant 2^{2^{n-1}},\quad n=1,2,\cdots$$

(2) 证明：$\pi(x)>\log_2\log_2 x, x\geqslant 2$.

4.11 证明：如果整系数代数方程 $a_0x^n+a_1x^{n-1}+\cdots+a_{n-1}x+a_n=0$ 有非零整数解 u，那么 $u\mid a_n$.

4.12 下列方程是否有整数解? 若有整数解, 试求出所有的整数解.

(1) $x^2 - x + 1 = 0$.

(2) $x^3 + x^2 - 4x - 4 = 0$.

(3) $x^4 + 5x^3 - 2x^2 + 7x + 2 = 0$.

(4) $2x^4 + 5x^3 + 9x = 0$.

4.13 利用素因子分解, 求下列每一组数的最大公因数和最小公倍数.

(1) $175, 140$.   (2) $72, 108$.   (3) $315, 2\,200$.

4.14 求满足 $\gcd(a, b) = 10$ 且 $\operatorname{lcm}(a, b) = 100$ 的所有正整数对 a, b.

4.15 设 p 是素数, a 是整数, 证明: 当 $p \mid a$ 时, $\gcd(p, a) = p$; 当 $p \nmid a$ 时, $\gcd(p, a) = 1$.

4.16 证明: 对任意整数 x, y, u, v, 有 $\gcd(a, b) \leqslant \gcd(xa + yb, ua + vb)$.

4.17 用辗转相除法求下列每一组数的最大公因数.

(1) $85, 125$.   (2) $231, 72$.   (3) $45, 36$.   (4) $154, 64$.

4.18 下列每一组数 a, b 是否互素? 若互素, 试给出整数 x 和 y 使得 $xa + yb = 1$.

(1) $24, 35$.   (2) $63, 91$.   (3) $450, 539$.   (4) $1\,024, 729$.

4.19 求下列每一组数的最大公因数, 其中 n 是整数, k 是正整数.

(1) $2n - 1, 2n + 1$.   (2) $2n, 2(n + 1)$.   (3) $kn, k(n + 2)$.

4.20 设 a, b 是两个不为 0 的整数, d 为正整数, 则 $d = \gcd(a, b)$ 当且仅当存在整数 x 和 y 使得 $a = dx, b = dy$, 且 x 与 y 互素.

4.21 证明: 对任意的正整数 a 和 b, $ab = \gcd(a, b) \cdot \operatorname{lcm}(a, b)$.

4.22 证明: 如果 $a \mid bc$, 且 a, b 互素, 那么 $a \mid c$.

4.23 设 a, b 互素, 证明:

(1) 对任意的整数 m, $\gcd(m, ab) = \gcd(m, a) \cdot \gcd(m, b)$.

(2) 当 $d > 0$ 时, $d \mid ab$ 当且仅当存在正整数 d_1, d_2 使得 $d = d_1 d_2, d_1 \mid a, d_2 \mid b$, 并且 d 的这种表示是唯一的.

4.24 设 a, b 是整数, 证明: $11 \mid a^2 + 5b^2$ 当且仅当 $11 \mid a$ 且 $11 \mid b$.

4.25 判断下列同余式是否成立.

(1) $758 \equiv 246 \pmod{18}$.   (2) $365 \equiv -3 \pmod{7}$.

(3) $-29 \equiv 1 \pmod{5}$.   (4) $352 \equiv 0 \pmod{11}$.

4.26 给出使下列同余式成立且大于 1 的正整数 m.

(1) $35 \equiv 14 \pmod{m}$.   (2) $10 \equiv -1 \pmod{m}$.

(3) $-7 \equiv 21 \pmod{m}$.   (4) $37^2 \equiv 30^2 \pmod{m}$.

(5)　$8 \equiv 2 \pmod{m}$ 且 $7 \equiv -2 \pmod{m}$.

4.27　写出 $\mathbb{Z}_7$ 的全部元素以及 $\mathbb{Z}_7$ 上的加法表和乘法表.

4.28　写出 $\mathbb{Z}_6$ 的全部元素以及 $\mathbb{Z}_6$ 上的加法表和乘法表.

4.29　利用主教材中例 4.3.3 给出的计算公式，计算 1941 年 12 月 7 日是星期几.

4.30　验证 M 月 1 号的星期数与当年 3 月 1 日的星期数 w_Y 之差为 $\lfloor (13M - 11)/5 \rfloor \bmod 7$，从而得到 y 年 m 月 d 日星期数的另一个更简便的计算公式

$$w \equiv 2 - 2C + X + \lfloor X/4 \rfloor + \lfloor C/4 \rfloor + \lfloor (13M - 11)/5 \rfloor + d \pmod 7,$$

其中 $M = (m - 3) \bmod 12 + 1, Y = y - \lfloor M/11 \rfloor = 100C + X$.

4.31　证明：同余关系是等价关系，即同余关系具有以下性质.

(1)　自反性：$a \equiv a \pmod{m}$.

(2)　对称性：若 $a \equiv b \pmod{m}$，则 $b \equiv a \pmod{m}$.

(3)　传递性：若 $a \equiv b \pmod{m}, b \equiv c \pmod{m}$，则 $a \equiv c \pmod{m}$.

4.32　证明：模算术运算. 设 $a \equiv b \pmod{m}, c \equiv d \pmod{m}$，则 $a \pm c \equiv b \pm d \pmod{m}$，$ac \equiv bd \pmod{m}$.

4.33　证明：

(1)　设 $d \geqslant 1, d \mid m$，若 $a \equiv b \pmod{m}$，则 $a \equiv b \pmod{d}$.

(2)　设 $d \geqslant 1$，则 $a \equiv b \pmod{m}$ 当且仅当 $da \equiv db \pmod{dm}$.

(3)　设 c 与 m 互素，则 $a \equiv b \pmod{m}$ 当且仅当 $ca \equiv cb \pmod{m}$.

4.34　下列叙述是否正确？若正确，试证明之；否则，试给出反例.

(1)　若 $a^2 \equiv b^2 \pmod{m}$，则 $a \equiv b \pmod{m}$ 或 $a \equiv -b \pmod{m}$.

(2)　若 $a \equiv b \pmod{m}$，则 $a^2 \equiv b^2 \pmod{m}$.

(3)　若 $a^2 \equiv b^2 \pmod{m^2}$，则 $a \equiv b \pmod{m}$.

(4)　若 $a \equiv b \pmod{mn}$，则 $a \equiv b \pmod{m}$ 且 $a \equiv b \pmod{n}$.

(5)　若 $a \equiv b \pmod{m}$ 且 $a \equiv b \pmod{n}$，则 $a \equiv b \pmod{mn}$.

4.35　下列一次同余方程是否有解？若有解，试给出它的全部解.

(1)　$9x \equiv 3 \pmod 6$.

(2)　$4x \equiv 3 \pmod 6$.

(3)　$3x \equiv -1 \pmod 5$.

(4)　$8x \equiv 2 \pmod 4$.

(5)　$20x \equiv 12 \pmod 8$.

4.36　对下列每一组数 a, b, m，验证 b 是 a 的模 m 逆.

(1)　$5, 3, 7$.　　　(2)　$8, 7, 11$.　　　(3)　$11, 11, 12$.　　　(4)　$6, 11, 13$.

4.37 对下列每一组数 a 和 m, 是否有 a 的模 m 逆? 若有, 试给出.

(1) $2, 3$. (2) $8, 12$. (3) $18, 7$. (4) $12, 21$. (5) $5, 9$. (6) $-1, 9$.

4.38 下列方程是否有整数解? 若有, 试给出所有的整数解.

(1) $3x + 2y = 6$.

(2) $12x - 9y = 8$.

4.39 设 $m > 0, d = \gcd(a, m)$ 且 $d \mid c$, 证明: 一次同余方程 $ax \equiv c \pmod{m}$ 在模 m 下有 d 个解.

4.40 设 $m > 1, ac \equiv bc \pmod{m}, d = \gcd(c, m)$, 求证: $a \equiv b \pmod{m/d}$.

4.41 设 p 是素数, 若 $x^2 \equiv 1 \pmod{p}$, 则 $x \equiv 1 \pmod{p}$ 或 $x \equiv -1 \pmod{p}$.

4.42 设 $F_n = 2^{2^n} + 1, n = 0, 1, 2, \cdots$. 证明: 对任意的 $n \neq m, F_n$ 与 F_m 互素.

4.43 证明: 存在无穷多个 n 使得 $\phi(n) > \phi(n + 1)$.

4.44 证明: 若 m 和 n 互素, 则 $\phi(mn) = \phi(m)\phi(n)$.

4.45 利用费马小定理计算下列各式.

(1) $2^{325} \bmod 5$. (2) $3^{516} \bmod 7$. (3) $8^{1\,003} \bmod 11$.

4.46 设 m 与 n 互素, 则 $m^{\phi(n)} + n^{\phi(m)} \equiv 1 \pmod{mn}$.

4.47 设 $f(x)$ 是整系数多项式, p 是素数. 证明: $(f(x))^p \equiv f(x^p) \pmod{p}$.

4.48 设 a, b, m 均是整数, 其中 $m \geqslant 2$. 证明: 线性同余变换

$$E(i) = (ai + b) \bmod m, \quad i = 0, 1, \cdots, m - 1,$$

是 $\{0, 1, \cdots, m - 1\}$ 上的双射函数当且仅当 a 与 m 互素.

4.49 对下列每组参数, 分别给出用线性同余法产生的伪随机数序列, 并指出序列的周期.

(1) $m = 16, a = 7, c = 1, x_0 = 0$.

(2) $m = 9, a = 7, c = 4, x_0 = 3$.

(3) $m = 15, a = 3, c = 0, x_0 = 1$.

(4) $m = 17, a = 2, c = 0, x_0 = 4$.

(5) $m = 17, a = 5, c = 0, x_0 = 1$.

4.50 用下列加密算法把 XINGDONGZAIZIYE 译成密文, 用 $0 \sim 25$ 分别表示 A$\sim$Z, 密文仍用字母表示.

(1) $E(i) = (i + 3) \bmod 26$.

(2) $E(i) = 7i \bmod 26$.

(3) $E(i) = (5i - 2) \bmod 26$.

4.51 用维吉尼亚密码将 XINGDONGZAIZIYE 译成密文, 每个字段含 3 个字母, 密钥 $k = k_1 k_2 k_3, k_1 = 3, k_2 = -2, k_3 = 7$.

4.52 写出题 4.50 中 3 个加密算法的解密算法，并将在题 4.50 中得到的密文恢复成明文.

4.53 RSA 密码取 $p = 5, q = 7, n = 35, \phi(n) = 24, w = 7$. 以 00~25 表示 A~Z，每个字段是两位数字.

　　(1) 把 STOP 译成密文.

　　(2) 收到密文 32 14 32，把它译成明文.

4.4.2　解答或提示

4.1 错误，正确，正确，错误，正确，错误，错误.

4.2 $\pm 1, \pm 2, \pm 3, \pm 6, \pm 8, \pm 12, \pm 24$.

4.3 (1) $35 = 8 \times 4 + 3$.　(2) $5 = 0 \times 8 + 5$.　(3) $12 = 4 \times 3 + 0$.

(4) $-4 = -2 \times 3 + 2$.　(5) $-28 = -4 \times 7 + 0$.　(6) $-6 = 2 \times (-4) + 2$.

4.4 (1) 错误. 反例：$4 \mid 12, 6 \mid 12$，但 $4 \times 6 \nmid 12$.

(2) 正确. 证明：由题设，存在整数 k_1, k_2 使得 $c = k_1 a, d = k_2 b$，从而有 $cd = k_1 k_2 ab$，得证 $ab \mid cd$.

(3) 正确. 证明：存在整数 k 使得 $c = k(ab) = (kb)a$，得证 $a \mid c$.

(4) 错误. 反例：$4 \mid 2 \times 6$，但 $4 \nmid 2, 4 \nmid 6$.

4.5 $126 = 2 \times 3^2 \times 7$,　$256 = 2^8$,　$1\,092 = 2^2 \times 3 \times 7 \times 13$,　$6\,325 = 5^2 \times 11 \times 23$,

$$20! = 2 \times 3 \times 2^2 \times 5 \times (2 \times 3) \times 7 \times 2^3 \times 3^2 \times (2 \times 5) \times 11 \times (2^2 \times 3) \times 13 \times$$

$$(2 \times 7) \times (3 \times 5) \times 2^4 \times 17 \times (2 \times 3^2) \times 19 \times (2^2 \times 5)$$

$$= 2^{18} \times 3^8 \times 5^4 \times 7^2 \times 11 \times 13 \times 17 \times 19.$$

4.6 根据定理 4.1.4，为了判断正整数 $n(n > 1)$ 是素数还是合数，只需检查所有小于或等于 $\sqrt{n}$ 的素数是否整除 n.

$\sqrt{113} < 11$，因为 $2, 3, 5, 7$ 都不能整除 113，故 113 是素数.

$\sqrt{221} < 15$，尽管 $2, 3, 5, 7, 11$ 不能整除 221，但 $13 \mid 221$，故 221 是合数.

$\sqrt{527} < 23$，尽管 $2, 3, 5, 7, 11, 13$ 不能整除 527，但 $17 \mid 527$，故 527 是合数.

$2^{13} - 1 = 8\,191, \sqrt{8\,191} < 91$，因为 $2, 3, 5, 7, 11, 13, 17, 19, 23, 29, 31, 37, 41, 43, 47, 53,$
$59, 61, 67, 71, 73, 79, 83, 89$ 都不能整除 8 191，故 8 191 是素数.

对于 $2^{13} - 1$，不一定能记住所有小于或等于 91 的素数，为了枚举所有小于或等于 91 的素数可以用埃拉托色尼筛法. 具体做法可参见第 4.3.1 节习题课题型一第 3 题的解答与分析.

4.7 $\text{Sieve}(n, P)$

输入：正整数 n.

输出：小于或等于 n 的所有素数 P.

```
1   if n = 1 then P ← ∅，计算结束
2   P ← {2}
3   a ← 2
4   if n = a then 计算结束
5   b ← min{a², n}
6   Q ← {x | a < x ≤ b}
7   for P 中每一个 x do
8       for Q 中每一个 y do
9           if x * ⌊y/x⌋ = y then 从 Q 中删去 y
10      end for
11  end for
12  P ← P ∪ Q
13  a ← b
14  转 4
```

4.8 (1) $6 \mid n(n+1)(n+2)$ 当且仅当 $2 \mid n(n+1)(n+2)$ 且 $3 \mid n(n+1)(n+2)$，而 n 与 $n+1$ 中必有一个被 2 整除，故 $2 \mid n(n+1)(n+2)$.

再设 $n = 3k + i, i = 0, 1, 2$. 若 $i = 0$，则 $3 \mid n$；若 $i = 1$，则 $3 \mid n+2$；若 $i = 2$，则 $3 \mid n+1$. 因此总有 $3 \mid n(n+1)(n+2)$. 证毕.

(2) $\dfrac{1}{5}n^5 + \dfrac{1}{3}n^3 + \dfrac{7}{15}n$ 是整数当且仅当 $15 \mid 3n^5 + 5n^3 + 7n$. 要证明后者，只需证 $3 \mid 5n^3 + 7n$ 且 $5 \mid 3n^5 + 7n$.

下证 $3 \mid 5n^3 + 7n$. 注意到 $5n^3 + 7n$ 是奇函数，只需证对非负整数 n 成立. 用归纳法. 当 $n = 0$ 时，$3 \mid 0$，结论成立.

假设当 $n = k(\geqslant 0)$ 时结论成立，则有

$$5(k+1)^3 + 7(k+1) = (5k^3 + 7k) + 3(5k^2 + 5k + 4).$$

由归纳假设，$3 \mid 5k^3 + 7k$，故有 $3 \mid 5(k+1)^3 + 7(k+1)$，即当 $n = k+1$ 时结论也成立.

类似可证 $5 \mid 3n^5 + 7n$.

4.9 设 $n! = 2^m h, h$ 是奇数，又设 $2^k \leqslant n < 2^{k+1}, k \geqslant 1$.

假设 $1 + \dfrac{1}{2} + \cdots + \dfrac{1}{n} = 1 + \dfrac{1}{n!} \sum\limits_{a=2}^{n} \dfrac{n!}{a}$ 是整数，则 $n! \left| \sum\limits_{a=2}^{n} \dfrac{n!}{a} \right.$. 当然有 $2^m \left| \sum\limits_{a=2}^{n} \dfrac{n!}{a} \right.$，更

有 $2^{m-k+1} \left| \sum_{a=2}^{n} \dfrac{n!}{a} \right.$. 对所有的 $2 \leqslant a \leqslant n$ 且 $a \neq 2^k, a = 2^i s, s$ 是奇数，有 $i < k$. 于是，$\dfrac{n!}{a} = 2^{m-i}t, t$ 是奇数，从而 $2^{m-k+1} \left| \dfrac{n!}{a} \right.$. 但是 $a = 2^k, \dfrac{n!}{a} = 2^{m-k}h$ 不能被 2^{m-k+1} 整除，矛盾，故 $1 + \dfrac{1}{2} + \cdots + \dfrac{1}{n}$ 不是整数.

4.10　(1) 用归纳法. 当 $n = 1$ 时，$p_1 = 2^{2^0}$，结论成立. 假设对 $n (n \geqslant 1)$ 结论成立. 由主教材中定理 4.1.2 的证明和归纳假设，

$$p_{n+1} \leqslant p_1 p_2 \cdots p_n + 1 \leqslant 2^{2^0 + 2^1 + \cdots + 2^{n-1}} + 1 = 2^{2^n - 1} + 1 < 2^{2^n},$$

得证结论对 $n + 1$ 也成立.

(2) 由 (1) 的结论知，$\log_2 \log_2 p_{n+1} \leqslant n$. 设 $\pi(x) = n$，则 $x < p_{n+1}$. 于是

$$n \geqslant \log_2 \log_2 p_{n+1} > \log_2 \log_2 x.$$

4.11　设 $a_0 u^n + a_1 u^{n-1} + \cdots + a_{n-1} u + a_n = 0$ 且 $u \neq 0$，由 $a_n = -u(a_0 u^{n-1} + a_1 u^{n-2} + \cdots + a_{n-1})$，即可得到 $u \mid a_n$.

4.12　分析：0 是方程 $a_0 x^n + a_1 x^{n-1} + \cdots + a_{n-1} x + a_n = 0$ 的解当且仅当 $a_n = 0$. 当 $a_n \neq 0$ 时，由题 4.11，只需检查 a_n 的因子是否是方程的解.

(1) $x^2 - x + 1 = 0$. 这里 1 有 2 个因子 1 和 -1，经检查它们都不是方程的解，故方程无整数解.

(2) $x^3 + x^2 - 4x - 4 = 0$. 这里 -4 的因子为 $\pm 1, \pm 2, \pm 4$，经检查，$-1, 2, -2$ 是方程的解.

(3) $x^4 + 5x^3 - 2x^2 + 7x + 2 = 0$. 这里 2 的因子为 $\pm 1, \pm 2$，经检查它们都不是方程的解，故方程无整数解.

(4) $2x^4 + 5x^3 + 9x = 0$. 显然 0 是方程的解. 再考虑方程 $2x^3 + 5x^2 + 9 = 0$，这里 9 的因子为 $\pm 1, \pm 3, \pm 9$，经检查，-3 是解. 故原方程有整数解 0 和 -3.

4.13　(1) 因为 $175 = 5^2 \times 7, 140 = 2^2 \times 5 \times 7$，所以
$\gcd(175, 140) = 5 \times 7 = 35,$
$\operatorname{lcm}(175, 140) = 2^2 \times 5^2 \times 7 = 700.$

(2) 因为 $72 = 2^3 \times 3^2, 108 = 2^2 \times 3^3$，所以
$\gcd(72, 108) = 2^2 \times 3^2 = 36,$
$\operatorname{lcm}(72, 108) = 2^3 \times 3^3 = 216.$

(3) 因为 $315 = 3^2 \times 5 \times 7, 2\,200 = 2^3 \times 5^2 \times 11$，所以
$\gcd(315, 2\,200) = 5,$
$\operatorname{lcm}(315, 2\,200) = 2^3 \times 3^2 \times 5^2 \times 7 \times 11 = 138\,600.$

4.14 **方法一** $\gcd(a,b) = 2 \times 5, \operatorname{lcm}(a,b) = 2^2 \times 5^2$. 设 $a = 2^{i_1} \times 5^{j_1}, b = 2^{i_2} \times 5^{j_2}$，则有

$$\min(i_1, i_2) = 1, \max(i_1, i_2) = 2, \min(j_1, j_2) = 1, \max(j_1, j_2) = 2.$$

有下述 4 种可能.

(1) $i_1 = 1, i_2 = 2, j_1 = 1, j_2 = 2, a = 10, b = 100.$

(2) $i_1 = 1, i_2 = 2, j_1 = 2, j_2 = 1, a = 50, b = 20.$

(3) $i_1 = 2, i_2 = 1, j_1 = 1, j_2 = 2, a = 20, b = 50.$

(4) $i_1 = 2, i_2 = 1, j_1 = 2, j_2 = 1, a = 100, b = 10.$

方法二 可以证明 (见题 4.20 和题 4.21): 设 $d = \gcd(a,b), m = \operatorname{lcm}(a,b)$，则 $a = da_1, b = db_1, m = da_1 b_1$，其中，$a_1$ 与 b_1 互素.

本题 $a = 10a_1, b = 10b_1, 100 = 10a_1 b_1$，即 $a_1 b_1 = 10$，且 a_1 与 b_1 互素.

有下述 4 种可能.

(1) $a_1 = 1, b_1 = 10, a = 10, b = 100.$

(2) $a_1 = 10, b_1 = 1, a = 100, b = 10.$

(3) $a_1 = 2, b_1 = 5, a = 20, b = 50.$

(4) $a_1 = 5, b_1 = 2, a = 50, b = 20.$

4.15 当 $p \mid a$ 时，结论显然成立. 当 $p \nmid a$ 时，记 $d = \gcd(p, a), d \mid p$，根据素数的定义，$d = 1$ 或 $d = p$，而 $p \nmid a$，故 $d = 1$.

4.16 记 $d = \gcd(a, b)$，有 $d \mid a$ 且 $d \mid b$. 由主教材中命题 4.1.1，有 $d \mid xa + yb$ 且 $d \mid ua + vb$，即 d 是 $xa + yb$ 和 $ua + vb$ 的公因子，故必有 $d \leqslant \gcd(xa + yb, ua + vb)$.

4.17 (1) $125 = 85 + 40, 85 = 2 \times 40 + 5, 40 = 8 \times 5, \gcd(125, 85) = 5.$

(2) $231 = 3 \times 72 + 15, 72 = 4 \times 15 + 12, 15 = 1 \times 12 + 3, 12 = 4 \times 3, \gcd(231, 72) = 3.$

(3) $56 = 1 \times 45 + 11, 45 = 4 \times 11 + 1, 11 = 11 \times 1, \gcd(45, 56) = 1.$

(4) $154 = 2 \times 64 + 26, 64 = 2 \times 26 + 12, 26 = 2 \times 12 + 2, 12 = 6 \times 2, \gcd(154, 64) = 2.$

4.18 用辗转相除法.

(1) $35 = 1 \times 24 + 11, 24 = 2 \times 11 + 2, 11 = 5 \times 2 + 1, \gcd(24, 35) = 1$，故 35 与 24 互素.

由

$$1 = 11 - 5 \times 2$$
$$= 11 - 5 \times (24 - 2 \times 11)$$
$$= -5 \times 24 + 11 \times 11$$
$$= -5 \times 24 + 11 \times (35 - 24)$$

得,

$$-16 \times 24 + 11 \times 35 = 1.$$

(2) $91 = 63 + 28, 63 = 2 \times 28 + 7, 28 = 4 \times 7, \gcd(63, 91) = 7$，故 63 与 91 不互素.

(3) $539 = 450 + 89, 450 = 5 \times 89 + 5, 89 = 17 \times 5 + 4, 5 = 4 + 1, \gcd(450, 539) = 1$，故 450 与 539 互素.

由

$$1 = 5 - 4 = 5 - (89 - 17 \times 5) = 18 \times 5 - 89 = 18 \times (450 - 5 \times 89) - 89$$

$$= 18 \times 450 - 91 \times 89 = 18 \times 450 - 91 \times (539 - 450),$$

得 $109 \times 450 - 91 \times 539 = 1$.

(4) $1\,024 = 729 + 295, 729 = 2 \times 295 + 139, 295 = 2 \times 139 + 17, 139 = 8 \times 17 + 3,$ $17 = 5 \times 3 + 2, 3 = 2 + 1, \gcd(1\,024, 729) = 1$，故 $1\,024$ 与 729 互素.

由

$$1 = 3 - 2 = 3 - (17 - 5 \times 3) = 6 \times 3 - 17 = 6 \times (139 - 8 \times 17) - 17$$

$$= 6 \times 139 - 49 \times 17 = 6 \times 139 - 49 \times (295 - 2 \times 139)$$

$$= 104 \times 139 - 49 \times 295 = 104 \times (729 - 2 \times 295) - 49 \times 295$$

$$= 104 \times 729 - 257 \times 295 = 104 \times 729 - 257 \times (1\,024 - 729),$$

得 $-257 \times 1\,024 + 361 \times 729 = 1$.

4.19　(1) $2n + 1 = (2n - 1) + 2, \gcd(2n + 1, 2n - 1) = \gcd(2n - 1, 2) = 1.$

(2) 由 $\gcd(n, n + 1) = 1$，得 $\gcd(2n, 2(n + 1)) = 2$.

(3) 因为

$$\gcd(n, n + 2) = \gcd(n, 2) = \begin{cases} 1, & n \text{ 为奇数}, \\ 2, & n \text{ 为偶数}, \end{cases}$$

故有

$$\gcd(kn, k(n + 2)) = \begin{cases} k, & n \text{ 为奇数}, \\ 2k, & n \text{ 为偶数}. \end{cases}$$

4.20　必要性. 设 $a = dx, b = dy$. 根据定理 4.1.7，存在整数 u, v 使得 $ua + vb = d$，即 $udx + vdy = d$. 因为 $d > 0$，可消去 d 得 $ux + vy = 1$. 由定理 4.1.8，得证 x 与 y 互素.

充分性. 记 $d' = \gcd(a, b)$，因为 d 是 a 和 b 的公因子，故有 $d \mid d'$. 设 $d' = kd$，有 $kd \mid dx$ 且 $kd \mid dy$，得 $k \mid x$ 且 $k \mid y$. 而 x 与 y 互素，必有 $k = 1$，得证 $d = \gcd(a, b)$.

4.21 方法一　见第 4.3.2节习题课题型二第 3 题.

方法二　记 $d = \gcd(a, b)$, 由题 4.20, $a = dx, b = dy$, x 与 y 互素. 于是, $\operatorname{lcm}(a,b) = \operatorname{lcm}(dx, dy) = d \cdot \operatorname{lcm}(x, y) = dxy$, 得证 $\gcd(a,b) \cdot \operatorname{lcm}(a,b) = d \cdot dxy = ab$.

4.22 设 $bc = ka$, 由于 a, b 互素, 根据定理 4.1.8, 存在整数 x, y 使得 $xa + yb = 1$. 于是,

$$c = xac + ybc = xac + yka = (xc + yk)a,$$

得证 $a \mid c$.

4.23 (1) 设 $d_1 = \gcd(m, a), d_2 = \gcd(m, b)$. 因为 a 与 b 互素, 所以 d_1 与 d_2 也互素. 又设 $m = d_1 m_1$, 根据题 4.22, 由 $d_2 \mid d_1 m_1$ 且 d_1 与 d_2 也互素, 推导得 $d_2 \mid m_1$, 从而 $d_1 d_2 \mid m$, 故 $d_1 d_2$ 是 m 和 ab 的公因子.

设 $d = \gcd(m, ab), d = k d_1 d_2, k \geqslant 1$. 由 $d_2 \mid b$ 和 a 与 b 互素知, d_2 也与 a 互素, 从而由 $k d_1 d_2 \mid ab$, 可推导得 $k d_1 \mid a$. 于是, $k d_1$ 是 m 和 a 的公因子, 故 $k = 1$. 得证 $d = d_1 d_2$.

(2) 充分性显然.

必要性. 因为 $d \mid ab$, 取 $d_1 = \gcd(d, a), d_2 = \gcd(d, b)$, 自然有 $d_1 \mid d, d_2 \mid d$. 由 $d \mid ab$ 知, $\gcd(d, ab) = d$. 根据 (1) 得, $d = \gcd(d, a) \gcd(d, b) = d_1 d_2$.

下面证唯一性. 设正整数 c_1, c_2, 使得 $d = c_1 c_2$ 且 $c_1 \mid a, c_2 \mid b$, 由于 c_1 是 d 和 a 的公因子, 必有 $c_1 \leqslant d_1$. 同理, $c_2 \leqslant d_2$. 于是 $d = c_1 c_2 \leqslant d_1 d_2 = d$, 得证 $c_1 = d_1, c_2 = d_2$.

4.24 充分性显然.

必要性. 因为 $0^2 \equiv 0 \pmod{11}, 1^2 \equiv 10^2 \equiv 1 \pmod{11}, 2^2 \equiv 9^2 \equiv 4 \pmod{11}, 3^2 \equiv 8^2 \equiv 9 \pmod{11}, 4^2 \equiv 7^2 \equiv 5 \pmod{11}, 5^2 \equiv 6^2 \equiv 3 \pmod{11}$, 从而有

$$a^2 \equiv 0, 1, 3, 4, 5, 9 \pmod{11},$$

$$5b^2 \equiv 0, 5, 4, 9, 3, 1 \pmod{11}.$$

不难验证, 只有当 $a^2 \equiv 5b^2 \equiv 0 \pmod{11}$ 时, 才有 $a^2 + 5b^2 \equiv 0 \pmod{11}$. 得证 $a \equiv b \equiv 0 \pmod{11}$.

4.25 (1) 不成立. (2) 不成立. (3) 成立. (4) 成立.

4.26 (1) $35 \equiv 14 \pmod{m}, m \mid 35 - 14$, 即 $m \mid 21$, 故 $m = 3, 7, 21$.

(2) $10 \equiv -1 \pmod{m}, m \mid 10 + 1$, 即 $m \mid 11$, 故 $m = 11$.

(3) $-7 \equiv 21 \pmod{m}, m \mid -7 - 21$, 即 $m \mid -28$, 故 $m = 2, 4, 7, 14, 28$.

(4) $37^2 \equiv 30^2 \pmod{m}, m \mid 37^2 - 30^2$, 即 $m \mid 67 \times 7$, 故 $m = 7, 67, 469$.

(5) $8 \equiv 2 \pmod{m}$ 且 $7 \equiv -2 \pmod{m}, m \mid 6$ 且 $m \mid 9$, 6 和 9 大于 1 的公因子为 3, 故 $m = 3$.

4.27　$\mathbb{Z}_7$ 上的加法表和乘法表分别见图 4.4.1 和图 4.4.2.

$\oplus$	[0]	[1]	[2]	[3]	[4]	[5]	[6]
[0]	[0]	[1]	[2]	[3]	[4]	[5]	[6]
[1]	[1]	[2]	[3]	[4]	[5]	[6]	[0]
[2]	[2]	[3]	[4]	[5]	[6]	[0]	[1]
[3]	[3]	[4]	[5]	[6]	[0]	[1]	[2]
[4]	[4]	[5]	[6]	[0]	[1]	[2]	[3]
[5]	[5]	[6]	[0]	[1]	[2]	[3]	[4]
[6]	[6]	[0]	[1]	[2]	[3]	[4]	[5]

图 4.4.1

$\otimes$	[0]	[1]	[2]	[3]	[4]	[5]	[6]
[0]	[0]	[0]	[0]	[0]	[0]	[0]	[0]
[1]	[0]	[1]	[2]	[3]	[4]	[5]	[6]
[2]	[0]	[2]	[4]	[6]	[1]	[3]	[5]
[3]	[0]	[3]	[6]	[2]	[5]	[1]	[4]
[4]	[0]	[4]	[1]	[5]	[2]	[6]	[3]
[5]	[0]	[5]	[3]	[1]	[6]	[4]	[2]
[6]	[0]	[6]	[5]	[4]	[3]	[2]	[1]

图 4.4.2

4.28　$\mathbb{Z}_6$ 上的加法表和乘法表分别见图 4.4.3 和图 4.4.4.

$\oplus$	[0]	[1]	[2]	[3]	[4]	[5]
[0]	[0]	[1]	[2]	[3]	[4]	[5]
[1]	[1]	[2]	[3]	[4]	[5]	[0]
[2]	[2]	[3]	[4]	[5]	[0]	[1]
[3]	[3]	[4]	[5]	[0]	[1]	[2]
[4]	[4]	[5]	[0]	[1]	[2]	[3]
[5]	[5]	[0]	[1]	[2]	[3]	[4]

图 4.4.3

$\otimes$	[0]	[1]	[2]	[3]	[4]	[5]
[0]	[0]	[0]	[0]	[0]	[0]	[0]
[1]	[0]	[1]	[2]	[3]	[4]	[5]
[2]	[0]	[2]	[4]	[0]	[2]	[4]
[3]	[0]	[3]	[0]	[3]	[0]	[3]
[4]	[0]	[4]	[2]	[0]	[4]	[2]
[5]	[0]	[5]	[4]	[3]	[2]	[1]

图 4.4.4

4.29 $Y = 1\,941, C = 19, X = 41, M = 10, d = 7.$

$$w \equiv 41 + \lfloor 41/4 \rfloor + \lfloor 19/4 \rfloor - 2 \times 19 + 2 \times 10 + \lfloor (10 + \lfloor 10/7 \rfloor)/2 \rfloor + \lfloor 10/12 \rfloor + 7$$

$$\equiv 41 + 10 + 4 - 38 + 20 + 5 + 0 + 7$$

$$\equiv 0 \pmod 7,$$

故 1941 年 12 月 7 日是星期日.

4.30 由 $30 \bmod 7 = 2$, 星期数每个月加 2, 大月再多加 1, 见表 4.4.1.

表 4.4.1

m	3	4	5	6	7	8	9	10	11	12	1	2
M	1	2	3	4	5	6	7	8	9	10	11	12
应加的星期数	0	3	5	8	10	13	16	18	21	23	26	29
$\lfloor (13M - 11)/5 \rfloor$	0	3	5	8	10	13	16	18	21	23	26	29

4.31 见第 4.3.3 节习题课题型三第 4 题.

4.32 设 $a \equiv b \pmod m, c \equiv d \pmod m$, 有 $m \mid a - b, m \mid c - d$. 而 $(a+c) - (b+d) = (a - b) + (c - d)$, 故 $m \mid (a+c) - (b+d)$. 得证 $a + c \equiv b + d \pmod m$. 类似可证 $a - c \equiv b - d \pmod m$.

由 $a \equiv b \pmod m, c \equiv d \pmod m$ 知, 存在整数 x, y 使得 $a = xm + b, c = ym + d$. 于是, $ac = (xym + xd + yb)m + bd$, 故有 $ac \equiv bd \pmod m$.

4.33 (1) 设 $a \equiv b \pmod m$, 有 $m \mid a - b$. 又已知 $d \mid m$, 由主教材中命题 4.1.1(2), 得 $d \mid a - b$. 故有 $a \equiv b \pmod d$.

(2) 因为 $d \neq 0$, 根据主教材中命题 4.1.1(3), $m \mid a - b$ 当且仅当 $dm \mid d(a - b)$, 从而有 $a \equiv b \pmod m$ 当且仅当 $da \equiv db \pmod{dm}$.

(3) 若 $m \mid a - b$，则有 $m \mid ca - cb$. 因此，若 $a \equiv b \pmod{m}$，则有 $ca \equiv cb \pmod{m}$.

反过来，设 $ca \equiv cb \pmod{m}$，则有 $m \mid ca - cb$. 已知 c 与 m 互素，由题 4.22，必有 $m \mid a - b$，得证 $a \equiv b \pmod{m}$.

4.34 (1) 不成立. 反例：$4^2 \equiv 2^2 \pmod{4}$，但 $4 \not\equiv 2 \pmod{4}, 4 \not\equiv -2 \pmod{4}$.

分析：$a^2 \equiv b^2 \pmod{m} \Leftrightarrow m \mid a^2 - b^2 \Leftrightarrow m \mid (a+b)(a-b)$，不一定有 $m \mid a + b$ 或 $m \mid a - b$.

(2) 成立. 由模乘运算 (题 4.32) 立即可得.

(3) 不成立. 反例：$5^2 \equiv 3^2 \pmod{4^2}$，但 $5 \not\equiv 3 \pmod{4}$.

(4) 成立. 由题 4.33(1) 立即可得.

(5) 不成立. 反例：$12 \equiv 0 \pmod{4}, 12 \equiv 0 \pmod{6}$，但 $12 \not\equiv 0 \pmod{4 \times 6}$.

4.35 根据定理 4.1.9，$ax \equiv c \pmod{m}$ 有解的充分必要条件是 $\gcd(a, m) \mid c$. 设 x_0 是方程的解，则所有与 x_0 模 m 同余的数都是方程的解，从而只需对模 m 的每一个等价类取一个代表元，验证是否使方程成立，就能找到方程的所有解.

(1) $9x \equiv 3 \pmod{6}$. $\gcd(9, 6) = 3, 3 \mid 3$，方程有解.

检查 $0, \pm 1, \pm 2, 3$ 是否是方程的解，得 $x \equiv \pm 1, 3 \equiv 1, 3, 5 \pmod{6}$.

(2) $4x \equiv 3 \pmod{6}$. $\gcd(4, 6) = 2, 2 \nmid 3$，方程无解.

(3) $3x \equiv -1 \pmod{5}$. $\gcd(3, 5) = 1, 1 \mid -1$，方程有解.

检查 $0, \pm 1, \pm 2$ 是否是方程的解，得 $x \equiv -2 \equiv 3 \pmod{5}$.

(4) $8x \equiv 2 \pmod{4}$. $\gcd(8, 4) = 4, 4 \nmid 2$，方程无解.

(5) $20x \equiv 12 \pmod{8}$. $\gcd(20, 8) = 4, 4 \mid 12$，方程有解.

检查 $0, \pm 1, \pm 2, \pm 3, 4$ 是否是方程的解，得 $x \equiv \pm 1, \pm 3 \equiv 1, 3, 5, 7 \pmod{8}$.

4.36 (1) $5 \times 3 - 1 = 14, 7 \mid 14$，故 $5 \times 3 \equiv 1 \pmod{7}$，得 $5^{-1} \equiv 3 \pmod{7}$.

(2) $8 \times 7 - 1 = 55, 11 \mid 55$，故 $8 \times 7 \equiv 1 \pmod{11}$，得 $8^{-1} \equiv 7 \pmod{11}$.

(3) $11 \times 11 - 1 = 120, 12 \mid 120$，故 $11 \times 11 \equiv 1 \pmod{12}$，得 $11^{-1} \equiv 11 \pmod{12}$.

(4) $6 \times 11 - 1 = 65, 13 \mid 65$，故 $6 \times 11 = \equiv 1 \pmod{13}$，得 $6^{-1} \equiv 11 \pmod{13}$.

4.37 a 的模 m 逆存在当且仅当 a 与 m 互素 (定理 4.1.10). 当 a 与 m 互素时，求 a^{-1} 的一般方法是，先用辗转相除法，再通过回代求得整数 x 和 y，使得 $xa + ym = 1$，则 $a^{-1} \equiv x \pmod{m}$. 当数值比较小时可通过观察直接求得. 当模 m 的值较小时还可以用题 4.35 的解法解一次同余方程 $ax \equiv 1 \pmod{m}$.

(1) 2 与 3 互素，故 2 的模 3 逆存在.

由 $2 \times 2 \equiv 1 \pmod{3}$，得 $2^{-1} \equiv 2 \pmod{3}$.

(2) 8 与 12 不互素，故 8 的模 12 逆不存在.

(3) 18 与 7 互素，故 18 的模 7 逆存在.

<u>方法一</u>　用辗转相除法. $18 = 2 \times 7 + 4, 7 = 4 + 3, 4 = 3 + 1$.

回代 $1 = 4 - 3 = 4 - (7 - 4) = -7 + 2 \times 4 = -7 + 2 \times (18 - 2 \times 7) = 2 \times 18 - 5 \times 7$，得 $18^{-1} \equiv 2 \pmod 7$.

方法二　$18 \equiv 4 \pmod 7, 2 \times 4 \equiv 1 \pmod 7$，得 $18^{-1} \equiv 4^{-1} \equiv 2 \pmod 7$.

(4) 12 与 21 不互素，故 12 的模 21 逆不存在.

(5) 5 与 9 互素，故 5 的模 9 逆存在. 由 $2 \times 5 \equiv 1 \pmod 9$，得 $5^{-1} \equiv 2 \pmod 9$.

(6) -1 与 9 互素，故 -1 的模 9 逆存在. 由 $(-1)^2 \equiv 1 \pmod 9$，得 $(-1)^{-1} \equiv -1 \equiv 8 \pmod 9$.

4.38　(1) $3x + 2y = 6$.

考虑一次同余方程 $3x \equiv 6 \pmod 2$，即 $x \equiv 0 \pmod 2$. 它的解为 $x = 2k$，其中 k 是任意整数. 代入原方程得 $6k + 2y = 6$，于是 $y = 3 - 3k$. 故方程的解为 $x = 2k, y = 3 - 3k$，其中 k 是任意整数.

(2) $12x - 9y = 8$.

方法一　如果方程有解，那么解必满足 $12x \equiv 8 \pmod 9$. 而 $\gcd(12, 9) = 3, 3 \nmid 8, 12x \equiv 8 \pmod 9$ 无解，故原方程无解.

方法二　如果方程有解，那么等式左边 $12x - 9y$ 能被 3 整除，而等式右边 8 不能被 3 整除，矛盾，故原方程无解.

4.39　设 $a = da_1, m = dm_1$，其中 a_1, m_1 互素. 根据定理 4.1.9，存在 x_0 使 $ax_0 \equiv c \pmod m$. 又设 x 是方程的解，即 $ax \equiv c \pmod m$. 于是，$a(x - x_0) \equiv 0 \pmod m$. 它等价于 $a_1(x - x_0) \equiv 0 \pmod {m_1}$. 而 a_1 与 m_1 互素，故有 $x - x_0 \equiv 0 \pmod {m_1}$. 因此，方程在模 m 下恰好有 d 个解 $x \equiv x_0 + km_1 \pmod m, k = 0, 1, \cdots, d - 1$.

4.40　记 $c = dc_1, m = dm_1$，其中 c_1, m_1 互素. 由 $ac \equiv bc \pmod m$，有 $m \mid ac - bc$，即 $dm_1 \mid d(a - b)c_1$，从而有 $m_1 \mid (a - b)c_1$. 又 c_1, m_1 互素，故 $m_1 \mid a - b$，得证 $a \equiv b \pmod {m_1}$，即 $a \equiv b \pmod {\frac{m}{d}}$.

4.41　由 $x^2 \equiv 1 \pmod p$，有 $p \mid x^2 - 1$，即 $p \mid (x - 1)(x + 1)$. 而 p 是素数，故有 $p \mid x - 1$ 或 $p \mid x + 1$. 得证 $x \equiv 1 \pmod p$ 或 $x \equiv -1 \pmod p$.

4.42　不妨设 $n < m$，于是有

$$2^{2^m} + 1 = (2^{2^n} + 1)(2^{2^m - 2^n} - 2^{2^m - 2 \cdot 2^n} + 2^{2^m - 3 \cdot 2^n} - \cdots + 2^{2^m - (2^{m-n} - 1) \cdot 2^n} - 1) + 2.$$

由定理 4.1.6，$\gcd(F_m, F_n) = \gcd(F_n, 2)$. 注意到 F_n 是奇数，故 $\gcd(F_n, 2) = 1$，得证 $\gcd(F_m, F_n) = 1$，从而 F_m 与 F_n 互素.

4.43　设 n 是大于 3 的素数，则有 $\phi(n) = n - 1$. 又 $n + 1$ 是偶数，有 $\frac{n+1}{2}$ 个不超过 $n + 1$ 的正偶数，它们均与 $n + 1$ 不互素，故 $\phi(n + 1) \leqslant n + 1 - \frac{n+1}{2} = \frac{n+1}{2} < n - 1 = \phi(n)$. 而大于 3 的素数有无穷多个，因此存在无穷多个 n 使得 $\phi(n) > \phi(n + 1)$，证毕.

4.44 <u>方法一</u> 设 m 和 n 的素因子分解式分别为 $m = p_1^{\alpha_1} p_2^{\alpha_2} \cdots p_k^{\alpha_k}$, $n = q_1^{\beta_1} q_2^{\beta_2} \cdots q_l^{\beta_l}$. 因为 m 与 n 互素, 所以 $p_1, p_2, \cdots, p_k, q_1, q_2, \cdots, q_l$ 互不相同, mn 的素因子分解式为 $mn = p_1^{\alpha_1} p_2^{\alpha_2} \cdots p_k^{\alpha_k} q_1^{\beta_1} q_2^{\beta_2} \cdots q_l^{\beta_l}$. 由主教材中例 4.5.1 得到的欧拉函数公式, 有

$$\phi(m)\phi(n) = m\left(1 - \frac{1}{p_1}\right)\left(1 - \frac{1}{p_2}\right)\cdots\left(1 - \frac{1}{p_k}\right) \cdot$$
$$n\left(1 - \frac{1}{q_1}\right)\left(1 - \frac{1}{q_2}\right)\cdots\left(1 - \frac{1}{q_l}\right)$$
$$= \phi(mn).$$

<u>方法二</u> 提示: 由于在模 m 同余关系下保持与 m 的互素性, 可以令 $\mathbb{Z}_m^* = \{[a]_m \mid a \text{ 与 } m$ 互素$\}$, $|\mathbb{Z}_m^*| = \phi(m)$. 为了证明 $\phi(mn) = \phi(m)\phi(n)$, 只需给出 $\mathbb{Z}_m^* \times \mathbb{Z}_n^*$ 到 $\mathbb{Z}_{mn}^*$ 的双射函数.

做映射 $g : \mathbb{Z}_m^* \times \mathbb{Z}_n^* \to \mathbb{Z}_{mn}^*$ 如下:

$$g([a]_m, [b]_n) = [an + bm]_{mn}.$$

首先证明 g 是良定义的, 即 g 确实是个映射 (函数). 若 $a \equiv a' \pmod{m}$, $b \equiv b' \pmod{n}$, 即 $m \mid a - a'$, $n \mid b - b'$, 则 $mn \mid (an + bm) - (a'n + b'm)$, 即 $an + bm \equiv a'n + b'm \pmod{mn}$.

又若 a 与 m 互素, b 与 n 互素, 则 $an + bm$ 与 mn 互素. 假设不然, $d = \gcd(an + bm, mn) > 1$. 由于 m 与 n 互素, $d = d_1 d_2$, $d_1 \mid m$, $d_2 \mid n$, d_1, d_2 中至少有一个大于 1, 并且当 $d_1 > 1$ 时 d_1 与 n 互素; 当 $d_2 > 1$ 时 d_2 与 m 互素. 不妨设 $d_1 > 1$, 有 $d_1 \mid an + bm$, 得到 $d_1 \mid an$, 而 d_1 与 n 互素, 故 $d_1 \mid a$, 这跟假设 a 与 m 互素矛盾. 从而证明了 g 是良定义的.

其次证明 g 是单射. 若 $an + bm \equiv a'n + b'm \pmod{mn}$, 即 $mn \mid (a - a')n + (b - b')m$, 当然有 $m \mid (a - a')n + (b - b')m$, 从而 $m \mid (a - a')n$. 而 m 与 n 互素, 故 $m \mid a - a'$, 即 $a \equiv a' \pmod{m}$. 同理有 $b \equiv b' \pmod{n}$. 得证 g 是单射.

最后证明 g 是满射. 由于 m 与 n 互素, 故存在整数 x, y 使得 $xn + ym = 1$. 对任意的整数 c, 若 c 与 mn 互素, 即 $[c]_{mn} \in \mathbb{Z}_{mn}^*$, 则 c 与 m 互素. 显然 x 与 m 也互素, 故 cx 与 m 互素. 从而 $[cx]_m \in \mathbb{Z}_m^*$. 同理, $[cy]_n \in \mathbb{Z}_n^*$. 而 $g([cx]_m, [cy]_n) = [cxn + cym]_{mn} = [c]_{mn}$, 得证 g 是满射.

因为 g 是双射, 故 $|\mathbb{Z}_m^*| \times |\mathbb{Z}_n^*| = |\mathbb{Z}_{mn}^*|$, 即 $\phi(mn) = \phi(m)\phi(n)$.

4.45 (1) $2^4 \equiv 1 \pmod{5}$, $2^{325} \equiv 2^{4 \times 81 + 1} \equiv 2 \pmod{5}$, 得 $2^{325} \bmod 5 = 2$.

(2) $3^6 \equiv 1 \pmod{7}$, $3^{516} \equiv 3^{6 \times 86} \equiv 1 \pmod{7}$, 得 $3^{516} \bmod 7 = 1$.

(3) $8^{10} \equiv 1 \pmod{11}$, $8^{1\,003} \equiv 8^{10 \times 100 + 3} \equiv 8^3 \equiv 6 \pmod{11}$, 得 $3^{1\,003} \bmod 11 = 6$.

4.46 由欧拉定理, $m^{\phi(n)} \equiv 1 \pmod{n}$, 即 $n \mid m^{\phi(n)} - 1$. 同理 $m \mid n^{\phi(m)} - 1$. 从而,

$mn \mid (m^{\phi(n)} - 1)(n^{\phi(m)} - 1)$，即 $mn \mid m^{\phi(n)} n^{\phi(m)} - (m^{\phi(n)} + n^{\phi(m)} - 1)$．而 $mn \mid m^{\phi(n)} n^{\phi(m)}$，故有 $mn \mid m^{\phi(n)} + n^{\phi(m)} - 1$，得证 $m^{\phi(n)} + n^{\phi(m)} \equiv 1 \pmod{mn}$．

4.47 由费马小定理，$(f(x))^p \equiv f(x) \pmod p$．又 $x^p \equiv x \pmod p$，从而 $f(x^p) \equiv f(x) \pmod p$．得证 $(f(x))^p \equiv f(x^p) \pmod p$．

4.48 充分性．设 a 与 m 互素，则 a 的模 m 逆 a^{-1} 存在．令

$$D(j) = a^{-1}(j - b) \bmod m, \ j = 0, 1, \cdots, m - 1,$$

则对所有 $i, j \in \{0, 1, \cdots, m - 1\}$，有

$$D(E(i)) = a^{-1}((ai + b) \bmod m - b) \ \bmod m$$

$$= a^{-1}((ai + b) - b) \ \bmod m$$

$$= i,$$

$$E(D(j)) = (a(a^{-1}(j - b) \ \bmod m) + b) \ \bmod m$$

$$= (aa^{-1}(j - b) + b) \ \bmod m$$

$$= j,$$

得证 E 是双射，$D = E^{-1}$．

必要性．用反证法，假设 a 与 m 不互素，令 $d = \gcd(a, m) > 1$．记 $a = da_1, m = dm_1$，于是

$$E(i + m_1) = (a(i + m_1) + b) \ \bmod m$$

$$= (ai + am_1 + b) \bmod m$$

$$= (ai + am_1 + b) \bmod m$$

$$= (ai + b) \bmod m$$

$$= E(i).$$

而 $i + m_1 \not\equiv i \pmod m$，与 E 是单射矛盾，故 a 与 m 互素．

4.49 线性同余法 $x_n = (ax_{n-1} + c) \bmod m, n = 1, 2, \cdots$

(1) $m = 16, a = 7, c = 1, x_0 = 0$．

伪随机数序列：$1, 8, 9, 0, 1, 8, 9, 0, \cdots$，周期：$4$．

(2) $m = 9, a = 7, c = 4, x_0 = 3$.

伪随机数序列：$7, 8, 6, 1, 2, 0, 4, 5, 3, 7, 8, \cdots$，周期：9.

(3) $m = 15, a = 3, c = 0, x_0 = 1$.

伪随机数序列：$3, 9, 12, 6, 3, 9, 12, 6, \cdots$，周期：4.

(4) $m = 17, a = 2, c = 0, x_0 = 4$.

伪随机数序列：$8, 16, 15, 13, 9, 1, 2, 4, 8, 16, \cdots$，周期：8.

(5) $m = 17, a = 5, c = 0, x_0 = 1$.

伪随机数序列：$5, 8, 6, 13, 14, 2, 10, 16, 12, 9, 11, 4, 3, 15, 7, 1, 5, \cdots$，周期：16.

4.50　(1) 0　11　16　9　6　17　　16　9　　2　　3　　11　2　11　1　7

ALQJGRQJCDLCLBH

(2) 5　4　13　16　21　20　13　16　19　0　4　19　4　　12　2

FENQVUNQTAETEMC

(3) 9　12　11　2　13　16　11　2　19　24　12　19　12　14　18

JMLCNQLCTYMTMOS

4.51　0　6　20　　9　1　21　　16　4　6　　3　6　6　　11　22　11

AGUJBVQEGDGGLWL

4.52　(1) $D(i) = (i - 3) \bmod 26$.

(2) 加密算法 $E(i) = 7i \bmod 26$.

7 与 26 互素，$7^{-1} \equiv 15 \pmod{26}$，解密算法 $D(i) = 15i \bmod 26$.

(3) 加密算法 $E(i) = (5i - 2) \bmod 26$.

5 与 26 互素，$5^{-1} \equiv -5 \pmod{26}$，解密算法 $D(i) = -5(i + 2) \bmod 26$.

4.53　$p = 5, q = 7, n = pq = 35, \phi(n) = 4 \times 6 = 24, w = 7$.

(1) 明文 STOP 表成 18 19 14 15.

7 的二进制表示是 111.

$$18^2 \equiv 9 \pmod{35},$$

$$9^2 \equiv 11 \pmod{35},$$

$$18^7 \equiv 18 \times 9 \times 11 \equiv 32 \pmod{35}.$$

$$19^2 \equiv 11 \pmod{35},$$

$$11^2 \equiv 16 \pmod{35},$$

$$19^7 \equiv 19 \times 11 \times 16 \equiv 19 \pmod{35}.$$

$$14^2 \equiv 21 \pmod{35},$$

$$21^2 \equiv 21 \pmod{35},$$

$$14^7 \equiv 14 \times 21 \times 21 \equiv 14 \pmod{35}.$$

$$15^2 \equiv 15 \pmod{35},$$

$$15^7 \equiv 15 \times 15 \times 15 \equiv 15 \pmod{35}.$$

密文为 32 19 14 15.

(2) 密文 32 14 32，$7^{-1} \equiv 7 \pmod{24}$，得 $d = 7$.

$$32^2 \equiv (-3)^2 \equiv 9 \pmod{35},$$

$$9^2 \equiv 11 \pmod{35},$$

$$32^7 \equiv (-3) \times 9 \times 11 \equiv 18 \pmod{35}.$$

$$14^2 \equiv -14 \pmod{35},$$

$$(-14)^2 \equiv -14 \pmod{35},$$

$$14^7 \equiv 14 \times (-14) \times (-14) \equiv 14 \pmod{35}.$$

明文 18 14 18，即 SOS.

4.5   小测验

4.5.1   试题

1. 填空题 (6 小题，每小题 5 分，共 30 分).

(1) 下列各式中成立的是_____.

A. $-5 \mid 25$ B. $8 \mid 2$ C. $-18 \bmod 4 = -2$

D. $3 \equiv 28 \pmod 5$ E. $8^{-1} \equiv 2 \pmod 4$

(2) 42 的所有因子为_____.

(3) 450 的素因子分解为_____.

(4) 5 的模 6 逆等于_____.

(5) 欧拉函数 $\phi(20) = $_____.

(6) $\mathbb{Z}_4$ 上的乘法表为_____.

2. 计算题 (6 小题, 每小题 10 分, 共 60 分).

(1) 求 84 与 198 的最大公因数和最小公倍数.

(2) 验证 21 与 275 互素, 并求 x 和 y 使得 $21x + 275y = 1$.

(3) 求使同余式 $15 \equiv -13 \,(\mathrm{mod}\, m)$ 成立的所有正整数 m.

(4) 一次同余方程 $8x \equiv 14 \,(\mathrm{mod}\, 6)$ 是否有解? 若有解, 试给出它的全部解.

(5) 求 $35^{-1} \,(\mathrm{mod}\, 8)$.

(6) 计算:

(a) $12^{1\,000} \bmod 7$.

(b) $3^{1\,002} \bmod 10$.

3. 证明题 (10 分).

已知 $a \equiv b \,(\mathrm{mod}\, m)$, 求证 $\gcd(a, m) = \gcd(b, m)$.

4.5.2　答案或解答

1. (1) A, D.

(2) $\pm 1, \pm 2, \pm 3, \pm 6, \pm 7, \pm 14, \pm 21, \pm 42$.

(3) $2 \times 3^2 \times 5^2$.

(4) 5 (mod 6).

(5) 8.

(6)

$\otimes$	[0]	[1]	[2]	[3]
[0]	[0]	[0]	[0]	[0]
[1]	[0]	[1]	[2]	[3]
[2]	[0]	[2]	[0]	[2]
[3]	[0]	[3]	[2]	[1]

2. (1) 因为 $84 = 2^2 \times 3 \times 7, 198 = 2 \times 3^2 \times 11$, 所以有

$$\gcd(84, 198) = 2 \times 3 = 6,$$

$$\mathrm{lcm}(84, 198) = 2^2 \times 3^2 \times 7 \times 11 = 2\,772.$$

(2) 用辗转相除法.

$$275 = 13 \times 21 + 2,$$

$$21 = 10 \times 2 + 1,$$

得证 21 与 275 互素. 回代

$$1 = 21 - 10 \times 2 = 21 - 10 \times (275 - 13 \times 21) = 131 \times 21 - 10 \times 275,$$

得

$$131 \times 21 - 10 \times 275 = 1,$$

即 $x = 131, y = -10$.

(3) $15 \equiv -13 \pmod{m}$ 当且仅当 $m \mid (15 - (-13))$, 即 $m \mid 28$, 故 $m = 1, 2, 4, 7, 14, 28$.

(4) 注意到 $14 \equiv 2 \pmod{6}$, 故 $8x \equiv 14 \pmod{6}$ 与 $8x \equiv 2 \pmod{6}$ 同解.

$$\gcd(8, 6) = 2, 2 \mid 2, \text{ 故方程有解.}$$

检查模 6 等价类的代表元 $0, \pm 1, \pm 2, 3$, 结果如下:

$$8 \times 0 \equiv 8 \times 3 \equiv 0 \pmod{6},$$

$$8 \times 1 \equiv 8 \times (-2) \equiv 2 \pmod{6},$$

$$8 \times 2 \equiv 8 \times (-1) \equiv 4 \pmod{6},$$

得

$$x \equiv 1, -2 \pmod{6},$$

即 $x = 6k + 1, 6k - 2$, 其中 k 为任意整数.

(5) 35 与 8 互素, 故 $35^{-1} \pmod{8}$ 存在.

用辗转相除法.

$$35 = 4 \times 8 + 3,$$

$$8 = 2 \times 3 + 2,$$

$$3 = 2 + 1,$$

回代

$$1 = 3 - 2 = 3 - (8 - 2 \times 3) = 3 \times 3 - 8 = 3 \times (35 - 4 \times 8) - 8 = 3 \times 35 - 13 \times 8,$$

得

$$35^{-1} \equiv 3 \pmod{8}.$$

(6) (a) 根据费马小定理, $12^6 \equiv 1 \pmod{7}$, 于是

$$12^{1\,000} \equiv 12^{166 \times 6 + 4} \equiv 12^4 \equiv (-2)^4 \equiv 16 \equiv 2 \pmod{7},$$

得 $12^{1\,000} \bmod 7 = 2$.

(b) $3^{1\,002} \equiv 3^{2 \times 501} \equiv 9^{501} \equiv (-1)^{501} \equiv (-1) \pmod{10}$, 得 $3^{1\,002} \bmod 10 = 9$.

3. 根据定义, 由 $a \equiv b \pmod{m}$, 有 $a = km + b$. 根据定理 4.1.6, $\gcd(a, m) = \gcd(m, b)$. 而 $\gcd(m, b) = \gcd(b, m)$, 得证 $\gcd(a, m) = \gcd(b, m)$.

第3部分　图　　论

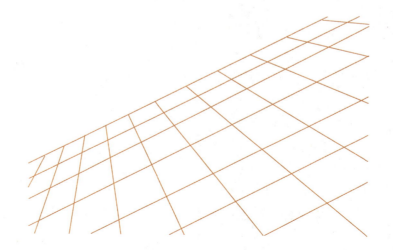

第 5 章
图的基本概念

5.1 内容提要

5.1.1 图的定义及运算

图的定义

   定义 5.1.1 一个 无向图 G 是一个有序的二元组 $\langle V, E \rangle$，其中

   (1) V 是一个非空有穷集，称作 顶点集，其元素称作 顶点 或 结点.

   (2) E 是无序积 $V\&V$ 的有穷多重子集，称作 边集，其元素称作 无向边，简称为 边.

   这里无序积 $V\&V = \{\{u,v\} \mid u,v \in V\}$. 为方便起见，将无序积中的无序对 $\{u,v\}$ 记为 (u,v)，并且允许 $u = v$. 使用这种记法时，无论 u,v 是否相等，均有 $(u,v) = (v,u)$.

   定义 5.1.2 一个 有向图 D 是一个有序的二元组 $\langle V, E \rangle$，其中

   (1) V 同定义 5.1.1(1).

   (2) E 是笛卡儿积 $V \times V$ 的有穷多重子集，称作 边集，其元素称作 有向边，简称为 边.

有关的概念和规定

   (1) 无向图和有向图统称作 图，但有时也常把无向图简称作图. 通常用 G 表示无向图，D 表示有向图，有时也用 G 泛指图（无向图或有向图）. 用 $V(G), E(G)$ 分别表示 G 的顶点集和边集，$|V(G)|, |E(G)|$ 分别是 G 的顶点数和边数. 有向图也有类似的符号.

(2) 顶点数称作图的 **阶**，n 个顶点的图称作 n **阶图**.

(3) 一条边也没有的图称作零图. n 阶零图记作 N_n. 1 阶零图 N_1 称作 **平凡图**. 平凡图只有一个顶点，没有边.

(4) 在图的定义中规定顶点集 V 为非空集，但在图的运算中可能产生顶点集为空集的运算结果，为此规定顶点集为空集的图为 **空图**，并将空图记作 $\varnothing$.

(5) 当用图形表示图时，如果给每一个顶点和每一条边指定一个符号 (字母或数字，当然字母还可以带下标)，那么称这样的图为 **标定图**，否则称作 **非标定图**.

(6) 将有向图的各条有向边改成无向边后得到的无向图称作这个有向图的 **基图**.

(7) 设 $G = \langle V, E \rangle$ 为无向图，$e_k = (v_i, v_j) \in E$，称 v_i, v_j 为 e_k 的 **端点**，e_k 与 $v_i(v_j)$ **关联**. 若 $v_i \neq v_j$，则称 e_k 与 $v_i(v_j)$ 的 **关联次数** 为 1；若 $v_i = v_j$，则称 e_k 与 v_i 的 **关联次数** 为 2，并称 e_k 为环. 如果顶点 v_l 不与边 e_k 关联，那么称 e_k 与 v_l 的 **关联次数** 为 0.

若两个顶点 v_i 与 v_j 之间有一条边连接，则称这两个顶点 **相邻**. 若两条边至少有一个公共端点，则称这两条边 **相邻**.

(8) 设 $D = \langle V, E \rangle$ 为有向图，$e_k = \langle v_i, v_j \rangle \in E$，称 v_i, v_j 为 e_k 的 **端点**，v_i 为 e_k 的 **始点**，v_j 为 e_k 的 **终点**，并称 e_k 与 $v_i(v_j)$ **关联**. 若 $v_i = v_j$，则称 e_k 为 D 中的 **环**.

若两个顶点之间有一条有向边，则称这两个顶点 **相邻**. 若两条边中一条边的终点是另一条边的始点，则称这两条边 **相邻**.

图 (无向图或有向图) 中没有边关联的顶点称作 **孤立点**.

(9) 设无向图 $G = \langle V, E \rangle$，任意 $v \in V$，称 $N_G(v) = \{u | u \in V, (u, v) \in E, u \neq v\}$ 为 v 的 **邻域**；称 $\overline{N}_G(v) = N_G(v) \cup \{v\}$ 为 v 的 **闭邻域**；称 $I_G(v) = \{e | e \in E, e \text{ 与 } v \text{ 相关联}\}$ 为 v 的 **关联集**.

设有向图 $D = \langle V, E \rangle$，任意 $v \in V$，称 $\Gamma_D^+(v) = \{u | u \in V, \langle v, u \rangle \in E, u \neq v\}$ 为 v 的 **后继元集**；称 $\Gamma_D^-(v) = \{u | u \in V, \langle u, v \rangle \in E, u \neq v\}$ 为 v 的 **先驱元集**；称 $N_D(v) = \Gamma_D^+(v) \cup \Gamma_D^-(v)$ 为 v 的 **邻域**；称 $\overline{N}_D(v) = N_D(v) \cup \{v\}$ 为 v 的 **闭邻域**.

简单图与多重图

定义 5.1.3　在无向图中，如果关联一对顶点的无向边多于 1 条，那么称这些边为 **平行边**，平行边的条数称作 **重数**. 在有向图中，如果关联一对顶点的有向边多于 1 条，并且这些边的始点与终点相同 (也就是它们的方向相同)，那么称这些边为 **平行边**. 含平行边的图称作 **多重图**，既不含平行边也不含环的图称作 **简单图**.

子图

定义 5.1.4　设 $G = \langle V, E \rangle, G' = \langle V', E' \rangle$ 为两个图 (同为无向图或同为有向图)，若 $V' \subseteq V$ 且 $E' \subseteq E$，则称 G' 为 G 的 **子图**，G 为 G' 的 **母图**，记作 $G' \subseteq G$. 又若 $V' \subset V$ 或 $E' \subset E$，则称子图 G' 为 G 的 **真子图**. 若 $V' = V$，则称子图 G' 为 G 的 **生成子图**.

设 $G = \langle V, E \rangle, V_1 \subset V$ 且 $V_1 \neq \varnothing$，称以 V_1 为顶点集，以 G 中两个端点都在 V_1 中的

边组成边集 E_1 的图为 G 的 V_1 导出的子图，记作 $G[V_1]$. 又设 $E_1 \subset E$ 且 $E_1 \neq \varnothing$，称以 E_1 为边集，以 E_1 中边关联的顶点为顶点集 V_1 的图为 G 的 E_1 导出的子图，记作 $G[E_1]$.

图的几种常见的二元运算

定义 5.1.5　设 $G_1 = \langle V_1, E_1 \rangle, G_2 = \langle V_2, E_2 \rangle$ 为不含孤立点的两个图 (它们同为无向图或同为有向图).

(1) 称以 $V_1 \cup V_2$ 为顶点集，以 $E_1 \cup E_2$ 为边集的图为 G_1 与 G_2 的并图，记作 $G_1 \cup G_2$，即 $G_1 \cup G_2 = \langle V_1 \cup V_2, E_1 \cup E_2 \rangle$.

(2) 称以 $E_1 - E_2$ 为边集，以 $E_1 - E_2$ 中边关联的顶点组成的集合为顶点集的图为 G_1 与 G_2 的差图，记作 $G_1 - G_2$.

(3) 称以 $E_1 \cap E_2$ 为边集，以 $E_1 \cap E_2$ 中边关联的顶点组成的集合为顶点集的图为 G_1 与 G_2 的交图，记作 $G_1 \cap G_2$.

(4) 称以 $E_1 \oplus E_2$ 为边集，以 $E_1 \oplus E_2$ 中边关联的顶点组成的集合为顶点集的图为 G_1 与 G_2 的环和，记作 $G_1 \oplus G_2$.

5.1.2　度数、通路与回路

顶点的度数

定义 5.1.6　设 $G = \langle V, E \rangle$ 为无向图，任意 $v \in V$，将 v 作为边的端点的次数称为 v 的度数，简称为度，记作 $d_G(v)$. 在不发生混淆时，略去下标 G，简记为 $d(v)$. 设 $D = \langle V, E \rangle$ 为有向图，任意 $v \in V$，将 v 作为边的始点的次数称为 v 的出度，记作 $d_D^+(v)$，简记为 $d^+(v)$；将 v 作为边的终点的次数称为 v 的入度，记作 $d_D^-(v)$，简记为 $d^-(v)$；称 $d^+(v) + d^-(v)$ 为 v 的度数，记作 $d_D(v)$，简记为 $d(v)$.

在无向图 G 中，令

$$\Delta(G) = \max\{d(v) | v \in V(G)\},$$

$$\delta(G) = \min\{d(v) | v \in V(G)\},$$

分别称为 G 的最大度和最小度. 可以类似定义有向图 D 的最大度 $\Delta(D)$、最小度 $\delta(D)$ 和最大出度 $\Delta^+(D)$、最小出度 $\delta^+(D)$、最大入度 $\Delta^-(D)$、最小入度 $\delta^-(D)$.

$$\Delta(D) = \max\{d(v) | v \in V(D)\},$$

$$\delta(D) = \min\{d(v) | v \in V(D)\},$$

$$\Delta^+(D) = \max\{d^+(v) | v \in V(D)\},$$

$$\delta^+(D) = \min\{d^+(v) | v \in V(D)\},$$

$$\Delta^-(D) = \max\{d^-(v)|v \in V(D)\},$$

$$\delta^-(D) = \min\{d^-(v)|v \in V(D)\},$$

并把它们分别简记为 $\Delta, \delta, \Delta^+, \delta^+, \Delta^-, \delta^-$.

另外, 称度数为 1 的顶点为 悬挂顶点, 与它关联的边称作 悬挂边. 度为奇数的顶点称作 奇度顶点, 度为偶数的顶点称作 偶度顶点.

定理 5.1.1(握手定理) 在任何无向图中, 所有顶点的度数之和等于边数的 2 倍.

定理 5.1.2 在任何有向图中, 所有顶点的度数之和等于边数的 2 倍; 所有顶点的入度之和等于所有顶点的出度之和, 都等于边数.

推论 5.1.1 在任何图 (无向图或有向图) 中, 奇度顶点的个数是偶数.

度数列与可图化

设 $G = \langle V, E \rangle$ 为一个 n 阶无向图, $V = \{v_1, v_2, \cdots, v_n\}$, 称 $d(v_1), d(v_2), \cdots, d(v_n)$ 为 G 的 度数列. 对于顶点标定的无向图, 它的度数列是唯一的. 反之, 对于给定的非负整数列 $d = (d_1, d_2, \cdots, d_n)$, 若存在以 $V = \{v_1, v_2, \cdots, v_n\}$ 为顶点集的 n 阶无向图 G, 使得 $d(v_i) = d_i$, $i = 1, 2, \cdots, n$, 则称 d 是 可图化的. 特别地, 若所得到的图是简单图, 则称 d 是 可简单图化的. 对有向图还可以类似定义 出度列 和 入度列.

定理 5.1.3 非负整数列 $d = (d_1, d_2, \cdots, d_n)$ 是可图化的当且仅当 $\sum_{i=1}^{n} d_i$ 为偶数.

图同构

定义 5.1.7 设 $G_1 = \langle V_1, E_1 \rangle$ 和 $G_2 = \langle V_2, E_2 \rangle$ 是两个无向图, 若存在双射函数 $f : V_1 \to V_2$, 使得 $\forall v_i, v_j \in V_1, (v_i, v_j) \in E_1$ 当且仅当 $(f(v_i), f(v_j)) \in E_2$, 并且 (v_i, v_j) 与 $(f(v_i), f(v_j))$ 的重数相同, 则称 G_1 与 G_2 同构, 记作 $G_1 \simeq G_2$. 对有向图, 可类似定义同构, 即要求双射函数 $f : V_1 \to V_2$, 使得 $\forall v_i, v_j \in V_1, \langle v_i, v_j \rangle \in E_1$ 当且仅当 $\langle f(v_i), f(v_j) \rangle \in E_2$, 且 $\langle v_i, v_j \rangle$ 与 $\langle f(v_i), f(v_j) \rangle$ 的重数相同.

完全图

定义 5.1.8 设 G 为 n 阶无向简单图, $n \geqslant 1$, 若 G 中每个顶点均与其余的 $n-1$ 个顶点相邻, 则称 G 为 n 阶无向完全图, 简称为 n 阶完全图, 记作 K_n.

设 D 为 n 阶有向简单图, 若 D 中每个顶点都邻接到其余的 $n-1$ 个顶点, 则称 D 为 n 阶有向完全图.

设 D 为 n 阶有向简单图, 若 D 的基图为 n 阶无向完全图 K_n, 则称 D 为 n 阶竞赛图.

定义 5.1.9 设 G 为 n 阶无向简单图, 若 $\forall v \in V(G)$, 均有 $d(v) = k$, 则称 G 为 k-正则图.

补图

定义 5.1.10　设 $G = \langle V, E \rangle$ 为 n 阶无向简单图，令 $\overline{E} = \{(u,v)|u,v \in V, u \neq v, (u,v) \notin E\}$，称 $\overline{G} = \langle V, \overline{E} \rangle$ 为 G 的 补图. 若图 $G \cong \overline{G}$，则称 G 为 自补图.

通路与回路

定义 5.1.11　设 G 为无向标定图，G 中顶点与边的交替序列 $\Gamma = v_{i_0} e_{j_1} v_{i_1} e_{j_2} \cdots e_{j_l} v_{i_l}$ 称作从 v_{i_0} 到 v_{i_l} 的 通路，其中 $v_{i_{r-1}}, v_{i_r}$ 为 e_{j_r} 的端点，$r = 1, 2, \cdots, l$. 顶点 v_{i_0}, v_{i_l} 分别称为 Γ 的 始点 和 终点，Γ 中边的条数称作它的 长度. 若又有 $v_{i_0} = v_{i_l}$，则称 Γ 为 回路. 若 Γ 的所有边互不相同，则称 Γ 为 简单通路. 若又有 $v_{i_0} = v_{i_l}$，则称 Γ 为 简单回路. 若所有顶点 (除 v_{i_0} 与 v_{i_l} 可能相同外) 互不相同，所有边也互不相同，则称 Γ 为 初级通路 或 路径. 若又有 $v_{i_0} = v_{i_l}$，则称 Γ 为 初级回路 或 圈. 将长度为奇数的圈称作 奇圈，长度为偶数的圈称作 偶圈.

若 Γ 中有边重复出现，则称 Γ 为 复杂通路. 若又有 $v_{i_0} = v_{i_l}$，则称 Γ 为 复杂回路.

定理 5.1.4　在 n 阶图 G 中，若从顶点 u 到 v 存在通路，且 $u \neq v$，则从 u 到 v 存在长度小于或等于 $n-1$ 的通路.

推论 5.1.2　在 n 阶图 G 中，若从顶点 u 到 v 存在通路，且 $u \neq v$，则从 u 到 v 一定存在长度小于或等于 $n-1$ 的初级通路 (路径).

定理 5.1.5　在 n 阶图 G 中，若存在从 v 到自身的回路，则一定存在从 v 到自身长度小于或等于 n 的回路.

推论 5.1.3　在 n 阶图 G 中，若存在从 v 到自身的简单回路，则一定存在从 v 到自身长度小于或等于 n 的初级回路.

长度相同的圈都是同构的，因此 在同构意义下 给定长度的圈只有一个. 在标定图中，圈表示成顶点和边的标记序列. 只要两个标记序列不同，就认为这两个圈不同，称这两个圈 在定义意义下 不同.

5.1.3　图的连通性

无向图的连通性

定义 5.1.12　设无向图 $G = \langle V, E \rangle$，若 $u, v \in V$ 之间存在通路，则称 u, v 是 连通 的，记作 $u \sim v$. 规定：$\forall v \in V, v \sim v$.

若无向图 G 是平凡图或 G 中任何两个顶点都是连通的，则称 G 为 连通图，否则称 G 为 非连通图.

定义 5.1.13　设无向图 $G = \langle V, E \rangle$，V_i 是 V 关于顶点之间的连通关系 $\sim$ 的一个等价类，称导出子图 $G[V_i]$ 为 G 的一个 连通分支. G 的 连通分支数 记作 $p(G)$.

定义 5.1.14　设 u, v 为无向图 G 中的任意两个顶点，若 $u \sim v$，则称 u, v 之间长度最短的通路为 u, v 之间的 短程线. 短程线的长度称为 u, v 之间的 距离，记作 $d(u,v)$. 当

u, v 不连通时，规定 $d(u, v) = +\infty$.

定义 5.1.15　设无向图 $G = \langle V, E \rangle$，若存在 $V' \subset V$ 使得 $p(G - V') > p(G)$，且对于任意的 $V'' \subset V'$，均有 $p(G - V'') = p(G)$，则称 V' 是 G 的 点割集. 若 $V' = \{v\}$，则称 v 为 割点.

定义 5.1.16　设无向图 $G = \langle V, E \rangle$，若存在 $E' \subseteq E$ 使得 $p(G - E') > p(G)$，且对于任意的 $E'' \subset E'$，均有 $p(G - E'') = p(G)$，则称 E' 是 G 的 边割集，或简称为 割集. 若 $E' = \{e\}$，则称 e 为 割边 或 桥.

定义 5.1.17　设 G 为无向连通图且不是完全图，则称

$$\kappa(G) = \min\{|V'| \,|\, V' \text{为 } G \text{ 的点割集}\}$$

为 G 的 点连通度，简称为 连通度. $\kappa(G)$ 有时简记为 κ. 当 $n \geqslant 1$ 时，规定完全图 K_n 的点连通度为 $n - 1$，非连通图的点连通度为 0. 又若 $\kappa(G) \geqslant k$，则称 G 为 k-连通图，k 为非负整数.

定义 5.1.18　设 G 是无向连通图，称

$$\lambda(G) = \min\{|E'| \,|\, E' \text{ 为 } G \text{ 的边割集}\}$$

为 G 的 边连通度. $\lambda(G)$ 有时简记为 λ. 规定非连通图的边连通度为 0. 又若 $\lambda(G) \geqslant r$，则称 G 是 r 边-连通图.

定理 5.1.6　对于任何无向图 G，有

$$\kappa(G) \leqslant \lambda(G) \leqslant \delta(G).$$

有向图的连通性

定义 5.1.19　设 $D = \langle V, E \rangle$ 为一个有向图，$\forall v_i, v_j \in V$，若从 v_i 到 v_j 存在通路，则称 v_i 可达 v_j，记作 $v_i \to v_j$. 规定 v_i 总是可达自身的，即 $v_i \to v_i$. 若 $v_i \to v_j$ 且 $v_j \to v_i$，则称 v_i 与 v_j 是 相互可达的，记作 $v_i \leftrightarrow v_j$. 规定 $v_i \leftrightarrow v_i$.

定义 5.1.20　设有向图 $D = \langle V, E \rangle, \forall v_i, v_j \in V$，若 $v_i \to v_j$，则称从 v_i 到 v_j 长度最短的通路为从 v_i 到 v_j 的 短程线，短程线的长度为从 v_i 到 v_j 的 距离，记作 $d\langle v_i, v_j \rangle$.

定义 5.1.21　若有向图 $D = \langle V, E \rangle$ 的基图是连通图，则称 D 为 弱连通图，简称为 连通图. 若 $\forall v_i, v_j \in V, v_i \to v_j$ 和 $v_j \to v_i$ 至少成立其一，则称 D 为 单向连通图. 若 $\forall v_i, v_j \in V$，均有 $v_i \leftrightarrow v_j$，则称 D 为 强连通图.

定理 5.1.7　有向图 $D = \langle V, E \rangle$ 是强连通图当且仅当 D 中存在经过每个顶点至少一次的回路.

定理 5.1.8　有向图 D 是单向连通图当且仅当 D 中存在经过每个顶点至少一次的通路.

二部图及其判别

定义 5.1.22　设无向图 $G = \langle V, E \rangle$，若能将 V 划分成 V_1 和 V_2(即 $V_1 \cup V_2 = V, V_1 \cap V_2 = \varnothing$ 且 $V_1 \neq \varnothing, V_2 \neq \varnothing$)，使得 G 中每条边的两个端点都是一个属于 V_1，另一个属于 V_2，则称 G 为二部图(或二分图、偶图)，称 V_1 和 V_2 为互补顶点子集，常将二部图 G 记作 $\langle V_1, V_2, E \rangle$. 又若 G 是简单二部图，V_1 中每个顶点均与 V_2 中所有顶点相邻，则称 G 为完全二部图，记为 $K_{r,s}$，其中 $r = |V_1|, s = |V_2|$.

定理 5.1.9　设 $n \geqslant 2$，则 n 阶无向图 G 是二部图当且仅当 G 中无奇圈.

5.1.4　图的矩阵表示

关联矩阵

定义 5.1.23　设无向图 $G = \langle V, E \rangle, V = \{v_1, v_2, \cdots, v_n\}, E = \{e_1, e_2, \cdots, e_m\}$，令 m_{ij} 为顶点 v_i 与边 e_j 的关联次数，则称 $(m_{ij})_{n \times m}$ 为 G 的关联矩阵，记作 $\boldsymbol{M}(G)$.

定义 5.1.24　设有向图 $D = \langle V, E \rangle$ 中无环，$V = \{v_1, v_2, \cdots, v_n\}, E = \{e_1, e_2, \cdots, e_m\}$，令

$$
m_{ij} = \begin{cases} 1, & v_i \text{ 为 } e_j \text{ 的始点}, \\ 0, & v_i \text{ 与 } e_j \text{ 不关联}, \\ -1, & v_i \text{ 为 } e_j \text{ 的终点}, \end{cases}
$$

则称 $(m_{ij})_{n \times m}$ 为 D 的关联矩阵，记作 $\boldsymbol{M}(D)$.

邻接矩阵

定义 5.1.25　设有向图 $D = \langle V, E \rangle, V = \{v_1, v_2, \cdots, v_n\}$，令 $a_{ij}^{(1)}$ 为从顶点 v_i 邻接到顶点 v_j 的边的条数，称 $(a_{ij}^{(1)})_{n \times n}$ 为 D 的邻接矩阵，记作 $\boldsymbol{A}(D)$，或简记为 $\boldsymbol{A}$.

定理 5.1.10　设 $\boldsymbol{A}$ 为有向图 D 的邻接矩阵，D 的顶点集 $V = \{v_1, v_2, \cdots, v_n\}$，则 $\boldsymbol{A}$ 的 l 次幂 $\boldsymbol{A}^l (l \geqslant 1)$ 中元素 $a_{ij}^{(l)}$ 为 D 中从 v_i 到 v_j 长度为 l 的通路数，其中 $a_{ii}^{(l)}$ 为从 v_i 到自身长度为 l 的回路数，而 $\displaystyle\sum_{i=1}^{n} \sum_{j=1}^{n} a_{ij}^{(l)}$ 为 D 中长度为 l 的通路 (含回路) 总数，其中 $\displaystyle\sum_{i=1}^{n} a_{ii}^{(l)}$ 为 D 中长度为 l 的回路总数.

推论 5.1.4　设 $l \geqslant 1, \boldsymbol{B}_l = \boldsymbol{A} + \boldsymbol{A}^2 + \cdots + \boldsymbol{A}^l$，则 $\boldsymbol{B}_l$ 中元素之和 $\displaystyle\sum_{i=1}^{n} \sum_{j=1}^{n} b_{ij}^{(l)}$ 为 D 中长度小于或等于 l 的通路数，其中 $\displaystyle\sum_{i=1}^{n} b_{ii}^{(l)}$ 为 D 中长度小于或等于 l 的回路数.

可达矩阵

定义 5.1.26 设 $D = \langle V, E \rangle$ 为有向图，$V = \{v_1, v_2, \cdots, v_n\}$，令

$$p_{ij} = \begin{cases} 1, & v_i \text{ 可达 } v_j, \\ 0, & \text{否则,} \end{cases}$$

称 $(p_{ij})_{n \times n}$ 为 D 的 可达矩阵，记作 $\boldsymbol{P}(D)$，简记为 $\boldsymbol{P}$.

对无向图可以同样定义邻接矩阵和可达矩阵，实际上只要把每一条无向边 (u, v) 看作一对方向相反的有向边 $\langle u, v \rangle$ 和 $\langle v, u \rangle$ 即可. 定理 5.1.10 及推论 5.1.4对无向图同样成立. 与有向图的区别是，无向图的邻接矩阵和可达矩阵都是对称的.

5.2 基本要求

1. 理解与图的定义有关的诸多概念，以及它们之间的相互关系.
2. 深刻理解握手定理及其推论的内容，并能熟练地应用它们.
3. 深刻理解图同构、简单图、完全图、正则图、子图、补图、二部图等概念及它们的性质和相互关系，并能熟练地应用这些性质和关系.
4. 深刻理解通路与回路的定义及其分类，掌握通路与回路的各种不同的表示方法.
5. 理解无向图的连通性、连通分支等概念.
6. 深刻理解无向图的点连通度、边连通度等概念及其之间的关系，并能熟练地求出给定的较为简单的图的点连通度与边连通度.
7. 理解有向图连通性的概念及其分类，掌握判断有向连通图类型的方法.
8. 掌握图的矩阵表示，熟练掌握用邻接矩阵及各次幂求图中通路数和回路数的方法.
9. 会求图的可达矩阵.

5.3 习题课

5.3.1 题型一：握手定理及其应用

1. 设 v 为 n 阶有向完全图中的一个顶点，试写出 v 的出度 $d^+(v)$、入度 $d^-(v)$、度 $d(v)$.
2. 已知无向图 G 中顶点数 n 与边数 m 相等，2 度与 3 度顶点各 2 个，其余顶点均为悬挂顶点，试求 G 的边数 m.

3. 已知无向图 G 的边数 $m = 10$，有 3 个 2 度顶点、2 个 4 度顶点，其余顶点均为奇度顶点，试讨论奇度顶点的个数及度数分配情况.

解答与分析

1. 本题着重于对顶点度数的理解和握手定理及其推论的应用.

在 n 阶有向完全图中，任意顶点 v 均邻接到其余的 $n-1$ 个顶点，因而 $d^+(v) = n-1$. 同样地，每个顶点也都邻接到其余 $n-1$ 个顶点，故 $d^-(v) = n-1$，于是 $d(v) = d^+(v) + d^-(v) = 2(n-1)$.

借用以上的讨论，对 n 阶有向完全图验证握手定理. 设 n 阶有向完全图的顶点集 $V = \{v_1, v_2, \cdots, v_n\}$. 易知，边数 $m = 2\mathrm{C}_n^2 = n(n-1)$，各顶点的出度之和 $\sum\limits_{i=1}^{n} d^+(v_i) = n(n-1) = m$，各顶点的入度之和 $\sum\limits_{i=1}^{n} d^-(v_i) = n(n-1) = m$，各顶点的度数之和

$$\sum_{i=1}^{n} d(v_i) = \sum_{i=1}^{n} (d^+(v_i) + d^-(v_i))$$

$$= \sum_{i=1}^{n} d^+(v_i) + \sum_{i=1}^{n} d^-(v_i)$$

$$= n(n-1) + n(n-1)$$

$$= m + m$$

$$= 2m,$$

握手定理成立.

2. 本题利用握手定理及阶数 n 等于边数 m 的条件，立即可解.

$$2m = \sum_{i=1}^{n} d(v_i) = 2 \times 2 + 3 \times 2 + 1 \times (n-4) = n + 6 = m + 6.$$

解得 $m = 6$.

3. 本题应先用握手定理求出 G 中奇度顶点的度数之和，再用握手定理的推论讨论奇度顶点的个数及度数.

$$2m = 20 = 2 \times 3 + 4 \times 2 + \sum_j d(v_j),$$

$d(v_j)$ 为奇数，解得 $\sum\limits_{j} d(v_j) = 6$. 由握手定理的推论可知，奇度顶点的个数只能为 $6, 4, 2$，奇度顶点的度数只能是 $1, 3, 5$. 奇度顶点的度数列有下面 4 种情况.

(1) $1, 1, 1, 1, 1, 1$ （6 个 1 度顶点）.

(2) $1, 1, 1, 3$ （3 个 1 度顶点，1 个 3 度顶点）.

(3) $3, 3$ （2 个 3 度顶点）.

(4) $1, 5$ （1 个 1 度顶点，1 个 5 度顶点）.

5.3.2　题型二：完全图、正则图、补图

1. 设 G 是 n 阶 k-正则图，证明：G 的补图 $\overline{G}$ 也是正则图.

2. 讨论 K_5 和 K_6 各有几个非同构的生成子图是正则图.

解答与分析

本题型的目的是在理解完全图、正则图、补图概念的基础上，进一步理解它们之间的关系，从而加深对概念的理解.

1. n 阶 k-正则图 G 是 n 阶完全图 K_n 的生成子图，由补图的定义可知，$\overline{G}$ 也是 K_n 的子图且 $\forall v \in V(G)$，均有 $d_G(v) + d_{\overline{G}}(v) = d_{K_n}(v) = n - 1$，所以 $d_{\overline{G}}(v) = n - 1 - d_G(v) = n - 1 - k$. 由 v 的任意性，得证 $\overline{G}$ 是 $(n-1-k)$-正则图.

2. 在 n 阶 k-正则图中，$0 \leqslant k \leqslant n - 1$. 当 n 为奇数时，由握手定理的推论可知，k 只能取 $0, 1, \cdots, n-1$ 中的偶数；当 n 为偶数时，k 可以取 $0, 1, \cdots, n-1$ 中的任何值.

在讨论 K_5 和 K_6 的非同构的正则生成子图时，除了注意以上的讨论，还应该注意，同一个 k 可能产生多个非同构的正则生成子图. 对于 K_5 来说，由于阶数 n 为奇数，所以 k 只能取 3 个值：$0, 2, 4$. 对应的正则生成子图分别由图 5.3.1 中 (a)、(b)、(c) 所示. 其中 (a) 为 0-正则图，(b) 为 2-正则图，(c) 为 4-正则图. 不难看出 (a) 与 (c) 互为补图，而 (b) 是自补图.

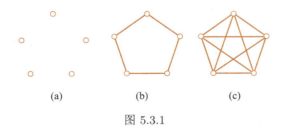

(a)　　　　　　(b)　　　　　　(c)

图 5.3.1

对于 K_6 来说，由于阶数为偶数，所以 k 可取 6 个值：$0, 1, 2, 3, 4, 5$. 对应的正则生成子图分别由图 5.3.2 中 (a)~(h) 所示，其中 (a) 为 0-正则图，(b) 为 1-正则图，(c) 和 (d) 均为 2-正则图，(e) 和 (f) 为 3-正则图，(g) 为 4-正则图，(h) 为 5-正则图. (a) 和 (h) 互

为补图，(b) 和 (g) 互为补图，(c) 和 (e) 互为补图，(d) 和 (f) 互为补图. 在这里，2–正则图和 3–正则图均各有两个是非同构的.

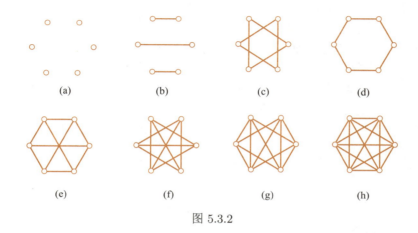

图 5.3.2

从本题可以看出，找图的所有非同构子图并不容易，就是找所有非同构的特殊子图也不容易.

5.3.3　题型三：无向图的连通性、连通度及扩大路径法

1. 已知无向图 G 是 k–连通图，$k \geqslant 1$，能确定 G 的点连通度 $\kappa(G)$ 吗？

2. 已知无向图 G 的点连通度 $\kappa(G)$ 等于最小度 $\delta(G)$，试确定 G 的边连通度 $\lambda(G)$.

3. 已知无向图 G 既有割点又有桥，试确定 G 的点连通度 $\kappa(G)$ 和边连通度 $\lambda(G)$. 由已知条件能确定 G 的最小度 $\delta(G)$ 吗？

4. 证明：在无向完全图 $K_n(n \geqslant 2)$ 中，用扩大路径法所得极大路径的长度均为 $n-1$. 举例说明，对于非完全的无向图 G，从某初始路径出发用扩大路径法所得的极大路径不一定是图中的最长路径.

5. 对命题"设 G 为无向简单图，$\delta(G) \geqslant 2$，则 G 中存在长度大于或等于 $\delta(G)+1$ 的圈"，用扩大路径法可以证明此命题为真 (参阅主教材中例 5.3.4). 问：命题中简单图的条件能去掉吗？

解答与分析

1. 由 G 为 k–连通图，不能确定 G 的点连通度 $\kappa(G)$. 由定义可知，只能确定 $\kappa(G) \geqslant k$.

2. 由定理 5.1.6 可知，$\kappa(G) = \lambda(G) = \delta(G)$.

3. 本题要对 G 是否连通进行讨论.

若 G 非连通，则 $\kappa(G) = \lambda(G) = 0$. 若 G 连通，由于 G 中有割点，所以 $\kappa(G) = 1$；又因为 G 中有桥，所以 $\lambda(G) = 1$. 但都不能确定 $\delta(G)$.

4. 在 K_n 中，设顶点集 $V = \{v_1, v_2, \cdots, v_n\}$，不妨设 $v_1 v_2 \cdots v_i$ 为扩大路径法中使用的初始路径，由于 v_i 与 v_{i+1} 相邻，所以第一次扩大得路径 $v_1 v_2 \cdots v_i v_{i+1}$；类似地，$v_{i+1}$ 与 v_{i+2} 相邻，第二次扩大得路径 $v_1 v_2 \cdots v_{i+1} v_{i+2}$；继续这一过程，最后得极大路径 $v_1 v_2 \cdots v_{n-1} v_n$，它的长度为 $n-1$，也是 K_n 中最长的路径.

但对于非完全的无向图，极大路径不一定是图中最长的路径. 例如，在如图 5.3.3 所示的无向图中，若选初始路径为 $v_2 v_3 v_4$，用扩大路径法所得极大路径为 $v_1 v_2 v_3 v_4 v_5$，其长度为 4，它不是图中的最长路径. 若取初始路径为 $v_2 v_3 v_6$，则由它扩大的极大路径为 $v_1 v_2 v_3 v_6 v_7 v_8 v_9$，其长度为 6，是最长路径.

5. 简单图的条件不能去掉. 很容易举出反例，在如图 5.3.4 所示的非简单图中，$\delta(G) = 4$，但最长的圈长为 2.

图 5.3.3　　　　　　　　　　　　　　　　　图 5.3.4

5.3.4　题型四：有向图的连通性

1. 举例说明有向图中顶点之间的可达关系既无对称性，也无反对称性.

2. 设有向图 D 是单向连通图，但不是强连通图，问：在 D 中至少加几条边所得图 D' 就能成为强连通图？

解答与分析

1. 在有向图 D 中，顶点 u 可达 v，记为 $u \to v$，即 $u \to v$ 当且仅当从 u 到 v 有通路. 若 D 中存在 u, v，使得 $u \to v$ 但 $v \not\to u$，这就破坏了可达关系的对称性. 但在同一个图中，又存在顶点 s, t，使得 $s \to t$ 且 $t \to s$，这又破坏了可达关系的反对称性. 在如图 5.3.5 所示的有向图中，a, b, c 均可达 d，但 d 不可达 a, b, c. 而 d, e, f, g 都是相互可达的.

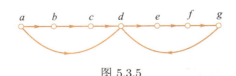

图 5.3.5

2. 本题的目的是说明在有向图中，单向连通与强连通图的充分必要条件.

D 是单向连通图，但不是强连通图，由定理 5.1.7 与定理 5.1.8 可知，D 中存在经过每个顶点至少一次的通路，但不存在经过每个顶点至少一次的回路. 设 L 是 D 中经过每个顶点至少一次的通路，v_1 与 v_l 为始点与终点. 在 D 中加边 $\langle v_l, v_1 \rangle$ 得有向图 D'，则 D' 中存在经过每个顶点至少一次的回路. 由定理 5.1.7 可知，D' 是强连通图. 所以，加 1 条边即可.

5.3.5　题型五：完全图与二部图

1. 在无向完全图 $K_n (n \geqslant 2)$ 中，寻找边数最多的生成子图，使其成为完全二部图 $K_{r,s}$.
2. 设 $r \geqslant 1, s \geqslant 1$，则由完全二部图 $K_{r,s}$ 产生完全图 K_{r+s} 需要添加多少条边？

解答与分析

1. 设 K_n 的顶点集为 V，根据 n 的奇偶性分两种情况加以讨论.

(1) n 为奇数. 设 $n = 2k + 1$，将 V 分成两个互补顶点子集 V_1 与 V_2，使得 $V_1 \cap V_2 = \varnothing, V_1 \cup V_2 = V$，且 $|V_1| = k = \dfrac{n-1}{2} = r, |V_2| = k + 1 = \dfrac{n+1}{2} = s$. 在 K_n 中，将两个端点都在 V_1 或都在 V_2 中的边全部删除，所得子图 $K_{r,s}$ 为所求边数最多的 K_n 的生成子图，且为完全二部图，其边数 $m = rs = \dfrac{n^2 - 1}{4}$.

(2) n 为偶数. 设 $n = 2k$，可类似讨论，所要求的完全二部图为 $K_{r,s}$，其中 $r = s = \dfrac{n}{2}$.

在图 5.3.6 中，(a) 中实线边所示的 $K_{2,3}$ 是 K_5 的边数最多的完全二部生成子图，(b) 中实线边所示的 $K_{3,3}$ 是 K_6 的边数最多的完全二部生成子图.

2. 在完全二部图 $K_{r,s}$ 中，设互补顶点子集分别为 V_1 和 V_2，其中 $|V_1| = r, |V_2| = s$. 为了得到完全图 K_{r+s}，只需要分别在 V_1 中任意两点之间和 V_2 中任意两点之间加上一条新边，因此需添加 $C_r^2 + C_s^2$ 条边.

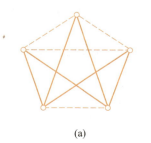
(a)

(b)

图 5.3.6

5.3.6 题型六：综合练习

1. 有向图 D 如图 5.3.7 所示，回答下列问题.

(1) D 中有几个非同构的圈 (初级回路)?

(2) D 中最长路径的长度为几?

(3) D 中最长简单通路的长度为几?

(4) D 是哪类连通图?

(5) D 中长度为 $1,2,3,4$ 的通路在定义意义下各有多少条? 其中各有多少条回路?

(6) D 中长度小于或等于 4 的通路在定义意义下有多少条? 其中各有多少条回路?

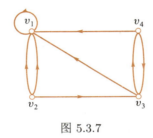

图 5.3.7

2. 给定两组数： (i) $1,1,4,4,5,5$; (ii) $2,2,2,2,3,3$.

(1) (i) 与 (ii) 能简单图化吗?

(2) 对于能简单图化的，尽量多地画出以它为度数列的非同构的简单图，并指出图中最长的圈的圈长、点连通度 κ、边连通度 λ.

解答与分析

1. (1) 有两个非同构的圈，长度分别为 $1,2$.

(2) 最长的路径长度为 3.

(3) 最长的简单通路为 $v_2v_3v_4v_3v_1v_1$，长度为 5.

(4) D 中存在经过所有顶点的通路，但无经过所有顶点的回路，因而它是单向连通的，但不是强连通的.

为解 (5)、(6)，先求出 D 的邻接矩阵 $\boldsymbol{A}$，以及它的幂 $\boldsymbol{A}^2, \boldsymbol{A}^3, \boldsymbol{A}^4$.

$$\boldsymbol{A} = \begin{pmatrix} 1 & 0 & 0 & 0 \\ 2 & 0 & 1 & 0 \\ 1 & 0 & 0 & 1 \\ 1 & 0 & 1 & 0 \end{pmatrix}, \boldsymbol{A}^2 = \begin{pmatrix} 1 & 0 & 0 & 0 \\ 3 & 0 & 0 & 1 \\ 2 & 0 & 1 & 0 \\ 2 & 0 & 0 & 1 \end{pmatrix},$$

$$A^3 = \begin{pmatrix} 1 & 0 & 0 & 0 \\ 4 & 0 & 1 & 0 \\ 3 & 0 & 0 & 1 \\ 3 & 0 & 1 & 0 \end{pmatrix}, A^4 = \begin{pmatrix} 1 & 0 & 0 & 0 \\ 5 & 0 & 0 & 1 \\ 4 & 0 & 1 & 0 \\ 4 & 0 & 0 & 1 \end{pmatrix}.$$

(5) A, A^2, A^3, A^4 的元素之和分别为 $8, 11, 14, 17$，对角线上的元素之和分别为 $1, 3,$ $1, 3$，故长度为 1 的通路为 8 条，其中有 1 条是回路. 长度为 2 的通路为 11 条，其中有 3 条是回路. 长度为 3 的通路为 14 条，其中有 1 条是回路. 长度为 4 的通路为 17 条，其中有 3 条是回路.

(6) 长度小于或等于 4 的通路共有 $8+11+14+17=50$ 条，其中有 $1+3+1+3=8$ 条回路.

2. (1) (i) 不是可简单图化的. 用反证法证明，假如 (i) 是可简单图化的，设无向简单图 G 以 (i) 为度数列. 设 G 的顶点为 $v_1, v_2, v_3, v_4, v_5, v_6$，且 $d(v_1) = d(v_2) = 1, d(v_3) =$ $d(v_4) = 4, d(v_5) = d(v_6) = 5$. 由于 G 为简单图，由 $d(v_5) = 5$ 可知，v_1, v_2, v_3, v_4, v_6 均与 v_5 相邻；同样，v_1, v_2, v_3, v_4, v_5 均与 v_6 相邻，这样一来 $d(v_1)$ 与 $d(v_2)$ 至少为 2，这与它们是 1 度顶点相矛盾.

(ii) 是可简单图化的，以它为度数列的无向简单图如图 5.3.8 所示.

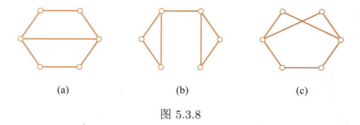

图 5.3.8

(2) 图 5.3.8 中 (a)、(b)、(c) 均以 (ii) 为度数列，它们显然是非同构的.

在图 5.3.8 中，(a) 中最长圈长为 6，$\kappa = \lambda = 2$. (b) 中最长圈长为 3，因为它既有割点又有桥，所以 $\kappa = \lambda = 1$. 在 (c) 中，最长圈长为 5，$\kappa = \lambda = 2$.

5.4 习题、解答或提示

5.4.1 习题 5

5.1 给定下列 4 个图（前两个为无向图，后两个为有向图）的集合表示，画出它们的图形表示.

(1) $G_1 = \langle V_1, E_1 \rangle$，其中 $V_1 = \{v_1, v_2, v_3, v_4, v_5\}, E_1 = \{(v_1, v_2), (v_2, v_3), (v_3, v_4), (v_3,$
   $v_3), (v_4, v_5)\}$.

(2) $G_2 = \langle V_2, E_2 \rangle$，其中 $V_2 = V_1, E_2 = \{(v_1, v_2), (v_2, v_3), (v_3, v_4), (v_4, v_5), (v_5, v_1)\}$.

(3) $D_1 = \langle V_3, E_3 \rangle$，其中 $V_3 = V_1, E_3 = \{\langle v_1, v_2 \rangle, \langle v_2, v_3 \rangle, \langle v_3, v_2 \rangle, \langle v_4, v_5 \rangle, \langle v_5, v_1 \rangle\}$.

(4) $D_2 = \langle V_4, E_4 \rangle$，其中 $V_4 = V_1, E_4 = \{\langle v_1, v_2 \rangle, \langle v_2, v_5 \rangle, \langle v_5, v_2 \rangle, \langle v_3, v_4 \rangle, \langle v_4, v_3 \rangle\}$.

5.2 先将题 5.2 图中各图的顶点标定顺序，然后写出各图的集合表示.

(a)   (b)   (c)

题 5.2 图

5.3 写出题 5.2 图中各图的度数列，对有向图还要写出出度列和入度列.

5.4 (1) 写出题 5.4 图 (a) 中顶点 v_1 的邻域 $N(v_1)$ 和闭邻域 $\overline{N}(v_1)$.

   (2) 写出题 5.4 图 (b) 中顶点 u_1 的先驱元集 $\Gamma^-(u_1)$、后继元集 $\Gamma^+(u_1)$、邻域 $N(u_1)$
      及闭邻域 $\overline{N}(u_1)$.

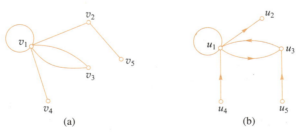

(a)   (b)

题 5.4 图

5.5 设无向图 G 有 10 条边，3 度和 4 度顶点各两个，其余顶点的度数均小于 3. 问：G
   中至少有几个顶点？在最少顶点的情况下，写出 G 的度数列 $\Delta(G), \delta(G)$.

5.6 (1) 设 n 阶图 G 中有 m 条边，证明：

$$\delta(G) \leqslant 2m/n \leqslant \Delta(G).$$

   (2) n 阶非连通的简单图的边数最多可以为多少？最少呢？

5.7 已知有向图 D 的度数列为 $(2,3,2,3)$，出度列为 $(1,2,1,1)$，求 D 的入度列及 $\Delta(D)$，$\delta(D), \Delta^+(D), \delta^+(D), \Delta^-(D), \delta^-(D)$.

5.8 设无向图中有 6 条边，3 度和 5 度顶点各 1 个，其余的都是 2 度顶点. 问：该图有几个顶点?

5.9 画出以 $(1,2,2,3)$ 为度数列的简单图和非简单图各一个.

5.10 设在 9 阶无向图 G 中，每个顶点的度数不是 5 就是 6，证明：G 中至少有 5 个 6 度顶点或至少有 6 个 5 度顶点.

5.11 证明：三维空间中不存在有奇数个面且每个面都有奇数条棱的多面体.

5.12 设 G 是 $n(n \geqslant 2)$ 阶无向简单图，$\overline{G}$ 是它的补图，已知 $\Delta(G) = k_1, \delta(G) = k_2$，求 $\Delta(\overline{G})$ 和 $\delta(\overline{G})$.

5.13 最大度 Δ 等于最小度 δ 且都等于 2 的 6 阶无向图有几种非同构的情况? 其中有几种是简单图?

5.14 下面给出的两个正整数列中哪个是可图化的? 对于可图化的数列，试给出 3 种非同构的无向图，其中至少有两种是简单图.

(1) $(2,2,3,3,4,4,5)$.

(2) $(2,2,2,2,3,3,4,4)$.

5.15 下列各数列中哪些是可简单图化的? 对于可简单图化的数列，试给出两个非同构的简单图.

(1) $(2,3,3,5,5,6,6)$.

(2) $(1,1,2,2,3,3,5,5)$.

(3) $(2,2,2,2,3,3)$.

5.16 画出无向完全图 K_4 的所有非同构的子图，指出哪些是生成子图，哪些是自补图.

5.17 画出 3 阶有向完全图的所有非同构的子图，指出哪些是生成子图，并指出哪些是 3 阶竞赛图.

5.18 现有 3 个 4 阶 4 条边的无向简单图 G_1, G_2, G_3，证明它们中至少有两个是同构的.

5.19 设 G 是 n 阶自补图，证明 $n = 4k$ 或 $n = 4k+1$，其中 k 为正整数.

5.20 已知 n 阶无向简单图 G 有 m 条边，试求 G 的补图 $\overline{G}$ 的边数 m'.

5.21 (1) 求题 5.21 图 G 的全部点割集和边割集，并指出其中的割点和桥（割边）.

(2) 求题 5.21 图 G 的点连通度 $\kappa(G)$ 和边连通度 $\lambda(G)$.

5.22 对如题 5.22 图所示无向图 G，先将该图顶点和边标定，然后求图中的全部割点和桥，以及该图的点连通度和边连通度.

题 5.21 图　　　　　　　　　　　题 5.22 图

5.23 求题 5.23 图 G 的 $\kappa(G), \lambda(G), \delta(G)$.

题 5.23 图

5.24 设 G_1 和 G_2 均为无向简单图. $\overline{G_1}$ 和 $\overline{G_2}$ 分别是 G_1 和 G_2 的补图. 证明: $G_1 \cong G_2$ 当且仅当 $\overline{G_1} \cong \overline{G_2}$.

5.25 画出 5 阶 3 条边的所有非同构的无向简单图.

5.26 画出 5 阶 7 条边的所有非同构的无向简单图.

5.27 6 阶 2-正则图有几种非同构的情况?

5.28 设 n 阶无向简单图为 3-正则图, 且边数 m 与 n 满足 $2n - 3 = m$. 问: 这样的无向图有几种非同构的情况?

5.29 设 G 是 n 阶 $n+1$ 条边的无向图, 证明: G 中存在顶点 v, 使得 $d(v) \geqslant 3$.

5.30 设 $e = (u, v)$ 为无向图 G 中的一条边, 证明: e 为桥当且仅当 e 不在任何圈中.

5.31 设 G 与它的补图 $\overline{G}$ 的边数分别为 m_1 和 m_2, 试确定 G 的阶数 n.

5.32 试求彼得松图的点连通度 κ 和边连通度 λ.

5.33 设 $e = (u, v)$ 为无向图 G 中的桥, 证明: u 是割点当且仅当 u 不是悬挂顶点.

5.34 设 $n \geqslant 2$, 证明: n 阶简单连通图 G 中至少有两个顶点不是割点.

5.35 设 G 是 n 阶无向简单图, $n \geqslant 3$ 且为奇数, 证明: G 与 $\overline{G}$ 中奇度顶点的个数相等.

5.36 当 $n \geqslant 4$ 时, 无向完全图 K_n 中有几种非同构的偶圈? 其长度分别为多少?

5.37 当 $n \geqslant 2$ 时, n 阶有向完全图中有几种非同构的圈? 其长度分别为多少?

5.38 当 $n \geqslant 3$ 时, n 阶竞赛图中至多有几种非同构的圈?

5.39 若无向图 G 中恰有两个奇度顶点, 证明这两个奇度顶点必然连通.

5.40 (1) 设 u, v 为无向完全图 K_n 中任意两个不同的顶点, 问: $d(u, v)$ 等于多少?

(2) 设 u, v 为 n 阶有向完全图中任意两个不同的顶点, 问: $d\langle u, v \rangle$ 等于多少?

(3) n 阶竞赛图中任意两个不同的顶点之间的距离也为常数吗? 为什么?

5.41 设 G 是无向简单图, $\delta(G) \geqslant 2$, 证明: G 中存在长度大于或等于 $\delta(G) + 1$ 的圈.

5.42 设 $D = \langle V, E \rangle$ 是有向简单图, $\delta(D) \geqslant 2, \delta^{-}(D) > 0, \delta^{+}(D) > 0$, 证明: D 中存在长度大于或等于 $\max\{\delta^{-}(D), \delta^{+}(D)\} + 1$ 的圈.

5.43 对题 5.43 图 D,

(1) D 中有多少种非同构的圈? 有多少种非同构的简单回路?

(2) 求从 a 到 d 的短程线和距离 $d\langle a, d \rangle$.

(3) 求从 d 到 a 的短程线和距离 $d\langle d, a \rangle$.

(4) 判断 D 是哪类连通图.

(5) 对 D 的基图求解本题中的 (1), (2), (3).

5.44 对题 5.44 图 D,

(1) D 中从 v_1 到 v_4 长度为 $1, 2, 3, 4$ 的通路各为几条?

(2) D 中从 v_1 到 v_1 长度为 $1, 2, 3, 4$ 的回路各为几条?

(3) D 中长度为 4 的通路有多少条? 其中长度为 4 的回路为多少条?

(4) D 中长度小于或等于 4 的通路有多少条? 其中有多少条为回路?

(5) 写出 D 的可达矩阵.

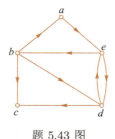

题 5.43 图

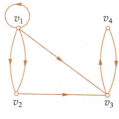

题 5.44 图

5.45 对题 5.45 图 D,

(1) 求从 v_2 到 v_5 长度为 $1, 2, 3, 4$ 的通路数.

(2) 求从 v_5 到 v_5 长度为 $1, 2, 3, 4$ 的回路数.

(3) 求 D 中长度为 4 的通路数 (含回路).

(4) 求 D 中长度小于或等于 4 的回路数.

(5) 写出 D 的可达矩阵.

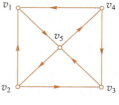

题 5.45 图

5.46 设有向图 $D = \langle V, E \rangle$，其中 $V = \{v_1, v_2, v_3, v_4\}$，其邻接矩阵为

$$A = \begin{pmatrix} 0 & 2 & 1 & 0 \\ 0 & 0 & 1 & 0 \\ 0 & 0 & 0 & 1 \\ 0 & 0 & 1 & 1 \end{pmatrix}.$$

试求 D 中各顶点的入度与出度.

5.47 设无向图 $G = \langle V, E \rangle$，其中 $V = \{v_1, v_2, v_3, v_4\}, E = \{e_1, e_2, e_3, e_4, e_5\}$，其关联矩阵为

$$M(G) = \begin{pmatrix} 2 & 1 & 1 & 1 & 0 \\ 0 & 1 & 1 & 0 & 0 \\ 0 & 0 & 0 & 1 & 1 \\ 0 & 0 & 0 & 0 & 1 \end{pmatrix}.$$

试在同构意义下画出 G 的图形.

5.48 写出题 5.47 中无向图 G 的邻接矩阵和可达矩阵，并求：

(1) 从 v_1 到 v_4 长度为 $1, 2, 3, 4$ 的通路数.

(2) 从 v_1 到 v_1 长度为 $1, 2, 3, 4$ 的回路数.

5.49 设 $2 \leqslant r \leqslant s$，在完全二部图 $K_{r,s}$ 中，

(1) 含多少种非同构的圈？

(2) 至多有多少个顶点彼此不相邻？

(3) 至多有多少条边彼此不相邻？

(4) 点连通度 κ 是多少？边连通度 λ 是多少？

5.50 设 G 是 n 阶 m 条边的无向连通图，证明：$m \geqslant n - 1$.

5.51 设 G 是 6 阶无向简单图，证明：G 或它的补图 $\overline{G}$ 中存在 3 个顶点彼此相邻.

5.52 有 3 个油瓶，分别可装 500 g、350 g 和 150 g 油，其中 500 g 油瓶内装满了油，另两个油瓶是空瓶，如何用这 3 个油瓶把这 500 g 油分成两个 250 g？至少要倒多少次？

5.4.2 解答或提示

5.1~5.3 略.

5.4 (1) $N(v_1) = \{v_2, v_3, v_4\}, \overline{N}(v_1) = \{v_1, v_2, v_3, v_4\}$.

(2) $\Gamma^-(u_1) = \{u_3, u_4\}, \Gamma^+(u_1) = \{u_2, u_3\}, N(u_1) = \{u_2, u_3, u_4\}, \overline{N}(u_1) = \{u_1, u_2, u_3, u_4\}$.

5.5 设 G 的阶数为 n，已知有 2 个 3 度顶点和 2 个 4 度顶点，其余 $n - 4$ 个顶点

的度数均小于或等于 2. 由握手定理可得

$$2m = 20 \leqslant 2 \times 3 + 2 \times 4 + (n-4) \times 2 = 2n + 6.$$

解得，$n \geqslant 7$，即 G 中至少有 7 个顶点. 当 G 有 7 个顶点时，其度数列为 $(2, 2, 2, 3, 3, 4, 4)$，$\Delta(G) = 4$，$\delta(G) = 2$.

5.6　(1) 证明的关键是应用握手定理.

方法一　由 $\delta(G) \leqslant d(v_i) \leqslant \Delta(G)$，根据握手定理有

$$n\delta(G) \leqslant \sum_{i=1}^{n} d(v_i) \leqslant n\Delta(G).$$

得证

$$\delta(G) \leqslant \frac{2m}{n} \leqslant \Delta(G).$$

方法二　根据握手定理，$\frac{2m}{n}$ 为 G 的顶点的平均度数，因而它大于或等于最小度 $\delta(G)$，小于或等于最大度 $\Delta(G)$.

(2) n 阶非连通的简单图至少有 2 个连通分支，边数最多的情况是由 K_{n-1} 和一个孤立点构成的，它的边数为 $\frac{(n-1)(n-2)}{2}$. 边数最少的非连通图，当然是 n 阶零图，边数 $m = 0$，是由 n 个孤立点构成的图.

5.7　入度列为 $(1, 1, 1, 2), \Delta(D) = 3, \delta(D) = 2, \Delta^+(D) = 2, \delta^+(D) = 1, \Delta^-(D) = 2, \delta^-(D) = 1$.

5.8　设顶点数为 n，由握手定理可知

$$2m = 12 = (3+5) \times 1 + 2(n-2).$$

解得，$n = 4$.

5.9　度数列为 $(1, 2, 2, 3)$ 的简单图，同构意义下只有 1 个；度数列为 $(1, 2, 2, 3)$ 的非简单图，同构意义下至少有 5 个，请画出尽可能多的非简单图.

5.10　证明本题的理论依据是握手定理的推论，即图中奇度顶点的个数为偶数. 下面给出两种证明方法.

方法一　反证法. 假设不然，G 中至多有 5 个 5 度顶点且至多有 4 个 6 度顶点. 由握手定理的推论，不可能有 5 个 5 度顶点，因而至多有 4 个 5 度顶点. 这样一来，G 至多有 8 个顶点，这与已知 G 为 9 阶图矛盾.

方法二　枚举法. 根据握手定理的推论，9 个顶点只有下面 4 种情况.

(1) 2 个 5 度顶点，7 个 6 度顶点.

(2) 4 个 5 度顶点, 5 个 6 度顶点.

(3) 6 个 5 度顶点, 3 个 6 度顶点.

(4) 8 个 5 度顶点, 1 个 6 度顶点.

(1)、(2) 至少有 5 个 6 度顶点, (3)、(4) 至少有 6 个 5 度顶点.

5.11 用反证法. 假如三维空间存在有奇数个面且每个面均有奇数条棱的多面体 S. 做无向简单图 $G = \langle V, E \rangle$, $V = \{v | v$ 为 S 的面$\}$. $E = \{(u,v) | u, v \in V, u \neq v, u$ 与 v 有公共棱$\}$. 因为 S 有奇数个面, 所以 $|V| = n$ 为奇数. 又 $d(v)$ 为 v 的棱数, $d(v)$ 也是奇数. 由于奇数个奇数之和为奇数, 所以 $\sum_{i=1}^{n} d(v_i)$ 为奇数, 与握手定理矛盾.

5.12 由补图的定义, $\Delta(\overline{G}) = n - 1 - \delta(G) = n - (1 + k_2)$, 而 $\delta(\overline{G}) = n - 1 - \Delta(G) = n - (1 + k_1)$.

5.13 共有 11 种非同构的图, 其中有 2 个是简单图, 9 个是非简单图. 2 个简单图都是 2-正则图, 其中一个是 6 阶圈, 另一个是由两个 3 阶圈组成的非连通图. 9 个非简单图都是非连通图, 其中不带环的、带 1 个环的、带 2 个环的各 2 个, 带 3 个环的、带 4 个环的、带 6 个环的各 1 个. 请将它们画出来.

5.14 (1) 因为数列 $(2, 2, 3, 3, 4, 4, 5)$ 中有 3 个奇数, 故不可图化.

(2) $(2, 2, 2, 2, 3, 3, 4, 4)$ 可以图化, 并且是可简单图化的. 有多种非同构的图以它为度数列, 图 5.4.1 给出了 4 个非同构的这种图, 它们都是简单图.

(a)　　　　　　(b)　　　　　　(c)　　　　　　(d)

图 5.4.1

5.15 (1) $(2, 3, 3, 5, 5, 6, 6)$ 不可简单图化. 用反证法证明. 假设不然, 存在无向简单图 G 以它为度数列, 设 $d(v_1) = 2$, $d(v_2) = d(v_3) = 3$, $d(v_4) = d(v_5) = 5$, $d(v_6) = d(v_7) = 6$. 由于只有 7 个顶点, v_6, v_7 必与 $v_1, v_2, \cdots, v_5$ 均相邻 (v_6 与 v_7 也相邻). 因为 $d(v_1) = 2$, 故 v_1 不能再与 v_2, v_3, v_4, v_5 相邻. 于是, 要满足 v_4, v_5 的度数, 它们必须与 v_2, v_3 均相邻, 从而 $d(v_2) \geqslant 4, d(v_3) \geqslant 4$. 这与 $d(v_2) = d(v_3) = 3$ 矛盾.

(2) $(1, 1, 2, 2, 3, 3, 5, 5)$ 与 (3) 中 $(2, 2, 2, 2, 3, 3)$ 均可简单图化, 请各画出几个以它们为度数列的非同构的无向简单图.

5.16 在表 5.4.1 中, n 为顶点数, m 为边数. 它给出了 K_4 的所有非同构的子图, 其中 11 个 4 阶的子图为生成子图. 自补图只能在 3 条边的生成子图中去寻找 (为什么?), 只有度数列为 $(1, 1, 2, 2)$ 的, 即 $m = 3, n = 4$ 中的第一个子图, 是自补图.

5.17　在表 5.4.2 中，n 为顶点数，m 为边数. 它给出 3 阶有向完全图的所有非同构的子图，共 20 个，其中 3 阶的 16 个子图是生成子图. 在 3 条边的生成子图中，上面两个是竞赛图 (它们的基图是 K_3).

5.18　方法一　利用 K_4 的生成子图求解此题. 在同构的意义下，4 阶 4 条边的无向简单图都是 K_4 的生成子图，而 K_4 的 4 条边的非同构的生成子图只有两个 (见表 5.4.1)，由鸽巢原理[1]可知 G_1, G_2, G_3 中至少有两个是同构的.

表 5.4.1

n	m						
	0	1	2	3	4	5	6
1	○						
2	○　○	○—○					
3	○ ○ / ○ ○	○ / ○—○	○—○ / ○	△			
4	○○ / ○○	○○ / ○—○	○—○ / ○—○	▢ / ▽	▢	▧	⬛
			○ ○ / ○—○	▷ / ○	◹		
				△ / ○			

表 5.4.2

n	m						
	0	1	2	3	4	5	6
1	○						
2	○　○	○→○	○⇄○				
3	○ / ○ ○	○—○ / ○	○→○ / ○	△	△	△	△
			○—○ / ○	△	△		
			○→○ / ○	△	△		
			○ / ○—○	△	△		

① m 只鸽子飞入 n 个鸽巢，则至少有一个鸽巢飞入至少 $\left\lceil \dfrac{m}{n} \right\rceil$ 只鸽子，其中 $\lceil x \rceil$ 表示不小于 x 的最小整数.

<u>方法二</u> 直接构造 4 阶 4 条边的无向简单图. 由握手定理可知, 4 条边产生 8 度. 由简单图的性质可知, 4 个顶点的度数只能取 $1,2,3$, 度数列只能是 $(2,2,2,2)$ 和 $(1,2,2,3)$ 两种情况, 每种情况产生 1 个非同构的 4 阶简单图, 再由鸽巢原理即得证结论.

5.19 由 $\overline{G} \cong G$, 它们的边数相等, 设为 m. 又由于 $G \cup \overline{G} = K_n$, 而 K_n 有 $\dfrac{n(n-1)}{2}$ 条边, 故 $m + m = 2m = \dfrac{n(n-1)}{2}$, 即 $4m = n(n-1)$. 注意到 n 与 $n-1$ 互素, 因此 n 或 $n-1$ 必能被 4 整除, 即必有 $n = 4k$ 或 $n-1 = 4k$, 亦即 $n = 4k$ 或 $n = 4k+1$, 其中 $k \geqslant 1$.

5.20 $m' = \dfrac{n(n-1)}{2} - m$.

5.21 (1) 点割集有 2 个: $\{a,c\},\{d\}$, 其中 d 是割点.

边割集有 7 个: $\{e_5\}, \{e_1,e_3\}, \{e_2,e_4\}, \{e_1,e_2\}, \{e_2,e_3\}, \{e_3,e_4\}, \{e_1,e_4\}$, 其中 e_5 是桥.
(2) 因为既有割点又有桥, 所以 $\kappa(G) = \lambda(G) = 1$.

5.22 3 个割点, 3 个桥, $\kappa(G) = \lambda(G) = 1$.

5.23 $\kappa(G) = 2, \lambda(G) = 3, \delta(G) = 4$.

5.24 先证: 如果 $G_1 \cong G_2$, 那么 $\overline{G}_1 \cong \overline{G}_2$.

令: $V(G_1) = V(\overline{G}_1) = V_1, V(G_2) = V(\overline{G}_2) = V_2$. 因为 $G_1 \cong G_2$, 所以存在双射 $f : V_1 \to V_2$, 使得 $\forall u,v \in V_1, (u,v) \in E(G_1) \Leftrightarrow (f(u),f(v)) \in E(G_2)$. 于是, $(u,v) \notin E(G_1) \Leftrightarrow (f(u),f(v)) \notin E(G_2)$, 从而 $(u,v) \in E(\overline{G}_1) \Leftrightarrow (f(u,f(v)) \in E(\overline{G}_2)$, 得证 $\overline{G}_1 \cong \overline{G}_2$.

由于 $\overline{\overline{G}}_1 = G_1, \overline{\overline{G}}_2 = G_2$, 由上面证明的结论, 又有若 $\overline{G}_1 \cong \overline{G}_2$, 则 $G_1 \cong G_2$.

5.25 3 条边产生 6 度, 分配给 5 个顶点, 按简单图度数的要求, 有下面 4 种分配方案.

(1) $1,1,1,1,2$,   (2) $0,1,1,2,2$,

(3) $0,1,1,1,3$,   (4) $0,0,2,2,2$.

在同构意义下, 每种方案对应一个简单图, 4 个非同构的图如图 5.4.2 中的实线边所示.

5.26 5 阶 7 条边的无向简单图是 5 阶 3 条边的无向简单图的补图, 由题 5.24 和题 5.25 可知, 也有 4 个非同构的图, 如图 5.4.2 中的虚线边所示.

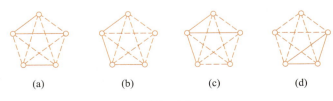

(a)   (b)   (c)   (d)

图 5.4.2

5.27　6 阶 2–正则图有两个非同构的，其中一个是 6 阶圈，另一个是由两个 3 阶圈组成的，如图 5.4.3 的实线边所示，(a) 中实线边所示的图为 6 阶圈, (b) 中实线边所示的图是两个非连通的 3 阶圈.

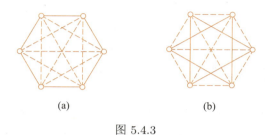

(a)　　　　　　　　　　(b)

图 5.4.3

5.28　首先求解 n 与 m. 根据握手定理, $3n = 2m$. 由已知条件可得下面联立方程:

$$\begin{cases} 2n - m = 3, \\ 3n - 2m = 0. \end{cases}$$

解得, $n = 6, m = 9$. 这些图的补图为 6 阶 2–正则图，由题 5.24 和题 5.27，满足本题要求的无向简单图只有 2 个，如图 5.4.3 中的虚线边所示，其中 (b) 的虚线边图为完全二部图 $K_{3,3}$.

5.29　反证法. 假设不然, $\forall v \in V(G)$, 均有 $d(v) \leqslant 2$, 则由握手定理可得

$$2n + 2 = 2m \leqslant 2n,$$

其中 m 为边数，这显然是个矛盾.

5.30　先证必要性. 若 e 为桥，要证 e 不在 G 中任何圈中. 用反证法，假设不然，圈 $C = uevv_1v_2 \cdots v_su$ 中含 e, 则在 $G - e$ 中，从顶点 v 到 u 有通路 $vv_1v_2 \cdots u$, 于是 $p(G - e) = p(G)$, 这与 e 为桥矛盾.

再证充分性. 已知 $e = (u, v)$ 不在 G 中任何圈上，要证 e 为 G 中桥. 还用反证法，若 e 不是桥，则在 $G - e$ 中, u 与 v 依然连通，设 $uv_1v_2 \cdots v_sv$ 为 $G - e$ 中从 u 到 v 的通路，于是在 G 中 $uv_1v_2 \cdots v_sveu$ 为含 e 的回路，这与 e 不在 G 的任何回路中相矛盾.

5.31　由补图的定义可知, $m_1 + m_2$ 为 G 的阶数 n 对应的完全图 K_n 的边数，因而得

$$m_1 + m_2 = C_n^2 = \frac{n(n-1)}{2}.$$

整理后得方程

$$n^2 - n - 2(m_1 + m_2) = 0.$$

解此方程得

$$n = \frac{1 \pm \sqrt{1 + 8(m_1 + m_2)}}{2},$$

其中的正整数解为所求. 当 G 为平凡图时, $m_1 = m_2 = 0$, 此时 $n = 1$. 当 $m_1 = 1, m_2 = 0$ 时, $n = 2$; 当 $m_1 = 4, m_2 = 6$ 时, $n = 5$; 当 $m_1 = 15, m_2 = 13$ 时, $n = 8$ 等.

注意, 并不是对于任意非负整数 m_1 和 m_2, 方程均有正整数解, 只有 m_1 和 m_2 是互为补图的边数时方程才有正整数解.

5.32 $\kappa = \lambda = 3$.

5.33 若 u 是割点, 下面证明 u 不是悬挂顶点 (即 1 度顶点). 若 u 是悬挂顶点, u 只关联桥 e, 将 u 从 G 中删除, 只从 G 中去掉了 u 及 e, 并不产生新的连通分支, 即 $p(G-u) = p(G)$, 这与 u 是割点相矛盾.

若 u 不是悬挂顶点, 下面证明 u 是割点. u 不是悬挂顶点, 因而 u 除与桥 e 关联外, 还至少与另外一条边关联. 不妨设除 v 外, u 还与 $w_1, w_2, \cdots, w_s (s \geqslant 1)$ 相邻, 于是 $G-u$ 至少产生一个新的连通分支, 即 $p(G-u) > p(G)$, 所以 u 是割点.

5.34 本题利用无向树及生成树的概念及性质 (见第 7 章) 证明较为方便.

易证下述两个命题.

命题 1: 悬挂顶点 (即度数为 1 的顶点) 不是割点 (见题 5.33 的证明).

命题 2: 设 G 为 n 阶无向连通图, 则在 G 中任何两个不同顶点之间加一条新边, 所得 n 阶图 G' 中的割点数小于或等于 G 中的割点数.

因为 G 连通, 故 G 有生成树, 设 T 为 G 中一棵生成树. 由于 $n \geqslant 2$, 所以 T 至少有两片树叶 (悬挂顶点), 由命题 1 可知, T 至少有两个顶点不是割点. 当将 T 加边还原成 G 时, 由命题 2 可知, G 也至少有两个顶点不是割点.

5.35 $\forall v \in V(G) = V(\overline{G})$,

$$d_G(v) + d_{\overline{G}}(v) = d_{K_n}(v) = n - 1.$$

由于 n 为奇数, 所以 $n - 1$ 为偶数. 于是, 当 $d_G(v)$ 为奇数时, $d_{\overline{G}}(v)$ 也为奇数, 反之亦然, 故 G 与 $\overline{G}$ 中奇度顶点的个数相等.

5.36 当 n 为奇数时, $n \geqslant 5$, 共有 $\dfrac{n-1}{2} - 1$ 种非同构的偶圈. 当 n 为偶数时, $n \geqslant 4$, 共有 $\dfrac{n}{2} - 1$ 种非同构的偶圈.

注意: 同长度的圈都是同构的, 不同长度的圈都是非同构的.

5.37 有 $n - 1$ 种非同构的圈, 长度分别为 $2, 3, \cdots, n$.

5.38 至多有 $n - 2$ 种非同构的圈.

5.39 反证法. 设 G 中的两个奇度顶点为 u 和 v, 若 u 与 v 不连通, 即它们之间无通路，因而 u 与 v 处于 G 的不同连通分支中，设 u 在 G_1 中，v 在 G_2 中，G_1 和 G_2 是 G 的连通分支. 由于 G 中恰有两个奇度顶点，因而当 G_1 和 G_2 作为独立的图时，均有一个奇度顶点，这与握手定理的推论相矛盾.

5.40 (1) $d(u,v) = 1$.

(2) $d\langle u,v \rangle = 1$.

(3) n 阶竞赛图中任何两个顶点之间距离不是固定常数，可能为 $1, 2, \cdots, n-1$ 或 $+\infty$. 这是因为在竞赛图中任意两个顶点之间只有一条边，并且边有两种可能的方向.

5.41 用扩大路径法证明. 证明思路如下. 设 $\Gamma = v_0 v_1 \cdots v_l$ 为极大路径 (可用扩大路径法得到)，则 $l \geqslant \delta(G)$(请思考其原因). 由极大路径的性质 (Γ 的两个端点 v_0 与 v_l 不与 Γ 外顶点相邻) 以及简单图的定义可知，v_0 要达到其度数 $d(v_0) \geqslant \delta(G)$，必须与 Γ 上至少 $\delta(G)$ 个顶点相邻，设其为 $v_{i_1} = v_1, v_{i_2}, \cdots, v_{i_\delta}$. 于是，圈 $v_0 v_{i_1} \cdots v_{i_2} \cdots v_{i_\delta} v_0$ 长度大于或等于 $\delta(G) + 1$. 参见主教材中例 5.3.4.

5.42 提示：用扩大路径法证明. 分 $\max\{\delta^-(D), \delta^+(D)\} = \delta^-(D)$ 与 $\max\{\delta^-(D), \delta^+(D)\} = \delta^+(D)$ 两种情况进行讨论.

5.43 (1) 有 2 种非同构的圈，长度分别为 2 和 3；有 3 种非同构的简单回路，长度分别为 $2, 3, 5$.

(2) 从 a 到 d 的短程线为 aed，$d\langle a,d \rangle = 2$.

(3) 从 d 到 a 的短程线为 $deba$，$d\langle d,a \rangle = 3$.

(4) D 中存在经过每个顶点的通路 $aebdc$，但不存在经过每个顶点的回路，所以 D 是单向连通图.

(5) (5.1) D 的基图中有 4 种非同构的圈，长度分别为 $2, 3, 4, 5$；有 7 种非同构的简单回路，其中除 4 种非同构的圈之外，还有 3 种非圈的简单回路，长度分别为 $5, 6, 8$.

(5.2) 从 a 到 d 的短程线有 3 条，$d\langle a,d \rangle = 2$.

(5.3) 从 d 到 a 的短程线也有 3 条，$d\langle d,a \rangle = 2$.

5.44 利用 D 的邻接矩阵的前 4 次幂解此题.

$$\boldsymbol{A} = \begin{pmatrix} 1 & 2 & 0 & 0 \\ 0 & 0 & 1 & 0 \\ 1 & 0 & 0 & 1 \\ 0 & 0 & 1 & 0 \end{pmatrix}, \boldsymbol{A}^2 = \begin{pmatrix} 1 & 2 & 2 & 0 \\ 1 & 0 & 0 & 1 \\ 1 & 2 & 1 & 0 \\ 1 & 0 & 0 & 1 \end{pmatrix},$$

$$\boldsymbol{A}^3 = \begin{pmatrix} 3 & 2 & 2 & 2 \\ 1 & 2 & 1 & 0 \\ 2 & 2 & 2 & 1 \\ 1 & 2 & 1 & 0 \end{pmatrix}, \boldsymbol{A}^4 = \begin{pmatrix} 5 & 6 & 4 & 2 \\ 2 & 2 & 2 & 1 \\ 4 & 4 & 3 & 2 \\ 2 & 2 & 2 & 1 \end{pmatrix}.$$

(1) 从 v_1 到 v_4 长度为 $1,2,3,4$ 的通路数分别为 $a_{14}=0$ 条，$a_{14}^{(2)}=0$ 条，$a_{14}^{(3)}=2$ 条，$a_{14}^{(4)}=2$ 条.

(2) 从 v_1 到 v_1 长度为 $1,2,3,4$ 的回路数分别为 $a_{11}=1$ 条，$a_{11}^{(2)}=1$ 条，$a_{11}^{(3)}=3$ 条，$a_{11}^{(4)}=5$ 条.

(3) D 中长度为 4 的通路共 44(即 $\boldsymbol{A}^4$ 中元素之和) 条，其中有 11(即 $\boldsymbol{A}^4$ 中对角线元素之和) 条是回路.

(4) D 中长度小于或等于 4 的通路共 88(即 $\boldsymbol{A}, \boldsymbol{A}^2, \boldsymbol{A}^3, \boldsymbol{A}^4$ 中所有元素之和) 条，其中有 22(即 $\boldsymbol{A}, \boldsymbol{A}^2, \boldsymbol{A}^3, \boldsymbol{A}^4$ 中所有对角线元素之和) 条是回路.

(5) 因为 D 中存在经过所有顶点的回路，是强连通图，所以可达矩阵为 4 阶全 1 方阵.

5.45 D 的邻接矩阵的前 4 次幂为

$$\boldsymbol{A}=\begin{pmatrix} 0 & 0 & 0 & 0 & 1 \\ 1 & 0 & 1 & 0 & 0 \\ 0 & 0 & 0 & 0 & 1 \\ 1 & 0 & 1 & 0 & 0 \\ 0 & 1 & 0 & 1 & 0 \end{pmatrix}, \quad \boldsymbol{A}^2=\begin{pmatrix} 0 & 1 & 0 & 1 & 0 \\ 0 & 0 & 0 & 0 & 2 \\ 0 & 1 & 0 & 1 & 0 \\ 0 & 0 & 0 & 0 & 2 \\ 2 & 0 & 2 & 0 & 0 \end{pmatrix},$$

$$\boldsymbol{A}^3=\begin{pmatrix} 2 & 0 & 2 & 0 & 0 \\ 0 & 2 & 0 & 2 & 0 \\ 2 & 0 & 2 & 0 & 0 \\ 0 & 2 & 0 & 2 & 0 \\ 0 & 0 & 0 & 0 & 4 \end{pmatrix}, \quad \boldsymbol{A}^4=\begin{pmatrix} 0 & 0 & 0 & 0 & 4 \\ 4 & 0 & 4 & 0 & 0 \\ 0 & 0 & 0 & 0 & 4 \\ 4 & 0 & 4 & 0 & 0 \\ 0 & 4 & 0 & 4 & 0 \end{pmatrix}.$$

(1) 从 v_2 到 v_5 长度为 $1,2,3,4$ 的通路数分别为 $a_{25}=0$ 条，$a_{25}^{(2)}=2$ 条，$a_{25}^{(3)}=0$ 条，$a_{25}^{(4)}=0$ 条.

(2) 从 v_5 到 v_5 长度为 $1,2,3,4$ 的通路数分别为 $a_{55}=0$ 条，$a_{55}^{(2)}=0$ 条，$a_{55}^{(3)}=4$ 条，$a_{55}^{(4)}=0$ 条.

(3) D 中长度为 4 的通路数 (即为 $\boldsymbol{A}^4$ 中元素之和) 为 32 条.

(4) D 中长度小于或等于 4 的回路数 (即为 $\boldsymbol{A}, \boldsymbol{A}^2, \boldsymbol{A}^3, \boldsymbol{A}^4$ 中对角线元素之和) 为 12 条.

(5) D 是强连通的，所以可达矩阵为元素全为 1 的 5 阶方阵.

5.46 $d^+(v_1)=3, d^-(v_1)=0, d(v_1)=3$;

$d^+(v_2)=1, d^-(v_2)=2, d(v_2)=3$;

$d^+(v_3)=1, d^-(v_3)=3, d(v_3)=4$;

$d^+(v_4)=2, d^-(v_4)=2, d(v_4)=4.$

5.47　G 如图 5.4.4 所示.

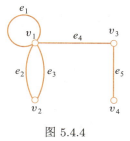

图 5.4.4

5.48　如图 5.4.4 所示的图 G 的邻接矩阵及各次幂如下.

$$\boldsymbol{A}^{(1)} = \begin{pmatrix} 1 & 2 & 1 & 0 \\ 2 & 0 & 0 & 0 \\ 1 & 0 & 0 & 1 \\ 0 & 0 & 1 & 0 \end{pmatrix}, \boldsymbol{A}^{(2)} = \begin{pmatrix} 6 & 2 & 1 & 1 \\ 2 & 4 & 2 & 0 \\ 1 & 2 & 2 & 0 \\ 1 & 0 & 0 & 1 \end{pmatrix},$$

$$\boldsymbol{A}^{(3)} = \begin{pmatrix} 11 & 12 & 7 & 1 \\ 12 & 4 & 2 & 2 \\ 7 & 2 & 1 & 2 \\ 1 & 2 & 2 & 0 \end{pmatrix}, \boldsymbol{A}^{(4)} = \begin{pmatrix} 42 & 22 & 12 & 7 \\ 22 & 24 & 14 & 2 \\ 12 & 14 & 9 & 1 \\ 7 & 2 & 1 & 2 \end{pmatrix}.$$

(1) 从 v_1 到 v_2 长度为 $1, 2, 3, 4$ 的通路数分别为 $0, 1, 1, 7$.

(2) 从 v_1 到 v_1 长度为 $1, 2, 3, 4$ 的回路数分别为 $1, 6, 11, 42$.

由于 $\boldsymbol{A}^{(1)} + \boldsymbol{A}^{(2)} + \boldsymbol{A}^{(3)}$ 的元素全都大于 0, 故 G 的可达矩阵为

$$\boldsymbol{P} = \begin{pmatrix} 1 & 1 & 1 & 1 \\ 1 & 1 & 1 & 1 \\ 1 & 1 & 1 & 1 \\ 1 & 1 & 1 & 1 \end{pmatrix}.$$

5.49　(1) 共有 $r-1$ 种非同构的圈, 其长度分别为 $4, 6, \cdots, 2r$.

(2) 至多有 $s(s \geqslant r)$ 个顶点彼此不相邻.

(3) 至多有 $r(r \leqslant s)$ 条边彼此不相邻.

(4) $\kappa = \lambda = r$.

5.50　不妨设 G 为无向简单连通图, 有 n 个顶点、m 条边. 对 n 做数学归纳证明.

(1) $n = 1$ 时, G 为平凡图, $m = 0 = n-1$, 命题为真.

(2) 设 $n \leqslant k, k \geqslant 1$ 时命题为真, 下面证明 $n = k + 1$ 时, 命题也为真. 取一点 v, 令 $G' = G - v$, 设 G' 有 $s(1 \leqslant s \leqslant d(v))$ 个连通分支 $G_1, G_2, \cdots, G_s$. 设 G_i 的阶数和边数分别为 n_i 和 $m_i, n_i \leqslant k$, 由归纳假设, 对所有 $1 \leqslant i \leqslant s$, 都有 $m_i \geqslant n_i - 1$. 对不等式两边求和, 得

$$\sum_{i=1}^{s} m_i \geqslant \sum_{i=1}^{s} n_i - s.$$

而 $\sum_{i=1}^{s} m_i = m - d(v), \sum_{i=1}^{s} n_i = n - 1$. 代入上式, 得 $m - d(v) \geqslant n - 1 - s$. 从而

$$m \geqslant n - 1 + (d(v) - s) \geqslant n - 1,$$

得证当 $n = k + 1$ 时命题为真.

5.51　取一个顶点 v_1, 由鸽巢原理, v_1 至少关联 3 条 G 中的边, 或至少关联 3 条 $\overline{G}$ 中的边. 不妨设 v_1 至少关联 3 条 G 中的边, 设这 3 条边的另一个端点分别为 v_2, v_3, v_4, 如图 5.4.5 中 (a) 所示. 再对 v_2, v_3, v_4 之间的邻接关系进行讨论.

(1) 若 $(v_2, v_3), (v_3, v_4)$ 和 (v_2, v_4) 中有一条是 G 的边, 则在 G 中有 3 个顶点彼此相邻. 如图 5.4.5 中 (b), (c) 和 (d) 所示.

(2) 否则, $(v_2, v_3), (v_3, v_4)$ 和 (v_2, v_4) 都是 $\overline{G}$ 的边, 从而 v_2, v_3, v_4 在 $\overline{G}$ 中彼此相邻. 如图 5.4.5 中 (e) 所示.

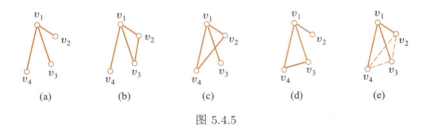

图 5.4.5

5.52　用 (a, b, c) 表示 3 只瓶内分别装有 $50a$ g, $50b$ g, $50c$ g 油, 称作一个状态. 以所有可能的状态为顶点, 若一次倒油能使状态 1 变成状态 2, 则从状态 1 到状态 2 有一条有向边. 如图 5.4.6 所示. 图 5.4.6 中用一条无向边表示 2 条方向相反的有向边. 不难找到从 $(10, 0, 0)$ 到 $(5, 5, 0)$ 的一条短程线

$$(10, 0, 0)(3, 7, 0)(3, 4, 3)(6, 4, 0)(6, 1, 3)(9, 1, 0)(9, 0, 1)(2, 7, 1)(2, 5, 3)(5, 5, 0),$$

距离为 9. 短程线给出了把 500 g 油分成两份 250 g 油的倒法, 倒油的次数至少为 9.

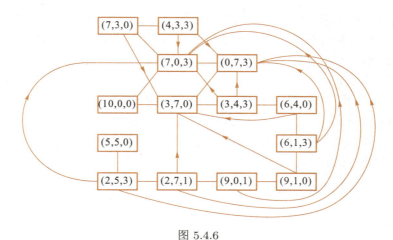

图 5.4.6

5.5　小测验

5.5.1　试题

1. 填空题 (6 小题, 每小题 5 分, 共 30 分).

(1) n 阶 k-正则图 G 的边数 $m =$ _____.

(2) n 阶竞赛图的基图为_____.

(3) 3 阶 3 条边的所有非同构的有向简单图共有_____ 个.

(4) G 为无向 $n(n \geqslant 3)$ 阶圈, 则 $\kappa(G) =$_____.

(5) 命题 "图中极大路径必为最长路径" 的真值为_____.

(6) 设 D 为有向 $n(n \geqslant 3)$ 阶简单回路, 则 D 的可达矩阵为_____.

2. 解无向图 (2 小题, 每小题 10 分, 共 20 分).

(1) 无向图 G 有 8 条边, 1 个 1 度顶点, 2 个 2 度顶点, 1 个 5 度顶点, 其余顶点的度数均为 3, 求 3 度顶点的个数.

(2) 无向图 G 的边数 $m = 16$, 3 个 4 度顶点, 4 个 3 度顶点, 其余顶点的度数均小于 3. G 至少有几个顶点?

3. 证明题 (2 小题, 每小题 10 分, 共 20 分).

(1) 设 $d_1, d_2, \cdots, d_n$ 为 n 个互不相同的正整数, 证明: $d_1, d_2, \cdots, d_n$ 不可简单图化.

(2) 设 $n(n \geqslant 3)$ 阶无向简单连通图 G 中无悬挂顶点 (即 1 度顶点), 证明: G 中必含长度大于或等于 3 的圈.

4. 画非同构的子图 (2 小题, 每小题 10 分, 共 20 分).

(1) 画出 K_5 的 3 条边的所有非同构的子图.

(2) 画出 3 阶有向完全图的所有 2 条边的非同构的子图.

5. 计算题 (10 分).

有向图 D 如图 5.5.1 所示.

(1) D 中从 v_4 到 v_3 长度为 $1,2,3,4$ 的通路各为几条?

(2) D 中从 v_1 到 v_1 长度为 $1,2,3,4$ 的回路各为几条?

(3) D 中长度为 4 的通路共有多少条? 其中有多少条是回路?

(4) D 是哪类连通图?

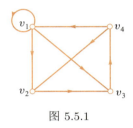

图 5.5.1

5.5.2　答案或解答

1. (1) $\dfrac{kn}{2}$.　(2) K_n.　(3) 4.　(4) 2.　(5) 假.　(6) n 阶全 1 方阵.

2. (1) 设 3 度顶点为 x 个, 由握手定理可知

$$2m = 16 = 1 \times 1 + 2 \times 2 + 1 \times 5 + 3x.$$

解得 $x = 2$, 故 G 有 2 个 3 度顶点.

(2) 设 G 的阶数为 n, 由握手定理可知

$$2m = 32 \leqslant 3 \times 4 + 4 \times 3 + 2(n - 7).$$

解得 $n \geqslant 11$, 即 G 中至少有 11 个顶点.

3. (1) 假设 $d_1, d_2, \cdots, d_n$ 是可简单图化的, 则存在无向简单图以它为度数列. 由于 $d_1,$ $d_2, \cdots, d_n$ 是互不相同的正整数, 所以 $\min\{d_1, d_2, \cdots, d_n\} \geqslant 1$, 进而 $\max\{d_1, d_2, \cdots, d_n\} \geqslant$ n. 这与 n 阶简单图的最大度 $\leqslant n - 1$ 相矛盾.

(2) 提示: 由于 G 中无悬挂顶点, 所以 $\delta(G) \geqslant 2$, 然后用扩大路径法证明.

4. (1) 共有 8 个 3 条边的非同构的子图, 如图 5.5.2 所示, 其中, (a) 为 3 阶子图; (b), (c), (d) 为 4 阶子图; (e), (f), (g), (h) 为生成子图.

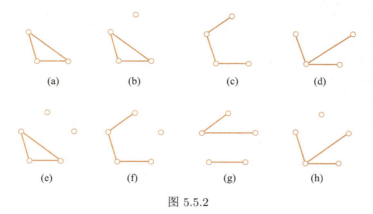

图 5.5.2

(2) 共有 5 个 2 条边的非同构的子图，如图 5.5.3 所示，其中，(a) 为 2 阶子图；(b)，(c)，(d)，(e) 为生成子图.

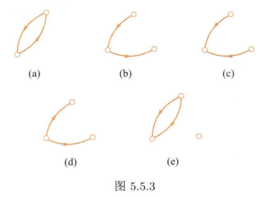

图 5.5.3

5. 先求 D 的邻接矩阵 $\boldsymbol{A}$ 及 $\boldsymbol{A}^2, \boldsymbol{A}^3, \boldsymbol{A}^4$.

$$\boldsymbol{A} = \begin{pmatrix} 1 & 1 & 1 & 0 \\ 0 & 0 & 1 & 0 \\ 0 & 0 & 0 & 1 \\ 1 & 1 & 0 & 0 \end{pmatrix}, \ \boldsymbol{A}^2 = \begin{pmatrix} 1 & 1 & 2 & 1 \\ 0 & 0 & 0 & 1 \\ 1 & 1 & 0 & 0 \\ 1 & 1 & 2 & 0 \end{pmatrix},$$

$$\boldsymbol{A}^3 = \begin{pmatrix} 2 & 2 & 2 & 2 \\ 1 & 1 & 0 & 0 \\ 1 & 1 & 2 & 0 \\ 1 & 1 & 2 & 2 \end{pmatrix}, \ \boldsymbol{A}^4 = \begin{pmatrix} 4 & 4 & 4 & 2 \\ 1 & 1 & 2 & 0 \\ 1 & 1 & 2 & 2 \\ 3 & 3 & 2 & 2 \end{pmatrix}.$$

(1) 从 v_4 到 v_3 长度为 $1, 2, 3, 4$ 的通路分别为 0 条，2 条，2 条，2 条.

(2) 从 v_1 到 v_1 长度为 $1, 2, 3, 4$ 的回路分别为 1 条，1 条，2 条，4 条.

(3) D 中长度为 4 的通路共 34 条，其中有 9 条是回路.

(4) D 是强连通图.

第 6 章
欧拉图与哈密顿图

6.1 内容提要

6.1.1 欧拉图

欧拉图的定义

  定义 6.1.1 通过图（无向图或有向图）中每条边一次且仅一次，并且过每一个顶点的通路称作 欧拉通路. 通过图中每条边一次且仅一次，并且过每一个顶点的回路称作 欧拉回路. 具有欧拉回路的图称作 欧拉图. 具有欧拉通路而无欧拉回路的图称作 半欧拉图.

欧拉图的判别法

  定理 6.1.1 无向图 G 是欧拉图当且仅当 G 是连通图且没有奇度顶点.

  定理 6.1.2 无向图 G 是半欧拉图当且仅当 G 是连通的且恰有两个奇度顶点.

  定理 6.1.3 有向图 D 是欧拉图当且仅当 D 是强连通的且每个顶点的入度等于出度.

  定理 6.1.4 有向图 D 是半欧拉图当且仅当 D 是单向连通的且恰有两个奇度顶点，其中一个顶点的入度比出度大 1，另一个顶点的出度比入度大 1，而其余顶点的入度等于出度.

  定理 6.1.5 G 是非平凡的欧拉图当且仅当 G 是连通的且是若干个边不重的圈的并.

求欧拉回路的算法

　　弗勒里（Fleury）算法

　　输入：欧拉图 G.

1　任取 $v_0 \in V(G)$，令 $P_0 = v_0, i = 0$
2　$P_i = v_0 e_1 v_1 e_2 \cdots e_i v_i$，若 $E(G) - \{e_1, e_2, \cdots, e_i\}$ 中没有与 v_i 关联的边，则计算
　　停止；否则按下述条件从 $E(G) - \{e_1, e_2, \cdots, e_i\}$ 中任取一条边 e_{i+1}
　　　(a) e_{i+1} 与 v_i 相关联
　　　(b) 除非无别的边可供选择，否则 e_{i+1} 不应该为 $G_i = G - \{e_1, e_2, \cdots, e_i\}$ 中的桥
　　设 $e_{i+1} = (v_i, v_{i+1})$，把 $e_{i+1} v_{i+1}$ 加入 P_i 得到 P_{i+1}
3　令 $i = i + 1$，返回 2

6.1.2　哈密顿图

哈密顿图的定义

　　定义 6.1.2　经过图（有向图或无向图）中每个顶点一次且仅一次的通路称作 哈密顿通路. 经过图中每个顶点一次且仅一次的回路称作 哈密顿回路. 具有哈密顿回路的图称作 哈密顿图，具有哈密顿通路但不具有哈密顿回路的图称作 半哈密顿图.

　　规定：平凡图是哈密顿图.

哈密顿图的必要条件与充分条件

　　定理 6.1.6　设无向图 $G = \langle V, E \rangle$ 是哈密顿图，则对于任意 $V_1 \subset V$ 且 $V_1 \neq \varnothing$，均有

$$p(G - V_1) \leqslant |V_1|,$$

其中，$p(G - V_1)$ 为 $G - V_1$ 的连通分支数.

　　推论 6.1.1　设无向图 $G = \langle V, E \rangle$ 是半哈密顿图，则对于任意的 $V_1 \subset V$ 且 $V_1 \neq \varnothing$，均有

$$p(G - V_1) \leqslant |V_1| + 1.$$

　　定理 6.1.7　设 G 是 n 阶无向简单图，若对于 G 中任意不相邻的顶点 u, v，均有

$$d(u) + d(v) \geqslant n - 1, \tag{6.1.1}$$

则 G 中存在哈密顿通路.

　　推论 6.1.2　设 G 为 $n(n \geqslant 3)$ 阶无向简单图，若对于 G 中任意两个不相邻的顶点 u, v 均有

$$d(u) + d(v) \geqslant n, \tag{6.1.2}$$

则 G 中存在哈密顿回路.

定理 6.1.8　设 u, v 为 n 阶无向简单图 G 中两个不相邻的顶点，且 $d(u) + d(v) \geqslant n$，则 G 为哈密顿图当且仅当 $G \cup (u, v)$ 为哈密顿图，其中 (u, v) 是加的新边.

定理 6.1.9　$n(n \geqslant 2)$ 阶竞赛图中都有哈密顿通路.

6.1.3　最短路问题

带权图及距离

定义 6.1.3　设图 $G = \langle V, E \rangle$（无向图或有向图），给定 $W : E \to \mathbb{R}$，对 G 的每一条边 e，称 $W(e)$ 为边 e 的 权. 把这样的图称作 带权图，记作 $G = \langle V, E, W \rangle$. 当 $e = (u, v)$ 或 $e = \langle u, v \rangle$ 时，把 $W(e)$ 记作 $W(u, v)$.

设 P 是 G 中的一条通路，P 中所有边的权之和称作 P 的 长度，记作 $W(P)$，即 $W(P) = \sum\limits_{e \in E(P)} W(e)$. 类似地，可以定义回路 C 的长度 $W(C)$.

设带权图 $G = \langle V, E, W \rangle$（无向图或有向图），其中每一条边 e 的权 $W(e)$ 为非负实数. $\forall u, v \in V$，当 u 和 v 连通（u 可达 v）时，称从 u 到 v 长度最短的路径为从 u 到 v 的 最短路径，称其长度为从 u 到 v 的 距离，记作 $d(u, v)$. 约定：$d(u, u) = 0$；当 u 和 v 不连通（u 不可达 v）时，$d(u, v) = +\infty$.

迪杰斯特拉（Dijkstra）标号法

输入：带权图 $G = \langle V, E, W \rangle$ 和 $s \in V$，其中 $|V| = n, \forall e \in E, W(e) \geqslant 0$.

输出：s 到 G 中每一点的最短路径及距离.

1　令 $l(s) \leftarrow (s, 0), l(v) \leftarrow (s, +\infty)$　$(v \in V - \{s\}), i \leftarrow 1$,
　　$l(s)$ 是永久标号，其余标号均为临时标号，$u \leftarrow s$

2　**for** 与 u 关联的临时标号的顶点 v **do**

3　**if** $l_2(u) + W(u, v) < l_2(v)$ **then** 令 $l(v) \leftarrow (u, l_2(u) + W(u, v))$

4　**end for**

5　计算 $l_2(t) = \min\{l_2(v) | v \in V$ 且有临时标号$\}$，把 $l(t)$ 改为永久标号

6　**if** $i < n$ **then** 令 $u \leftarrow t, i \leftarrow i + 1$，转 2

中国邮递员问题

给定一个带权无向图，其中每条边的权为非负实数，求每一条边至少经过一次的最短回路.

货郎担问题

设 $G = \langle V, E, W \rangle$ 为一个 n 阶完全带权图，各边的权 $W(e)$ 非负且可以为 $+\infty$，求 G 中一条最短的哈密顿回路.

6.2　基本要求

1. 深刻理解欧拉图与半欧拉图的定义及判别定理，对于给定的图（无向的或有向的），能应用定理 6.1.1～ 定理 6.1.5 准确地判断出它是否为欧拉图.

2. 会用弗勒里算法求欧拉图中的欧拉回路.

3. 深刻理解哈密顿图及半哈密顿图的定义.

4. 理解两点之间最短路径和距离的概念，熟练应用迪杰斯特拉标号法解带权图的最短路问题.

5. 分清哈密顿图的必要条件和充分条件. 会用哈密顿图的必要条件（如定理 6.1.6）证明某些图不是哈密顿图，会用观察法找一条哈密顿回路或用哈密顿图的充分条件（如定理 6.1.7）证明某些图是哈密顿图.

6. 理解中国邮递员问题与欧拉回路问题的关系，会解中国邮递员问题.

7. 会用穷举法求阶数很小的图的最短哈密顿回路.

6.3　习题课

6.3.1　题型一：判断欧拉图，求欧拉回路

1. 在如图 6.3.1 所示的 3 个图中，说明哪些不是欧拉图及其理由，哪些是欧拉图并用弗勒里算法对其求一条欧拉回路.

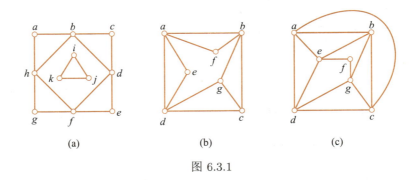

图 6.3.1

2. 把图 6.3.1 中的欧拉图表示成若干条边不重的圈之并.

3. 在哥尼斯堡七桥问题中，至少再架几座桥，游人就可以从陆地的某一点出发经过每座桥一次且仅一次，最后回到出发地点？

解答与分析

1. (a) 不是欧拉图, 因为它不连通 (虽然图中无奇度顶点).

(b) 不是欧拉图, 因为它有 2 个奇度顶点 c 和 g. 但它是半欧拉图, $gbfaedgcbadc$ 是一条欧拉通路.

(c) 是欧拉图 (它连通并且无奇度顶点), $abcdacgbefgdea$ 为其中的一条欧拉回路.

2. 答案不是唯一的. 如图 6.3.2 所示为 3 个边不重圈之并, 是其中的一种情况.

3. 哥尼斯堡七桥问题如图 6.3.3(a) 中实线所示, (b) 是对应的图. 在 (b) 中 4 个顶点均为奇度顶点, 故至少要添加 2 条新边才能使它成为欧拉图, 如 (b) 添加虚线边后的图. 对应新架的 2 座桥如 (a) 中虚线所示.

图 6.3.2

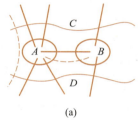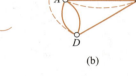

(a)　　　　　　　　(b)

图 6.3.3

6.3.2　题型二: 判断哈密顿图, 求哈密顿回路

1. 证明如图 6.3.4 所示的两个图都是哈密顿图.

2. (1) 证明: 当 $r \geqslant 2, s \geqslant 2, r \neq s$ 时, 完全二部图 $K_{r,s}$ 不是哈密顿图.

(2) 证明: 设 $r \geqslant 2$, 则完全二部图 $K_{r,r}$ 为哈密顿图.

3. 证明如图 6.3.5 所示的图不是哈密顿图, 但为半哈密顿图.

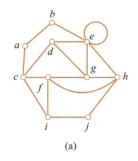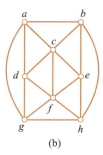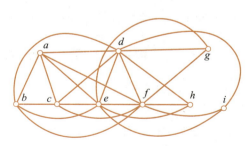

(a)　　　　　　　　(b)

图 6.3.4　　　　　　　　　　图 6.3.5

解答与分析

1. 仔细观察发现，图 6.3.4(a) 中存在哈密顿回路，例如 $abedghjifca$ 为其中的一条，所以它是哈密顿图.

图 6.3.4(b) 为简单图，阶数 $n = 8, \delta = 4$，从而任意两个顶点的度数之和大于或等于 n. 由定理 6.1.7 的推论 6.1.2，它是哈密顿图. 其实也可以用观察法找到它的一条哈密顿回路，如 $abcefhgda$.

2. (1) 设 $K_{r,s} = \langle V_1, V_2, E \rangle, |V_1| = r, |V_2| = s$，不妨设 $r < s$. 易知

$$p(K_{r,s} - V_1) = |V_2| = s > r.$$

由定理 6.1.6 可知 $K_{r,s}$ 不是哈密顿图.

(2) 设 $K_{r,r}$ 的互补顶点子集为 $V_1 = \{a_1, a_2, \cdots, a_r\}, V_2 = \{b_1, b_2, \cdots, b_r\}$.

方法一　$K_{r,r}$ 中任何两个顶点度数之和为 $2r$（等于阶数 n），由定理 6.1.7 的推论 6.1.2，得证 $K_{r,r}$ 是哈密顿图.

方法二　容易给出 $K_{r,r}$ 中的哈密顿回路：$a_1 b_1 a_2 b_2 \cdots a_r b_r a_1$，所以 $K_{r,r}$ 是哈密顿图.

3. 设如图 6.3.5 所示的无向图为 G，G 是阶数 $n = 9$，边数 $m = 24$ 的简单连通图. G 中顶点 a, b, c 均为 5 度顶点，并且它们除彼此相邻外，又均与顶点 d, e, f 相邻. 而 d, e, f 均为 8 度顶点，它们除彼此相邻外，又均与 a, b, c 以及 g, h, i 相邻. 再看 g, h, i，它们都是 3 度顶点，彼此不相邻，而均与 d, e, f 相邻，且均不与 a, b, c 相邻. 设 $V_1 = \{d, e, f\}$，于是，$G - V_1$ 由以 a, b, c 为顶点的 K_3 和 3 个孤立点 g, h, i 构成，从而

$$p(G - V_1) = 4 > |V_1| = 3.$$

根据定理 6.1.6 可知，G 不是哈密顿图.

通过仔细观察能够找到一条哈密顿通路 $gdacbehfi$，因而 G 为半哈密顿图.

6.3.3　题型三：最短路问题、中国邮递员问题与货郎担问题

1. 对如图 6.3.6 所示的完全带权图 K_5 求解其货郎担问题（即求图中的最短哈密顿回路）.

2. 用迪杰斯特拉标号法求如图 6.3.7 所示的带权图中从顶点 a 到其余各点的最短路径与距离.

3. 清扫车负责清扫的街道如图 6.3.8 所示，街道长度的单位是百米. 清扫车从 a 出发最后回到 a. 试设计清扫车的行进路线（含空行）使得整个行程最短.

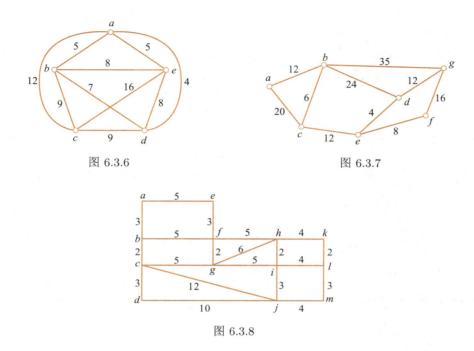

图 6.3.6　　　　　　　　　　　　　　　　图 6.3.7

图 6.3.8

解答与分析

1. 在定义意义下, 完全图 K_n 中共有 $(n-1)!$ 条不同的哈密顿回路. 在完全带权图 K_n 中, 设顶点分别为 $v_1, v_2, \cdots, v_n$, 回路 $v_1v_2 \cdots v_{n-1}v_nv_1$ 与回路 $v_1v_nv_{n-1} \cdots v_2v_1$ 的权相同, 因而共要考虑 $\dfrac{(n-1)!}{2}$ 条哈密顿回路. 当 $n=5$ 时, 共有 12 条. 计算这 12 条回路的权, 从中找出最短的哈密顿回路. 设:

$C_1 = abcdea$, 其权 $W(C_1) = 36$,

$C_2 = abceda$, 其权 $W(C_2) = 42$,

$C_3 = abdcea$, 其权 $W(C_3) = 42$,

$C_4 = abdeca$, 其权 $W(C_4) = 48$,

$C_5 = abedca$, 其权 $W(C_5) = 42$,

$C_6 = abecda$, 其权 $W(C_6) = 42$,

$C_7 = acbdea$, 其权 $W(C_7) = 41$,

$C_8 = acbeda$, 其权 $W(C_8) = 41$,

$C_9 = acdbea$, 其权 $W(C_9) = 41$,

$C_{10} = acebda$, 其权 $W(C_{10}) = 47$,

$C_{11} = adbcea$, 其权 $W(C_{11}) = 41$,

$C_{12} = adcbea$, 其权 $W(C_{12}) = 35$.

从以上结果可知，最短哈密顿回路为 $C_{12} = adcbea$，其权为 35.

至今还没有找到求解货郎担问题的快速算法（而且普遍相信不存在这样的算法），当 n 较大时，计算量会迅速地增大.

2. 计算如表 6.3.1 所示. 其中，$*$ 表示在这一步确定的永久标号.

表 6.3.1

顶点	步骤						
	1	2	3	4	5	6	7
a	$(a, 0)^*$						
b	$(a, +\infty)$	$(a, 12)^*$					
c	$(a, +\infty)$	$(a, 20)$	$(b, 18)^*$				
d	$(a, +\infty)$	$(a, +\infty)$	$(b, 36)$	$(b, 36)$	$(e, 34)^*$		
e	$(a, +\infty)$	$(a, +\infty)$	$(a, +\infty)$	$(c, 30)^*$			
f	$(a, +\infty)$	$(a, +\infty)$	$(a, +\infty)$	$(a, +\infty)$	$(e, 38)$	$(e, 38)^*$	
g	$(a, +\infty)$	$(a, +\infty)$	$(b, 47)$	$(b, 47)$	$(b, 47)$	$(d, 46)$	$(d, 46)^*$

从 a 到 b 的最短路径：ab，距离：12.

从 a 到 c 的最短路径：abc，距离：18.

从 a 到 d 的最短路径：$abced$，距离：34.

从 a 到 e 的最短路径：$abce$，距离：30.

从 a 到 f 的最短路径：$abcef$，距离：38.

从 a 到 g 的最短路径：$abcedg$，距离：46.

3. 这是中国邮递员问题. 在图 6.3.8 中有 2 个奇度顶点 b 和 l，不难求出它们之间的一条最短路径 $bfhkl$. 在图中复制最短路径上的每一条边，得到一个欧拉图. 这个欧拉图中任何一条从 a 开始的欧拉回路都是最短的行进路线. 用弗勒里算法求得一条欧拉回路：$aefbcgfhgihklijcdjmlkhfba$，其长度是街道的总长度 + 最短路径的长度：

$$(5 \times 5 + 3 \times 5 + 2 \times 4 + 4 \times 3 + 6 + 10 + 12) \times 10^2 \text{ m} + (5 + 5 + 4 + 2) \times 10^2 \text{ m} = 104 \times 10^2 \text{ m}.$$

6.3.4　题型四：应用举例

某次国际会议有 8 人参加，已知每人至少会与其余 7 人中的 4 人说相同的语言，问：服务员能否将他们安排在同一张圆桌周围就座，使每个人都能与两边的人交谈？

解答与分析

解此类问题，应将已知的条件或事物之间的关系用图来表示. 考虑无向图 $G = \langle V, E \rangle$，其中，

$V = \{v | v \text{ 为与会者}\}$，

$E = \{(u,v)|u,v \in V, u \neq v$ 且 u 与 v 会说相同的语言$\}$.

G 为简单图，由题设，$\forall v \in V, d(v) \geqslant 4$，因而 $\forall u,v \in V$，有

$$d(u) + d(v) \geqslant 8 = |V|.$$

由定理 6.1.7 的推论 6.1.2可知，G 中存在哈密顿回路. 设 $C = v_{i_1} v_{i_2} \cdots v_{i_8} v_{i_1}$ 为 G 中一条哈密顿回路，回路中相邻的两个顶点表示的是与会者都会说相同的语言，因而服务员只要按 C 中的顺序安排他们的座位即可.

6.4　习题、解答或提示

6.4.1　习题 6

6.1 判断题 6.1 图中哪些是欧拉图. 对不是欧拉图的，至少要加多少条边才能使其成为欧拉图?

(a)　　　　　　　(b)　　　　　　　(c)　　　　　　　(d)

题 6.1 图

6.2 判断下列叙述是否正确.
　　(1) 当 $n \geqslant 3$ 时，完全图 K_n 是欧拉图.
　　(2) $n\,(n \geqslant 2)$ 阶有向完全图是欧拉图.
　　(3) 当 r, s 为正偶数时，完全二部图 $K_{r,s}$ 是欧拉图.

6.3 画一个无向欧拉图，使它具有：
　　(1) 偶数个顶点，偶数条边.
　　(2) 奇数个顶点，奇数条边.
　　(3) 偶数个顶点，奇数条边.
　　(4) 奇数个顶点，偶数条边.

6.4 画一个有向欧拉图，要求同第 6.3 题.

6.5 在 $k\,(k \geqslant 2)$ 个长度大于或等于 3 的、彼此分离的（全为无向的或全为有向的）圈之间至少加多少条新边（有向的加有向边），才能使所得的图为欧拉图?

6.6　证明：若有向图 D 是欧拉图，则 D 是强连通的.

6.7　设 G 是恰含 $2k(k \geqslant 1)$ 个奇度顶点的无向连通图. 证明：G 所有的边可以划分成 k 条边不重的简单通路 $\Gamma_1, \Gamma_2, \cdots, \Gamma_k$，使得 $E(G) = \bigcup_{i=1}^{k} E(\Gamma_i)$.

6.8　完全图 $K_n(n \geqslant 1)$ 都是哈密顿图吗？

6.9　设 G 是无向连通图，证明：若 G 中有桥或割点，则 G 不是哈密顿图.

6.10　证明定理 6.1.8.

6.11　彼得松图既不是欧拉图，也不是哈密顿图. 至少加几条新边才能使它成为欧拉图？又至少加几条新边才能使它变成哈密顿图？

6.12　证明题 6.12 图 (a) 不是哈密顿图，但是半哈密顿图，而题 6.12 图 (b) 是哈密顿图.

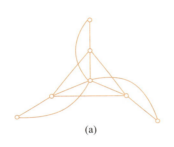 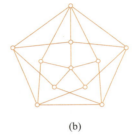

（a）　　　　　　　　　　　（b）

题 6.12 图

6.13　今有 $2k(k \geqslant 2)$ 个人去完成 k 项任务. 已知每个人均能与另外 k 个人中的任何人组成一组（每组 2 个人）去完成他们共同熟悉的任务，问：这 $2k$ 个人能否分成 k 组（每组 2 人），每组完成一项他们共同熟悉的任务？

6.14　今有 n 个人，已知他们中任何二人合起来认识其余的 $n-2$ 个人. 证明：当 $n \geqslant 3$ 时，这 n 个人能排成一列，使得任何两个相邻的人都相互认识. 而当 $n \geqslant 4$ 时，这 n 个人能排成一个圆圈，使得每个人都认识两旁的人.

6.15　某工厂生产由 6 种颜色的纱织成的双色布. 已知在一批双色布中，每种颜色至少与其他 3 种颜色相搭配. 证明：可以从这批双色布中挑出 3 种，它们由 6 种不同颜色的纱织成.

6.16　设完全图 $K_n(n \geqslant 3)$ 的顶点分别为 $v_1, v_2, \cdots, v_n$. 问：K_n 中有多少条不同的哈密顿回路（在这里，若顶点的排列顺序不同，就认为是不同的回路）？

6.17　国际象棋中的马走日字，即在 (x, y) 格点处的马可以走到 $(x \pm 2, y \pm 1)$，$(x \pm 1, y \pm 2)$ 中的任何一个，只要棋盘中有这个格点. 马从某个格点开始走遍所有的格点且每个格点只走一次称作马的周游. 证明：

(1) 在 3×4 的棋盘上存在马的周游.

(2) 在 3×3 的棋盘上不存在马的周游.

6.18 设 G 为 $n\,(n \geqslant 3)$ 阶无向简单图, 边数 $m = \dfrac{1}{2}(n-1)(n-2) + 2$, 证明: G 是哈密顿图. 再举例说明当 $m = \dfrac{1}{2}(n-1)(n-2) + 1$ 时, G 不一定是哈密顿图.

6.19 设 $G = \langle V, E \rangle$ 为一无向图. 若对于任意的 $V_1 \subset V$ 且 $V_1 \neq \varnothing$, 均有

$$P(G - V_1) \leqslant |V_1|,$$

则 G 是哈密顿图. 以上结论成立吗? 为什么?

6.20 设 G 是 $n\,(n \geqslant 3)$ 阶无向简单哈密顿图, 则对于任意不相邻的顶点 v_i, v_j, 均有

$$d(v_i) + d(v_j) \geqslant n.$$

以上结论成立吗? 为什么?

6.21 用迪杰斯特拉标号法求题 6.21 图中从顶点 v_1 到其余各顶点的最短路径和距离.

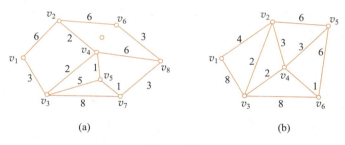

(a)　　　　　　(b)

题 6.21 图

6.22 某工厂使用一台设备, 每年年初要决定是继续使用, 还是购买新的. 预计该设备第 1 年的价格为 11 万元, 以后每年涨 1 万元. 使用的第 1 年, 第 2 年, $\cdots$, 第 5 年的维修费分别为 5 万元、6 万元、8 万元、11 万元、18 万元. 使用 1 年后的残值为 4 万元, 以后每使用 1 年残值减少 1 万元. 试制定购买/维修该设备的 5 年计划, 使总支出最小.

6.23 某地区的街道分布如题 6.23 图所示, 其中数字表示街道的长度 (单位: 百米). 派出所位于 G 处. 一巡逻车从派出所出发, 每条街道至少经过一次, 最后回到派出所. 试设计一条总长度最短的巡逻路线.

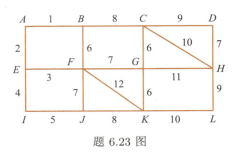

题 6.23 图

6.4.2　解答或提示

6.1　在题 6.1 图中，(a) 和 (c) 为欧拉图，它们均连通且都无奇度顶点. (b) 和 (d) 都不是欧拉图. (b) 虽然无奇度顶点，但不连通. (d) 既不连通又有奇度顶点. 要使 (b) 和 (d) 变为欧拉图均应至少各加两条边，使其连通并且无奇度顶点.

6.2　(1) 不正确. $K_n(n \geqslant 3)$ 的每个顶点的度数均为 $n-1$. 当 n 为偶数时，$n-1$ 为奇数，K_n 不是欧拉图. 当 n 为奇数时，$n-1$ 为偶数，K_n 是欧拉图.

(2) 正确. n 阶有向完全图是强连通的，且每个顶点的入度等于出度（都等于 $n-1$），由定理 6.1.3，n 阶有向完全图是欧拉图.

(3) 正确. 当 r 和 s 都是正偶数时，$K_{r,s}$ 连通且每个顶点的度数不是 r 就是 s，都是偶数，由定理 6.1.1，$K_{r,s}$ 是欧拉图.

6.3~6.4　略.

6.5　至少加 k 条新边.

6.6　因为 D 为欧拉图，所以 D 中存在欧拉回路，欧拉回路是经过每条边恰好一次行遍所有顶点的简单回路，由定理 5.1.7 可知欧拉图是强连通图.

但要注意，逆命题不真，即强连通图不一定是欧拉图. 请举反例说明.

6.7　对 k 做归纳证明.

(1) $k=1$ 时，G 连通且恰有两个奇度顶点，由定理 6.1.2 知 G 为半欧拉图，因而存在起于奇度顶点，终于奇度顶点的欧拉通路. 设 Γ_1 为其中的一条欧拉通路（欧拉通路为简单通路），易知

$$E(G) = E(T_1),$$

即 $k=1$ 时结论为真.

(2) 设 G 有 $2k$ $(k \geqslant 1)$ 个奇度顶点时结论为真，要证 G 有 $2(k+1)=2k+2$ 个奇度顶点时，结论为真. 设 u, v 为 G 中的两个奇度顶点，令

$$G' = G \cup (u, v),$$

其中 (u, v) 是一条新边，则 G' 连通且有 $2k$ 个奇度顶点（u, v 在 G' 中变成了偶度顶点）. 由

归纳假设可知 G' 中存在 k 条边不重的简单通路 $\Gamma_1, \Gamma_2, \cdots, \Gamma_k$，使得

$$E(G') = \bigcup_{i=1}^{k} E(\Gamma_i).$$

不妨设 Γ_k 含新加边 (u, v)，则 $\Gamma_k - (u, v)$ 是 G 中的两条满足要求的简单通路，记作 Γ'_k, Γ_{k+1}. 于是，G 的边可划分成 $k+1$ 条边不重的简单通路 $\Gamma_1, \Gamma_2, \cdots, \Gamma_{k-1}, \Gamma'_k, \Gamma_{k+1}$. 得证 G 有 $2(k+1) = 2k+2$ 个奇度顶点时，结论为真.

　　6.8　除 K_2 外，K_n $(n \geqslant 1)$ 都是哈密顿图，注意 K_1，即平凡图是哈密顿图.

　　6.9　(1) 设 v 为连通图 G 中的一个割点，则 $V' = \{v\}$ 为 G 中的点割集，$p(G - V') \geqslant 2 > 1 = |V'|$. 由定理 6.1.6 可知 G 不是哈密顿图.

　　(2) 设 $e = (u, v)$ 为 G 中的一个桥. 若 u, v 都是悬挂顶点，则 G 为 K_2，K_2 不是哈密顿图. 若 u, v 中至少有一个，如 $u, d(u) \geqslant 2$，由于 e 与 u 关联，e 为桥，所以 $G - u$ 至少产生两个连通分支，故 u 为 G 中的割点. 由 (1) 可知，G 不是哈密顿图.

　　6.10　定理的必要性显然，即若 G 为哈密顿图，则 $G \cup (u, v)$ 为哈密顿图.

　　下面证明充分性. 即若 $G \cup (u, v)$ 为哈密顿图，证明 G 为哈密顿图. 下面就 $G \cup (u, v)$ 中的哈密顿回路是否含边 $e = (u, v)$ 进行讨论.

　　(1) 设 C 为 $G' = G \cup (u, v)$ 中的哈密顿回路，若新加边 $e = (u, v)$ 不在 C 中，则 C 也是 G 中的哈密顿回路，故 G 也为哈密顿图.

　　(2) 若新加边 $e = (u, v)$ 在 C 中，则 $\Gamma = C - (u, v)$ 为 G 中一条哈密顿通路. 不妨设 $\Gamma = uv_2 \cdots v_{n-1}v$.

　　(2.1) 若 u 与 v 在 G 中相邻，即 $e' = (u, v) \in E(G)$，则 $\Gamma \cup e'$ 为 G 中哈密顿回路，故 G 为哈密顿图.

　　(2.2) 若 u 与 v 在 G 中不相邻. 设 $d(u) = k$，则 $k \geqslant 2$，否则 $d(u) + d(v) \leqslant 1 + (n-2) = n - 1$，这与已知 $d(u) + d(v) \geqslant n$ 相矛盾. 于是 u 除与 v_2 相邻外，还与 $v_{i_2}, \cdots, v_{i_k}$ 相邻，$k \geqslant 2$. 此时 v 必与 $v_{i_2}, \cdots, v_{i_k}$ 左边相邻的顶点 $v_{i_2-1}, \cdots, v_{i_k-1}$ 中的一个相邻，否则 $d(u) + d(v) \leqslant k + (n-2) - (k-1) = n - 1$，这又与已知条件相矛盾. 不妨设 v 与 $v_{i_r-1} (2 \leqslant r \leqslant k)$ 相邻，如图 6.4.1 所示，于是 $uv_2 \cdots v_{i_r-1}vv_{n-1} \cdots v_{i_r}u$ 为 G 中的一条哈密顿回路，所以 G 为哈密顿图.

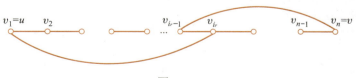

图 6.4.1

6.11 彼得松图是 10 阶 3–正则图，要想消除所有的奇度顶点，应至少加 5 条边，这样才能使其变成所有顶点都是 4 度的顶点，成为欧拉图，如图 6.4.2(a) 和图 6.4.2(b) 所示．彼得松图是半哈密顿图，因而只需加一条新边就可以得到哈密顿图，如图 6.4.2(c) 所示．

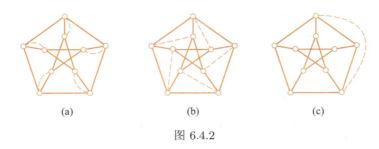

(a)   (b)   (c)

图 6.4.2

6.12 首先叙述一个显然的命题：若 G 为哈密顿图，则 G 中所有 2 度顶点关联的 2 条边（环除外）必须在 G 的任何哈密顿回路上．

若题 6.12 图 (a) 是哈密顿图，它有 3 个 2 度顶点共关联 6 条边，这 6 条边均在任何哈密顿回路中，于是中间的顶点关联回路上的 3 条边，这显然是不可能的，所以题 6.12 图 (a) 不是哈密顿图．

找出题 6.12 图 (a) 的哈密顿通路和题 6.12 图 (b) 的哈密顿回路．

6.13 考虑 $2k$ 阶无向简单图 $G = \langle V, E \rangle$，其中，

$V = \{v \mid v$ 为去完成任务的人$\}$，

$E = \{(u, v) \mid u, v \in V, u \neq v$ 且 u 与 v 有共同熟悉的任务$\}$．

根据题设，$\forall u, v \in V$，有

$$d(u) + d(v) = 2k.$$

由定理 6.1.7 可知，G 中存在哈密顿通路．设 $C = v_{i_1} v_{i_2} \cdots v_{i_{2k}}$ 为 G 的一条哈密顿通路，则在 C 上相邻的顶点均有共同熟悉的任务．于是，沿通路将相邻的两个人 v_{i_1} 与 v_{i_2}，v_{i_3} 与 v_{i_4}，$\cdots$，$v_{i_{2k-1}}$ 与 $v_{i_{2k}}$ 各组成小组，则每个小组的两个人都能去完成他们共同熟悉的任务．

6.14 考虑 n 阶无向简单图 $G = \langle V, E \rangle$，其中，

$V = \{v \mid v$ 为此人群中的成员$\}$，

$E = \{(u, v) \mid u, v \in V, u \neq v$ 且 u 与 v 认识$\}$．

由已知条件，$\forall u, v \in V$，均有

$$d(u) + d(v) \geqslant n - 2. \tag{6.4.1}$$

下面再对 u 与 v 是否认识进行讨论．

(1) 若 u 与 v 认识，则由式 (6.4.1) 可知

$$d(u) + d(v) \geqslant n - 2 + 2 = n. \tag{6.4.2}$$

(2) 若 u 与 v 不认识，则 $\forall w \in V, w \neq u, w \neq v, u$ 与 v 必与 w 都认识. 否则，若 u 与 w 不认识，则 v, w 都不认识 u，于是 v 与 w 合起来至多认识其余的 $n - 3$ 个人，这与已知条件矛盾. 因而

$$d(u) + d(v) \geqslant 2(n - 2). \tag{6.4.3}$$

当 $n \geqslant 3$ 时，有

$$2(n - 2) \geqslant n - 1. \tag{6.4.4}$$

当 $n \geqslant 4$ 时，有

$$2(n - 2) \geqslant n. \tag{6.4.5}$$

于是，当 $n \geqslant 3$ 时，由式 (6.4.2)、式 (6.4.3) 与式 (6.4.4)（根据定理 6.1.7），G 中存在哈密顿通路，所有的人按通路中的顺序排成一列，满足要求. 当 $n \geqslant 4$ 时，由式 (6.4.2)、式 (6.4.3) 与式 (6.4.5)（根据定理 6.1.7 的推论 6.1.2），G 中存在哈密顿回路，所有的人按回路中的顺序围成圆圈即满足要求.

6.15 考虑无向简单图 $G = \langle V, E \rangle$，其中，
$V = \{v | v$ 为 6 种颜色之一$\}$，
$E = \{(u, v) | u, v \in V, u \neq v$，且在这批布中有 u 与 v 搭配的双色布$\}$.
由已知条件可知，$\forall u, v \in V$，有

$$d(u) + d(v) \geqslant 3 + 3 = 6 = |V|.$$

由定理 6.1.7 的推论 6.1.2 可知，G 为哈密顿图. 设 $C = v_{i_1} v_{i_2} \cdots v_{i_6} v_{i_1}$ 是 G 中的一条哈密顿回路. 任何两个顶点若在 C 中相邻，则在这批布中存在由这两个顶点代表的颜色搭配而成的双色布. 于是，在这批布中有 v_{i_1} 与 v_{i_2}，v_{i_3} 与 v_{i_4}，v_{i_5} 与 v_{i_6} 搭配成的 3 种双色布，它们使用了全部 6 种颜色.

6.16 $n!$ 条.

6.17 在国际象棋棋盘中，每个格子是一个顶点，两个顶点相邻当且仅当马可以从对应的一个格子跳到另一个格子. 显然，存在马的周游当且仅当图中有哈密顿通路. 对于 3×4 的棋盘，不难在对应的图中找到一个哈密顿通路，因此存在马的周游. 图 6.4.3 给出了一个在 3×4 棋盘上马的周游. 对于 3×3 棋盘，中心格子对应的顶点是一个孤立点，对应的图是非连通的，不存在哈密顿通路，因此不存在马的周游.

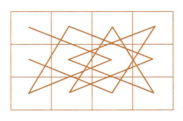

图 6.4.3

$\boxed{6.18}$ (1) 利用定理 6.1.7 的推论 6.1.2 证明 G 为哈密顿图, 证明中用到 n 阶简单图的边数 $m \leqslant \dfrac{1}{2} n(n-1)$.

由定理 6.1.7 的推论 6.1.2 可知, 只需证明: $\forall u, v \in V(G)$, 均有

$$d(u) + d(v) \geqslant n.$$

假设不然, $\exists u, v \in V(G)$, 使得

$$d(u) + d(v) \leqslant n - 1.$$

考虑图 $G' = G - \{u, v\}, G'$ 的边数

$$\begin{aligned}
m' &\geqslant m - (n-1) \\
&= \frac{1}{2}(n-1)(n-2) + 2 - (n-1) \\
&= \frac{1}{2}[(n-1)(n-2) + 4 - 2(n-1)] \\
&= \frac{1}{2}(n^5 - 5n + 6 + 2) \\
&= \frac{1}{2}(n-2)(n-3) + 1,
\end{aligned}$$

即, $m' \geqslant \dfrac{1}{2}(n-2)(n-3) + 1$. 可是 G' 是 $n-2$ 阶简单图, 因而应有

$$m' \leqslant \frac{1}{2}(n-2)(n-3).$$

得出矛盾. 所以, $\forall u, v \in V(G)$, 均有 $d(u) + d(v) \geqslant n$, 得证 G 为哈密顿图.

(2) 举反例说明, 当 $m = \dfrac{1}{2}(n-1)(n-2) + 1$ 时, G 不一定为哈密顿图. 这种反例很多, 下面给出一组这样的图.

在 $n-1$ 阶完全图 K_{n-1} $(n \geqslant 2)$ 的外面放置一个顶点 v_n, 让 v_n 与 K_{n-1} 上任意一个顶点 $v_i (1 \leqslant i \leqslant n-1)$ 相邻, 这样得到一个 n 阶无向简单图 G_n. G_n 的边数为

$$m = K_{n-1} \text{ 的边数} + 1 = \frac{1}{2}(n-1)(n-2) + 1.$$

显然 G_n 不是哈密顿图.

6.19 结论不成立. 这个条件是哈密顿图的必要条件, 但不是充分条件. 例如, 2 阶完全图 K_2 与彼得松图都满足这个条件, 但它们都不是哈密顿图.

6.20 结论不成立. 这个条件是哈密顿图的充分条件, 但不是必要条件. 例如, $n (n \geqslant 6)$ 阶圈 C_n 是哈密顿图, 但 $\forall u, v \in V(C_n)$,

$$d(u) + d(v) = 4 < n.$$

与欧拉图不同, 到目前为止, 还没有找到哈密顿图的简单充分必要条件. 对哈密顿图来说, 有些是必要条件, 但它们不是充分条件, 同样, 有些是充分条件, 但它们不是必要条件. 千万注意, 别将必要条件当成充分条件, 同样也别把充分条件当成必要条件.

6.21 题 6.21 图 (a) 计算结果如表 6.4.1 所示. 其中, $*$ 表示在这一步确定的永久标号.

表 6.4.1

顶点	步骤							
	1	2	3	4	5	6	7	8
v_1	$(v_1, 0)^*$							
v_2	$(v_1, +\infty)$	$(v_1, 6)$	$(v_1, 6)$	$(v_1, 6)^*$				
v_3	$(v_1, +\infty)$	$(v_1, 3)^*$						
v_4	$(v_1, +\infty)$	$(v_1, +\infty)$	$(v_3, 5)^*$					
v_5	$(v_1, +\infty)$	$(v_1, +\infty)$	$(v_3, 8)$	$(v_4, 6)$	$(v_4, 6)^*$			
v_6	$(v_1, +\infty)$	$(v_1, +\infty)$	$(v_1, +\infty)$	$(v_1, +\infty)$	$(v_2, 12)$	$(v_2, 12)$	$(v_2, 12)$	$(v_2, 12)^*$
v_7	$(v_1, +\infty)$	$(v_1, +\infty)$	$(v_3, 11)$	$(v_3, 11)$	$(v_3, 11)$	$(v_5, 7)^*$		
v_8	$(v_1, +\infty)$	$(v_1, +\infty)$	$(v_1, +\infty)$	$(v_4, 11)$	$(v_4, 11)$	$(v_4, 11)$	$(v_7, 10)^*$	

从 v_1 到 v_2 的最短路径: $v_1 v_2$, 距离: 6.

从 v_1 到 v_3 的最短路径: $v_1 v_3$, 距离: 3.

从 v_1 到 v_4 的最短路径: $v_1 v_3 v_4$, 距离: 5.

从 v_1 到 v_5 的最短路径: $v_1 v_3 v_4 v_5$, 距离: 6.

从 v_1 到 v_6 的最短路径: $v_1 v_2 v_6$, 距离: 12.

从 v_1 到 v_7 的最短路径: $v_1 v_3 v_4 v_5 v_7$, 距离: 7.

从 v_1 到 v_8 的最短路径：$v_1v_3v_4v_5v_7v_8$，距离：10.

题 6.21 图 (b) 计算结果如表 6.4.2 所示. 其中，* 表示在这一步确定的永久标号.

表 6.4.2

顶点	步骤					
	1	2	3	4	5	6
v_1	$(v_1,0)^*$					
v_2	$(v_1,+\infty)$	$(v_1,4)^*$				
v_3	$(v_1,+\infty)$	$(v_1,8)$	$(v_2,6)^*$			
v_4	$(v_1,+\infty)$	$(v_1,+\infty)$	$(v_2,7)$	$(v_2,7)^*$		
v_5	$(v_1,+\infty)$	$(v_1,+\infty)$	$(v_2,10)$	$(v_2,10)$	$(v_2,10)$	$(v_2,10)^*$
v_6	$(v_1,+\infty)$	$(v_1,+\infty)$	$(v_1,+\infty)$	$(v_3,14)$	$(v_4,8)^*$	

从 v_1 到 v_2 的最短路径：v_1v_2，距离：4.

从 v_1 到 v_3 的最短路径：$v_1v_2v_3$，距离：6.

从 v_1 到 v_4 的最短路径：$v_1v_2v_4$，距离：7.

从 v_1 到 v_5 的最短路径：$v_1v_2v_5$，距离：10.

从 v_1 到 v_6 的最短路径：$v_1v_2v_4v_6$，距离：8.

最短路径可能不唯一. 例如，$v_1v_2v_4v_5$ 也是从 v_1 到 v_5 的最短路径，其长度与 $v_1v_2v_5$ 一样，都是 10.

6.22 第 i 年初购买使用到第 j 年初（第 $j-1$ 年末）所需的总费用（购买费 + 维修费 − 残值）如表 6.4.3 所示. 按如下方法构造有向带权图 G：有 6 个顶点，顶点 $v_i(1 \leqslant i \leqslant 6)$ 表示第 i 年初（第 $i-1$ 年末），每一对顶点 v_i 和 $v_j(1 \leqslant i < j \leqslant 6)$ 之间有一条边，表示在第 i 年初购买设备使用到第 $j-1$ 年末，其权为所需的总费用，即表 6.4.3 中对应的数据. 图 G 如图 6.4.4 所示. 问题转化为求 G 中顶点 1～6 的最短路径和距离. 用迪杰斯特拉标号法求得从顶点 1 到 6 的最短路径 $v_1v_3v_6$，距离为 49. 因此，应该在第 1 年和第 3 年初购买新设备，5 年的总费用是 49 万元.

表 6.4.3　　　　　　　　　　　单位：万元

i	j				
	2	3	4	5	6
1	14	19	28	40	59
2		15	20	29	41
3			16	21	30
4				17	22
5					18

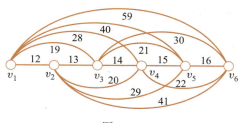

图 6.4.4

6.23　这是中国邮递员问题. 在题 6.23 图中有 4 个奇度顶点 B, E, F 和 J. 把这 4 个顶点分成 2 对, 复制每一对顶点之间的最短路径, 得到一个欧拉图. 这个欧拉图中的欧拉回路是一条巡回路线. 为了使巡回路线最短, 使复制的 2 条最短路径的长度之和最短即可. 不难看到, 在 B 和 E 之间复制边 $(B, A), (A, E)$, 在 F 和 J 之间复制边 (F, J) 就能满足要求. 用弗勒里算法求得一条欧拉回路: $GHCDHLKGCBAEFBAEIJFKJFG$, 其总长度等于街道的总长度 + 复制的边的长度:

$$(1 + 8 + 9 + 2 + 6 + 6 + 10 + 7 + 3 + 7 + 11 + 4 + 7 + 12 + 6 + 9 + 5 + 8 + 10)$$

$$\times 10^2 \text{ m} + (1 + 3 + 7) \times 10^2 \text{ m} = 142 \times 10^2 \text{ m}.$$

6.5　小测验

6.5.1　试题

1. 填空题 (6 小题, 每小题 5 分, 共 30 分).

(1) 在完全图 $K_{2k}(k \geqslant 2)$ 上至少加_____ 条边, 才能使所得的图为欧拉图.

(2) 当 n 为_____ 时, 完全图 K_n 既是欧拉图, 又是哈密顿图.

(3) 设 $r, s \geqslant 2$ 且为偶数, 则完全二部图 $K_{r,s}$ 中的欧拉回路共含_____ 条边.

(4) 设完全二部图 $K_{r,s}$ 为哈密顿图, 则 r, s 应满足_____.

(5) 命题 "强连通的有向图都是哈密顿图" 的真值为_____.

(6) 命题 "设 G 为 n 阶无向简单图, 若 $\exists u, v \in V(G), u$ 与 v 不相邻, 且满足 $d(u) + d(v) \leqslant n - 1$, 则 G 不是哈密顿图" 的真值为_____.

2. 简答题 (4 小题, 每小题 10 分, 共 40 分).

(1) 在如图 6.5.1 所示的 3 个图中, 找出欧拉图和半欧拉图. 对欧拉图, 用弗勒里算法求一条欧拉回路.

(2) 对图 6.5.1 中的欧拉图, 将其分解成若干个边不重的圈之并, 要求给出两种不同的这种分解.

(3) 证明图 6.5.2(a) 为哈密顿图，并求一条哈密顿回路.

(4) 证明图 6.5.2(b) 不是哈密顿图.

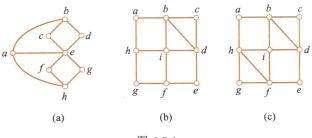

图 6.5.1

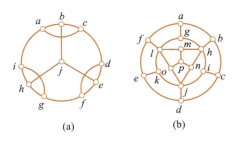

图 6.5.2

3. 证明题（2 小题，每小题 10 分，共 20 分）.

(1) 证明：若无向图 G 为欧拉图，则 G 中无桥.

(2) 设 G 为无向连通图，C 为 G 中一条初级回路（圈），若从 C 上删除任何一条边后，C 中剩下的边构造的路径都是 G 中最长的路径，证明：C 为 G 中的哈密顿回路.

4. 应用题（10 分）.

已知 a, b, c, d, e, f, g 这 7 人中，会讲的语言分别为：

a：英语、德语.

b：英语、汉语.

c：英语、意大利语、俄语.

d：汉语、日语.

e：意大利语、德语.

f：俄语、日语、法语.

g：德语、法语.

问：能否将他们的座位安排在圆桌旁，使得每个人都能与他身边的人交谈？

6.5.2　答案或解答

1. (1) k.　(2) 奇数.　(3) rs.　(4) $r = s \geqslant 2$.　(5) 假.　(6) 假.

2. (1) 图 6.5.1(b) 为半欧拉图, 图 6.5.1(c) 为欧拉图. 图 6.5.1(c) 中有多条欧拉回路, $abcdefghidbifha$ 为其中的一条.

(2) 在图 6.5.3 中给出图 6.5.1(c) 的两种不同分解.

(2.1) 分解成 3 个边不重圈之并: 一个长度为 8 的圈 $abcdefgha$, 两个长度为 3 的圈 $bdib$ 与 $ifhi$.

(2.2) 分解成 4 个边不重圈之并: 两个长度为 4 的圈 $abiha$ 与 $defid$, 两个长度为 3 的圈 $bcdb$ 与 $hfgh$.

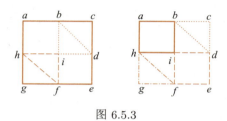

图 6.5.3

(3) 图 6.5.2(a) 为 10 阶简单图, 可以找到一条哈密顿回路, 如 $acbjedfghia$, 所以它是哈密顿图.

(4) 图 6.5.2(b) 是阶数 $n = 16$, 边数 $m = 27$ 的无向简单图, 记作 G. 它不是哈密顿图, 证明如下.

方法一　利用定理 6.1.6. 取 $V_1 = \{h, j, l, a, c, e, p\}$, 则 $G - V_1$ 是 9 个孤立点,

$$p(G - V_1) = 9 > |V_1| = 7.$$

由定理 6.1.6 可知, 图 G 不是哈密顿图.

方法二　顶点 a, c, e, h, j, l, p 彼此不相邻, 关联全部 27 条边. 在哈密顿回路上, 每个顶点恰好关联 2 条边, 这 7 个顶点共关联 14 条边, 剩下 13 条不能用, 能用的边至多为 $27 - 13 = 14$ 条. 因为 14 条边显然不能构成 16 阶图中的哈密顿回路, 故图 G 不可能是哈密顿图.

3. (1) 反证法. 假设 G 中有桥, 设 $e = (u, v)$ 为桥. 考虑 $G - e$, 它有两个连通分支 G_1 和 G_2. 由于 $d_G(u)$ 和 $d_G(v)$ 都是偶数 (因为 G 为欧拉图), 因而 $d_{G_1}(u)$ 和 $d_{G_2}(v)$ 都为奇数. 可是 G_1, G_2 中其他顶点的度数均为偶数, 这与握手定理的推论相矛盾, 因而欧拉图中不可能含桥.

(2) 只需证明 G 中所有顶点都在 C 上. 假设不然, 存在一点 w 不在 C 上. 由 G 的连通性, C 上有一点 u 使得连接 w 与 u 的初级通路 $\Gamma = w \cdots u$ 上的边都不在 C 上, Γ

的长度 $\geqslant 1$. 设在 C 上 v 与 u 相邻, 即 (u,v) 是 C 的一条边, 如图 6.5.4(a) 所示. 考虑

$$\Gamma_1 = C - e = uv_1v_2\cdots v_rv \quad （如图 6.5.4(b) 所示）,$$

$$\Gamma_2 = \Gamma_1 \cup \Gamma = w\cdots uv_1v_2\cdots v_rv \quad （如图 6.5.4(c) 所示）.$$

显然 Γ_2 比 Γ_1 长, 这与 Γ_1 应为 G 中最长的路径矛盾.

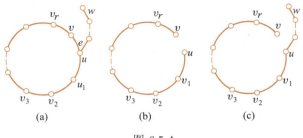

图 6.5.4

4. 考虑无向图 $G = \langle V, E \rangle$, 其中,

$V = \{a, b, c, d, e, f, g\}$,

$E = \{(u,v)|u, v \in V, u \neq v$ 且 u 与 v 会讲同一种语言$\}$.

根据已知条件, 容易画出 G 的图形, 如图 6.5.5(a) 所示. 在 G 中, u 与 v 相邻当且仅当 u 与 v 会讲同一种语言. 若 G 中存在哈密顿回路, 就可以按他们在回路中的顺序安排就座. 图 6.5.5(a) 是哈密顿图, 图 6.5.5 中 (b) 与 (c) 是两条不同的哈密顿回路. (b) 中的回路为 $acegfdba$, (c) 中回路为 $aegfdbca$. 按这两条回路安排就座都可以.

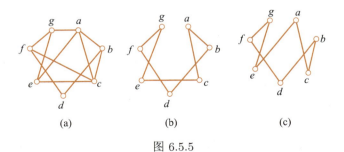

图 6.5.5

第 7 章
树

7.1 内容提要

7.1.1 无向树

无向树的定义

  定义 7.1.1 连通无回路的无向图称作 无向树，或简称为 树. 每个连通分支都是树的无向图称作 森林. 平凡图称作 平凡树. 在无向树中，悬挂顶点称作 树叶，度数大于或等于 2 的顶点称作 分支点.

  说明：定义中的回路是指初级回路或简单回路.

无向树的判别

  定理 7.1.1 设 $G = \langle V, E \rangle$ 是 n 阶 m 条边的无向图，则下列各命题是等价的.

(1) G 是树.

(2) G 中任意两个顶点之间存在唯一的路径.

(3) G 中无回路且 $m = n - 1$.

(4) G 是连通的且 $m = n - 1$.

(5) G 是连通的且任何边均为桥.

(6) G 中没有回路，但在任何两个不同的顶点之间加一条新边后所得的图中有唯一的一个含新边的圈.

定理 7.1.2 设 T 是 n 阶非平凡的无向树，则 T 中至少有两片树叶.

称只有一个分支点，且分支点的度数为 $n-1$ 的 $n(n \geqslant 3)$ 阶无向树为 星形图，称其唯一的分支点为 星心.

7.1.2 生成树

无向图 G 的生成树

定义 7.1.2 如果无向图 G 的生成子图 T 是树，那么称 T 是 G 的 生成树. 设 T 是 G 的生成树，G 中且在 T 中的边称作 T 的 树枝，不在 T 中的边称作 T 的 弦. 称 T 的所有弦的导出子图为 T 的 余树，记作 $\overline{T}$.

定理 7.1.3 无向图 G 有生成树当且仅当 G 是连通图.

推论 7.1.1 设 G 为 n 阶 m 条边的无向连通图，则 $m \geqslant n-1$.

定理 7.1.4 设 T 为无向连通图 G 中的一棵生成树，e 为 T 的任意一条弦，则 $T \cup e$ 中存在 G 中只含一条弦 e、其余边均为树枝的圈，而且不同的弦对应的圈也不同.

定义 7.1.3 设 T 是 n 阶 m 条边的无向连通图 G 的一棵生成树，设 $e'_1, e'_2, \cdots, e'_{m-n+1}$ 为 T 的弦，$C_r(r = 1, 2, \cdots, m-n+1)$ 为 T 添加弦 e'_r 产生的 G 中由弦 e'_r 和树枝构成的圈，称 C_r 为 G 的对应弦 e'_r 的 基本回路 或 基本圈. 称 $\{C_1, C_2, \cdots, C_{m-n+1}\}$ 为 G 对应 T 的 基本回路系统，称 $m-n+1$ 为 G 的 圈秩，记作 $\xi(G)$.

定理 7.1.5 设 T 是连通图 G 的一棵生成树，e 为 T 的树枝，则 G 中存在只含树枝 e、其余边都是弦的割集，且不同的树枝对应的割集也不同.

定义 7.1.4 设 T 是 n 阶连通图 G 的一棵生成树，$e_1, e_2, \cdots, e_{n-1}$ 为 T 的树枝，$S_i(i = 1, 2, \cdots, n-1)$ 是由树枝 e_i 和弦构成的割集，则称 S_i 为 G 的对应树枝 e_i 的 基本割集. 称 $\{S_1, S_2, \cdots, S_{n-1}\}$ 为 G 对应 T 的 基本割集系统，称 $n-1$ 为 G 的 割集秩，记作 $\eta(G)$.

最小生成树

定义 7.1.5 设无向连通带权图 $G = \langle V, E, W \rangle$，$T$ 是 G 的一棵生成树，T 的各边权之和称为 T 的 权，记作 $W(T)$. G 的所有生成树中权最小的生成树称为 G 的 最小生成树.

避圈法（克鲁斯卡尔（Kruskal）算法）.

设 n 阶无向连通带权图 $G = \langle V, E, W \rangle$ 有 m 条边. 不妨设 G 中没有环（否则，可以将所有的环先删去），将 m 条边按权从小到大顺序排列，设为 $e_1, e_2, \cdots, e_m$.

将 e_1 加入 T 中，然后依次检查 $w_2, e_3, \cdots, e_m$. 若 $e_j(j \geqslant 2)$ 与已在 T 中的边不能构成回路，则将 e_j 加入 T 中，否则放弃 e_j.

算法停止时得到的 T 为 G 的最小生成树.

7.1.3 根树及其应用

根树

定义 7.1.6 若有向图的基图是无向树，则称这个有向图为 有向树. 一个顶点的入度为 0、其余顶点的入度为 1 的有向树称作 根树. 入度为 0 的顶点称作 树根，入度为 1、出度为 0 的顶点称作 树叶，入度为 1、出度不为 0 的顶点称作 内点，内点和树根统称作 分支点. 从树根到任意顶点 v 的路径的长度（即路径中的边数）称作 v 的 层数，所有顶点的最大层数称作 树高.

家族树

常将根树看成 家族树，家族中成员之间的关系由下面的定义给出.

定义 7.1.7 设 T 为一棵非平凡的根树，$\forall v_i, v_j \in V(T)$，若 v_i 可达 v_j，则称 v_i 为 v_j 的 祖先，v_j 为 v_i 的 后代；若 v_i 邻接到 v_j，即 $\langle v_i, v_j \rangle \in E(T)$，则称 v_i 为 v_j 的 父亲，而 v_j 为 v_i 的 儿子. 若 v_j, v_k 的父亲相同，则称 v_j 与 v_k 是 兄弟.

有序树

设 T 为根树，若将 T 中层数相同的顶点都标定次序，则称 T 为 有序树.

根据根树 T 中每个分支点儿子数以及是否有序，可以将根树分成下列各类.

(1) 若 T 的每个分支点至多有 r 个儿子，则称 T 为 r 叉树；又若 r 叉树是有序的，则称它为 r 叉有序树.

(2) 若 T 的每个分支点都恰好有 r 个儿子，则称 T 为 r 叉正则树；又若 T 是有序的，则称它为 r 叉正则有序树.

(3) 若 T 是 r 叉正则树，且每个树叶的层数均为树高，则称 T 为 r 叉完全正则树；又若 T 是有序的，则称它为 r 叉完全正则有序树.

根子树

定义 7.1.8 设 T 为一棵根树，$\forall v \in V(T)$，称 v 及其后代的导出子图 T_v 为 T 的以 v 为根的 根子树.

二叉正则有序树的每个分支点的两个儿子导出的根子树分别称作该分支点的 左子树 和 右子树.

最优二叉树

定义 7.1.9 设二叉树 T 有 t 片树叶 $v_1, v_2, \cdots, v_t$，权分别为 $w_1, w_2, \cdots, w_t$，称
$$W(T) = \sum_{i=1}^{t} w_i l(v_i)$$
为 T 的 权，其中 $l(v_i)$ 是 v_i 的层数. 在所有有 t 片树叶、带权 $w_1, w_2, \cdots, w_t$ 的二叉树中，权最小的二叉树称作 最优二叉树.

求最优二叉树的算法——霍夫曼（Huffman）算法.

霍夫曼算法

输入：给定实数 $w_1, w_2, \cdots, w_t$.

输出：无.

---

1 做 t 片树叶，分别以 $w_1, w_2, \cdots, w_t$ 为权

2 在所有入度为 0 的顶点（不一定是树叶）中选出两个权最小的顶点，添加一个
   新分支点，它以这两个顶点为儿子，其权等于这两个儿子的权之和

3 重复 2，直到只有 1 个入度为 0 的顶点为止

$W(T)$ 等于所有分支点的权之和.

二元前缀码

定义 7.1.10 设 $\alpha_1\alpha_2\cdots\alpha_{n-1}\alpha_n$ 是长为 n 的符号串，称其子串 $\alpha_1, \alpha_1\alpha_2, \cdots, \alpha_1\alpha_2\cdots$ α_n 为该符号串的前缀. 设 $A = \{\beta_1, \beta_2, \cdots, \beta_m\}$ 是一个符号串集合，若 A 的任意两个符号串都互不为前缀，则称 A 为前缀码. 由 0，1 符号串构成的前缀码称作二元前缀码.

周游

对一棵根树的每个顶点都访问一次且仅一次称作行遍或周游一棵树.

对于二叉有序正则树有以下 3 种周游方式.

(1) 中序行遍法（可还原算式）. 访问的次序为左子树、树根、右子树.

(2) 前序行遍法（可产生波兰符号法表达式）. 访问的次序为树根、左子树、右子树.

(3) 后序行遍法（可产生逆波兰符号法表达式）. 访问的次序为左子树、右子树、树根.

7.2 基本要求

1. 深刻理解无向树的定义，熟练掌握无向树的主要性质，并能够灵活地应用它们.

2. 熟练地求解无向树，准确地画出阶数较小的所有非同构的无向树.

3. 深刻理解基本回路、基本回路系统、基本割集、基本割集系统，并且能够熟练地求出给定的生成树.

4. 熟练地应用克鲁斯卡尔算法求最小生成树.

5. 理解根树及其分类的概念.

6. 能够画出阶数 n 较小的所有非同构的根树.

7. 熟练掌握霍夫曼算法，能够熟练地用它求最佳前缀码.

8. 掌握波兰符号法及逆波兰符号法的算法.

7.3 习题课

7.3.1 题型一：画非同构的无向树、生成树和根树

1. 下面给出的 3 组数列都可作为无向简单图的度数列，其中哪个（些）可以成为无向树的度数列? 对每个这样的度数列至少画出 3 棵非同构的无向树.

(1) $(1, 1, 2, 2, 3, 3, 4, 4)$.

(2) $(1, 1, 1, 1, 2, 2, 3, 3)$.

(3) $(1, 1, 1, 2, 2, 2, 2, 3)$.

2. 无向图 G 如图 7.3.1 所示，试求出 G 的所有非同构的生成树.

3. 画出由图 7.3.2 所示无向树派生的所有非同构的根树.

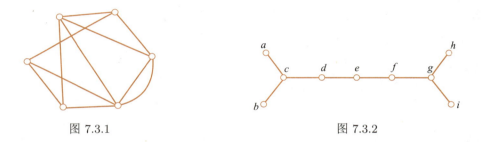

图 7.3.1   图 7.3.2

解答与分析

1. 求解本题的依据是无向树的性质，主要是阶数 n 与边数 m 的关系，即 $m = n - 1$. 另外还要使用握手定理.

所给 3 个数列的长度都是 8，因而所对应的无向图的阶数 $n = 8$. 如果数列能够充当无向树的度数列，必有边数 $m = n - 1 = 7$. 设数列中元素为 $d_1, d_2, \cdots, d_8$，由握手定理必有

$$\sum_{i=1}^{8} d_i = 2m = 14.$$

(1) $\displaystyle\sum_{i=1}^{8} d_i = 20 \neq 14$，故数列 $(1, 1, 2, 2, 3, 3, 4, 4)$ 不能作为无向树度数列.

(2) $\displaystyle\sum_{i=1}^{8} d_i = 14$，以这个数列 $(1, 1, 1, 1, 2, 2, 3, 3)$ 为度数列能画出 5 棵非同构的无向树，如图 7.3.3 所示.

(3) $\displaystyle\sum_{i=1}^{8} d_i = 14$，可画出 4 棵非同构的无向树以数列 $(1, 1, 1, 2, 2, 2, 2, 3)$ 为度数列，如

图 7.3.4 所示.

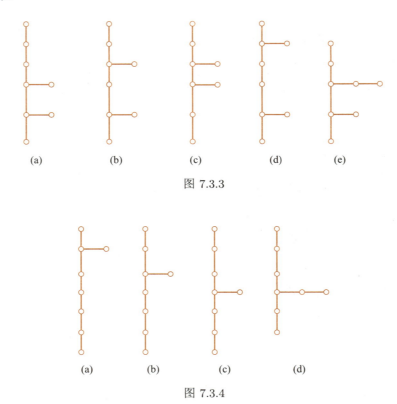

图 7.3.3

图 7.3.4

2. 如图 7.3.1 所示的无向图 G 为 6 阶图, 因而它的生成树都是 6 阶树, 6 个顶点的度数之和等于 10. 将 10 分配给 6 个顶点只可能有下述 5 种方案.

(1) $1, 1, 1, 1, 1, 5$.

(2) $1, 1, 1, 1, 2, 4$.

(3) $1, 1, 1, 1, 3, 3$.

(4) $1, 1, 1, 2, 2, 3$.

(5) $1, 1, 2, 2, 2, 2$.

删去平行边后, G 的最大度数为 4, 因而 G 不可能有对应 (1) 的生成树. (4) 对应两棵非同构的树, (2)、(3)、(5) 各对应一棵非同构的树, 共有 5 棵非同构的生成树, 如图 7.3.5 所示, 其中, (a) 对应 (2), (b) 对应 (3), (c) 与 (d) 都对应 (4), (e) 对应 (5).

3. 只需注意, 以 a, b, h, i 为根生成的根树都是同构的, 同样, 以 c 和 g 为根生成的根树都是同构的, 以 d 和 f 为根生成的根树也是同构的, 因而共可生成 4 棵非同构的根树, 如图 7.3.6 所示.

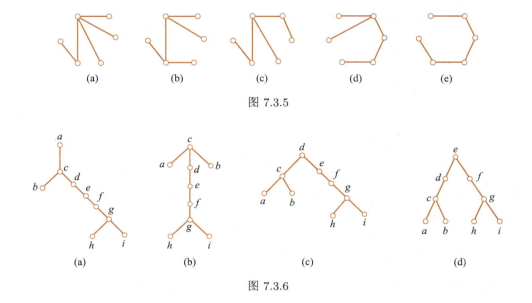

图 7.3.5

图 7.3.6

7.3.2　题型二：解无向树与生成树

1. 设无向树 T 中，有 2 个 2 度顶点，2 个 3 度顶点，1 个 4 度顶点，其余的顶点均为树叶. 试求 T 的阶数 n、边数 m、树叶数 t.

2. 设 T 是 6 阶无向简单图 G 的一棵生成树. 讨论下列问题.

(1) 当 G 的边数 $m = 9$ 时，T 的余树 $\overline{T}$ 还有可能是 G 的生成树吗？

(2) 当 G 的边数 $m = 12$ 时，T 的余树 $\overline{T}$ 还有可能是 G 的生成树吗？

(3) 当 G 的边数 $m = 10$ 时，T 的余树 $\overline{T}$ 可能有哪几种情况？

解答与分析

1. 解本题的关键步骤是利用 $m = n - 1$ 和握手定理. 由 $m = n - 1$ 及握手定理可得

$$2m = 2n - 2 = 2 \times 2 + 3 \times 2 + 1 \times 4 + (n - 5) \times 1 = 9 + n.$$

解得 $n = 11, m = 10, t = 11 - 5 = 6$.

2. (1) 当 G 的边数 $m = 9$ 时，$\overline{T}$ 不可能为 6 阶图的生成树. 因为 T 的边数是 $6 - 1 = 5$，因而 $\overline{T}$ 的边数为 $9 - 5 = 4$, 而 4 条边不可能构成 6 阶树.

(2) 当 G 的边数 $m = 12$ 时，$\overline{T}$ 也不可能成为 G 的生成树. 由于 T 的边数是 5，$\overline{T}$ 的边数为 7，因而 $\overline{T}$ 不可能是 G 的生成树.

(3) 当 G 的边数 $m = 10$ 时，$\overline{T}$ 有以下 3 种情况.

(3.1) $\overline{T}$ 也是 G 的生成树，如图 7.3.7(a) 所示，其中实线边构成 T，虚线边构成 $\overline{T}$.

(3.2) $\overline{T}$ 中含圈，不是树，如图 7.3.7(b) 所示.

(3.3) $\overline{T}$ 为 G 的非连通子图，也不是树，如图 7.3.7(c) 所示.

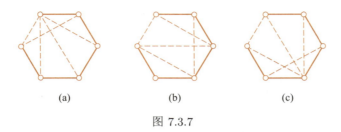

(a)   (b)   (c)

图 7.3.7

由此可见，任意图 G 的生成树 T 的余树 $\overline{T}$ 可能是 G 的生成树，也可能含圈，还有可能不连通，从而不是树.

7.3.3　题型三：基本回路与基本割集

在如图 7.3.8 所示的无向图 G 中，实线边的导出子图为 G 的生成树 T.
(1) 求 G 对应 T 的基本回路与基本回路系统.
(2) 求 G 对应 T 的基本割集与基本割集系统.

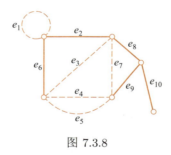

图 7.3.8

解答与分析

对应每一条弦有一条基本回路，每一条基本回路中只含一条弦，其余的边全为树枝. 对应每一根树枝有一个基本割集，每一个基本割集中只含一根树枝，其余的边全为弦. 注意回路与割集的不同表示法.

(1) 对应弦 e_1 的基本回路为 $C_1 = e_1$.

对应弦 e_3 的基本回路为 $C_2 = e_3 e_2 e_6$.

对应弦 e_4 的基本回路为 $C_3 = e_4 e_9 e_8 e_2 e_6$.

对应弦 e_5 的基本回路为 $C_4 = e_5 e_9 e_8 e_2 e_6$.

对应弦 e_7 的基本回路为 $C_5 = e_7 e_9 e_8$.

基本回路系统为 $C_{\text{基}} = \{C_1, C_2, C_3, C_4, C_5\}$.

(2) 对应树枝 e_6 的基本割集为 $S_1 = \{e_6, e_3, e_4, e_5\}$.

对应树枝 e_2 的基本割集为 $S_2 = \{e_2, e_3, e_4, e_5\}$.

对应树枝 e_8 的基本割集为 $S_3 = \{e_8, e_7, e_4, e_5\}$.

对应树枝 e_9 的基本割集为 $S_4 = \{e_9, e_7, e_4, e_5\}$.

对应树枝 e_{10} 的基本割集为 $S_5 = \{e_{10}\}$.

基本割集系统为 $S_基 = \{S_1, S_2, S_3, S_4, S_5\}$.

7.3.4　题型四：求最小生成树

对如图 7.3.9 所示的无向带权图 G 求一棵最小生成树 T，并计算 T 的权 $W(T)$.

解答与分析

按克鲁斯卡尔算法，细心地寻找最小生成树的边. 所得的最小生成树如图 7.3.10 所示，$W(T) = 31$.

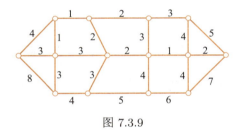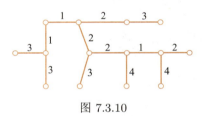

图 7.3.9　　　　　　　　　　图 7.3.10

7.3.5　题型五：根树

1. 高为 h 的 $r(\geqslant 2)$ 叉正则树至多有多少片树叶？至少有多少片树叶？

2. 根树 T 如图 7.3.11 所示.

(1) T 是几叉树？要将 T 变成正则树至少要加几个顶点、几条边？

(2) T 有几个内点？分别是哪些顶点？

(3) T 有几个分支点？分别是哪些顶点？

(4) T 的树高 $h(T)$ 为多少？

解答与分析

1. r 叉正则树，当它为 r 叉完全正则树时，树叶最多. 树高为 h 的 r 叉正则树的树叶数为 r^h. 树高为 h 的 r 叉正则树，当第 1 层到第 $h-1$ 层上均有 $r-1$ 片树叶和一个分支点，第 h 层上有 r 片树叶（没有分支点）时树叶最少，此时树叶数为 $(r-1)(h-1)+r$. 当 $r=3, h=3$ 时，树叶数 $t=7$，如图 7.3.12 所示.

2. (1) T 是 3 叉树. T 有 4 个分支点（即 a, b, d, e）是 2 度的，故要将 T 变成 3 叉

正则树至少要加 4 个顶点和 4 条边.

(2) T 有 4 个内点, 分别为 b, i, d, e.

(3) T 有 5 个分支点, 除了 (2) 中的 4 个内点外, 还有树根 a.

(4) $h(T) = 4$.

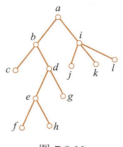

图 7.3.11

图 7.3.12

7.3.6　题型六：证明题

1. 设 G 为 n 阶 m 条边的无向简单连通图, 已知 $m \geqslant n$, 证明：G 中必含圈.

2. 设 $d_1, d_2, \cdots, d_n$ 是 n 个正整数, $\sum\limits_{i=1}^{n} d_i = 2n - 2, n \geqslant 2$, 证明：存在无向树 T 以 $(d_1, d_2, \cdots, d_n)$ 为度数列.

解答与分析

1. 本题在学习树的概念及性质前后可以有不同的证明方法.

方法一　归结为扩大路径法.

(1) 修改图 G. 若 G 中有悬挂顶点, 则删除它们, 得 G_1；若 G_1 还有悬挂顶点, 再将它们删除, 继续这一过程, 最后得无悬挂顶点图 G_r. 由于删除悬挂顶点时, 均删除且只删除了与它关联的悬挂边, 因而在 G_r 中仍有 $m_r \geqslant n_r$, 其中 m_r 和 n_r 分别为 G_r 的边数和阶数, 且 $\delta(G_r) \geqslant 2$. 显然, 删除悬挂顶点及其关联的边不会影响图是否有圈, 故只需证明 G_r 中有圈即可.

(2) 用扩大路径法找圈. 易知 G_r 依然连通且为简单图, 又 $\delta(G_r) \geqslant 2$. 设 $\Gamma = v_1 v_2 \cdots v_l$ 为 G_r 中的一条极大路径, 则 $l - 1 \geqslant 2$, 即 $l \geqslant 3$. 由于 v_1 不与 Γ 外顶点相邻, 要达到 $d(v_1) \geqslant 2$, v_1 除与 v_2 相邻外, 还必存在 $v_s (2 < s \leqslant l)$ 与 v_1 相邻. 于是 $v_1 v_2 \cdots v_s v_1$ 为 G_r 中长度大于或等于 3 的圈, 此圈当然在 G 中.

方法二　用树的性质 $m = n - 1$ 证明.

反证法. 假设 G 中无初级回路, 由 G 的连通性可知, G 为树, 因而 $m = n - 1$, 这与已知 $m \geqslant n$ 相矛盾, 所以 G 中必含圈.

2. 首先叙述一个命题：设 $n \geqslant 3$，当 $\sum\limits_{i=1}^{n} d_i = 2n - 2$ 时，有

(2.1) $d_1, d_2, \cdots, d_n$ 中至少有一个 1. （否则，$\sum\limits_{i=1}^{n} d_i \geqslant 2n$.）

(2.2) $d_1, d_2, \cdots, d_n$ 中至少有一个大于或等于 2. （否则，$\sum\limits_{i=1}^{n} d_i = n$.）

下面对 n 做归纳证明.

$n = 2$ 时，由于 $d_1 + d_2 = 4 - 2 = 2$ 且 $d_i \geqslant 1$，因而 $d_1 = d_2 = 1$，此时存在无向树 K_2 以 $(1, 1)$ 为度数列.

假设 $n = k(k \geqslant 2)$ 时结论为真，要证明 $n = k + 1$ 时结论也为真. 由 (2.1) 可设 $d_{k+1} = 1$，又由 (2.2) 可设 $d_k \geqslant 2$.

先考虑 $d_1, d_2, \cdots, d_{k-1}, d_k - 1$，这是 k 个正整数，且

$$d_1 + d_2 + \cdots + d_{k-1} + d_k - 1 = 2(k+1) - 2 - 1 - 1 = 2k - 2.$$

由归纳假设可知，存在 T_k 以 $(d_1, d_2, \cdots, d_{k-1}, d_k - 1)$ 为度数列，设其顶点分别为 $v_1, v_2, \cdots, v_k$，这里 $d(v_i) = d_i, i = 1, 2, \cdots, k-1, d(v_k) = d_k - 1$.

添加一个顶点 v_{k+1}，从 v_k 引出一条边与 v_{k+1} 相关联，记所得的树为 T_{k+1}，则 T_{k+1} 的度数列为 $(d_1, d_2, \cdots, d_k, d_{k+1})$，从而 $n = k + 1$ 时结论也为真.

7.3.7 题型七：应用题

已知在传输中，a, b, c, d, e, f, g, h 出现的频率分别为 30%，15%，15%，10%，10%，9%，6%，5%. 设计一个传输它们的最佳前缀码.

解答与分析

(1) 准备工作. 令 $w_i = 100p_i$，其中 p_i 为第 i 个字母出现的频率，$i = 1, 2, \cdots, 8$. 将权 w_i 按从小到大顺序排列.

$$5 < 6 < 9 < 10 = 10 < 15 = 15 < 30.$$

(2) 用霍夫曼算法求最优树 T，如图 7.3.13 所示.

(3) 在 T 的每个分支点的左分支上标 0，右分支上标 1. 在每个树叶处得二元码.

(4) 将各码字赋给对应的字母：

$a : 10, \quad b : 111, \quad c : 110, \quad d : 001, \quad e : 011, \quad f : 010, \quad g : 0001, \quad h : 0000.$

(5) $W(T) = 281$ （所有分支点的权之和），这说明传输 100 个按给定频率出现的字母要用 281 个二进制数字.

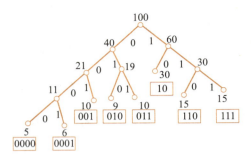

图 7.3.13

7.4 习题、解答或提示

7.4.1 习题 7

7.1 画出所有 5 阶和 7 阶非同构的无向树.

7.2 一棵无向树 T 有 5 片树叶、3 个 2 度分支点,其余的分支点都是 3 度顶点,问:T 有几个顶点?

7.3 无向树 T 有 8 片树叶、2 个 3 度分支点,其余的分支点都是 4 度顶点,问:T 有几个 4 度分支点? 请画出 4 棵非同构的这种无向树.

7.4 一棵无向树 T 有 $n_i(i=2,3,\cdots,k)$ 个 i 度分支点,其余顶点都是树叶,问:T 有几片树叶?

7.5 $n(n \geqslant 3)$ 阶无向树 T 的最大度 $\Delta(T)$ 至少为多少? 最多为多少?

7.6 若 $n(n \geqslant 3)$ 阶无向树 T 的最大度 $\Delta(T)=2$,问:T 中最长的路径长度为多少?

7.7 证明:$n(n \geqslant 2)$ 阶无向树不是欧拉图.

7.8 证明:$n(n \geqslant 2)$ 阶无向树不是哈密顿图.

7.9 证明:任何无向树 T 都是二部图.

7.10 什么样的无向树 T 既是欧拉图,又是哈密顿图?

7.11 在什么条件下,无向树 T 为半欧拉图?

7.12 在什么条件下,无向树 T 是半哈密顿图?

7.13 在下面两个正整数数列中,哪个(些)能充当无向树的度数列? 若能,请画出 3 棵非同构的无向树.

    (1) $1,1,1,1,2,3,3,4$.

    (2) $1,1,1,1,2,2,3,3$.

7.14 设 e 为无向连通图 G 中的一条边,e 在 G 的任何生成树中,问:e 应有什么性质?

7.15 设 e 为无向连通图 G 中的一条边，e 不在 G 的任何生成树中，问：e 应有什么性质？

7.16 设 e 为无向连通图 G 中的一条边，e 既不是环，也不是桥，证明：存在含 e 为树枝的 G 的生成树，又存在以 e 为弦的 G 的生成树.

7.17 设 T 为无向图 G 的生成树，$\overline{T}$ 为 T 的余树，证明：T 中不含 G 的边割集.

7.18 设 S 为无向连通图 G 的一个边割集，证明：$G - S$ 不含 G 的生成树.

7.19 在题 7.19 图中，含边 e_1, e_2, e_3 为树枝的非同构的生成树共有几棵？画出它们.

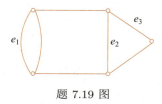

题 7.19 图

7.20 题 7.20 图中有几棵非同构的生成树？画出这些生成树（提示：从所有 6 阶非同构的树中挑选）.

题 7.20 图

7.21 $K_n(1 \leqslant n \leqslant 7)$ 各有多少棵非同构的生成树？

7.22 设 T 是 $k+1$ 阶无向树，$k \geqslant 1$. G 是无向简单图，已知 $\delta(G) \geqslant k$，证明：G 中存在与 T 同构的子图.

7.23 已知 n 阶 m 条边的无向图 G 是 $k(k \geqslant 2)$ 棵树组成的森林，证明：$m = n - k$.

7.24 在题 7.24 图中，实边均构成一棵生成树，记为 T.

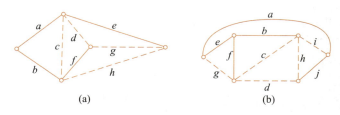

(a)　　　　　(b)

题 7.24 图

(1) 指出 T 的弦，以及每条弦对应的基本回路和对应 T 的基本回路系统.

(2) 指出 T 的所有树枝，以及每根树枝对应的基本割集和对应 T 的基本割集系统.

7.25 求题 7.25 图中两个带权图的最小生成树.

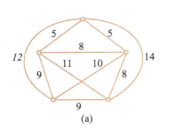 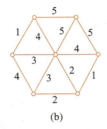

题 7.25 图

7.26 设 T 为非平凡的无向树，$\Delta(T) \geqslant k$，证明：T 至少有 k 片树叶.

7.27 设 C 为无向图 G 中的一个圈，$e_1, e_2 \in E(C)$，证明：G 中存在含边 e_1, e_2 的割集.

7.28 设 T_1, T_2 是无向树 T 的子图，并且都是树，又已知 $E(T_1) \cap E(T_2) \neq \varnothing$，证明：导出子图 $G[E(T_1) \cap E(T_2)]$ 也是树.

7.29 设 G 为 $n(n \geqslant 5)$ 阶简单图，证明：G 或 $\overline{G}$ 中必含圈.

7.30 设 T_1, T_2 是无向连通图 G 的两棵生成树，已知 e_1 是 T_1 的树枝又是 T_2 的弦，证明：存在边 e_2 既是 T_1 的弦又是 T_2 的树枝，使得 $(T_1 - e_1) \cup \{e_2\}$ 和 $(T_2 - e_2) \cup \{e_1\}$ 都是 G 的生成树.

7.31 根树 T 如题 7.31 图所示. 回答以下问题.

题 7.31 图

(1) T 是几叉树?

(2) T 的树高为几?

(3) T 有几个内点?

(4) T 有几个分支点?

7.32 画出 3 棵树高为 3，其基图非同构的正则二叉树.

7.33 画一棵树高为 3 的完全正则二叉树.

7.34 在如题 7.34 图所示的有向图中，存在是根树的生成子图吗？若存在，有几棵非同构的？

题 7.34 图

7.35 画出所有非同构的 n 阶根树，$1 \leqslant n \leqslant 5$.

7.36 设 T 是有 t 片树叶的二叉正则树，证明：T 有 $2t-1$ 个顶点.

7.37 画一棵权为 $3,4,5,6,7,8,9$ 的最优二叉树，并计算出它的权.

7.38 在下面给出的各符号串集合中，哪些是前缀码？

$$A_1 = \{0, 10, 110, 1111\},$$

$$A_2 = \{1, 01, 001, 000\},$$

$$A_3 = \{1, 11, 101, 001, 0011\},$$

$$A_4 = \{b, c, dd, dc, aba, abb, abc\},$$

$$A_5 = \{b, c, a, aa, ac, abc, abb, aba\}.$$

7.39 用如题 7.39 图所示的二叉树产生一个二元前缀码.

题 7.39 图

7.40 用哪类二叉树能产生等长的前缀码？

7.41 设 7 个字母在通信中出现的频率如下：

$a : 35\%$ $\qquad\qquad\qquad$ $b : 20\%$

$$c : 15\% \qquad\qquad d : 10\%$$

$$e : 10\% \qquad\qquad f : 5\%$$

$$g : 5\%$$

用霍夫曼算法求传输它们的最佳前缀码. 要求画出最优树, 指出每个字母对应的编码. 并指出传输 $10^n\,(n \geqslant 2)$ 个按上述频率出现的字母需要多少个二进制数字.

7.42　如题 7.42 图所示的二叉树表示一个算式.

(1) 用中序行遍法还原算式.

(2) 用前序行遍法写出该算式的波兰符号法表达式.

(3) 用后序行遍法写出该算式的逆波兰符号法表达式.

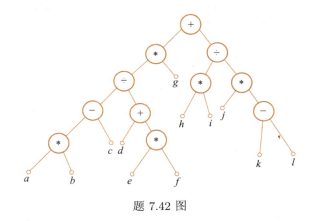

题 7.42 图

7.4.2　解答或提示

7.1　画非同构的无向树可按以下几步进行.

1) 计算总度数. n 阶无向树的边数 $m = n - 1$, 由握手定理可知 $\sum\limits_{i=1}^{n} d(v_i) = 2m = 2n - 2$.

2) 构造可能的度数列. 将 $2n - 2$ 划分成 n 份, 第 i 份为对应顶点 v_i 的度数 $d(v_i), 1 \leqslant d(v_i) \leqslant n - 1, 1 \leqslant i \leqslant n$, 且这 n 个数中正好有偶数个奇数.

3) 按每一个度数列画树. 按不同的度数列画出的树都是不同构的, 对同一个度数列可能画出多棵非同构的树.

本题要求画出所有 5 阶和 7 阶非同构无向树, 具体解答如下.

(1) $n = 5, m = 4$, 度数之和为 8. 将 8 划分成 5 份的可能方案如下.

(1.1)　$1, 1, 1, 1, 4.$

(1.2)　$1, 1, 1, 2, 3.$

(1.3)　$1, 1, 2, 2, 2.$

每种方案都只有 1 棵非同构的树, 共 3 棵非同构树, 请将它们画出来.

(2) $n = 7, m = 6$, 度数之和为 12, 将 12 划分成 7 份的可能方案如下.

(2.1)　$1, 1, 1, 1, 1, 1, 6.$

(2.2)　$1, 1, 1, 1, 1, 2, 5.$

(2.3)　$1, 1, 1, 1, 1, 3, 4.$

(2.4)　$1, 1, 1, 1, 2, 2, 4.$

(2.5)　$1, 1, 1, 1, 2, 3, 3.$

(2.6)　$1, 1, 1, 2, 2, 2, 3.$

(2.7)　$1, 1, 2, 2, 2, 2, 2.$

在以上 7 种方案中, (2.1)、(2.2)、(2.3)、(2.7) 各有 1 棵非同构的树, (2.4)、(2.5) 各有 2 棵非同构的树, 而 (2.6) 有 3 棵非同构的树, 共有 11 棵 7 阶非同构的树. 请将它们都画出来.

7.2 设 3 度顶点为 x 个, 则阶数 $n = 5 + 3 + x = 8 + x$, 边数 $m = 7 + x$. 由握手定理有

$$2m = 14 + 2x = 5 \times 1 + 3 \times 2 + 3x = 11 + 3x.$$

解得 $x = 3$, 故 $n = 8 + 3 = 11$.

7.3 设有 x 个 4 度顶点, 则 $n = 10 + x, m = 9 + x$, 由握手定理得

$$18 + 2x = 8 \times 1 + 2 \times 3 + 4x.$$

解得 $x = 2$. 于是, $n = 12$, 度数列为 $(1, 1, 1, 1, 1, 1, 1, 1, 3, 3, 4, 4)$. 按此度数列可画出 6 棵非同构的无向树, 如图 7.4.1 所示.

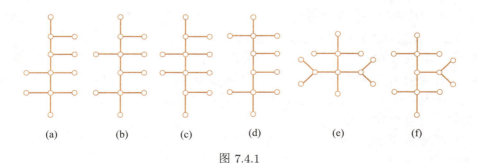

(a)　　　(b)　　　(c)　　　(d)　　　(e)　　　(f)

图 7.4.1

7.4 设有 t 片树叶, 则阶数 $n = \sum\limits_{i=2}^{k} n_i + t$, 边数 $m = \sum\limits_{i=2}^{k} n_i + t - 1$, 由握手定理得

$$2m = \sum_{i=2}^{k} 2n_i + 2t - 2 = \sum_{i=2}^{k} i n_i + t.$$

解得

$$t = \sum_{i=2}^{k} i n_i - \sum_{i=2}^{k} 2n_i + 2 = \sum_{i=2}^{k} (i-2)n_i + 2 = \sum_{i=3}^{k} (i-2)n_i + 2.$$

7.5 回答此问题可从度数列着手. 注意无向树 T 都是简单图, 因而 $\Delta(T) \leqslant n - 1$. 当 $n \geqslant 3$ 时 T 的度数列可为

(1) $(1, 1, \cdots, 1, 1, n - 1)$.

(2) $(1, 1, \cdots, 1, 2, n - 2)$.

$\cdots$

(s) $(1, 1, 2, 2, \cdots, 2, 2)$.

观察度数列, 可知 $2 \leqslant \Delta(T) \leqslant n - 1$.

7.6 当 $\Delta(T) = 2$ 时, 即 T 的度数列为题 7.5 中 (s) $(1, 1, 2, 2, \cdots, 2, 2)$ 的情况, 此时 T 是一条长度为 $n - 1$ 的路径, 故 T 中最长路径的长度为 $n - 1$.

7.7 当 $n \geqslant 2$ 时, 无向树 T 至少有 2 片树叶, 树叶是奇度顶点, 故 T 不可能为欧拉图.

7.8 当 $n = 2$ 时, T 为 K_2, K_2 不是哈密顿图. 当 $n \geqslant 3$ 时, T 中有割点, 有割点的图不是哈密顿图 (定理 6.1.6).

7.9 任何树 T 中均无回路 (初级或简单的), 更无奇数长度的回路, 根据定理 5.1.9, T 是二部图.

7.10 只有平凡树才既是欧拉图, 又是哈密顿图.

7.11 当无向树 T 的阶数 $n \geqslant 2$, 且度数列为 $(1, 1, 2, 2, \cdots, 2)$ 时, T 才是半欧拉图.

7.12 同题 7.11.

7.13 (1) 不能. 若能, 则阶数 $n = 8, m = 7$, 度数之和应为 14, 而此数列之和为 16.

(2) 能. 参见第 7.3.6 节习题课题型六第 2 题.

7.14 e 应为 G 中的桥. 设 e 为 G 中的桥, 若存在 G 的一棵不含 e 的生成树 T, 则 T 不连通. 这与树是连通的相矛盾. 反之, 若 e 不是 G 中的桥, 则 $G - e$ 含 G 的全部顶点且连通. 于是, $G - e$ 有生成树 T, T 也是 G 的生成树且不含 e.

7.15 e 应为 G 中的环.

7.16 由于 e 不是桥, 因而 e 必在某些圈中出现. 又因为 e 不是环, 所以 e 所在的圈的长度均大于或等于 2.

在用破圈法（即有圈就在圈上删除一条边的方法）生成生成树时，无论 e 在哪个圈中出现，删除一条边时都不删 e，这样一来，生成的生成树 T 中必含 e 作为树枝.

在用破圈法生成生成树时，找到一个含 e 的圈 C，将 e 从 C 中删除，当生成树 T 生成时，T 中不含 e，从而 e 成了 T 的弦.

7.17　假设存在 G 的割集 S，且 $S \subseteq E(\overline{T})$，即 S 中的边全在 $\overline{T}$ 中. 由于 $E(T) \cap E(\overline{T}) = \varnothing$，因而 $E(T) \subseteq E(G-S)$. 由于 T 是连通的，故 $G-S$ 连通. 这与 S 是 G 的割集矛盾.

7.18　因为 S 为 G 的割集，所以 $G' = G - S$ 是 G 的非连通子图，而 G 的生成树 T 是 G 的连通生成子图，故 T 不可能在 G' 中.

7.19　有两棵. 度数列分别为 $(1,1,1,2,3)$ 和 $(1,1,2,2,2)$. 如图 7.4.2(a) 和 (b) 所示.

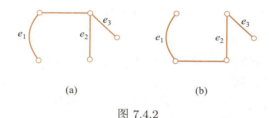

图 7.4.2

7.20　共有 5 棵非同构的生成树. 题 7.20 图给出的是 6 阶无向图，它的生成树都是 6 阶无向树，而 6 阶非同构的无向树共有 6 棵，度数分配方案有以下 5 种.

(1)　$1,1,1,1,1,5$.

(2)　$1,1,1,1,2,4$.

(3)　$1,1,1,1,3,3$.

(4)　$1,1,1,2,2,3$.

(5)　$1,1,2,2,2,2$.

方案 (4) 对应 2 棵非同构树，其余的各 1 棵. 如题 7.20 图所示的 6 阶连通无向图，其 $\Delta = 4$，因而不会有对应 (1) 的生成树，其余的方案均能找到生成树与之对应，特别地，方案 (4) 对应的两棵非同构的树都能找到. 请将它们都画出来.

7.21　K_1, K_2, K_3 各有 1 棵，K_4 有 2 棵，K_5 有 3 棵，K_6 有 6 棵，K_7 有 11 棵.

7.22　对 k 做归纳证明.

不妨设 G 是连通的，否则可对 G 的某个连通分支进行讨论.

(1) $k=1$ 时，T 为 K_2，由于此时 $\delta(G) \geqslant 1$，G 中至少有 1 条边. 于是，在 G 中任取一条边 e，则由 e 及两个端点构成的子图与 T 同构.

(2) 设 $k = r(r \geqslant 1)$ 时结论为真. 下面证明 $k = r+1$ 时结论也为真. 此时，T 为 $r+2$ 阶无向树，T 至少有 2 片树叶. 设 v_0 为 T 的一片树叶，令 $T_1 = T - \{v_0\}$，则 T_1 为 $r+1$ 阶树. 由归纳假设可知，G 中存在子图 $G_1 \cong T_1$. 在 T 中，设被删除的树叶 v_0 与 v_1（在

T_1 中) 相邻, 并且 G_1 中的 u_1 与 v_1 对应. 由于在 G 中 u_1 的度数大于或等于 $r+1$, 而在 T_1 中 v_1 的度数小于或等于 r, 必存在 u_0 在 G 中, 而不在 G_1 中, 且 $(u_0, u_1) \in E(G)$. 令 $G' = G_1 \cup (u_0, u_1)$, 则 $G' \cong T$.

7.23 设 k 棵小树分别为 $T_1, T_2, \cdots, T_k$, 其中 T_i 阶数为 n_i, 边数为 $m_i, i = 1, 2, \cdots, k$. 于是

$$\sum_{i=1}^{k} m_i = \sum_{i=1}^{k} (n_i - 1) = \sum_{i=1}^{k} n_i - k.$$

从而得

$$m = n - k.$$

7.24 在题 7.24 图 (a) 中,

(1) c, d, g, h 为弦, 它们对应的基本回路为 $C_c = cab, C_d = dabf, C_g = geabf, C_h = heab$. 基本回路系统为 $\{C_c, C_d, C_g, C_h\}$.

(2) a, b, e, f 为树枝, 它们对应的基本割集为 $S_a = \{a, c, d, g, h\}, S_b = \{b, c, d, g, h\}$, $S_e = \{e, g, h\}, S_f = \{f, d, g\}$. 基本割集系统为 $\{S_a, S_b, S_e, S_f\}$.

在题 7.24 图 (b) 中,

(1) g, c, d, h, i 为弦, 它们对应的基本回路为 $C_g = gfe, C_c = cbf, C_d = djaef, C_h = hjaeb, C_i = iaeb$. 基本回路系统为 $\{C_g, C_c, C_d, C_h, C_i\}$.

(2) a, b, e, f, j 为树枝. 它们对应的基本割集为 $S_a = \{a, d, h, i\}, S_b = \{b, c, h, i\}, S_e = \{e, g, d, i, h\}, S_f = \{f, g, c, d\}, S_j = \{j, d, h\}$. 基本割集系统为 $\{S_a, S_b, S_e, S_f, S_j\}$.

7.25 题 7.25 图 (a) 的 $W(T) = 27$; 题 7.25 图 (b) 的 $W(T) = 14$.

7.26 **方法一** 设 T 中有 s 片树叶, 剩余的 $n - s$ 个顶点的度数大于或等于 2. 又因为 $\Delta(T) \geqslant k$, 由树的性质及握手定理,

$$2m = 2n - 2 \geqslant k + 2(n - s - 1) + s.$$

整理后得 $s \geqslant k$.

方法二 利用 T 中最大度顶点是割点来证明.

设 $v \in V(T)$, 且 $d(v) = \Delta(T) \geqslant k$. 当 $k = 1$ 时, v 是树叶; 当 $k = 2$ 时, v 为 T 的割点. 因而 $T - v$ 至少产生 k 个连通分支 (均为小树) $T_1, T_2, \cdots, T_k$. 若 T_i 为平凡树, 则它是 T 的树叶; 否则 T_i 至少有两片树叶, 其中至少有 1 片是 T 的树叶. 所以, T 至少有 k 片树叶.

7.27 证明本题可利用生成树对应的基本割集的性质 (只含 1 根树枝, 其余边均为弦), 分以下几步进行证明.

(1) 不妨设 G 是连通的，否则可对含圈 C 的连通分支进行讨论. 由连通性，G 必有生成树.

(2) 证明 G 中存在以 e_1 为弦，e_2 为树枝的生成树.

令 $\Gamma = C - e_1$，Γ 为 G 中的一条路径. 再令 $G^* = G - e_1$，$\Gamma \subseteq G^*$. 若 G^* 中无回路，则 G^* 为 G 的含 e_2 为树枝的生成树. 否则，G^* 中必有圈，如 C_1. 那么，$\exists e_1' \in E(C_1)$ 且 $e_1' \notin E(\Gamma)$. 令 $G_1 = G^* - \{e_1'\}$，若 G_1 无圈，则 G_1 为 G 的生成树. 否则，G_1 中还有圈 C_2，又 $\exists e_2' \in E(C_2)$ 且 $e_2' \notin E(\Gamma)$. 再令 $G_2 = G^* - \{e_1', e_2'\}$，继续这一过程直至得到 $G_k = G^* - \{e_1', e_2', \cdots, e_k'\}$ 不含圈为止，并且 G_k 仍是连通的. G_k 为 G 的生成树，其中 $e_1', e_2', \cdots, e_k'$ 均不在 Γ 中，因而 Γ 在 G_k 中，从而 e_2 为 G_k 的树枝.

(3) 证明 G 中存在含边 e_1 和 e_2 的割集.

由于 e_2 为 G_k 的树枝，存在对应的基本割集 S_{e_2}，此时 e_1 作为 G_k 的弦必在 S_{e_2} 中. 事实上，令 $e_2 = (v_1, v_2)$，若 $e_1 \notin S_{e_2}$，则 Γ 是 $G - S_{e_2}$ 中连接 v_1 与 v_2 的通路，这与 S_{e_2} 为对应 e_2 的基本割集矛盾.

7.28 设 $T_3 = G[E(T_1) \cap E(T_2)]$，由于 T_3 是树 T 的子图，自然无回路，下面只需证明 T_3 连通. $\forall u, v \in E(T_3)$，由于 T_1, T_2 是 T 的子树，由 T_3 的定义，$u, v \in V(T_1)$. 而 T_1 是 T 的子树，故在 T_1 中，存在从 u 到 v 的路径 Γ_1. 同理，在 T_2 中，存在从 u 到 v 的路径 Γ_2. Γ_1 和 Γ_2 都是 T 中从 u 到 v 的路径，由于 T 是树，从 u 到 v 的路径是唯一的，因而 Γ_1 与 Γ_2 重合，记作 Γ. Γ 在 T_3 中，从而在 T_3 中 u 与 v 连通.

7.29 方法一 用反证法. 由于 n 阶简单图 G 与它的补图 $\overline{G}$ 的边数之和 $m + m' = \dfrac{n(n-1)}{2}$，故 G 与 $\overline{G}$ 中至少有一个边数大于或等于 $\dfrac{n(n-1)}{4}$，不妨设 G 的边数大于或等于 $\dfrac{n(n-1)}{4}$. 下面证明 G 中必含圈. 否则，设 G 有 $s(s \geqslant 1)$ 个连通分支，每个连通分支都是树，因而 $m_i = n_i - 1$，这里 m_i, n_i 分别为 G_i 的边数和阶数，$i = 1, 2, \cdots, s$. 于是

$$m = \sum_{i=1}^{s} m_i = \sum_{i=1}^{s} n_i - s \leqslant n - 1.$$

得不等式

$$\frac{n(n-1)}{4} \leqslant m \leqslant n - 1.$$

整理后得

$$n^2 - 5n + 4 \leqslant 0.$$

解得 $1 \leqslant n \leqslant 4$，这与 $n \geqslant 5$ 相矛盾.

方法二 利用 $n \geqslant 5$ 的条件及边数 $m \geqslant n$ 的简单图必含圈（见第 7.3.6 节习题课题型六第 1 题）.

由于 $n \geqslant 5$, 所以 $n-1 \geqslant 4$. 不妨设 G 的边数 $m \geqslant \dfrac{n(n-1)}{4} \geqslant n$（这里, $n-1 \geqslant 4$）, 因而 G 中必含圈.

7.30 设 $e_1 = (u, v)$, S_1 为 T_1 的树枝 e_1 对应的基本割集, C_1 是 T_2 的弦 e_1 对应的基本回路. 由于 e_1 是 T_2 的弦, 说明 e_1 不是桥（桥在任何生成树中）, 故 S_1 中除 e_1 外还有 T_1 的弦, 所以 $|S_1| \geqslant 2$. 又由于 e_1 是 T_1 的树枝, 说明 e_1 不是环（环不在任何生成树中）, 故 C_1 中除 T_2 的弦 e_1 外, 还至少有 1 条 T_2 的树枝, 所以 $|E(C_1)| \geqslant 2$. 于是, 存在 e_2, 使得 $e_2 \neq e_1$, $e_2 \in E(C_1)$ 且 $e_2 \in S_1$. 否则, C_1 上 T_2 的树枝都不在 S_1 中, 而在 $G - S_1$ 中, e_1 的端点 u 到 v 有通路, 这与 S_1 为 G 的割集相矛盾.

从以上分析可知, $(T_1 - e_1) \cup \{e_2\}$ 连通, 无回路, 且为 G 的生成子图, 所以它是 G 的生成树. 类似地, $(T_1 - e_2) \cup \{e_1\}$ 也是 G 的生成树.

7.31　(1) T 是 4 叉树.

(2) $h(T) = 4$.

(3) 有 5 个内点.

(4) 有 6 个分支点.

7.32　如图 7.4.3 所示的 3 棵正则二叉树的基图不同构.

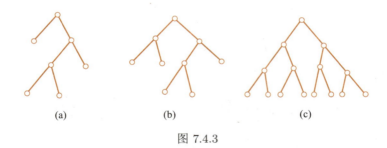

(a)　　　　　　　(b)　　　　　　　(c)

图 7.4.3

7.33　如图 7.4.3(c) 所示.

7.34　存在. 有 3 棵非同构的, 如图 7.4.4 所示. 图 7.4.4(a), (b), (c) 的高度分别为 $2, 2, 3$.

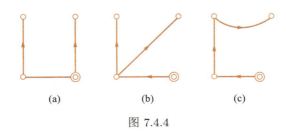

(a)　　　　　　　(b)　　　　　　　(c)

图 7.4.4

7.35 当 $n = 1$ 或 2 时各有 1 棵, 当 $n = 3$ 时有 2 棵, 当 $n = 4$ 时有 4 棵, 当 $n = 5$ 时有 9 棵.

提示: 先画非同构的 $n(1 \leqslant n \leqslant 5)$ 阶无向树, 然后由无向树派生根树.

7.36 设 T 有 n 个顶点和 m 条边, 根据题设和树的性质, 有

$$\begin{cases} m = 2(n - t), \\ m = n - 1. \end{cases}$$

解得 $n = 2t - 1$.

7.37 $W(T) = 116$.

7.38 A_1, A_2, A_4 是前缀码.

7.39 $\{01, 10, 001, 110, 111, 0000, 0001\}$.

7.40 完全正则二叉树.

7.41 $a : 11$, $\quad b : 01$, $\quad c : 101$, $\quad d : 100$, $\quad e : 001$, $\quad f : 0001$, $\quad g : 0000$.

2.55×10^n.

7.42 (1) $(((a * b - c) \div (d + e * f)) * g) + ((h * i) \div (j * (k - l)))$.

(2) $+ * \div - * abc + d * efg \div * hi * j - kl$.

(3) $ab * c - def * + \div g * hi * jkl - * \div +$.

7.5　小测验

7.5.1　试题

1. 填空题 (6 小题, 每小题 5 分, 共 30 分).

(1) 6 阶无向连通图至多有_____ 棵不同构的生成树.

(2) n 阶 m 条边的无向连通图 G, 对应于它的生成树 T 有_____ 个基本回路.

(3) 设 T 是各边带权均为 1 的 n 阶带权图的一棵最小生成树, 则 $W(T) =$_____.

(4) $n(n \geqslant 3)$ 阶无向树 T 中, _____$\leqslant \Delta(T) \leqslant$_____.

(5) 高为 h 的二叉正则树至少有_____ 片树叶.

(6) 波兰符号法的运算规则是_____.

2. 简答题 (5 小题, 每小题 10 分, 共 50 分).

(1) 已知无向树 T 中, 有 3 个 3 度顶点, 2 个 4 度顶点, 其余的顶点均为树叶, 求 T 的树叶数.

(2) 下面两组数中, 哪个 (些) 能作为无向树的度数列? 若能, 至少画出 3 棵非同构

的无向树.

(2.1) $1,1,1,2,2,2,2,3$.

(2.2) $1,1,1,2,2,2,2,5$.

(3) 无向图 G 如图 7.5.1 所示, 其中实线边为 G 的一棵生成树 T. 求 G 对应于 T 的基本回路系统.

图 7.5.1

(4) 求题 (3) 中 G 对应于 T 的基本割集系统.

(5) 求带权为 $5,5,6,7,10,15,20,30$ 的最优树 T, 并求 $W(T)$.

3. 证明题(2 小题, 每小题 10 分, 共 20 分).

(1) 设 T 为无向图 G 的一棵生成树, $\overline{T}$ 是 T 的余树, 证明: $\overline{T}$ 中不含 G 的割集.

(2) 设 T 是 r 叉正则树, i 是分支点数, t 是树叶数, 证明: $(r-1)i = t-1$.

7.5.2 答案或解答

1. (1) 6.   (2) $m-n+1$.   (3) $n-1$.   (4) $2 \leqslant \Delta(T) \leqslant n-1$.   (5) $h+1$.

(6) 从左到右进行, 每个运算符与它后面紧邻的两个数进行运算.

2. (1) 树叶数 $t = 9$.

T 的阶数 $n = 3+2+t = 5+t$, 边数 $m = 4+t$, 由握手定理得

$$8 + 2t = 9 + 8 + t.$$

解得 $t = 9$.

(2) 长度为 n 的数组, 若能充当无向树 T 的度数列, 则 T 的阶数为 n, 边数 $m = n-1$. 由握手定理, 必有 $2n - 2 = \sum\limits_{i=1}^{n} d_i$.

(2.1) 中的数列满足上述条件, 而 (2.2) 中的数列不满足这个条件, 因而 (2.2) 中的数列不能作为无向树的度数列, (2.1) 中的数列可以作为无向树的度数列. 如图 7.5.2 所示的 4 棵 8 阶无向树是非同构的, 它们都以 (2.1) 中的数列为度数列.

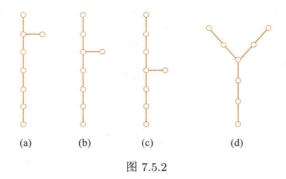

图 7.5.2

(3) 基本回路为 $C_c = cab, C_d = dje, C_g = gfja, C_h = hfjab, C_i = ijab$.

(4) 基本割集为 $S_a = \{a, c, i, h, g\}, S_b = \{b, c, i, h\}, S_e = \{e, d\}, S_f = \{f, h, g\}, S_j = \{j, d, i, h, g\}$.

(5) 所求的最优树如图 7.5.3 所示，$W(T) = 267$.

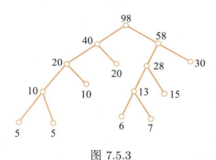

图 7.5.3

3. (1) 反证法. 假设存在 G 的割集 $S \subseteq E(\overline{T})$, 则 $G - S$ 不连通. 但 $E(T) \subseteq E(G - S)$ (因为 $E(T) \cap E(\overline{T}) = \varnothing$), 由 T 的连通性可知 $G - S$ 必连通, 这与 $G - S$ 不连通矛盾, 所以, $\overline{T}$ 中不可能含 G 的割集.

(2) 设 T 的阶数为 n, 则边数 $m = n - 1$. 由根树的定义知

$$\begin{cases} n = i + t, \\ m = n - 1 = ir. \end{cases}$$

解得

$$(r - 1)i = t - 1.$$

第 8 章
平 面 图

8.1 内容提要

8.1.1 平面图的基本概念

平面图的定义及性质

定义 8.1.1 若能将无向图 G 画在平面上使得除顶点外无边相交，则称 G 为 可平面图，简称为 平面图. 画出的无边相交的图称作 G 的 平面嵌入. 无平面嵌入的图称作 非平面图.

定理 8.1.1 平面图的子图都是平面图，非平面图的母图都是非平面图.

定理 8.1.2 设 G 是平面图，则在 G 中加平行边或环后所得的图还是平面图.

平面图的面与次数

定义 8.1.2 给定平面图 G 的平面嵌入，它的边将平面划分成若干个区域，每个区域都称作 G 的一个面，其中有一个面的面积无限，称作 无限面 或 外部面，其余面的面积有限，称作 有限面 或 内部面. 包围每个面的所有边组成的回路组称作该面的 边界，边界的长度称作该面的 次数.

常记外部面为 R_0，内部面为 $R_1, R_2, \cdots, R_k$，面 R 的次数记作 $\deg(R)$.

定理 8.1.3 平面图所有面的次数之和等于边数的两倍.

极大平面图

定义 8.1.3 设 G 为简单平面图，若 G 是 $K_i(1 \leqslant i \leqslant 4)$，或者在 G 的任意两个不相邻的顶点之间加一条边，所得图为非平面图，则称 G 为 极大平面图.

定理 8.1.4 极大平面图是连通的，并且当阶数大于或等于 3 时没有割点和桥.

定理 8.1.5 设 G 是 $n(n \geqslant 3)$ 阶简单连通的平面图，则 G 为极大平面图当且仅当 G 的每个面的次数均为 3.

极小非平面图

定义 8.1.4 若在非平面图 G 中任意删除一条边，所得的图为平面图，则称 G 为 极小非平面图.

8.1.2 欧拉公式

定理 8.1.6(欧拉公式) 设连通平面图 G 的顶点数、边数和面数分别为 n, m 和 r，则有

$$n - m + r = 2.$$

定理 8.1.7(欧拉公式的推广) 对于有 $k(k \geqslant 2)$ 个连通分支的平面图 G，有

$$n - m + r = k + 1,$$

其中 n, m, r 分别为 G 的顶点数、边数和面数.

定理 8.1.8 设 G 是连通的平面图，且每个面的次数至少为 $l(l \geqslant 3)$，则 G 的边数 m 与顶点数 n 有如下关系：

$$m \leqslant \frac{l}{l-2}(n-2).$$

推论 8.1.1 K_5 和 $K_{3,3}$ 都是非平面图.

定理 8.1.9 设平面图 G 有 $k(k \geqslant 2)$ 个连通分支，各面的次数至少为 $l(l \geqslant 3)$，则边数 m 与顶点数 n 应有如下关系：

$$m \leqslant \frac{l}{l-2}(n-k-1).$$

定理 8.1.10 设 G 是 $n(n \geqslant 3)$ 阶 m 条边的极大平面图，则

$$m = 3n - 6.$$

推论 8.1.2 设 G 是 $n(n \geqslant 3)$ 阶 m 条边的简单平面图，则

$$m \leqslant 3n - 6.$$

定理 8.1.11   设 G 是简单平面图，则 G 的最小度 $\delta \leqslant 5$.

8.1.3   平面图的判断

定义 8.1.5   设 $e = (u, v)$ 为图 G 的一条边，在 G 中删除 e，增加新的顶点 w，使 u, v 均与 w 相邻，称作在 G 中 插入 2 度顶点 w. 设 w 为 G 中的一个 2 度顶点，w 与 u, v 相邻，删除 w，增加新边 (u, v)，称作在 G 中 消去 2 度顶点 w. 若两个图 G_1 与 G_2 同构，或通过反复插入、消去 2 度顶点后同构，则称 G_1 与 G_2 同胚.

定理 8.1.12(库拉托夫斯基（Kuratowski）定理 1)   图 G 是平面图当且仅当 G 中既不含与 K_5 同胚的子图，也不含与 $K_{3,3}$ 同胚的子图.

定理 8.1.13(库拉托夫斯基（Kuratowski）定理 2)   图 G 是平面图当且仅当 G 中既没有可以收缩到 K_5 的子图，也没有可以收缩到 $K_{3,3}$ 的子图.

8.1.4   平面图的对偶图

对偶图的定义

定义 8.1.6   设 G 是一个平面图的平面嵌入，构造图 G^* 如下：在 G 的每一个面 R_i 中放置一个顶点 v_i^*. 设 e 为 G 的一条边，若 e 在 G 的面 R_i 与 R_j 的公共边界上，则作边 $e^* = (v_i^*, v_j^*)$ 与 e 相交，且不与其他任何边相交. 若 e 为 G 中的桥且在面 R_i 的边界上，则作以 v_i^* 为端点的环 $e^* = (v_i^*, v_i^*)$. 称 G^* 为 G 的 对偶图.

对偶图的性质

定理 8.1.14   设平面图 G 是连通的，G^* 是 G 的对偶图，n^*, m^*, r^* 和 n, m, r 分别为 G^* 和 G 的顶点数、边数和面数，则

(1) $n^* = r$.

(2) $m^* = m$.

(3) $r^* = n$.

(4) 设 G^* 的顶点 v_i^* 位于 G 的面 R_i 中，则 $d_{G^*}(v_i^*) = \deg(R_i)$.

定理 8.1.15   设平面图 G 有 $k(k \geqslant 1)$ 个连通分支，G^* 是 G 的对偶图，n^*, m^*, r^* 和 n, m, r 分别为 G^* 和 G 的顶点数、边数和面数，则

(1) $n^* = r$.

(2) $m^* = m$.

(3) $r^* = n - k + 1$.

(4) 设 v_i^* 位于 G 的面 R_i 中，则 $d_{G^*}(v_i^*) = \deg(R_i)$.

定义 8.1.7   如果图 G 存在一个平面嵌入，使得 G 同构于对偶图 G^*，那么称 G 为 自对偶图.

轮图

设 $n \geqslant 4$，在正 $n-1$ 边形 C_{n-1} 内放置一个顶点，连接这个顶点与 C_{n-1} 上的所有顶点，所得的 n 阶简单图称作 n 阶轮图，记作 W_n. 特别地，n 为奇数的轮图称作奇阶轮图，n 为偶数的轮图称作偶阶轮图.

8.2　基本要求

1. 深刻理解本章的主要概念，如平面图、平面嵌入、面、面的次数、极大平面图、极小非平面图、对偶图等.

2. 记住并理解极大平面图的性质和判别定理.

3. 熟记并会使用欧拉公式及其推广定理.

4. 熟记并会使用库拉托夫斯基定理.

5. 记住并理解平面图与它的对偶图的阶数、边数、面数之间的关系.

8.3　习题课

8.3.1　题型一：平面图的基本概念

1. 平面图 G 如图 8.3.1所示.

(1) 画 G 的一个平面嵌入.

(2) 求 G 的各面的次数，并验证其和为边数的 2 倍.

2. 平面图 G 如图 8.3.2 所示，重新画它的平面嵌入，使其外部面的次数分别为 $1, 3, 4$.

图 8.3.1

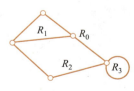

图 8.3.2

3. (1) 证明如图 8.3.3(a) 所示的平面图 G 不是极大平面图.

(2) 证明如图 8.3.3(b) 所示的图 G 是极小非平面图.

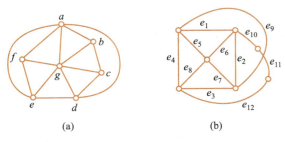

(a)　　　　　　　　　　(b)

图 8.3.3

解答与分析

1. 如图 8.3.1 所示的平面图，其阶数 $n = 6$，边数 $m = 11$.

(1) 从图中移出 2 条边可得到一种平面嵌入，如图 8.3.4 所示.

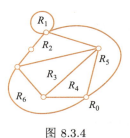

图 8.3.4

(2) 各面的次数如下：

$\deg(R_1) = 1$,

$\deg(R_2) = 4$,

$\deg(R_3) = \deg(R_4) = \deg(R_5) = \deg(R_6) = 3$,

$\deg(R_0) = 5$.

各面的次数之和

$$\sum_{i=0}^{6} \deg(R_i) = 22 = 2 \times 11 = 2m.$$

2. 平面图的平面嵌入的外部面可以由它的任何面充当.

在如图 8.3.2 所示的平面图中，外部面记为 R_0，则有 $\deg(R_0) = 6, \deg(R_1) = 3$, $\deg(R_2) = 4, \deg(R_3) = 1$. 让 R_1, R_2, R_3 分别充当外部面，所得的平面嵌入如图 8.3.5(a)、(b)、(c) 所示. 外部面的次数分别为 $3, 4, 1$.

3. (1) <u>方法一</u> 用定义证. 在如图 8.3.3(a) 所示的平面图 G 中 a 与 c、b 与 d 均不相

邻，在 a 与 c 之间或 b 与 d 之间加一条边（只加一条）不破坏平面性，由极大平面的定义可知，如图 8.3.3(a) 所示的平面图 G 不是极大平面图.

方法二 用定理证明. 容易看出，圈 $abcda$ 围成的面的次数为 4. 由定理 8.1.5，如图 8.3.3(a) 所示的平面图 G 不是极大平面图.

(2) 方法一 已知 K_5 是极小非平面图，并且 2 度顶点不影响图的平面性，因而与 K_5 同胚的图也都是极小非平面图. 消去如图 8.3.3(b) 所示的图 G 中 e_{10} 与 e_{11}，e_{11} 与 e_{12} 的公共端点，得到 K_5，即如图 8.3.3(b) 所示的图 G 与 K_5 同胚，所以它是极小非平面图.

方法二 根据定义证，即证如图 8.3.3(b) 所示的图 G 是非平面图，且从图中删除任何一条边后，所得图均为平面图. 消去两个 2 度顶点，该图变成 K_5. 由库拉托夫斯基定理，它是非平面图. 由对称性，可以不用验证删除每条边. 在 e_1, e_2, e_3, e_4 中，取代表元 e_1；在 e_5, e_6, e_7, e_8 中，取代表元 e_5；在 e_{10}, e_{11}, e_{12} 中，取代表元 e_{10}. 于是，只需验证删除 e_1, e_5, e_9, e_{10} 中的任何一条边，所得图均为平面图即可. 删除 e_1, e_5, e_9, e_{10} 后所得图分别由图 8.3.6(a)、(b)、(c)、(d) 给出，它们全是平面图.

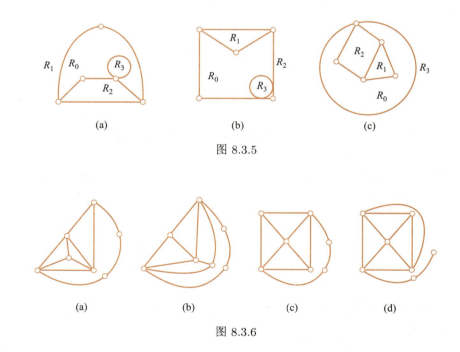

图 8.3.5

图 8.3.6

8.3.2 题型二：欧拉公式及其相关定理

1. 已知连通平面图 G 的阶数 $n = 5$，边数 $m = 7$，求它的面数 r.

2. 已知非连通平面图 G 的阶数 $n = 10$，边数 $m = 8$，面数 $r = 3$，求 G 的连通分

支个数 k.

3. 设 G 为 8 阶极大平面图, 求 G 的面数 r.

4. 设 G 是 n 阶 m 条边的简单连通平面图, 证明: 当 $n = 7, m = 15$ 时, G 为极大平面图.

解答与分析

1. 由欧拉公式知, $n - m + r = 2$, 解得 $r = 2 + m - n = 2 + 7 - 5 = 4$.

2. 由欧拉公式的推广知, $n - m + r = k + 1$, 解得 $k = n + r - m - 1 = 10 + 3 - 8 - 1 = 4$.

3. 由定理 8.1.5, G 的每个面的次数均为 3, 所以 $2m = 3r$. 解得 $m = \dfrac{3}{2}r$. 由极大平面图的连通性, n, m, r 满足欧拉公式

$$n - m + r = 2.$$

将 $n = 8$ 代入, 并且由 m 与 r 的关系可得

$$8 - \frac{3}{2}r + r = 2.$$

解得 $r = 12$.

4. 根据定理 8.1.5, 只需证明每个面的次数均为 3. G 为连通平面图, 将 $n = 7, m = 15$ 代入欧拉公式 $n - m + r = 2$, 解得 $r = 10$.

设 G 的面为 $R_1, R_2, \cdots, R_{10}$. 由于 G 为 7 阶简单连通平面图, 所以 $\deg(R_i) \geqslant 3, i = 1, 2, \cdots, 10$. 再由定理 8.1.3, 有

$$2m = 30 = \sum_{i=1}^{10} \deg(R_i).$$

每个都大于或等于 3 的 10 个数之和等于 30, 则每个数必都为 3, 即 $\deg(R_i) = 3, i = 1, 2, \cdots, 10$. 由定理 8.1.5 得证 G 为极大平面图.

8.3.3 题型三：平面图的判断

1. 证明如图 8.3.7 所示的 2 个图为平面图.

2. 证明如图 8.3.8 所示的无向图为非平面图.

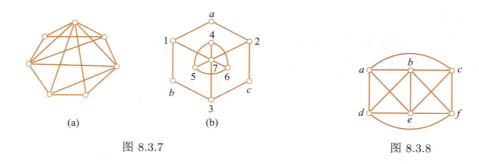

图 8.3.7   图 8.3.8

解答与分析

1. 用库拉托夫斯基定理证一个图是平面图，要证明它没有与 K_5 或 $K_{3,3}$ 同胚的子图，也没有可以收缩成 K_5 或 $K_{3,3}$ 的子图，这是很麻烦的. 最好的办法是画出它的平面嵌入.

对于图 8.3.7(a)，只要移动一些边的位置就可以得到平面嵌入，而对于图 8.3.7(b)，只移动边的位置还不行，还要重新安排顶点的位置，才能得到平面嵌入. 图 8.3.9(a)、(b) 分别为图 8.3.7(a)、(b) 的平面嵌入.

2. 库拉托夫斯基定理主要用于证明一个图不是平面图，此时只需找到与 K_5 或 $K_{3,3}$ 同胚的子图，或找到可以收缩到 K_5 或 $K_{3,3}$ 的子图即可.

图 8.3.10(a) 为图 8.3.8 的子图，它本身就是 $K_{3,3}$，互补顶点子集为 $V_1 = \{a, b, f\}$，$V_2 = \{c, d, e\}$. 图 8.3.10(b) 也是图 8.3.8 的子图，此图收缩边 e_1 后为 K_5. 由这两个子图中的任何一个都可以证明图 8.3.8 为非平面图.

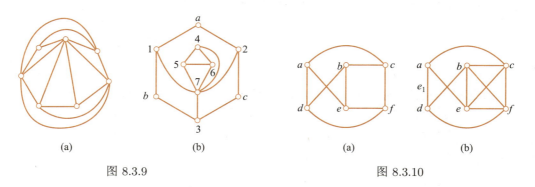

图 8.3.9   图 8.3.10

8.3.4　题型四：对偶图

1. 举例说明同构的两个图的对偶图不一定是同构的.

2. 设 G^* 是具有 $k(k \geqslant 2)$ 个连通分支的平面图 G 的对偶图，已知 G 的边数 $m = 10$，面数 $r = 3$，求 G^* 的面数 r^*.

3. 证明：不存在具有 5 个面且每两个面的边界都恰好共享一条公共边的平面图.

解答与分析

1. 这样的例子很多. 图 8.3.11 中，(a)、(b) 中的两个实线边图 $G_1 \cong G_2$，但它们的对偶图（图中虚线边所示的图）$G_1^* \not\cong G_2^*$.

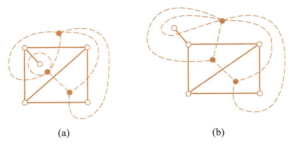

(a)　　　　　　　　　　　　(b)

图 8.3.11

2. 解本题可以只用定义和欧拉公式求解. 也可以用定理 8.1.15 求解.

方法一　用定义及欧拉公式求解.

由对偶图的定义可知，$n^* = r = 3, m^* = m = 10$. 由于任何平面图的对偶图都是连通的平面图，因而 n^*, m^*, r^* 满足欧拉公式，$n^* - m^* + r^* = 2$，解得 $r^* = 2 + m^* - n^* = 2 + 10 - 3 = 9$.

方法二　用定理 8.1.15 求解.

由定理 8.1.15 知，$r^* = n - k + 1$. 而由欧拉公式的推广形式有 $n - m + r = k + 1$，于是

$$n = k + 1 + m - r = 8 + k.$$

代入 r^*，得 $r^* = 8 + k - k + 1 = 9$.

3. 反证法. 若存在这样的平面图 G，G 有 5 个面. 由于每个面都恰好与另外 4 个面共享一条边，故次数均为 4. 考虑 G 的对偶图 G^*，G^* 有 5 个顶点，每个顶点的度数为 4，从而 G^* 是 5 阶 4–正则图，即 G^* 为 K_5. 而 K_5 不是平面图，这与平面图的对偶图为平面图矛盾.

8.4　习题、解答或提示

8.4.1　习题 8

8.1 证明题 8.1 图中各图都是平面图.

8.2 分别求出题 8.1 图中各平面图的一个平面嵌入，并验证各面次数之和等于边数的两倍.

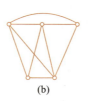 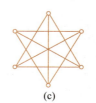

(a)   (b)   (c)

题 8.1 图

8.3 如题 8.3 图所示的 3 个图都是平面嵌入，先给图中各边标定顺序，然后求出图中各面的边界及次数.

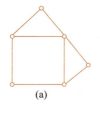 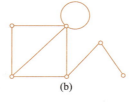 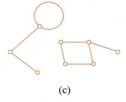

(a)   (b)   (c)

题 8.3 图

8.4 对如题 8.3 图 (a) 所示的图，重新找两个平面嵌入，使其外部面的次数分别为 3 和 4.

8.5 求题 8.5 图的平面图的面的边界和次数.

8.6 证明定理 8.1.4.

8.7 证明如题 8.7 图所示的两个图都是极大平面图.

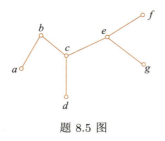 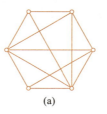 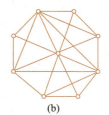

题 8.5 图   (a)   (b)

题 8.7 图

8.8 验证 K_5 和 $K_{3,3}$ 都是极小非平面图.

8.9 题 8.9 图是极小非平面图吗? 为什么?

8.10 验证如题 8.10 图所示的平面图满足欧拉公式.

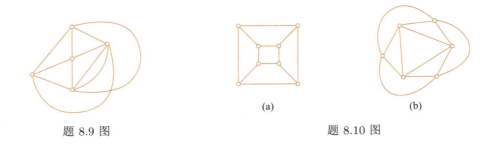

题 8.9 图   题 8.10 图

8.11　验证如题 8.11 图所示的非连通平面图满足欧拉公式的推广.

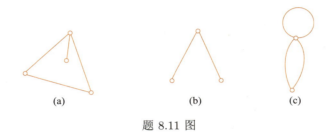

题 8.11 图

8.12　利用推论 8.1.2 证明 K_5 不是平面图.

8.13　说明利用推论 8.1.2 不能证明 $K_{3,3}$ 不是平面图，从而说明推论 8.1.2 是 $n(n \geqslant 3)$ 阶简单平面的一个必要条件，而不是充分条件.

8.14　设 G 是简单平面图，面数 $r < 12, \delta(G) \geqslant 3$. 证明：$G$ 中存在次数小于或等于 4 的面. 举例说明，当 $r = 12$ 时，上述结论不成立.

8.15　设 G 是 n 阶 m 条边的简单平面图，已知 $m < 30$，证明：$\delta(G) \leqslant 4$.

8.16　设 G 是 n 阶无向简单图，$n \geqslant 11$，证明：G 或 $\overline{G}$ 必为非平面图.

8.17　证明题 8.17 图中各图均为非平面图.

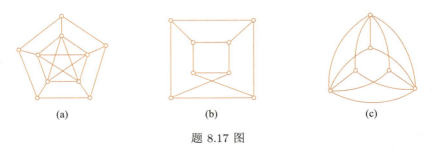

题 8.17 图

8.18　在题 8.17 图给出的 3 个图中，哪个（些）是极小非平面图?

8.19 画出所有非同构的 6 阶连通简单的非平面图.

8.20 求如题 8.20 图所示的各平面图的对偶图.

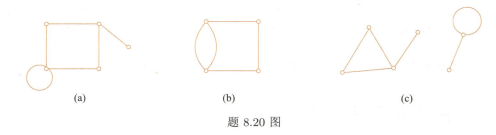

(a)   (b)   (c)

题 8.20 图

8.21 平面图 G_1 与 G_2 分别由题 8.21 图 (a) 与 (b) 给出，它们是同构的，它们的对偶图
也同构吗？

(a)   (b)

题 8.21 图

8.22 证明定理 8.1.15.

8.23 验证轮图 W_6 和 W_7 是自对偶图.

8.24 设 n 阶 m 条边的平面图是自对偶图，证明：$m = 2n - 2$.

8.25 设 G 为 n 阶极大平面图，$n \geqslant 4$，证明：G 的对偶图 G^* 是 2 边–连通的 3–正则图.

8.26 证明：平面图 G 的对偶图 G^* 是欧拉图当且仅当 G 中每个面的次数均为偶数.

8.27 设 G^* 为平面图 G 的对偶图，G^{**} 是 G^* 的对偶图，在什么情况下，G 与 G^{**}
一定不同构？

8.4.2 解答或提示

8.1 图 8.4.1(a)、(b)、(c) 分别给出了题 8.1 图 (a)、(b)、(c) 的平面嵌入，从而证明
这 3 个图都是平面图.

8.2 题 8.1 已给出这 3 个图的平面嵌入，如图 8.4.1 所示.

在图 8.4.1(a) 中，

$$\deg(R_0) = \deg(R_1) = \deg(R_2) = \deg(R_3) = 4,$$

$$\sum_{i=0}^{3} \deg(R_i) = 4 \times 4 = 16 = 2m,$$

这里边数 $m = 8$.

在图 8.4.1(b) 中,

$$\deg(R_0) = \deg(R_1) = \deg(R_2) = \deg(R_3) = \deg(R_4) = \deg(R_5) = 3,$$

$$\sum_{i=0}^{5} \deg(R_i) = 3 \times 6 = 18 = 2m,$$

这里边数 $m = 9$,此图是极大平面图.

在图 8.4.1(c) 中,

$$\deg(R_0) = \deg(R_1) = \deg(R_2) = 4,$$

$$\deg(R_3) = \deg(R_4) = 3,$$

$$\sum_{i=0}^{4} \deg(R_i) = 4 \times 3 + 3 \times 2 = 18 = 2m,$$

这里边数 $m = 9$.

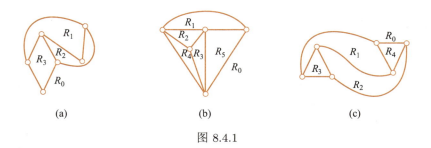

(a)　　　　　　　　　(b)　　　　　　　　　(c)

图 8.4.1

8.3 各面标定之后,如图 8.4.2 所示.

在图 8.4.2(a) 中,$\deg(R_1) = \deg(R_3) = 3, \deg(R_2) = 4, \deg(R_0) = 6$.

在图 8.4.2(b) 中,$\deg(R_1) = \deg(R_2) = 3, \deg(R_3) = 1, \deg(R_0) = 9$.

在图 8.4.2(c) 中,$\deg(R_1) = 1, \deg(R_2) = 4, \deg(R_0) = 11$.

注意,有的面的边界是圈(初级回路),有的是简单回路,也有的是复杂回路,还有的是两个不交回路之并.在计算边界时,桥都要走 2 次,图 8.4.2(b) 和 8.4.2(c) 中的 R_0 都是如此.

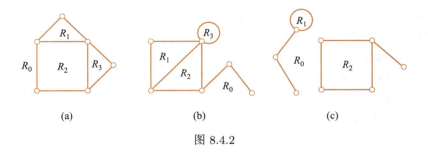

图 8.4.2

8.4 图 8.4.3(a)、(b) 都是题 8.3 图 (a) 的平面嵌入，其中图 8.4.3(a) 的外部面的次数为 3，图 8.4.3(b) 的外部面的次数为 4.

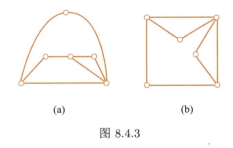

图 8.4.3

8.5 如题 8.5 图所示的平面图为 7 阶树，它的边界为复杂回路 $abcefegecdcba$，只有外部面 $R_0, \deg(R_0) = 12$.

8.6 设 G 是极大平面图.

(1) 假设 G 是非连通的，那么在两个连通分支之间添加一条边，仍是平面图，与 G 是极大平面图矛盾，所以 G 是连通的.

(2) 假设 G 中存在割点 v_0，割点的度数必大于或等于 2. 设 v_1, v_2 与 v_0 相关联，删去 v_0 后，v_1, v_2 分别在两个连通分支中. 画出每个连通分支的平面嵌入，且使这些平面嵌入相互分离，得到 $G - v_0$ 的一个平面嵌入. 再将 v_0 及其关联的边放入这个平面嵌入的外部面，得到 G 的一个平面嵌入. 可以添加边 (v_1, v_2)，使其不与 G 的边相交，即 $G \cup (v_1, v_2)$ 仍是平面图. 这与 G 是极大平面图矛盾，所以 G 中不可能有割点.

(3) 若 G 中有桥，设 $e = (u, v)$ 为 G 中桥，由于 G 为极大平面图，又阶数 $n \geqslant 3$，所以 u 与 v 中至少有一个度数大于或等于 2. 不妨设 $d(v) \geqslant 2$，于是 v 为 G 中的割点. 而 (2) 已证明 G 中不可能有割点，矛盾，所以 G 中也不可能有桥.

8.7 画出如题 8.7 图所示的两个图的平面嵌入，会发现每个面的次数均为 3，由定理 8.1.5 可知，它们都是极大平面图.

8.8 只需验证从 K_5 或 $K_{3,3}$ 中删除任何一条边后，所得的图均为平面图.

8.9 不是. 注意图中含平行边, 删除一条平行边, 所得的图为 K_5, 仍不是平面图, 因而题 8.9 图给出的图不是极小非平面图.

8.10~8.11 略.

8.12 K_5 是阶数 $n = 5$, 边数 $m = 10$ 的简单无向图, 若它是平面图, 由定理 8.1.10 的推论 8.1.2 可知, 应该有 $10 = m \leqslant 3n - 6 = 9$, 矛盾.

8.13 $K_{3,3}$ 是 $n = 6, m = 9$ 的无向简单图, 因为 $9 \leqslant 18 - 6 = 12$, 所以满足 $m \leqslant 3n - 6$ 这个条件, 但 $K_{3,3}$ 不是平面图.

8.14 (1) 不妨设 G 是连通的, 否则可对它的某个连通分支进行讨论.

由 G 的连通性, 因而满足欧拉公式

$$n - m + r = 2.$$

又因为 $\delta(G) \geqslant 3$, 由握手定理可知

$$2m \geqslant 3n = 3(m - r + 2).$$

故得

$$m \leqslant 3r - 6.$$

假设每个面的次数至少为 5, 由定理 8.1.3知,

$$2m \geqslant 5r.$$

于是

$$3r - 6 \geqslant m \geqslant \frac{5}{2}r.$$

得 $r \geqslant 12$. 因此, 当 $r < 12$ 时必存在次数小于或等于 4 的面.

(2) 当 $r = 12$ 时, (1) 中结论不真. 例如, 正十二面体 (见主教材中图 6.2.4(a)), 在该图中, $r = 12$, 3–正则图, 因而 $\delta = 3$, 每个面的次数均为 5, 没有次数小于或等于 4 的面.

8.15 若 $n \leqslant 5$, 结论显然为真. 下面就 $n \geqslant 6$ 进行讨论. 用反证法证明. 假设不然, $\delta(G) \geqslant 5$, 则由握手定理和定理 8.1.10 的推论 8.1.2得

$$\begin{cases} 2m \geqslant 5n, \\ m \leqslant 3n - 6. \end{cases}$$

解得 $m \geqslant 30$, 这与已知 $m < 30$ 相矛盾.

8.16 $G \cup \overline{G} = K_n, K_n$ 的边数为 $\dfrac{n(n-1)}{2}$. G 或 $\overline{G}$ 的边数总有一个大于或等于 $\dfrac{n(n-1)}{4}$，不妨设 G 的边数 $m \geqslant \dfrac{n(n-1)}{4}$. 假设 G 为平面图，由定理 8.1.10 的推论 8.1.2，又有 $m \leqslant 3n - 6$. 于是得到

$$\frac{n(n-1)}{4} \leqslant 3n - 6,$$

即

$$n^2 - 13n + 24 \leqslant 0.$$

当 $n = 11$ 时，$n^2 - 13n + 24 = 2$；当 $n = 12$ 时，$n^2 - 13n + 24 = 12$；当 $n \geqslant 13$ 时，$n^2 - 13n + 24 \geqslant 24$，都与 $n^2 - 13n + 24 \leqslant 0$ 矛盾，所以 G 必为非平面图.

8.17 在题 8.17 图中，(a) 中含子图 K_5，(b) 中含与 $K_{3,3}$ 同胚的子图，(c) 中含子图 $K_{3,3}$.

8.18 题 8.17 图给出的 3 个图都不是极小非平面图. 在每个图中都存在这样的边，将它从图中删除，所得的图仍为非平面图.

8.19 根据库拉托夫斯基定理，6 阶简单的连通非平面图有下述两种可能.

(1) 含 $K_{3,3}$ 为子图的 6 阶简单连通无向图. 于是，在 $K_{3,3}$ 的基础上，增加 1 条、2 条、3 条、4 条、5 条、6 条边后得到的简单图都满足要求. 这样的非同构的图共有 10 个，见图 8.4.4，也可参见主教材中例 8.3.3.

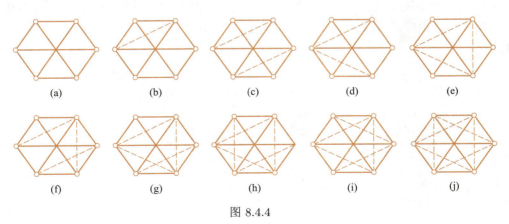

图 8.4.4

(2) 含 K_5 为子图的 6 阶简单无向连通图. 于是，在 K_5 的基础上，增加一个顶点和 1 条、2 条、3 条、4 条、5 条边得到的简单连通图也都满足要求.

注意，在 (1) 和 (2) 中形成的非平面图中有些是同构的，事实上在 (2) 中得到的图中有 3 个与 (1) 中的不同构，如图 8.4.5 所示.

综上所述，所要求的非平面图共有 13 个.

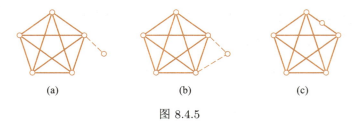

图 8.4.5

8.20 这里只给出题 8.20 图 (c) 的对偶图，如图 8.4.6 所示，其中实线边图为原来的平面图，虚线边图（实心点）为对偶图.

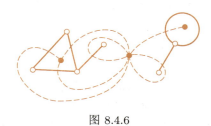

图 8.4.6

8.21 题 8.21 图中的两个图 G_1 与 G_2 同构，但它们的对偶图 G_1^* 与 G_2^* 不同构，如图 8.4.7(a) 和 (b) 中的虚线边、实心点图所示. G_1^* 的度数列为 $(6,6,4)$, G_2^* 的度数列为 $(4,4,8)$.

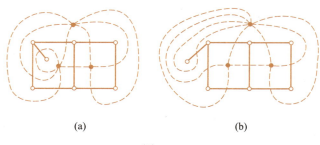

图 8.4.7

8.22 (1)、(2)、(4) 的证明类似于主教材中定理 8.4.1(3) 的证明，用欧拉公式及其推广形式（定理 8.1.6 和定理 8.1.7）即可. 设 n, m, r 分别为 k 个连通分支的平面图 G 的阶数、边数和面数. n^*, m^*, r^* 分别为 G 的对偶图的阶数、边数和面数. 由于任何平面图

的对偶图都是连通的，因而 n^*, m^*, r^* 满足欧拉公式

$$n^* - m^* + r^* = 2.$$

由 (1) 和 (2) 分别有 $n^* = r$ 和 $m^* = m$，故

$$r^* = 2 + m^* - n^*$$
$$= 2 + m - r.$$

由欧拉公式的推广形式有

$$n - m + r = k + 1,$$

即

$$r = k + 1 + m - n.$$

代入 r^* 得

$$r^* = 2 + m - k - 1 - m + n = n - k + 1.$$

8.23 提示：分别求出 W_7 与 W_6 的对偶图，就可以观察到 $W_7^* \cong W_7, W_6^* \cong W_6$. 其实，$n \geqslant 4$ 时，均有 $W_n^* \cong W_n$.

8.24 由 $G \cong G^*$ 及 G^* 的连通性可知，G 是连通平面图，并且 $n^* = n, m^* = m, r^* = r$，由欧拉公式可知

$$n - m + r = 2,$$

即

$$m = n + r - 2.$$

而由定理 8.1.14知，$r = r^* = n$，从而有 $m = 2n - 2$.

8.25 由于 G 是极大平面图，因而 G 为简单图，并且无环无桥，所以 G 的对偶图 G^* 中无桥，因而 G^* 是 2 边–连通的. 又由于 $n \geqslant 4$，因而 G 的每两个面的边界上至多有一条公共边，于是 G^* 为简单图. 由定理 8.1.5 可知，G 的每个面的次数均为 3. 又由定理 8.1.14 可知，G^* 的每个顶点的度数均为 3，这就证明了 G^* 是 3-正则图.

8.26 必要性：因为 G^* 为欧拉图，所以 G^* 中每个顶点的度数均为偶数，由定理 8.1.15 可知，G 中每个面的度数均为偶数.

充分性：G^* 连通，又由定理 8.1.15 可知，G^* 无奇度顶点，所以 G^* 为欧拉图.

8.27 当 G 非连通时，G 与 G^{**} 一定不同构.

8.5　小测验

8.5.1　试题

1. 填空题（6 小题，每小题 5 分，共 30 分）.

(1) 设无向图 G 与 K_5 同胚，至少从 G 中删除_____ 条边才能使所得图为平面图.

(2) 设 G 是由 3 个连通分支 K_1，K_2 和 K_3 组成的平面图，则 G 共有_____个面.

(3) 命题"设 G 是任意 n 阶 m 条边的极大平面图,则 $m = 3n-6$"的真值为_____.

(4) 轮图 $W_n (n \geqslant 4)$ 的对偶图为_____.

(5) 设 6 阶连通的平面图的每个面的次数至少为 4，则它的边数小于或等于_____.

(6) 已知极大平面图 G 的面数 $r = 14$，则 G 的阶数 $n =$_____.

2. 简答题（5 小题，每小题 10 分，共 50 分）.

(1) 求如图 8.5.1 所示的平面图各面的次数，并求该平面图的另一个平面嵌入，使 R_1 变成外部面.

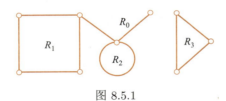

图 8.5.1

(2) 设连通的简单平面图 G 有 7 个顶点、15 条边，求 G 的面数 r，并证明 G 为极大平面图，同时画出一个这样的极大平面图.

(3) 证明：不存在非连通的 7 阶 15 条边的简单平面图.

(4) 已知平面图 G 的阶数 $n = 8$，边数 $m = 8$，面数 $r = 4$，连通分支数 $k = 3$，求 G 的对偶图 G^* 的阶数 n^*、边数 m^*、面数 r^*.

(5) 求 8 阶自对偶图 G 的边数 m 和面数 r.

3. 证明题（2 小题，每小题 10 分，共 20 分）.

(1) 证明图 8.5.2(a) 为平面图.

(2) 证明图 8.5.2(b) 为非平面图.

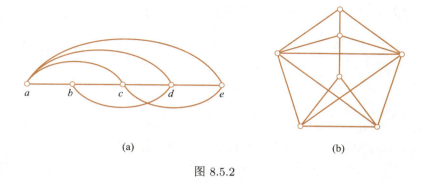

(a)　　　　　　　　　　　　　(b)

图 8.5.2

8.5.2　答案或解答

1. (1) 1.　　(2) 2.　　(3) 0（或假）　　(4) $W_n, n \geqslant 4$.　　(5) 8.　　(6) 9.

2. (1) $\deg(R_1) = 4, \deg(R_2) = 1, \deg(R_3) = 3, \deg(R_0) = 12$.

如图 8.5.3 所示，R_1 已成为外部面，原来的 R_0 成为内部面了.

(2) 由欧拉公式，求得面数 $r = 10$. 由定理 8.1.3，10 个面的次数之和等于 $2m = 30$. 由于 G 为简单平面图，因而每个面的次数均大于或等于 3. 于是有 10 个大于或等于 3 的数之和等于 30，故每个数一定都等于 3，所以每个面的次数均为 3. 由定理 8.1.5，得证 G 为极大平面图. 图 8.5.4 给出一个这样的极大平面图.

图 8.5.3　　　　　　　　　　　　　图 8.5.4

(3) **方法一**　采用反证法. 假设存在 7 阶 15 条边的非连通的简单平面图 G，它具有 $k(k \geqslant 2)$ 个连通分支 $G_1, G_2, \cdots, G_k$，对它们进行如下讨论.

(3.1) 它们中不可能有 K_1. 否则设 G_1 为 K_1，此时 k 只能为 2，并且 G_2 为 K_6，才能保证 G 有 15 条边，但 K_6 为非平面图，这与 G 为平面图相矛盾.

(3.2) 它们中也不会含 K_2. 若含 K_2，设 $G_1 = K_2$，此时只有另一个连通分支为 K_5，边数最多，但 K_5 有 10 条边，K_2 有 1 条边，这与 G 有 15 条边相矛盾.

(3.3) 由 (3.1)、(3.2) 可知，$G_1, G_2, \cdots, G_k$ 的阶数均大于或等于 3. 设 G_i 的阶数为

$n_i (\geqslant 3)$，边数为 $m_i, i = 1, 2, \cdots, k$. 由定理 8.1.10 的推论 8.1.2可知，

$$m_i \leqslant 3n_i - 6,\ i = 1, 2, \cdots, k.$$

求和得

$$m \leqslant 3n - 6k.$$

而 $m = 15, 3n - 6k \leqslant 9$，矛盾.

　　方法二　不难证明当 G 为简单平面图时，定理 8.1.10 的逆成立，即若 $m = 3n - 6$，则 G 为极大平面图. 因此，7 阶 15 条边的简单平面图必是极大平面图，而极大平面图不可能是非连通的.

　　(4) 由定理 8.1.15 可知，$n^* = r = 4, m^* = m = 8, r^* = n - k + 1 = 8 - 3 + 1 = 6$.

　　(5) 设 8 阶平面图 G 为自对偶图，G^* 为 G 的对偶图，设 n, m, r 和 n^*, m^*, r^* 分别为 G 与 G^* 的阶数、边数和面数. 因为 $G^* \cong G$，所以，$n^* = n = 8, r = r^* = n = 8$. 由于对偶图均连通，故 G 为连通平面图. 由欧拉公式得，$n - m + r = 2$. 解得 $m = n + r - 2 = 16 - 2 = 14$.

　　3. (1) 如图 8.5.5 所示的无向图为图 8.5.2(a) 的平面嵌入，所以图 8.5.2(a) 为平面图. 其实，此图与 $K_5 - e$ 同构，这里 e 为 K_5 的任意一条边.

　　(2) 图 8.5.6(a)、(b) 都是 8.5.2(b) 的子图. 收缩图 8.5.6(a) 中的边 (a, b) 得 K_5. 图 8.5.6(b) 为 $K_{3,3}$（实际上只需要一个就够了），由库拉托夫斯基定理可知，图 8.5.2(b) 不是平面图.

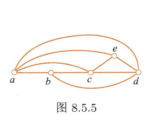

图 8.5.5

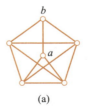 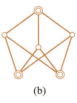

　　　　　(a)　　　　　　(b)

图 8.5.6

第 9 章
支配集、覆盖集、
独立集、匹配与
着色

9.1 内容提要

9.1.1 支配集、点独立集与点覆盖集

支配集与支配数

  定义 9.1.1 设无向简单图 $G = \langle V, E \rangle, V^* \subseteq V$，若 $\forall v_i \in V - V^*$，$\exists v_j \in V^*$ 使得 $(v_i, v_j) \in E$，则称 V^* 为 G 的一个 支配集，并称 v_j 支配 v_i. 设 V^* 是 G 的支配集，且 V^* 的任何真子集都不是支配集，则称 V^* 为 极小支配集 . G 的顶点数最少的支配集称作 G 的 最小支配集，最小支配集中顶点的个数称作 G 的 支配数，记作 $\gamma_0(G)$，简记为 γ_0.

点独立集与点独立数

  定义 9.1.2 设无向简单图 $G = \langle V, E \rangle, V^* \subseteq V$，若 V^* 中任何两个顶点均不相邻，则称 V^* 为 G 的 点独立集，简称为 独立集 . 若 V^* 再加入任何其他的顶点都不是独立集，则称 V^* 为 极大点独立集；G 的顶点数最多的点独立集称作 G 的 最大点独立集；最大独立集的顶点数称作 G 的 点独立数，记作 $\beta_0(G)$，简记为 β_0.

  定理 9.1.1 设无向简单图 $G = \langle V, E \rangle$ 没有孤立点，则 G 的极大点独立集都是极小支配集.

点覆盖集与点覆盖数

  定义 9.1.3 设无向简单图 $G = \langle V, E\rangle, V^* \subseteq V$，若 $\forall e \in E, \exists v \in V^*$，使得 v 与 e 相关联，则称 V^* 为 G 的**点覆盖集**，简称为**点覆盖**，并称 v **覆盖** e. 设 V^* 是 G 的点覆盖，若 V^* 的任何真子集都不是点覆盖，则称 V^* 为**极小点覆盖**. G 的顶点个数最少的点覆盖称为 G 的**最小点覆盖**；最小点覆盖中的顶点个数称作 G 的**点覆盖数**，记作 $\alpha_0(G)$，简记为 α_0.

  定理 9.1.2 设无向简单图 $G = \langle V, E\rangle$ 没有孤立点，$V^* \subseteq V$，则 V^* 为 G 的点覆盖当且仅当 $\overline{V^*} = V - V^*$ 为 G 的点独立集.

  推论 9.1.1 设 $G = \langle V, E\rangle$ 是无孤立点的 n 阶无向图，$V^* \subseteq V$，则 V^* 是 G 的极小（最小）点覆盖当且仅当 $\overline{V^*} = V - V^*$ 是 G 的极大（最大）点独立集，从而有

$$\alpha_0 + \beta_0 = n.$$

9.1.2 边覆盖集与匹配

边覆盖集与边覆盖数

  定义 9.1.4 设无向简单图 $G = \langle V, E\rangle$ 没有孤立点，$E^* \subseteq E$，若对 $\forall v \in V, \exists e \in E^*$，使得 v 与 e 相关联，则称 E^* 为**边覆盖集**，简称为**边覆盖**，并称 e **覆盖** v. 设 E^* 为边覆盖，若 E^* 的任何真子集都不是边覆盖，则称 E^* 为**极小边覆盖**. G 的边数最少的边覆盖称为 G 的**最小边覆盖**. 最小边覆盖中的边数称作 G 的**边覆盖数**，记作 $\alpha_1(G)$，简记为 α_1.

匹配与匹配数

  定义 9.1.5 设无向简单图 $G = \langle V, E\rangle, E^* \subseteq E$，若 E^* 中任何两条边均不相邻，则称 E^* 为 G 的**边独立集**，也称作 G 的**匹配**. 若在 E^* 中再加任意一条边后，所得集合都不是匹配，则称 E^* 为**极大匹配**. G 的边数最多的匹配称作**最大匹配**，最大匹配中的边数称作**边独立数**或**匹配数**，记作 $\beta_1(G)$，简记为 β_1.

  定义 9.1.6 设 M 为图 $G = \langle V, E\rangle$ 的一个匹配，

(1) 称 M 中的边为**匹配边**，不在 M 中的边为**非匹配边**.

(2) 称与匹配边相关联的顶点为**饱和点**，不与匹配边相关联的顶点为**非饱和点**.

(3) 若 G 中每个顶点都是饱和点，则称 M 为 G 的**完美匹配**.

(4) G 中由匹配边和非匹配边交替构成的路径称作**交错路径**，起点和终点不同且都是非饱和点的交错路径称作**可增广的交错路径**，G 中由匹配边和非匹配边交替构成的圈称作**交错圈**.

  定理 9.1.3 设 n 阶图 G 中无孤立点.

(1) 设 M 为 G 的一个最大匹配，对 G 中每个 M-非饱和点均取一条与其关联的边，组成边集 N，则 $W = M \cup N$ 为 G 的最小边覆盖.

(2) 设 W_1 为 G 的一个最小边覆盖，若 W_1 中存在相邻的边就移去其中的一条，设移去的边集为 N_1，则 $M_1 = W_1 - N_1$ 为 G 的最大匹配.

(3) G 的边覆盖数 α_1 与匹配数 β_1 满足 $\alpha_1 + \beta_1 = n$.

推论 9.1.2　设图 G 无孤立点，M 是 G 的一个匹配，W 是 G 的一个边覆盖，则 $|M| \leqslant |W|$，且当等号成立时，M 是 G 的完美匹配，W 是 G 的最小边覆盖.

定理 9.1.4　设 M 是图 G 的一个匹配，则 M 为 G 的最大匹配当且仅当 G 中不含关于 M 的可增广的交错路径.

9.1.3　二部图中的匹配

二部图中的完备匹配

定义 9.1.7　设 $G = \langle V_1, V_2, E \rangle$ 为二部图，$|V_1| \leqslant |V_2|$，若 M 为 G 的一个匹配且 $|M| = |V_1|$，则称 M 为从 V_1 到 V_2 的 完备匹配.

二部图的完备匹配是最大匹配，但最大匹配不一定是完备匹配. 当 $|V_2| = |V_1|$ 时，完备匹配是完美匹配. 下面定理中二部图有完备匹配的充要条件常称作"相异性条件".

定理 9.1.5(霍尔 (Hall) 定理)　设二部图 $G = \langle V_1, V_2, E \rangle$，其中 $|V_1| \leqslant |V_2|$，则 G 中存在从 V_1 到 V_2 的完备匹配当且仅当 V_1 中任意 $k(1 \leqslant k \leqslant |V_1|)$ 个顶点至少与 V_2 中的 k 个顶点相邻.

下面定理给出二部图有完备匹配的一个充分条件，该条件也称作 t 条件.

定理 9.1.6　设二部图 $G = \langle V_1, V_2, E \rangle$，如果存在正整数 t，使得 V_1 中每个顶点至少关联 t 条边，而 V_2 中每个顶点至多关联 t 条边，那么 G 中存在从 V_1 到 V_2 的完备匹配.

9.1.4　着色

点着色

定义 9.1.8　设无向图 G 无环，对 G 的每个顶点涂一种颜色，使相邻的顶点涂不同的颜色，称作图 G 的一种 点着色，简称为 着色. 若能用 k 种颜色给 G 的顶点着色，则称 G 为 k-可着色的. 若 G 是 k-可着色的，但不是 $(k-1)$-可着色的，则称 G 的 色数 为 k. 图 G 的色数记作 $\chi(G)$，简记作 χ.

定理 9.1.7　对于任意的无环图 G，均有

$$\chi(G) \leqslant \Delta(G) + 1.$$

定理 9.1.8(布鲁克斯 (Brooks) 定理)　设 $n \geqslant 3$，若连通图 G 不是完全图 K_n，也不是奇圈，则

$$\chi(G) \leqslant \Delta(G).$$

地图着色与平面图的点着色

　　连通无桥平面图的平面嵌入及其所有的面称作 地图，地图的面称作 "国家"．若两个国家的边界至少有一条公共边，则称这两个国家是 相邻 的．

　　定义 9.1.9　对地图 G 的每个国家涂上一种颜色，使相邻的国家涂不同的颜色，称作对地图 G 的 面着色．若能够用 k 种颜色给 G 的面着色，则称 G 为 k-可面着色的．若 G 为 k-可面着色的，但不是 $(k-1)$-可面着色的，则称 G 的 面色数 为 k．G 的面色数记作 $\chi^*(G)$，简记作 χ^*．

　　定理 9.1.9　地图 G 是 k-可面着色的当且仅当它的对偶图 G^* 是 k-可着色的．

　　定理 9.1.10(四色定理)　任何平面图都是 4-可着色的．

边着色

　　定义 9.1.10　对图 G 的每条边着一种颜色，使相邻的边着不同的颜色，称作对图 G 的 边着色．若能用 k 种颜色给 G 的边着色，则称 G 为 k-可边着色的．若 G 为 k-可边着色的，但不是 $(k-1)$-可边着色的，则称 G 的 边色数 为 k．G 的边色数记作 $\chi'(G)$，简记作 χ'．

　　定理 9.1.11(维津 (Vizing) 定理)　设 G 为简单图，则

$$\Delta(G) \leqslant \chi'(G) \leqslant \Delta(G) + 1.$$

　　维津定理表明，简单图的边色数只可能取两个值：Δ 或者 $\Delta + 1$．

　　定理 9.1.12　二部图的边色数等于 Δ．

9.2　基本要求

　　1. 深刻理解支配集、点覆盖集、边覆盖集、点独立集、匹配（边独立集）、点着色、点色数、边着色、边色数、地图的面着色、地图的面色数及与它们相关的诸多概念和相关定理．

　　2. 能够求出阶数 n 较小或一些特殊的图的参数 $\gamma_0, \alpha_0, \beta_0, \alpha_1, \beta_1, \chi, \chi', \chi^*$．

　　3. 会用二部图中的匹配、点着色与边着色解决实际问题．

　　4. 了解四色定理．

9.3　习题课

9.3.1　题型一：求支配集、点独立集、覆盖集、匹配及相关参数

　　无向图 G 如图 9.3.1 所示．

1. 求 G 的全部极小支配集，指出其中哪些不是最小支配集，并求支配数 γ_0.

2. 求 G 的全部极大点独立集，指出其中哪些不是最大点独立集，并求点独立数 β_0.

3. 求 G 的全部极小点覆盖集，指出其中哪些不是最小点覆盖集，并求点覆盖数 α_0.

4. 求 G 中分别含边 e_1 和含边 e_5 的所有极大匹配，指出其中哪些是最大匹配，并求匹配数 β_1.

5. 求 G 中含边 e_1 和 e_3 的所有极小边覆盖集，指出其中哪些是最小边覆盖集，并求边覆盖数 α_1.

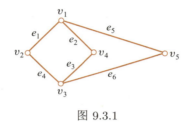

图 9.3.1

解答与分析

1. G 中共有 8 个极小支配集：$\{v_1, v_2\}, \{v_1, v_3\}, \{v_1, v_4\}, \{v_1, v_5\}, \{v_2, v_3\}, \{v_3, v_4\}, \{v_3, v_5\}, \{v_2, v_4, v_5\}$，其中 $\{v_2, v_4, v_5\}$ 不是最小支配集，其余 7 个全是最小支配集，其支配数 $\gamma_0 = 2$.

2. G 中有 2 个极大点独立集：$\{v_1, v_3\}, \{v_2, v_4, v_5\}$，其中 $\{v_1, v_3\}$ 不是最大点独立集，$\{v_2, v_4, v_5\}$ 是最大点独立集，点独立数 $\beta_0 = 3$.

3. G 中有 2 个极小点覆盖集：$\{v_1, v_3\}, \{v_2, v_4, v_5\}$，其中 $\{v_2, v_4, v_5\}$ 不是最小点覆盖集，$\{v_1, v_3\}$ 是最小点覆盖集，点覆盖数 $\alpha_0 = 2$.

4. $\{e_1, e_3\}, \{e_1, e_6\}$ 为含 e_1 的极大匹配，$\{e_5, e_3\}, \{e_5, e_4\}$ 为含 e_5 的极大匹配. 它们都是最大匹配，匹配数 $\beta_1 = 2$.

5. 含边 e_1 和 e_3 的极小边覆盖集有 2 个：$\{e_1, e_3, e_5\}$ 与 $\{e_1, e_3, e_6\}$. G 是 5 阶图，G 不可能有 2 条边的边覆盖集，因而以上 2 个边覆盖集都是最小边覆盖集，边覆盖数 $\alpha_1 = 3$.

9.3.2　题型二：$\gamma_0, \alpha_0, \beta_0, \alpha_1, \beta_1$ 之间的关系

1. 命题"若 V^* 为无向图 G 的最大点独立集，则 V^* 也是 G 的最小支配集"为真吗? 为什么?

2. 已知 10 阶无向图 G 中无孤立点，点独立数 $\beta_0 = 4$，试求 G 的点覆盖数 α_0，并给出一个这样的无向图 G.

3. 已知 $n(n \geqslant 2)$ 阶无向图 G 中无孤立点，匹配数（即边独立数）$\beta_1 = 1$，试求边覆

盖数 α_1，并给出一个这样的连通简单无向图 G.

解答与分析

1. 命题不为真. 定理 9.1.1 说 G 的极大点独立集都是 G 的极小支配集，但最大点独立集不一定是最小支配集，β_0 不一定等于 γ_0. 图 9.3.2 给出了一棵 8 阶树，此类树也称星形图. 图中有 2 个极大点独立集：$V_1^* = \{v_1, v_2, \cdots, v_7\}, V_2^* = \{v_8\}$，其中 V_1^* 是最大点独立集，但不是最小支配集，它只是极小支配集；V_2^* 是最小支配集，但只是极大点独立集，而不是最大点独立集. $\beta_0 = 7, \gamma_0 = 1$.

2. 由定理 9.1.2 的推论 9.1.1 知，$\alpha_0 + \beta_0 = n$，故 $\alpha_0 = 10 - 4 = 6$. 图 9.3.3 的阶数 $n = 10, \beta_0 = 4, \alpha_0 = 6$. 请在图中找出一个最大点独立集，它的补即为最小点覆盖集.

3. 由定理 9.1.3 可知，

$$\alpha_1 = n - \beta_1 = n - 1.$$

$n(n \geqslant 4)$ 阶星形图满足要求. 在图 9.3.2 所示的 8 阶星形图中，$\beta_1 = 1, \alpha_1 = 7$.

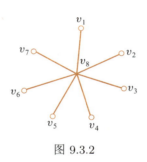

图 9.3.2

图 9.3.3

9.3.3　题型三：极大匹配、最大匹配、完美匹配

1. 无向图 G 如图 9.3.4 所示.

(1) 给出 G 的一个非最大匹配的极大匹配 M_1.

(2) 求 (1) 中给出的 M_1 的一条可增广的交错路径 $\varGamma$.

(3) 由 (2) 中给出的 $\varGamma$ 产生一个边数更多的匹配 M.

(4) G 中存在完美匹配吗? 为什么?

2. 无向图 G 如图 9.3.5 所示，求 G 中一个最大匹配.

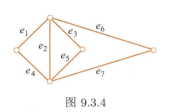

图 9.3.4

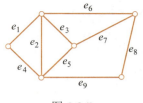

图 9.3.5

解答与分析

1. (1) $M_1 = \{e_2\}$ 为 G 中的一个极大匹配，但它不是最大匹配.

(2) $\Gamma = e_1 e_2 e_5$（或 $e_1 e_2 e_7$ 等）是 M_1 的一条可增广的交错路径.

(3) Γ 上不在 M_1 中的边 e_1, e_5 组成的集合 $M = \{e_1, e_5\}$ 是 G 中的匹配，它比 M_1 多一条边. 事实上，M 是 G 的最大匹配.

(4) G 中无完美匹配. G 中存在完美匹配的一个必要条件是 G 的阶数 n 为偶数，此题中 $n = 5$，故无完美匹配.

2. 按下述步骤求最大匹配.

(1) 取 $M_1 = \{e_2, e_8\}$（或 $\{e_2, e_7\}$）为 G 中一个极大匹配.

(2) 找到 M_1 的一条可增广的交错路径 $\Gamma = e_1 e_2 e_9 e_8 e_7$，因而 M_1 不是最大匹配.

(3) 由 Γ 中不属于 M_1 的边构成的集合 $M = \{e_1, e_9, e_7\}$ 是 G 中多一条边的匹配，不再有 M 的可增广的交错路径，故 M 是最大匹配.

由于 G 只有 6 个顶点，M 也是完美匹配.

9.3.4　题型四：二部图中的匹配

1. 求二部图中边不重的完备匹配.

(1) $K_{2,3}$ 中有多少个边不重的完备匹配？

(2) $K_{3,3}$ 中有多少个边不重的完美匹配？

2. 设二部图 $G = \langle V_1, V_2, E \rangle, |V_1| \leqslant |V_2|$，$M$ 为 G 中一个匹配，Γ 为一条 M 的可增广的交错路径，M 是 G 中从 V_1 到 V_2 的完备匹配吗？为什么？

3. 作满足要求的二部图.

(1) 作二部图 $G_1 = \langle V_{11}, V_{12}, E_1 \rangle, |V_{11}| = 4, |V_{12}| = 6$，使其满足 $t = 3$ 的 t 条件，从而 G_1 中存在从 V_{11} 到 V_{12} 的完备匹配，并给出一个完备匹配.

(2) 作二部图 $G_2 = \langle V_{21}, V_{22}, E_2 \rangle, |V_{21}| = 3, |V_{22}| = 5$，使其不满足任何 t 条件，但满足相异性条件，从而存在从 V_{21} 到 V_{22} 的完备匹配，并给出一个完备匹配.

(3) 作二部图 $G_3 = \langle V_{31}, V_{32}, E_3 \rangle, |V_{31}| = 5, |V_{32}| = 7$，使其不满足相异性条件，从而不存在从 V_{31} 到 V_{32} 的完备匹配.

解答与分析

1. (1) $K_{2,3}$ 中有 3 个边不重的完备匹配，如图 9.3.6 所示. 其中图 9.3.6(a) 是 $K_{2,3}$, 图 9.3.6(b)、(c)、(d) 给出了 3 个完备匹配 $M_1 = \{(v_1, u_1), (v_2, u_2)\}, M_2 = \{(v_1, u_2), (v_2, u_3)\}, M_3 = \{(v_1, u_3), (v_2, u_1)\}$，它们的边不重.

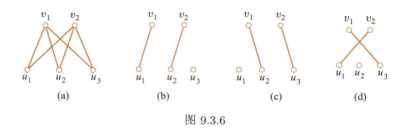

图 9.3.6

(2) $K_{3,3}$ 中有 3 个边不重的完美匹配，如图 9.3.7 所示，其中图 9.3.7(a) 是 $K_{3,3}$, 3 个完美匹配分别由 (b)、(c)、(d) 给出，它们的边不重.

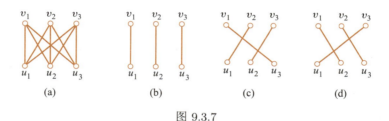

图 9.3.7

2. 因为含 M 的可增广的交错路径，由定理 9.1.4，M 不是最大匹配，更不可能是完备匹配.

3. 根据定理 9.1.5 和定理 9.1.6 不难完成此题.

9.3.5　题型五：图的着色

1. 求图 9.3.8(a) 所示的无向图的点色数 χ 和边色数 χ'.

2. 通过求图 9.3.8(b) 所示的平面图 G 的对偶图 G^* 的点色数 $\chi(G^*)$，求 G 的面色数 $\chi^*(G)$.

3. 设 G 是 3-正则的哈密顿图，证明：G 的边色数 $\chi' = 3$.

解答与分析

1. 在图 9.3.8(a) 中，顶点 a, b, c 彼此相邻，必须用 3 种不同的颜色着色. d, e, f 都与 a, b, c 相邻，因而不能再用这 3 种颜色. 又因为 d, e, f 彼此不相邻，所以只需要再用一种颜色给它们着色，所以 $\chi = 4$.

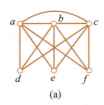 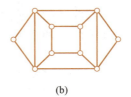

(a) 　　　　　　(b)

图 9.3.8

由维津定理可知，$5 \leqslant \chi' \leqslant 6$. 而 G 由圈 $abca$ 和删去圈中的 3 条边后的子图 $K_{3,3}$ 组成，给 $K_{3,3}$ 和圈的边着色各需用 3 种颜色，且在 $K_{3,3}$ 中与 a, b, c 中每个顶点关联的 3 条边都必须着 3 种不同的颜色，从而圈上的边不能与 $K_{3,3}$ 的边用相同的颜色，因此至少要用 6 种颜色. 所以，$\chi' = 6$.

2. G 的对偶图 G^* 见图 9.3.9. 由于 G^* 中含三角形，所以 $\chi(G^*) \geqslant 3$. 又能用 3 种颜色给 G^* 点着色，如图 9.3.9 所示，因而 $\chi(G^*) = 3$. 由定理 9.1.9，$\chi^*(G) = 3$. 其实，直接给图 G 面着色，也可证明 $\chi^*(G) = 3$.

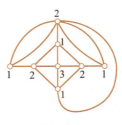

图 9.3.9

3. G 是 3-正则图，自然 $\Delta(G) = 3$. 由维津定理，$\chi'(G) \geqslant 3$. 下面证明 $\chi'(G) \leqslant 3$.

由于 G 为 3-正则图，由握手定理可知，$2m = 3n$，这里 n 为阶数，m 为边数，于是阶数 n 为偶数. 设 C 是 G 中的一条哈密顿回路，则 C 为 n 阶偶圈，因而可用 2 种颜色给 C 上的边着色. G 中不在 C 上的边彼此不相邻（否则相邻 2 条边的共同端点的度数大于或等于 4），可用另外一种颜色给它们着色，所以 $\chi'(G) \leqslant 3$.

综上所述，$\chi'(G) = 3$.

9.4　习题、解答或提示

9.4.1　习题 9

9.1 对如题 9.1 图所示无向图 G，求 G 的两个极小支配集、一个最小支配集及支配数 γ_0.

9.2 求如题 9.1 图所示无向图 G 的两个极大点独立集、一个最大点独立集及点独立数 β_0.

9.3 求如题 9.1 图所示无向图 G 的两个极小点覆盖集、一个最小点覆盖集及点覆盖数 α_0.

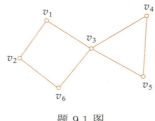

题 9.1 图

9.4 对如题 9.4 图所示无向图 G，求 G 的两个极小边覆盖集、一个最小边覆盖集及边覆盖数 α_1.

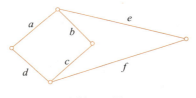

题 9.4 图

9.5 求如题 9.4 图所示的无向图 G 的两个极大匹配、一个最大匹配及匹配数 β_1.

9.6 如题 9.4 图所示的无向图 G 有完美匹配吗? 为什么?

9.7 求彼得松图（见题 9.7 图）的最大点独立集和最小点覆盖集以及 β_0 和 α_0.

9.8 给出彼得松图的一个边子集，使它既是最小边覆盖集，又是最大匹配，并求其匹配数 β_1 和边覆盖数 α_1.

9.9 在如题 9.9 图所示的轮图 W_6 中，找出含边 e_1 的所有完美匹配.

9.10 举例说明以下各种情况.

(1) 图的极小支配集不一定是点独立集.

(2) 图的极小支配集不一定是最小支配集.

(3) 图的极大点独立集不一定是最大点独立集.

(4) 图的极大匹配不一定是最大匹配.

9.11 举例说明满足相异性条件的二部图，不一定存在正整数 t，使其满足 t 条件.

9.12 证明：对于 $n \geqslant 3$，在完全图 K_n 中，$\beta_1 < \alpha_0, \beta_0 < \alpha_1$.

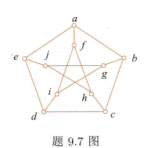

题 9.7 图

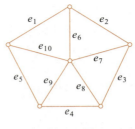

题 9.9 图

9.13 证明：在完全二部图 $K_{r,s}$ 中，$\beta_1 = \alpha_0, \beta_0 = \alpha_1$.

9.14 证明：对于任意的无向简单图 G，均有 $\alpha_0 \geqslant \delta$.

9.15 证明：在 8×8 的国际象棋棋盘的一条主对角线上移去两端的方格后，所得棋盘不能用 1×2 的长方形不重叠地填满.

9.16 设二部图 $G = \langle V_1, V_2, E \rangle$ 为 k-正则图，证明：G 中存在完美匹配，其中 $k \geqslant 1$.

9.17 n 位教师教 n 门课程，已知每位教师至少能教两门课程，而每门课程至多有两位教师能教，问：能否每位教师正好教一门课？

9.18 今有张、王、李、赵、陈 5 名学生，报名参加物理、化学、生物 3 个课外小组活动. 已知，张报了物理组和化学组，王只报了物理组，李、赵都报了化学组和生物组，陈只报了生物组. 问：根据他们的报名情况，能否从这 5 名学生中选出 3 名任这 3 个小组的组长？

　　又若张报了物理组和化学组，而王、李、赵、陈都只报了生物组，还能选出 3 名组长吗？为什么？

9.19 现有 4 名教师：张、王、李、赵，要求他们去教 4 门课程：数学、物理、电工学和计算机基础，已知张能教授数学和计算机基础；王能教授物理和电工学；李能教授数学、物理和电工学；而赵只能教授电工学. 如何安排，才能使每名教师都教一门自己能教授的课程并且每门课都有一名教师教？讨论有几种安排方案.

9.20 给下列各图的顶点用尽量少的颜色着色.

(1) 5 阶零图 N_5.

(2) 5 阶圈 C_5.

(3) 6 阶圈 C_6.

(4) 6 阶完全图 K_6.

(5) 6 阶轮图 W_6.

(6) 7 阶轮图 W_7.

(7) 完全二部图 $K_{3,4}$.

9.21 求如题 9.21 图所示的各图的点色数.

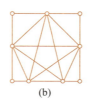

(a) (b) (c)

题 9.21 图

9.22 设 T 是非平凡的无向树，证明：$\chi(T) = 2$.

9.23 设 G 是 n 阶 k–正则图，证明：

$$\chi(G) \geqslant \frac{n}{n-k}.$$

9.24 证明：任何无环平面图都是 6–可着色的.

9.25 用尽量少的颜色给如题 9.25 图所示的地图面着色.

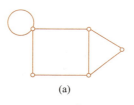 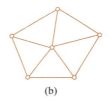

(a) (b) (c)

题 9.25 图

9.26 通过求如题 9.25 图所示的各地图的对偶图的点色数，求各地图的面色数.

9.27 求轮图 W_{2k} 和 W_{2k+1} 所对应的地图的面色数，其中 $k \geqslant 2$.

9.28 设 G^* 为如题 9.28 图所示的平面图 G 的对偶图，画出 G^*，通过求 $\chi(G^*)$ 来求 $\chi^*(G)$.

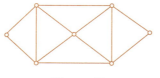

题 9.28 图

9.29 用尽可能少的颜色给完全图 K_4 和 K_5 的边着色.

9.30 用尽可能少的颜色给 $K_{3,3}$ 的边着色.

9.31 证明：彼得松图的边色数 $\chi' = 4$.

9.32 某大学计算机专业三年级有 5 门选修课，其中课程 1 与 2、1 与 3、1 与 4、2 与 4、2 与 5、3 与 4、3 与 5 均有人同时选修. 问：安排这 5 门课的考试至少需要几个时间段？

9.33 某中学高三年级有 5 个班，由 4 名教师（A，B，C，D）为他们授课，周一每名教师为每个班授课的节数如题 9.33 表所示. 问：本年级周一至少要安排多少节课？需要多少个教室？

题 9.33 表

教师	1 班授课数/节	2 班授课数/节	3 班授课数/节	4 班授课数/节	5 班授课数/节
A	1	0	1	0	0
B	1	0	1	1	0
C	0	1	1	1	1
D	0	0	0	1	2

9.34 假设当两台无线发射设备的距离小于 200 km 时不能使用相同的频率. 现有 6 台设备，题 9.34 图给出了它们之间的距离，问：它们至少需要几个不同的频率？

9.35 有 6 名博士生要进行论文答辩，答辩委员会的成员分别为 $A_1=\{$张教授，李教授，王教授$\}$，$A_2=\{$李教授，赵教授，刘教授$\}$，$A_3=\{$张教授，刘教授，王教授$\}$，$A_4=\{$赵教授，刘教授，王教授$\}$，$A_5=\{$张教授，李教授，孙教授$\}$，$A_6=\{$李教授，刘教授，王教授$\}$，那么这次论文答辩必须安排多少个不同的时间？

	设备 1	设备 2	设备 3	设备 4	设备 5	设备 6
设备 1	0	120	250	345	160	180
设备 2		0	125	240	150	210
设备 3			0	160	320	380
设备 4				0	288	321
设备 5					0	100
设备 6						0

题 9.34 图

9.4.2 解答或提示

9.1 $V_1 = \{v_1, v_4, v_6\}$，$V_2 = \{v_1, v_3\}$ 是 G 中极小支配集，其中 V_2 是最小支配集，支配数 $\gamma_0 = 2$.

9.2 $V_1 = \{v_1, v_6, v_4\}$，$V_2 = \{v_2, v_3\}$ 是 G 中极大点独立集，其中 V_1 是最大点独立集，

点独立数 $\beta_0 = 3$.

9.3 $V_1 = \{v_2, v_3, v_5\}, V_2 = \{v_1, v_6, v_4, v_5\}$ 是 G 中极小点覆盖集, 其中 V_1 是最小点覆盖集, 点覆盖数 $\alpha_0 = 3$.

9.4 $E_1 = \{a, c, e\}, E_2 = \{b, d, f\}$ 是极小边覆盖集, 也是最小边覆盖集, 边覆盖数 $\alpha_1 = 3$. 此图无大于 3 条边的极小边覆盖集.

9.5 $M_1 = \{a, c\}, M_2 = \{b, d\}$ 是极大匹配, 也是最大匹配, 匹配数 $\beta_1 = 2$.

9.6   此图无完美匹配, 因为 G 的阶数为奇数.

9.7   在彼得松图中, $V_1 = \{a, d, g, h\}$ 为最大点独立集, 由定理 9.1.2 知 $\overline{V}_1 = \{b, c, e, f, i, j\}$ 为最小点覆盖集, 因而 $\beta_0 = 4, \alpha_0 = 6$.

9.8 $M = \{(a, f), (b, g), (c, h), (d, i), (e, j)\}$ 为最大匹配 (也是完美匹配), 也是最小边覆盖集. $\alpha_1 = \beta_1 = 5$.

9.9 $M_1 = \{e_1, e_3, e_9\}, M_2 = \{e_1, e_7, e_4\}$ 都是题 9.9 图中含边 e_1 的完美匹配.

9.10   本题说明在无孤立点的图中极大点独立集一定是极小支配集 (定理 9.1.1), 最小支配集一定是极小支配集, 最大点独立集一定是极大点独立集, 最大匹配一定是极大匹配这 4 个命题的逆命题不真.

(1) 主教材中已经给出.

(2) 在如图 9.4.1 所示的星形图中, $V_1 = \{v_1, v_2, v_3, v_4, v_5\}$ 是极小支配集, 而 V_1 不是最小支配集.

(3) 在图 9.4.1 中, $V_2 = \{v_6\}$ 是极大点独立集, 但不是最大点独立集.

(4) 在图 9.4.2 中, $M = \{e_3\}$ 是极大匹配, 但不是最大匹配.

图 9.4.1   图 9.4.2

9.11   由主教材中关于定理 9.3.2 的证明可知, t 条件是相异性条件的充分条件, 但 t 条件不是相异性条件的必要条件. 在如图 9.4.3 所示的二部图中, 满足相异性条件, 但对任意 t, 均不满足 t 条件.

9.12   当 $n \geqslant 3$ 时, 在 K_n 中, $\beta_1 = \left\lfloor \dfrac{n}{2} \right\rfloor, \alpha_1 = \left\lfloor \dfrac{n+1}{2} \right\rfloor, \beta_0 = 1, \alpha_0 = n-1$. 当 $n \geqslant 3$ 时, $\left\lfloor \dfrac{n}{2} \right\rfloor < n-1, \left\lfloor \dfrac{n+1}{2} \right\rfloor > 1$, 所以, $\beta_1 < \alpha_0, \beta_0 < \alpha_1$.

9.13 在完全二部图 $K_{r,s}$ 中，$\beta_1 = \alpha_0 = \min\{r,s\}$，而 $\alpha_1 = \beta_0 = \max\{r,s\}$.

9.14 设 V_1 为 G 中的一个最小点覆盖集，由定理 9.1.2 可知，$V_2 = V(G) - V_1$ 为 G 中最大点独立集. 由于 V_2 中顶点互不相邻，因而 $\forall v \in V_2$，与 v 相邻的顶点均在 V_1 中，所以 V_1 中至少有 $d(v) \geqslant \delta$ 个顶点，从而 $\alpha_0 = |V_1| \geqslant \delta$.

9.15 在去掉主对角线两端的 1×1 的方格后的棋盘如图 9.4.4 所示，在每个格内放置一个顶点，考虑二部图 $G = \langle V_1, V_2, E \rangle$，其中，

$$V_1 = \{v | v \text{ 位于白格内}\},$$

$$V_2 = \{v | v \text{ 位于黑格内}\},$$

$$E = \{(u,v) | u \in V_1, v \in V_2, u \text{ 与 } v \text{ 所在方格相邻}\}.$$

则 $|V_1| = 30, |V_2| = 32$.

图 9.4.3

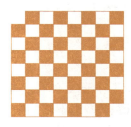

图 9.4.4

所得棋盘能用 1×2 的方格恰好填满，当且仅当 G 中存在完美匹配. 但由于 $|V_1| \neq |V_2|$，显然 G 中不存在完美匹配，因而所得棋盘不能用 1×2 方格填满.

9.16 由 G 是 k–正则二部图知，G 既满足相异性条件，又满足 $t = k$ 的 t 条件，因而 G 中存在从 V_1 到 V_2 的完备匹配. 又 G 的边数等于 $k|V_1| = k|V_2|$，得 $|V_1| = |V_2|$，所以完备匹配都是完美匹配，得证 G 中存在完美匹配.

9.17 考虑二部图 $G = \langle V_1, V_2, E \rangle$，其中

$$V_1 = \{v | v \text{ 为教师}\},$$

$$V_2 = \{u | u \text{ 为课程}\},$$

$$E = \{(u,v) | v \in V_1, u \in V_2, v \text{ 能教 } u\}.$$

由题设 $|V_1| = |V_2| = n$，且 G 满足 $t = 2$ 的 t 条件，故 G 存在从 V_1 到 V_2 的完美匹配，从而能够让每一位教师正好教一门他能教的课程.

9.18 提示：考虑二部图 $G = \langle V_1, V_2, E \rangle$，其中，

$V_1 = \{$张，王，李，赵，陈$\}$，

$V_2 = \{$物理，化学，生物$\}$，

$E = \{(u,v)|u \in V_1, v \in V_2, u$ 参加 $v\}$.

能找 3 人任组长当且仅当 G 存在完备匹配.

9.19 参考 9.18 题的提示. 只有一种方案：张教计算机基础，王教物理，李教数学，赵教电工学.

9.20 (1) $\chi(N_5) = 1$.　　(2) $\chi(C_5) = 3$.　　(3) $\chi(C_6) = 2$.　　(4) $\chi(K_6) = 6$.

(5) $\chi(W_6) = 4$.　　(6) $\chi(W_7) = 3$.　　(7) $\chi(K_{3,4} = 2)$.

9.21 题 9.21 图 (a)，(b)，(c) 中图的点色数分别为 $3, 5, 2$.

9.22 非平凡的树 T 是至少有 1 条边的二部图，所以 $\chi(T) = 2$.

9.23 设 v 为 G 中任意一个顶点，由于 G 为 k-正则图，所以 $d(v) = k$，即 v 的邻域 $N(v)$ 中有 k 个顶点. 这 k 个顶点均不能与 v 涂相同的颜色，因此至多有 $n - k$ 个顶点可以与 v 涂相同颜色，故至少需要 $\left\lceil \dfrac{n}{n-k} \right\rceil$ 种颜色. 于是

$$\chi(G) \geqslant \left\lceil \frac{n}{n-k} \right\rceil \geqslant \frac{n}{n-k},$$

其中 $\lceil x \rceil$ 表示不小于 x 的最小整数.

9.24 因为平行边不影响图中顶点的着色，因而可设平面图 G 是简单平面图. 对阶数 n 作归纳证明. 若 $n \leqslant 6$，结论显然成立. 设 $n = k(k \geqslant 6)$ 时，结论为真. 考虑 $n = k+1$，由定理 8.1.11，G 中存在 $v, d(v) \leqslant 5$. 设 $G' = G - v, G'$ 为 k 阶平面图. 由归纳假设，G' 是 6-可着色的. 在 G' 的 6-着色中，v 的邻域 $N(v)$ 中的顶点至多用 5 种颜色，因而将 G' 还原成 G 时，在所用的 6 种颜色中至少存在一种颜色可以给 v 涂色，所以 G 也是 6-可着色的. 得证当 $n = k+1$ 时，结论也为真.

9.25 题 9.25 图中，(a)、(b)、(c) 分别至少用 $3, 4, 3$ 种颜色面着色.

9.26 题 9.25 图中，(a)、(b)、(c) 的面色数分别为 $3, 4, 3$.

9.27 $\chi^*(W_{2k}) = 4, \chi^*(W_{2k+1}) = 3$.

9.28 $\chi^*(G) = \chi(G^*) = 2$.

9.29 $\chi'(K_4) = 3, \chi'(K_5) = 5$.

9.30 $\chi'(K_{3,3}) = 3$.

9.31 彼得松图的最大度 $\Delta = 3$，由维津定理可知，$3 \leqslant \chi' \leqslant 4$. 彼得松图是由外 5 阶圈 $C_{\text{外}}$ 与内 5 阶圈 $C_{\text{内}}$ 及连接 $C_{\text{外}}$ 与 $C_{\text{内}}$ 的 5 条中间边组成的. 假设可以用 3 种颜色给边着色，由于 $\chi'(C_5) = 3$，必须用 3 种颜色，如 $1,2,3$，给 $C_{\text{外}}$ 边着色. 于是，有唯一的方法用 $1,2,3$ 给中间 5 条边着色，不妨设如图 9.4.5 所示. 这样一来，边 (b,d) 必须着 1（或 2），而 (b,e) 与 (d,a) 必须着同一种颜色 2（或 1）. 这是不可能的，因为这两条边分别与

着 1 和 2 的边相邻. 因而至少需要 4 种颜色, 得证 $\chi' = 4$.

9.32 考虑无向图 $G = \langle V, E \rangle$, 其中,

$V = \{v_i | i = 1, 2, \cdots, 5\}$,

$E = \{(v_i, v_j) | v_i$ 与 v_j 有人同时选, $1 \leqslant i < j \leqslant 5\}$,

如图 9.4.6 所示. 显然, 课程 v_i 与 v_j 可以同时考, 当且仅当没有人同时选 v_i 与 v_j, 后者等价于在 G 的着色中, v_i 与 v_j 可涂同一种颜色. 不难看出 $\chi(G) = 3$, 给 v_2, v_3 涂颜色 α, v_1, v_5 涂颜色 β, v_4 涂颜色 γ. 因而至少需要 3 个时间段才考完这 5 门课程.

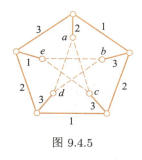

图 9.4.5

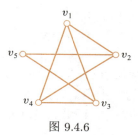

图 9.4.6

9.33 考虑二部图 $G = \langle V_1, V_2, E \rangle$, 其中,

$V_1 = \{v_i | i = 1, 2, 3, 4\}$, 每个 v_i 代表一位教师;

$V_2 = \{u_j | j = 1, 2, \cdots, 5\}$, 每个 u_j 代表一个班.

$\forall v_i \in V_1, u_j \in V_2$, 在 v_i 与 u_j 之间连 m_{ij} 条边, 每一条边代表一节课, 其中 m_{ij} 是教师 v_i 为 u_j 班上课的节数.

与同一个顶点关联的边对应同一位教师或同一个班上的课, 不能安排在同一时间. 反之, 不相邻的边对应不同教师和不同班上的课, 可以安排在同一时间. 这正好对应 G 的边着色. 着不同颜色的边对应的课必须安排在不同时间, 着相同颜色的边对应的课可以安排在同一时间. 因此, 每天至少安排的节数正好为 $\chi'(G)$. 由于着同色的边所对应的课程必须在不同的教室上课, 所以同色边数的最大值是所用教室的数量, 应该使这个最大值尽可能小.

根据题设有二部图 G, 如图 9.4.7 所示, 图中用不同的线条表示不同的颜色. $\chi'(G) = 4$, 所以周一至少安排 4 节课. 4 种颜色的边均为 3 条, 所以需要 3 个教室.

9.34 考虑图 $G = \langle V, E \rangle$, 其中,

$V = \{v_i | i = 1, 2, \cdots, 6\}$, 每个 v_i 代表一台设备,

$E = \{(v_i, v_j) | v_i$ 与 v_j 的距离小于 200 km, $1 \leqslant i < j \leqslant 6\}$,

如图 9.4.8 所示. 给顶点着色, 一种颜色代表一个频率. 一种着色代表一种频率分配方案, 因而所需的最少频率数等于 G 的点色数. 不难看出, $\chi(G) = 3$. 图 9.4.8 给出了一种着色方案. 按照这个方案, 设备 1 和 3 使用频率 1, 设备 4 和 5 使用频率 2, 设备 2 和

6 使用频率 3.

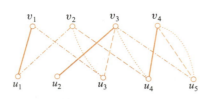

图 9.4.7

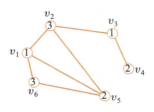

图 9.4.8

9.35 考虑图 $G = \langle V, E \rangle$，其中，

$V = \{v_i | i = 1, 2, \cdots, 6\}$，每个 v_i 代表一名博士生，

$E = \{(v_i, v_j) | A_i \cap A_j \neq \varnothing, 1 \leqslant i, j \leqslant 6, i \neq j\}$，

如图 9.4.9 所示. v_i 与 v_j 的答辩会可以同时进行当且仅当 A_i 与 A_j 中没有共同的成员，这又当且仅当 v_i 与 v_j 不相邻. 因而，这个问题恰好对应 G 的点着色，着不同颜色的顶点所代表的博士生的答辩会必须安排在不同时间，需要的最少不同时间等于 $\chi(G)$. 不难看出，$\chi(G) = 5$. 因此，这次论文答辩至少要安排 5 个不同的时间.

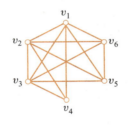

图 9.4.9

9.5 小测验

9.5.1 试题

1. 填空题（6 小题，每小题 5 分，共 30 分）.

(1) 在 4×4 的棋盘的每个方格内放置 1 个顶点，组成顶点集 V，令 $E = \{(u, v) | u, v \in V, u$ 与 v 在同一行或同一列或同一条对角线上$\}$，则 $G = \langle V, E \rangle$ 为 16 阶无向简单图，G 的支配数 $\gamma_0 =$ _____.

(2) 在无孤立点的无向简单图 $G = \langle V, E \rangle$ 中，已知 V^* 为 G 的一个点独立集，则 $V - V^*$ 为 G 的_____.

(3) 设 G 为无孤立点的无向简单图，M 既是 G 中的最大匹配，又是 G 中的最小边覆盖集，则 M 应为_____ 匹配.

(4) 设 M 为无向图 G 中的一个匹配，C 为 G 中关于 M 的交错圈，已知 C 中有 $k(k \geqslant 1)$ 条 M 中的边，则 C 中有_____ 条边在 G 中，而不在 M 中.

(5) 设 M 为无向图 G 中的一个匹配，Γ 为 G 中关于 M 的可增广的交错路径，则 Γ 中不在 M 中的边比在 M 中的边多_____ 条.

(6) 含完全图 K_n 作为子图的无向图 G 的点色数至少为_____.

2. 简答题（5 小题，每小题 10 分，共 50 分）.

(1) 求彼得松图的 $\gamma_0, \beta_0, \beta_1, \alpha_0, \alpha_1$.

(2) 求如图 9.5.1 所示的二部图的 $\gamma_0, \beta_0, \alpha_0, \beta_1, \alpha_1$.

(3) 二部图 $G = \langle V_1, V_2, E \rangle$ 如图 9.5.2 所示. 证明 G 中存在完备匹配，并找出 G 中所有不同的完备匹配.

(4) 二部图 $G = \langle V_1, V_2, E \rangle$ 如图 9.5.3 所示. 证明 G 中存在完备匹配，并找出一组边不重的完备匹配.

(5) 二部图 $G = \langle V_1, V_2, E \rangle$ 如图 9.5.4 所示. 证明 G 中不存在完备匹配，找出 G 中的一个最大匹配，并求匹配数 β_1.

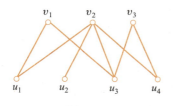

图 9.5.1

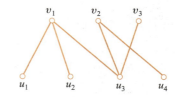

图 9.5.2

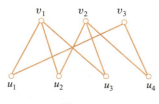

图 9.5.3

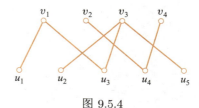

图 9.5.4

3. 证明题（10 分）.

设 G 是不含 K_3 的连通的简单平面图，证明：

(1) $\delta(G) \leqslant 3$.

(2) G 是 4-可着色的.

4. 应用题（10 分）.

　　某中学，张、王、李、赵 4 名教师下学期要承担他们都熟悉的 4 门课程：数学、物理、化学和英语.

　　(1) 试讨论学校安排他们授课的方案数.

　　(2) 在上述各方案中，有多少种是完全不同的方案（即每位教师所授课程都不相同的方案数）？

9.5.2　答案或解答

　　1. (1)　2.　(2)　点覆盖集.　(3)　完美.　(4)　k.　(5)　1.　(6)　n.

　　2. (1) 本题先求出 γ_0, β_0 和 β_1，再根据定理求出 α_0 和 α_1.

　　(1.1)　求支配数 γ_0. 彼得松图是 3–正则图，阶数 $n = 10$，因而它不可能存在由 1 个顶点和 2 个顶点构成的支配集，但可以找到由 3 个顶点组成的支配集，如图 9.5.5(a) 所示，由 3 个实心点组成的集合为支配集，所以 $\gamma_0 = 3$.

　　(1.2)　求点独立数 β_0. 彼得松图中含 2 个 5 阶圈，每个 5 阶圈上最多有 2 个顶点彼此不相邻，因而最多有 4 个顶点彼此不相邻. 图 9.5.5(b) 给出了 4 个实心点. 它们彼此不相邻，构成了一个最大的点独立集，因而 $\beta_0 = 4$.

　　(1.3)　求匹配数 β_1. 容易发现，彼得松图中存在 5 条边组成的完美匹配（如图 9.5.5(c) 所示的实线边给出的匹配），所以 $\beta_1 = 5$.

　　(1.4)　求点覆盖数 α_0. 由定理 9.1.2 的推论 9.1.1 可知，$\alpha_0 = n - \beta_0 = 10 - 4 = 6$.

　　(1.5)　求边覆盖数 α_1. 由定理 9.1.3 可知，$\alpha_1 = n - \beta_1 = 10 - 5 = 5$.

　　(2) (2.1)　在图 9.5.1 中，$\{v_1, v_2, v_3\}$ 是最小支配集，所以 $\gamma_0 = 3$.

　　(2.2)　$\{u_1, u_2, u_3, u_4\}$ 是最大点独立集，所以 $\beta_0 = 4$. 由定理 9.1.2 的推论 9.1.1可知，$\alpha_0 = 7 - 4 = 3$.

　　(2.3)　图 9.5.1 中存在完备匹配，如 $M = \{(v_1, u_1), (v_2, u_2), (v_3, u_3)\}$，所以 $\beta_1 = 3$. 由定理 9.1.3 可知 $\alpha_1 = 4$.

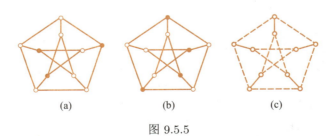

图 9.5.5

　　(3) 容易验证，如图 9.5.2 所示的二部图 G 满足相异性条件，由定理 9.1.5 可知，G 中存在完备匹配. 其实，特别容易找到图中的完备匹配，所以不用定理 9.1.5 也可以证明所要求的结论.

由于 v_3 只能与 u_3 匹配, 迫使 v_2 只能与 u_4 匹配, v_1 只能与 u_1 或 u_2 匹配, 因而 G 中有 2 个不同的完备匹配: $M_1 = \{(v_1, u_1), (v_2, u_4), (v_3, u_3)\}$, $M_2 = \{(v_1, u_2), (v_2, u_4), (v_3, u_3)\}$.

(4) 可以从 3 个方面证明图 9.5.3 存在完备匹配.

(4.1) 满足 $t = 2$ 的 t 条件.

(4.2) 满足相异性条件.

(4.3) 可直接找到完备匹配.

图 9.5.3 中存在多个边不重的完备匹配. 由于 $d(v_3) = 2$, 所以每组边不重的完备匹配中只有 2 个匹配. 例如, $M_1 = \{(v_1, u_2), (v_2, u_3), (v_3, u_1)\}$ 与 $M_2 = \{(v_1, u_1), (v_2, u_2), (v_3, u_4)\}$ 构成一组边不重的完备匹配. 当然, 还可以找到多组边不重的完备匹配.

(5) 在图 9.5.4 中, v_2 与 v_4 均只与 u_4 相邻, 由此破坏了相异性条件, 因而无完备匹配. $M = \{(v_1, u_1), (v_2, u_4), (v_3, u_3)\}$ 为 G 中的一个最大匹配, 因而 $\beta_1 = 3$.

3. 证明:

(1) 设 G 的阶数为 n.

若 $n \leqslant 4$, 由已知条件可知, $\delta(G) \leqslant 3$ 为真.

设 $n \geqslant 5$, 由连通性可知, G 中 $m \geqslant 3$. 又因为 G 中不含 K_3, 所以 G 的每个面至少由 4 条边围成. 于是有 $4r \leqslant 2m$, 即 $r \leqslant \dfrac{m}{2}$, 其中 m 为边数, r 为面数.

若 $\delta(G) \geqslant 4$, 则由握手定理可得, $4n \leqslant 2m$, 即 $n \leqslant \dfrac{m}{2}$. 因为 G 是连通的, 由欧拉公式, 得

$$2 = n - m + r \leqslant \frac{m}{2} - m + \frac{m}{2} = 0,$$

矛盾, 因而得证 $\delta(G) \leqslant 3$.

(2) 当 $n \leqslant 4$ 时, 显然 G 是 4-可着色的. 设当 $n = k(k \geqslant 4)$ 时结论为真, 证明当 $n = k + 1$ 时, 结论也为真. 设 v 是 G 中度数最小的顶点, 由 (1) 的证明可知, $d(v) \leqslant 3$. 考虑 $G' = G - v$, 则 G' 为 k 阶图. 由归纳假设可知, G' 是 4-可着色的. 任给 G' 一种 4-着色, 当将 G' 还原为 G 时, 与 v 相邻的顶点至多用 3 种颜色着色, 因而可用第 4 种颜色给 v 着色, 所以 G 是 4-可着色的. 得证当 $n = k + 1$ 时, 结论也为真.

4. 用 v_1, v_2, v_3, v_4 分别表示教师张、王、李、赵, 用 u_1, u_2, u_3, u_4 分别表示课程数学、物理、化学、英语. 考虑二部图 $G = \langle V_1, V_2, E \rangle$, 其中,

$V_1 = \{v_1, v_2, v_3, v_4\}$,

$V_2 = \{u_1, u_2, u_3, u_4\}$,

$E = \{(u, v)|v \in V_1, u \in V_2, v$ 能承担 $u\}$.

由于每位教师都能承担每门课程, 所以 G 为 $K_{4,4}$.

(1) 授课的方案数为 $K_{4,4}$ 中不同完美匹配的个数, 即 $4! = 24$.

(2) 此处所说的完全不同的方案数, 即为 $K_{4,4}$ 中边不重的完美匹配数. $K_{4,4}$ 中存在
4 个边不重的完美匹配. 例如,

$$M_1 = \{(v_1, u_1), (v_2, u_2), (v_3, u_3), (v_4, u_4)\};$$

$$M_2 = \{(v_1, u_2), (v_2, u_3), (v_3, u_4), (v_4, u_1)\};$$

$$M_3 = \{(v_1, u_3), (v_2, u_4), (v_3, u_1), (v_4, u_2)\};$$

$$M_4 = \{(v_1, u_4), (v_2, u_1), (v_3, u_2), (v_4, u_3)\}.$$

与 M_1, M_2, M_3, M_4 对应的 4 种方案为:

张承担数学, 王承担物理, 李承担化学, 赵承担英语;

张承担物理, 王承担化学, 李承担英语, 赵承担数学;

张承担化学, 王承担英语, 李承担数学, 赵承担物理;

张承担英语, 王承担数学, 李承担物理, 赵承担化学.

第 4 部分　组 合 数 学

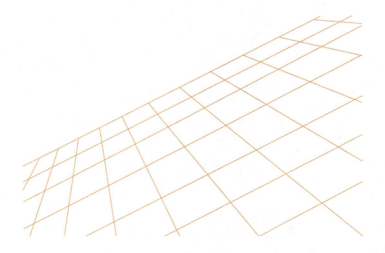

第 10 章
基本的组合计数公式

10.1 内容提要

10.1.1 基本概念

加法法则

设事件 A 有 m 种产生方式, 事件 B 有 n 种产生方式, 当 A 与 B 产生的方式不重叠时, "事件 A 或 B" 有 $m+n$ 种产生方式. 加法法则适用的条件是产生方式不重叠, 用于分类处理.

乘法法则

设事件 A 有 m 种产生方式, 事件 B 有 n 种产生方式, 当 A 与 B 产生的方式彼此独立时, "事件 A 与 B" 有 mn 种产生方式. 乘法法则适用的条件是产生方式彼此独立, 用于分步处理.

排列与组合的定义

定义 10.1.1 设 S 为 n 元集.

(1) 从 S 中有序选取的 r 个元素称作 S 的一个 r 排列. S 的不同 r 排列总数记作 P_n^r. $r=n$ 时的排列称作 S 的 全排列. 元素依次排成一个圆圈的排列称作 环排列.

(2) 从 S 中无序选取的 r 个元素称作 S 的一个 r 组合. S 的不同 r 组合总数记作 C_n^r.

n 元集的 r 排列数公式

$$\mathrm{P}_n^r = \begin{cases} \dfrac{n!}{(n-r)!}, & r \leqslant n, \\ 0, & r > n. \end{cases}$$

n 元集的 r 环排列数公式

$$\mathrm{P}_n^r/r = \frac{n!}{(n-r)!r}, \ r \leqslant n.$$

n 元集的 r 组合数公式

$$\mathrm{C}_n^r = \begin{cases} \dfrac{\mathrm{P}_n^r}{r!} = \dfrac{n!}{r!(n-r)!}, & r \leqslant n, \\ 0, & r > n. \end{cases}$$

多重集排列与组合的定义

　　定义 10.1.2　设 $S = \{n_1 \cdot a_1, n_2 \cdot a_2, \cdots, n_k \cdot a_k\}$ 为多重集，$n = n_1 + n_2 + \cdots + n_k$ 表示 S 中元素的总数.

　　(1) 从 S 中有序选取的 r 个元素称作多重集 S 的一个 r 排列. $r = n$ 的排列称作 S 的 全排列.

　　(2) 从 S 中无序选取的 r 个元素称作多重集 S 的一个 r 组合.

多重集 $\{n_1 \cdot a_1, n_2 \cdot a_2, \cdots, n_k \cdot a_k\}$ 的全排列数公式

$$\binom{n}{n_1 \ n_2 \ \cdots \ n_k} = \frac{n!}{n_1! n_2! \cdots n_k!}.$$

多重集 $\{n_1 \cdot a_1, n_2 \cdot a_2, \cdots, n_k \cdot a_k\}$ 的 r 组合数公式

　　C_{k+r-1}^r，其中 $r \leqslant n_i, i = 1, 2, \cdots, k.$

10.1.2　二项式定理和组合恒等式

　　定理 10.1.1(二项式定理)　设 n 是正整数，对一切实数 x 和 y，有

$$(x+y)^n = \sum_{k=0}^{n} \binom{n}{k} x^k y^{n-k}.$$

　　定理 10.1.2(多项式定理)　设 n 为正整数，x_i 为实数，$i = 1, 2, \cdots, t$，那么有

$$(x_1 + x_2 + \cdots + x_t)^n = \sum_{\substack{\text{满足 } n_1 + \cdots + n_t = n \\ \text{的非负整数解}}} \binom{n}{n_1 \ n_2 \ \cdots \ n_t} x_1^{n_1} x_2^{n_2} \cdots x_t^{n_t},$$

这里 $\begin{pmatrix} n \\ n_1\,n_2\,\cdots\,n_t \end{pmatrix} = \dfrac{n!}{n_1!n_2!\cdots n_t!}$，称作 *多项式系数*.

组合恒等式

(1) $\begin{pmatrix} n \\ k \end{pmatrix} = \begin{pmatrix} n \\ n-k \end{pmatrix}$, $n,k \in \mathbb{N}, k \leqslant n$. $\hfill$ (10.1.1)

(2) $\begin{pmatrix} n \\ k \end{pmatrix} = \dfrac{n}{k}\begin{pmatrix} n-1 \\ k-1 \end{pmatrix}$, $n,k \in \mathbb{Z}^+, k \leqslant n$. $\hfill$ (10.1.2)

(3) $\begin{pmatrix} n \\ k \end{pmatrix} = \begin{pmatrix} n-1 \\ k \end{pmatrix} + \begin{pmatrix} n-1 \\ k-1 \end{pmatrix}$, $n,k \in \mathbb{Z}^+, k \leqslant n$. $\hfill$ (10.1.3)

(4) $\displaystyle\sum_{k=0}^{n} \begin{pmatrix} n \\ k \end{pmatrix} = 2^n$, $n \in \mathbb{N}$. $\hfill$ (10.1.4)

(5) $\displaystyle\sum_{k=0}^{n} (-1)^k \begin{pmatrix} n \\ k \end{pmatrix} = 0$, $n \in \mathbb{N}$. $\hfill$ (10.1.5)

(6) $\displaystyle\sum_{l=0}^{n} \begin{pmatrix} l \\ k \end{pmatrix} = \begin{pmatrix} n+1 \\ k+1 \end{pmatrix}$, $n,k \in \mathbb{N}$. $\hfill$ (10.1.6)

(7) $\begin{pmatrix} n \\ r \end{pmatrix}\begin{pmatrix} r \\ k \end{pmatrix} = \begin{pmatrix} n \\ k \end{pmatrix}\begin{pmatrix} n-k \\ r-k \end{pmatrix}$, $k \leqslant r \leqslant n, k,r,n \in \mathbb{N}$. $\hfill$ (10.1.7)

(8) $\displaystyle\sum_{k=0}^{r} \begin{pmatrix} m \\ k \end{pmatrix}\begin{pmatrix} n \\ r-k \end{pmatrix} = \begin{pmatrix} m+n \\ r \end{pmatrix}$, $m,n,r \in \mathbb{N}, r \leqslant \min(m,n)$. $\hfill$ (10.1.8)

(9) $\displaystyle\sum_{k=0}^{n} \begin{pmatrix} m \\ k \end{pmatrix}\begin{pmatrix} n \\ k \end{pmatrix} = \begin{pmatrix} m+n \\ m \end{pmatrix}$, $m,n \in \mathbb{N}$. $\hfill$ (10.1.9)

10.1.3　组合计数模型

选取模型

集合的有序选取——集合排列.

集合的无序选取——集合组合.

多重集的有序选取——多重集的排列.

多重集的无序选取——多重集的组合.

不定方程

$x_1 + x_2 + \cdots + x_k = r, x_i$ 为非负整数, $i = 1, 2, \cdots, k$. 它的解的个数是 C_{k+r-1}^{r}.

$x_1 + x_2 + \cdots + x_k = r, x_i$ 为正整数, $i = 1, 2, \cdots, k$. 它的解的个数是 C_{r-1}^{k-1}.

当把 r 个相同个体分到 k 个不同的组时，可能会用到不定方程的计数模型. 这种组合配置所关心的仅仅是每组被分配的个体数量，而不是分配了哪一个个体.

非降路径

从 (a, b) 点到 (m, n) 点的非降路径数等于 $\dbinom{m+n-a-b}{m-a}$.

10.2 基本要求

1. 能够应用上述计数模型求解简单的组合计数问题.
2. 能够用二项式定理（或多项式定理）展开二项式（或多项式）.
3. 能够证明组合恒等式.
4. 能够对含有组合数的公式求和.

10.3 习题课

10.3.1 题型一：基本的组合计数

1. 求 1 400 的不同的正因子个数.

2. 把 10 个不同的球放到 6 个不同的盒子里，允许空盒，且前 2 个盒子中球的总数至多是 4，问有多少种方法.

3. 考虑由 m 个 A 和 n 个 B 构成序列，其中 m, n 为正整数，$m \leqslant n$. 如果要求每个 A 后面至少紧跟着 1 个 B，问有多少个不同的序列.

解答与分析

1. 1 400 的素因子分解式是

$$1\,400 = 2^3 \times 5^2 \times 7.$$

因此，1 400 的任何正因子都具有下述形式：$2^i \times 5^j \times 7^k$，其中 $0 \leqslant i \leqslant 3, 0 \leqslant j \leqslant 2, 0 \leqslant k \leqslant 1$. 根据乘法法则，1 400 的正因子数是 i, j, k 的选法数：

$$N = (1+3) \times (1+2) \times (1+1) = 24.$$

2. 根据前两个盒子所含球数 k 对放法进行分类，其中 $k = 0, 1, 2, 3, 4$. 对于给定的 k，再用分步处理的思想计算放球的方法数. 具体步骤如下.

(2.1) 先从 10 个球中选择放入前两个盒子的 k 个球，有 C_{10}^k 种选法.

(2.2) 把选好的 k 个球分到 2 个不同的盒子里，每个球可以有 2 种选择，有 2^k 种分法.

(2.3) 剩下的 $10 - k$ 个球分到其他 4 个不同的盒子里有 4^{10-k} 种分法.

根据乘法法则，使得前两个盒子含 k 个球的放法数是 $C_{10}^k \cdot 2^k \cdot 4^{10-k}$.

最后使用加法法则对 k 求和，就得到所求的方法数，即

$$\sum_{k=0}^{4} C_{10}^k \cdot 2^k \cdot 4^{10-k} = 47\ 579\ 136.$$

3. 方法一　先放 n 个 B，只有 1 种方法. 然后，在每个 B 之间的 n 个位置中选择 m 个位置放 A，有 C_n^m 种方法.

方法二　先放 m 个 AB，只有 1 种方法. 把每个 AB 看作隔板，m 个隔板构成 $m+1$ 个空格，在空格中放入 $n - m$ 个 B. 这相当于方程

$$x_1 + x_2 + \cdots + x_{m+1} = n - m$$

的非负整数解的个数，因此

$$N = C_{n-m+m+1-1}^{n-m} = C_n^{n-m} = C_n^m.$$

上述计数问题的求解往往使用选取问题、方程的非负整数解、非降路径模型. 应该注意的是：

(1) 选择适当的组合计数模型.

(2) 把问题分解，这里需要使用分步处理和分类处理的思想. 例如，上面第 1 题和第 3 题是分步处理，第 2 题是先分类处理，再分步处理.

(3) 在分步处理时，要考虑选取的顺序. 不同的次序可能会影响计算的复杂程度. 例如，第 3 题，先放 A 还是先放 B，两种方法都可以用，但是先放 B 的方法计算起来比较简单.

(4) 在每一步或每一类的计数中，特别要区分选取是否有序，从而采用合适的组合数公式（乘法法则、加法法则、排列、组合以及涉及多重集的计数公式）.

10.3.2　题型二：二项式定理和多项式定理的应用

1. 设 S 是 n 元集，N 表示满足 $A \subseteq B \subseteq S$ 的有序对 $\langle A, B \rangle$ 的个数，用二项式定理证明 $N = 3^n$.

2. 确定在 $(x_1 - x_2 + 2x_3 - 2x_4)^8$ 的展开式中 $x_1^2 x_2^2 x_3 x_4^2$ 项的系数.

解答与分析

1. 令 $|A| = k$，按照 $k = 0, 1, \cdots, n$ 对有序对 $\langle A, B \rangle$ 进行分类. 对于给定的 k，先选 A，方法数是 C_n^k；每个 B 都含有 A 的元素，不同的 B 取决于剩下的 $n - k$ 个元素的选择. 每个元素都有 "加入" 或 "不加入" 2 种选法，因此有 2^{n-k} 个不同的 B 集合. 由乘法法则，这样的 $\langle A, B \rangle$ 有 $\mathrm{C}_n^k \cdot 2^{n-k}$ 个，再使用加法法则和二项式定理，从而得到

$$N = \sum_{k=0}^{n} \mathrm{C}_n^k \cdot 2^{n-k} = \sum_{k=0}^{n} \mathrm{C}_n^k \cdot 1^k \cdot 2^{n-k} = (1 + 2)^n = 3^n.$$

这个问题的计数结果如此简单，可能预示着存在更简单的计数方法. 确实如此. 如果不分步选取，而是直接考虑对 $\langle A, B \rangle$ 的选择，S 中每个元素可以有 3 种选法：同时加入 A 和 B，不加入 A 但加入 B，A 和 B 都不加入. 即只有 "加入 A 但不加入 B" 的选法与题目条件不符. 因此，n 个元素总共有 3^n 种选法.

2. 使用多项式定理，所求的系数为

$$\binom{8}{2\,3\,1\,2} = (-1)^3 \cdot 2^1 \cdot (-2)^2 = -8 \cdot \frac{8!}{2!3!1!2!} = -13\,440.$$

10.3.3　题型三：组合公式的证明与化简

1. 证明：$\displaystyle\sum_{k=0}^{n} (k+1) \binom{n}{k} = 2^{n-1}(n+2)$.

2. 证明：$\displaystyle\sum_{k=1}^{n} \frac{(-1)^{k-1}}{k+1} \binom{n}{k} = \frac{n}{n+1}$.

3. 求和：$\displaystyle\sum_{k=0}^{m} \binom{n-m+k}{k}$.

解答与分析

1. 根据主教材中例 10.3.1(1) 和前面式 (10.1.4)，分别有

$$\sum_{k=1}^{n} k \binom{n}{k} = n 2^{n-1},$$

$$\sum_{k=0}^{n} \binom{n}{k} = 2^n.$$

将上述两式相加得

$$\sum_{k=0}^{n} (k+1) \binom{n}{k} = 2^{n-1}(n+2).$$

2. **方法一**　由二项式定理，有

$$(1+x)^n = \sum_{k=0}^n \binom{n}{k} x^k.$$

于是有

$$\int_0^x (1+x)^n \, \mathrm{d}x = \sum_{k=0}^n \int_0^x \binom{n}{k} x^k \, \mathrm{d}x,$$

即

$$\frac{(x+1)^{n+1} - 1}{n+1} = \sum_{k=0}^n \binom{n}{k} \frac{x^{k+1}}{k+1}.$$

在上式中令 $x = -1$ 得

$$\frac{-1}{n+1} = \sum_{k=0}^n \frac{1}{k+1} \binom{n}{k} (-1)^{k+1}.$$

从而得到

$$\sum_{k=1}^n \frac{(-1)^{k-1}}{k+1} \binom{n}{k} = \sum_{k=0}^n \frac{(-1)^{k+1}}{k+1} \binom{n}{k} - \binom{n}{0}(-1)$$

$$= 1 - \frac{1}{n+1}$$

$$= \frac{n}{n+1}.$$

方法二　利用题 10.23(4) 的结果 $\sum\limits_{k=0}^n (-1)^k \dfrac{1}{k+1} \dbinom{n}{k} = \dfrac{1}{n+1}$，有

$$\sum_{k=1}^n \frac{(-1)^{k-1}}{k+1} \binom{n}{k} = 1 + \sum_{k=0}^n \frac{(-1)^{k+1}}{k+1} \binom{n}{k}$$

$$= 1 - \sum_{k=0}^n \frac{(-1)^k}{k+1} \binom{n}{k}$$

$$= \frac{n}{n+1}.$$

3. 根据帕斯卡公式逐步归并相邻的两项可得

$$\sum_{k=0}^m \binom{n-m+k}{k} = \binom{n-m+0}{0} + \binom{n-m+1}{1} + \cdots + \binom{n}{m}$$

$$= \left[\binom{n-m+1}{0} + \binom{n-m+1}{1} \right] + \binom{n+m+2}{2} + \cdots + \binom{n}{m}$$

$$= \left[\binom{n-m+2}{1} + \binom{n-m+2}{2} \right] + \binom{n-m+3}{3} + \cdots + \binom{n}{m}$$

$$= \cdots$$

$$= \binom{n}{m-1} + \binom{n}{m}$$

$$= \binom{n+1}{m}.$$

对于某些问题可能存在多种证明方法，一般可以根据情况从下述方法中选择．

(1) 已知恒等式代入并化简．

(2) 使用二项式定理比较相同项的系数，或者进行级数的求导或者积分．

(3) 数学归纳法．

(4) 构造组合计数问题（如选取问题、非降路径问题等），使得等式两边都等于这个问题的计数结果．

求和或化简公式常用的方法一般有下述几种．

(1) 利用帕斯卡公式不断归并相关的项．

(2) 级数求和．

(3) 观察和的计算结果，然后使用归纳法证明．

(4) 利用已知的恒等式代入．

10.4　习题、解答或提示

10.4.1　习题 10

10.1 从集合 $\{1, 2, \cdots, 1\,000\}$ 中选 3 个数使得其和是 4 的倍数，问：有多少种方法？

10.2 以凸 n 边形顶点为顶点，以内部对角线为边的三角形有多少个？

10.3 有多少个十进制 3 位数的数字中恰有一个 8 和一个 9？

10.4 由 $1, 2, 3, 4$ 这 4 种数字能构成多少个大于 230 的 3 位数？

10.5 从集合 $\{1, 2, \cdots, 9\}$ 中选取不同数字构成 7 位数，如果 5 和 6 不相邻，那么有多少种方法？

10.6 有 n 个不同的整数，从中取出两组数来，要求第一组数里的最小数大于第二组的最大数，问：有多少种方法？

10.7 设 A 是 n 元集合，其中 n 是正整数，求 $\sum\limits_{B \subseteq A} |B|$.

10.8 在 1～1 000（含 1 和 1 000）中有多少个整数的各位数字之和小于 7？

10.9 用数字 0, 1, 2, 3, 4, 5 能组成多少个没有重复数字且比 34 521 大的 5 位数？

10.10 有多少个大于 5 400、不含 2 和 7 且各位数字不重复的整数？

10.11 设有 k 种明信片，每种张数不限. 现在要分别寄给 n 个朋友，$k \geqslant n$. 若给每个朋友寄 1 张明信片，有多少种寄法？若给每个朋友寄 1 张明信片，但每个人得到的明信片都不相同，则有多少种寄法？若给每个朋友寄 2 张不同的明信片（不同的人可以得到相同的明信片），则有多少种寄法？

10.12 设有 k 类明信片，且第 i 类明信片的张数是 $a_i, i = 1, 2, \cdots, k$. 把它们全部送给 n 个朋友，问：有多少种方法？

10.13 书架上有 24 卷百科全书，从其中选 5 卷使得任何 2 卷都不相继，问：这样的选法有多少种？

10.14 由集合 $\{5 \cdot a, 1 \cdot b, 1 \cdot c, 1 \cdot d, 1 \cdot e\}$ 中的全体元素构成字母序列，求：

(1) 没有两个 a 相邻的序列个数.

(2) b, c, d, e 中的任何两个字母都不相邻的序列个数.

10.15 设 $S = \{1, 2, \cdots, n+1\}$，从 S 中选择 3 个数构成有序三元组 $\langle x, y, z \rangle$ 使得 $z > x$ 且 $z > y$.

(1) 证明：若 $z = k + 1$，则这样的有序三元组恰为 k^2 个.

(2) 将所有的有序三元组按照 $x = y, x < y, x > y$ 分成 A, B, C 三组，证明：

$$|A| = \binom{n+1}{2}, \ |B| = |C| = \binom{n+1}{3}.$$

(3) 由 (1) 和 (2) 证明恒等式

$$1^2 + 2^2 + \cdots + n^2 = \binom{n+1}{2} + 2\binom{n+1}{3}.$$

10.16 假设计算机系统的每个用户有一个由 4～6 个字符组成的登录密码，每个字符是大写字母或者数字，且每个密码必须至少包含一个数字. 有多少个可能的登录密码？

10.17 求在 $(2x - 3y)^{25}$ 的展开式中 $x^{12}y^{13}$ 项的系数.

10.18 用数学归纳法证明二项式定理.

10.19 11^4 等于多少？你能用二项式定理立即给出这个结果吗？

10.20 给定正整数 n，对于哪个 k 值，$\binom{n}{k}$ 的值达到最大？证明你的结论.

10.21 证明：

(1) $\displaystyle\sum_{k=0}^{n}(-1)^k\binom{n}{k}2^{n-k}=1.$

(2) $\displaystyle\sum_{k=0}^{n}(-1)^k\binom{n}{k}3^{n-k}=2^n.$

(3) $\displaystyle\sum_{k=1}^{n+1}\frac{1}{k}\binom{n}{k-1}=\frac{2^{n+1}-1}{n+1}.$

10.22 求和：

(1) $\displaystyle\sum_{k=0}^{m}\binom{n-k}{m-k}.$

(2) $\displaystyle\binom{r+0}{0}\binom{m-0}{n-0}+\binom{r+1}{1}\binom{m-1}{n-1}+\cdots+\binom{r+n}{n}\binom{m-n}{n-n}.$

(3) $\displaystyle\sum_{k=0}^{n}\binom{2n}{2k}.$

10.23 证明以下组合恒等式.

(1) $\displaystyle\sum_{k=2}^{n-1}(n-k)^2\binom{n-1}{n-k}=n(n-1)2^{n-3}-(n-1)^2.$

(2) $\displaystyle\sum_{k=r}^{n}(-1)^k\binom{n}{k}\binom{k}{r}=0.$

(3) $\displaystyle\sum_{k=0}^{n-1}\binom{n}{k}\binom{n}{k+1}=\frac{(2n)!}{(n-1)!(n+1)!}.$

(4) $\displaystyle\sum_{k=0}^{n}(-1)^k\frac{1}{k+1}\binom{n}{k}=\frac{1}{n+1}.$

(5) $\displaystyle\sum_{k=1}^{n}(-1)^{k-1}\frac{1}{k}\binom{n}{k}=1+\frac{1}{2}+\cdots+\frac{1}{n}.$

(6) $\displaystyle\sum_{k=0}^{m}\binom{n-k}{m-k}\binom{r+k}{k}=\binom{n+r+1}{m}.$

10.24 从 $S=\{+\infty\cdot0,+\infty\cdot1,+\infty\cdot2\}$ 中取 n 个数做排列，若不允许相邻位置的数相同，问：有多少种排法？

10.25 给出多重集 $\{2\cdot a,1\cdot b,3\cdot c\}$ 的所有 3 排列与 3 组合.

10.26 将 3 个蓝球、2 个红球、2 个黄球排成一列，若黄球不相邻，则有多少种方法？

10.27 $S = \{n_1 \cdot a_1, n_2 \cdot a_2, \cdots, n_k \cdot a_k\}$，求 S 的各种大小的子集总数.

10.28 $S = \{1 \cdot a_1, 1 \cdot a_2, \cdots, 1 \cdot a_t, +\infty \cdot a_{t+1}, +\infty \cdot a_{t+2}, \cdots, +\infty \cdot a_k\}$，求 S 的 r 组合数.

10.4.2　解答或提示

10.1 将 $1 \sim 1\,000$ 中的数按照除以 4 的余数分别为 $0, 1, 2, 3$ 划分成集合 A, B, C, D. 将选法分成以下几类.

3 个数都取自 A：有 C_{250}^3 种方法；

2 个数取自 B 且 1 个数取自 C，或 2 个数取自 D 且 1 个数取自 C，或 2 个数取自 C 且 1 个数取自 A：有 $\mathrm{C}_{250}^2 \cdot \mathrm{C}_{250}^1$ 种方法；

A, B, D 中各取 1 个数：有 $(\mathrm{C}_{250}^1)^3$ 种方法.

根据加法法则，所求方法数是

$$N = \mathrm{C}_{250}^3 + 3\mathrm{C}_{250}^2 \cdot \mathrm{C}_{250}^1 + (\mathrm{C}_{250}^1)^3 = 41\,541\,750.$$

10.2 全部可能的三角形个数为 C_n^3，其中：

含 1 条多边形边作为边的三角形有 $n(n-4)$ 个；

含 2 条多边形边作为边的三角形有 n 个.

故

$$N = \mathrm{C}_n^3 - n(n-4) - n = \frac{n(n-4)(n-5)}{6}.$$

10.3 先从 $0, 1, \cdots, 7$ 中选择一个数字，有 C_8^1 种方法. 将这个数字与 8 和 9 组成三位数，有 3! 种排列. 其中 089 和 098 不符合题目要求. 因此，所求的三位数是 $3! \times \mathrm{C}_8^1 - 2 = 46$ 个.

10.4 若第 1 位是 3 或 4，则第 2 位和第 3 位每位有 4 种选择，共计 $2 \times 4^2 = 32$ 种方式. 若第 1 位是 2，则第 2 位可以是 3 或 4，有 2 种选择，第 3 位可以有 4 种选择，总共 8 种方法. 于是，大于 230 的三位数有 $32 + 8 = 40$ 个.

10.5 从 $\{1, 2, \cdots, 9\}$ 选出 7 个数字进行排列有 P_9^7 种方法. 考虑其中 5 和 6 相邻的方法数. 将 5 与 6 看成 1 个大数字，构成这个大数字的方法数就是 5 与 6 的排列数，有 2 种；剩下的 5 个数字从 $\{1, 2, 3, 4, 7, 8, 9\}$ 中选择，有 C_7^5 种选法，将这些数字与 5 和 6 的大数字进行全排列，就构成了 5 与 6 相邻的方式. 因此 5 与 6 相邻的方式有 $2 \times 6! \times \mathrm{C}_7^5$ 种，于是所要求的数恰好有 $\mathrm{P}_9^7 - 2 \times 6! \times \mathrm{C}_7^5 = 151\,200$ 个.

10.6 设取的第一组数有 a 个，第二组有 b 个，而要求第一组数中的最小数大于第二组中的最大数. 只要取出一组 m 个数（设 $m = a + b$），从大到小取 a 个作为第一组，剩余的为第二组即可，此时方案数为 C_n^m. 从 m 个数中取第一组数共有 $m - 1$ 种取法. 方

案数为

$$\sum_{m=2}^{n} (m-1)C_n^m = n2^{n-1} - 2^n + 1.$$

10.7 对于任何正整数 $k \leqslant n$，A 的 k 元子集有 $\binom{n}{k}$ 个，因此

$$\sum_{B \subseteq A} |B| = \sum_{k=1}^{n} k\binom{n}{k} = n\sum_{k=1}^{n-1} \binom{n-1}{k-1} = n2^{n-1}.$$

10.8 设百位、十位、个位数字分别为 x, y, z，那么 $x+y+z = r, r = 1, 2, \cdots, 6$. 该方程的非负整数解的个数是 $C_{r+3-1}^r = C_{r+2}^2$. 除此之外，1 000 本身也满足要求. 于是所求的数的个数是

$$\sum_{r=1}^{6} \binom{r+2}{2} + 1 = \binom{3}{2} + \binom{4}{2} + \binom{5}{2} + \binom{6}{2} + \binom{7}{2} + \binom{8}{2} + 1 = 84.$$

10.9 如果第 1 位是 4，那么后面的 4 个数字构成 $\{0,1,2,3,5\}$ 的 4 排列，有 P_5^4 种方式. 类似地，若第 1 位是 5，也有相同的结果. 如果第 1 位是 3，为了使得这个数大于 34 521，那么第 2 位只能取 5，剩下的后 3 位构成 $\{0,1,2,4\}$ 的 3 排列，有 P_4^3 种方式. 于是所求的数有 $2P_5^4 + P_4^3 = 264$ 个.

10.10 如果这个数是 $i+1$ 位数，$i = 4, 5, 6, 7$，那么它的最高位可能为 $1,3,4,5,6,8,9$，有 7 种可能. 设最高位为 j，其余的位构成集合 $\{0,1,\cdots,9\} - \{2,7,j\}$ 的 i 排列. 根据乘法法则与加法法则，这些数的个数是

$$\sum_{i=4}^{7} 7P_7^i = 94\ 080.$$

如果这个数是 4 位数，那么当最高位为 $6,8,9$ 时，其他各位为剩下的 7 个数的 3 排列，有 $3P_7^3$ 种构成方法. 如果最高位为 5，那么次高位只能是 $4,6,8,9$，其余部分是 6 个数字的 2 排列，因此有 $4P_6^2$ 种构成方法. 根据加法法则，这样的 4 位数个数为

$$3P_7^3 + 4P_6^2 = 750.$$

从而得到所求的数的个数是

$$N = 94\ 080 + 750 = 94\ 830.$$

10.11 因为每人得到 1 张明信片有 k 种不同的可能，因此 n 个人有 k^n 种可能. 如果每个人都得到 1 张不同的明信片，相当于从 k 张明信片中选出 n 张进行排列，有 P_k^n 种方法. 若使得每个人都得到 2 张不同的明信片，那么先从 k 张明信片中选出 2 张，有 C_k^2 种选法，每个人得到的 2 张明信片可能属于任何一种选法. 于是所求的方法数是 $(\mathrm{C}_k^2)^n$.

10.12 第 i 种明信片有 $\binom{a_i + n - 1}{a_i}$ 种送出的方法，因此总方法数为

$$N = \prod_{i=1}^{k} \binom{a_i + n - 1}{a_i}.$$

10.13 使用一一对应的方法. 将所有书的集合记作 $S = \{1, 2\cdots, 24\}$，选出的 5 卷不相继的书为 $i_1, i_2, \cdots, i_5$，其中 $i_1 < i_2 < \cdots < i_5$，且 $i_j + 1 \neq i_{j+1}, j = 1, 2, 3, 4$. 令 $k_j = i_j - j + 1, j = 1, 2, 3, 4, 5$. 例如，$i_1, i_2, \cdots, i_5$ 是 $2, 5, 7, 13, 15$，那么 $k_1, k_2, \cdots, k_5$ 是 $2, 4, 5, 10, 11$. 显然，$i_1, i_2, \cdots, i_5$ 与 $k_1, k_2, \cdots, k_5$ 之间是一一对应的. $\{k_1, k_2, \cdots, k_5\}$ 恰好是 $\{1, 2, \cdots, 20\}$ 的 5 组合，因此所求选法数是 $\mathrm{C}_{20}^5 = 15\,504$.

10.14 (1) 如果没有 a 相邻，那么在 5 个 a 中间必须插入 b, c, d, e 这 4 个字母. 插入的方法数是这 4 个字母的排列数，即 $4! = 24$.

(2) **方法一** 将 5 个 a 看成格子的边界，形成 6 个格子，从其中选出 4 个格子放 b, c, d, e 这 4 个字母，有 $\mathrm{P}_6^4 = 6 \times 5 \times 4 \times 3 = 360$ 种方法.

方法二 先放 b, c, d, e，有 $4!$ 种方法. 然后，在其中每两个字母中间插入 1 个 a. 剩下的 2 个 a，可以放在以 b, c, d, e 作为格子边界的 5 个格子中. 设这 5 个格子中 a 的个数分别为 $x_1, x_2, \cdots, x_5$，那么方法数等于方程 $x_1 + x_2 + \cdots + x_5 = 2$ 的非负整数解个数，即 $\mathrm{C}_{5+2-1}^2 = \mathrm{C}_6^2 = 15$. 根据乘法法则，所求的方法数是 $15 \times 4! = 360$.

10.15 (1) $z = k + 1$，则 x, y 各有 k 种选择，故不同的三元组有 k^2 个.

(2) 当 $x = y$ 时，不同的三元组数为从 $1, 2\cdots, n+1$ 中选择 2 个数的选法数，即 $\binom{n+1}{2}$.

当 $x < y$ 时，对于 $z = 3, 4, \cdots, n+1$，x 与 y 的选法数为 C_{z-1}^2. 使用加法法则，则不同的三元组数为

$$\mathrm{C}_2^2 + \mathrm{C}_3^2 + \cdots + \mathrm{C}_n^2 = \binom{n+1}{3}.$$

类似地，当 $x > y$ 时，不同的三元组数也是 $\binom{n+1}{3}$.

(3) 利用 (1) 和 (2) 的结果, 再使用加法法则就可以得到

$$1^2 + 2^2 + \cdots + n^2 = \binom{n+1}{2} + 2\binom{n+1}{3}.$$

10.16 将密码按照字符个数进行分类, 包含 4 个字符的有 $(36^4 - 26^4)$ 个, 包含 5 个字符的有 $(36^5 - 26^5)$ 个, 包含 6 个字符的有 $(36^6 - 26^6)$ 个. 因此, 登录密码总数为

$$N = (36^4 - 26^4) + (36^5 - 26^5) + (36^6 - 26^6) = 36^4 \times 1\,333 - 26^4 \times 703.$$

10.17 由二项式定理

$$((2x) + (-3y))^{25} = \sum_{k=0}^{25} \binom{25}{k}(2x)^{25-k}(-3y)^k.$$

令 $k = 13$, 得到展开式中 $x^{12}y^{13}$ 项的系数, 即

$$\binom{25}{13}2^{12}(-3)^{13} = -\frac{25!}{13!12!}2^{12}3^{13}.$$

10.18 $n = 1$ 时, 左边 $= x + y$; 右边 $= \binom{1}{0}x^0y^1 + \binom{1}{1}x^1y^0 = x + y$, 命题为真.

假设对于 n 命题为真, 即 $(x + y)^n = \sum_{k=0}^{n} \binom{n}{k}x^ky^{n-k}$, 那么

$$(x + y)^{n+1} = x\sum_{k=0}^{n}\binom{n}{k}x^ky^{n-k} + y\sum_{k=0}^{n}\binom{n}{k}x^ky^{n-k}$$

$$= x^{n+1} + \sum_{k=0}^{n-1}\binom{n}{k}x^{k+1}y^{n-k} + \sum_{k=1}^{n}\binom{n}{k}x^ky^{n-k+1} + y^{n+1}$$

$$= x^{n+1} + \sum_{k=1}^{n}\binom{n}{k-1}x^ky^{n+1-k} + \sum_{k=1}^{n}\binom{n}{k}x^ky^{n-k+1} + y^{n+1}$$

$$= \binom{n+1}{0}x^0y^{n+1} + \sum_{k=1}^{n}\left(\binom{n}{k-1} + \binom{n}{k}\right)x^ky^{n+1-k} +$$

$$\binom{n+1}{n+1}x^{n+1}y^0$$

$$= \sum_{k=0}^{n+1}\binom{n+1}{k}x^ky^{n+1-k}.$$

根据数学归纳法，命题得证.

10.19　如果用二项式定理计算，那么

$$11^4 = (10+1)^4 = 10^4 + 4 \times 10^3 + 6 \times 10^2 + 4 \times 10 + 1 = 14\,641.$$

因此这个数 14 641 从高位到低位恰好是二项展开式中的各项系数.

10.20　考虑

$$\Delta = \frac{C_n^k}{C_n^{k+1}} = \frac{n!(k+1)!(n-k+1)!}{k!(n-k)!n!} = \frac{k+1}{n-k}.$$

当 $n = 2m$ 时，$\Delta = (k+1)/(2m-k)$. 若 $k < m$，则 $\Delta < 1$；若 $k \geqslant m$，则 $\Delta > 1$. 故当 $k = m$ 时，C_n^k 取得最大值.

当 $n = 2m+1$ 时，$\Delta = (k+1)/(2m+1-k)$. 若 $k < m$，则 $\Delta < 1$；若 $k = m$，则 $\Delta = 1$；若 $k > m$，则 $\Delta > 1$. 故当 $k = m$ 和 $m+1$ 时，C_n^k 取得最大值.

10.21　(1) 根据二项式定理有

$$1 = (-1+2)^n = \sum_{k=0}^{n} \binom{n}{k}(-1)^k 2^{n-k}.$$

(2) 由二项式定理有

$$(-1+3x)^n = \sum_{k=0}^{n} \binom{n}{k}(-1)^k (3x)^{n-k},$$

在上式中令 $x = 1$ 即可.

(3) *方法一*　由二项式定理得 $(1+x)^n = \sum_{k=0}^{n} \binom{n}{k} x^k$，对两边积分得

$$\int_0^x (1+x)^n \, \mathrm{d}x = \sum_{k=0}^{n} \int_0^x \binom{n}{k} x^k \, \mathrm{d}x.$$

于是得到

$$\frac{(x+1)^{n+1} - 1}{n+1} = \sum_{k=0}^{n} \binom{n}{k} \frac{x^{k+1}}{k+1}.$$

在上式中令 $x = 1$ 得到

$$\frac{2^{n+1} - 1}{n+1} = \sum_{k=0}^{n} \binom{n}{k} \frac{1}{k+1} = \sum_{k=1}^{n+1} \frac{1}{k} \binom{n}{k-1}.$$

方法二 利用式 (10.1.2) 和式 (10.1.4) 可得

$$
\begin{aligned}
\sum_{k=1}^{n+1} \frac{1}{k}\binom{n}{k-1} &= 1 + \sum_{k=2}^{n+1} \frac{1}{k}\binom{n}{k-1} \\
&= 1 + \sum_{k=1}^{n} \frac{1}{k+1}\binom{n}{k} \\
&= 1 + \sum_{k=1}^{n} \frac{1}{n+1}\binom{n+1}{k+1} \\
&= \sum_{k=0}^{n} \frac{1}{n+1}\binom{n+1}{k+1} \\
&= \frac{1}{n+1}\sum_{k=1}^{n+1}\binom{n+1}{k} \\
&= \frac{2^{n+1}-1}{n+1}.
\end{aligned}
$$

10.22 (1) 方法一

$$
\begin{aligned}
\sum_{k=0}^{m}\binom{n-k}{m-k} &= \sum_{k=0}^{m}\binom{n-k}{n-m} \\
&= \sum_{k=n-m}^{n}\binom{k}{n-m} \\
&= \binom{n+1}{n-m+1} \\
&= \binom{n+1}{m}.
\end{aligned}
$$

方法二 利用帕斯卡公式，有

$$
\begin{aligned}
\sum_{k=0}^{m}\binom{n-k}{m-k} &= \binom{n-m}{0} + \binom{n-m+1}{1} + \binom{n-m+2}{2} + \cdots + \binom{n}{m} \\
&= \left[\binom{n-m+1}{0} + \binom{n-m+1}{1}\right] + \binom{n-m+2}{2} + \\
&\quad \binom{n-m+3}{3} + \cdots + \binom{n}{m}
\end{aligned}
$$

$$= \left[\binom{n-m+2}{1} + \binom{n-m+2}{2} \right] +$$

$$\binom{n-m+3}{3} + \cdots + \binom{n}{m}$$

$$= \cdots$$

$$= \binom{n}{m-1} + \binom{n}{m}$$

$$= \binom{n+1}{m}.$$

(2) 如图 10.4.1 所示，$\binom{m+r+1}{n}$ 是从 $(0,0)$ 点到 $(m-n+r+1,n)$ 点的非降路径数. 将这些路径按照经过 $x=r$ 直线上不同的点 (r,k) 向右进行分类，其中 $k=0,1,\cdots,n$. 从 $(0,0)$ 点到 (r,k) 点的非降路径有 $\binom{r+k}{k}$ 条，从 $(r+1,k)$ 点到 $(m-n+r+1,n)$ 点的非降路径有 $\binom{m-k}{n-k}$ 条. 因此从 $(0,0)$ 点经过 (r,k) 点向右到达 $(m-n+r+1,n)$ 点的非降路径数是 $\binom{r+k}{k}\binom{m-k}{n-k}$. 对 $k=0,1,\cdots,n$ 求和得到路径总数.

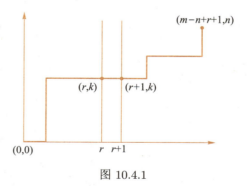

图 10.4.1

(3) $n=0, \displaystyle\sum_{k=0}^{n} \mathrm{C}_{2n}^{2k} = 1$.

$$n>0, \sum_{k=0}^{n} \mathrm{C}_{2n}^{2k} = \frac{1}{2} \left[\sum_{k=0}^{2n} \binom{2n}{k} + \sum_{k=0}^{2n} (-1)^k \binom{2n}{k} \right] = \frac{1}{2}(2^{2n} + 0) = 2^{2n-1}.$$

10.23 (1) 利用主教材中例 10.3.1 的公式得到

$$\sum_{k=2}^{n-1}(n-k)^2\binom{n-1}{n-k} = \sum_{k=1}^{n-2}k^2\binom{n-1}{k}$$

$$= \sum_{k=1}^{n-1}k^2\binom{n-1}{k} - (n-1)^2$$

$$= n(n-1)2^{n-3} - (n-1)^2.$$

(2) 利用式(10.1.7)和式(10.1.5)，有

$$\sum_{k=r}^{n}(-1)^k\binom{n}{k}\binom{k}{r} = \sum_{k=r}^{n}(-1)^k\binom{n}{r}\binom{n-r}{k-r}$$

$$= \sum_{l=0}^{n-r}(-1)^{l+r}\binom{n}{r}\binom{n-r}{l} \quad (\diamond l = k - r)$$

$$= (-1)^r\binom{n}{r}\sum_{l=0}^{n-r}(-1)^l\binom{n-r}{l}$$

$$= (-1)^r\binom{n}{r}\cdot 0$$

$$= 0.$$

(3) 利用式 (10.1.1) 和式 (10.1.9) 得到

$$\sum_{k=0}^{n-1}\binom{n}{k}\binom{n}{k+1} = \sum_{k=0}^{n-1}\binom{n}{k}\binom{n}{n-1-k}$$

$$= \binom{n+n}{n-1}$$

$$= \frac{(2n)!}{(n-1)!(n+1)!}.$$

(4)

$$\sum_{k=0}^{n}(-1)^k\frac{1}{k+1}\binom{n}{k} = \sum_{k=0}^{n}(-1)^k\frac{1}{n+1}\binom{n+1}{k+1}$$

$$= -\frac{1}{n+1}\left[\sum_{k=0}^{n}(-1)^{k+1}\binom{n+1}{k+1} + \binom{n+1}{0} - 1\right]$$

$$= -\frac{1}{n+1}\sum_{k=0}^{n+1}(-1)^k\binom{n+1}{k} + \frac{1}{n+1}$$

$$= \frac{1}{n+1}.$$

(5) 使用归纳法. 当 $n=1$ 时等式左右都得 1.

假设对 n 为真，考虑 $n+1$.

$$\sum_{k=1}^{n+1}(-1)^{k-1}\frac{1}{k}\binom{n+1}{k} = \sum_{k=1}^{n+1}(-1)^{k-1}\frac{1}{k}\left[\binom{n}{k-1}+\binom{n}{k}\right]$$

$$= \sum_{k=1}^{n+1}(-1)^{k-1}\frac{1}{k}\binom{n}{k-1} + \sum_{k=1}^{n+1}(-1)^{k-1}\frac{1}{k}\binom{n}{k}$$

$$= \sum_{k=0}^{n}(-1)^{k}\frac{1}{k+1}\binom{n}{k} + \sum_{k=1}^{n}(-1)^{k-1}\frac{1}{k}\binom{n}{k} + 0.$$

由本题 (4) 的结果，有 $\sum_{k=0}^{n}(-1)^k\frac{1}{k+1}\binom{n}{k} = \frac{1}{n+1}$. 把它和归纳假设都代入上式，得

$$\sum_{k=1}^{n+1}(-1)^{k-1}\frac{1}{k}\binom{n+1}{k} = \frac{1}{n+1} + \left(1+\frac{1}{2}+\cdots+\frac{1}{n}\right) = 1+\frac{1}{2}+\cdots+\frac{1}{n+1}.$$

(6) 如图 10.4.2 所示，$\binom{n+r+1}{m}$ 表示从 $(0,0)$ 点到 $(n+r+1-m,m)$ 点的非降路径数，将这些路径分成以下几段：

$$(0,0) \to (r,k) \to (r+1,k) \to (n+r+1-m,m),$$

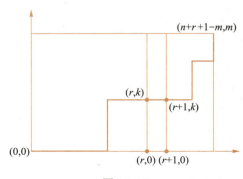

图 10.4.2

其中从 $(0,0)$ 点到 (r,k) 点的非降路径数是 $\binom{r+k}{k}$，从 $(r+1,k)$ 点到 $(n+r+1-m,m)$ 点的非降路径数等于从 $(0,0)$ 点到 $(n-m,m-k)$ 点的非降路径数，即 $\binom{n-k}{m-k}$. 最后，对 $k=0,1,\cdots,m$ 求和就得到下面的公式：

$$\sum_{k=0}^{m}\binom{n-k}{m-k}\binom{r+k}{k}=\binom{n+r+1}{m}.$$

10.24 第 1 位数可以有 3 种选法，第 2 位数只能有 2 种选法，因为它不能选择第 1 位的数. 按照这样的安排，从第 2 位到第 n 位，每位都有 2 种选法，根据乘法法则，选择的方法有 $3\times 2^{n-1}$ 种.

10.25 3 组合：$\{a,a,b\},\{a,a,c\},\{a,b,c\},\{a,c,c\},\{b,c,c\},\{c,c,c\}$.

3 排列：$aab,aba,baa,aac,aca,caa,abc,acb,bac,bca,cab,cba,acc,cac,cca,bcc,cbc,ccb,ccc$.

10.26 令 $S=\{3\cdot b,2\cdot r,2\cdot y\}$，其中 b,r,y 分别代表蓝球、红球、黄球. 先考虑 S 的全排列，有 $\dfrac{7!}{3!\,2!\,2!}$ 种方法. 若黄球相邻，那么将两个相邻的黄球看成 1 个球，相当于 $\{3\cdot b,2\cdot r,1\cdot y\}$ 的全排列，有 $\dfrac{6!}{3!\,2!}$ 种方法，于是所求的方法数是 $\dfrac{7!}{3!\,2!\,2!}-\dfrac{6!}{3!\,2!}=150$.

10.27 通过分步选取来构造 S 的子集. 先选 a_1，有 n_1+1 种选法；再选 a_2，有 n_2+1 种选法；$\cdots$；最后选择 a_k，有 n_k+1 种选法. 根据乘法法则，共有 $N=(n_1+1)(n_2+1)\cdots(n_k+1)$ 种选法.

10.28 将 S 划分成两个集合 A 和 B，其中 $A=\{1\cdot a_1,1\cdot a_2,\cdots,1\cdot a_t\}$，$B=\{+\infty\cdot a_{t+1},+\infty\cdot a_{t+2},\cdots,+\infty\cdot a_k\}$. 为构造 S 的 r 组合，先从 A 中选出 i 个元素，再从 B 中选出剩下的 $r-i$ 个元素，其中 $i=0,1,\cdots,r$. A 中选 i 子集的方法数为 C_t^i；B 是 $k-t$ 类元素的多重集，从中选择 $r-i$ 个元素的方法数是 $C_{k-t+r-i-1}^{r-i}$. 根据乘法法则和加法法则，所求的组合数是

$$N=\sum_{i=0}^{r}\binom{t}{i}\binom{k-t+r-i-1}{r-i}.$$

10.5　小测验

10.5.1　试题

1. 填空题（6 小题，每小题 5 分，共 30 分）.

(1) 从 $S = \{1, 2, \cdots, 20\}$ 中选出 2 个数使得其和是 3 的倍数, 则有＿＿＿＿＿ 种方法.

(2) 满足不等式 $x_1 + x_2 + x_3 \leqslant 7$ 的非负整数解的个数是＿＿＿＿＿.

(3) 把 $2n$ 个不同的数分成 n 组, 2 个一组, 则有 ＿＿＿＿＿ 种分法.

(4) 一个圆盘绕固定在圆心的轴转动. 把圆盘分成 3 个相等的扇形, 用 n 种颜色对扇形涂色, 且每个扇形的颜色都不相同, 则有＿＿＿＿＿ 种不同的涂色方案.

(5) 方程 $x_1 + x_2 + x_3 = 15$ 满足 $x_1 \geqslant 0, x_2 \geqslant 1, x_3 \geqslant 2$ 的整数解的个数是＿＿＿＿.

(6) 用红色、蓝色、黄色和绿色 4 种颜色涂 1×10 的方格图形, 每个方格一种颜色. 如果要求红格和绿格各 3 个, 蓝格和黄格各有 2 个, 那么有＿＿＿＿＿ 种涂色方案.

2. 简答题（4 小题, 每小题 10 分, 共 40 分）.

(1) 对字母 a, b, c, d, e, f 进行排列, 使得字母 b 总是紧跟在字母 e 的左边, 问有多少种排法. 若在排列中使得字母 b 总在字母 e 的左边, 则又有多少种排法?

(2) 求 $(x + 2y - 4z)^6$ 的展开式中 $x^3 y^2 z$ 项的系数.

(3) 求和: $\displaystyle\sum_{k=0}^{n} \binom{2n-k}{n-k}$.

(4) $A = \{1, 2, \cdots, n\}$, 其中 n 为给定正整数. 设 $S \subseteq A$, 若 S 的每个元素都不小于 S 的基数 $|S|$, 则称 S 是饱满的（这里认为空集是饱满的）. 令 $N(n)$ 表示 A 的饱满子集的个数. 请导出关于 $N(n)$ 的公式.

3. 证明题（2 小题, 每小题 10 分, 共 20 分）.

(1) $\displaystyle\binom{m}{0}\binom{m}{n} + \binom{m}{1}\binom{m-1}{n-1} + \cdots + \binom{m}{n}\binom{m-n}{0} = 2^n \binom{m}{n}$.

(2) 给定正整数 n, 证明

$$\sum (-1)^{a+b} \binom{n}{a\, b\, c\, d} = 0,$$

其中, 求和是对方程 $a + b + c + d = n$ 的一切非负整数解来求和. 如何将以上命题一般化?

4. 应用题（10 分）.

试证: 任一整数是平方数的必要条件是它有奇数个正因子.

10.5.2　答案或解答

1. (1) $N = \mathrm{C}_6^2 + \mathrm{C}_7^1 \mathrm{C}_7^1 = 64$.

(2) $\displaystyle\sum_{i=0}^{7} \binom{i+3-1}{i} = 120$.

(3) $\dfrac{(2n-1)(2n-3)\cdots 3 \times 1}{n!}$.

(4) $\dfrac{n(n-1)(n-2)}{3}$.

(5) $C_{15-3+3-1}^{15-3} = C_{14}^2 = 91$.

(6) $\dfrac{10!}{3!\,3!\,2!\,2!} = 25\,200$.

2. (1) 如果字母 b 紧跟在 e 的左边, 就可以将 e 和 b 看成一个大字母, 因此相当于 5 个字母的排列数, 即 $5! = 120$.

b 在 e 左边的排列与 b 在 e 右边的排列之间可以构造一一对应关系, 满足题设条件的排列恰好是排列总数的一半, 因此结果是 $\dfrac{6!}{2} = 360$.

(2) $\dfrac{6!}{3!\,2!\,1!} \times 1^3 \times 2^2 \times (-4)^1 = -960$.

(3)
$$
\begin{aligned}
\sum_{k=0}^{n} \binom{2n-k}{n-k} &= \sum_{k=0}^{n} \binom{2n-k}{n} \\
&= \sum_{k=0}^{n} \binom{2n-k}{n} \\
&= \sum_{k=0}^{2n} \binom{k}{n} \\
&= \binom{2n+1}{n+1} \\
&= \binom{2n+1}{n}.
\end{aligned}
$$

(4) 含 k 个元素的饱满子集有 C_{n-k+1}^k 个, 因此
$$
N(n) = \sum_{k=0}^{n} \binom{n-k+1}{k}.
$$

3. (1) 令 $A = \{1, 2, \cdots, m\}$ 为红数集合, $B = \{1, 2, \cdots, m\}$ 为蓝数集合. 从 $A \cup B$ 中选出 n 个数的集合 C, 使得同一个数不能出现 2 次, 即不能同时含有红、蓝 2 个相同的数.

一种方法是分类处理. 从 A 中选 k 个数, 从 B 中去掉这 k 个数, 然后再选 $n-k$ 个数, 对 k 求和得到
$$
N = \sum_{k=0}^{n} \binom{m}{k} \binom{m-k}{n-k}.
$$

另外一种方法是分步处理. 先确定 n 个数, 有 $\binom{m}{n}$ 种方法, 再对选出的 n 个数确定颜色有 2^n 种方法, 由乘法法则有

$$N = 2^n \binom{m}{n}.$$

(2) $(-x_1 - x_2 + x_3 + x_4)^n$ 的 $x_1^a x_2^b x_3^c x_4^d$ 项的系数为 $(-1)^{a+b} \binom{n}{a\,b\,c\,d}$, 而

$\sum (-1)^{a+b} \binom{n}{a\,b\,c\,d}$ 为多项式的所有项的系数之和. 令 $x_1 = x_2 = x_3 = x_4 = 1$, 则

$$\sum (-1)^{a+b} \binom{n}{a\,b\,c\,d} = (-1-1+1+1)^n = 0.$$

一般形式为

$$\sum (-1)^{r_1+r_2+\cdots+r_k} \binom{n}{r_1\,r_2\,\cdots\,r_k\,r_{k+1}\,\cdots\,r_{2k}} = 0.$$

4. 设 $n^2 = p_1^{\alpha_1} p_2^{\alpha_2} \cdots p_t^{\alpha_t}$, 其中 $\alpha_1, \alpha_2, \cdots, \alpha_t$ 是偶数. 对于 n^2 的正因子 m, m 具有下述形式: $m = p_1^{s_1} p_2^{s_2} \cdots p_t^{s_t}$, 其中 $s_i \in \{0, 1, \cdots, \alpha_i\}$. 每个 s_i 有 $\alpha_i + 1$ 种选择, 根据乘法法则, 正因子数 $N = (\alpha_1 + 1)(\alpha_2 + 1) \cdots (\alpha_t + 1)$. 由于每个 α_i 都是偶数, 因此 N 为奇数.

第 11 章
递推方程与生成函数

11.1 内容提要

11.1.1 递推方程的定义及解法

递推方程的定义

定义 11.1.1 设序列 $a_0, a_1, \cdots, a_n, \cdots$，简记为 $\{a_n\}$，一个把 a_n 与某些个 $a_i(i < n)$ 联系起来的等式称作关于序列 $\{a_n\}$ 的 递推方程.

k 阶常系数线性递推方程的定义

定义 11.1.2 设递推方程满足

$$\begin{cases} H(n) - a_1 H(n-1) - a_2 H(n-2) - \cdots - a_k H(n-k) = f(n), \\ H(0) = b_0, H(1) = b_1, H(2) = b_2, \cdots, H(k-1) = b_{k-1}, \end{cases} \tag{11.1.1}$$

其中，$a_1, a_2, \cdots, a_k$ 为常数，$a_k \neq 0$，这个方程称作 k 阶常系数线性递推方程. $b_0, b_1, \cdots$, b_{k-1} 为 k 个初值. 当 $f(n) = 0$ 时称这个递推方程为 齐次方程.

递推方程的公式解法

适用于常系数线性递推方程 (11.1.1) 的求解步骤如下.

(1) 根据 $f(n)$ 设定特解的形式（含待定常数），代入原方程确定其中待定常数的值，从而得到方程的一个特解 $H^*(n)$. 注意特征根为 1 时的特解设定.

(2) 求解特征方程 $x^k - a_1 x^{k-1} - \cdots - a_k = 0$, 确定所有不相等的特征根 $q_1, q_2, \cdots, q_t$ 及其重数 $m_1, m_2, \cdots, m_t$, 其中 $m_1 + m_2 + \cdots + m_t = k$.

(3) 写出通解 $H(n) = \overline{H(n)} + H^*(n)$, 其中

$$\overline{H(n)} = \sum_{i=1}^{t} (c_{i1} + c_{i2}n + \cdots + c_{im_i}n^{m_i-1})q_i^n$$

是齐次通解.

(4) 把初值代入 $H(n)$, 确定其中的任意常数.

换元法

将原来关于某个变元的递推方程通过函数变换转变成关于其他变元的常系数线性递推方程, 然后使用公式法求解.

迭代归纳法

用递推方程右边的公式不断替换左边等值的函数项, 直到初值为止. 接着对这些项的序列求和, 从而得到递推方程的解.

迭代归纳法适用于一阶递推方程. 对某些非一阶递推方程可以先用差消法将其转换成一阶递推方程.

递归树是迭代归纳法的图形表示. 初始的递归树只有一个结点, 就是递推方程左部的函数. 每次迭代都把递归树中标记为函数的叶结点用与这个函数相等的递推方程的右部对应的子树替换, 直到所有的函数叶结点变成初值为止. 最后对树中所有的项求和.

生成函数法

利用递推方程导出对应的生成函数所满足的方程, 通过求解这个方程得到生成函数的表达式, 然后把表达式展开得到序列的通项 (递推方程的解).

11.1.2　递推方程与递归算法

递归算法分析依赖于递推方程的求解, 常见的递推方程是

$$\begin{cases} T(n) = aT\left(\dfrac{n}{b}\right) + d(n),\ n = b^k, \\ T(1) = 1, \end{cases}$$

其中, a 表示递归求解的子问题个数, $\dfrac{b}{n}$ 表示子问题的输入规模, $d(n)$ 表示分解问题和组合子问题的解所需的工作量.

当 $d(n) = c$ 时, 方程的解为

$$T(n) = \begin{cases} O(n^{\log_b a}), & a \neq 1, \\ O(\log n), & a = 1. \end{cases}$$

当 $d(n) = cn$ 时，方程的解为

$$T(n) = \begin{cases} O(n), & a < b, \\ O(n \log n), & a = b, \\ O(n^{\log_b a}), & a > b. \end{cases}$$

11.1.3 生成函数及其应用

生成函数的定义

序列 $\{a_n\}$ 的 生成函数 是具有下述形式的幂级数

$$G(x) = a_0 + a_1 x + a_2 x^2 + \cdots + a_n x^n + \cdots.$$

常用的幂级数的展开式

$$(1+x)^{-m} = \frac{1}{(1+x)^m} = \sum_{n=0}^{+\infty} (-1)^n \binom{m+n-1}{n} x^n.$$

$$\frac{1}{1-x} = 1 + x + x^2 + \cdots = \sum_{n=0}^{+\infty} x^n.$$

$$\frac{1}{1+x} = 1 - x + x^2 - \cdots = \sum_{n=0}^{+\infty} (-1)^n x^n.$$

$$(1+x)^{\frac{1}{2}} = 1 + \sum_{k=1}^{+\infty} \frac{(-1)^{k-1}}{2^{2k-1}k} \binom{2k-2}{k-1} x^k.$$

生成函数的应用

(1) 求解递推方程.

(2) 计算多重集 $S = \{n_1 \cdot a_1, n_2 \cdot a_2, \cdots, n_k \cdot a_k\}$ 的 r 组合数，生成函数为

$$G(y) = (1 + y + \cdots + y^{n_1})(1 + y + \cdots + y^{n_2}) \cdots (1 + y + \cdots + y^{n_k}).$$

(3) 确定不定方程

$p_1 x_1 + p_2 x_2 + \cdots + p_k x_k = r$， 其中$p_1, p_2, \cdots, p_k$ 为正整数，$l_i \leqslant x_i \leqslant n_i, i = 1, 2, \cdots, k$，

的整数解的个数, 生成函数为

$$G(y) = (y^{p_1 l_1} + y^{p_1(l_1+1)} + \cdots + y^{p_1 n_1})(y^{p_2 l_2} + y^{p_2(l_2+1)} + \cdots + y^{p_2 n_2}) \cdots (y^{p_k l_k} +$$

$$y^{p_k(l_k+1)} + \cdots + y^{p_k n_k}).$$

(4) 计数正整数的拆分方案个数.

无序拆分: $N = a_1 x_1 + a_2 x_2 + \cdots + a_n x_n$, 若不允许重复, 生成函数是

$$G(y) = (1 + y^{a_1})(1 + y^{a_2}) \cdots (1 + y^{a_n});$$

若允许重复, 生成函数是

$$G(y) = \frac{1}{(1 - y^{a_1})(1 - y^{a_2}) \cdots (1 - y^{a_n})}.$$

有序拆分: N 可重复地拆分成 r 个部分, 方案数是 C_{N-1}^{r-1}.

指数生成函数的定义

序列 $\{a_n\}$ 的 *指数生成函数* 是

$$G_e(x) = \sum_{n=0}^{+\infty} a_n \frac{x^n}{n!}.$$

指数生成函数的应用

求解多重集的 r 排列数. 设 $S = \{n_1 \cdot a_1, n_2 \cdot a_2, \cdots, n_k \cdot a_k\}$ 为多重集, 则 S 的 r 排列数的指数生成函数为

$$G_e(x) = f_{n_1}(x) f_{n_2}(x) \cdots f_{n_k}(x),$$

其中

$$f_{n_i}(x) = 1 + x + \frac{x^2}{2!} + \cdots + \frac{x^{n_i}}{n_i!}, \ i = 1, 2, \cdots, k.$$

11.1.4　常用的计数符号

组合数 (二项式系数)

n 元集的 r 组合数

$$C_n^r = \binom{n}{r} = \frac{n!}{r! \, (n-r)!}.$$

排列数

n 元集的 r 排列数

$$\mathrm{P}_n^r = \frac{n!}{(n-r)!}.$$

多项式系数

多重集 $\{n_1 \cdot a_1, n_2 \cdot a_2, \cdots, n_k \cdot a_k\}$ 的全排列数

$$\binom{n}{n_1 \; n_2 \; \cdots \; n_k} = \frac{n!}{n_1! \, n_2! \, \cdots \, n_k!}.$$

错位排列数

$$D_n = n! \left[1 - \frac{1}{1!} + \frac{1}{2!} - \cdots + (-1)^n \frac{1}{n!} \right].$$

斐波那契（Fibonacci）数

递推方程 $f_n = f_{n-1} + f_{n-2}, f_0 = f_1 = 1$ 的解

$$f_n = \frac{1}{\sqrt{5}} \left(\frac{1+\sqrt{5}}{2} \right)^{n+1} - \frac{1}{\sqrt{5}} \left(\frac{1-\sqrt{5}}{2} \right)^{n+1}.$$

卡塔兰（Catalan）数

凸 $n+1$ 边形的三角划分的方案数.

$$\begin{cases} h_n = \sum_{k=1}^{n-1} h_k h_{n-k}, & n \geqslant 2, \\ h_1 = 1. \end{cases}$$

$$h_n = \frac{1}{n} \binom{2n-2}{n-1}.$$

第一类斯特林（Stirling）数

多项式 $x(x-1)(x-2) \cdots (x-n+1)$ 的展开式中 x^r 项的系数的绝对值.

$$\begin{cases} \begin{bmatrix} n \\ r \end{bmatrix} = (n-1) \begin{bmatrix} n-1 \\ r \end{bmatrix} + \begin{bmatrix} n-1 \\ r-1 \end{bmatrix}, \; n > r \geqslant 1, \\ \begin{bmatrix} n \\ 0 \end{bmatrix} = 0, \; \begin{bmatrix} n \\ 1 \end{bmatrix} = (n-1)!. \end{cases}$$

第二类斯特林（Stirling）数

将 n 个不同的球恰好放到 r 个相同盒子的方案数.

$$\begin{cases} \left\{ {n \atop r} \right\} = r \left\{ {n-1 \atop r} \right\} + \left\{ {n-1 \atop r-1} \right\}, \; n > r \geqslant 1, \\ \left\{ {n \atop 0} \right\} = 0, \; \left\{ {n \atop 1} \right\} = 1. \end{cases}$$

11.1.5 基本的计数模型

选取问题

不重复选取：集合的排列（有序选取）与组合（无序选取）公式.

无序重复选取：生成函数为

$$A(y) = (1 + y + y^2 + \cdots + y^{n_1})(1 + y + y^2 + \cdots + y^{n_2}) \cdots (1 + y + y^2 + \cdots + y^{n_k}),$$

N 是 $A(y)$ 的展开式中 y^r 项的系数.

当 $\forall i = 1, 2, \cdots, k$, 均有 $n_i \geqslant r$ 时，$N = \mathrm{C}_{r+k-1}^r$.

有序重复选取：指数生成函数为

$$A_{\mathrm{e}}(y) = \left(1 + \frac{y}{1!} + \frac{y^2}{2!} + \cdots + \frac{y^{n_1}}{n_1!} \right) \left(1 + \frac{y}{1!} + \frac{y^2}{2!} + \cdots + \frac{y^{n_2}}{n_2!} \right) \cdot$$
$$\left(1 + \frac{y}{1!} + \frac{y^2}{2!} + \cdots + \frac{y^{n_k}}{n_k!} \right),$$

N 是 $A_{\mathrm{e}}(y)$ 的展开式中 $\dfrac{y^r}{r!}$ 项的系数.

当 $\forall i = 1, 2, \cdots, k$, 均有 $n_i \geqslant r$ 时，$A_{\mathrm{e}}(y) = \mathrm{e}^{ky} = \sum_{r=0}^{+\infty} k^r \frac{y^r}{r!}$, $N = k^r$.

当 $r = n_1 + n_2 + \cdots + n_k$ 时，$N = \begin{pmatrix} r \\ n_1 \; n_2 \; \cdots \; n_k \end{pmatrix} = \dfrac{r!}{n_1! \, n_2! \, \cdots \, n_k!}$.

不定方程的整数解问题

一般使用生成函数计数（见生成函数的应用）.

方程 $x_1 + x_2 + \cdots + x_k = r$ 的非负整数解的个数为 C_{r+k-1}^r，正整数解的个数为 C_{r-1}^{k-1}.

非降路径问题

从 (a, b) 点到 (m, n) 点的非降路径数是 $\begin{pmatrix} m+n-a-b \\ m-a \end{pmatrix}$.

从 (a, b) 点经过 (c, d) 点到 (m, n) 点的非降路径数按照分步处理的方法计数.

如果对路径加上限制条件,那么可以采用一一对应的方法转换成基本的非降路径的计数.

正整数的拆分问题

一般使用生成函数（见生成函数的应用）.

对于限制条件的拆分方案的计数,可以采用费勒斯（Ferrers）图来建立一一对应关系.

放球问题

把 n 个球放入 m 个盒子,计数模型和结果如表 11.1.1 所示.

表 11.1.1

球区别	盒区别	是否空盒	模型	方案计数
有	有	有	选取	m^n
有	有	无	放球模型	$m! \begin{Bmatrix} n \\ m \end{Bmatrix}$
有	无	有		$\sum\limits_{k=1}^{m} \begin{Bmatrix} n \\ k \end{Bmatrix}$
有	无	无		$\begin{Bmatrix} n \\ m \end{Bmatrix}$
无	有	有	不定方程	C_{n+m-1}^{n}
无	有	无		C_{n-1}^{m-1}
无	无	有	正整数拆分	$G(x) = \dfrac{1}{(1-x)(1-x^2)\cdots(1-x^m)}$ 中 x^n 项的系数
无	无	无		$G(x) = \dfrac{x^m}{(1-x)(1-x^2)\cdots(1-x^m)}$ 中 x^n 项的系数

11.2　基本要求

1. 能够使用递推方程求解计数问题.
2. 能够使用生成函数或指数生成函数求解计数问题.
3. 掌握斐波那契数、卡塔兰数、两类斯特林数的定义、组合意义以及相关的公式.

11.3　习题课

11.3.1　题型一：递推方程的概念和求解方法

1. 已知 $a_0 = 0, a_1 = 1, a_2 = 4, a_3 = 12$ 满足递推方程 $a_n + c_1 a_{n-1} + c_2 a_{n-2} = 0$，求 c_1 和 c_2.

2. 求解递推方程

$$\begin{cases} na_n + (n-1)a_{n-1} = 2^n, \ n \geqslant 1, \\ a_0 = 273. \end{cases}$$

解答与分析

1. 根据已知条件得

$$\begin{cases} a_3 + c_1 a_2 + c_2 a_1 = 0, \\ a_2 + c_1 a_1 + c_2 a_0 = 0. \end{cases}$$

代入 a_0, a_1, a_2, a_3 的值得到

$$\begin{cases} 12 + 4c_1 + c_2 = 0, \\ 4 + c_1 = 0. \end{cases}$$

解得 $c_1 = -4, c_2 = 4$.

2. 用换元法. 令 $b_n = na_n$，代入原递推方程得

$$\begin{cases} b_n + b_{n-1} = 2^n, \\ b_0 = 0. \end{cases}$$

用公式法解得

$$b_n = -\frac{2}{3}(-1)^n + \frac{2^{n+1}}{3} = \frac{2}{3}(-1)^{n+1} + \frac{2^{n+1}}{3}.$$

从而得到

$$\begin{cases} a_n = \frac{2}{3n}(-1)^{n+1} + \frac{2^{n+1}}{3n}, \ n \geqslant 1, \\ a_0 = 273. \end{cases}$$

使用换元法时，对递推方程的初值也要换. 当用公式法解出 b_n 接着求 a_n 时，注意关于 a_n 的公式只对 $n \geqslant 1$ 成立. a_0 的值只能由原始的值 273 给定.

11.3.2 题型二：序列与生成函数或指数生成函数的对应

1. 确定序列 $\{a_n\}$ 的生成函数，其中 $a_n = \dbinom{n}{3}$.

2. 已知 $A(x) = \dfrac{1}{(1-x)(1-x^2)}$ 是序列 $\{a_n\}$ 的生成函数，求 a_n.

3. 求序列 $\{a_n\}$ 的指数生成函数 $A_e(x)$，其中 $a_n = 4m^n$，m 给定正整数.

解答与分析

1. 设 $\{a_n\}$ 的生成函数是 $A(x)$，则

$$A(x) = \sum_{n=0}^{+\infty} \binom{n}{3} x^n$$

$$= \sum_{n=0}^{+\infty} \frac{n(n-1)(n-2)}{6} x^n$$

$$= \frac{1}{6} x^3 \sum_{n=0}^{+\infty} n(n-1)(n-2) x^{n-3}$$

$$= \frac{1}{6} x^3 B(x).$$

为计算 $B(x)$，需要做下面的积分.

$$\int_0^x B(x)\,\mathrm{d}x = \sum_{n=0}^{+\infty} n(n-1) \int_0^x (n-2)x^{n-3}\,\mathrm{d}x = \sum_{n=0}^{+\infty} n(n-1)x^{n-2} = C(x),$$

$$\int_0^x C(x)\,\mathrm{d}x = \sum_{n=0}^{+\infty} n \int_0^x (n-1)x^{n-2}\,\mathrm{d}x = \sum_{n=0}^{+\infty} nx^{n-1} = D(x),$$

$$\int_0^x D(x)\,\mathrm{d}x = \sum_{n=0}^{+\infty} \int_0^x nx^{n-1}\,\mathrm{d}x = \sum_{n=0}^{+\infty} x^n = \frac{1}{1-x}.$$

然后依次求导得到

$$D(x) = \left(\frac{1}{1-x}\right)' = \frac{1}{(1-x)^2},$$

$$C(x) = D'(x) = \frac{2}{(1-x)^3},$$

$$B(x) = C'(x) = \frac{6}{(1-x)^4}.$$

最后得到

$$A(x) = \frac{1}{6} x^3 B(x) = \frac{x^3}{(1-x)^4}.$$

2. 令

$$A(x) = \frac{1}{(1-x)(1-x^2)} = \frac{Ax+B}{(1-x)^2} + \frac{C}{1+x},$$

其中 A, B, C 为待定系数，且满足如下方程组：

$$\begin{cases} B + C = 1, \\ A + C = 0, \\ A + B - 2C = 0. \end{cases}$$

解得 $A = -\dfrac{1}{4}, B = \dfrac{3}{4}, C = \dfrac{1}{4}$. 从而得到

$$A(x) = -\frac{x}{4(1-x)^2} + \frac{3}{4(1-x)^2} + \frac{1}{4(1+x)}.$$

将上述基本生成函数展开得到

$$a_n = \frac{1}{4}[1 + (-1)^n] + \frac{1}{2}(n+1) = \begin{cases} \dfrac{n+1}{2}, & n \text{ 为奇数}, \\ \dfrac{n+2}{2}, & n \text{ 为偶数}. \end{cases}$$

3. 根据指数函数的定义得

$$A_{\mathrm{e}}(x) = \sum_{n=0}^{+\infty} 4m^n \frac{x^n}{n!} = 4 \sum_{n=0}^{+\infty} \frac{(mx)^n}{n!} = 4\mathrm{e}^{mx}.$$

11.3.3 题型三：生成函数性质证明

设序列 $\{a_n\}, \{b_n\}, \{c_n\}$ 的生成函数分别为 $A(x), B(x)$ 和 $C(x)$，证明：

1. 若 $c_n = \displaystyle\sum_{i=0}^{n} a_i b_{n-i}$，则 $C(x) = A(x) \cdot B(x)$.（习题 11.19(3)）

2. 若 $b_n = \begin{cases} 0, & n < l \\ a_{n-l}, & n \geqslant l \end{cases}$，则 $B(x) = x^l A(x)$.（习题 11.19(4)）

解答与分析

1. 根据已知条件可以得到下列等式：

$c_0 = a_0 b_0,$

$c_1 x = a_0 b_1 x + a_1 b_0 x,$

$c_2 x^2 = a_0 b_2 x^2 + a_1 b_1 x^2 + a_2 b_0 x^2,$

······

把以上各式左右两边分别相加，得到

$$C(x) = a_0 B(x) + a_1 x B(x) + a_2 x^2 B(x) + \cdots$$

$$= A(x) \cdot B(x).$$

2. $B(x) = \displaystyle\sum_{n=0}^{+\infty} b_n x^n = \sum_{n=l}^{+\infty} b_n x^n$

$$= \sum_{n=l}^{+\infty} a_{n-l} x^n = x^l \sum_{n=l}^{+\infty} a_{n-l} x^{n-l}$$

$$= x^l \sum_{m=0}^{+\infty} a_m x^m$$

$$= x^l A(x).$$

注意，在第 2 题的证明中利用 $n - l = m$，把对 n 的求和替换成对 m 的求和. 替换时求和的上、下限也应该做相应的改变.

11.3.4　题型四：求解实际计数问题

1. 求下列 n 阶行列式的值 d_n.

$$d_n = \begin{vmatrix} 2 & 1 & 0 & \cdots & 0 & 0 \\ 1 & 2 & 1 & \cdots & 0 & 0 \\ 0 & 1 & 2 & \cdots & 0 & 0 \\ \vdots & \vdots & \vdots & & \vdots & \vdots \\ 0 & 0 & 0 & \cdots & 1 & 2 \end{vmatrix}.$$

2. 平面上有 n 条直线，它们两两相交且没有三线交于一点，问这 n 条直线把平面分成多少个区域.

3. 在市场经济中，商品价格随需求量增加而上涨，随供给量增加而下降，可以简单地用一个线性方程来表示这种依赖关系.

需求关系：$p = a - bq$，其中 p 为价格，q 为需求量，$a, b > 0$ 为常数. 当 p 上涨时 q 将减少.

供给关系：$p = kr$，其中 p 为价格，r 为供给量，$k > 0$ 为常数. 当 p 上涨时，r 将增加.

假设价格随需求量能够做到即时变化，而商品生产和流通需要时间，因此供给量随价格的变化需要 1 个单位时间的延迟. 假定每个单位时间的需求量都和供给量相等，考虑一个单位时间序列 $0, 1, \cdots, n, \cdots$，设单位时间 0 的价格是 p_0，求单位时间 n 的价格 p_n.

4. 用 3 个 1、2 个 2、5 个 3 可以组成多少个不同的四位数? 如果这个四位数是偶数,那么又有多少个?

解答与分析

1. 根据题意列出有关 d_n 的递推方程如下:

$$\begin{cases} d_n = 2d_{n-1} - d_{n-2}, \\ d_1 = 2, d_2 = 3. \end{cases}$$

解上述递推方程, 得 $d_n = n + 1$.

2. 设平面上已经有 $n-1$ 条直线. 当加入第 n 条直线时, 它与平面上的前 $n-1$ 条直线交于 $n-1$ 个点. 这些点将第 n 条直线分割成 n 段, 每段都增加一个区域, 共增加 n 个区域, 因此得到递推方程

$$\begin{cases} a_n = a_{n-1} + n, \\ a_1 = 2. \end{cases}$$

解这个递推方程, 得 $a_n = \dfrac{1}{2}(n^2 + n + 2)$.

3. 设单位时间 n 的价格为 p_n, 需求量为 q_n, 供给量为 r_n, 那么有

$$\begin{cases} p_n = a - bq_n, \\ p_n = kr_{n+1}, \\ r_n = q_n. \end{cases}$$

将后两个方程代入第一个方程得到

$$p_n + \frac{b}{k}p_{n-1} = a.$$

解得

$$p_n = c\left(-\frac{b}{k}\right)^n + \frac{ka}{k+b}.$$

代入 $n = 0$ 的初值 p_0 得到

$$p_0 = c + \frac{ka}{k+b},$$

故

$$c = p_0 - \frac{ka}{k+b}.$$

于是有

$$p_n = \left(-\frac{b}{k}\right)^n \left(p_0 - \frac{ka}{k+b}\right) + \frac{ka}{k+b}.$$

上述模型对分析给定常数 a, b, k 关于价格的影响有一定的参考价值. 从这个结果不难看到: 如果 $b < k$, 那么当 $n \to +\infty$ 时,

$$\left(-\frac{b}{k}\right)^n \left(p_0 - \frac{ka}{k+b}\right) \to 0.$$

于是序列 $\{p_n\}$ 趋于常数 $\dfrac{ka}{k+b}$, 这时它是收敛的; 当 $b = k$ 时, 序列 $\{p_n\}$ 在值 p_0 与 $a - p_0$ 之间震荡, 价格处于摇摆状态, 但摇摆的幅度是不变的; 而当 $b > k$ 时, $\{p_n\}$ 呈现增幅震荡的情况, 这时序列是发散的.

4. 指数生成函数为

$$A_e(x) = \left(1 + x + \frac{x^2}{2!} + \frac{x^3}{3!}\right)\left(1 + x + \frac{x^2}{2!}\right)\left(1 + x + \frac{x^2}{2!} + \frac{x^3}{3!} + \frac{x^4}{4!} + \frac{x^5}{5!}\right),$$

其中 x^4 项为 $71 \cdot \dfrac{x^4}{4!}$, 因此 $a_4 = 71$.

若这个四位数为偶数, 则末位为 2, 那么对应的指数生成函数为

$$A_e(x) = \left(1 + x + \frac{x^2}{2!} + \frac{x^3}{3!}\right)(1 + x)\left(1 + x + \frac{x^2}{2!} + \frac{x^3}{3!} + \frac{x^4}{4!} + \frac{x^5}{5!}\right),$$

其中 x^3 项为 $20 \cdot \dfrac{x^3}{3!}$, 因此 $a_3 = 20$.

11.3.5　题型五: 一些重要的组合计数

1. 设 m, n 是正整数, 证明: 对斐波那契数有 $f_{n+m} = f_{m-1}f_{n+1} + f_{m-2}f_n$.

2. 用恰好 k 种可能的颜色做旗子, 使得每面旗子由 $n(n \geqslant k)$ 条彩带构成, 且相邻的两条彩带的颜色都不相同. 证明: 不同的旗子数是 $k!\left\{ \begin{matrix} n-1 \\ k-1 \end{matrix} \right\}$.

解答与分析

1. 归纳法. 当 $n = 0$ 时等式左边为 f_m, 右边为

$$f_{m-1}f_1 + f_{m-2}f_0 = f_{m-1} + f_{m-2},$$

显然等式成立.

假设对于小于 $n+1$ 的任意自然数等式成立，那么

$$f_{n+1+m} = f_{n+m} + f_{n-1+m}$$

$$= f_{m-1}f_{n+1} + f_{m-2}f_n + f_{m-1}f_n + f_{m-2}f_{n-1}$$

$$= f_{m-1}(f_{n+1} + f_n) + f_{m-2}(f_n + f_{n-1})$$

$$= f_{m-1}f_{n+2} + f_{m-2}f_{n+1}.$$

注意：利用这个递推关系，可以证明某些关于斐波那契序列的恒等式.

2. 方法一　组合分析方法.

先不考虑颜色编号，相当于将 n 个带编号的球恰好放入 k 个相同的盒子且不允许两个相邻编号的球放入同一个盒子的放球方法数. 先选定一个球，例如 a_1，对于以上的放球方案进行变换：如果 a_1 自己在一个盒子里，那么将这个盒子拿走，得到将 $n-1$ 个不同的球恰好放入 $k-1$ 个相同的盒子且相邻编号的球不落入同一个盒子的方法. 如果与 a_1 在同一个盒子的球有 $a_{i_1}, a_{i_2}, \cdots, a_{i_l}$，那么将 a_{i_1} 放入 a_{i_1-1} 的盒子；a_{i_2} 放入 a_{i_2-1} 的盒子；$\cdots$；a_{i_l} 放入 a_{i_l-1} 的盒子；然后拿走含 a_1 的盒子，从而得到将 $n-1$ 个不同的球恰好放到 $k-1$ 个盒子且至少有两个相邻编号的球落入同一盒子的方法. 综上所述，将 n 个不同的球放入 k 个相同盒子且不允许两个相邻编号的球落入同一盒子的方法数等于将 $n-1$ 个不同的球恰好放入 $k-1$ 个相同盒子的方法数，即 $\left\{ \begin{matrix} n-1 \\ k-1 \end{matrix} \right\}$. 再考虑盒子编号，则为 $k! \left\{ \begin{matrix} n-1 \\ k-1 \end{matrix} \right\}$.

方法二　数学归纳法. 当 $n=1$ 时，必有 $k=1$，这时有 $\left\{ \begin{matrix} 1-1 \\ 1-1 \end{matrix} \right\} 1! = 1$，命题为真.

假设对一切 n 和所有的 $k(k \leqslant n)$ 命题为真，考虑 $n+1$ 条彩带使用 $k(k \leqslant n+1)$ 种颜色的涂色方案. 当 $k \leqslant n$ 时，若用 k 种颜色涂色前 n 条，最后一条有 $k-1$ 种选择，方法数为 $k! \left\{ \begin{matrix} n-1 \\ k-1 \end{matrix} \right\}(k-1)$. 若用 $k-1$ 种颜色涂色前 n 条，选择颜色的方式数为 k，涂色方法数为 $(k-1)! \left\{ \begin{matrix} n-1 \\ k-2 \end{matrix} \right\}$，因此由乘法法则得 $k! \left\{ \begin{matrix} n-1 \\ k-2 \end{matrix} \right\}$. 再根据加法法则，总方法数为

$$k! \left\{ \begin{matrix} n-1 \\ k-1 \end{matrix} \right\}(k-1) + k! \left\{ \begin{matrix} n-1 \\ k-2 \end{matrix} \right\} = k! \left\{ \begin{matrix} n \\ k-1 \end{matrix} \right\}.$$

当 $k = n+1$ 时，涂色的方法数为 $(n+1)! = (n+1)! \left\{ \begin{matrix} n \\ n \end{matrix} \right\}$. 得证对 $n+1$ 和所有的 $k(k \leqslant n+1)$ 命题成立. 根据归纳法命题成立.

方法三　使用递推方程. 令 $n = +1$ 个球恰好落入 $k+1$ 个相同盒子且球编号不相邻的方法数为 S_n^k, 将这些方法分成两类: 其中第 $n+1$ 个球独占一个盒子的方法数为 S_{n-1}^{k-1}; 第 $n+1$ 个球不独占一个盒子的方法数为 kS_{n-1}^k, 因为将前 n 个球放入 $k+1$ 个盒子有 S_{n-1}^k 种方法, 再加入第 $n+1$ 个球, 恰有 k 种方式 (第 $n+1$ 个球与第 n 个球不能在同一个盒子里). 使用加法法则, 得到下述递推方程

$$\begin{cases} S_n^k = S_{n-1}^{k-1} + kS_{n-1}^k, \\ S_1^1 = 1. \end{cases}$$

这个方程恰好与第二类斯特林数的递推方程一样, 初值也一样, 因此 $S_n^k = \left\{{n \atop k}\right\}$. 考虑盒子的编号, 于是得到 $n+1$ 个球恰好落入 $k+1$ 个不同的盒子, 且球的编号不相邻的方法数为 $(k+1)! \, S_n^k = (k+1)! \left\{{n \atop k}\right\}$, 那么所求的方法数 $N = k! \left\{{n-1 \atop k-1}\right\}$.

上面的组合分析方法使用了两种解题技巧. 第一, 是在不同的计数问题之间建立一一对应的关系. 这里将所求的具有限制条件的放球方案与一般放球问题的方案对应起来, 从而求得问题的解. 一一对应的思想是求解组合计数问题常用的技巧. 第二, 是将有序问题分步处理: 先在不考虑盒子有区别的情况下进行计数, 然后再考虑盒子的排序 (编号). 这两种计数结果相差的倍数恰好等于盒子的全排列数.

11.4　习题、解答或提示

11.4.1　习题 11

11.1 证明: 蜜蜂家族中一只雄蜂的第 n 代祖先个数是斐波那契数 f_n.

11.2 设 f_n 是斐波那契数, 计算 $f_0 - f_1 + f_2 - \cdots + (-1)^n f_n$.

11.3 证明以下关于斐波那契数的恒等式.

　(1) $f_{n-1}^2 + f_n^2 = f_{2n}$.

　(2) $f_n \cdot f_{n+1} - f_{n-1} \cdot f_{n-2} = f_{2n}$.

11.4 设 f_n 是斐波那契数.

　(1) 证明: $f_n \cdot f_{n+2} - f_{n+1}^2 = \pm 1$.

　(2) 当 n 是什么值时, 等式右边是 1? 当 n 是什么值时, 等式右边是 -1?

11.5 设有递推方程

$$\begin{cases} L_n = L_{n-1} + L_{n-2}, \ n \geqslant 2, \\ L_0 = 2, \ L_1 = 1. \end{cases}$$

求 $L_{2n+2} - (L_1 + L_3 + \cdots + L_{2n+1})$.

11.6 求解递推方程.

(1) $\begin{cases} a_n - 7a_{n-1} + 12a_{n-2} = 0, \\ a_0 = 4, a_1 = 6. \end{cases}$

(2) $\begin{cases} a_n + 6a_{n-1} + 9a_{n-2} = 3, \\ a_0 = 0, a_1 = 1. \end{cases}$

(3) $\begin{cases} a_n - 3a_{n-1} + 2a_{n-2} = 1, \\ a_0 = 4, a_1 = 6. \end{cases}$

(4) $\begin{cases} a_n - 7a_{n-1} + 10a_{n-2} = 3^n, \\ a_0 = 0, a_1 = 1. \end{cases}$

(5) $\begin{cases} a_n - na_{n-1} = n!, \ n \geqslant 1, \\ a_0 = 2. \end{cases}$

11.7 已知方程 $C_0 H_n + C_1 H_{n-1} + C_2 H_{n-2} = 6$ 的解是 $3^n + 4^n + 2$, 其中 C_0, C_1, C_2 是常数, 求 C_0, C_1, C_2.

11.8 有 n 条封闭的曲线, 两两相交于两点, 并且任意 3 条都不交于一点, 求这 n 条封闭曲线把平面划分成的区域个数.

11.9 双汉诺塔问题是对汉诺塔问题的一种推广, 它与汉诺塔的不同之处在于: $2n$ 个圆盘, 分成大小不同的 n 对, 每对圆盘完全相同. 初始时, 这些圆盘按照从大到小的次序从下到上放在 A 柱上, 最终要把它们全部移到 C 柱, 移动的规则与汉诺塔相同.

(1) 设计一个移动的算法.

(2) 计算你的算法所需要的移动次数.

11.10 在长方形 $ABDC$ 中, $AC/AB = (1 + \sqrt{5})/2$. 做线段 EF, 使 $ABFE$ 是一个正方形, 证明长方形 $EFDC$ 和 $ACDB$ 相似. 如果重复这个过程, 就得到题 11.10 图. 证明每一步得到的长方形都和原来的长方形相似.

11.11 某公司有 n 千万元可以用于对 a, b, c 三个项目的投资. 假设每年投资一个项目, 投资的规则是: 或者对 a 投资 1 千万元, 或者对 b 投资 2 千万元, 或者对 c 投资 2 千万元. 问: 用完这 n 千万元有多少种不同的方案?

11.12 求 n 位 0–1 串中相邻两位不出现 11 的串的个数.

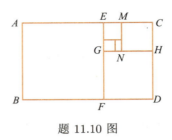

题 11.10 图

11.13 一个质点在水平方向运动，每秒它走过的距离等于它前一秒走过距离的 2 倍. 设质点的初始位置为 3，并设第一步走了 1 个单位长的距离. 求第 t 秒质点的位置.

11.14 一个 $1 \times n$ 的方格图形用红、蓝两色涂色每个方格，如果每个方格只能涂一种颜色，且不允许两个红格相邻，问：有多少种涂色方案？

11.15 使用两个不同的信号在通信信道上发送信息. 传送一个信号需要 $2\,\mu s$，传送另一个信号需要 $3\,\mu s$. 一个信息的每个信号紧跟着下一个信号.

(1) 求与在 $n\,\mu s$ 中可以发送的不同信号数有关的递推方程.

(2) 对于 (1) 的递推方程，初始条件是什么？

(3) 在 $12\,\mu s$ 内可以发送多少个不同的信息？

11.16 已知数列 $\{a_n\}$ 的生成函数是 $A(x) = (1 + x - x^2)/(1 - x)$，求 a_n.

11.17 设数列 $\{a_n\}, \{b_n\}, \{c_n\}$ 的生成函数分别为 $A(x), B(x), C(x)$，其中 $a_n = 0, n \geqslant 3$，$a_0 = 1, a_1 = 3, a_2 = 2$；$c_n = 5^n, n \in \mathbb{N}$. 如果 $A(x)B(x) = C(x)$，求 b_n.

11.18 分别确定下列数列 $\{a_n\}$ 的生成函数.

(1) $a_n = (-1)^n (n + 1)$.

(2) $a_n = (-1)^n 2^n$.

(3) $a_n = n + 5$.

11.19 设数列 $\{a_n\}, \{b_n\}, \{c_n\}$ 的生成函数分别为 $A(x), B(x), C(x)$，证明：

(1) 若 $b_n = \alpha a_n$，则 $B(x) = \alpha A(x)$.

(2) 若 $c_n = a_n + b_n$，则 $C(x) = A(x) + B(x)$.

(3) 若 $c_n = \displaystyle\sum_{i=0}^{n} a_i b_{n-i}$，则 $C(x) = A(x)B(x)$.

(4) 若 $b_n = \begin{cases} 0, & n < l \\ a_{n-l}, & n \geqslant l \end{cases}$，则 $B(x) = x^l A(x)$.

(5) 若 $b_n = a_{n+l}$，则 $B(x) = \dfrac{A(x) - \displaystyle\sum_{n=0}^{l-1} a_n x^n}{x^l}$.

(6) 若 $b_n = \sum\limits_{i=0}^{n} a_i$，则 $B(x) = \dfrac{A(x)}{1-x}$.

(7) 若 $b_n = \sum\limits_{i=n}^{+\infty} a_i$，且 $A(1) = \sum\limits_{i=0}^{+\infty} a_i$ 收敛，则 $B(x) = \dfrac{A(1) - xA(x)}{1-x}$.

(8) 若 $b_n = \alpha^n a_n$，则 $B(x) = A(\alpha x)$.

(9) 若 $b_n = na_n$，则 $B(x) = xA'(x)$.

(10) 若 $b_n = \dfrac{a_n}{n+1}$，则 $B(x) = \dfrac{1}{x} \displaystyle\int_0^x A(x)\,\mathrm{d}x$.

11.20 使用生成函数求解递推方程 $a_n = 3a_{n-1}$，$n = 1, 2, 3, \cdots$，初始条件 $a_0 = 2$.

11.21 设多重集 $S = \{+\infty \cdot a_1, +\infty \cdot a_2, +\infty \cdot a_3, +\infty \cdot a_4\}$，$c_n$ 是 S 的满足以下条件的 n 组合数，且数列 $\{c_n\}$ 的生成函数为 $C(x)$，求 $C(x)$.

(1) 每个 a_i 出现奇数次，$i = 1, 2, 3, 4$.

(2) a_1 不出现，a_2 至多出现 1 次.

(3) 每个 a_i 至少出现 10 次.

11.22 设 a_r 是用 3 元、4 元和 20 元的邮票在邮件上贴满 r 元邮费的方式数. 求 $\{a_r\}$ 的生成函数.

(1) 假设不考虑贴邮票的次序.

(2) 假设邮票贴成一行并且考虑贴的次序.

11.23 把 n 个苹果（n 为奇数）恰好分给 3 个孩子，如果第一个孩子和第二个孩子分的苹果数不相同，问：有多少种分法？

11.24 如果传送信号 A 需要 $1\,\mu\mathrm{s}$，传送信号 B 和 C 各需要 $2\,\mu\mathrm{s}$，一个信息是由字符 A，B 或 C 构成的有限长度的字符串（不考虑空串），则在 $n\,\mu\mathrm{s}$ 内可以传送多少个不同的信息？

11.25 设三角形 ABC 的边长为整数，且 $AB + BC + AC$ 为奇数 $2n+1$，其中 n 为给定的正整数. 问：这样的三角形有多少个？

11.26 分别确定下面数列 $\{a_n\}$ 的指数生成函数.

(1) $a_n = n!$.

(2) $a_n = 2^n \cdot n!$.

(3) $a_n = (-1)^n$.

11.27 设数列 $\{a_n\}, \{b_n\}$ 的指数生成函数分别为 $A_\mathrm{e}(x)$ 和 $B_\mathrm{e}(x)$，证明

$$A_\mathrm{e}(x) \cdot B_\mathrm{e}(x) = \sum_{n=0}^{+\infty} c_n \frac{x^n}{n!}，其中 c_n = \sum_{k=0}^{n} \binom{n}{k} a_k b_{n-k}.$$

11.28 一个 $1 \times n$ 的方格图形用红、蓝、绿或橙色 4 种颜色涂色，如果有偶数个方格被涂

成红色，还有偶数个方格被涂成绿色，问：有多少种方案？

11.29 确定由 n 个奇数字组成并且 1 和 3 每个数字出现偶数次的数的个数.

11.30 设 Σ 是一个字母表且 $|\Sigma| = n > 1$，a 和 b 是 Σ 中两个不同的字母. 试求 Σ 上 a 和 b 均出现、长为 $k(k > 1)$ 的字（字符串）的个数.

11.31 证明：

$$\sum_{k=1}^{n} \begin{Bmatrix} n \\ k \end{Bmatrix} x(x-1)\cdots(x-k+1) = x^n.$$

11.32 把 5 项任务分给 4 个人，如果每个人至少得到 1 项任务，问：有多少种方式？

11.33 设 A 是由 $n(n > 1)$ 个不等的正整数构成的集合，其中 $n = 2^k$，k 为正整数. 考虑下述在 A 中找最大数和最小数的算法 MaxMin：如果 A 中只有 2 个数，那么比较 1 次就可以确定最大数与最小数. 否则，将 A 划分成相等的两个子集 A_1 与 A_2. 用算法 MaxMin 递归地在 A_1 与 A_2 中找最大数与最小数. 令 a_1, a_2 分别表示 A_1 与 A_2 中的最大数，b_1 与 b_2 分别表示 A_1 与 A_2 中的最小数，那么 $\max(a_1, a_2)$ 与 $\min(b_1, b_2)$ 就是所需要的结果.

(1) 用伪码描述算法的主要步骤.

(2) 对于规模为 n 的输入，计算算法 MaxMin 在最坏情况下所做的比较次数.

11.34 Internet 上的搜索引擎经常需要对信息进行比较. 例如，可以通过某个人对一些事物的排序来估计他（或她）对各种不同信息的兴趣，从而实现个性化服务. 对于不同的排序结果可以用逆序来评价它们之间的差异. 考虑 $1, 2, \cdots, n$ 的排列 $i_1 i_2 \cdots i_n$，如果其中存在 i_j, i_k，使得 $j < k$ 但是 $i_j > i_k$，那么就称 (i_j, i_k) 是这个排列的一个 逆序. 一个排列含有逆序的个数称作这个排列的 逆序数. 例如，排列 263451 含有 8 个逆序：$(2,1), (6,3), (6,4), (6,5), (6,1), (3,1), (4,1), (5,1)$，它的逆序数就是 8.

　　显然，由 $1, 2, \cdots, n$ 构成的所有 $n!$ 个排列中，最小的逆序数是 0，对应的排列就是 $12 \cdots n$；最大的逆序数是 $n(n-1)/2$，对应的排列就是 $n(n-1) \cdots 21$. 逆序数越大的排列与原始排列的差异度就越大. 不难看出，如果使用顺序枚举逆序的蛮力算法来计算排列的逆序数，最坏情况下需要 $O(n^2)$ 的时间. 利用二分归并排序算法 Mergesort 可以设计一个计数逆序的更好的算法，它仅使用 $O(n \log n)$ 的时间. 它的主要思想是：在递归调用算法分别对子数组 L_1 与 L_2 进行排序时，计数每个子数组内部的逆序；在归并排好序的子数组 L_1 与 L_2 的过程中，计数 L_1 的元素与 L_2 的元素之间产生的逆序. 在算法运行中每次得到的逆序数都加到逆序总数上.

　　下面是一个归并过程的例子. 假如两个排好序的子数组是 $1, 4, 5$ 和 $2, 3, 6$，在归并时，先比较 1 和 2，$1 < 2$，没有逆序，移走 1，第一个数组剩下 2 个数；接

着比较 4 和 2，$4 > 2$，第一个数组的 4，5 都与 2 构成逆序，即 $(4,2),(5,2)$，产生的逆序数恰好等于第一个数组剩下的元素个数. 移走 2，逆序总数加 2. 接着比较 4 和 3，移走 3，再增加 2 个逆序；接着比较 4 和 6，移走 4，不增加逆序；比较 5 和 6，移走 5，不增加逆序. 在这个过程中逆序数共增加了 4，恰好等于 1, 4, 5 与序列 2, 3, 6 的数之间构成的逆序总数.

(1) 根据上面的描述写出算法的伪码.

(2) 如果 n 是 2 的幂，计算算法使用的比较次数.

11.4.2 解答或提示

11.1 设 a_n 表示第 n 代祖先中雄蜂的个数，b_n 表示第 n 代祖先中雌蜂的个数，那么有

$$\begin{cases} b_n = a_{n-1} + b_{n-1}, \\ a_n = b_{n-1}. \end{cases}$$

从而得到

$$\begin{cases} b_n = b_{n-1} + b_{n-2}, \\ a_n = b_{n-1} = b_{n-2} + b_{n-3} = a_{n-1} + a_{n-2}. \end{cases}$$

第 n 代祖先的总数是 $c_n = a_n + b_n$，从而得到

$$\begin{aligned} c_n &= a_n + b_n \\ &= (a_{n-1} + a_{n-2}) + (b_{n-1} + b_{n-2}) \\ &= (a_{n-1} + b_{n-1}) + (a_{n-2} + b_{n-2}) \\ &= c_{n-1} + c_{n-2}, \end{aligned}$$

且 $c_0 = 1, c_1 = 1$.

11.2 原式等于 $1 + (-1)^n f_{n-1}$. 用归纳法证明之.

$n = 1$ 时，左边等于 $f_0 - f_1 = 0$，右边等于 $1 + (-1)f_0 = 1 - 1 = 0$. 命题为真.

假设 $n-1$ 时命题为真，那么

$$\begin{aligned} f_0 - f_1 + \cdots + (-1)^n f_n &= f_0 - f_1 + \cdots + (-1)^{n-1} f_{n-1} + (-1)^n f_n \\ &= 1 + (-1)^{n-1} f_{n-2} + (-1)^n f_n \\ &= 1 + (-1)^n (f_n - f_{n-2}) \\ &= 1 + (-1)^n f_{n-1}. \end{aligned}$$

11.3 根据第 11.3.5 节习题课题型五的第 1 题有

$$f_{n+m} = f_{m-1}f_{n+1} + f_{m-2}f_n.$$

在等式中令 $m = n$，得到

$$f_{2n} = f_{n-1}f_{n+1} + f_{n-2}f_n.$$

(1) 根据上述等式有

$$f_{2n} = f_{n-1}(f_{n-1} + f_n) + (f_n - f_{n-1})f_n = f_{n-1}^2 + f_n^2.$$

(2) 根据上述等式有

$$f_{2n} = (f_n - f_{n-2})f_{n+1} + f_{n-2}f_n$$

$$= f_nf_{n+1} - f_{n-2}(f_n + f_{n-1}) + f_{n-2}f_n$$

$$= f_nf_{n+1} - f_{n-1}f_{n-2}.$$

11.4 (1) 先证明递推公式：$f_nf_{n+2} - f_{n+1}^2 = -(f_{n-1}f_{n+1} - f_n^2)$. 事实上，

$$f_nf_{n+2} - f_{n+1}^2 = f_n(f_n + f_{n+1}) - f_{n+1}^2$$

$$= f_n^2 + f_{n+1}f_n - f_{n+1}f_n - f_{n+1}f_{n-1}$$

$$= f_n^2 - f_{n+1}f_{n-1}$$

$$= -(f_{n-1}f_{n+1} - f_n^2).$$

根据递推公式得

$$f_nf_{n+2} - f_{n+1}^2 = \cdots = (-1)^n(f_0f_2 - f_1^2) = (-1)^n = \pm 1.$$

(2) 根据 (1) 的结果，容易看出：当 n 为奇数时等式右边为 -1；当 n 为偶数时等式右边为 $+1$.

11.5

$$L_{2n+2} - (L_1 + L_3 + \cdots + L_{2n+1})$$

$$= (L_{2n+2} - L_{2n+1}) - L_{2n-1} - L_{2n-3} - \cdots - L_3 - L_1$$

$$= L_{2n} - L_{2n-1} - L_{2n-3} - \cdots - L_3 - L_1$$

$$= \cdots$$

$$= L_2 - L_1$$

$$= L_0$$

$$= 2.$$

11.6 (1) 特征方程为 $x^2 - 7x + 12 = 0$，通解为

$$a_n = c_1 3^n + c_2 4^n.$$

代入初值得到

$$\begin{cases} c_1 + c_2 = 4, \\ 3c_1 + 4c_2 = 6. \end{cases}$$

解得 $c_1 = 10, c_2 = -6$，从而得到原递推方程的解为

$$a_n = 10 \cdot 3^n - 6 \cdot 4^n.$$

(2) 特征方程为 $x^2 + 6x + 9 = 0$，齐次通解为

$$\overline{a}_n = c_1(-3)^n + c_2 n(-3)^n.$$

设特解为 P，代入方程解得 $P = \dfrac{3}{16}$. 因此原递推方程的通解为

$$a_n = c_1(-3)^n + c_2 n(-3)^n + \frac{3}{16}.$$

代入初值解得 $c_1 = -\dfrac{3}{16}, c_2 = -\dfrac{1}{12}$. 从而得到原递推方程的解为

$$a_n = \left(-\frac{1}{12}n - \frac{3}{16} \right)(-3)^n + \frac{3}{16}.$$

(3) 特征方程为 $x^2 - 3x + 2 = 0$，齐次通解为

$$\overline{a}_n = c_1 1^n + c_2 2^n = c_1 + c_2 2^n.$$

因为 1 是特征根，设特解为 Pn，代入方程得到 $P = -1$. 因此原递推方程的通解为

$$a_n = c_1 + c_2 2^n - n.$$

代入初值解得 $c_1 = 1, c_2 = 3$，从而得到原递推方程的解为

$$a_n = 3 \cdot 2^n - n + 1.$$

(4) 特征方程为 $x^2 - 7x + 10 = 0$, 齐次通解为

$$\overline{a}_n = c_1 2^n + c_2 5^n.$$

设特解为 $P3^n$, 代入方程得到 $P = -\dfrac{9}{2}$. 因此原递推方程的通解为

$$a_n = c_1 2^n + c_2 5^n - \frac{9}{2} \cdot 3^n.$$

代入初值解得 $c_1 = \dfrac{8}{3}, c_2 = \dfrac{11}{6}$, 从而得到原递推方程的解为

$$a_n = \frac{8}{3} \cdot 2^n + \frac{11}{6} \cdot 5^n - \frac{9}{2} \cdot 3^n.$$

(5) 由迭代得到

$$
\begin{aligned}
a_n &= n! + na_{n-1} \\
&= n! + n[(n-1)! + (n-1)a_{n-2}] \\
&= 2n! + n(n-1)[(n-2)! + (n-2)a_{n-3}] \\
&= 3n! + n(n-1)(n-2)a_{n-3} \\
&= \cdots \\
&= n \cdot n! + n(n-1)\cdots 1 a_0 \\
&= (n+2)n!.
\end{aligned}
$$

用归纳法验证. $n = 0, a_0 = (n+2)0! = 2$, 结果正确.

假设对 n, 结果正确, 那么

$$
\begin{aligned}
a_{n+1} &= (n+1)! + (n+1)a_n \\
&= (n+1)! + (n+1)(n+2)n! \\
&= (n+2+1)(n+1)! \\
&= [(n+1)+2](n+1)!.
\end{aligned}
$$

因此所求的解是原递推方程的解.

    11.7 <u>方法一</u>　根据题意, 递推方程的解为 $H_n = 3^n + 4^n + 2$. 令 $n = 0, 1, 2, 3$, 代入得

$$H_0 = 4,\ H_1 = 9,\ H_2 = 27,\ H_3 = 93,\ H_4 = 339.$$

将上述值代入已知条件得下述方程组

$$
\begin{cases}
27C_0 + 9C_1 + 4C_2 = 6, \\
93C_0 + 27C_1 + 9C_2 = 6, \\
339C_0 + 93C_1 + 27C_2 = 6.
\end{cases}
$$

解得 $C_0 = \dfrac{1}{2}, C_1 = -\dfrac{7}{2}, C_2 = 6$.

方法二　由已知条件递推方程具有下述形式

$$
H_0 + \frac{C_1}{C_0}H_{n-1} + \frac{C_2}{C_0}H_{n-2} = \frac{6}{C_0}.
$$

由于它的解是 $H_n = 3^n + 4^n + 2$，因此上述递推方程的特征根是 3 和 4，特解是 2. 从而知道这个递推方程也具有形式

$$
H_n - 7H_{n-1} + 12H_{n-2} = P.
$$

对比这个方程的两种形式，得到 $C_1 = -7C_0, C_2 = 12C_0$.

下面计算 C_0. 由于特解是 2，因此得到

$$
\frac{6}{C_0} = P = 2 - 7 \cdot 2 + 12 \cdot 2 = 12,
$$

从而得到 $C_0 = \dfrac{1}{2}$. 再利用前面的结果得到 $C_1 = -\dfrac{7}{2}, C_2 = 6$.

11.8 设 a_n 为 n 条封闭曲线把平面划分成的区域个数. 假设前 n 条封闭曲线已经存在，当加入第 $n+1$ 条封闭曲线时，这条曲线与前 n 条曲线交于 $2n$ 个点，这些交点将第 $n+1$ 条曲线划分成 $2n$ 段，每段都会增加一个区域，因此得到递推方程如下：

$$
\begin{cases}
a_{n+1} = a_n + 2n, \\
a_1 = 2.
\end{cases}
$$

解得 $a_n = n^2 - n + 2$.

11.9 (1) 分三步：递归地将上面的 $2(n-1)$ 个盘子从 A 柱移到 B 柱；用 2 次移动将最大的 2 个盘子从 A 柱移到 C 柱；递归地将 B 柱的 $2(n-1)$ 个盘子从 B 柱移到 C 柱.

(2) 设 $2n$ 个圆盘的移动次数是 $T(n)$，则

$$
\begin{cases}
T(n) = 2T(n-1) + 2, \\
T(1) = 2.
\end{cases}
$$

解得

$$T(n) = 2^{n+1} - 2.$$

11.10 设矩形长边的长度为 a_n，短边的长度为 b_n，那么有

$$\begin{cases} a_{n+1} = b_n, \\ b_{n+1} = a_n - b_n, \end{cases}$$

且初值满足

$$a_1 = \frac{1}{2}(1 + \sqrt{5}), \; b_1 = 1.$$

将 $a_{n+1} = b_n$ 代入第二个递推方程得

$$\begin{cases} b_{n+1} = -b_n + b_{n-1}, \\ b_1 = 1, b_2 = \dfrac{-1 + \sqrt{5}}{2}. \end{cases}$$

解出 b_n，然后代入求得 a_n，即

$$\begin{cases} b_n = \dfrac{1 + \sqrt{5}}{2} \left(\dfrac{-1 + \sqrt{5}}{2} \right)^n, \\ a_n = \dfrac{1 + \sqrt{5}}{2} \left(\dfrac{-1 + \sqrt{5}}{2} \right)^{n-1}. \end{cases}$$

从而得到长短边的比值为

$$\frac{a_n}{b_n} = \frac{1}{\dfrac{-1 + \sqrt{5}}{2}} = \frac{2(\sqrt{5} + 1)}{(\sqrt{5} - 1)(\sqrt{5} + 1)} = \frac{1 + \sqrt{5}}{2}.$$

在这个矩形序列中，任何矩形的长边、短边长度的比值都一样，因此这些矩形是相似的.

11.11 设 n 千万元的投资方案数为 $f(n)$，那么 $f(n)$ 满足如下递推方程

$$\begin{cases} f(n) = f(n-1) + 2f(n-2), \\ f(1) = 1, \; f(2) = 3. \end{cases}$$

解得 $f(n) = \dfrac{2^{n+1} + (-1)^n}{3}$.

11.12 设 a_n 是不含两个连续 1 的 n 位 0–1 字符串的个数，b_n 是以 1 结尾且不含两个连续 1 的 n 位 0–1 字符串的个数，c_n 是以 0 结尾且不含两个连续 1 的 n 位 0–1 字符串的个数，那么 $a_n = b_n + c_n$，且满足如下递推方程：

$$\begin{cases} b_n = c_{n-1}, \\ c_n = b_{n-1} + c_{n-1}, \\ c_1 = 1, \ c_2 = 2. \end{cases}$$

解得

$$c_n = \frac{1}{\sqrt{5}} \left(\frac{1+\sqrt{5}}{2} \right)^{n+1} - \frac{1}{\sqrt{5}} \left(\frac{1-\sqrt{5}}{2} \right)^{n+1},$$

$$b_n = \frac{1}{\sqrt{5}} \left(\frac{1+\sqrt{5}}{2} \right)^{n} - \frac{1}{\sqrt{5}} \left(\frac{1-\sqrt{5}}{2} \right)^{n},$$

$$a_n = b_n + c_n = \frac{5+3\sqrt{5}}{10} \left(\frac{1+\sqrt{5}}{2} \right)^{n} + \frac{5-3\sqrt{5}}{10} \left(\frac{1-\sqrt{5}}{2} \right)^{n}.$$

11.13 设 $f(t)$ 为第 t 秒时质点的位置，则

$$f(t) - f(t-1) = 2(f(t-1) - f(t-2)).$$

化简并给出初值得

$$\begin{cases} f(t) - 3f(t-1) + 2f(t-2) = 0, \\ f(0) = 3, \ f(1) = 4. \end{cases}$$

该方程为常系数线性齐次递推方程，解得 $f(t) = 2^t + 2$.

11.14 设 a_n 是 n 个方格的涂色方案数，将这些方案按照最后一个方格是红色和蓝色分成两类. 如果最后一个方格是红色，那么相邻的方格一定是蓝色，这种方案有 a_{n-2} 种；如果最后一个方格是蓝色，这种方案有 a_{n-1} 种. 因此得到递推方程

$$\begin{cases} a_n = a_{n-1} + a_{n-2}, \\ a_1 = 2, \ a_2 = 3. \end{cases}$$

从而解得

$$a_n = \frac{5+3\sqrt{5}}{10} \left(\frac{1+\sqrt{5}}{2} \right)^{n} + \frac{5-3\sqrt{5}}{10} \left(\frac{1-\sqrt{5}}{2} \right)^{n}.$$

如果把红色看作 1，蓝色看作 0，本题与第 11、12 题是同样的题. 这两道题虽然采用了不同的分析方法，但结果是相同的.

11.15 (1) 设 a_n 表示 $n\,\mu s$ 内传送的不同的信息数, 那么

$$a_n = a_{n-2} + a_{n-3}.$$

(2) $a_1 = 0, a_2 = 1, a_3 = 1$.

(3) 从 $a_4 = a_2 + a_1, a_5 = a_3 + a_2, \cdots$, 顺序计算可得 $a_{12} = 12$.

11.16

$$A(x) = \frac{1 + x - x^2}{1 - x} = x + \frac{1}{1 - x} = x + \sum_{n=0}^{+\infty} x^n.$$

从而得到 $a_n = \begin{cases} 1, & n \neq 1, \\ 2, & n = 1. \end{cases}$

11.17 方法一 根据题设有

$$\begin{cases} a_0 b_0 = c_0, \\ a_0 b_1 + a_1 b_0 = c_1, \\ a_2 b_{n-2} + a_1 b_{n-1} + a_0 b_n = c_n. \end{cases}$$

将已知条件代入得

$$\begin{cases} b_n + 3b_{n-1} + 2b_{n-2} = 5^n, \\ b_0 = 1, \ b_1 = 2. \end{cases}$$

解得 $b_n = \dfrac{4}{7}(-2)^n - \dfrac{1}{6}(-1)^n + \dfrac{25}{42} \cdot 5^n$.

方法二 根据已知条件得到

$$C(x) = \sum_{n=0}^{+\infty} 5^n x^n = \frac{1}{1 - 5x},$$

$$A(x) = \sum_{n=0}^{+\infty} a_n x^n = 1 + 3x + 2x^2.$$

于是得到

$$B(x) = \frac{C(x)}{A(x)} = \frac{1}{(1 - 5x)(1 + 3x + 2x^2)}$$

$$= \frac{25}{42} \frac{1}{1 - 5x} + \frac{4}{7} \frac{1}{1 + 2x} - \frac{1}{6} \frac{1}{1 + x}$$

$$= \frac{25}{42} \sum_{n=0}^{+\infty} 5^n x^n + \frac{4}{7} \sum_{n=0}^{+\infty} (-2)^n x^n - \frac{1}{6} \sum_{n=0}^{+\infty} (-1)^n x^n.$$

从而得到

$$b_n = \frac{25}{42} \cdot 5^n + \frac{4}{7}(-2)^n - \frac{1}{6}(-1)^n.$$

11.18 (1) 由 $A(x) = \displaystyle\sum_{n=0}^{+\infty} (-1)^n (n+1) x^n$ 得

$$\int_0^x A(x)\,\mathrm{d}x = \sum_{n=0}^{+\infty} (-1)^n \int_0^x (n+1)x^n\,\mathrm{d}x = \sum_{n=0}^{+\infty} (-1)^n x^{n+1} = \frac{x}{1+x}.$$

于是得

$$A(x) = \left(\frac{x}{1+x} \right)' = \frac{1}{(1+x)^2}.$$

(2)

$$A(x) = \sum_{n=0}^{+\infty} (-1)^n 2^n x^n = \sum_{n=0}^{+\infty} (-2x)^n = \frac{1}{1+2x}.$$

(3)

$$A(x) = \sum_{n=0}^{+\infty} (n+5)x^n = \sum_{n=0}^{+\infty} (n+1)x^n + \sum_{n=0}^{+\infty} 4x^n.$$

令 $B(x) = \displaystyle\sum_{n=0}^{+\infty} (n+1)x^n$，则

$$\int_0^x B(x)\,\mathrm{d}x = \sum_{n=0}^{+\infty} x^{n+1} = \frac{x}{1-x}.$$

故

$$B(x) = \frac{1}{(1-x)^2},$$

从而得到

$$A(x) = \frac{1}{(1-x)^2} + \frac{4}{1-x} = \frac{5-4x}{(1-x)^2}.$$

11.19 (1) $B(x) = \displaystyle\sum_{n=0}^{+\infty} b_n x^n = \sum_{n=0}^{+\infty} \alpha a_n x^n = \alpha \sum_{n=0}^{+\infty} a_n x^n = \alpha A(x).$

(2) $C(x) = \sum\limits_{n=0}^{+\infty} c_n x^n = \sum\limits_{n=0}^{+\infty}(a_n + b_n)x^n = \sum\limits_{n=0}^{+\infty} a_n x^n + \sum\limits_{n=0}^{+\infty} b_n x^n = A(x) + B(x).$

(3) 见第 11.3.3节习题课题型三第 1 题.

(4) 见第 11.3.3节习题课题型三第 2 题.

(5) 由题设知

$$B(x) = \sum_{n=0}^{+\infty} b_n x^n = \sum_{n=0}^{+\infty} a_{n+l} x^n.$$

故得

$$B(x) \cdot x^l = \sum_{n=0}^{+\infty} a_{n+l} x^{n+l} = A(x) - \sum_{n=0}^{l-1} a_n x^n,$$

即

$$B(x) = \frac{1}{x^l}\left(A(x) - \sum_{n=0}^{l-1} a_n x^n\right).$$

(6) 根据已知条件列出下述等式.

$$b_0 = a_0,$$
$$b_1 x = a_0 x + a_1 x,$$
$$b_2 x^2 = a_0 x^2 + a_1 x^2 + a_2 x^2,$$
$$\cdots\cdots\cdots\cdots$$
$$b_n x^n = a_0 x^n + a_1 x^n + \cdots + a_n x^n,$$
$$\cdots\cdots\cdots\cdots$$

将上述等式两边相加得到

$$\begin{aligned} B(x) &= a_0(1 + x + x^2 + \cdots) + a_1 x(1 + x + x^2 + \cdots) + \cdots \\ &\quad + a_n x^n(1 + x + x^2 + \cdots) + \cdots \\ &= (a_0 + a_1 x + a_2 x^2 + \cdots)(1 + x + x^2 + \cdots) \\ &= \frac{A(x)}{1 - x}. \end{aligned}$$

(7) 因为 $A(1)$ 收敛, 所以 $b_n = \sum\limits_{i=n}^{+\infty} a_i$ 存在.

$$b_0 = a_0 + a_1 + a_2 + \cdots = A(1),$$

$$b_1 x = a_1 x + a_2 x + \cdots = [A(1) - a_0]x,$$

$$b_2 x^2 = a_2 x^2 + \cdots = [A(1) - a_0 - a_1]x^2,$$

$$\cdots\cdots\cdots\cdots$$

$$b_n x^n = a_n x^n + \cdots = [A(1) - a_0 - \cdots - a_{n-1}]x^n,$$

$$\cdots\cdots\cdots\cdots$$

将以上各式两边分别相加并化简，命题得证.

(8) $B(x) = \sum_{n=0}^{+\infty} b_n x^n = \sum_{n=0}^{+\infty} \alpha^n a_n x^n = \sum_{n=0}^{+\infty} a_n (\alpha x)^n = A(\alpha x).$

(9) $A(x) = \sum_{n=0}^{+\infty} a_n x^n$，对 x 求导得到

$$A'(x) = \sum_{n=1}^{+\infty} n a_n x^{n-1} = \sum_{n=1}^{+\infty} b_n x^{n-1} = \frac{1}{x} \sum_{n=1}^{+\infty} b_n x^n = \frac{1}{x} B(x).$$

由于 $b_0 = 0$，于是 $B(x) = xA'(x).$

(10) 由题设，有

$$B(x) = \sum_{n=0}^{+\infty} b_n x^n = \sum_{n=0}^{+\infty} \frac{a_n}{n+1} x^n.$$

于是得

$$\frac{1}{x} \int_0^x A(x)\,\mathrm{d}x = \frac{1}{x} \int_0^x \sum_{n=0}^{+\infty} a_n x^n \,\mathrm{d}x = \frac{1}{x} \sum_{n=0}^{+\infty} \frac{1}{n+1} a_n x^{n+1}$$

$$= \sum_{n=0}^{+\infty} \frac{a_n}{n+1} x^n = B(x).$$

11.20 根据生成函数定义得到

$$A(x) = \sum_{n=0}^{+\infty} a_n x^n = 2 + \sum_{n=1}^{+\infty} 3 a_{n-1} x^n = 2 + 3x \sum_{n=0}^{+\infty} a_n x^n = 2 + 3x A(x).$$

解得

$$(1 - 3x)A(x) = 2.$$

故

$$A(x) = \frac{2}{1-3x} = 2\sum_{n=0}^{+\infty} 3^n x^n,$$

于是得到 $a_n = 2 \cdot 3^n$.

11.21 (1) $C(x) = (x + x^3 + x^5 + \cdots)^4 = \dfrac{x^4}{(1-x^2)^4}$.

(2) $C(x) = (1+x)(1+x+x^2+\cdots)^2 = \dfrac{1+x}{(1-x)^2}$.

(3) $C(x) = (x^{10} + x^{11} + \cdots)^4 = \dfrac{x^{40}}{(1-x)^4}$.

11.22 (1) 如果不考虑邮票的顺序, 每种邮票使用的张数不同决定了不同的方案. 设 3 元、4 元和 20 元的邮票分别使用 x_1, x_2 和 x_3 张, 那么得到下述方程

$$3x_1 + 4x_2 + 20x_3 = r,\ x_i \in \mathbb{N},\ i = 1, 2, 3.$$

于是, 生成函数为

$$G(y) = \frac{1}{(1-y^3)(1-y^4)(1-y^{20})}.$$

$G(y)$ 的展开式中 y^r 项的系数就是方案数.

(2) 如果考虑邮票的顺序, 那么贴 k 张邮票可能得到的总邮资数值由 $(y^3 + y^4 + y^{20})^k$ 中 y 的幂指数确定, 而对于给定的邮资, 其系数则代表了用 k 张邮票贴出这种邮资的方法数. 如

$$\begin{aligned}
(y^3 + y^4 + y^{20})^3 = {} & \binom{3}{3\,0\,0}(y^3)^3 + \binom{3}{2\,1\,0}(y^3)^2 y^4 + \binom{3}{2\,0\,1}(y^3)^2 y^{20} \\
& + \binom{3}{1\,2\,0} y^3 (y^4)^2 + \binom{3}{1\,0\,2} y^3 (y^{20})^2 + \binom{3}{0\,2\,1}(y^4)^2 y^{20} \\
& + \binom{3}{0\,1\,2} y^4 (y^{20})^2 + \binom{3}{1\,1\,1} y^3 y^4 y^{20} + \binom{3}{0\,0\,3}(y^{20})^3 \\
& + \binom{3}{0\,3\,0}(y^4)^3 \\
= {} & y^9 + 3y^{10} + 3y^{26} + 3y^{11} + 3y^{43} \\
& + 3y^{28} + 3y^{44} + 6y^{27} + y^{60} + y^{12}.
\end{aligned}$$

这说明用 3 张邮票贴 9 元邮资只有 1 种方法, 贴 10 元邮资有 3 种方法, 即 $3+3+4, 3+4+3, 4+3+3$ 等. 根据上述分析, 考虑邮票顺序情况下的生成函数是

$$1 + (y^3 + y^4 + y^{20}) + (y^3 + y^4 + y^{20})^2 + \cdots = \frac{1}{1 - (y^3 + y^4 + y^{20})}.$$

上述函数中 y^r 项的系数就是考虑邮票次序的情况下贴 r 元邮资的方法数.

11.23 每个孩子至少得到一个苹果的分法数是方程 $x_1 + x_2 + x_3 = n - 3$ 的非负整数解的个数, 其生成函数为

$$A(y) = (1 + y + y^2 + \cdots)^3 = \frac{1}{(1 - y)^3}.$$

上述展开式中 y^{n-3} 项的系数为 $\dfrac{(n-1)(n-2)}{2}$.

前两个孩子苹果数相等的分法数为方程 $2x_1 + x_3 = n - 3$ 的非负整数解的个数. 当 n 为奇数时, x_3 为偶数, 有 $\dfrac{n-1}{2}$ 种取法, 于是

$$N = \frac{(n-1)(n-2)}{2} - \frac{n-1}{2} = \frac{(n-1)(n-3)}{2}.$$

11.24 设 a_n 表示 $n\,\mu$s 传送的不同信息数, 那么得到递推方程如下:

$$\begin{cases} a_n = a_{n-1} + 2a_{n-2}, \\ a_1 = 1,\ a_2 = 3. \end{cases}$$

解得 $a_n = \dfrac{2^{n+1} + (-1)^n}{3}$.

11.25 方法一 设 AB, BC, AC 三边的边长分别为 x_1, x_2, x_3, 则

$$x_1 + x_2 + x_3 = 2n + 1,$$

$$x_1,\ x_2,\ x_3 > 0,$$

$$x_1 + x_2 > x_3,\ x_1 + x_3 > x_2,\ x_2 + x_3 > x_1.$$

以上条件等价于

$$x_1 + x_2 + x_3 = 2n + 1,$$

$$1 \leqslant x_1,\ x_2,\ x_3 \leqslant n.$$

设 N_1 是方程 $x_1 + x_2 + x_3 = 2n + 1$ 的非负整数解的个数, N_2 是其中 x_1 (或 x_2, 或 x_3) 大于 n 的个数, 那么

$$N_1 = \mathrm{C}_{2n+1+3-1}^{2n+1} = \mathrm{C}_{2n+3}^2 = (2n+3)(n+1).$$

而 N_2 相当于方程 $x_1 + x_2 + x_3 = n$ 的非负整数解的个数，这个数是

$$N_2 = \mathrm{C}_{n+3-1}^{n} = \frac{(n+2)(n+1)}{2}.$$

由于三条边总长等于 $2n+1$，不可能两条边长同时超过 n，于是所求的三角形数为

$$N = N_1 - 3N_2 = (2n+3)(n+1) - \frac{3}{2}(n+2)(n+1) = \frac{1}{2}n(n+1).$$

方法二　根据题意写出生成函数：

$$\begin{aligned}
A(y) &= (1 + y + y^2 + \cdots + y^n)^3 \\
&= \frac{(1-y^{n+1})^3}{(1-y)^3} \\
&= (1 - 3y^{n+1} + 3y^{2n+2} + y^{3n+3}) \sum_{n=0}^{+\infty} \binom{n+2}{2} y^n.
\end{aligned}$$

上述展开式中 y^{2n+1} 项的系数为

$$N = \binom{2n+1+2}{2} - 3\binom{n+2}{2} = \frac{1}{2}n(n+1).$$

11.26 (1) $A_{\mathrm{e}}(x) = \displaystyle\sum_{n=0}^{+\infty} n! \frac{x^n}{n!} = \sum_{n=0}^{+\infty} x^n = \frac{1}{1-x}.$

(2) $A_{\mathrm{e}}(x) = \displaystyle\sum_{n=0}^{+\infty} 2^n n! \frac{x^n}{n!} = \sum_{n=0}^{+\infty} (2x)^n = \frac{1}{1-2x}.$

(3) $A_{\mathrm{e}}(x) = \displaystyle\sum_{n=0}^{+\infty} (-1)^n \frac{x^n}{n!} = \mathrm{e}^{-x}.$

11.27 根据指数函数定义有

$$\begin{aligned}
A_{\mathrm{e}}(x) \cdot B_{\mathrm{e}}(x) &= \sum_{k=0}^{+\infty} a_k \frac{x^k}{k!} \cdot \sum_{l=0}^{+\infty} b_l \frac{x^l}{l!} \\
&= \sum_{n=0}^{+\infty} x^n \sum_{k=0}^{n} \frac{a_k}{k!} \cdot \frac{b_{n-k}}{(n-k)!} \\
&= \sum_{n=0}^{+\infty} \frac{x^n}{n!} \sum_{k=0}^{n} \frac{a_k}{k!} \cdot \frac{n! b_{n-k}}{(n-k)!}
\end{aligned}$$

$$= \sum_{n=0}^{+\infty} \frac{x^n}{n!} \sum_{k=0}^{n} \binom{n}{k} a_k b_{n-k}$$

$$= \sum_{n=0}^{+\infty} c_n \frac{x^n}{n!}.$$

11.28 $\{a_n\}$ 的指数生成函数为

$$A_{\mathrm{e}}(x) = \left(1 + \frac{x^2}{2!} + \frac{x^4}{4!} + \cdots\right)^2 \left(1 + \frac{x}{1!} + \frac{x^2}{2!} + \cdots\right)^2$$

$$= \left(\frac{\mathrm{e}^x + \mathrm{e}^{-x}}{2}\right)^2 (\mathrm{e}^x)^2$$

$$= \frac{\mathrm{e}^{4x}}{4} + \frac{1}{2}\mathrm{e}^{2x} + \frac{1}{4}$$

$$= \frac{1}{4}\sum_{n=0}^{+\infty} 4^n \frac{x^n}{n!} + \frac{1}{2}\sum_{n=0}^{+\infty} 2^n \frac{x^n}{n!} + \frac{1}{4}.$$

于是

$$a_n = \begin{cases} 4^{n-1} + 2^{n-1}, & n \geqslant 1, \\ 1, & n = 0. \end{cases}$$

11.29 设组成 n 位数的个数为 a_n，则 $\{a_n\}$ 的指数生成函数是

$$A_{\mathrm{e}}(x) = \left(1 + \frac{x^2}{2!} + \frac{x^4}{4!} + \cdots\right)^2 \left(1 + \frac{x}{1!} + \frac{x^2}{2!} + \cdots\right)^3$$

$$= \left(\frac{\mathrm{e}^x + \mathrm{e}^{-x}}{2}\right)^2 (\mathrm{e}^x)^3$$

$$= \frac{\mathrm{e}^{5x}}{4} + \frac{1}{2}\mathrm{e}^{3x} + \frac{1}{4}\mathrm{e}^x$$

$$= \frac{1}{4}\sum_{n=0}^{+\infty} 5^n \frac{x^n}{n!} + \frac{1}{2}\sum_{n=0}^{+\infty} 3^n \frac{x^n}{n!} + \frac{1}{4}\sum_{n=0}^{+\infty} \frac{x^n}{n!}.$$

于是

$$a_n = \frac{1}{4} \cdot 5^n + \frac{1}{2} \cdot 3^n + \frac{1}{4}.$$

11.30 **方法一** 设所求的 k 位字符串的个数为 a_k，$\{a_k\}$ 的指数生成函数为

$$G_{\mathrm{e}}(x) = (\mathrm{e}^x - 1)^2 \mathrm{e}^{(n-2)x}$$

$$= (\mathrm{e}^{2x} - 2\mathrm{e}^x + 1)\mathrm{e}^{(n-2)x}$$

$$= \mathrm{e}^{nx} - 2\mathrm{e}^{(n-1)x} + \mathrm{e}^{(n-2)x}$$

$$= \sum_{k=0}^{+\infty} \frac{n^k}{k!} x^k - 2\sum_{k=0}^{+\infty} \frac{(n-1)^k}{k!} x^k + \sum_{k=0}^{+\infty} \frac{(n-2)^k}{k!} x^k.$$

故 x^k 项的系数为

$$\frac{a_k}{k!} = \frac{1}{k!}[n^k - 2(n-1)^k + (n-2)^k].$$

因此所求字符串的个数为

$$a_k = n^k - 2(n-1)^k + (n-2)^k.$$

    方法二   设 S 表示 Σ 上长为 k 的字符串的集合，则 $|S| = n^k$. 构造子集

$$A = \{x | x \in S, x \text{ 不含} a\},$$

$$B = \{x | x \in S, x \text{ 不含} b\},$$

则

$$|A| = |B| = (n-1)^k, \ |A \cap B| = (n-2)^k.$$

根据包含排斥原理，所求的字符串的个数为

$$|\overline{A} \cap \overline{B}| = |S| - |A| - |B| + |A \cap B|$$

$$= n^k - 2(n-1)^k + (n-2)^k.$$

   11.31   等式右边对应了将 n 个不同的球放到 x 个不同的盒子且允许空盒的方法数，即 x^n. 将这些方法按照含有球的盒子个数进行分类，只放入 k 个盒子的方法数是

$$\binom{x}{k} k! \begin{Bmatrix} n \\ k \end{Bmatrix} = P(x, k) \begin{Bmatrix} n \\ k \end{Bmatrix} = \begin{Bmatrix} n \\ k \end{Bmatrix} x(x-1) \cdots (x-k+1), \ k = 1, 2, \cdots, n.$$

因此总方法数需要对 k 求和，这就得到等式左边的公式.

   11.32   方法一   把任务分配看作从 5 项任务的集合到 4 个雇员的集合的函数. 每个雇员至少得到 1 项任务的分配方案对应于从任务集合到雇员集合的一个满射函数. 因为

$$4! \begin{Bmatrix} 5 \\ 4 \end{Bmatrix} = 240,$$

所以存在 240 种方式来分配任务.

    <u>方法二</u> 设所有的分配方案构成集合 S，雇员 i 没有得到任务的分配方案构成子集 $A_i, i = 1, 2, 3, 4$, 那么

$$|S| = 4^5;$$
$$|A_i| = 3^5, i = 1, 2, 3, 4;$$
$$|A_i \cap A_j| = 2^5, 1 \leqslant i < j \leqslant 4;$$
$$|A_i \cap A_j \cap A_k| = 1^5, 1 \leqslant i < j < k \leqslant 4;$$
$$|A_1 \cap A_2 \cap A_3 \cap A_4| = 0.$$

由包含排斥原理得到

$$|\overline{A}_1 \cap \overline{A}_2 \cap \overline{A}_3 \cap \overline{A}_4| = 4^5 - 4 \times 3^5 + 6 \times 2^5 - 4 \times 1^5 + 0 = 240.$$

11.33 (1) 算法伪码如下.

MaxMin(A, s, l) //求数组 $A[s \cdots l]$ 的最大元素 max 和最小元素 min

---

1   **if** $s = l - 1$ **then**
2   **if** $A[s] < A[l]$ **then** max $\leftarrow A[l]$; min $\leftarrow A[s]$;
3   **else** min $\leftarrow A[l]$, max $\leftarrow A[s]$;
4   **else**
5      $k \leftarrow \lfloor (s + l)/2 \rfloor$
6   MaxMin(A, s, k)
7      $a_1 \leftarrow$ max; $b_1 \leftarrow$ min
8   MaxMin$(A, k + 1, l)$
9      $a_2 \leftarrow$ max; $b_2 \leftarrow$ min
10   **if** $a_1 > a_2$ **then** max $\leftarrow a_1$;
11   **else** max $\leftarrow a_2$;
12   **if** $b_1 < b_2$ **then** min $\leftarrow b_1$;
13   **else** min $\leftarrow b_2$;
14   **end if**
15   **return** max
16   **return** min

    为计算给定数组，仅需调用 MaxMin$(A, 1, n)$ 即可.

    (2) 设比较次数为 $T(n)$, 则

$$\begin{cases} T(n) = 2T\left(\dfrac{n}{2}\right) + 2, \\ T(2) = 1. \end{cases}$$

用 $n = 2^k$ 换元得到

$$\begin{cases} H(k) = 2H(k-1) + 2, \\ H(1) = 1. \end{cases}$$

解得

$$H(k) = 3 \cdot 2^{k-1} - 2,$$

从而得到

$$T(n) = \frac{3n}{2} - 2.$$

11.34 (1) 算法的伪码如下.

MergeCount$(A, 1, n)$，其中，过程 MergeCount(A, l, m) 的伪码如下.

MergeCount(A, l, m)

1　**if** $l = m$ **then return** 0;
2　**else**
3　　　$p \leftarrow \lfloor (l+m)/2 \rfloor$
4　　　$N \leftarrow$ MergeCount$(A, l, p) +$ MergeCount$(A, p+1, m)$　　　//计算两个子问题逆序数之和
5　　　$i \leftarrow l, j \leftarrow p+1, k \leftarrow l$
6　　　**if** $A[i] \leqslant A[j]$ **then** $C[k] \leftarrow A[i], i \leftarrow i+1$　　　//前半数组最小元移到 C
7　　　**else** $C[k] \leftarrow A[j], j \leftarrow j+1, N \leftarrow N+p-i+1$　　　//后半数组最小元移到 C
8　　　$k \leftarrow k+1$
9　　　**if** $i \leqslant p$ and $j \leqslant m$ **then** goto 6　　　//继续归并
10　　**else**
11　　　**if** $j = m+1$ **then**
12　　　**for** $t \leftarrow i$ **to** p **do** $A[m-p+t] \leftarrow A[t]$　　　//将前半数组剩余元素移到 A 尾部
13　　　**for** $t \leftarrow l$ **to** $k-1$ **do** $A[t] \leftarrow C[t]$　　　//将 C 复制到 A 数组的前面部分
14　**end if**
15　**return** N
16　**end if**

---

(2) 设对于输入规模为 n 的数组所做的比较次数为 $T(n)$，那么有

$$\begin{cases} T(n) = 2T\left(\dfrac{n}{2}\right) + n - 1, \\ T(1) = 0. \end{cases}$$

这就是二分归并排序算法的递推方程，因此得到

$$T(n) = n \log n - n + 1.$$

11.5　小测验

11.5.1　试题

1. 填空题（6 小题，每小题 5 分，共 30 分）．

(1) 设序列 $3, 6, 9, 15, 24, 39, \cdots$ 的第 n 项是 $a_n, n = 0, 1, \cdots$，则 $\{a_n\}$ 的递推方程和初值是_____．

(2) 递推方程

$$\begin{cases} a_n - 5a_{n-1} + 6a_{n-2} = 0, \\ a_0 = 1, a_1 = -2, \end{cases}$$

的解是_____．

(3) 设有递推方程：

$$\begin{cases} \sqrt{a_n} = 2\sqrt{a_{n-1}} + \sqrt{a_{n-2}}, \\ a_0 = 1, a_1 = 4, \end{cases}$$

使用换元法将该方程转换成关于 b_n 的常系数线性递推方程，转换后的方程和初值是_____．

(4) 设 b_n 表示将 n 元集划分成非空子集的方法数，称作 Bell 数. 如果用第二类斯特林数 $\begin{Bmatrix} n \\ k \end{Bmatrix}$ 来表示 b_n，那么 $b_n =$_____．

(5) 对 10 做任意重复的有序拆分，则拆分方案数是_____．

(6) $\displaystyle\sum_{k=1}^{n} \begin{bmatrix} n \\ k \end{bmatrix} =$_____．

2. 简答题（4 小题，每小题 10 分，共 40 分）．

(1) 求解递推方程

$$\begin{cases} a_n^2 - 2a_{n-1} = 0, \ n > 0, \\ a_0 = 4. \end{cases}$$

(2) 某公司在基金项目上投资 100 万元，该项目每年的资金增益是 10%，问 5 年以后该公司的资金增长了多少.

(3) 有 1 g 砝码 2 个，2 g 砝码 1 个，4 g 砝码 2 个，问能称出哪些质量，以及每种质量的称重方案有多少种.

(4) 一个编码系统用八进制数字串对信息编码，已知一个编码是有效的当且仅当它含有偶数个 7. 问长为 n 的有效编码有多少个.

3. 证明题（2 小题，每小题 10 分，共 20 分）.

(1) 令 $p(n)$ 表示在 n 的拆分中只允许奇数项重复的方案数，$q(n)$ 表示在 n 的拆分中允许重复，但任何项出现的次数都不大于 3 的方案数. 证明：对于任何正整数 n 有 $p(n) = q(n)$.

(2) 设 m, n 是正整数，证明：$m^n = \sum\limits_{k=1}^{n} \binom{m}{k} \begin{Bmatrix} n \\ k \end{Bmatrix} k!$.

4. 应用题（10 分）.

设有 n 次多项式 $P(x) = \sum\limits_{k=0}^{n} a_k x^{n-k}$，下列算法计算 $P(x)$ 在 $x = c$ 点的值.

$\mathrm{Poly}(a, c, n)$

1　**if** $n = 0$ **then return** a_0;
2　**else return** $(c * \mathrm{Poly}(a, c, n-1) + a_n)$;

---

(1) 设上述 Poly 算法所做的乘法次数是 $T(n)$，计算 $T(n)$.

(2) 如果按照传统的算法：对于 $n = 0, 1, \cdots, n$，分别计算 $a_k x^{n-k}$，然后把它们加起来，那么需要多少次乘法？哪种算法效率更高？为什么？

11.5.2　答案或解答

1. (1) $a_n = a_{n-1} + a_{n-2}$,
$a_0 = 3, a_1 = 6$.

(2) $a_n = 5 \cdot 2^n - 4 \cdot 3^n$.

(3) $b_n = 2b_{n-1} + b_{n-2}$,
$b_0 = 1, b_1 = 2$.

(4) $b_n = \sum\limits_{k=1}^{n} \begin{Bmatrix} n \\ k \end{Bmatrix}$.

(5) $2^9 = 512$.

(6) $n!$.

2. (1) 令 $b_n = \log_2 a_n$，则原方程变成

$$\begin{cases} b_n - \dfrac{1}{2}b_{n-1} = \dfrac{1}{2}, \ n > 0, \\ b_0 = 2. \end{cases}$$

解得

$$b_n = \left(\dfrac{1}{2}\right)^n + 1 = 2^{-n} + 1.$$

故

$$a_n = 2^{b_n} = 2^{2^{-n}+1}.$$

(2) 设第 n 年后的资金总数是 a_n，那么

$$\begin{cases} a_n = (1 + 0.1)a_{n-1}, \ n > 0, \\ a_0 = 100. \end{cases}$$

求解这个方程得到

$$a_n = 1.1^n a_0.$$

故 $a_5 = 100 \times 1.1^5 = 161.051$，因此资金增长了 $161.051 - 100 = 61.051$ 万元.

(3) 根据题意列出不定方程如下：

$$x_1 + 2x_2 + 4x_3 = r,$$

$$0 \leqslant x_1 \leqslant 2, 0 \leqslant x_2 \leqslant 1, 0 \leqslant x_3 \leqslant 2.$$

对应的生成函数为

$$G(y) = (1 + y + y^2)(1 + y^2)(1 + y^4 + y^8)$$

$$= 1 + y + 2y^2 + y^3 + 2y^4 + y^5 + 2y^6 + y^7 + 2y^8 + y^9 + 2y^{10} + y^{11} + y^{12}.$$

根据这个函数可以写出表 11.5.1，其中 "质量" 表示可以称的质量，"方案数" 表示对于给定质量可能的称重方案数.

表 11.5.1

质量/g	方案数	质量/g	方案数	质量/g	方案数
0	1	5	1	10	2
1	1	6	2	11	1
2	2	7	1	12	1
3	1	8	2		
4	2	9	1		

(4) 设长为 n 的有效的码字有 a_n 个, 那么 $\{a_n\}$ 的指数生成函数是

$$G_{\mathrm{e}}(x) = \frac{\mathrm{e}^x + \mathrm{e}^{-x}}{2}\mathrm{e}^{7x} = \frac{1}{2}\mathrm{e}^{8x} + \frac{1}{2}\mathrm{e}^{6x} = \sum_{n=0}^{+\infty}\frac{8^n + 6^n}{2}\cdot\frac{x^n}{n!}.$$

因此 $a_n = \dfrac{8^n + 6^n}{2}$.

注: 本题也可以使用递推方程求解.

3. (1) $\{p(n)\}$ 的生成函数为

$$\frac{1}{(1-x)(1-x^3)(1-x^5)\cdots}(1+x^2)(1+x^4)(1+x^6)\cdots.$$

$\{q(n)\}$ 的生成函数为

$$(1 + x + x^2 + x^3)(1 + x^2 + x^4 + x^6)(1 + x^3 + x^6 + x^9)\cdots$$
$$= \frac{1-x^4}{1-x}\cdot\frac{1-x^8}{1-x^2}\cdot\frac{1-x^{12}}{1-x^3}\cdots$$
$$= \frac{(1+x^2)(1+x^4)(1+x^6)\cdots}{(1-x)(1-x^3)(1-x^5)\cdots}.$$

因为两个生成函数相等, 因此对应的拆分方案数 $p(n) = q(n)$.

(2) 每个球有 m 种选择, m^n 计数了 n 个不同的球放到 m 个不同盒子 (允许空盒) 的方法. 按照含球盒子个数 $k = 1, 2, \cdots, m$ 将方法分类. 给定 k, 先从 m 个不同的盒子选出 k 个盒子, 选法有 $\dbinom{m}{k}$ 种; 然后将 n 个不同的球恰好放入这 k 个盒子有 $\left\{{n \atop k}\right\}k!$ 种方法, 于是 $\displaystyle\sum_{k=1}^{m}\dbinom{m}{k}\left\{{n \atop k}\right\}k!$ 恰好计数了 n 个不同的球放到 m 个不同盒子并允许空盒的方法.

4. (1) 递推方程是:

$$\begin{cases} T(n) = T(n-1) + 1, \ n > 0, \\ T(0) = 0. \end{cases}$$

解得 $T(n) = n$.

(2) 计算 $a_k x^{n-k}$, 需要 $n - k$ 次乘法, 其中 $k = 0, 1, \cdots, n$. 总计乘法次数是

$$\sum_{k=0}^{n} (n-k) = \sum_{k=0}^{n} k = \frac{n(n+1)}{2}.$$

传统算法的时间复杂度是 $O(n^2)$, 而 Poly 算法的时间复杂度是 $O(n)$, 因此 Poly 算法效率高.

第 5 部分　代 数 结 构

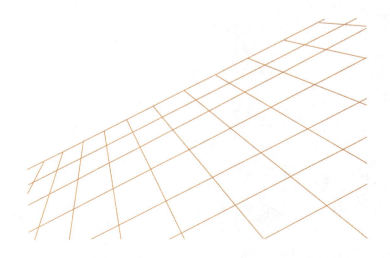

第 12 章
代 数 系 统

12.1 内容提要

12.1.1 运算及其性质

二元运算的定义

定义 12.1.1 设 S 为集合，函数 $f: S \times S \to S$ 称为 S 上的二元运算，简称为二元运算. 这时也称 S 对 f 是封闭的.

验证一个运算是否为集合 S 上的二元运算主要考虑以下两点.

(1) S 中任何两个元素都可以进行这种运算，且运算的结果是唯一的.

(2) S 中任何两个元素的运算结果都属于 S，即 S 对该运算是封闭的.

一元运算的定义

定义 12.1.2 设 S 为集合，函数 $f: S \to S$ 称为 S 上的一个一元运算，简称为一元运算. 这时也称 S 对 f 是封闭的.

二元和一元运算的算符

方便起见，通常用 $\circ, *, \cdot, \diamond, \Delta$ 等符号表示二元运算或一元运算，称为算符.

二元和一元运算的表示法

表达式或运算表.

二元运算的算律及性质

　　(1) 二元运算的特异元素.

　　单位元 e：$\forall x \in S, x \circ e = e \circ x = x$.

　　零元 θ：$\forall x \in S, x \circ \theta = \theta \circ x = \theta$.

　　幂等元 x：$x \circ x = x$.

　　可逆元 x 及其逆元 y（常记作 x^{-1}）：$x \circ y = y \circ x = e$.

　　(2) 涉及一个二元运算的算律.

　　交换律：$\forall x, y \in S, x \circ y = y \circ x$.

　　结合律：$\forall x, y, z \in S, (x \circ y) \circ z = x \circ (y \circ z)$.

　　幂等律：$\forall x \in S, x \circ x = x$.

　　消去律：$\forall x, y, z \in, x \neq \theta$,

$$x \circ y = x \circ z \Rightarrow y = z,$$
$$y \circ x = z \circ x \Rightarrow y = z.$$

　　(3) 涉及两个二元运算的算律.

　　分配律：$\forall x, y, z \in S$,

$$x \circ (y * z) = (x \circ y) * (x \circ z),$$
$$(y * z) \circ x = (y \circ x) * (z \circ x).$$

　　吸收律：$\circ$ 与 $*$ 可交换，$\forall x, y \in S$,

$$x \circ (x * y) = x,$$
$$x * (x \circ y) = x.$$

　　(4) 有关的重要结果.

　　定理 12.1.1　单位元若存在，则是唯一的.

　　定理 12.1.2　零元若存在，则是唯一的.

　　定理 12.1.3　设 $\circ$ 为 S 上的二元运算，e 和 θ 分别为 $\circ$ 运算的单位元和零元. 如果 S 至少有两个元素，那么 $e \neq \theta$.

　　定理 12.1.4　对于可结合的二元运算，可逆元素 x 只有唯一的逆元 x^{-1}.

12.1.2　代数系统

代数系统定义

　　定义 12.1.3　非空集合 S 和 S 上 k 个一元或二元运算 $f_1, f_2, \cdots, f_k$ 组成的系统称作一个代数系统，简称为代数，记作 $\langle S, f_1, f_2, \cdots, f_k \rangle$.

同类型的代数系统与同种的代数系统

　　定义 12.1.4　如果两个代数系统中运算的个数相同，对应运算的元数相同，且代数常数的个数也相同，那么称这两个代数系统具有相同的构成成分，也称它们是同类型的代数系统. 如果两个同类型的代数系统具有共同的运算性质, 那么称它们是 同种的.

子代数

定义 12.1.5　设 $V = \langle S, f_1, f_2, \cdots, f_k \rangle$ 是代数系统, $B \subseteq S$, 如果 B 对运算 $f_1, f_2,$ $\cdots, f_k$ 都是封闭的, 且 B 和 S 含有相同的代数常数, 那么称 $\langle B, f_1, f_2, \cdots, f_k \rangle$ 是 V 的 子代数系统, 简称为 子代数. 有时将子代数系统简记为 B.

平凡子代数与真子代数

定义 12.1.6　对于任何代数系统 $V = \langle S, f_1, f_2, \cdots, f_k \rangle$, 最大的子代数就是 V 本身. 如果令 V 中所有代数常数构成的集合为 B, 且 B 对 V 中所有的运算都是封闭的, 那么 B 构成了 V 的最小的子代数. 这种最大和最小的子代数称为 V 的 平凡子代数. 若 B 是 S 的真子集, 则 B 构成的子代数称为 V 的 真子代数.

注: V 的子代数与 V 不仅是同类型的, 也是同种的.

积代数

定义 12.1.7　设 $V_1 = \langle A, \circ \rangle$ 和 $V_2 = \langle B, * \rangle$ 是同类型的代数系统, $\circ$ 和 $*$ 为二元运算, 在集合 $A \times B$ 上定义二元运算 $\cdot$ 如下.

$$\forall \langle a_1, b_1 \rangle, \langle a_2, b_2 \rangle \in A \times B,$$

有

$$\langle a_1, b_1 \rangle \cdot \langle a_2, b_2 \rangle = \langle a_1 \circ a_2, b_1 * b_2 \rangle,$$

称 $V = \langle A \times B, \cdot \rangle$ 为 V_1 与 V_2 的 积代数, 记作 $V_1 \times V_2$. 这时也称 V_1 和 V_2 为 V 的 因子代数.

定理 12.1.5　积代数能够保持因子代数的下述运算性质: 交换律、结合律、幂等律、分配律、吸收律、单位元、零元、可逆元素等.

注: 消去律不一定能保持, 即存在反例: 两个因子代数都满足消去律, 但积代数不满足消去律.

同态映射

定义 12.1.8　设 $V_1 = \langle A, \circ \rangle$ 和 $V_2 = \langle B, * \rangle$ 是同类型的代数系统, $f : A \to B$, 且 $\forall x, y \in A$ 有

$$f(x \circ y) = f(x) * f(y),$$

则称 f 是从 V_1 到 V_2 的 同态映射, 简称为 同态.

单同态、满同态、同构

根据同态映射的性质可以将同态分为单同态、满同态和同构, 即: 同态映射 f 如果是单射, 那么称作 单同态; 如果是满射, 那么称作 满同态, 这时称 V_2 是 V_1 的同态像; 如果 f 是双射, 那么称作 同构, 也称代数系统 V_1 同构于 V_2, 记作 $V_1 \cong V_2$.

如果同态映射 f 是从 V 到 V 的, 那么称 f 为 自同态. 类似地, 可以定义 单自同态 、满自同态 和 自同构.

12.2　基本要求

1. 会判断给定函数 f 是否为集合 S 上的二元运算或一元运算.
2. 会判断或者证明二元运算的性质.
3. 会求二元运算的特异元素.
4. 掌握子代数的概念.
5. 掌握积代数的定义及其性质.
6. 能够判断函数是否为同态并分析同态的性质.

12.3　习题课

12.3.1　题型一：代数系统及运算性质的判别

1. 下列集合和运算是否能构成代数系统? 如果能构成, 说明该系统是否满足交换律、结合律, 求出该运算的单位元、零元和所有可逆元素的逆元.

(1) 有理数集 $\mathbb{Q}$, $x * y = \dfrac{x+y}{2}$.

(2) 自然数集 $\mathbb{N}$, $x * y = 2^{xy}$.

(3) 正整数集 $\mathbb{Z}^+$, $x * y = \gcd(x, y)$, 即求 x 与 y 的最大公因数.

(4) $A = \mathbb{R}, x * y = |x - y|$.

(5) $A = \{1, -2, 3, 2, -4\}, x * y = |y|$.

(6) $A = \mathbb{Z}, x * y = x + y + xy$, 这里 + 为普通加法.

2. 对于下列集合和二元运算, 判断在 A 上是否封闭. 如果是封闭的, 那么指出它是否满足交换律、结合律, 是否有零元和单位元.

(1) $A = P(\{a, b\}), X * Y = X \cup Y$.

(2) $A = S^S$, 其中 S 为任意非空集合, 运算为函数合成.

(3) A 是非空集合 B 上所有二元关系的关系矩阵集合, $*$ 为关系矩阵乘法（相加采用逻辑加）.

(4) $A = n\mathbb{Z} = \{nk | k \in \mathbb{Z}\}, n$ 是正整数, $*$ 为普通乘法.

(5) $A = P(\{a, b\}), X * Y = X \oplus Y, \oplus$ 为集合的对称差.

(6) A 是非空集合 B 上所有等价关系的集合, $R_1 * R_2 = R_1 \cup R_2$.

3. 设 $A = \{a, b, c\}$，运算 $*, \circ, \cdot$ 如图 12.3.1 所示，说明这些运算是否满足交换律、结合律、幂等律、消去律，求这些运算的单位元、零元、幂等元和所有可逆元素的逆元.

$*$	a	b	c
a	a	a	a
b	a	b	c
c	a	c	c

$\circ$	a	b	c
a	a	a	a
b	b	b	b
c	c	c	c

$\cdot$	a	b	c
a	a	b	a
b	a	a	a
c	a	a	a

图 12.3.1

解答与分析

1. (1) 能构成；交换，不结合，无单位元、零元、可逆元.

(2) 能构成；交换，不结合，无单位元、零元、可逆元.

(3) 能构成；交换，结合，无单位元和可逆元，零元 1.

(4) 能构成；交换，不结合，无单位元、零元、可逆元.

(5) 不能构成.

(6) 能构成；交换、结合，单位元 0，零元 -1，可逆元是 0 和 -2，$0^{-1} = 0$，$(-2)^{-1} = -2$.

在讨论运算性质时注意给定的是什么集合. 例如，如果 (6) 中的运算不是定义在整数集 $\mathbb{Z}$ 上，而是定义在有理数集 $\mathbb{Q}$ 上，那么除零元 -1 以外，其他有理数 x 都是可逆元素，且 $x^{-1} = -\dfrac{x}{1+x}$.

2. (1) 封闭；交换，结合，单位元是 $\varnothing$，零元是 $\{a, b\}$.

(2) 封闭；可结合，仅当 S 为单元集时可交换，单位元是恒等函数，S 为单元集时单位元也是零元.

(3) 封闭；可结合，仅当 B 为单元集时可交换；单位元为单位矩阵，零元为全 0 矩阵.

(4) 封闭；可交换，可结合；仅当 $n = 1$ 时有单位元 1，0 是零元.

(5) 封闭；可交换，可结合；单位元是空集；没有零元.

(6) 当 $|B| < 3$ 时，B 上的所有等价关系只有恒等关系和全域关系，运算封闭；此时运算满足交换律和结合律，单位元是恒等关系，零元为全域关系. 当 $|B| \geqslant 3$ 时，两个等价关系的并集不一定具有传递性，运算不封闭.

注意：有的问题中对所给定的集合或者参数没有加以具体说明. 例如 (2) 中的集合 S，(3) 和 (6) 中的集合 B，(4) 中的正整数 n 等，当这些集合或者参数取不同的值时，系统涉及交换律、单位元、零元、可逆元等性质可能会发生改变，因此要针对不同的取值进行分析.

3. $*$ 运算满足交换、结合、幂等律，不满足消去律. 单位元是 b；零元是 a；a, b, c 都是幂等元；可逆元只有 b，$b^{-1} = b$.

$\circ$ 运算满足结合律、幂等律，不满足交换律和消去律. 没有单位元和零元，也没有可逆元素，a, b, c 都是幂等元.

· 运算不满足交换律、结合律、幂等律和消去律；没有单位元、零元、可逆元素；只有 a 是幂等元.

通过运算表可以判别运算性质，也可以求运算的特异元素. 具体方法如下.

如果运算表的元素关于主对角线呈对称分布，那么运算是可交换的，如图 12.3.1 中的 $*$ 运算.

如果主对角线元素的排列顺序与表头元素的排列顺序（图 12.3.1 中的 a,b,c）一样，那么运算是幂等的，如图 12.3.1 中的 $*$ 和 ∘ 运算.

如果在运算表中的某行或者某列（除零元所在的行和列之外）有两个相同的元素，那么运算不满足消去律. 例如，上述的 $*$ 运算，由于 a 是零元，不考虑 a 所在的行与列，在 c 所在的行与列中 c 都出现了 2 次，这就意味着 $b*c=c*c$ 或者 $c*b=c*c$，但是显然没有 $b=c$. 因此，破坏了消去律.

如果一个元素所在的行和列的元素排列顺序都与表头元素排列顺序（图 12.3.1 中的 a,b,c）一致，那么这个元素是单位元，如 $*$ 运算表中的 b.

如果一个元素的行和列的元素都是这个元素自身，那么这个元素是零元，如 $*$ 运算表中的 a，其所在的行和列元素全是 a，因此它是零元.

如果元素 x 在主对角线中排列的位置与表头中的位置一致，那么这个元素是幂等元，如 $*$ 运算表中的 a,a 在表头中的位置是第一位，在主对角线也是排在第一位. 类似地，b 和 c 也满足要求.

最后谈谈对结合律的判断. 为判断结合律是否成立，应该对 A 中的所有元素 x,y,z 验证 $(xy)z=x(yz)$ 是否为真. 如果 A 中有 n 个元素，必须验证 n^3 个等式. 注意到以下事实：如果 x,y,z 中存在单位元或者零元，那么等式一定成立. 因此验证只需对 A 中的非单位元和非零元进行. 例如，对于 $*$ 运算只需验证 $(c*c)*c=c*(c*c)$ 是否成立，显然这是成立的，因此满足结合律. 对于 ∘ 运算，既没有单位元，也没有零元，这种简化验证的方法就不起作用了. 但是观察到 ∘ 运算具有下述特征：每个元素都是左零元，即满足 $x\circ y=x$. 因此，无论是 $(x\circ y)\circ z$ 还是 $x\circ(y\circ z)$ 都等于最左边的元素 x，从而证明了结合律. 对于 · 运算，上述方法都没有用. 观察运算表只有 $a\cdot b=b$，其他都是 a，有可能在涉及 $a\cdot b$ 的运算中破坏了结合律. 由于

$$(b\cdot b)\cdot b=a\cdot b=b,$$
$$b\cdot(b\cdot b)=b\cdot a=a,$$

而 $a\neq b$，因此 · 运算不满足结合律.

12.3.2　题型二：子代数的判别

1. 设 $V=\langle \mathbb{Z},+\rangle$，则 $3\mathbb{Z},\{0\},V$ 是否为 V 的子代数系统，为什么？如果是，说明其中哪些是平凡子代数，哪些是真子代数.

2. 设 $V = \langle A, \oplus \rangle$，其中 $A = P(\{1,2,3\})$，$\oplus$ 为集合的对称差，试给出 V 的所有子代数，并说明哪些是平凡子代数，哪些是真子代数.

解答与分析

1. 都构成 V 的子代数，显然 $\{0\}$ 和 V 关于 $+$ 运算是封闭的，而对于任意 $3i, 3j \in 3\mathbb{Z}$，$3i + 3j = 3(i + j) \in 3\mathbb{Z}$，故 $3\mathbb{Z}$ 关于 $+$ 运算也是封闭的. $\{0\}$ 和 V 是平凡子代数，$\{0\}$ 和 $3\mathbb{Z}$ 是真子代数.

2. 构成 V 的子代数. $A = \{\varnothing, \{1\}, \{2\}, \{3\}, \{1,2\}, \{1,3\}, \{2,3\}, \{1,2,3\}\}$.

平凡子代数：$B_1 = \{\varnothing\}, V$.

非平凡子代数：

二元的：$B_2 = \{\varnothing, \{1\}\}$，$B_3 = \{\varnothing, \{2\}\}$，$B_4 = \{\varnothing, \{3\}\}$，$B_5 = \{\varnothing, \{1,2\}\}$，

$\qquad B_6 = \{\varnothing, \{1,3\}\}$，$B_7 = \{\varnothing, \{2,3\}\}$，$B_8 = \{\varnothing, \{1,2,3\}\}\}$.

四元的：$B_9 = \{\varnothing, \{1\}, \{2\}, \{1,2\}\}$，$B_{10} = \{\varnothing, \{1\}, \{3\}, \{1,3\}\}$，

$\qquad B_{11} = \{\varnothing, \{2\}, \{3\}, \{2,3\}\}$，$B_{12} = \{\varnothing, \{1\}, \{2,3\}, \{1,2,3\}\}$，

$\qquad B_{13} = \{\varnothing, \{2\}, \{1,3\}, \{1,2,3\}\}$，$B_{14} = \{\varnothing, \{3\}, \{1,2\}, \{1,2,3\}\}$.

以上子代数中除 V 之外，都是真子代数.

12.3.3 题型三：积代数中的运算

设 $V_1 = \langle \{1,2,3\}, \max \rangle$，$V_2 = \langle \{5,6\}, \min \rangle$，其中 $\max(x,y)$ 表示 x 与 y 中较大的数，$\min(x,y)$ 表示 x 与 y 中较小的数，$\max$ 与 $\min$ 可以看作二元运算. 考虑积代数 $V_1 \times V_2$.

(1) 设积代数中的二元运算为 $\circ$ 运算，给出它的运算表.

(2) 说明积代数中的单位元和零元.

解答与分析

(1) 运算表如图 12.3.2 所示.

$\circ$	$\langle 1,5 \rangle$	$\langle 1,6 \rangle$	$\langle 2,5 \rangle$	$\langle 2,6 \rangle$	$\langle 3,5 \rangle$	$\langle 3,6 \rangle$
$\langle 1,5 \rangle$	$\langle 1,5 \rangle$	$\langle 1,5 \rangle$	$\langle 2,5 \rangle$	$\langle 2,5 \rangle$	$\langle 3,5 \rangle$	$\langle 3,5 \rangle$
$\langle 1,6 \rangle$	$\langle 1,5 \rangle$	$\langle 1,6 \rangle$	$\langle 2,5 \rangle$	$\langle 2,6 \rangle$	$\langle 3,5 \rangle$	$\langle 3,6 \rangle$
$\langle 2,5 \rangle$	$\langle 2,5 \rangle$	$\langle 2,5 \rangle$	$\langle 2,5 \rangle$	$\langle 2,5 \rangle$	$\langle 3,5 \rangle$	$\langle 3,5 \rangle$
$\langle 2,6 \rangle$	$\langle 2,5 \rangle$	$\langle 2,6 \rangle$	$\langle 2,5 \rangle$	$\langle 2,6 \rangle$	$\langle 3,5 \rangle$	$\langle 3,6 \rangle$
$\langle 3,5 \rangle$	$\langle 3,5 \rangle$	$\langle 3,5 \rangle$	$\langle 3,5 \rangle$	$\langle 3,5 \rangle$	$\langle 3,5 \rangle$	$\langle 3,5 \rangle$
$\langle 3,6 \rangle$	$\langle 3,5 \rangle$	$\langle 3,6 \rangle$	$\langle 3,5 \rangle$	$\langle 3,6 \rangle$	$\langle 3,5 \rangle$	$\langle 3,6 \rangle$

图 12.3.2

(2) 单位元是 $\langle 1,6 \rangle$，零元是 $\langle 3,5 \rangle$.

12.3.4　题型四：判断或证明同态（同构）

1. 设 $V_1 = \langle \mathbb{C}, \cdot \rangle, V_2 = \langle \mathbb{R}, \cdot \rangle$ 是代数系统，$\cdot$ 为普通乘法. 下面哪个（些）函数 f 是从 V_1 到 V_2 的同态? 如果 f 是同态，指出 f 是否为单同态、满同态和同构，并求出 V_1 在 f 下的同态像；如果不是，说明理由.

(1) $f : \mathbb{C} \to \mathbb{R}, f(z) = |z| + 1, \forall z \in \mathbb{C}$.

(2) $f : \mathbb{C} \to \mathbb{R}, f(z) = |z|, \forall z \in \mathbb{C}$.

(3) $f : \mathbb{C} \to \mathbb{R}, f(z) = 0, \forall z \in \mathbb{C}$.

(4) $f : \mathbb{C} \to \mathbb{R}, f(z) = 2, \forall z \in \mathbb{C}$.

2. 设 $V_1 = \langle A, \circ \rangle, V_2 = \langle B, * \rangle$ 和 $V_3 = \langle C, \cdot \rangle$ 都是含有一个二元运算的代数系统，证明：

(1) $V_1 \cong V_1$.

(2) 若 $V_1 \cong V_2$，则 $V_2 \cong V_1$.

(3) 若 $V_1 \cong V_2, V_2 \cong V_3$，则 $V_1 \cong V_3$.

解答与分析

1. (1) 不是同态，因为 $f(1 \cdot 2) = 3, f(1) \cdot f(2) = 6$.

(2) 是同态，不是单同态，也不是满同态与同构，同态像 $f(V_1) = \mathbb{R}^+ \cup \{0\}$.

(3) 是同态，不是单同态，也不是满同态与同构，同态像 $f(V_1) = \{0\}$.

(4) 不是同态，因为 $f(1 \cdot 2) = 2, f(1) \cdot f(2) = 4$.

2. (1) 恒等函数 I_A 是从 A 到 A 的双射函数，且 $\forall x_1, x_2 \in V_1$ 有

$$I_A(x_1 \circ x_2) = x_1 \circ x_2 = I_A(x_1) \circ I_A(x_2),$$

因此 $V_1 \cong V_1$.

(2) 若 $V_1 \cong V_2$，则存在同构映射 $f : V_1 \to V_2$，那么 $f^{-1} : V_2 \to V_1$ 为双射. 下面证明 f^{-1} 为同态.

$\forall y_1, y_2 \in V_2$，令 $x_1 = f^{-1}(y_1), x_2 = f^{-1}(y_2)$, 则有 $f(x_1) = y_1, f(x_2) = y_2$. 进而由 f 是同态得

$$
\begin{aligned}
f^{-1}(y_1 * y_2) &= f^{-1}(f(x_1) * f(x_2)) \\
&= f^{-1}(f(x_1 \circ x_2)) \\
&= x_1 \circ x_2 \\
&= f^{-1}(y_1) \circ f^{-1}(y_2),
\end{aligned}
$$

即 $f^{-1}(y_1 * y_2) = f^{-1}(y_1) \circ f^{-1}(y_2)$，故 f^{-1} 是同态，从而有 $V_2 \cong V_1$.

(3) 由已知，存在同构映射 $f : V_1 \to V_2, g : V_2 \to V_3$，易见 $f \circ g$ 是从 V_1 到 V_3 的双射. 下面证明它也是同态映射. 任取 $x_1, x_2 \in V_1$，则有

$$f \circ g(x_1 \circ x_2) = g(f(x_1 \circ x_2)) = g(f(x_1) * f(x_2))$$

$$= g(f(x_1)) \cdot g(f(x_2)) = f \circ g(x_1) \cdot f \circ g(x_2),$$

故 $f \circ g$ 是同态，从而得到 $V_1 \cong V_3$.

12.4 习题、解答或提示

12.4.1 习题 12

12.1 给出下列运算的运算表.

(1) $A = \{1, 2, 1/2\}, \forall x \in A, \circ x$ 是 x 的倒数，即 $\circ x = 1/x$.

(2) $A = \{1, 2, 3, 4\}, \forall x, y \in A$，有 $x \circ y = \max(x, y), \max(x, y)$ 是 x 和 y 之中较大的数.

12.2 设 $A = \{0, 1\}, S = A^A$,

(1) 试列出 S 中的所有函数.

(2) 给出 S 上合成运算的运算表.

12.3 设 $A = \{a, b, c\}, a, b, c \in \mathbb{R}$，能否确定 a, b, c 的值使得

(1) A 对普通乘法封闭?

(2) A 对普通加法封闭?

12.4 判断下列集合对所给的二元运算是否封闭.

(1) 整数集 $\mathbb{Z}$ 和普通的减法运算.

(2) 非零整数集 $\mathbb{Z}^*$ 和普通的除法运算.

(3) 全体 $n \times n$ 实矩阵集合 $M_n(\mathbb{R})$ 和矩阵加法及乘法运算，其中 $n \geqslant 2$.

(4) 全体 $n \times n$ 实可逆矩阵集合关于矩阵加法和乘法运算，其中 $n \geqslant 2$.

(5) 正实数集 $\mathbb{R}^+$ 和 $\circ$ 运算，其中 $\circ$ 运算定义为

$$\forall a, b \in \mathbb{R}^+, \ a \circ b = ab - a - b.$$

(6) $n \in \mathbb{Z}^+, n\mathbb{Z} = \{nz | z \in \mathbb{Z}\}, n\mathbb{Z}$ 关于普通的加法和乘法运算.

(7) $A = \{a_1, a_2, \cdots, a_n\}, n \geqslant 2.$ $\circ$ 运算定义如下.

$$\forall a, b \in A, \ a \circ b = b.$$

(8) $S = \{2x-1|x \in \mathbb{Z}^+\}$ 关于普通的加法和乘法运算.

(9) $S = \{0,1\}$, S 关于普通的加法和乘法运算.

(10) $S = \{2^n | n \in \mathbb{Z}^+\}$, S 关于普通的加法和乘法运算.

12.5 对于 12.4 题中封闭的二元运算, 判断是否满足交换律、结合律和分配律.

12.6 对于 12.4 题中封闭的二元运算, 找出它的单位元、零元和所有可逆元素的逆元.

12.7 设 S 为三元集, S 上可以定义多少个不同的二元运算和一元运算? 其中有多少个二元运算是可交换的? 有多少个二元运算是幂等的? 有多少个二元运算既不是可交换的, 又不是幂等的? 推广到 n 元集又有什么结果?

12.8 设 $*$ 为 $\mathbb{Z}^+$ 上的二元运算, $\forall x,y \in \mathbb{Z}^+$,

$$x * y = \min(x,y), \text{ 即 } x \text{ 和 } y \text{ 之中较小的数}.$$

(1) 求 $4*6, 7*3$.

(2) $*$ 在 $\mathbb{Z}^+$ 上是否满足交换律、结合律和幂等律?

(3) 求 $*$ 运算的单位元、零元及 $\mathbb{Z}^+$ 中所有可逆元素的逆元.

12.9 $S = \mathbb{Q} \times \mathbb{Q}, \mathbb{Q}$ 为有理数集, $*$ 为 S 上的二元运算, $\forall \langle a,b \rangle, \langle x,y \rangle \in S$ 有

$$\langle a,b \rangle * \langle x,y \rangle = \langle ax, ay+b \rangle.$$

(1) $*$ 运算在 S 上是否可交换、可结合? 是否为幂等的?

(2) $*$ 运算是否有单位元、零元? 如果有, 请指出, 并求 S 中所有可逆元素的逆元.

12.10 $\mathbb{R}$ 为实数集, 定义以下 6 个函数 $f_1, f_2, \cdots, f_6$. $\forall x,y \in \mathbb{R}$ 有

$$f_1(\langle x,y \rangle) = x+y, \quad f_2(\langle x,y \rangle) = x-y,$$

$$f_3(\langle x,y \rangle) = x \cdot y, \quad f_4(\langle x,y \rangle) = \max(x,y),$$

$$f_5(\langle x,y \rangle) = \min(x,y), \quad f_6(\langle x,y \rangle) = |x-y|.$$

(1) 指出哪些函数是 $\mathbb{R}$ 上的二元运算.

(2) 对所有 $\mathbb{R}$ 上的二元运算, 说明是否为可交换、可结合、幂等的.

(3) 求所有 $\mathbb{R}$ 上二元运算的单位元、零元以及每一个可逆元素的逆元.

12.11 令 $S = \{a,b\}$, S 上有 4 个二元运算: $*, \circ, \cdot$ 和 $\diamond$, 分别由题 12.11 图确定.

$*$	a	b	$\circ$	a	b	$\cdot$	a	b	$\diamond$	a	b
a	a	a	a	a	b	a	b	a	a	a	b
b	a	a	b	b	a	b	a	a	b	a	b

题 12.11 图

(1) 这 4 个运算中哪些运算满足交换律、结合律、幂等律?

(2) 求每个运算的单位元、零元及所有可逆元素的逆元.

12.12 设 $S = \{1, 2, \cdots, 10\}$, 下面定义的运算能否与 S 构成代数系统 $\langle S, * \rangle$? 若能构成代数系统则说明 $*$ 运算是否满足交换律、结合律, 并求 $*$ 运算的单位元和零元.

(1) $x * y = \gcd(x, y)$, 这里 $\gcd(x, y)$ 表示 x 与 y 的最大公因数.

(2) $x * y = \mathrm{lcm}(x, y)$, 这里 $\mathrm{lcm}(x, y)$ 表示 x 与 y 的最小公倍数.

(3) $x * y = $ 大于或等于 x 和 y 的最小整数.

(4) $x * y = $ 质数 p 的个数, 其中 $x \leqslant p \leqslant y$.

12.13 设 $S = \{f \mid f$ 是 $[a, b]$ 上的连续函数$\}$, 其中 $a, b \in \mathbb{R}, a < b$, S 关于下列每个运算是否构成代数系统? 如果能构成代数系统, 说明该运算是否满足交换律和结合律, 并求出单位元和零元.

(1) 函数加法, 即 $(f + g)(x) = f(x) + g(x), \forall x \in [a, b]$.

(2) 函数减法, 即 $(f - g)(x) = f(x) - g(x), \forall x \in [a, b]$.

(3) 函数乘法, 即 $(f \cdot g)(x) = f(x) \cdot g(x), \forall x \in [a, b]$.

(4) 函数除法, 即 $(f/g)(x) = f(x)/g(x), \forall x \in [a, b]$.

12.14 设 $A = \{a, b\}$, 试给出 A 上一个不可交换也不可结合的二元运算.

12.15 下列集合都是 $\mathbb{N}$ 的子集, 它们能否构成代数系统 $V = \langle \mathbb{N}, + \rangle$ 的子代数?

(1) $\{x \mid x \in \mathbb{N}, x$ 的某次幂可以被 16 整除$\}$.

(2) $\{x \mid x \in \mathbb{N}, x$ 与 5 互素$\}$.

(3) $\{x \mid x \in \mathbb{N}, x$ 是 30 的因子$\}$.

(4) $\{x \mid x \in \mathbb{N}, x$ 是 30 的倍数$\}$.

12.16 设 $V = \langle \mathbb{Z}, +, \cdot \rangle$, 其中 $+$ 和 $\cdot$ 分别代表普通加法和乘法, 对下列给定的每个集合确定它是否构成 V 的子代数, 并说明原因.

(1) $S_1 = \{2n \mid n \in \mathbb{Z}\}$.

(2) $S_2 = \{2n + 1 \mid n \in \mathbb{Z}\}$.

(3) $S_3 = \{-1, 0, 1\}$.

12.17 设 $V_1 = \langle \{1, 2, 3\}, \circ, 1 \rangle$, 其中 $x \circ y$ 表示取 x 和 y 之中较大的数. $V_2 = \langle \{5, 6\}, *, 6 \rangle$, 其中 $x * y$ 表示取 x 和 y 之中较小的数. 求出 V_1 和 V_2 的所有子代数. 指出哪些是平凡子代数, 哪些是真子代数.

12.18 $V = \langle \mathbb{R}^*, \cdot \rangle$, 其中 $\mathbb{R}^*$ 为非零实数集, $\cdot$ 为普通乘法, 判断下列函数中哪些函数是 V 的自同态, 是否为单自同态、满自同态和自同构. 计算 V 的同态像.

(1) $f(x) = |x|$;   (2) $f(x) = 2x$;   (3) $f(x) = x^2$;

(4) $f(x) = 1/x$;   (5) $f(x) = -x$;   (6) $f(x) = x + 1$.

12.19 $V_1 = \langle \mathbb{Z}, +, \cdot \rangle, V_2 = \langle \mathbb{Z}_n, \oplus, \otimes \rangle$，其中 $\mathbb{Z}$ 为整数集，$+, \cdot$ 分别为普通加法与乘法，$\mathbb{Z}_n = \{0, 1, \cdots, n-1\}$，$\oplus$ 与 $\otimes$ 分别为模 n 加法和模 n 乘法. 令 $f : \mathbb{Z} \to \mathbb{Z}_n, f(x) = x \bmod n$. 证明 f 为从 V_1 到 V_2 的满同态映射.

12.20 设 $V_1 = \langle A, \circ \rangle, V_2 = \langle B, * \rangle$ 为同类型代数系统，$V_1 \times V_2$ 是积代数，定义函数 $f : A \times B \to A, f(\langle x, y \rangle) = x$，证明 f 是从 $V_1 \times V_2$ 到 V_1 的同态映射.

12.4.2 解答或提示

12.1 运算表如图 12.4.1 所示.

x	$\circ x$
1	1
2	1/2
1/2	2

$\circ$	1	2	3	4
1	1	2	3	4
2	2	2	3	4
3	3	3	3	4
4	4	4	4	4

图 12.4.1

12.2 (1) $f_1 = \{\langle 0, 0 \rangle, \langle 1, 0 \rangle\}$.
$f_2 = \{\langle 0, 0 \rangle, \langle 1, 1 \rangle\}$.
$f_3 = \{\langle 0, 1 \rangle, \langle 1, 0 \rangle\}$.
$f_4 = \{\langle 0, 1 \rangle, \langle 1, 1 \rangle\}$.
(2) 运算表如图 12.4.2 所示.

$\circ$	f_1	f_2	f_3	f_4
f_1	f_1	f_1	f_4	f_4
f_2	f_1	f_2	f_3	f_4
f_3	f_1	f_3	f_2	f_4
f_4	f_1	f_4	f_1	f_4

图 12.4.2

12.3 (1) 可以，$A = \{-1, 0, 1\}$.
(2) 不可以.
12.4 (1) 封闭.
(2) 不封闭.
(3) 加法、乘法都封闭.
(4) 加法不封闭，乘法封闭.

(5) 不封闭.

(6) 加法、乘法都封闭.

(7) 封闭.

(8) 加法不封闭，乘法封闭.

(9) 加法不封闭，乘法封闭.

(10) 加法不封闭，乘法封闭.

12.5 (1) 没有交换律、结合律，对于一个运算不能考虑分配律.

(3) 加法满足交换律、结合律，乘法满足结合律，乘法对加法满足分配律.

(4) 乘法满足结合律.

(6) 加法和乘法都满足交换律、结合律，乘法对加法满足分配律.

(7) 满足结合律.

(8) 乘法满足交换律、结合律.

(9) 乘法满足交换律、结合律.

(10) 乘法满足交换律、结合律.

12.6 (1) 没有单位元、零元，没有可逆元素.

(3) n 阶全 0 矩阵是加法单位元，也是乘法的零元；n 阶单位矩阵是乘法单位元；加法没有零元. 任意 n 阶矩阵 M 关于加法运算都是可逆元素，其逆元为 $-M$；只有 n 阶可逆矩阵（行列式不为 0）关于乘法运算是可逆元素，其逆元为 M^{-1}.

(4) 乘法单位元为 n 阶单位矩阵，没有零元. 每个矩阵 M 都有逆元 M^{-1}.

(6) 加法单位元 0，没有零元，每个元素 x 都可逆，其逆元是它的相反数 $-x$. 当 $n = 1$ 时，乘法有单位元 1，只有两个可逆元素：$1^{-1} = 1, (-1)^{-1} = -1$. 当 $n > 1$ 时乘法没有单位元和可逆元素. 乘法有零元 0.

(7) 没有单位元和零元，也没有可逆元素.

(8) 乘法单位元为 1，只有 1 是可逆元素，$1^{-1} = 1$.

(9) 乘法单位元为 1，只有 1 是可逆元素，$1^{-1} = 1$. 乘法零元是 0.

(10) 乘法没有单位元、零元以及可逆元素.

12.7 三元集合上有 $3^{3^2} = 3^9 = 19\,683$ 个二元运算，$3^3 = 27$ 个一元运算. 其中可交换的运算有 $3^6 = 729$ 个，幂等的运算有 $3^6 = 729$ 个，交换并且幂等的运算有 $3^3 = 27$ 个，不可交换也不幂等的运算个数是

$$19\,683 - (729 + 729) + 27 = 18\,252.$$

设 A 为 n 元集，A 上的每个二元运算都对应一个运算表. 运算表中有 $n \times n$ 个位置，每个位置有 n 种可能的取值，根据乘法法则，有 n^{n^2} 个不同的二元运算. 由类似的分析可知，有 n^n 个不同的一元运算. 对于可交换的运算，运算表中上、下三角内的元素是对称

分布的，因此主对角线上有 n 个位置，上三角中有 $\dfrac{n^2-n}{2}$ 个位置，总计 $\dfrac{n^2+n}{2}$ 个位置，每个位置可能有 n 种取值，因此可交换的运算有 $n^{\frac{n^2+n}{2}}$ 个．通过类似的分析可知，幂等的运算有 n^{n^2-n} 个，交换并且幂等的运算有 $n^{\frac{n^2-n}{2}}$ 个，既不交换也不幂等的运算个数为

$$n^{n^2} - (n^{\frac{n^2+n}{2}} + n^{n^2-n}) + n^{\frac{n^2-n}{2}}.$$

12.8 (1) $4*6 = 4, 7*3 = 3$.

(2) 满足交换律、结合律、幂等律．

(3) 没有单位元，1 是零元．没有可逆元素．

12.9 (1) 不可交换．反例：$\langle 0,1\rangle * \langle 1,2\rangle = \langle 0,1\rangle, \langle 1,2\rangle * \langle 0,1\rangle = \langle 0,3\rangle$.

可结合，因为 $\forall \langle a,b\rangle, \langle c,d\rangle, \langle g,f\rangle \in \mathbb{Q} \times \mathbb{Q}$,

$$(\langle a,b\rangle * \langle c,d\rangle) * \langle g,f\rangle = \langle ac, ad+b\rangle * \langle g,f\rangle = \langle acg, acf+ad+b\rangle,$$

$$\langle a,b\rangle * (\langle c,d\rangle * \langle g,f\rangle) = \langle a,b\rangle * \langle cg, cf+d\rangle = \langle acg, acf+ad+b\rangle.$$

不是幂等的，因为 $\langle 1,1\rangle * \langle 1,1\rangle = \langle 1,2\rangle$.

(2) 容易验证 $\langle 1,0\rangle$ 为单位元，没有零元．当 $a \neq 0$ 时，$\langle a,b\rangle$ 的逆元为 $\langle 1/a, -b/a\rangle$.

12.10 (1) 都是 $\mathbb{R}$ 上的二元运算．

(2) 除 f_2 以外都是可交换的，除 f_2 和 f_6 以外都是可结合的，f_4 和 f_5 是幂等的．

(3) f_1 的单位元是 0，没有零元，每个实数 x 的逆元是 $-x$. f_2 没有单位元和零元，也没有可逆元素．f_3 的单位元是 1，零元是 0，除了 0 以外，实数 x 的逆元是 $1/x$. f_4, f_5 和 f_6 没有单位元和零元，也没有可逆元素．

12.11 (1) 交换律：$*, \circ, \cdot$.

幂等律：$\diamond$.

结合律：$*, \circ, \diamond$；由于 $(a\cdot a)\cdot b = b\cdot b = a, a\cdot(a\cdot b) = a\cdot a = b$，故 $\cdot$ 运算没有结合律．

(2) $*$ 运算无单位元，a 是零元；$\circ$ 运算单位元是 a，无零元，$a^{-1} = a, b^{-1} = b$；$\cdot$ 和 $\diamond$ 运算无单位元和零元．

12.12 (1) 能构成代数系统．满足交换律、结合律，无单位元，零元是 1.

(2) 不能构成代数系统．

(3) 能构成代数系统．满足交换律、结合律，单位元是 1，零元是 10.

(4) 不能构成代数系统．

12.13 (1) 是代数系统．满足交换律与结合律．单位元是常函数 $f_0, \forall x \in [a,b], f_0(x) = 0$，没有零元．

(2) 是代数系统．不满足交换律，也不满足结合律．无单位元和零元．

(3) 是代数系统. 满足交换律、结合律. 单位元为常函数 $f_1, \forall x \in [a,b], f_1(x) = 1$. 零元为 (1) 中的 f_0.

(4) 不构成代数系统.

12.14 如图 12.4.3 所示，$a \circ b \neq b \circ a, (b \circ a) \circ b = a \circ b = b, b \circ (a \circ b) = b \circ b = a$.

$\circ$	a	b
a	b	b
b	a	a

图 12.4.3

12.15 (1) 能. (2) 不能. (3) 不能. (4) 能.

12.16 (1) 能，因为 S_1 对加法和乘法都封闭.

(2) 不能，因为对加法不封闭.

(3) 不能，因为对加法不封闭.

12.17 V_1 的子代数为 $\{1,2,3\}, \{1,3\}, \{1,2\}, \{1\}$；

V_2 的子代数为 $\{5,6\}, \{6\}$；

其中，平凡的子代数为 $\{1,2,3\}, \{1\}, \{5,6\}, \{6\}$；，

真子代数为 $\{1,3\}, \{1,2\}, \{1\}, \{6\}$.

12.18 (2)、(5) 和 (6) 的函数 f 不是自同态.

(1) 是自同态，但不是单自同态，也不是满自同态，不是自同构，$f(V) = \langle \mathbb{R}^+, \cdot \rangle$.

(3) 是自同态，但不是单自同态，也不是满自同态，不是自同构，$f(V) = \langle \mathbb{R}^+, \cdot \rangle$.

(4) 是自同态、单自同态、满自同态、自同构. $f(V) = V$.

12.19 显然 f 是满射，且 $\forall x, y \in \mathbb{Z}$ 有

$$f(x + y) = (x + y) \bmod n = x \bmod n \oplus y \bmod n = f(x) \oplus f(y),$$

$$f(x \cdot y) = (x \cdot y) \bmod n = x \bmod n \otimes y \bmod n = f(x) \otimes f(y).$$

12.20 设 $V_1 \times V_2 = \langle A \times B, \cdot \rangle, \forall \langle x_1, y_1 \rangle, \langle x_2, y_2 \rangle \in A \times B$，有

$$f(\langle x_1, y_1 \rangle \cdot \langle x_2, y_2 \rangle) = f(\langle x_1 \circ x_2, y_1 * y_2 \rangle)$$

$$= x_1 \circ x_2$$

$$= f(\langle x_1, y_1 \rangle) \circ f(\langle x_2, y_2 \rangle),$$

于是 f 是 $V_1 \times V_2$ 到 V_1 的同态映射.

12.5　小测验

12.5.1　试题

1. 填空题（6 小题，每小题 5 分，共 30 分）.

(1) 设 $A = \{-1, 1\}$，则 A 关于普通加法、减法、乘法、除法中 _____ 运算是封闭的.

(2) 设 $\mathbb{R}^*$ 为非零实数集，以下各式右边的运算为普通四则运算，

$$a \circ b = \frac{a + b}{2}, \ a * b = \frac{a}{b}, \ a \cdot b = ab, \ a \diamond b = a + b,$$

则在 $\mathbb{R}^*$ 上不满足结合律的运算是 _____ 运算.

(3) 设 $\mathbb{Z}_4 = \{0, 1, 2, 3\}, \otimes$ 为模 4 乘法，即 $x \otimes y = (xy) \bmod 4$，则 $\langle \mathbb{Z}_4, \otimes \rangle$ 的运算表为 _____.

(4) 设 $\mathbb{Z}$ 为整数集，$\forall a, b \in \mathbb{Z}, a \circ b = a + b - 1$，则 $\forall a \in \mathbb{Z}, a$ 的逆元 $a^{-1} =$ _____.

(5) 设代数系统 $V = \langle 2\mathbb{Z}, + \rangle$，其中 $2\mathbb{Z} = \{2k | k \in \mathbb{Z}\}$，$+$ 为普通加法. 则 V 的子代数是 _____.

(6) 设代数系统 $V = \langle A, + \rangle$，其中 $A = \left\{ \begin{pmatrix} a & b \\ -b & a \end{pmatrix} \middle| a, b \in \mathbb{Z} \right\}$，$+$ 为矩阵加法，则 V 中运算的单位元和矩阵 $\begin{pmatrix} a & b \\ -b & a \end{pmatrix}$ 的逆元分别是 _____.

2. 简答题（4 小题，每小题 10 分，共 40 分）.

(1) 判断正整数集 $\mathbb{Z}^+$ 和下面的每个二元运算是否构成代数系统. 如果是，那么说明这个运算是否满足交换律、结合律和幂等律，并求出单位元和零元.

$$a \circ b = \max(a, b), \ a * b = \min(a, b), \ a \cdot b = a^b, \ a \diamond b = \frac{a}{b} + \frac{b}{a}.$$

(2) 设 $A = \{a, b\}$，试给出 A 上所有的一元运算，并找出一个既不可交换也不可结合的二元运算.

(3) 设代数系统 V_1, V_2, V_3 中的运算如图 12.5.1 所示，说明这些运算是否满足交换律、结合律和幂等律，求出单位元、零元和所有可逆元素的逆元（如果存在的话）.

(4) 代数系统 $V = \langle P(\{a, b\}), \oplus \rangle$，$\oplus$ 为集合的对称差运算，求出 V 的所有子代数，并说明哪些是非平凡的真子代数.

∘	a	b	c
a	a	a	a
b	b	b	b
c	c	c	c

∗	a	b	c
a	a	b	c
b	b	a	c
c	c	c	c

·	a	b	c
a	a	b	c
b	b	b	c
c	c	c	b

图 12.5.1

3. 证明题（2 小题，每小题 10 分，共 20 分）.

(1) 设 $V = \langle A, \circ \rangle$ 是代数系统，V 中运算满足结合律，存在单位元，且每个元素都有逆元. 证明：$\forall a, b, c \in A$，若 $a \circ b = a \circ c$，则 $b = c$.

(2) 设 $V_1 = \langle \mathbb{Q}^*, \cdot \rangle$ 和 $V_2 = \langle \mathbb{Q}, + \rangle$ 是代数系统，其中 $\mathbb{Q}$ 是有理数集，$\mathbb{Q}^* = \mathbb{Q} - \{0\}$，$\cdot$ 和 $+$ 分别代表普通乘法和加法. 证明：不存在从 V_1 到 V_2 的同构映射.

4. 应用题（10 分）.

设 Σ 是非空有穷字母表，ω 是 Σ 上有限个字符构成的序列. 序列中的字符个数称为串的长度，记作 $|\omega|$. ε 表示空串，$|\varepsilon| = 0$. 对任意的 $k \in \mathbb{N}$，令 Σ_k 表示 Σ 上所有长度为 k 的串的集合，那么 $\Sigma^* = \bigcup_{k=0}^{+\infty} \Sigma_k$ 表示 Σ 上所有串的集合. 在 Σ^* 上定义连接运算 $\circ$：$\forall \omega_1, \omega_2 \in \Sigma^*$，$\omega_1 = a_1 a_2 \cdots a_m$，$\omega_2 = b_1 b_2 \cdots b_n$，定义 $\omega_1 \circ \omega_2 = a_1 a_2 \cdots a_m b_1 b_2 \cdots b_n$. 回答下面的问题.

(1) 如果 $|\Sigma| = n$，$\operatorname{card} \Sigma^*$ 等于什么？

(2) Σ^* 和连接运算 $\circ$ 构成代数系统，分析这个系统是否满足交换律、结合律、幂等律和消去律，是否具有单位元和零元.

(3) 令 $f: \Sigma^* \to \mathbb{N}$，$f(\omega) = |\omega|$，证明 f 是从 $\langle \Sigma^*, \circ \rangle$ 到 $\langle \mathbb{N}, + \rangle$ 的满同态映射.

12.5.2　答案或解答

1. (1) 乘法和除法.

(2) ∘ 和 ∗.

(3) 运算表如图 12.5.2 所示.

(4) $2 - a$.

(5) $2n\mathbb{Z} = \{2nk \,|\, k \in \mathbb{Z}\}$，$n \in \mathbb{N}$.

(6) $\begin{pmatrix} 0 & 0 \\ 0 & 0 \end{pmatrix}$，$\begin{pmatrix} -a & -b \\ b & -a \end{pmatrix}$.

$\otimes$	0	1	2	3
0	0	0	0	0
1	0	1	2	3
2	0	2	0	2
3	0	3	2	1

图 12.5.2

2. (1) ∘, ∗, · 运算构成代数系统, ∘ 和 ∗ 运算满足交换律、结合律和幂等律; ∗ 运算零元是 1; ∘ 运算的单位元是 1.

(2) 4 个一元运算和所要求的二元运算的运算表如图 12.5.3 所示.

x	$\Delta_1 x$	x	$\Delta_2 x$	x	$\Delta_3 x$	x	$\Delta_4 x$	$\circ$	a	b
a	a	a	a	a	b	a	b	a	b	b
b	a	b	b	b	a	b	b	b	a	a

图 12.5.3

(3) ∘ 运算满足结合律、幂等律.

∗ 运算满足交换律、结合律, 单位元为 a, 零元为 c. $a^{-1}=a, b^{-1}=b$.

· 运算满足交换律、结合律, 单位元为 a. $a^{-1}=a$.

(4) 子代数为 $\{\varnothing\}, \{\varnothing, \{a\}\}, \{\varnothing, \{b\}\}, \{\varnothing, \{a,b\}\}, V$. 除了 $\{\varnothing\}$ 和 V 以外都是非平凡的真子代数.

3. (1) 若 $a \circ b = a \circ c$, 则由题设 a 可逆, 等式两边左乘 a^{-1} 得,

$$a^{-1} \circ (a \circ b) = a^{-1} \circ (a \circ c).$$

由结合律知,

$$(a^{-1} \circ a) \circ b = (a^{-1} \circ a) \circ c.$$

故有

$$e \circ b = e \circ c.$$

即 $b = c$.

(2) 假设 f 是从 V_1 到 V_2 的同构, 那么 f 将 V_1 的单位元 1 映射成 V_2 的单位元 0, 即 $f(1) = 0$, 于是有

$$f(-1) + f(-1) = f((-1)(-1)) = f(1) = 0,$$

从而得 $f(-1) = 0$, 这与 f 的单射性矛盾.

4. (1) card $\Sigma^* = \aleph_0$.

(2) 不满足交换律和幂等律，满足结合律和消去律，单位元是空串 ε，没有零元.

(3) $\forall \omega_1, \omega_2 \in \Sigma^*, \omega_1 = a_1 a_2 \cdots a_m, \omega_2 = b_1 b_2 \cdots b_n$，有

$$f(\omega_1 \circ \omega_2) = f(a_1 a_2 \cdots a_m b_1 b_2 \cdots b_n) = m + n = f(\omega_1) + f(\omega_2).$$

因此 f 是同态.

　　下面证明 f 的满射性. 由于 Σ 非空，至少存在一个字符属于 Σ，如 a. 对于任意自然数 k，令 k 个 a 构成的串为 a^k，那么 $f(a^k) = k$，因此 $\mathrm{ran}\, f = \mathbb{N}$.

第 13 章
群 与 环

13.1 内容提要

13.1.1 半群与独异点

半群的定义

　　定义 13.1.1 设 $V = \langle S, \circ \rangle$ 是一个具有二元运算的代数系统，如果运算 $\circ$ 满足结合律，那么称 V 为 半群.

独异点的定义

　　定义 13.1.2 如果半群 $V = \langle S, \circ \rangle$ 中关于 $\circ$ 运算存在单位元 $e \in S$，那么称 V 是 幺半群，也称作 独异点，记作 $V = \langle S, \circ, e \rangle$.

半群与独异点的幂运算

$$a^0 = e\,(\,只对独异点成立\,).$$

$$a^1 = a.$$

$$a^{n+1} = a^n a.$$

$$a^m a^n = a^{m+n}.$$

$$(a^m)^n = a^{mn}.$$

13.1.2 群的定义及实例

群的定义

定义 13.1.3 设 G 是非空集合，$\circ$ 是 G 上的二元运算，若下述条件被满足：

(1) 结合律，即对 $\forall a, b, c \in G$，有 $(a \circ b) \circ c = a \circ (b \circ c)$；

(2) 单位元，即 $\exists e \in G$ 使得对 $\forall a \in G$，有 $e \circ a = a = a \circ e$；

(3) 逆元，即对 $\forall a \in G$，$\exists a^{-1} \in G$ 使得 $a \circ a^{-1} = e = a^{-1} \circ a$；

则称 G 是一个 群.

定义 13.1.4

(1) 若群 G 是有穷集，则称 G 是 有限群，否则称作 无限群. G 的基数称为群 G 的 阶.

(2) 只含单位元的群称作 平凡群.

(3) 若群 G 中的二元运算是可交换的，则称 G 为 交换群 或 阿贝尔群（Abelian group）.

群的实例

整数加群 $\langle \mathbb{Z}, + \rangle$，实数加群 $\langle \mathbb{R}, + \rangle$，有理数加群 $\langle \mathbb{Q}, + \rangle$，复数加群 $\langle \mathbb{C}, + \rangle$，模 n 整数加群 $\langle \mathbb{Z}_n, \oplus \rangle$，$n$ 阶实矩阵的加群 $\langle \boldsymbol{M}_n(\mathbb{R}), + \rangle$，克莱因（Klein）四元群 $G = \{e, a, b, c\}$，平凡群 $\{e\}$，循环群 $\langle a \rangle$，n 元置换群，其中，$\langle \mathbb{Z}, + \rangle$，$\langle \mathbb{R}, + \rangle$，$\langle \mathbb{Q}, + \rangle$，$\langle \mathbb{C}, + \rangle$，$\langle \boldsymbol{M}_n(\mathbb{R}), + \rangle$ 都是无限阶交换群，循环群 $\langle a \rangle$ 是（有限阶或无限阶）交换群，克莱因四元群是有限阶非交换群，n 元置换群是有限阶（交换或非交换）群.

元素的幂

定义 13.1.5 设 G 是群，$a \in G, n \in \mathbb{Z}$，则 a 的 n 次幂 定义为

$$
a^n = \begin{cases} e, & n = 0, \\ a^{n-1}a, & n > 0, \\ (a^{-1})^{-n}, & n < 0. \end{cases}
$$

元素的阶

定义 13.1.6 设 G 是群，$a \in G$，使得等式 $a^k = e$ 成立的最小正整数 k 称为 a 的 阶，记作 $|a| = k$，这时也称 a 为 k 阶元. 若不存在这样的正整数 k，则称 a 为 无限阶元.

13.1.3 群的基本性质

定理 13.1.1(群的幂运算规则) 设 G 为群，则

(1) $\forall a \in G, (a^{-1})^{-1} = a$.

(2) $\forall a, b \in G, (ab)^{-1} = b^{-1}a^{-1}$. 推广形式为 $(a_1 a_2 \cdots a_{m-1} a_m)^{-1} = a_m^{-1} a_{m-1}^{-1} \cdots a_2^{-1} a_1^{-1}$.

(3) $\forall a \in G, a^n a^m = a^{n+m}, n, m \in \mathbb{Z}$.

(4) $\forall a \in G, (a^n)^m = a^{nm}, n, m \in \mathbb{Z}$.

(5) 若 G 为交换群, 则 $(ab)^n = a^n b^n$.

定理 13.1.2   设 G 为群, 则 G 中满足消去律, 即对任意 $a, b, c \in G$ 有

(1) 若 $ab = ac$, 则 $b = c$.

(2) 若 $ba = ca$, 则 $b = c$.

定理 13.1.3   设 G 为群, $a \in G$ 且 $|a| = r$. 则

(1) 对任意 $k \in \mathbb{Z}$, $a^k = e$ 当且仅当 $r \mid k$, 即 r 整除 k.

(2) $|a^{-1}| = |a|$.

(3) $|a^t| = \dfrac{r}{(t, r)}$, 这里 $t \in \mathbb{Z}$, (t, r) 是 t 与 r 的最大公因数 $\gcd(t, r)$.

13.1.4   子群

子群的定义

定义 13.1.7   设 G 是群, H 是 G 的非空子集, 如果 H 关于 G 中的运算构成群, 那么称 H 是 G 的 子群, 记作 $H \leqslant G$. 若 H 是 G 的子群, 且 $H \subset G$, 则 H 是 G 的 真子群, 记作 $H < G$.

判定定理

定理 13.1.4(判定定理一)   设 G 为群, H 是 G 的非空子集, 则 $H \leqslant G$ 当且仅当下面的条件成立.

(1) $\forall a, b \in H$ 有 $ab \in H$;

(2) $\forall a \in H$ 有 $a^{-1} \in H$.

定理 13.1.5(判定定理二)   设 G 为群, H 是 G 的非空子集, 则 $H \leqslant G$ 当且仅当 $\forall a, b \in H$ 有 $ab^{-1} \in H$.

定理 13.1.6(判定定理三)   设 G 为群, $\varnothing \neq H \subseteq G$, 如果 H 是有穷集, 则 $H \leqslant G$ 当且仅当 $\forall a, b \in H$ 有 $ab \in H$.

子群实例

设 G 为群, 设 $a \in G$, 令

$$H = \{a^k \mid k \in \mathbb{Z}\},$$

即由 a 的所有幂构成的集合, 则 H 是 G 的子群, 称作 由 a 生成的子群, 记作 $\langle a \rangle$.

令 C 是由与 G 中所有元素都可交换的元素构成的集合, 即

$$C = \{a \in G \mid \forall x \in G, ax = xa\},$$

则 C 是 G 的子群, 称作 G 的 中心.

子群的交仍是子群，两个子群的并一般不构成子群.

子群的序结构

偏序集 $\langle L(G), \leqslant \rangle$ 称为群 G 的 子群格，其中 $L(G) = \{H | H \leqslant G\}$.

13.1.5　群的分解

陪集的定义

定义 13.1.8　设 H 是群 G 的子群，$a \in G$. 令

$$Ha = \{ha | h \in H\},$$

称 Ha 是子群 H 在 G 中的 右陪集，称 a 为 Ha 的 代表元素.

陪集的性质（主教材定理 13.2.4 ∼ 定理 13.2.6）

设 H 是群 G 的子群.

(1) $He = H$.

(2) $\forall a \in G$ 有 $a \in Ha$.

(3) $a \in Hb \Leftrightarrow ab^{-1} \in H \Leftrightarrow Ha = Hb$.

(4) 在 G 上定义二元关系 R: $\forall a, b \in G, \langle a, b \rangle \in R \Leftrightarrow ab^{-1} \in H$，则 R 是 G 上的等价关系，且 $[a]_R = Ha$.

(5) $\forall a \in G, H \approx Ha$.

正规子群

定义 13.1.9　设 H 是群 G 的子群，如果对于所有的 $a \in G$ 都有 $aH = Ha$，那么称 H 为 G 的 正规子群 或 不变子群，记作 $H \trianglelefteq G$.

任何群 G 都有正规子群，因为它的两个平凡子群 $\{e\}$ 和 G 都是正规的. 当 G 是交换群时，G 的任意子群都是正规子群.

尽管 H 的右陪集 Ha 和左陪集 aH 可能不一样，但 H 在 G 中的右陪集的个数和左陪集的个数却是相等的，统称为 H 在 G 中的陪集数，也称作 H 在 G 中的 指数，记作 $[G:H]$.

定理 13.1.7(拉格朗日定理)　设 G 是有限群，$H \leqslant G$，则

$$|G| = |H| \cdot [G:H].$$

推论 13.1.1

(1) 设 G 是 n 阶群，则 $\forall a \in G, |a|$ 是 n 的因子，且有 $a^n = e$.

(2) 设 G 是素数阶的群，则存在 $a \in G$ 使得 $G = \langle a \rangle$.

13.1.6　循环群

循环群的定义

　　定义 13.1.10　设 G 是群，若存在 $a \in G$ 使得 $G = \langle a \rangle$，则称 G 为 循环群，称 a 为 G 的 生成元.

循环群的分类

　　循环群 $G = \langle a \rangle$ 根据生成元 a 的阶可以分成两类：n 阶循环群 和 无限循环群.

　　设 $G = \langle a \rangle$ 是循环群，若 a 是 n 阶元，则

$$G = \{a^0 = e, a^1, a^2, \cdots, a^{n-1}\},$$

那么 $|G| = n$，称 G 为 n 阶循环群.

　　若 a 是无限阶元，则

$$G = \{a^0 = e, a^{\pm 1}, a^{\pm 2}, \cdots\},$$

这时称 G 为 无限循环群.

循环群的生成元

　　定理 13.1.8　设 $G = \langle a \rangle$ 是循环群.

　　(1) 若 G 是无限循环群，则 G 只有两个生成元，即 a 和 a^{-1}.

　　(2) 若 G 是 n 阶循环群，则 G 含有 $\phi(n)$①个生成元. 对于任何不大于 n 且与 n 互素的正整数 r，a^r 是 G 的生成元.

循环群的子群

　　定理 13.1.9

　　(1) 设 $G = \langle a \rangle$ 是循环群，则 G 的子群仍是循环群.

　　(2) 若 $G = \langle a \rangle$ 是无限循环群，则 G 的子群除 $\{e\}$ 以外都是无限循环群.

　　(3) 若 $G = \langle a \rangle$ 是 n 阶循环群，则对 n 的每个正因子 d，G 恰好含有一个 d 阶子群.

13.1.7　置换群

n 元置换

　　定义 13.1.11　设 $S = \{1, 2, \cdots, n\}$，S 上的任何双射函数 $\sigma : S \to S$ 称为 S 上的 n 元置换.

　　三种表示法：置换符号表示、不相交的轮换表示、对换表示.

　　定义 13.1.12　设 σ, τ 是 n 元置换，σ 和 τ 的复合 $\sigma \circ \tau$ 也是 n 元置换，称作 σ 与 τ 的 乘积，记作 $\sigma\tau$.

----

① $\phi(n)$ 是欧拉函数，表示 $1, 2, \cdots, n$ 中与 n 互素的数的个数.

奇置换与偶置换

定义 13.1.13 设 σ 是 $S = \{1, 2, \cdots, n\}$ 上的 n 元置换. 若

$$\sigma(i_1) = i_2,\ \sigma(i_2) = i_3,\ \cdots,\ \sigma(i_{k-1}) = i_k,\ \sigma(i_k) = i_1,$$

且保持 S 中的其他元素不变, 则称 σ 为 S 上的 *k 阶轮换*, 记作 $(i_1 i_2 \cdots i_k)$. 若 $k = 2$, 称 σ 为 S 上的 *对换*.

任何 n 元置换都可以表示成不交轮换之积, 在不考虑表达式中轮换的次序的情况下, 这种表达式是唯一的.

任何轮换又可以进一步表示成对换之积, 所以任何 n 元置换都可以表示成对换之积.

需要注意的是, 轮换表达式是唯一的, 而对换表达式是不唯一的. 尽管如此, 可以证明表达式中所含对换个数的奇偶性是不变的.

如果 n 元置换 σ 可以表示成奇数个对换之积, 则称 σ 为 *奇置换*, 否则称 σ 为 *偶置换*. 在偶置换和奇置换之间存在一一对应关系, 因此奇置换和偶置换各有 $\dfrac{n!}{2}$ 个.

n 元置换群

所有的 n 元置换构成的集合 S_n, 关于置换的乘法构成一个群, 称作 *n 元对称群*. 显然, $|S_n| = n!$.

设 A_n 是所有的 n 元偶置换的集合. 使用子群的判定定理不难证明 $A_n \leqslant S_n$, 称 A_n 为 *n 元交错群*, 有 $|A_n| = \dfrac{n!}{2}$.

对于 S_n 来说, 它的所有子群都称作 *n 元置换群*, 而 n 元对称群 S_n 和 n 元交错群 A_n 都是 n 元置换群的特例.

定理 13.1.10 (波利亚计数定理) 设 $N = \{1, 2, \cdots, n\}$ 是被着色物体的集合, $G = \{\sigma_1, \sigma_2, \cdots, \sigma_g\}$ 是 N 上的置换群. 用 m 种颜色对 N 中的元素进行着色, 则在 G 的作用下不同的着色方案数是

$$M = \frac{1}{|G|} \cdot \sum_{k=1}^{g} m^{c(\sigma_k)},$$

其中, $c(\sigma_k)$ 是置换 σ_k 的轮换表达式中包含 1 阶轮换在内的轮换个数.

13.1.8 环的定义和性质

环的定义

定义 13.1.14 设 $\langle R, +, \cdot \rangle$ 是代数系统, $+$ 和 $\cdot$ 是二元运算, 如果满足以下条件:
(1) $\langle R, + \rangle$ 构成交换群;
(2) $\langle R, \cdot \rangle$ 构成半群;

(3) · 运算关于 + 运算满足分配律,

那么称 $\langle R,+,\cdot \rangle$ 是一个 环.

环的实例

整数环、有理数环、实数环、复数环、n 阶实矩阵环、模 n 的整数环.

环的运算性质

定理 13.1.11　设 $\langle R,+,\cdot \rangle$ 是环,则

(1) $\forall a \in R, a0 = 0a = 0$.

(2) $\forall a,b \in R, (-a)b = a(-b) = -ab$.

(3) $\forall a,b,c \in R, a(b-c) = ab - ac, (b-c)a = ba - ca$.

(4) $\forall a_1, a_2, \cdots, a_n, b_1, b_2, \cdots, b_m \in R$,　其中 $n, m \geqslant 2$,　有

$$\left(\sum_{i=1}^{n} a_i \right) \left(\sum_{j=1}^{m} b_j \right) = \sum_{i=1}^{n} \sum_{j=1}^{m} a_i b_j.$$

几种特殊的环

定义 13.1.15　设 $\langle R,+,\cdot \rangle$ 是环.

(1) 若环中乘法 · 满足交换律,则称 R 为 交换环.

(2) 若环中乘法 · 存在单位元,则称 R 为 含幺环.

(3) 若 $\forall a,b \in R$,当 $ab = 0$ 时,必然有 $a = 0$ 或 $b = 0$,则称 R 为 无零因子环.

(4) 若 R 既是交换环、含幺环,也是无零因子环,则称 R 为 整环.

(5) 设 R 是整环,$|R| \geqslant 2$,且 $\forall a \in R^* = R - \{0\}$,都有 $a^{-1} \in R$,则称 R 是 域.

整环和域的实例

通常说的有理数域、实数域和复数域都是域.

整数环是整环,不是域.

对于模 n 的整数环 $\mathbb{Z}_n$,$\mathbb{Z}_n$ 是域当且仅当 n 是素数.

13.2　基本要求

1. 会判断或者证明给定集合和运算是否构成半群、独异点、群、环、域.
2. 会运用群的基本性质证明相关的命题.
3. 能够证明 G 的子集构成 G 的子群.
4. 熟悉陪集的定义和性质.
5. 熟悉拉格朗日定理及其推论.
6. 会求循环群的生成元及其子群.

7. 熟悉 n 元置换的表示方法、乘法以及 n 元置换群.

8. 能够运用波利亚计数定理解决简单的计数问题.

9. 了解环的运算性质，能够进行环中的运算.

10. 能够根据定义判别一些特殊的环.

13.3 习题课

13.3.1 题型一：判别或验证代数结构

1. 判断下列集合关于给定运算能否构成半群、独异点和群. 如果不能，请说明理由.

(1) $\{n\sqrt{2} \mid n \in \mathbb{Z}\}$ 关于普通加法.

(2) $\{m + n\sqrt{2} \mid m, n \in \mathbb{Z}\}$ 关于普通乘法.

(3) 实数集 $\mathbb{R}$ 关于 $\circ$ 运算，其中 $\circ$ 运算定义为 $a \circ b = 2(a + b)$.

(4) 设 $\mathbb{R}$ 为实数集，$\mathbb{R} \times \mathbb{R}$ 关于 $\circ$ 运算，其中 $\circ$ 运算定义为 $\langle a, b \rangle \circ \langle c, d \rangle = \langle a + c, b + d \rangle$.

2. 在整数环 $\langle \mathbb{Z}, +, \cdot \rangle$ 中定义 $*$ 和 $\diamond$ 两个运算，$\forall a, b \in \mathbb{Z}$ 有 $a * b = a + b - 1, a \diamond b = a + b - ab$. 证明：$\langle \mathbb{Z}, *, \diamond \rangle$ 构成环.

解答与分析

1. (1) 构成半群、独异点和群.

(2) 构成半群和独异点，但不构成群，因为 0 没有逆元.

(3) 不构成半群，运算不满足结合律. 例如，

$$(1 \circ 1) \circ 0 = 2(1 + 1) \circ 0 = 4 \circ 0 = 2(4 + 0) = 8,$$

$$1 \circ (1 \circ 0) = 1 \circ 2(1 + 0) = 1 \circ 2 = 2(1 + 2) = 6.$$

(4) 构成半群、独异点和群.

2. 先验证封闭性：$\forall a, b \in \mathbb{Z}$ 有 $a * b, a \diamond b \in \mathbb{Z}$.

下面验证结合律. 任取 $a, b, c \in \mathbb{Z}$，

$$(a * b) * c = (a + b - 1) * c$$

$$= (a + b - 1) + c - 1$$

$$= a + b + c - 2,$$

$$a * (b * c) = a * (b + c - 1)$$

$$= a + (b + c - 1) - 1$$

$$= a + b + c - 2.$$

$$(a \diamond b) \diamond c = (a + b - ab) \diamond c$$

$$= (a + b - ab) + c - (a + b - ab)c$$

$$= a + b + c - (ab + ac + bc) + abc,$$

$$a \diamond (b \diamond c) = a \diamond (b + c - bc)$$

$$= a + (b + c - bc) - a(b + c - bc)$$

$$= a + b + c - (ab + ac + bc) + abc.$$

1 为 $*$ 运算的单位元. $2 - a$ 为 a 关于 $*$ 运算的逆元. $*$ 运算满足交换律，所以 $\mathbb{Z}$ 关于 $*$ 运算构成交换群，关于 $\diamond$ 运算构成半群.

最后证明 $\diamond$ 关于 $*$ 运算满足分配律.

$$a \diamond (b * c) = a \diamond (b + c - 1)$$

$$= a + (b + c - 1) - a(b + c - 1)$$

$$= 2a + b + c - ab - ac - 1,$$

$$(a \diamond b) * (a \diamond c) = (a + b - ab) + (a + c - ac) - 1$$

$$= a + b + a + c - ab - ac - 1$$

$$= 2a + b + c - ab - ac - 1,$$

即，$a \diamond (b * c) = (a \diamond b) * (a \diamond c)$. 显然，$\diamond$ 运算可交换，故有 $(b * c) \diamond a = (b \diamond a) * (c \diamond a)$.

综上所述，$\langle \mathbb{Z}, *, \diamond \rangle$ 构成环.

求解这类问题的主要方法是根据定义进行验证. 对于半群要验证封闭性和结合律；对于独异点要验证封闭性、结合律以及单位元；对于群，除进行以上验证之外，还必须验证每个元素都有逆元；而对于环则除要验证两个运算分别构成交换群和半群之外，还要验证乘法对加法的分配律.

13.3.2　题型二：群或环中的简单计算

这些计算包括计算元素的阶、元素的幂、子群的陪集、循环群的生成元和子群、置换群中的乘积和逆、同态像、环中公式的展开式等.

1. 设 $\mathbb{Z}_{18}$ 为模 18 整数加群，求所有元素的阶.

2. 设 G 为群，x,y 属于 G，且 $yxy^{-1}=x^2$，其中 x 不是单位元，y 是 2 阶元. 求 x 的阶.

3. 设 G 为模 12 加群，求 $\langle 3\rangle$ 在 G 中的所有左陪集.

4. 设 G 的运算表如图 13.3.1 所示，问 G 是否为循环群. 如果是，求出它所有的生成元和子群.

·	a	b	c	d	e	f
a	a	b	c	d	e	f
b	b	c	d	e	f	a
c	c	d	e	f	a	b
d	d	e	f	a	b	c
e	e	f	a	b	c	d
f	f	a	b	c	d	e

图 13.3.1

5. 设 $\langle R,+,\cdot\rangle$ 是环，a,b 为环中任意元素，计算 $(a+b)^2(b-a)$.

6. 在域 $\mathbb{Z}_7$ 中解下列方程组：
$$\begin{cases} x-y=5, \\ 2x+y=3. \end{cases}$$

解答与分析

1. 所有元素的阶为

$$|0|=1,\ |1|=|5|=|7|=|11|=|13|=|17|=18,$$

$$|2|=|4|=|8|=|10|=|14|=|16|=9,$$

$$|3|=|15|=6,\ |6|=|12|=3,\ |9|=2.$$

2. 因为 y 是 2 阶元，所以 $y=y^{-1}$，且 $y^2=(y^{-1})^2=e$. 由 $yxy^{-1}=x^2$ 得

$$x^4=(x^2)^2=(yxy^{-1})(yxy^{-1})=yx^2y^{-1}$$
$$=y(yxy^{-1})y^{-1}=y^2x(y^{-1})^2$$
$$=exe=x.$$

于是有，$x^3=e$. 因为 $|x|\neq 1$，所以 $|x|=3$.

确定 x 的阶的基本方法就是推导出如下的等式：$x^k=e$. 然后在 k 的正因子中寻找 x 的阶.

3. $\langle 3\rangle = \{0,3,6,9\}$, $\langle 3\rangle$ 的不同左陪集有 3 个, 即

$$0 + \langle 3\rangle = 3 + \langle 3\rangle = 6 + \langle 3\rangle = 9 + \langle 3\rangle = \langle 3\rangle,$$

$$1 + \langle 3\rangle = 4 + \langle 3\rangle = 7 + \langle 3\rangle = 10 + \langle 3\rangle = \{1,4,7,10\},$$

$$2 + \langle 3\rangle = 5 + \langle 3\rangle = 8 + \langle 3\rangle = 11 + \langle 3\rangle = \{2,5,8,11\}.$$

对于有限群 G, 子群 H 的不同的陪集数（右陪集数或左陪集数）为 $|G|/|H|$. 一般采取枚举的方法计算 H 的所有的陪集, 以右陪集为例求解步骤如下.

(1) 第 1 个右陪集就是 H 自身.

(2) 任选元素 $a \in G - H$, 求 Ha, 作为第 2 个右陪集.

(3) 任选元素 $b \in G - (H \cup Ha)$, 求 Hb, 作为第 3 个右陪集.

(4) 任选元素 $c \in G - (H \cup Ha \cup Hb)$, 求 Hc, 作为第 4 个右陪集.

依次做下去. 由于 G 是有限群, 经过有限步就可以得到 G 的全体右陪集.

4. 易见 a 为单位元. 由于生成元的阶与群的阶相等, 所以只要是 6 阶元就是生成元. 而 $|b| = 6$, 所以 b 为生成元, 因而 G 是循环群. $|c| = 3, |d| = 2, |e| = 3, c, d, e$ 不是生成元. $|f| = 6$, 因而 f 也是生成元.

子群有 $\langle a\rangle = \{a\}, \langle c\rangle = \{c, e, a\}, \langle d\rangle = \{d, a\}, G$.

5. $(a + b)^2(b - a) = (a^2 + ab + ba + b^2)(b - a)$
$$= a^2 b + ab^2 + bab + b^3 - a^3 - aba - ba^2 - b^2 a.$$

6. 由第一个方程得到 $y = x - 5$, 代入第二个方程（也可直接将两个方程左右两边分别相加）得到 $3x = 1$. 从而得到 $x = 5, y = 0$.

13.3.3 题型三：子群的证明与子群格结构

1. 设 G 为群, a 是 G 中的 2 阶元, 证明 G 中与 a 可交换的元素构成 G 的子群.

2. 设 i 是虚数单位, 即 $\mathrm{i}^2 = -1$, 令

$$G = \left\{ \pm \begin{pmatrix} 1 & 0 \\ 0 & 1 \end{pmatrix}, \pm \begin{pmatrix} \mathrm{i} & 0 \\ 0 & -\mathrm{i} \end{pmatrix}, \pm \begin{pmatrix} 0 & 1 \\ -1 & 0 \end{pmatrix}, \pm \begin{pmatrix} 0 & \mathrm{i} \\ \mathrm{i} & 0 \end{pmatrix} \right\},$$

则 G 关于矩阵乘法构成群. 找出 G 的所有子群, 并画出它的子群格.

解答与分析

1. 令 $H = \{x \in G | xa = ax\}$, 下面证明 H 是 G 的子群. 首先 e 属于 H, 故 H 是 G 的非空子集. 任取 $x, y \in H$, 有 $xa = ax, ya = ay$, 从而有 $a = x^{-1}ax = yay^{-1}$. 于是得

$$(xy^{-1})a = x(y^{-1}a) = x(y^{-1}yay^{-1})$$

$$= xay^{-1} = x(x^{-1}ax)y^{-1}$$

$$= axy^{-1} = a(xy^{-1}).$$

因此 $xy^{-1} \in H$. 由子群判定定理二命题得证.

证明子群可以用判定定理, 特别是判定定理二. 证明的步骤是: 首先验证 H 非空, 然后对任取的 $x, y \in H$, 证明 $xy^{-1} \in H$.

2. 令 A, B, C, D 分别表示 $\begin{pmatrix} 1 & 0 \\ 0 & 1 \end{pmatrix}, \begin{pmatrix} i & 0 \\ 0 & -i \end{pmatrix}, \begin{pmatrix} 0 & 1 \\ -1 & 0 \end{pmatrix}, \begin{pmatrix} 0 & i \\ i & 0 \end{pmatrix}$, G 的运算表如图 13.3.2 所示.

·	A	$-A$	B	$-B$	C	$-C$	D	$-D$
A	A	$-A$	B	$-B$	C	$-C$	D	$-D$
$-A$	$-A$	A	$-B$	B	$-C$	C	$-D$	D
B	B	$-B$	$-A$	A	D	$-D$	$-C$	C
$-B$	$-B$	B	A	$-A$	$-D$	D	C	$-C$
C	C	$-C$	$-D$	D	$-A$	A	B	$-B$
$-C$	$-C$	C	D	$-D$	A	$-A$	$-B$	B
D	D	$-D$	C	$-C$	$-B$	B	$-A$	A
$-D$	$-D$	D	$-C$	C	B	$-B$	A	$-A$

图 13.3.2

G 的子群有 6 个, 即

平凡子群: $\langle A \rangle = \{A\}, G$.

2 阶子群: $\langle -A \rangle = \{A, -A\}$.

4 阶子群: $\langle B \rangle = \{A, B, -A, -B\}, \langle C \rangle = \{A, C, -A, -C\}, \langle D \rangle = \{A, D, -A, -D\}$.

G 的子群格如图 13.3.3 所示.

对于较小的有限群 G, 可以按照子群格的结构从底层 (平凡子群 $\{e\}$) 开始, 然后逐层向上, 从小到大枚举它的子群, 直到 G 本身为止, 从而得到一个子群格. 目前还没有对每个群都适用的、高效的枚举算法. 可以尝试计算每个元素的阶, 找到由每个元素生成的子群, 然后按照它们之间的包含关系做出一个偏序结构. 接着从下层向上逐步检查子群的并集, 看看它们是否构成新的更大的子群. 如果能够构成, 就把它加到这个偏序结构中, 否则就需要把运算所产生的新元素加到其中, 直到它关于运算封闭为止, 此时将所产生的新子群加到偏序结构中.

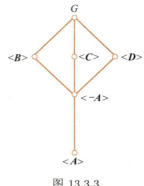

图 13.3.3

13.3.4　题型四：证明群中的简单性质

1. 设 G 为群，$a \in G$ 是有限阶元，对于任意 $x \in G$，证明：$|xax^{-1}| = |a|$.

2. 证明：偶数阶群必含 2 阶元（第 13.4.1 节题 13.18）.

解答与分析

1. 设 $|a| = n$，由式

$$(xax^{-1})^n = xa^nx^{-1} = e$$

知，xax^{-1} 也是有限阶元. 设 $|xax^{-1}| = m$，则有 $m \mid n$.

由于 a 可以表示成

$$a = x^{-1}(xax^{-1})(x^{-1})^{-1},$$

所以根据前面的结果，也有 $n \mid m$. 综上所述有 $m = n$.

证明元素 a 和 b 的阶相等的基本方法是：设 $|a| = n, |b| = m$，证明 $n \mid m$ 和 $m \mid n$. 为此，只要证明 $a^m = e$ 和 $b^n = e$. 在化简 a^m 或 b^n 时，使用的公式主要有群的结合律以及元素的幂运算规则，即

$$(ab)c = a(bc),$$

$$(a^{-1})^{-1} = a, \ (a_1a_2 \cdots a_n)^{-1} = a_n^{-1} \cdots a_2^{-1} a_1^{-1},$$

$$a^n a^m = a^{n+m}, \ (a^n)^m = a^{nm}.$$

2. 显然有，$x^2 = e$ 当且仅当 $|x| = 1$ 或 2. 因此，对于 G 中元素 x，如果 $|x| > 2$，那么必有 $x^{-1} \neq x$. 由于 $|x| = |x^{-1}|$，故阶大于 2 的元素成对出现，共有偶数个，所以剩下的 1 阶和 2 阶元总共也应该是偶数个. 1 阶元只有 1 个，就是单位元，从而证明了 G 中必有 2 阶元.

以上证明题都涉及群的简单性质. 这类问题通常要求证明以下命题.

(1) 群中的元素相等，这里的元素通常是若干元素运算的结果.

(2) 群中的子集相等.

(3) 元素的阶相等或者整除.

(4) 其他简单命题，如交换性等.

基本的证明方法可以总结如下.

(1) 证明群中元素相等的基本方法就是用结合律、消去律、单位元及逆元的性质、群的幂运算规则等对等式进行变形和化简.

(2) 证明子集相等的基本方法就是证明两个子集相互包含.

(3) 证明两个元素的阶 r 和 s 相等、r 整除 s、某个元素的阶等于 r 等命题的基本方法是证明整除. 在证明中可以使用结合律、消去律、幂运算规则以及关于元素的阶的性质（定理 13.1.3）. 特别地，可能用到 a 为 1 阶或 2 阶元的充分必要条件 $a^{-1}=a$.

13.3.5　题型五：拉格朗日定理的应用

设 H_1, H_2 分别是群 G 的 r, s 阶子群，若 r 和 s 互素，证明：$H_1 \cap H_2 = \{e\}$.（第 13.4.1 节题 13.24）

解答与分析

易见 $H_1 \cap H_2$ 是 H_1 的子群，也是 H_2 的子群. 由拉格朗日定理，子群的阶是群的阶的因子，因此 $|H_1 \cap H_2|$ 整除 r，也整除 s. 从而，$|H_1 \cap H_2|$ 整除 r 与 s 的最大公因数. 由已知 r 与 s 的最大公因数 $\gcd(r, s) = 1$，这就得到 $|H_1 \cap H_2| = 1$，故 $H_1 \cap H_2 = \{e\}$.

根据拉格朗日定理，可以给出一些与有限群相关的计数结果. 设 H 为 G 的子群，a 是 G 中元素，$N(a) = \{x \in G \,|\, xa = ax\}$ 为 a 的正规化子（可以证明 $N(a) \leqslant G$ 且 $C \subseteq N(a)$），那么有

(1) $|H| = |xHx^{-1}|$.

(2) $|C|$ 是 $|N(a)|$ 和 $|G|$ 的因子.

(3) $|a| = |\langle a \rangle|$ 是 $|N(a)|$ 和 $|G|$ 的因子.

(4) $|a^n|$ 是 $|a|$ 的因子.

(5) $a^2 = e \Leftrightarrow a = a^{-1} \Leftrightarrow |a| = 1$ 或 2.

13.3.6　题型六：波利亚计数定理的应用

1. 用 3 种颜色涂色 3×3 的方格棋盘，每个方格一种颜色. 如果允许棋盘任意旋转或翻转，问有多少种不同的涂色方案.

2. 如图 13.3.4 所示，T 是一棵有 7 个结点的树，这里用黑白两色对 T 的结点着色. 如果交换 T 的某个左子树与右子树以后，一种着色方案变成另一种着色方案，那么认为

这两种方案是同样的方案. 问不同的着色方案有多少种.

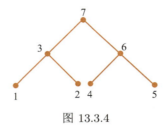

图 13.3.4

解答与分析

1. 群 G 的置换结构为:

恒等置换: $(\bullet)(\bullet)(\bullet)(\bullet)(\bullet)(\bullet)(\bullet)(\bullet)(\bullet)$	1 个
绕中心旋转 $90°$、$270°$: $(\bullet \quad \bullet \quad \bullet \quad \bullet)(\bullet \quad \bullet \quad \bullet \quad \bullet)(\bullet)$	2 个
绕中心旋转 $180°$: $(\bullet \quad \bullet)(\bullet \quad \bullet)(\bullet \quad \bullet)(\bullet \quad \bullet)(\bullet)$	1 个
翻转 $180°$: $(\bullet \quad \bullet)(\bullet \quad \bullet)(\bullet \quad \bullet)(\bullet)(\bullet)(\bullet)$	4 个

根据波利亚计数定理, 不同的着色方案数是

$$M = \frac{1}{8} \times (3^9 + 2 \times 3^3 + 3^5 + 4 \times 3^6) = 2\,862.$$

2. 置换群 G 含有如下 8 个置换:

$$(1\ \ 5)(4\ \ 2)(3\ \ 6)(7),$$

$$(1\ \ 2)(3)(4)(5)(6)(7),$$

$$(4\ \ 5)(1)(2)(3)(6)(7),$$

$$(1\ \ 5\ \ 2\ \ 4)(3\ \ 6)(7),$$

$$(1\ \ 4\ \ 2\ \ 5)(3\ \ 6)(7),$$

$$(1\ \ 2)(4\ \ 5)(3)(6)(7),$$

$$(1\ \ 4)(2\ \ 5)(3\ \ 6)(7),$$

$$(1)(2)(3)(4)(5)(6)(7).$$

根据波利亚计数定理有

$$M = \frac{1}{8} \times (2^7 + 2 \times 2^6 + 2^5 + 2 \times 2^4 + 2 \times 2^3) = 42.$$

图 13.3.4 中有 3 个对称轴，即过顶点 3、顶点 6、顶点 7 的垂直线，所有的置换都可以用围绕这些轴的翻转来表示. 需要注意的是，这些置换必须构成群. 如果两个置换合成以后得到一个新的置换，那么就要把这个新的置换加到群中，直到所有置换的集合关于合成运算封闭为止. 这里的合成恰好产生 5 个新的置换，因此群中共有 8 个置换.

13.4　习题、解答或提示

13.4.1　习题 13

13.1　设 $A = \{0, 1\}$，试给出半群 $\langle A^A, \circ \rangle$ 的运算表，其中 $\circ$ 为函数的复合运算.

13.2　判断下列集合关于指定的运算是否构成半群、独异点和群.

　(1) a 是正实数，$G = \{a^n | n \in \mathbb{Z}\}$，运算是普通乘法.

　(2) $\mathbb{Q}^+$ 为正有理数集，运算是普通乘法.

　(3) $\mathbb{Q}^+$ 为正有理数集，运算是普通加法.

　(4) 一元实系数多项式的集合关于多项式的加法.

　(5) 一元实系数多项式的集合关于多项式的乘法.

　(6) $U_n = \{x | x \in \mathbb{C}, x^n = 1\}$，$n$ 为某个给定的正整数，$\mathbb{C}$ 为复数集，运算是复数乘法.

13.3　在 $\mathbb{R}$ 中定义二元运算 $*$ 使得 $\forall a, b \in \mathbb{R}$，

$$a * b = a + b + ab.$$

证明 $\langle \mathbb{R}, * \rangle$ 构成独异点.

13.4　$S = \{a, b, c\}$，$*$ 是 S 上的二元运算，且 $\forall x, y \in S, x * y = x$.

　(1) 证明：S 关于 $*$ 运算构成半群.

　(2) 试通过增加最少的元素使得 S 扩张成一个独异点.

13.5　设 $V = \langle \{a, b\}, * \rangle$ 是半群，且 $a * a = b$，证明：

　(1) $a * b = b * a$.

　(2) $b * b = b$.

13.6　设 $V = \langle S, * \rangle$ 是可交换半群，若 a, b 是 V 中的幂等元，证明 $a * b$ 也是 V 中的幂等元.

13.7 设 $G = \{a + bi \mid a, b \in \mathbb{Z}\}$, i 为虚数单位, 即 $i^2 = -1$. 验证 G 关于复数加法构成群.

13.8 设 $S = \{0, 1, 2, 3\}$, $\otimes$ 为模 4 乘法, 即

$$\forall x, y \in S, \ x \otimes y = xy \bmod 4.$$

问: $\langle S, \otimes \rangle$ 构成什么代数系统 (半群、独异点、群)? 为什么?

13.9 设 $\mathbb{Z}$ 为整数集, 在 $\mathbb{Z}$ 上定义二元运算 $\circ$:

$$\forall x, y \in \mathbb{Z}, \ x \circ y = x + y - 2.$$

问: $\mathbb{Z}$ 关于 $\circ$ 运算能否构成群? 为什么?

13.10 设 $A = \{x \mid x \in \mathbb{R}, x \neq 0, 1\}$, 在 A 上定义 6 个函数:

$$f_1(x) = x, \qquad f_2(x) = \frac{1}{x}, \qquad f_3(x) = 1 - x,$$

$$f_4(x) = \frac{1}{1-x}, \qquad f_5(x) = \frac{x-1}{x}, \qquad f_6(x) = \frac{x}{x-1}.$$

令 F 为这 6 个函数构成的集合, $\circ$ 运算为函数的复合运算.

(1) 给出 $\circ$ 运算的运算表.

(2) 验证 $\langle F, \circ \rangle$ 是一个群.

13.11 设 $G = \left\{ \begin{pmatrix} 1 & 0 \\ 0 & 1 \end{pmatrix}, \begin{pmatrix} 1 & 0 \\ 0 & -1 \end{pmatrix}, \begin{pmatrix} -1 & 0 \\ 0 & 1 \end{pmatrix}, \begin{pmatrix} -1 & 0 \\ 0 & -1 \end{pmatrix} \right\}$, 证明 G 关于矩阵乘法构成一个群.

13.12 设 $\mathbb{Z}_n = \{0, 1, \cdots, n-1\}$, 令

$$T = \{x \in \mathbb{Z}_n \mid (x, n) = 1\},$$

这里的 (x, n) 表示 x 与 n 的最大公因数, 证明 T 关于模 n 乘法构成阿贝尔群.

13.13 证明定理 13.1.1 的 (2)、(4) 和 (5), 即设 G 为群, 证明

(2) $\forall a, b \in G, (ab)^{-1} = b^{-1}a^{-1}$.

(4) $\forall a \in G, (a^n)^m = a^{nm}, n, m \in \mathbb{Z}$.

(5) 若 G 为交换群, 则 $(ab)^n = a^n b^n, n \in \mathbb{Z}$.

13.14 证明定理 13.1.2, 即证明群 G 中运算满足消去律.

13.15 设 G 为群, 若 $\forall x \in G$ 有 $x^2 = e$, 证明 G 为交换群.

13.16 设 G 为群, 证明 e 为 G 中唯一的幂等元.

13.17 设 G 为群, $a, b, c \in G$, 证明

$$|abc| = |bca| = |cab|.$$

13.18 证明偶数阶群必含 2 阶元.

13.19 设 G 为非阿贝尔群, 证明 G 中存在非单位元 a 和 $b, a \neq b$, 且 $ab = ba$.

13.20 设 G 为 $M_n(\mathbb{R})$ 上的加法群, $n \geqslant 2$, 判断下述子集是否构成子群.

    (1) 全体对称矩阵.

    (2) 全体对角矩阵.

    (3) 全体行列式大于或等于 0 的矩阵.

    (4) 全体上（下）三角矩阵.

13.21 设 G 为群, $a \in G$, 定义 a 的 正规化子 $N(a)$ 为 G 中与 a 可交换的元素构成的集合, 即

$$N(a) = \{x | x \in G, xa = ax\}.$$

    证明 $N(a)$ 是 G 的子群.

13.22 设 H 是群 G 的子群, $x \in G$, 令

$$xHx^{-1} = \{xhx^{-1} | h \in H\}.$$

    证明 xHx^{-1} 是 G 的子群, 称 xHx^{-1} 为 H 的 共轭子群.

13.23 画出群 $\langle \mathbb{Z}_{18}, \oplus \rangle$ 的子群格.

13.24 设 H 和 K 分别为群 G 的 r, s 阶子群, 若 r 和 s 互素, 证明 $H \cap K = \{e\}$.

13.25 对下列各题给定的群 G_1 和 G_2, 以及 $f: G_1 \to G_2$, 说明 f 是否为从群 G_1 到 G_2 的同态. 如果是, 说明是否为单同态、满同态和同构, 并求同态像 $f(G_1)$.

    (1) $G_1 = \langle \mathbb{Z}, + \rangle, G_2 = \langle \mathbb{R}^*, \cdot \rangle$, 其中 $\mathbb{R}^*$ 为非零实数集, $+$ 和 $\cdot$ 分别表示数的加法和乘法.

$$f: \mathbb{Z} \to \mathbb{R}^*, \ f(x) = \begin{cases} 1, & x \text{ 是偶数}, \\ -1, & x \text{ 是奇数}. \end{cases}$$

    (2) $G_1 = \langle \mathbb{Z}, + \rangle, G_2 = \langle A, \cdot \rangle$, 其中 $A = \{x | x \in \mathbb{C}, |x| = 1\}$, $+$ 和 $\cdot$ 分别表示整数的加法和复数的乘法.

$$f: \mathbb{Z} \to A, \ f(x) = \cos x + \mathrm{i} \sin x.$$

    (3) $G_1 = \langle \mathbb{R}, + \rangle, G_2 = \langle A, \cdot \rangle$, 其中符号 $A, +$ 和 $\cdot$ 同 (2).

$$f: \mathbb{R} \to A, \ f(x) = \cos x + \mathrm{i} \sin x.$$

13.26 证明循环群一定是阿贝尔群, 说明阿贝尔群是否一定是循环群, 并证明你的结论.

13.27 设 G_1 为循环群, f 是从群 G_1 到 G_2 的同态, 证明 $f(G_1)$ 也是循环群.

13.28 设 $G = \langle a \rangle$ 是 15 阶循环群.

(1) 求 G 的所有生成元.

(2) 求 G 的所有子群.

13.29 设 σ, τ 是五元置换，且

$$\sigma = \begin{pmatrix} 1 & 2 & 3 & 4 & 5 \\ 2 & 1 & 4 & 5 & 3 \end{pmatrix}, \quad \tau = \begin{pmatrix} 1 & 2 & 3 & 4 & 5 \\ 3 & 4 & 5 & 1 & 2 \end{pmatrix}.$$

(1) 计算 $\sigma\tau, \tau\sigma, \sigma^{-1}, \tau^{-1}, \sigma^{-1}\tau\sigma$.

(2) 将 $\sigma\tau, \tau^{-1}, \sigma^{-1}\tau\sigma$ 表示成不交的轮换之积.

(3) 将 (2) 中的置换表示成对换之积，并说明哪些为奇置换，哪些为偶置换.

13.30 如果允许立方体在空间任意转动，用 n 种颜色着色立方体的 6 个面，证明不同的着色方案数是 $\dfrac{1}{24}(n^6 + 8n^2 + 12n^3 + 3n^4)$.

13.31 一个圆环上等距地镶有 6 颗珠子，每颗珠子可以是红、蓝、黄 3 种颜色，问：有多少种不同的镶嵌方案？

13.32 设 $A = \{a + bi \,|\, a, b \in \mathbb{Z}, i^2 = -1\}$，证明 A 关于复数加法和乘法构成环，称作 高斯整数环.

13.33 设 $f(x) = a_0 + a_1 x + a_2 x^2 + \cdots + a_n x^n, a_0, a_1, \cdots, a_n \in \mathbb{R}$，称 $f(x)$ 为实数域上的 n 次多项式. 令

$$A = \{f(x) \,|\, f(x) \text{ 为实数域上的 } n \text{ 次多项式}, n \in \mathbb{N}\}.$$

证明 A 关于多项式的加法和乘法构成一个环，称作 实数域上的多项式环.

13.34 判断下列集合和给定运算是否构成环、整环和域，如果不能构成，说明理由.

(1) $A = \{a + bi \,|\, a, b \in \mathbb{Q}\}$，其中 $i^2 = -1$，运算为复数加法和乘法.

(2) $A = \{2z + 1 \,|\, z \in \mathbb{Z}\}$，运算为实数加法和乘法.

(3) $A = \{2z \,|\, z \in \mathbb{Z}\}$，运算为实数加法和乘法.

(4) $A = \{x \,|\, x \in \mathbb{N}\}$，运算为实数加法和乘法.

(5) $A = \{a + b\sqrt[4]{5} \,|\, a, b \in \mathbb{Q}\}$，运算为实数加法和乘法.

13.35 在域 $\mathbb{Z}_5$ 中解下列方程和方程组.

(1) $3x = 2$.

(2) $\begin{cases} x + 2z = 1, \\ 2x + z = 2, \\ 2x + y = 1. \end{cases}$

13.36 设 a 和 b 是含幺环 R 中的两个可逆元，证明：

(1) $-a$ 也是可逆元，且 $(-a)^{-1} = -a^{-1}$.

(2) ab 也是可逆元，且 $(ab)^{-1} = b^{-1}a^{-1}$.

13.37 设 R 是环，令

$$C = \{x \in R | \forall a \in R, xa = ax\}.$$

称 C 为 环 R 的中心，证明 C 是 R 的子环.

13.38 证明定理 13.1.11(3)，即设 R 是环，则 $\forall a, b, c \in R$，有

$$a(b - c) = ab - ac,$$

$$(b - c)a = ba - ca.$$

13.4.2　解答或提示

13.1 $f_1 = \{\langle 0, 0 \rangle, \langle 1, 0 \rangle\}, f_2 = \{\langle 0, 0 \rangle, \langle 1, 1 \rangle\}, f_3 = \{\langle 0, 1 \rangle, \langle 1, 0 \rangle\}, f_4 = \{\langle 0, 1 \rangle, \langle 1, 1 \rangle\}$，运算表如图 13.4.1 所示.

$\circ$	f_1	f_2	f_3	f_4
f_1	f_1	f_1	f_4	f_4
f_2	f_1	f_2	f_3	f_4
f_3	f_1	f_3	f_2	f_4
f_4	f_1	f_4	f_1	f_4

图 13.4.1

13.2 (1) 构成半群、独异点和群.

(2) 构成半群、独异点和群.

(3) 构成半群，不构成独异点，也不构成群.

(4) 构成半群、独异点和群.

(5) 构成半群和独异点，不构成群.

(6) 构成半群、独异点和群.

13.3 显然运算是封闭的，下面证明结合律. $\forall a, b, c \in \mathbb{R}$，

$$(a * b) * c = (a + b + ab) + c + (a + b + ab)c$$

$$= a + b + ab + c + ac + bc + abc,$$

$$a * (b * c) = a * (b + c + bc)$$

$$= a + b + c + bc + a(b + c + bc)$$

$$= a + b + c + bc + ab + ac + abc.$$

因此有 $(a * b) * c = a * (b * c)$.

单位元是 0. 因此 $\mathbb{R}$ 关于 $*$ 构成独异点.

$\boxed{13.4}$ (1) 运算显然是封闭的. 下面验证结合律. $\forall x, y, z \in S$,

$$(x * y) * z = x * z = x,$$

$$x * (y * z) = x * y = x.$$

(2) 任取 $e \notin S$, 定义 $T = S \cup \{e\}, \forall x, y \in T$,

$$x * y = \begin{cases} x, & \text{若} x \neq e, \\ y, & \text{否则}, \end{cases}$$

那么 $\langle T, * \rangle$ 构成独异点.

$\boxed{13.5}$ (1) 假设 $a * b \neq b * a$, 那么或者 $a * b = a, b * a = b$, 或者 $a * b = b, b * a = a$. 若为前者, 则

$$(a * b) * a = a * a = b, \ a * (b * a) = a * b = a,$$

与结合律矛盾. 若为后者, 则

$$(a * b) * a = b * a = a, \ a * (b * a) = a * a = b,$$

也与结合律矛盾.

(2) 假设 $b * b = a$, 那么或者 $a * b = b * a = a$, 或者 $a * b = b * a = b$. 若为前者, 则

$$(b * a) * a = a * a = b, \ b * (a * a) = b * b = a,$$

与结合律矛盾. 若为后者, 则

$$(b * a) * a = b * a = b; \ b * (a * a) = b * b = a,$$

也与结合律矛盾.

$\boxed{13.6}$ $(a * b) * (a * b) = a * b * a * b = a * a * b * b = a * b.$

$\boxed{13.7}$ 任取 $a + bi, c + di \in G$,

$$(a + bi) + (c + di) = (a + c) + (b + d)i \in G.$$

任取 $a + bi, c + di, e + fi \in G$,

$$[(a + bi) + (c + di)] + (e + fi) = [(a + c) + (b + d)i] + (e + fi) = (a + c + e) + (b + d + f)i.$$

同理

$$(a + bi) + [(c + di) + (e + fi)] = (a + c + e) + (b + d + f)i.$$

故结合律成立. 单位元是 0, $a + bi$ 的逆元是 $-a - bi$.

13.8 半群和独异点, 因为 $\otimes$ 运算在 S 上封闭, 满足结合律, 单位元是 1, 但是 0 没有逆元.

13.9 能构成群. 运算封闭. $\forall x, y, z \in \mathbb{Z}$,

$$(x \circ y) \circ z = (x + y - 2) \circ z = (x + y - 2) + z - 2 = x + y + z - 4,$$

$$x \circ (y \circ z) = x \circ (y + z - 2) = x + (y + z - 2) - 2 = x + y + z - 4,$$

故结合律成立. 单位元是 2, x 的逆元是 $4 - x$.

13.10 (1) 运算表如图 13.4.2 所示.

$\circ$	f_1	f_2	f_3	f_4	f_5	f_6
f_1	f_1	f_2	f_3	f_4	f_5	f_6
f_2	f_2	f_1	f_5	f_6	f_3	f_4
f_3	f_3	f_4	f_1	f_2	f_6	f_5
f_4	f_4	f_3	f_6	f_5	f_1	f_2
f_5	f_5	f_6	f_2	f_1	f_4	f_3
f_6	f_6	f_5	f_4	f_3	f_2	f_1

图 13.4.2

(2) 由图 13.4.2 看出运算是封闭的; 函数复合运算满足结合律; 单位元是恒等函数 f_1; $f_1^{-1} = f_1, f_2^{-1} = f_2, f_3^{-1} = f_3, f_4^{-1} = f_5, f_5^{-1} = f_4, f_6^{-1} = f_6$. 因此 F 关于复合运算构成群.

13.11 设矩阵

$$\boldsymbol{A} = \begin{pmatrix} 1 & 0 \\ 0 & 1 \end{pmatrix}, \boldsymbol{B} = \begin{pmatrix} 1 & 0 \\ 0 & -1 \end{pmatrix}, \boldsymbol{C} = \begin{pmatrix} -1 & 0 \\ 0 & 1 \end{pmatrix}, \boldsymbol{D} = \begin{pmatrix} -1 & 0 \\ 0 & -1 \end{pmatrix},$$

那么运算表如图 13.4.3 所示. 运算封闭, 矩阵乘法满足结合律, 单位元为 $\boldsymbol{A}$, 每个矩阵的逆元都是它自己. 因此 G 关于矩阵乘法构成群.

·	A	B	C	D
A	A	B	C	D
B	B	A	D	C
C	C	D	A	B
D	D	C	B	A

图 13.4.3

13.12 因为 $1 \in T$, 所以 T 非空.

下面验证运算封闭, 即对 $\forall x, y \in T$, 有 $x \otimes y \in T$. 事实上, 由 $x, y \in T$ 知, $(x, n) = 1, (y, n) = 1$. 因此存在整数 a, b, c, d, 使得

$$xa + nb = 1,$$

$$yc + nd = 1.$$

从而得到 $xa = 1 - nb, yc = 1 - nd$. 进而有

$$(xa)(yc) = 1 - nb - nd + n^2bd,$$

即

$$(xy)(ac) + n(b + d - nbd) = 1.$$

设 $xy = tn + i$, 其中 t, i 为非负整数, 且 $0 \leqslant i < n$, 则 $x \otimes y = i$. 根据上式得到

$$(tn + i)(ac) + n(b + d - nbd) = 1.$$

故

$$i(ac) + n(tac + b + d - nbd) = 1.$$

由于 $ac, tac + b + d - nbd$ 都是整数, 因此 $(i, n) = 1$. 这就证明了 $x \otimes y \in T$.

显然, 1 为 T 中的单位元, $\otimes$ 满足结合律和交换律.

$\forall x \in T$, 由于 $(x, n) = 1$, 存在整数 a, b 使得 $xa + nb = 1$. 如果 $0 < a < n$, 那么 $x \otimes a = 1$, a 就是 x 的逆元. 下面证明存在 a 满足 $0 < a < n$.

根据除法存在整数 k 和 a' 使得 $a = kn + a'$, 其中 $0 < a' < n$. 于是有 $x(kn + a') + nb = 1$, 即 $xa' + n(b + xk) = 1$, a' 满足要求.

综上所述, 证明了 T 关于模 n 乘法构成阿贝尔群.

13.13 (2) $\forall a, b \in G$, 因为

$$(ab)(b^{-1}a^{-1}) = a(bb^{-1})a^{-1} = aa^{-1} = e,$$

$$(b^{-1}a^{-1})(ab) = b^{-1}(a^{-1}a)b = b^{-1}b = e,$$

所以 $b^{-1}a^{-1}$ 是 ab 的逆元. 根据逆元的唯一性, 故命题得证.

(4) 当 m, n 为自然数时, 任意给定 n, 对 m 进行归纳.

$\forall a \in G$, 当 $m = 0$ 时, $(a^n)^0 = e = a^{n0}$, 命题成立.

假设 $m = k$ 时成立, 即 $(a^n)^k = a^{nk}$, 则当 $m = k + 1$ 时,

$$(a^n)^{k+1} = (a^n)^k a^n = a^{nk} a^n = a^{nk+n} = a^{n(k+1)}.$$

根据归纳法, 命题得证.

下面对 n 或 m 小于 0 的情况进行验证. 不妨设 $n < 0, m \geqslant 0$. 令 $n = -t$, 则 $t > 0$. 从而有

$$(a^n)^m = (a^{-t})^m = ((a^{-1})^t)^m = (a^{-1})^{tm} = a^{-tm} = a^{nm}.$$

其他情况可以类似加以验证.

(5) 设 G 为交换群. 先证明 n 为自然数时, $(ab)^n = a^n b^n$ 成立. 对 n 进行归纳.

当 $n = 0$ 时, $(ab)^0 = e = ee = a^0 b^0$, 结论成立.

假设 $n = k$ 时, $(ab)^k = a^k b^k$, 则当 $n = k + 1$ 时, 有

$$
\begin{aligned}
(ab)^{k+1} &= (ab)^k (ab) = (a^k b^k) ab \\
&= a^k (b^k a) b = a^k (a b^k) b \\
&= (a^k a)(b^k b) = a^{k+1} b^{k+1}.
\end{aligned}
$$

根据归纳法, 命题得证.

当 $n < 0$ 时, 令 $n = -m$, 则 $m > 0$. 进而有

$$
\begin{aligned}
(ab)^n &= (ba)^n = (ba)^{-m} \\
&= ((ba)^{-1})^m = (a^{-1}b^{-1})^m \\
&= (a^{-1})^m (b^{-1})^m = a^{-m} b^{-m} \\
&= a^n b^n.
\end{aligned}
$$

13.14 对任意 $a, b, c \in G$, 因为 G 是群, 所以 a^{-1} 存在. 若 $ab = ac$, 则左乘 a^{-1} 得, $b = c$. 同理, 若 $ba = ca$, 则右乘 a^{-1} 得, $b = c$. 故 G 中满足消去律.

13.15 因为 $\forall x \in G$ 有 $x^2 = e$, 所以对 $\forall x \in G$ 有 $x^{-1} = x$. 于是, $\forall x, y \in G$, 有

$$xy = (xy)^{-1} = y^{-1}x^{-1} = yx,$$

故 G 是交换群.

13.16　设 a 是幂等元，则 $aa = a$，即 $aa = ae$. 根据消去律必有 $a = e$.

13.17　设 $|abc| = r, |bca| = s, |cab| = t$，由

$$(abc)^{s+1} = a(bca)^s bc = abc$$

和消去律得 $(abc)^s = e$，从而得到 $r \mid s$. 同理可证 $s \mid t$ 和 $t \mid r$. 由 $s \mid t$ 和 $t \mid r$ 得，$s \mid r$. 进而由 $s \mid r$ 和 $r \mid s$ 知，$r = s$.

同理可证 $s = t, t = r$.

13.18　见第 13.3.4 节习题课题型四第 2 题.

13.19　假设 G 中只有 1 阶和 2 阶元，那么 $\forall x \in G$ 有 $x^2 = e$，根据题 13.15 的结果知，G 为交换群，与已知条件矛盾. 取 G 中 3 阶或 3 阶以上的元素 a，显然 $a \neq a^{-1}$，令 $b = a^{-1}$，则有 $ab = ba$.

13.20　(1) 构成.　(2) 构成.　(3) 不构成.　(4) 构成.

13.21　显然，$a \in N(a)$，故 $N(a) \neq \varnothing$.

任取 $x, y \in N(a)$，则有 $xa = ax$，$ya = ay$. 进而有

$$(xy^{-1})a = (xy^{-1})(yay^{-1}) = xy^{-1}yay^{-1}$$
$$= xay^{-1} = axy^{-1} = a(xy^{-1}).$$

故 $xy^{-1} \in N(a)$. 根据子群判定定理二，这就证明了 $N(a) \leqslant G$.

13.22　因为 $e = xex^{-1} \in xHx^{-1}$，因此 xHx^{-1} 非空.

任取 $xh_1x^{-1}, xh_2x^{-1} \in xHx^{-1}$，有 $h_1h_2^{-1} \in H$. 因此得

$$(xh_1x^{-1})(xh_2x^{-1})^{-1} = xh_1x^{-1}xh_2^{-1}x^{-1} = x(h_1h_2^{-1})x^{-1} \in xHx^{-1}.$$

根据子群判定定理二，xHx^{-1} 为 G 的子群.

13.23　$\mathbb{Z}_{18}$ 有 6 个子群，分别如下：

$$\langle 1 \rangle = \mathbb{Z}_{18}, \langle 2 \rangle = \{0, 2, 4, 6, 8, 10, 12, 14, 16\},$$

$$\langle 3 \rangle = \{0, 3, 6, 9, 12, 15\}, \langle 6 \rangle = \{0, 6, 12\},$$

$$\langle 9 \rangle = \{0, 9\}, \langle 0 \rangle = \{0\}.$$

子群格如图 13.4.4 所示.

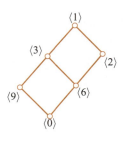

图 13.4.4

13.24 见第 13.3.5节习题课题型五.

13.25 (1) 是同态, 既不是单同态, 也不是满同态. $f(G_1) = \{-1, 1\}$.

(2) 是同态, 是单同态, 但不是满同态. $f(G_1) = \{\cos x + \mathrm{i}\sin x \,|\, x \in \mathbb{Z}\}$.

(3) 是同态, 不是单同态, 但是满同态. $f(G_1) = \{\cos x + \mathrm{i}\sin x \,|\, x \in \mathbb{R}\} = A$.

13.26 设 $G = \langle a \rangle$ 是循环群, $\forall a^i, a^j \in \langle a \rangle$, 有

$$a^i a^j = a^{i+j} = a^{j+i} = a^j a^i,$$

因此 G 是阿贝尔群. 但阿贝尔群不一定是循环群. 例如, 克莱因四元群是阿贝尔群, 但不是循环群.

13.27 设 $G_1 = \langle a \rangle, f : G_1 \to G_2. \forall y \in f(G_1), \exists a^i \in G_1$, 使得 $f(a^i) = y$. 从而有

$$y = f(a^i) = f(\underbrace{aa \cdots a}_{i \text{ 个}}) = \underbrace{f(a)f(a) \cdots f(a)}_{i \text{ 个}} = (f(a))^i,$$

因此 $f(a)$ 是生成元, 即 $f(G_1) = \langle f(a) \rangle$.

13.28 (1) G 的生成元有 $a^1, a^2, a^4, a^7, a^8, a^{11}, a^{13}, a^{14}$.

(2) G 的子群有 $\langle e \rangle = \{e\}, \langle a \rangle = G, \langle a^3 \rangle = \{e, a^3, a^6, a^9, a^{12}\}, \langle a^5 \rangle = \{e, a^5, a^{10}\}$.

13.29 (1)

$$\sigma\tau = \begin{pmatrix} 1 & 2 & 3 & 4 & 5 \\ 4 & 3 & 1 & 2 & 5 \end{pmatrix}, \tau\sigma = \begin{pmatrix} 1 & 2 & 3 & 4 & 5 \\ 4 & 5 & 3 & 2 & 1 \end{pmatrix},$$

$$\sigma^{-1} = \begin{pmatrix} 1 & 2 & 3 & 4 & 5 \\ 2 & 1 & 5 & 3 & 4 \end{pmatrix}, \tau^{-1} = \begin{pmatrix} 1 & 2 & 3 & 4 & 5 \\ 4 & 5 & 1 & 2 & 3 \end{pmatrix},$$

$$\sigma^{-1}\tau\sigma = \begin{pmatrix} 1 & 2 & 3 & 4 & 5 \\ 5 & 4 & 1 & 3 & 2 \end{pmatrix}.$$

(2) $\sigma\tau = (1\ 4\ 2\ 3)$, $\tau^{-1} = (1\ 4\ 2\ 5\ 3)$, $\sigma^{-1}\tau\sigma = (1\ 5\ 2\ 4\ 3)$.

(3) $\sigma\tau = (1\ 4)(1\ 2)(1\ 3)$, 奇置换.

$\tau^{-1} = (1\ 4)(1\ 2)(1\ 5)(1\ 3)$，偶置换.

$\sigma^{-1}\tau\sigma = (1\ 5)(1\ 2)(1\ 4)(1\ 3)$，偶置换.

13.30 如图 13.4.5 所示，对面的置换根据立方体旋转或翻转的对称轴不同分成三类. 围绕过一对面中心的对称轴（3 个）旋转 90°、180°、270°，产生的置换结构如下：

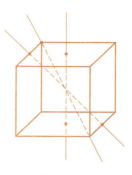

图 13.4.5

90°、270°：$(\bullet)(\bullet)(\bullet\quad\bullet\quad\bullet\quad\bullet)$　　　　6 个

180°：$(\bullet\quad\bullet)(\bullet\quad\bullet)\ (\bullet)(\bullet)$　　　　3 个

围绕过一对棱中点的对称轴（6 个）翻转 180°，产生的置换结构如下：

180°：$(\bullet\quad\bullet)(\bullet\quad\bullet)\ (\bullet\quad\bullet)$　　　　6 个

围绕过一对顶点的对称轴（4 个）旋转 120°、240°，产生的置换结构如下：

120°、240°：$(\bullet\quad\bullet\quad\bullet)(\bullet\quad\bullet\quad\bullet)$　　　　8 个

还有恒等置换，其结构是：

0°：$(\bullet)(\bullet)(\bullet)(\bullet)(\bullet)(\bullet)$　　　　1 个

总计 24 个置换. 代入波利亚计数定理得

$$\frac{1}{24}(n^6 + 8n^2 + 12n^3 + 3n^4).$$

13.31 围绕中心旋转 60°、120°、180°、240°、300° 的置换结构如下：

60°、300°：$(\bullet\quad\bullet\quad\bullet\quad\bullet\quad\bullet\quad\bullet)$　　　　2 个

120°、240°：$(\bullet\quad\bullet\quad\bullet)(\bullet\quad\bullet\quad\bullet)$　　　　2 个

180°：$(\bullet\quad\bullet)(\bullet\quad\bullet)(\bullet\quad\bullet)$　　　　1 个

围绕过一对弦中点的对称轴（3 个）翻转 180°，产生的置换结构如下：

180°：$(\bullet\quad\bullet)(\bullet\quad\bullet)(\bullet\quad\bullet)$　　　　3 个

围绕过一对顶点的对称轴（3 个）翻转 180°，产生的置换结构如下：

180°：$(\bullet\quad\bullet)(\bullet\quad\bullet)(\bullet)(\bullet)$　　　　3 个

还有恒等置换，其结构是：

$0°:\ (\bullet)(\bullet)(\bullet)(\bullet)(\bullet)(\bullet)$ 1 个

代入波利亚计数定理得

$$M = \frac{1}{12} \times (3^6 + 3 \times 3^4 + 4 \times 3^3 + 2 \times 3^2 + 2 \times 3) = 92.$$

13.32 $A = \{a + bi \mid a, b \in \mathbb{Z}, i^2 = -1\}, \forall a + bi, c + di \in A$, 有

$$(a + bi) + (c + di) = (a + c) + (b + d)i \in A,$$

$$(a + bi)(c + di) = (ac - bd) + (bc + ad)i \in A,$$

故两个运算均封闭. 复数加法满足交换律、结合律，乘法满足结合律. 加法单位元为 0，$a + bi$ 的负元是 $-a - bi$. 因此 A 关于复数加法构成阿贝尔群，关于复数乘法构成半群，乘法对加法满足分配律. 因此，A 关于复数加法和乘法构成环.

13.33 两个实数域上的多项式相加或者相乘仍旧是实数域上的多项式，因此 A 关于多项式加法和乘法封闭. 多项式加法满足交换律和结合律，多项式乘法满足结合律. 0（0 次多项式）是加法单位元，$-f(x)$ 是 $f(x)$ 的负元. 因此 A 关于多项式加法构成阿贝尔群，关于多项式乘法构成半群，而且多项式乘法对于加法满足分配律，因此 A 关于多项式加法和乘法构成环.

13.34 (1) 是环，是整环，也是域.

(2) 不是环，因为关于加法不封闭.

(3) 是环，不是整环和域，因为乘法没有么元.

(4) 不是环，因为正整数关于加法的负元不存在，A 关于加法不构成群.

(5) 不是环，因为关于乘法不封闭.

13.35 (1) $x = 4$.

(2) $x = 1, y = 4, z = 0$.

13.36 (1) $(-a^{-1})(-a) = -(-(a^{-1}a)) = 1, (-a)(-a^{-1}) = -(-(aa^{-1})) = 1$. 因此 $-a^{-1}$ 是 $(-a)$ 的逆元，根据逆元的唯一性得 $(-a)^{-1} = -a^{-1}$.

(2) $(b^{-1}a^{-1})(ab) = b^{-1}(a^{-1}a)b = 1, (ab)(b^{-1}a^{-1}) = a(bb^{-1})a^{-1} = 1$. 因此 $b^{-1}a^{-1}$ 是 ab 的逆元，根据逆元唯一性有 $(ab)^{-1} = b^{-1}a^{-1}$.

13.37 因为 $0 \in C$，所以 C 非空. 当然，如果 R 是含么环，也有 $1 \in C$. 因为 $\forall x, y \in C, \forall a \in R$，有

$$(x - y)a = xa - ya = ax - ay = a(x - y),$$

$$(xy)a = x(ya) = x(ay) = (xa)y = (ax)y = a(xy),$$

所以 $x - y \in C, xy \in C$. 从而证明了 C 是 R 的子环.

13.38 $\forall a, b, c \in R$, 有

$$a(b - c) = a(b + (-c)) = ab + a(-c) = ab - ac,$$

$$(b - c)a = (b + (-c))a = ba + (-c)a = ba - ca.$$

13.5 小测验

13.5.1 试题

1. 填空题（6 小题，每小题 5 分，共 30 分）.

(1) 设 $G = \langle a \rangle$ 为 12 阶循环群，则 G 的 4 阶子群是_____.

(2) 设 $\mathbb{Z}_n$ 是模 n 整数环，在_____ 条件下，$\mathbb{Z}_n$ 构成域.

(3) 在四元对称群 S_4 中，$\langle (1\ 2\ 3\ 4) \rangle =$_____.

(4) 设 $G = \langle a \rangle$ 为 24 阶循环群，则 G 的所有生成元为_____.

(5) 设 $\mathbb{R}$ 为实数环，$\boldsymbol{M}_2(\mathbb{R})$ 为 2 阶实数矩阵环，那么在它们的直积 $\langle \mathbb{R} \times \boldsymbol{M}_2(\mathbb{R}), +, \cdot \rangle$ 中，$\langle -1, \begin{pmatrix} 1 & 2 \\ 2 & 0 \end{pmatrix} \rangle \cdot \langle 2, \begin{pmatrix} 1 & 1 \\ -1 & 0 \end{pmatrix} \rangle =$_____.

(6) $\mathbb{Z}$ 和 $\mathbb{Z}_n$ 分别表示整数环和模 n 整数环，则 $f : \mathbb{Z} \to \mathbb{Z}_n, f(x) =$_____ 是 $\mathbb{Z}$ 到 $\mathbb{Z}_n$ 的满同态映射.

2. 简答题（4 小题，每小题 10 分，共 40 分）.

(1) 判断下列集合对于给定运算能否构成群，并简要说明理由.

(1.1) 非零实数集 $\mathbb{R}^*$ 关于 $\circ$ 运算，其中 $a \circ b = 2ab$.

(1.2) $G = \left\{ \begin{pmatrix} a & b \\ -b & a \end{pmatrix} \middle| a, b \text{ 为实数且 } a^2 + b^2 \neq 0 \right\}$ 关于矩阵乘法.

(2) 举出满足以下条件的例子.

(2.1) $\langle R_1, +, \cdot \rangle$ 是没有单位元的环，$S \subset R_1, \langle S, +, \cdot \rangle$ 也构成环，且含有单位元.

(2.2) $\langle R_2, +, \cdot \rangle$ 是有单位元的环，$S \subset R_2, \langle S, +, \cdot \rangle$ 也是有单位元的环，但是这两个单位元不相等.

(3) 设 $\mathbb{Z}_n$ 为模 n 整数加群，$f : \mathbb{Z}_{12} \to \mathbb{Z}_3, f(x) = x \bmod 3$. 验证 f 为同态映射，并说明 f 是否为单同态和满同态.

(4) 设 $G = \langle \mathbb{Z}_{24}, \oplus \rangle$，求出 G 的全体子群，并画出子群格.

3. 证明题（2 小题，每小题 10 分，共 20 分）.

(1) 设 G 为群. 证明: G 为阿贝尔群的充分必要条件是对于 G 中的任意元素 a, b 有 $(ab)^2 = a^2 b^2$.

(2) 设 G 为群, $\sim$ 为 G 上等价关系, 且满足 $\forall a, b, c \in G, ab \sim ac \Rightarrow b \sim c$. 证明: 等价类 $[e] = \{x \in G \mid e \sim x\}$ 构成 G 的子群.

4. 应用题 (10 分).

某通信编码的码字 $x = (x_1, x_2, \cdots, x_7)$, 其中 x_1, x_2, x_3 和 x_4 为数据位, x_5, x_6 和 x_7 为校验位, 并且满足:

$$x_5 = x_1 \oplus x_2 \oplus x_3,$$

$$x_6 = x_1 \oplus x_2 \oplus x_4,$$

$$x_7 = x_1 \oplus x_3 \oplus x_4,$$

这里 $\oplus$ 是模 2 加法. 设 S 为所有这样的码字构成的集合, 在 S 上定义二元运算如下:

$$\forall x, y \in S, \ x \circ y = (x_1 \oplus y_1, x_2 \oplus y_2, \cdots, x_7 \oplus y_7).$$

验证 $\langle S, \circ \rangle$ 构成群.

13.5.2 答案或解答

1. (1) $\langle a^3 \rangle = \{e, a^3, a^6, a^9\}$.

(2) n 为素数.

(3) $\{(1\ 2\ 3\ 4), (1\ 3)(2\ 4), (1\ 4\ 3\ 2), (1)\}$.

(4) $a, a^5, a^7, a^{11}, a^{13}, a^{17}, a^{19}, a^{23}$.

(5) $\langle -2, \begin{pmatrix} -1, & 1 \\ 2 & 2 \end{pmatrix} \rangle$.

(6) $x \bmod n$.

2. (1) (1.1) 能构成群. 显然非空且运算封闭, 结合律满足, 单位元是 $\dfrac{1}{2}$, a 的逆元是 $\dfrac{1}{4a}$.

(1.2) 构成群. 显然 G 非空. 因为

$$\begin{pmatrix} a & b \\ -b & a \end{pmatrix} \begin{pmatrix} c & d \\ -d & c \end{pmatrix} = \begin{pmatrix} ac - bd & ad + bc \\ -(ad + bc) & ac - bd \end{pmatrix},$$

$$(ac - bd)^2 + (ad + bc)^2 = (a^2 + b^2)(c^2 + d^2) \neq 0,$$

所以运算封闭. 矩阵乘法满足结合律. 单位矩阵 $\begin{pmatrix} 1 & 0 \\ 0 & 1 \end{pmatrix}$ 为单位元. $\begin{pmatrix} a & b \\ -b & a \end{pmatrix}$ 的逆元是

$$\frac{1}{a^2 + b^2} \begin{pmatrix} a & -b \\ b & a \end{pmatrix}.$$

(2) (2.1) $R_1 = \left\{ \begin{pmatrix} a & b \\ 0 & 0 \end{pmatrix} \middle| a, b \in \mathbb{R} \right\}$, 其中 $\mathbb{R}$ 为实数集，关于矩阵加法与乘法构成环. 它没有单位元.

子集 $S = \left\{ \begin{pmatrix} a & 0 \\ 0 & 0 \end{pmatrix} \middle| a \in \mathbb{R} \right\}$ 关于矩阵加法与乘法封闭，从而也构成环，且含有单位元 $\begin{pmatrix} 1 & 0 \\ 0 & 0 \end{pmatrix}$.

(2.2) $R_2 = \boldsymbol{M}_2(\mathbb{R}) = \left\{ \begin{pmatrix} a & b \\ c & d \end{pmatrix} \middle| a, b, c, d \in \mathbb{R} \right\}$ 关于矩阵加法与乘法构成环，单位元为单位矩阵 $\begin{pmatrix} 1 & 0 \\ 0 & 1 \end{pmatrix}$.

它的子集 $S = \left\{ \begin{pmatrix} a & 0 \\ 0 & 0 \end{pmatrix} \middle| a \in \mathbb{R} \right\}$ 也构成环，且含有不同的单位元 $\begin{pmatrix} 1 & 0 \\ 0 & 0 \end{pmatrix}$.

(3) 令 $\oplus_{12}$ 和 $\oplus_3$ 分别表示模 12 和模 3 加法，则有

$$f(x \oplus_{12} y) = (x \oplus_{12} y) \bmod 3$$
$$= ((x + y) \bmod 12) \bmod 3$$
$$= (x + y) \bmod 3$$
$$= (x \bmod 3) \oplus_3 (y \bmod 3)$$
$$= f(x) \oplus_3 f(y),$$

故 f 是同态.

显然 f 是满同态，不是单同态.

(4) G 的子群：

$$\langle 1 \rangle = \mathbb{Z}_{24}, \quad \langle 2 \rangle = \{0, 2, 4, 6, \cdots, 22\}, \quad \langle 3 \rangle = \{0, 3, 6, \cdots, 21\},$$

$$\langle 4 \rangle = \{0, 4, 8, \cdots, 20\}, \quad \langle 6 \rangle = \{0, 6, 12, 18\}, \quad \langle 8 \rangle = \{0, 8, 16\},$$

$$\langle 12 \rangle = \{0, 12\}, \ \langle 0 \rangle = \{0\}.$$

子群格如图 13.5.1 所示.

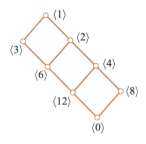

图 13.5.1

3. (1) G 是阿贝尔群, 因此

$$(ab)^2 = (ab)(ab) = a(ba)b = a(ab)b = aabb = a^2b^2.$$

反之, 对于任意 $a, b \in G$, 由 $(ab)^2 = a^2b^2$ 得 $abab = aabb$, 使用消去律得 $ba = ab$, 故 G 为阿贝尔群.

(2) 因为 $e \sim e$, 所以 $[e]$ 非空.

任取 $a, b \in [e]$, 则 $e \sim a, e \sim b$. 由后者得 $a^{-1}a \sim (a^{-1}a)b$, 即 $a^{-1}a \sim a^{-1}(ab)$. 根据题设条件知, $a \sim ab$. 由 $e \sim a$ 和传递性得 $e \sim ab$. 从而有 $ab \in [e]$.

另外, 由 $e \sim a$ 和对称性可得 $a \sim e$, 即 $ae \sim aa^{-1}$. 于是根据题设有 $e \sim a^{-1}$, 因此 $a^{-1} \in [e]$.

根据子群判定定理一, 这就证明了 $[e] \leqslant G$.

4. 任取 $x = (x_1, x_2, \cdots, x_7), y = (y_1, y_2, \cdots, y_7), x \circ y = (x_1 \oplus y_1, x_2 \oplus y_2, \cdots, x_7 \oplus y_7)$, 那么

$$(x_1 \oplus y_1) \oplus (x_2 \oplus y_2) \oplus (x_3 \oplus y_3) = (x_1 \oplus x_2 \oplus x_3) \oplus (y_1 \oplus y_2 \oplus y_3) = x_5 \oplus y_5,$$

$$(x_1 \oplus y_1) \oplus (x_2 \oplus y_2) \oplus (x_4 \oplus y_4) = (x_1 \oplus x_2 \oplus x_4) \oplus (y_1 \oplus y_2 \oplus y_4) = x_6 \oplus y_6,$$

$$(x_1 \oplus y_1) \oplus (x_3 \oplus y_3) \oplus (x_3 \oplus y_4) = (x_1 \oplus x_3 \oplus x_4) \oplus (y_1 \oplus y_3 \oplus y_4) = x_7 \oplus y_7,$$

因此 $x \circ y \in S$.

任取 $x, y, z \in S$,

$$(x \circ y) \circ z = (x_1 \oplus y_1, x_2 \oplus y_2, \cdots, x_7 \oplus y_7) \circ (z_1, z_2, \cdots, z_7)$$

$$= ((x_1 \oplus y_1) \oplus z_1, (x_2 \oplus y_2) \oplus z_2, \cdots, (x_7 \oplus y_7) \oplus z_7)$$

$$= (x_1 \oplus (y_1 \oplus z_1), x_2 \oplus (y_2 \oplus z_2), \cdots, x_7 \oplus (y_7 \oplus z_7))$$

$$= (x_1, x_2, \cdots, x_7) \circ ((y_1, y_2, \cdots, y_7) \circ (z_1, z_2, \cdots, z_7))$$

$$= x \circ (y \circ z),$$

故结合律成立.

单位元为 $(0, 0, \cdots, 0)$. $\forall x \in S, x \oplus x = (0, 0, \cdots, 0)$, 所以 $x^{-1} = x$.

因此，综上所述，$\langle S, \circ \rangle$ 构成群.

第 14 章
格与布尔代数

14.1 内容提要

14.1.1 格的定义及性质

格的偏序集定义

定义 14.1.1 设 $\langle S, \preccurlyeq \rangle$ 是偏序集，如果 $\forall x, y \in S, \{x, y\}$ 都有最小上界和最大下界，那么称 S 关于偏序 $\preccurlyeq$ 构成一个 格.

格的代数刻画

定理 14.1.1 设 $\langle S, *, \circ \rangle$ 是具有两个二元运算的代数系统，且 $*$ 和 $\circ$ 运算满足交换律、结合律、吸收律，则可以适当定义 S 中的偏序 $\preccurlyeq$，使得 $\langle S, \preccurlyeq \rangle$ 构成一个格，且 $\forall a, b \in S$ 有 $a \wedge b = a * b, a \vee b = a \circ b$.

格的实例

集合的幂集格、正整数的正因子格、群的子群格.

对偶原理

定义 14.1.2 设 p 是含有格中元素以及符号 $=, \preccurlyeq, \succcurlyeq, \vee$ 和 $\wedge$ 的命题. 令 p^* 是将 p 中的 $\preccurlyeq$ 替换成 $\succcurlyeq$、将 $\succcurlyeq$ 替换成 $\preccurlyeq$、将 $\vee$ 替换成 $\wedge$、将 $\wedge$ 替换成 $\vee$ 所得到的命题，则称 p^* 为 p 的 对偶命题.

设 p 是含有格中元素以及符号 $=, \preccurlyeq, \succcurlyeq, \vee$ 和 $\wedge$ 等的命题. 若 p 对一切格为真，则 p

的对偶命题 p^* 也对一切格为真.

格的运算性质

设 $\langle L, \preccurlyeq \rangle$ 是格，则运算 $\vee$ 和 $\wedge$ 满足交换律、结合律、幂等律和吸收律，即

(1) $\forall a, b \in L$ 有 $a \vee b = b \vee a$, $a \wedge b = b \wedge a$.

(2) $\forall a, b, c \in L$ 有 $(a \vee b) \vee c = a \vee (b \vee c)$, $(a \wedge b) \wedge c = a \wedge (b \wedge c)$.

(3) $\forall a \in L$ 有 $a \vee a = a$, $a \wedge a = a$.

(4) $\forall a, b \in L$ 有 $a \vee (a \wedge b) = a$, $a \wedge (a \vee b) = a$.

偏序与运算的关系

设 L 是格，则 $\forall a, b \in L$ 有 $a \preccurlyeq b \Leftrightarrow a \wedge b = a \Leftrightarrow a \vee b = b$.

保序性质

设 L 是格，$\forall a, b, c, d \in L$. 若 $a \preccurlyeq b$ 且 $c \preccurlyeq d$, 则 $a \wedge c \preccurlyeq b \wedge d$, $a \vee c \preccurlyeq b \vee d$.

子格的定义

定义 14.1.3　设 $\langle L, \wedge, \vee \rangle$ 是格，S 是 L 的非空子集，若 S 关于 L 中的运算 $\wedge$ 和 $\vee$ 仍构成格，则称 S 为 L 的 子格.

子格判别

S 非空，且 S 关于格 L 中的运算 $\wedge$ 和 $\vee$ 封闭.

14.1.2　分配格、有界格和有补格

分配格的定义

定义 14.1.4　设 $\langle L, \wedge, \vee \rangle$ 是格，若 $\forall a, b, c \in L$ 有

$$a \wedge (b \vee c) = (a \wedge b) \vee (a \wedge c),$$

$$a \vee (b \wedge c) = (a \vee b) \wedge (a \vee c)$$

成立，则称 L 为 分配格.

分配格的判别

(1) 根据定义判别. 注意在证明 L 为分配格时，只需证明其中的一个等式即可.

(2) 设 L 是格，则 L 是分配格当且仅当 L 不含与钻石格或五角格同构的子格.

(3) 格 L 是分配格当且仅当 $\forall a, b, c \in L$, 若 $a \wedge b = a \wedge c$ 且 $a \vee b = a \vee c$, 则有 $b = c$.

有界格

定义 14.1.5　设 L 是格，若存在 $a \in L$ 使得 $\forall x \in L$ 有 $a \preccurlyeq x$, 则称 a 为 L 的 全下界. 若存在 $b \in L$ 使得 $\forall x \in L$ 有 $x \preccurlyeq b$, 则称 b 为 L 的 全上界.

由于全下界和全上界的唯一性，一般将格 L 的全下界记为 0，全上界记为 1.

定义 14.1.6　设 L 是格，若 L 存在全下界和全上界，则称 L 为 有界格，并将 L 记作 $\langle L, \wedge, \vee, 0, 1 \rangle$.

有补格

定义 14.1.7 设 $\langle L, \wedge, \vee, 0, 1 \rangle$ 是有界格，$a \in L$，若存在 $b \in L$ 使得

$$a \wedge b = 0 \text{ 和 } a \vee b = 1$$

成立，则称 b 为 a 的 补元．

定理 14.1.2 设 $\langle L, \wedge, \vee, 0, 1 \rangle$ 是有界分配格，若 $a \in L$，且对于 a 存在补元 b，则 b 是 a 的唯一补元．

定义 14.1.8 设 $\langle L, \wedge, \vee, 0, 1 \rangle$ 是有界格，若 $\forall a \in L$，a 在 L 中都存在补元，则称 L 为 有补格．

14.1.3 布尔代数

布尔代数的定义

定义 14.1.9 如果一个格是有补分配格，那么称它为 布尔格 或 布尔代数．

布尔代数也有下述等价定义．

定义 14.1.10 设 $\langle B, *, \circ \rangle$ 是代数系统，$*$ 和 $\circ$ 是二元运算．若 $*$ 和 $\circ$ 运算满足：

(1) 交换律，即 $\forall a, b \in B$ 有

$$a * b = b * a, \ a \circ b = b \circ a;$$

(2) 分配律，即 $\forall a, b, c \in B$ 有

$$a * (b \circ c) = (a * b) \circ (a * c),$$
$$a \circ (b * c) = (a \circ b) * (a \circ c);$$

(3) 同一律，即存在 $0, 1 \in B$ 使得 $\forall a \in B$ 有

$$a * 1 = a, \ a \circ 0 = a;$$

(4) 补元律，即 $\forall a \in B$，存在 $a' \in B$ 使得

$$a * a' = 0, \ a \circ a' = 1,$$

则称 $\langle B, *, \circ \rangle$ 为一个 布尔代数．

布尔代数的性质

定理 14.1.3 设 $\langle B, \wedge, \vee, ', 0, 1 \rangle$ 是布尔代数，则

(1) $\forall a \in B, (a')' = a$．（双重否定律）

(2) $\forall a, b \in B, (a \wedge b)' = a' \vee b', (a \vee b)' = a' \wedge b'$．（德摩根律）

有限布尔代数的结构

  定义 14.1.11　设 L 是格，$0 \in L, 0 \neq a \in L$. 若 $\forall b \in L$，当 $0 \prec b \preccurlyeq a$ 时，总有 $b = a$, 则称 a 为 L 中的 *原子*.

  定理 14.1.4(有限布尔代数的表示定理)　设 B 是有限布尔代数，A 是 B 的全体原子构成的集合，则 B 同构于 A 的幂集代数 $P(A)$.

  推论 14.1.1

  (1) 任何有限布尔代数的基数为 $2^n, n \in \mathbb{N}$.

  (2) 任何等势的有限布尔代数都是同构的.

14.2　基本要求

  1. 能够判别给定偏序集或者代数系统是否构成格.

  2. 能够确定一个命题的对偶命题.

  3. 能够证明格中的等式或不等式.

  4. 能够判别格 L 的子集 S 是否构成子格.

  5. 能够判别给定的格是否为分配格、有补格.

  6. 能够判别布尔代数并证明布尔代数中的等式.

14.3　习题课

14.3.1　题型一：格及其运算性质的判断

  1. 考虑实数集 $\mathbb{R}$ 和通常的小于或等于关系 $\leqslant$.

  (1) 说明 $\langle \mathbb{R}, \leqslant \rangle$ 是否构成格.

  (2) $\forall x, y \in \mathbb{R}$，求 $x \vee y, x \wedge y$.

  2. 图 14.3.1 是一个关于格 $L = \{a, b, c, d, e, f\}$ 中 $\vee$ 运算的运算表，设 $\vee$ 运算是可交换和幂等的.

  (1) 完成该运算表.

  (2) 画出 L 的哈斯图.

解答与分析

  1. (1) 构成格.

  (2) $x \vee y = \max(x, y), \ x \wedge y = \min(x, y)$.

  2. (1) 由于运算是可交换的、幂等的，因此运算表是对称的，并且主对角线元素排列

为 a, b, c, d, e, f，从而得到运算表如图 14.3.2 所示.

∨	a	b	c	d	e	f
a		a	a	e	e	a
b			a	d	e	b
c				e	e	c
d					e	d
e						e
f						

图 14.3.1

∨	a	b	c	d	e	f
a	a	a	a	e	e	a
b	a	b	a	d	e	b
c	a	a	c	e	e	c
d	e	d	e	d	e	d
e	e	e	e	e	e	e
f	a	b	c	d	e	f

图 14.3.2

(2) 由运算表不难看出 e 是最大元，f 是最小元. a 是被 e 覆盖的元素（因为除了 e 和 d 以外，其他元素与 a 运算都等于 a，a 小于 e，a 与 d 不可比，但是 a 大于其他元素）. 类似地，可以知道 d 也是被 e 覆盖的元素. 对于其他元素之间的关系也可以作出分析，最终得到的哈斯图如图 14.3.3 所示.

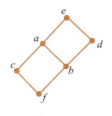

图 14.3.3

14.3.2　题型二：格中的等式或不等式的证明

证明：

(1) $(a \wedge b) \vee b = b$.

(2) $(a \wedge b) \vee (c \wedge d) \preccurlyeq (a \vee c) \wedge (b \vee d)$.

解答与分析

(1) $(a \wedge b) \vee b$ 是 $a \wedge b$ 与 b 的最小上界，根据最小上界的定义有 $(a \wedge b) \vee b \succcurlyeq b$. 类似地，$b$ 是 $a \wedge b$ 与 b 的上界，故有 $(a \wedge b) \vee b \preccurlyeq b$. 由于偏序的反对称性，等式得证.

(2) 由 $a \wedge b \preccurlyeq a \preccurlyeq a \vee c$ 和 $a \wedge b \preccurlyeq b \preccurlyeq b \vee d$ 得到

$$a \wedge b \preccurlyeq (a \vee c) \wedge (b \vee d).$$

同理得到

$$c \wedge d \preccurlyeq (a \vee c) \wedge (b \vee d).$$

因此有

$$(a \wedge b) \vee (c \wedge d) \preccurlyeq (a \vee c) \wedge (b \vee d).$$

证明格中等式的基本方法就是证明等式的左边"小于或等于"右边，同时等式的右边也"小于或等于"左边. 然后利用偏序关系的反对称性，由这两个不等式得到需要的等式. 因此等式的证明可以归结为两个不等式的证明.

为证明格中的不等式可以使用如下结果：

$a \preccurlyeq a.$ （偏序关系的自反性）

$a \preccurlyeq b$ 且 $b \preccurlyeq c \Rightarrow a \preccurlyeq c.$ （偏序关系的传递性）

$a \wedge b \preccurlyeq a, a \wedge b \preccurlyeq b, a \preccurlyeq a \vee b, b \preccurlyeq a \vee b.$ （下界定义与上界定义）

$a \preccurlyeq b$ 且 $a \preccurlyeq c \Rightarrow a \preccurlyeq b \wedge c$；$b \preccurlyeq a$ 且 $c \preccurlyeq a \Rightarrow b \vee c \preccurlyeq a.$ （最大下界定义与最小上界定义）

$a \preccurlyeq b$ 且 $c \preccurlyeq d \Rightarrow a \wedge c \preccurlyeq b \wedge d$ 且 $a \vee c \preccurlyeq b \vee d.$ （保序性）

14.3.3　题型三：子格判定

求图 14.3.4 中格 L 的所有子格.

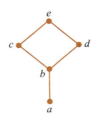

图 14.3.4

解答与分析

所有的子格按照元数分类如下.

一元子格：$\{a\}, \{b\}, \{c\}, \{d\}, \{e\}.$

二元子格：$\{a,b\}, \{a,c\}, \{a,d\}, \{a,e\}, \{b,c\}, \{b,d\}, \{b,e\}, \{c,e\}, \{d,e\}.$

三元子格：$\{a,b,c\}, \{a,b,d\}, \{a,b,e\}, \{a,c,e\}, \{a,d,e\}, \{b,c,e\}, \{b,d,e\}.$

四元子格：$\{a,b,c,e\}, \{a,b,d,e\}, \{b,c,d,e\}.$

五元子格：$\{a,b,c,d,e\}.$

子格的判定主要依据定义，就是判别给定子集关于原来格中的求最小上界、求最大下界运算是否封闭. 对于图 14.3.4 中的格，$\{a, c, d, e\}$ 不构成子格. 因为在原来的格里，$\{c, d\}$ 的最大下界是 b，而 b 不属于 $\{a, c, d, e\}$.

14.3.4　题型四：特殊格的判别

1. (1) 判断图 14.3.5 中的格是否为分配格.
(2) 针对图 14.3.5 中的格求出每个格的补元，并说明它们是否为有补格.

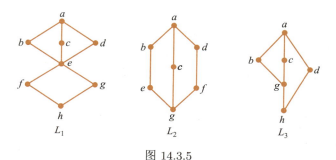

图 14.3.5

2. 判断下述代数系统是否为格，是否为布尔代数.
(1) $S = \{1, 3, 4, 12\}$，任给 $x, y \in S$，

$$x \circ y = \operatorname{lcm}(x, y), \ x * y = \gcd(x, y),$$

其中，lcm 是求最小公倍数，gcd 是求最大公因数.
(2) $S = \{0, 1, 2\}$，$\circ$ 是模 3 加法，$*$ 是模 3 乘法.
(3) $S = \{0, 1, \cdots, n\}$，其中 $n \geqslant 2$，任给 $x, y \in S, x \circ y = \max(x, y)$，$x * y = \min(x, y)$.

解答与分析

1. (1) L_1 不是分配格，因为它含有与钻石格同构的子格.

L_2 和 L_3 不是分配格，因为它们含有与五角格同构的子格.

(2) 在 L_1 中，a 与 h 互为补元，其他元素没有补元.

在 L_2 中，a 与 g 互为补元；b 的补元为 c, d, f；c 的补元为 b, d, e, f；d 的补元为 b, c, e；e 的补元为 c, d, f；f 的补元为 b, c, e.

在 L_3 中，a 与 h 互为补元；b 的补元为 d；c 的补元为 d；d 的补元为 b, c, g；g 的补元为 d.

L_2 和 L_3 是有补格.

2. (1) 是布尔代数.

(2) 不是格.

(3) 是格，但不是布尔代数.

14.3.5　题型五：布尔代数中的化简或证明

设 $\langle B, \wedge, \vee, ', 0, 1 \rangle$ 是布尔代数，$a, b, c \in B$，化简下列公式.

(1) $(a \wedge b) \vee (a \wedge b') \vee (a' \vee b)$.

(2) $(a \wedge b) \vee (a \wedge (b \wedge c)') \vee c$.

解答与分析

$$
\begin{aligned}
(1)\ (a \wedge b) \vee (a \wedge b') \vee (a' \vee b) &= (a \wedge (b \vee b')) \vee (a' \vee b) \quad （分配律）\\
&= (a \wedge 1) \vee (a' \vee b) \\
&= a \vee (a' \vee b) \\
&= (a \vee a') \vee b \\
&= 1 \vee b \\
&= 1.
\end{aligned}
$$

$$
\begin{aligned}
(2)\ (a \wedge b) \vee (a \wedge (b \wedge c)') \vee c &= (a \wedge b) \vee (a \wedge (b' \vee c')) \vee c \\
&= (a \wedge b) \vee (a \wedge b') \vee (a \wedge c') \vee c \\
&= a \wedge (b \vee b') \vee (a \wedge c') \vee c \quad （分配律）\\
&= (a \wedge 1) \vee ((a \vee c) \wedge (c \vee c')) \\
&= a \vee (a \vee c) \\
&= a \vee c.
\end{aligned}
$$

　　布尔代数的化简或者证明题的解答主要应用布尔代数中的算律，如结合律、交换律、幂等律、吸收律、分配律、德摩根律，还有关于单位元和补元的算律.

14.4　习题、解答或提示

14.4.1　习题 14

14.1 题 14.1 图给出了 6 个偏序集的哈斯图. 判断其中哪些是格. 如果不是格，说明理由.

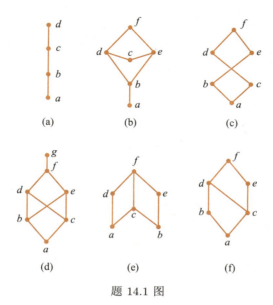

题 14.1 图

14.2 下列集合对于整除关系都构成偏序集，判断哪些偏序集是格.

(1) $L = \{1, 2, 3, 4, 5\}$.

(2) $L = \{1, 2, 3, 6, 12\}$.

(3) $L = \{1, 2, 3, 4, 6, 9, 12, 18, 36\}$.

(4) $L = \{1, 2, 2^2, \cdots\}$.

14.3 (1) 画出 $\langle \mathbb{Z}_{16}, \oplus \rangle$ 的子群格.

(2) 画出三元对称群 S_3 的子群格.

14.4 设 L 是格，求下列公式的对偶式.

(1) $a \wedge (a \vee b) \preccurlyeq a$.

(2) $a \vee (b \wedge c) \preccurlyeq (a \vee b) \wedge (a \vee c)$.

(3) $b \vee (c \wedge a) \preccurlyeq (b \vee c) \wedge a$.

14.5 设 L 为格，$\forall a_1, a_2, \cdots, a_n \in L$，如果 $a_1 \wedge a_2 \wedge \cdots \wedge a_n = a_1 \vee a_2 \vee \cdots \vee a_n$，证明 $a_1 = a_2 = \cdots = a_n$.

14.6 设 L 是格，$a, b, c \in L$，且 $a \preccurlyeq b \preccurlyeq c$，证明 $a \vee b = b \wedge c$.

14.7 针对题 14.7 图的格 L，求 L 的所有子格.

14.8 设 $\langle L, \preccurlyeq \rangle$ 是格，任取 $a \in L$，令

$$S = \{x \in L | x \preccurlyeq a\}.$$

证明 $\langle S, \preccurlyeq \rangle$ 是 L 的子格.

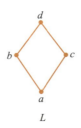

$$L$$

题 14.7 图

14.9 针对题 14.1 图中每个格，若格中的元素存在补元，则求出这些补元.

14.10 说明题 14.1 图中每个格是否为分配格、有补格和布尔格，并说明理由.

14.11 设 $\langle L, \wedge, \vee, 0, 1 \rangle$ 是有界格，证明 $\forall a \in L$，有

$$a \wedge 0 = 0, \ a \vee 0 = a, \ a \wedge 1 = a, \ a \vee 1 = 1.$$

14.12 对下列各题给定的集合和运算，判断它们是哪一类代数系统（半群、独异点、群、环、域、格、布尔代数），并说明理由.

(1) $S_1 = \left\{ 1, \dfrac{1}{2}, 2, \dfrac{1}{3}, 3, \dfrac{1}{4}, 4 \right\}$，$*$ 为普通乘法.

(2) $S_2 = \{a_1, a_2, \cdots, a_n\}, \forall a_i, a_j \in S_2, a_i * a_j = a_i$，这里的 n 是给定的正整数，且 $n \geqslant 2$.

(3) $S_3 = \{0, 1\}$，$*$ 为普通乘法.

(4) $S_4 = \{1, 2, 3, 6\}, \forall x, y \in S_4$，$x \circ y$ 和 $x * y$ 分别表示求 x 和 y 的最小公倍数和最大公因数.

(5) $S_5 = \{0, 1\}$，$*$ 表示模 2 加法，$\circ$ 为模 2 乘法.

14.13 设 B 是布尔代数，B 中的表达式 p 是

$$(a \wedge b) \vee (a \wedge b \wedge c) \vee (b \wedge c).$$

(1) 化简 p.

(2) 求 p 的对偶式 p^*.

14.14 设 B 是布尔代数，$\forall a, b \in B$，证明下述条件彼此等价.

(1) $a \preccurlyeq b$.

(2) $a \wedge b' = 0$.

(3) $a' \vee b = 1$.

14.15 对于 $n = 1, 2, 3, 4, 5$，给出所有不同构的 n 元格，并说明其中哪些是分配格、有补格和布尔格.

14.16 设 $\langle B, \wedge, \vee, ', 0, 1 \rangle$ 是布尔代数，在 B 上定义二元运算 $\oplus$: $\forall x, y \in B$,

$$x \oplus y = (x \wedge y') \vee (x' \wedge y).$$

问: $\langle B, \oplus \rangle$ 能否构成代数系统? 如果能，指出是哪一种代数系统. 为什么?

14.17 设 B 是布尔代数，$\forall a, b, c \in B$，若 $a \preccurlyeq c$，则有

$$a \vee (b \wedge c) = (a \vee b) \wedge c,$$

称这个等式为 模律 ，证明布尔代数满足模律.

14.18 设 B 是布尔代数，$a_1, a_2, \cdots, a_n \in B$，证明:

(1) $(a_1 \vee a_2 \vee \cdots \vee a_n)' = a_1' \wedge a_2' \wedge \cdots \wedge a_n'$.

(2) $(a_1 \wedge a_2 \wedge \cdots \wedge a_n)' = a_1' \vee a_2' \vee \cdots \vee a_n'$.

14.19 设 B_1, B_2, B_3 是布尔代数，证明: 若 $B_1 \cong B_2, B_2 \cong B_3$，则 $B_1 \cong B_3$.

14.4.2 解答或提示

14.1 在题 14.1 图中，(b)、(d)、(e) 不是格，因为在 (b) 中 $\{d, e\}$ 没有最大下界，在 (d) 中 $\{d, e\}$ 也没有最大下界，在 (e) 中 $\{a, b\}$ 没有最大下界.

14.2 (1) 不是格，其他都是格.

14.3 (1)、(2) 的哈斯图分别如图 14.4.1、图 14.4.2 所示.

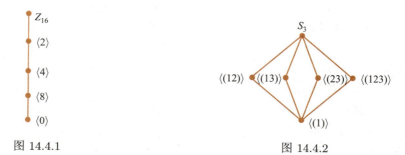

图 14.4.1   图 14.4.2

14.4 (1) $a \vee (a \wedge b) \succcurlyeq a$.

(2) $a \wedge (b \vee c) \succcurlyeq (a \wedge b) \vee (a \wedge c)$.

(3) $b \wedge (c \vee a) \succcurlyeq (b \wedge c) \vee a$.

14.5 $\forall a_1, a_2, \cdots, a_n \in L$，有

$$a_1 \wedge a_2 \wedge \cdots \wedge a_n \preccurlyeq a_i \preccurlyeq a_1 \vee a_2 \vee \cdots \vee a_n,$$

其中，$i = 1, 2, \cdots, n$. 由于 $a_1 \wedge a_2 \wedge \cdots \wedge a_n = a_1 \vee a_2 \vee \cdots \vee a_n$，所以对每个 $i = 1, 2, \cdots, n$，都有 $a_i = a_1 \wedge a_2 \wedge \cdots \wedge a_n$，于是 $a_1 = a_2 = \cdots = a_n$.

14.6 由 $a \preccurlyeq b$ 得 $a \vee b = b$. 由 $b \preccurlyeq c$ 得 $b = b \wedge c$. 因此 $a \vee b = b \wedge c$.

14.7 $\{a\}, \{b\}, \{c\}, \{d\}, \{a,b\}, \{a,c\}, \{a,d\}, \{b,d\}, \{c,d\}, \{a,b,d\}, \{a,c,d\}, \{a,b,c,d\}$.

14.8 因为 $a \in S$, 所以 S 非空.

任取 $x, y \in S$, 则有 $x \preccurlyeq a, y \preccurlyeq a$, 从而得到

$$x \wedge y \preccurlyeq x \preccurlyeq a, \ x \vee y \preccurlyeq a \vee a \preccurlyeq a,$$

故 S 对 $\wedge$ 和 $\vee$ 运算封闭. 这就证明了 $\langle S, \preccurlyeq \rangle$ 是 L 的子格.

14.9 (a) a 与 d 互为补元, 其他元素没有补元.

(c) a 与 f 互为补元, b 的补元是 c 和 d, c 的补元是 b 和 e, d 的补元是 b 和 e, e 的补元是 c 和 d.

(f) a 与 f 互为补元, b 与 e 互为补元, c 和 d 没有补元.

14.10 (a) 是分配格, 因为任何链都是分配格. (a) 不是有补格和布尔格, 因为 b 和 c 没有补元.

(c) 不是分配格, 因为含有五元子格与五角格同构. (c) 是有补格, 每个元素都有补元, 但不是布尔格, 因为不是分配格.

(f) 是分配格, 因为不含与钻石格和五角格同构的子格. (f) 不是有补格和布尔格, 因为 c 和 d 没有补元.

14.11 $a \wedge 0 \preccurlyeq 0, 0 \preccurlyeq 0$ 且 $0 \preccurlyeq a \Rightarrow 0 \preccurlyeq a \wedge 0$, 根据反对称性 $a \wedge 0 = 0$.

$a \preccurlyeq a \vee 0, 0 \preccurlyeq a$ 且 $a \preccurlyeq a \Rightarrow a \vee 0 \preccurlyeq a$, 根据反对称性 $a \vee 0 = a$.

$a \wedge 1 \preccurlyeq a, a \preccurlyeq a$ 且 $a \preccurlyeq 1 \Rightarrow a \preccurlyeq a \wedge 1$, 根据反对称性 $a \wedge 1 = a$.

$1 \preccurlyeq a \vee 1, 1 \preccurlyeq 1$ 且 $a \preccurlyeq 1 \Rightarrow a \vee 1 \preccurlyeq 1$, 根据反对称性 $a \vee 1 = 1$.

14.12 (1) 不是代数系统, 因为乘法不封闭, 如 $4 * 4 = 16$.

(2) 是半群但不是独异点, 因为 $*$ 运算满足结合律, 但是没有单位元.

(3) 是独异点但不是群. 因为 $*$ 运算满足结合律, 单位元是 1, 可是 0 没有乘法逆元.

(4) 是格, 也是布尔代数. 因为这两个运算满足交换律和分配律; 求最小公倍数运算的单位元是 1, 求最大公因数运算的单位元是 6, 满足同一律; 两个运算满足补元律.

(5) 是域. 对于模 n 整数环 $\mathbb{Z}_n$, 当 n 为素数时构成域.

14.13 (1) $(a \wedge b) \vee (a \wedge b \wedge c) \vee (b \wedge c) = ((a \wedge b) \vee ((a \wedge b) \wedge c)) \vee (b \wedge c)$

$$= (a \wedge b) \vee (b \wedge c)$$

$$= b \wedge (a \vee c).$$

(2) $b \vee (a \wedge c)$.

14.14 (1) $\Rightarrow$ (2). 由 $a \preccurlyeq b$ 知, $a \wedge b = a$. 于是有

$$a \wedge b' = (a \wedge b) \wedge b' = a \wedge (b \wedge b') = a \wedge 0 = 0,$$

所以 (2) 成立.

(2) ⇒ (3). 由 $a \wedge b' = 0$ 得, $(a \wedge b')' = 1$, 即 $a' \vee b = 1$, 故 (3) 成立.

(3) ⇒ (1). 由 $a' \vee b = 1$ 得

$$a = a \wedge 1 = a \wedge (a' \vee b) = (a \wedge a') \vee (a \wedge b) = 0 \vee (a \wedge b) = a \wedge b,$$

即 $a = a \wedge b$. 因此, $a \preccurlyeq b$, (1) 成立.

14.15 如图 14.4.3 所示, $n = 1$, 只有 1 个格, 是分配格、有补格和布尔格 (其中 0 = 1).

$n = 2$, 只有一个格, 是分配格、有补格和布尔格.

$n = 3$, 只有一个格, 是分配格, 不是有补格和布尔格.

$n = 4$, 有 2 个格, 一个是链, 是分配格, 不是有补格和布尔格; 另一个是菱形格, 是分配格、有补格和布尔格.

$n = 5$, 有 5 个格, 都不是布尔格, 其中的链是分配格, 不是有补格. 钻石格和五角格是有补格, 不是分配格. 剩下的两个格是分配格, 不是有补格.

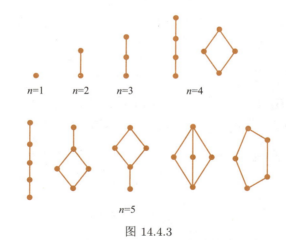

图 14.4.3

14.16 构成群. 易见 ⊕ 运算是封闭的.

下面证明结合律. $\forall x, y, z \in B$,

$$(x \oplus y) \oplus z$$

$$= ((x \wedge y') \vee (x' \wedge y)) \oplus z$$

$$= (((x \wedge y') \vee (x' \wedge y)) \wedge z') \vee (((x \wedge y') \vee (x' \wedge y))' \wedge z)$$

$$= (x \wedge y' \wedge z') \vee (x' \wedge y \wedge z') \vee ((x \wedge y')' \wedge (x' \wedge y)' \wedge z)$$

$$= (x \wedge y' \wedge z') \vee (x' \wedge y \wedge z') \vee ((x' \vee y) \wedge (x \vee y') \wedge z)$$

$$= (x \wedge y' \wedge z') \vee (x' \wedge y \wedge z') \vee (((x' \wedge x) \vee (x' \wedge y') \vee (x \wedge y) \vee (y \wedge y')) \wedge z)$$

$$= (x \wedge y' \wedge z') \vee (x' \wedge y \wedge z') \vee (x' \wedge y' \wedge z) \vee (x \wedge y \wedge z).$$

同理有

$$x \oplus (y \oplus z) = (x \wedge y' \wedge z') \vee (x' \wedge y \wedge z') \vee (x' \wedge y' \wedge z) \vee (x \wedge y \wedge z).$$

0 是单位元，任意 x 的逆元就是 x 自身. 因此 $\langle B, \oplus \rangle$ 构成群.

14.17 $a \vee (b \wedge c) = (a \vee b) \wedge (a \vee c) = (a \vee b) \wedge c.$

14.18 (1) 对 n 进行归纳. 当 $n = 2$ 时是德摩根律.

假设对于 $n = k$ 命题为真，则 $n = k + 1$ 时有

$$(a_1 \vee a_2 \vee \cdots \vee a_{k+1})' = ((a_1 \vee a_2 \vee \cdots \vee a_k) \vee a_{k+1})'$$

$$= (a_1 \vee a_2 \vee \cdots \vee a_k)' \wedge a'_{k+1}$$

$$= (a'_1 \wedge a'_2 \wedge \cdots \wedge a'_k) \wedge a'_{k+1}$$

$$= a'_1 \wedge a'_2 \wedge \cdots \wedge a'_k \wedge a'_{k+1}.$$

(2) 与 (1) 类似.

14.19 由 $B_1 \cong B_2, B_2 \cong B_3$，存在同构映射 $f : B_1 \to B_2, g : B_2 \to B_3$，因此 $f \circ g : B_1 \to B_3$ 也是双射. 下面证明 $f \circ g$ 是同态映射. $\forall x, y \in B_1$，

$$f \circ g(x \wedge y) = g(f(x \wedge y)) = g(f(x) \wedge f(y))$$

$$= g(f(x)) \wedge g(f(y))$$

$$= f \circ g(x) \wedge f \circ g(y),$$

$$f \circ g(x') = g(f(x')) = g(f(x)')$$

$$= g(f(x))' = f \circ g(x)'.$$

因此 $f \circ g$ 是从 B_1 到 B_3 的同态映射，从而证明了 $B_1 \cong B_3$.

14.5　小测验

14.5.1　试题

1. 填空题（6 小题，每小题 5 分，共 30 分）.

(1) 设 $X = \{1, 2, 3, 5, 6, 10, 15, 30\}, Y = \{2, 3, 6, 12, 24, 36\}, W = \{1, 2, 3, 6, 18, 54\}, T = \{2^n \mid n$ 为正整数$\}$，这些集合中关于整除关系构成格的有_____.

(2) 在如图 14.5.1 所示的哈斯图中构成分配格的有_____.

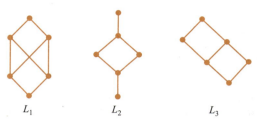

图 14.5.1

(3) 设 p 是命题 $(a \wedge b) \vee (b \wedge c) \vee (c \wedge a) \preccurlyeq (a \vee b) \wedge (b \vee c) \wedge (c \vee a)$，则 p 的对偶命题是_____.

(4) 设 L 为钻石格，则 L 有_____ 个二元子格.

(5) 设 n 为正整数，S_n 为 n 的正因子集，S_n 关于整除关系构成格，令 $n = 1, 2, 3, 4, 5, 6$，那么当 $n =$_____ 时，S_n 构成布尔格.

(6) 设 $\langle B, \wedge, \vee, ', 0, 1 \rangle$ 是布尔代数，同一律的表达式是_____.

2. 简答题（5 小题，每小题 10 分，共 50 分）.

(1) 设 $A = \{1, 2, 5, 10, 11, 22, 55, 110\}$，$A$ 关于整除关系构成格 L. 求 L 中所有有补元素的补元.

(2) 设 L 是模 12 加群 $\langle \mathbb{Z}_{12}, \oplus \rangle$ 的子群格，给出 L 的所有四元子格.

(3) 在布尔代数中化简下列公式：$(a \wedge b') \vee (a \vee b)'$.

(4) 设 $\mathbb{R}$ 为实数集，$A_t = \{x \in \mathbb{R} \mid K_t \leqslant x \leqslant t+1\}$，其中 $K_0 = K_2 = 0, K_1 = K_3 = -1$，$K_4 = -2$. 令 $S = \{A_t \mid t = 0, 1, 2, 3, 4\}$. 画出偏序集 $\langle S, \subseteq \rangle$ 的哈斯图并求它的极大元、极小元、最大元、最小元. 说明该偏序集构成什么格.

(5) 设 $G = \langle \mathbb{Z}_5, \oplus \rangle$. 令 G 上所有自同构构成的群为 $\mathrm{Aut}\, G$，给出 $\mathrm{Aut}\, G$ 的运算表并画出它的子群格 L 的哈斯图. 说明这个格是否为分配格、有补格、布尔格.

3. 证明题（2 小题，每小题 10 分，共 20 分）.

(1) 设 I 是格 L 的非空子集，如果满足下述条件，那么称 I 为 L 的理想：

(i) $\forall a, b \in I$ 有 $a \vee b = I$；

(ii) $\forall a \in I, \forall x \in L$，若 $x \preccurlyeq a$，则 $x \in I$.

证明：理想 I 是 L 的子格.

(2) 在格 L 中，$\forall a, b, c \in L$ 有 $a \wedge (b \vee c) = (a \wedge b) \vee (a \wedge c)$ 成立. 证明：$\forall a, b, c \in L$ 有

$$a \vee (b \wedge c) = (a \vee b) \wedge (a \vee c)$$

成立.

14.5.2   答案或解答

1. (1) X, W, T.

(2) L_2 和 L_3.

(3) $(a \vee b) \wedge (b \vee c) \wedge (c \vee a) \succcurlyeq (a \wedge b) \vee (b \wedge c) \vee (c \wedge a)$.

(4) 7.

(5) $1, 2, 3, 5, 6$.

(6) $\forall a \in B, a \wedge 1 = a, a \vee 0 = a$.

2. (1) 1 与 110 互为补元, 2 与 55 互为补元, 5 与 22 互为补元, 10 与 11 互为补元.

(2) $L = \{\langle 0 \rangle, \langle 6 \rangle, \langle 4 \rangle, \langle 3 \rangle, \langle 2 \rangle, \langle 1 \rangle\}$, L 的四元子格有:

$$\{\langle 0 \rangle, \langle 4 \rangle, \langle 6 \rangle, \langle 2 \rangle\}, \ \{\langle 6 \rangle, \langle 3 \rangle, \langle 2 \rangle, \langle 1 \rangle\}, \ \{\langle 0 \rangle, \langle 4 \rangle, \langle 3 \rangle, \langle 1 \rangle\},$$

$$\{\langle 0 \rangle, \langle 4 \rangle, \langle 2 \rangle, \langle 1 \rangle\}, \ \{\langle 0 \rangle, \langle 6 \rangle, \langle 2 \rangle, \langle 1 \rangle\}, \ \{\langle 0 \rangle, \langle 6 \rangle, \langle 3 \rangle, \langle 1 \rangle\}.$$

(3) $(a \wedge b') \vee (a \vee b)' = (a \wedge b') \vee (a' \wedge b') = (a \vee a') \wedge b' = 1 \wedge b' = b'$.

(4) $A_0 = \{x | x \in \mathbb{R} \wedge 0 \leqslant x \leqslant 1\} = [0, 1]$,

$A_1 = \{x | x \in \mathbb{R} \wedge -1 \leqslant x \leqslant 2\} = [-1, 2]$,

$A_2 = \{x | x \in \mathbb{R} \wedge 0 \leqslant x \leqslant 3\} = [0, 3]$,

$A_3 = \{x | x \in \mathbb{R} \wedge -1 \leqslant x \leqslant 4\} = [-1, 4]$,

$A_4 = \{x | x \in \mathbb{R} \wedge -2 \leqslant x \leqslant 5\} = [-2, 5]$.

哈斯图如图 14.5.2 所示. 极大元与最大元为 A_4, 极小元与最小元为 A_0. 这个偏序集构成有界格、分配格.

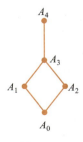

图 14.5.2

(5) $f_i : \mathbb{Z}_5 \to \mathbb{Z}_5, f_i(x) = xi \bmod 5$, $i = 1, 2, 3, 4$.

$\mathrm{Aut}\,G = \langle\{f_1, f_2, f_3, f_4\}, \circ\rangle$，运算表如图 14.5.3 所示.

$\circ$	f_1	f_2	f_3	f_4
f_1	f_1	f_2	f_3	f_4
f_2	f_2	f_4	f_1	f_3
f_3	f_3	f_1	f_4	f_2
f_4	f_4	f_3	f_2	f_1

图 14.5.3

$\mathrm{Aut}\,G$ 的子群：$H_1 = \{f_1\}, H_2 = \{f_4, f_1\}$.

$\mathrm{Aut}\,G$ 的子群格 L 的哈斯图如图 14.5.4 所示. L 是分配格，不是有补格和布尔格.

图 14.5.4

3. (1) I 非空，只需证明 I 关于 $\vee$ 和 $\wedge$ 运算封闭. 根据已知条件，I 关于 $\vee$ 运算封闭. 任取 $a, b \in I$，显然 $a \wedge b \preccurlyeq a$. 根据已知条件：$\forall a \in I, \forall x \in L$, 若 $x \preccurlyeq a$, 则 $x \in I$, 因此有 $a \wedge b \in I$, 故 I 关于 $\wedge$ 运算封闭.

(2) $\quad (a \vee b) \wedge (a \vee c)$

$\quad = ((a \vee b) \wedge a) \vee ((a \vee b) \wedge c)$ （已知）

$\quad = a \vee ((a \wedge c) \vee (b \wedge c))$ （吸收律、$\wedge$ 对 $\vee$ 的分配律）

$\quad = (a \vee (a \wedge c)) \vee (b \wedge c)$ （结合律）

$\quad = a \vee (b \wedge c)$. （吸收律）

第6部分　数 理 逻 辑

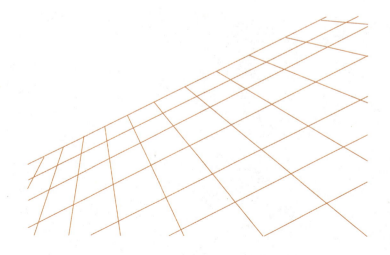

第 15 章
命题逻辑基本概念

15.1　内容提要

15.1.1　命题与联结词

命题与真值

非真即假的陈述句称作 命题．

作为命题的陈述句所表达的判断结果称作命题的 真值，真值只取两个值：真或假．真值为真的命题称作 真命题，真值为假的命题称作 假命题．

不能被分解成更简单的命题称作 简单命题 或 原子命题．在命题逻辑中，简单命题是最小的基本单位，对它不再细分．由简单命题通过联结词联结而成的命题，称作 复合命题．

命题与真值的符号化

用 p, q, r 等表示命题，称为 命题的符号化；用数字 1 代表真，用数字 0 代表假，称为 真值的符号化．

常用联结词及其符号化

"非"（或"否定"）符号化为"$\neg$"，称 $\neg$ 为 否定联结词．

"并且"（或"与"）符号化为"$\wedge$"，称 $\wedge$ 为 合取联结词．

"或"（"相容或"）符号化为"$\vee$"，称 $\vee$ 为 析取联结词．

"若……，则……"符号化为"$\to$"，称 $\to$ 为 蕴涵联结词．

"当且仅当"符号化为"$\leftrightarrow$",称 $\leftrightarrow$ 为 等价联结词.

记 $S = \{\neg, \wedge, \vee, \rightarrow, \leftrightarrow\}$,称 S 为 常用联结词集.

基本复合命题

设 p, q 为命题.

否定式"$\neg p$":$\neg p$ 为真当且仅当 p 为假.

合取式"$p \wedge q$":$p \wedge q$ 为真当且仅当 p 和 q 同时为真.

析取式"$p \vee q$":$p \vee q$ 为假当且仅当 p 和 q 同时为假.

析取式"$(p \wedge \neg q) \vee (\neg p \wedge q)$":$(p \wedge \neg q) \vee (\neg p \wedge q)$ 为真当且仅当 p 和 q 的真值相异. 这里,表达式 $(p \wedge \neg q) \vee (\neg p \wedge q)$ 称为 p 与 q 的排斥或.

蕴涵式"$p \rightarrow q$":$p \rightarrow q$ 为假当且仅当 p 为真,q 为假. p 为 q 的充分条件,q 为 p 的必要条件.

等价式"$p \leftrightarrow q$":$p \leftrightarrow q$ 为真当且仅当 p 和 q 的真值相同. p 与 q 互为充分必要条件.

复合命题

由基本复合命题以及多次使用常用联结词集 S 中的联结词复合而成的命题统称为 复合命题. 其实,排斥或 $(p \wedge \neg q) \vee (\neg p \wedge q)$ 也可以看作复合命题.

15.1.2 命题公式及其赋值

命题常项与命题变项

简单命题是命题逻辑中最基本的研究单位,其真值是确定的,又称作 命题常项 或 命题常元.

取值 1(真)或 0(假)的变元称作 命题变项 或 命题变元.

命题公式与赋值

将命题变项用联结词和圆括号按照一定的逻辑关系联结起来的符号串称作 合式公式. 当使用联结词集 $\{\neg, \wedge, \vee, \rightarrow, \leftrightarrow\}$ 时,合式公式定义如下.

定义 15.1.1

(1) 单个命题变项和命题常项是合式公式,并称为 原子命题公式.

(2) 若 A 是合式公式,则 $(\neg A)$ 是合式公式.

(3) 若 A, B 是合式公式,则 $(A \wedge B), (A \vee B), (A \rightarrow B), (A \leftrightarrow B)$ 是合式公式.

(4) 有限次地应用 (1)~(3) 形成的符号串是合式公式.

合式公式也称作 命题公式 或 命题形式,简称为 公式.

设 A 为合式公式,B 为 A 中一部分,若 B 也是合式公式,则称 B 为 A 的 子公式.

定义 15.1.2

(1) 若公式 A 是单个的命题变项,则称 A 为 零层公式

(2) 称 A 是 $n+1(n \geqslant 1)$ 层公式是指下面情况之一.

(a) $A = \neg B$[①]，B 是 n 层公式；

(b) $A = B \wedge C$，其中 B, C 分别为 i 层和 j 层公式，且 $n = \max(i, j)$[②]；

(c) $A = B \vee C$，其中 B, C 的层次及 n 同 (b)；

(d) $A = B \rightarrow C$，其中 B, C 的层次及 n 同 (b)；

(e) $A = B \leftrightarrow C$，其中 B, C 的层次及 n 同 (b).

(3) 若公式 A 的层次为 k，则称 A 是 k 层公式.

定义 15.1.3　设 $p_1, p_2, \cdots, p_n$ 是出现在公式 A 中的全部命题变项，给 $p_1, p_2, \cdots, p_n$ 各指定一个真值，称为对 A 的一个 赋值 或 解释. 若指定的一组值使 A 为 1，则称这组值为 A 的 成真赋值；若使 A 为 0，则称这组值为 A 的 成假赋值.

定义 15.1.4　将命题公式 A 在所有赋值下取值情况列成表，称该表为 A 的 真值表.

命题公式的类型

定义 15.1.5　设 A 为任一命题公式.

(1) 若 A 在它的各种赋值下取值均为真，则称 A 为 重言式 或 永真式.

(2) 若 A 在它的各种赋值下取值均为假，则称 A 为 矛盾式 或 永假式.

(3) 若 A 不是矛盾式，则称 A 为 可满足式.

判断公式类型的方法

本章主要用真值表来判断命题公式的类型，进而求公式的成真赋值和成假赋值.

(a) 若真值表最后一列全为 1，则对应的公式为重言式.

(b) 若真值表最后一列全为 0，则对应的公式为矛盾式.

(c) 若真值表最后一列中至少有一个为 1，则对应的公式为可满足式.

15.2　基本要求

1. 分清简单命题（即原子命题）与复合命题.

2. 深刻理解 5 种常用联结词 $\neg, \wedge, \vee, \rightarrow, \leftrightarrow$ 的含义，并能够准确地应用它们将基本复合命题及复合命题符号化，并且由所含简单命题的真值迅速求出复合命题的真值. 特别要注意以下几点.

(1) 分清 "$p \rightarrow q$" 的逻辑关系、真值以及在自然语言中对 "$p \rightarrow q$" 的不同的描述方法.

(2) 分清 "$p \wedge q$" 的逻辑关系以及合取联结词在自然语言中的各种描述方法.

(3) 分清 "相容或" 和 "排斥或".

---

① "＝" 为普通意义下的等号，在这里 ＝ 为元语言符号.

② 设 x, y 为实数，$\max(x, y)$ 等于 x, y 中较大的数.

3. 深刻理解命题的赋值、成真赋值、成假赋值、重言式、矛盾式、可满足式等概念.

4. 能够熟练地写出给定命题公式的真值表，从而准确地判断命题公式的类型，并求出命题公式的成真赋值和成假赋值.

15.3　习题课

15.3.1　题型一：命题符号化

1. 将下列命题符号化，并求命题的真值.

(1) 蓝色和黄色可以调配成绿色.

(2) 蓝色和黄色都是常用的颜色.

(3) $\sqrt{2}$ 与 $\sqrt{5}$ 之和是无理数.

(4) $\sqrt{2}$ 和 $\sqrt{5}$ 都是有理数.

2. 将下列语句符号化，并求 (1)、(5) 的真值.

(1) 虽然 2 能整除 4，但 2 不能整除 5.

(2) 小丽一边吃苹果，一边看电视.

(3) 王大力不但是 100 米冠军，而且是 500 米冠军.

(4) 王小红虽然没上过大学，但她自学成才.

(5) 2 是偶素数.

3. 将下列语句符号化，并求 (1)~(4) 的真值.

(1) $\sqrt{3}$ 或 5 是无理数.

(2) $\sqrt{3}$ 和 5 中有且仅有一个是无理数.

(3) $\sqrt{3}$ 和 $\sqrt{5}$ 中有且仅有一个是无理数.

(4) 3 和 5 中有且仅有一个是无理数.

(5) 李和平是山西人或陕西人.

(6) 李冰只能选学英语或只能选学法语.

(7) 李冰选学英语或法语.

4. 将下列命题符号化，并求它们的真值.

(1) 只要 4 是偶数，5 就是奇数.

(2) 若 4 是偶数，则 5 也是偶数.

(3) 只有 4 是偶数，5 才是偶数.

(4) 5 是偶数仅当 4 是奇数.

(5) 除非 4 是奇数，否则 5 不是奇数.

(6) 种瓜得瓜，种豆得豆.

(7) 除非 $2 + 2 = 5$，否则地球是静止不动的.

(8) 只有地球是静止不动的，才有 $2 + 2 = 5$.

5. 将下列语句符号化，并求 (3)、(4)、(5)、(6) 的真值.

(1) 经一事，长一智，并且不经一事，不长一智.

(2) 经一事，长一智，并且不长一智，不经一事.

(3) $2 + 3 = 5$ 当且仅当 19 是素数.

(4) $2 + 3 = 5$ 当且仅当 19 不是素数.

(5) $2 + 3 \neq 5$ 当且仅当 19 是素数.

(6) $2 + 3 \neq 5$ 当且仅当 19 不是素数.

解答与分析

1. 本题要求分清联结词"并且"（"和""与"等）联结的是句子成分，还是两个独立句子，从而分清简单命题与复合命题. 根据题意不难看出，(1) 中的"和"联结的是两个名词（蓝色、黄色），因而是简单命题. (2) 中的"和"联结的是两个句子（蓝色是常用颜色，黄色是常用颜色），因而是复合命题. 通过类似分析可知，(3) 是简单命题，而 (4) 是复合命题. (1)~(4) 的符号化形式如下.

(1) p：蓝色和黄色可以调配成绿色.

(2) $p \wedge q$，其中 p：蓝色是常用颜色，q：黄色是常用颜色.

(3) p：$\sqrt{2}$ 与 $\sqrt{5}$ 之和是无理数.

(4) $p \wedge q$，其中 p：$\sqrt{2}$ 是有理数，q：$\sqrt{5}$ 是有理数.

(1) ~ (4) 的真值分别为 $1, 1, 1, 0$.

2. 本题要求练习合取联结词 $\wedge$ 的各种不同的描述方法，以及合取式的真值取值情况. 联结词"虽然……，但是……""一边……，一边……""不仅……，而且……"，"既……，又……"等都是合取的意思，因而它们都符号化为"$\wedge$". (1)~(5) 的符号化形式如下.

(1) $p \wedge \neg q$，其中 p：2 能整除 4，q：2 能整除 5. 真值为 1（这里 q 为假）.

(2) $p \wedge q$，其中 p：小丽吃苹果，q：小丽看电视.

(3) $p \wedge q$，其中 p：王大力是 100 米冠军，q：王大力是 500 米冠军.

(4) $\neg p \wedge q$，其中 p：王小红上过大学，q：王小红自学成才.

(5) $p \wedge q$，其中 p：2 是素数，q：2 是偶数. 其真值为 1.

3. 着重讨论相容或与排斥或的区别与联系. 相容或 $p \vee q$ 与排斥或 $(p \wedge \neg q) \vee (\neg p \wedge q)$ 的区别在于，当 p 和 q 同为真时，$p \vee q$ 为真，而 $(p \wedge \neg q) \vee (\neg p \wedge q)$ 为假. 因而，当命题 p 和 q 不能同时为真时，$p \vee q$ 与 $(p \wedge \neg q) \vee (\neg p \wedge q)$ 真值相同. 在本题中，(1) 和 (7) 为相容或. 在 (5) 中，李和平不能既是山西人，又是陕西人，因而 (5) 可以符号化成排斥

或. 但由于"李和平是山西人"与"李和平是陕西人"实际上不可能同时为真, 因而 (5) 也可以符号化成相容或. (2)、(3)、(4)、(6) 均为排斥或. 各语句的符号化形式如下.

(1) $p \lor q$, 其中 p : $\sqrt{3}$ 是无理数, q : 5 是无理数, 真值为 1.

(2) $(p \land \neg q) \lor (\neg p \land q)$, 其中 p 与 q 同 (1), 真值为 1.

(3) $(p \land \neg q) \lor (\neg p \land q)$, 其中 p : $\sqrt{3}$ 是无理数, q : $\sqrt{5}$ 是无理数, 真值为 0 (因为 p 与 q 同时为真).

(4) $(p \land \neg q) \lor (\neg p \land q)$, 其中 p : 3 是无理数, q : 5 是无理数, 真值为 0 (因为 p 与 q 同时为假).

(5) $p \lor q$, 其中 p : 李和平为山西人, q : 李和平为陕西人. 也可以符号化为 $(p \land \neg q) \lor (\neg p \land q)$.

(6) $(p \land \neg q) \lor (\neg p \land q)$, 其中 p : 李冰选学英语, q : 李冰选学法语.

(7) $p \lor q$, 其中 p 与 q 同 (6).

4. 本题着重练习蕴涵式的逻辑关系及真值, 特别是从蕴涵式的不同描述中, 准确地找出蕴涵式的前件与后件. 蕴涵关系可以有多种不同的叙述方式, 例如, "若 p, 则 q""只要 p, 就 q""只有 p, 才 q""除非 p, 否则 q""p 仅当 q"等. 符号化时一定要分清前、后件, 即分清谁是必要条件, 谁是充分条件 (后件是前件的必要条件, 前件是后件的充分条件). 在"若 p, 则 q""只要 p, 就 q""p 仅当 q"中, p 是充分条件, q 是必要条件, 即 p 是蕴涵式的前件, q 是蕴涵式的后件, 符号化为 $p \rightarrow q$; 在"只有 p, 才 q"中, p 是必要条件, q 是充分条件, 即 q 是蕴涵式的前件, p 是蕴涵式的后件, 符号化为 $q \rightarrow p$; 而"除非 p, 否则 q"符号化时比较容易出错, 可以考虑它的另一种叙述方式"若 $\neg p$, 则 q"或"只有 p, 才有 $\neg q$", 应符号化为 $\neg p \rightarrow q$ 或 $\neg q \rightarrow p$.

下面给出各复合命题的符号化表示及其真值.

在 (1)~(5) 中, 令 p : 4 是偶数, q : 5 是偶数, 则 $\neg p$: 4 是奇数, $\neg q$: 5 为奇数.

(1) 符号化为: $p \rightarrow \neg q$, 真值为 1 (前件、后件均为真).

(2) 符号化为: $p \rightarrow q$, 真值为 0 (前件为真, 后件为假).

(3) 符号化为: $q \rightarrow p$ (或 $\neg p \rightarrow \neg q$), 真值为 1 (前件为假).

(4) 符号化为: $q \rightarrow \neg p$, 真值为 1 (前件为假).

(5) 的另外一种叙述方法为"若 4 不是奇数, 则 5 也不是奇数", 所以应符号化为 $\neg(\neg p) \rightarrow \neg(\neg q)$, 即 $p \rightarrow q$ (或者 $\neg q \rightarrow \neg p$), 真值为 0 (前件为真, 后件为假).

(6) 是由两个因果关系 (蕴涵式) 构成的合取式, 符号化为: $(p \rightarrow q) \land (r \rightarrow s)$, 其中, p : 种瓜, q : 得瓜, r : 种豆, s : 得豆. 真值为 1.

在 (7)、(8) 中, 令 p : $2 + 2 = 5$, q : 地球是静止不动的, 则 p 为假, q 为假.

(7) 符号化为: $\neg p \rightarrow q$ (或 $\neg q \rightarrow p$), 真值为 0 (前件为真, 后件为假).

(8) 符号化为: $p \rightarrow q$, 真值为 1 (前件为假).

在 (7)、(8) 中, 蕴涵式的前件、后件无内在联系, 只能由逻辑关系确定真值.

5. 本题主要练习等价式及其真值. 在 (1)、(2) 中, 令 p : 经一事, q : 长一智.

(1) 可以符号化为: $(p \to q) \land (\neg p \to \neg q)$, 也可以符号化为 $(p \to q) \land (q \to p)$, 又可以符号化为: $p \leftrightarrow q$.

(2) 可以符号化为: $(p \to q) \land (\neg q \to \neg p)$, 也可以符号化为 $(p \to q) \land (p \to q)$, 又可以符号化为: $p \to q$.

关于 (1)、(2) 有多种符号化形式, 可参阅第 16 章中的基本等值式: 假言易位、等价等值式、幂等律等.

在 (3)~(6) 中, 令 $p : 2 + 3 = 5, q : 19$ 是素数.

(3) 符号化为: $p \leftrightarrow q$, 真值为 1.

(4) 符号化为: $p \leftrightarrow \neg q$, 真值为 0.

(5) 符号化为: $\neg p \leftrightarrow q$, 真值为 0.

(6) 符号化为: $\neg p \leftrightarrow \neg q$, 真值为 1.

15.3.2　题型二: 求命题的真值与公式的赋值

1. 设 $p : 4$ 是素数, $q :$ 南京在北京的北边, $r :$ 苹果树是落叶乔木. 求下列复合命题的真值.

(1) $\neg (p \land q \land \neg r)$.

(2) $(\neg p \land q) \to (p \leftrightarrow r)$.

(3) $(p \leftrightarrow q) \lor (\neg p \leftrightarrow \neg q)$.

2. 求下列公式的成真赋值和成假赋值.

(1) $\neg (p \land q \land \neg r)$.

(2) $(\neg p \land q) \to (p \leftrightarrow r)$.

解答与分析

1. 这里 p, q, r 均为命题, 且 p 和 q 均为假命题, r 为真命题, 而 (1)、(2)、(3) 为由 p, q, r 组成的复合命题. 将 p, q, r 的真值 0, 0, 1 代入各公式, 立即得出: (1) 的真值为 1, (2) 的真值为 1, (3) 的真值也为 1.

2. 本题中, p, q, r 均为命题变项, 这与第 1 题中 p, q, r 均为命题是完全不同的. 由于公式中均含 3 个命题变项, 因而 (1)、(2) 均有 $2^3 = 8$ 个赋值, 从中找出成真赋值和成假赋值. 设 (1)、(2) 中的公式分别为 A 和 B.

<u>方法一</u>　观察法.

(1) 易知, $p \land q \land \neg r$ 只有一个成真赋值 110, 其余的 7 个赋值全是成假赋值, 故立即可知, 110 是公式 A 的成假赋值, 000, 001, 010, 011, 100, 101, 111 都是 A 的成真赋值.

（2）在蕴涵式中，只有前件为真，后件为假，蕴涵式才为假。而使 $\neg p \wedge q$ 为真，$p \leftrightarrow r$ 为假的赋值只有 011，故公式 B 的成真赋值为 000，001，010，100，101，110，111，而 011 为成假赋值。

<u>方法二</u>　真值表法（请读者用真值表求解）。

15.3.3　题型三：判断公式的类型

1. 用观察法判断下列公式的类型。

（1）$p \wedge r \wedge \neg (q \to p)$.

（2）$((p \to q) \to (\neg q \to \neg p)) \vee r$.

（3）$(p \to q) \leftrightarrow (p \to r)$.

2. 用真值表法判断第 1 题中 3 个公式的类型。

解答与分析

1. 设（1）、（2）、（3）中的公式分别为 A, B, C，将 p, q, r 的真值代入各式容易观察出部分公式的类型。

（1）易知，当 p 取 0 或 r 取 0 时，A 取 0 值，因而 000，001，010，011，100，110 为 A 的成假赋值。这样一来，在 8 个赋值中还剩下两个赋值 101 与 111，它们都是 $\neg (q \to p)$ 的成假赋值，因此 A 无成真赋值，故 A 为矛盾式。

（2）容易观察出，当 r 取 1 时，B 取 1。于是 001，011，101，111 均为 B 的成真赋值，剩下的 4 个赋值为 000，010，100，110，它们都是 $((p \to q) \to (\neg q \to \neg p))$ 的成真赋值，因此 8 个赋值都是 B 的成真赋值，故 B 为重言式。

（3）容易看出，000，111 均为 C 的成真赋值，而 101，110 均为 C 的成假赋值，故 C 为可满足式，但不是重言式。

2. 第 1 题中公式 A, B, C 的真值表分别由表 15.3.1、表 15.3.2、表 15.3.3 给出。熟练以后，写真值表时，不一定写出公式的所有层次，写出主要层次即可，关键问题是保证准确性。

表 15.3.1

p q r	$p \wedge r$	$q \to p$	$\neg (q \to p)$	$p \wedge r \wedge \neg (q \to p)$
0　0　0	0	1	0	0
0　0　1	0	1	0	0
0　1　0	0	0	1	0
0　1　1	0	0	1	0
1　0　0	0	1	0	0
1　0　1	1	1	0	0
1　1　0	0	1	0	0
1　1　1	1	1	0	0

由表 15.3.1、表 15.3.2、表 15.3.3 可知, 公式 $p \wedge r \wedge \neg(q \rightarrow p)$ 为矛盾式, 公式 $((p \rightarrow q) \rightarrow (\neg q \rightarrow \neg p)) \vee r$ 为重言式, 公式 $(p \rightarrow q) \leftrightarrow (p \rightarrow r)$ 为可满足式, 这与第 1 中通过观察得到的结果是相同的, 但真值表给出了全部的成真赋值和成假赋值. 因此, 对比较特殊 (比较好观察) 的公式可用观察法判断其类型, 而对一般公式则应该写出真值表以判断公式类型. 在第 16 章中还将给出多种判断公式类型的方法.

表 15.3.2

p q r	$p \rightarrow q$	$\neg q \rightarrow \neg p$	$(p \rightarrow q) \rightarrow (\neg q \rightarrow \neg p)$	$((p \rightarrow q) \rightarrow (\neg q \rightarrow \neg p)) \vee r$
0 0 0	1	1	1	1
0 0 1	1	1	1	1
0 1 0	1	1	1	1
0 1 1	1	1	1	1
1 0 0	0	0	1	1
1 0 1	0	0	1	1
1 1 0	1	1	1	1
1 1 1	1	1	1	1

表 15.3.3

p q r	$p \rightarrow q$	$p \rightarrow r$	$(p \rightarrow q) \leftrightarrow (p \rightarrow r)$
0 0 0	1	1	1
0 0 1	1	1	1
0 1 0	1	1	1
0 1 1	1	1	1
1 0 0	0	0	1
1 0 1	0	1	0
1 1 0	1	0	0
1 1 1	1	1	1

15.3.4　题型四: 复合命题符号化

将下面两段论述符号化, 并求所得复合命题的真值.

1. 若 π 是无理数, 则自然对数的底 e 也是无理数. 只有 3 是偶数, 4 才是素数. $\sqrt{2}$ 是无理数, 仅当 $\sqrt{5}$ 不是无理数. $\sqrt{5}$ 是无理数.

2. 若 2 和 3 都是素数, 则 5 是奇数. 2 是素数, 3 也是素数. 所以, 5 或 6 是奇数.

解答与分析

解此类问题, 首先应该确定简单命题并将其符号化, 然后从基本复合命题开始, 逐步得到更复杂的复合命题. 代入简单命题的真值不难求出复合命题的真值.

1. 令 $p:\pi$ 是无理数, $q:e$ 是无理数, $r:3$ 是偶数, $s:4$ 是素数, $t:\sqrt{2}$ 是无理数, $u:\sqrt{5}$ 是无理数.

若 π 是无理数, 则自然对数的底 e 也是无理数: $p \to q$.

只有 3 是偶数, 4 才是素数: $s \to r$.

$\sqrt{2}$ 是无理数, 仅当 $\sqrt{5}$ 不是无理数: $t \to \neg u$.

该段论述可符号化为

$$(p \to q) \land (s \to r) \land (t \to \neg u) \land u.$$

易知, p, q, t, u 的真值为 1, r, s 的真值为 0, 于是 3 个基本复合命题的真值分别为 $1, 1, 0$, 从而复合命题的真值为 0.

2. 令 $p:2$ 是素数, $q:3$ 是素数, $r:5$ 是奇数, $s:6$ 是奇数.

2 和 3 都是素数: $p \land q$.

若 2 和 3 都是素数, 则 5 是奇数: $(p \land q) \to r$.

5 或 6 是奇数: $r \lor s$.

该段论述可符号化为

$$(((p \land q) \to r) \land (p \land q)) \to (r \lor s),$$

这里, p, q, r 的真值为 1, s 的真值为 0, 因此 $(p \land q) \to r$ 和 $r \lor s$ 的真值为 1, 从而复合命题的真值为 1.

15.4　习题、解答或提示

15.4.1　习题 15

15.1 下列句子中哪些是命题? 在是命题的句子中, 哪些是简单命题? 哪些是真命题? 哪些命题的真值现在还不知道?

(1) 中国有四大发明.

(2) $\sqrt{5}$ 是无理数.

(3) 3 是素数或 4 是素数.

(4) $2x + 3 < 5$, 其中 x 是任意实数.

(5) 你去图书馆吗?

(6) 2 与 3 都是偶数.

(7) 刘红与魏欣是同学.

(8) 这朵玫瑰花多美丽呀!

(9) 吸烟请到吸烟室去!

(10) 圆的面积等于半径的平方乘 π.

(11) 只有 6 是偶数，3 才能是 2 的倍数.

(12) 8 是偶数的充分必要条件是 8 能被 3 整除.

(13) 2050 年元旦下大雪.

15.2 将题 15.1 中的简单命题符号化.

15.3 写出下列命题的否定式,并将原命题及其否定式都符号化,最后指出各否定式的真值.

(1) $\sqrt{5}$ 是有理数.

(2) $\sqrt{25}$ 不是无理数.

(3) 2.5 是自然数.

(4) $\ln 1$ 是整数.

15.4 将下列命题符号化，并指出各命题的真值.

(1) 2 与 5 都是素数.

(2) 不但 π 是无理数，而且自然对数的底 e 也是无理数.

(3) 虽然 2 是最小的素数，但 2 不是最小的自然数.

(4) 3 是偶素数.

(5) 4 既不是素数，也不是偶数.

15.5 将下列命题符号化，并指出各命题的真值.

(1) 2 或 3 是偶数.

(2) 2 或 4 是偶数.

(3) 3 或 5 是偶数.

(4) 3 不是偶数或 4 不是偶数.

(5) 3 不是素数或 4 不是偶数.

15.6 将下列命题符号化.

(1) 小丽只能从筐里拿一个苹果或一个梨.

(2) 这学期，刘晓月只能选学英语或日语中的一门外语课.

15.7 设 p：王冬生于 1971 年，q：王冬生于 1972 年，说明命题"王冬生于 1971 年或 1972 年"既可以符号化为"$(p \wedge \neg q) \vee (\neg p \wedge q)$"，又可以符号化为"$p \vee q$"的理由.

15.8 将下列命题符号化，并指出各命题的真值.

(1) 只要 $2 < 1$，就有 $3 < 2$.

(2) 若 $2 < 1$，则 $3 \geqslant 2$.

(3) 只有 $2 < 1$，才有 $3 \geqslant 2$.

(4) 除非 $2 < 1$，才有 $3 \geqslant 2$.

(5) 除非 $2 < 1$，否则 $3 < 2$.

(6) $2 < 1$ 仅当 $3 < 2$.

15.9 设 p：俄罗斯位于南半球，q：亚洲人口最多. 将下面命题用自然语言表述，并指出各命题的真值.

(1) $p \rightarrow q$.

(2) $q \rightarrow p$.

(3) $\neg p \rightarrow q$.

(4) $p \rightarrow \neg q$.

(5) $\neg q \rightarrow p$.

(6) $\neg p \rightarrow \neg q$.

(7) $\neg q \rightarrow \neg p$.

15.10 设 p：9 是 3 的倍数，q：英国与土耳其相邻. 将下列命题用自然语言表述，并指出各命题的真值.

(1) $p \leftrightarrow q$.

(2) $p \leftrightarrow \neg q$.

(3) $\neg p \leftrightarrow q$.

(4) $\neg p \leftrightarrow \neg q$.

15.11 将下列命题符号化，并给出各命题的真值.

(1) 若 $2+2=4$，则地球是静止不动的.

(2) 若 $2+2=4$，则地球是运动不止的.

(3) 若地球上没有树木，则人类不能生存.

(4) 若地球上没有水，则 $\sqrt{3}$ 是无理数.

15.12 将下列命题符号化，并给出各命题的真值.

(1) $2+2=4$ 当且仅当 $3+3=6$.

(2) $2+2=4$ 的充要条件是 $3+3 \neq 6$.

(3) $2+2 \neq 4$ 与 $3+3=6$ 互为充要条件.

(4) 若 $2+2 \neq 4$，则 $3+3 \neq 6$；反之亦然.

15.13 将下列命题符号化，并讨论各命题的真值.

(1) 若今天是星期一，则明天是星期二.

(2) 只有今天是星期一，明天才是星期二.

(3) 今天是星期一当且仅当明天是星期二.

(4) 若今天是星期一，则明天是星期三.

15.14 将下列命题符号化.

(1) 刘晓月跑得快、跳得高.

(2) 老王是山东人或河北人.

(3) 因为天气冷，所以我穿了羽绒服.

(4) 王欢与李乐组成一个小组.

(5) 李辛与李末是兄弟.

(6) 王强与刘威都学过法语.

(7) 他一边吃饭，一边听音乐.

(8) 如果天下大雨，他就乘班车上班.

(9) 只有天下大雨，他才乘班车上班.

(10) 除非天下大雨，否则他不乘班车上班.

(11) 下雪路滑，他迟到了.

(12) 2 与 4 都是素数，这是不对的.

(13) "2 或 4 是素数，这是不对的"是不对的.

15.15 设 $p : 2 + 3 = 5$.

$q :$ 大熊猫产自中国.

$r :$ 太阳从西方升起.

求下列复合命题的真值.

(1) $(p \leftrightarrow q) \rightarrow r$.

(2) $(r \rightarrow (p \wedge q)) \leftrightarrow \neg p$.

(3) $\neg r \rightarrow (\neg p \vee \neg q \vee r)$.

(4) $(p \wedge q \wedge \neg r) \leftrightarrow ((\neg p \vee \neg q) \rightarrow r)$.

15.16 当 p, q 的真值为 $0, r, s$ 的真值为 1 时，求下列公式的真值.

(1) $p \vee (q \wedge r)$.

(2) $(p \leftrightarrow r) \wedge (\neg q \vee s)$.

(3) $(\neg p \wedge \neg q \wedge r) \leftrightarrow (p \wedge q \wedge \neg r)$.

(4) $(\neg r \wedge s) \rightarrow (p \wedge \neg q)$.

15.17 判断下面一段论述是否为真："π 是无理数. 并且，如果 3 是无理数，则 $\sqrt{2}$ 也是无理数. 另外，只有 6 能被 2 整除，6 才能被 4 整除. "

15.18 说明在什么情况下，下面一段论述是真的："说小王不会唱歌或小李不会跳舞是正确的，而说如果小王会唱歌，小李就会跳舞是不正确的."

15.19 用真值表判断下列公式的类型.

(1) $p \rightarrow (p \vee q \vee r)$.

(2) $(p \rightarrow \neg p) \rightarrow \neg q$.

(3) $\neg(q \rightarrow r) \wedge r$.

(4) $(p \rightarrow q) \rightarrow (\neg q \rightarrow \neg p)$.

(5) $(p \wedge r) \leftrightarrow (\neg p \wedge \neg q)$.

(6) $((p \rightarrow q) \wedge (q \rightarrow r)) \rightarrow (p \rightarrow r)$.

(7) $(p \to q) \leftrightarrow (r \leftrightarrow s)$.

15.20 求下列公式的成真赋值.

(1) $\neg p \to q$.

(2) $p \vee \neg q$.

(3) $(p \wedge q) \to \neg p$.

(4) $\neg(p \vee q) \to q$.

15.21 求下列公式的成假赋值.

(1) $\neg(\neg p \wedge q) \vee \neg r$.

(2) $(\neg q \vee r) \wedge (p \to q)$.

(3) $(p \to q) \wedge (\neg(p \wedge r) \vee p)$.

15.22 已知公式 $\neg(q \to p) \wedge p$ 是矛盾式, 求公式 $\neg(q \to p) \wedge p \wedge \neg r$ 的成真赋值和成假赋值.

15.23 已知公式 $(p \wedge q) \to p$ 是重言式, 求公式 $((p \wedge q) \to p) \vee r$ 的成真赋值和成假赋值.

15.24 已知 $(p \to (p \vee q)) \wedge ((p \wedge q) \to p)$ 是重言式, 试判断公式 $p \to (p \vee q)$ 及 $(p \wedge q) \to p$ 的类型.

15.25 已知 $(\neg(p \to q) \wedge q) \vee (\neg(\neg q \vee p) \wedge p)$ 是矛盾式, 试判断公式 $\neg(p \to q) \wedge q$ 及 $\neg(\neg q \vee p) \wedge p$ 的类型.

15.26 已知 $p \to (p \vee q)$ 是重言式, $\neg(p \to q) \wedge q$ 是矛盾式, 试判断 $(p \to (p \vee q)) \wedge (\neg(p \to q) \wedge q)$ 及 $(p \to (p \vee q)) \vee (\neg(p \to q) \wedge q)$ 的类型.

15.27 设 A, B 都是含命题变项 $p_1, p_2, \cdots, p_n$ 的公式, 证明: $A \wedge B$ 是重言式当且仅当 A 与 B 都是重言式.

15.28 设 A, B 都是含命题变项 $p_1, p_2, \cdots, p_n$ 的公式, 已知 $A \wedge B$ 是矛盾式, 能得出 A 与 B 都是矛盾式的结论吗? 为什么?

15.29 设 A, B 都是含命题变项 $p_1, p_2, \cdots, p_n$ 的公式, 证明: $A \vee B$ 为矛盾式当且仅当 A 与 B 都是矛盾式.

15.30 设 A, B 都是含命题变项 $p_1, p_2, \cdots, p_n$ 的公式, 已知 $A \vee B$ 是重言式, 能得出 A 与 B 都是重言式的结论吗?

15.4.2　解答或提示

15.1 是命题的为: (1)、(2)、(3)、(6)、(7)、(10)、(11)、(12)、(13).

是简单命题的为: (1)、(2)、(7)、(10)、(13).

是真命题的为: (1)、(2)、(3)、(10)、(11).

真值现在不知道的命题为: (13), 到 2050 年元旦该命题的真值就真相大白了.

(7) 的真值要视实际情况而定. 若刘红与魏新确实是同学, 则 (7) 为真命题; 否则为假命题.

15.2 (1) p: 中国有四大发明.

(2) p: $\sqrt{5}$ 是无理数.

(7) p: 刘红与魏新是同学.

(10) p: 圆的面积等于半径的平方乘 π.

(13) p: 2050 年元旦下大雪.

15.3 (1) p: $\sqrt{5}$ 是有理数. 否定式 $\neg p$: $\sqrt{5}$ 不是有理数（即 $\sqrt{5}$ 是无理数）, 真值为 1.

(2) p: $\sqrt{25}$ 不是无理数. 否定式 $\neg p$: $\sqrt{25}$ 是无理数, 真值为 0.

(3) p: 2.5 是自然数. 否定式 $\neg p$: 2.5 不是自然数, 真值为 1.

(4) p: $\ln 1$ 是整数. 否定式 $\neg p$: $\ln 1$ 不是整数, 真值为 0.

15.4 (1) $p \wedge q$, 其中 p: 2 是素数, q: 5 是素数, 真值为 1.

(2) $p \wedge q$, 其中 p: π 是无理数, q: e 是无理数, 真值为 1.

(3) $p \wedge \neg q$, 其中 p: 2 是最小的素数, q: 2 是最小的自然数, 真值为 1.

(4) $p \wedge q$, 其中 p: 3 是素数, q: 3 是偶数, 真值为 0.

(5) $\neg p \wedge \neg q$, 其中 p: 4 是素数, q: 4 是偶数, 真值为 0.

15.5 (1) $p \vee q$, 其中 p: 2 是偶数, q: 3 是偶数, 其真值为 1.

(2) $p \vee q$, 其中 p: 2 是偶数, q: 4 是偶数, 其真值为 1.

(3) $p \vee q$, 其中 p: 3 是偶数, q: 5 是偶数, 其真值为 0.

(4) $\neg p \vee \neg q$, 其中 p: 3 是偶数, q: 4 是偶数, 真值为 1.

(5) $\neg p \vee \neg q$, 其中 p: 3 是素数, q: 4 是偶数, 真值为 0.

15.6 (1) $(\neg p \wedge q) \vee (p \wedge \neg q)$, 其中 p: 小丽从筐里拿一个苹果, q: 小丽从筐里拿一个梨.

(2) $(p \wedge \neg q) \vee (\neg p \wedge q)$, 其中 p: 刘晓月选学英语, q: 刘晓月选学日语.

15.7 因为 p 与 q 实际上不能同时为真.

15.8 设 p: $2 < 1, q$: $3 < 2$, 则 $\neg p$: $2 \geqslant 1, \neg q$: $3 \geqslant 2$.

(1) $p \to q$, 真值为 1.

(2) $p \to \neg q$, 真值为 1.

(3) $\neg q \to p$, 真值为 0.

(4) $\neg q \to p$, 真值为 0.

(5) $\neg p \to q$（或 $\neg q \to p$）, 真值为 0.

(6) $p \to q$, 真值为 1.

15.9 注意: p 为假命题, q 为真命题. 除 (2)、(6) 真值为 0 外, 其余的真值均为 1.

15.10 注意: p 为真命题, q 为假命题. (1)、(4) 的真值为 0, (2)、(3) 的真值为 1.

15.11 (1) $p \to q$, 其中 p: $2+2=4, q$: 地球是静止不动的, 真值为 0.

(2) $p \to \neg q$, 其中 p, q 同 (1), 真值为 1.

(3) $\neg p \to \neg q$, 其中 p: 地球上有树木, q: 人类能生存, 真值为 1.

(4) $\neg p \to q$, 其中 p: 地球上有水, q: $\sqrt{3}$ 是无理数, 真值为 1.

15.12 设 $p: 2+2=4, q: 3+3=6$.

(1) $p \leftrightarrow q$, 真值为 1.

(2) $p \leftrightarrow \neg q$, 真值为 0.

(3) $\neg p \leftrightarrow q$, 真值为 0.

(4) $\neg p \leftrightarrow \neg q$, 真值为 1.

15.13 令 p: 今天是星期一, q: 明天是星期二, r: 明天是星期三.

(1) $p \to q$, 真值为 1 (不会出现前件为真, 后件为假的情况).

(2) $q \to p$, 真值为 1 (也不会出现前件为真, 后件为假的情况).

(3) $p \leftrightarrow q$, 真值为 1.

(4) $p \to r$, 真值不定. 若 p 为真, 则 $p \to r$ 真值为 0; 否则 $p \to r$ 真值为 1.

15.14 (1) $p \wedge q$, 其中 p: 刘晓月跑得快, q: 刘晓月跳得高.

(2) $(p \wedge \neg q) \vee (\neg p \wedge q)$ 或 $p \vee q$, 其中 p: 老王是山东人, q: 老王是河北人 (注意, p 与 q 实际上不能同时为真).

(3) $p \to q$, 其中 p: 天气冷, q: 我穿羽绒服.

(4) p: 王欢与李乐组成一个小组.

(5) p: 李辛与李末是兄弟.

(6) $p \wedge q$, 其中 p: 王强学过法语, q: 刘威学过法语.

(7) $p \wedge q$, 其中 p: 他吃饭, q: 他听音乐.

(8) $p \to q$, 其中 p: 天下大雨, q: 他乘班车上班.

(9) $q \to p$, 其中 p, q 同 (8).

(10) $q \to p$ (或 $\neg p \to \neg q$), 其中 p, q 同 (8).

(11) $(p \wedge q) \to r$, 其中 p: 下雪, q: 路滑, r: 他迟到了.

(12) $\neg(p \wedge q)$ (或 $\neg p \vee \neg q$), 其中 p: 2 是素数, q: 4 是素数.

(13) $\neg(\neg(p \vee q))$ (或 $p \vee q$), 其中 p, q 同 (12).

15.15 p, q 为真命题, r 为假命题, (1)、(2)、(3)、(4) 的真值分别为 0, 0, 0, 1.

15.16 (1)、(2)、(3)、(4) 的真值分别为 0, 0, 0, 1.

15.17 真.

15.18 它有唯一的成真赋值 10, 故当小王会唱歌, 小李不会跳舞时, 论述为真. 其他情况论述均为假. 令 p: 小王会唱歌, q: 小李会跳舞, 该段论述可符号化为 "$(\neg p \vee \neg q) \wedge \neg(p \to q)$".

15.19 (1)、(4)、(6) 为重言式, (3) 为矛盾式, (2)、(5)、(7) 为非重言式的可满足式.

15.20 (1) 01, 10, 11.

(2) 00, 10, 11.

(3) 00, 01, 10.

(4) 01, 10, 11.

15.21　(1) 011.

(2) 010, 110, 101, 100.

(3) 100, 101.

15.22　无成真赋值, 所有 8 个赋值都是成假赋值. （若 $A_1 \wedge A_2 \wedge \cdots \wedge A_k$ 中至少有一个矛盾式, 则该公式为矛盾式.）

15.23　无成假赋值, 所有 8 个赋值都是成真赋值. $((p \wedge q) \rightarrow p) \vee r$ 仍为重言式.

15.24　$p \rightarrow (p \vee q)$ 与 $(p \wedge q) \rightarrow p$ 均为重言式. 思考：从本题可得出什么结论?

15.25　$\neg(p \rightarrow q) \wedge q$ 与 $\neg(\neg q \vee p) \wedge p$ 均为矛盾式. 思考：由本题可得出什么结论?

15.26　前者为矛盾式, 后者为重言式.

15.27　提示：对于 2^n 个赋值中的任意的赋值 $\alpha = \alpha_1 \alpha_2 \cdots \alpha_n$ （α_i 为 0 或 1, $i = 1, 2, \cdots, n$）, 若 α 为 $A \wedge B$ 的成真赋值, 则 α 既是 A 的成真赋值, 也是 B 的成真赋值. 反之, 若 α 为 A 和 B 的成真赋值, 则 α 是 $A \wedge B$ 的成真赋值.

15.28　不能. 反例：$p \wedge \neg p$ 为矛盾式, 但 p 和 $\neg p$ 都不是矛盾式.

15.29　提示：类似第 15.27 题的提示.

15.30　不能. 反例：$p \vee \neg p$ 为重言式, 但 p 和 $\neg p$ 都不是重言式.

15.5　小测验

15.5.1　试题

1. 填空题（5 小题, 每小题 5 分, 共 25 分）.

(1) 公式 $(p \wedge \neg q) \vee (\neg p \wedge q)$ 的成真赋值为_____.

(2) 设 p, r 为真命题, q, s 为假命题, 则复合命题 $(p \rightarrow q) \leftrightarrow (\neg r \rightarrow s)$ 的真值为_____.

(3) 设 p, q 均为命题, 在_____ 的条件下, p 和 q 的排斥或也可以写成 p 和 q 的相容或.

(4) 公式 $\neg(p \leftrightarrow q)$ 和 $(p \wedge \neg q) \vee (\neg p \wedge q)$ 共同的成真赋值为_____.

(5) 设 A 为任意的公式, B 为重言式, 则 $A \vee B$ 的类型为_____.

2. 将下列命题或语句符号化（5 小题, 每小题 5 分, 共 25 分）.

(1) $\sqrt{7}$ 不是无理数是不对的.

(2) 小刘既不怕吃苦，又很爱钻研.

(3) 只有不怕困难，才能战胜困难.

(4) 只要别人有困难，老王就帮助别人，除非困难解决了.

(5) 整数 n 是偶数当且仅当 n 能被 2 整除.

3. 求复合命题的真值（2 小题，每小题 5 分，共 10 分）.

p：2 能整除 5，q：北京是中国的首都，r：在中国一年分四季.

(1) $((p \vee q) \to r) \wedge (r \to (p \wedge q))$.

(2) $((\neg q \leftrightarrow p) \to (r \vee p)) \vee ((\neg p \wedge \neg q) \wedge r)$.

4. 判断下述推理是否正确（10 分）.

设 $y = 2|x|$，x 为实数. 推理如下：

若 y 在 $x = 0$ 处可导，则 y 在 $x = 0$ 处连续. y 在 $x = 0$ 处连续. 所以，y 在 $x = 0$ 处可导.

5. 判断公式的类型（3 小题，每小题 10 分，共 30 分）.

(1) $(\neg(p \leftrightarrow q) \to ((p \wedge \neg q) \vee (\neg p \wedge q))) \vee r$.

(2) $(p \wedge \neg(q \to p)) \wedge (r \wedge q)$.

(3) $(p \leftrightarrow \neg r) \to (q \leftrightarrow r)$.

15.5.2 答案或解答

1. (1) 01，10.

(2) 0.

(3) p 与 q 不能同时为真.

(4) 01，10.

(5) 重言式.

2. (1) $\neg(\neg p)$（或 p），其中 p：$\sqrt{7}$ 是无理数.

(2) $\neg p \wedge q$，其中 p：小刘怕吃苦，q：小刘很爱钻研.

(3) $q \to \neg p$（或 $p \to \neg q$），其中 p：怕困难，q：战胜困难.

(4) $\neg r \to (p \to q)$（或 $(\neg r \wedge p) \to q$），其中 p：别人有困难，q：老王帮助别人，r：困难解决了.

(5) $p \leftrightarrow q$，其中 p：整数 n 是偶数，q：整数 n 能被 2 整除.

3. p, q 为假命题，r 为真命题.

(1) 0.

(2) 1.

4. $y = 2|x|$. 令 p：y 在 $x = 0$ 处可导，q：y 在 $x = 0$ 处连续. p 为假，q 为真. 推理符号化为：$(p \to q) \wedge q \to p$. 由 p, q 的真值可知，推理的真值为 0，故推理不正确.

5. 由于公式均较长，初学者不大可能很快直接观察出结果，最可靠的方法是用真值表法求解. 设 (1)、(2)、(3) 中的公式分别为 A, B, C，求 A, B, C 的真值表，即可知 A, B, C 的类型. 这里省去中间过程，在表 15.5.1 中给出计算结果.

表 15.5.1

$p\ \ q\ \ r$	A	B	C
0　0　0	1	0	1
0　0　1	1	0	0
0　1　0	1	0	1
0　1　1	1	0	1
1　0　0	1	0	1
1　0　1	1	0	1
1　1　0	1	0	0
1　1　1	1	0	1

由表 15.5.1 可知，A 为重言式，B 为矛盾式，C 为可满足式，但 C 不是重言式.

第 16 章
命题逻辑等值演算

16.1 内容提要

16.1.1 等值式与基本等值式

等值式

    定义 16.1.1 设 A, B 是两个命题公式, 若 A, B 构成的等价式 $A \leftrightarrow B$ 为重言式, 则称 A 与 B 是等值的, 记作 $A \Leftrightarrow B$, 并称 $A \Leftrightarrow B$ 为等值式.

基本等值式

1. 双重否定律
$$A \Leftrightarrow \neg\neg A.$$

2. 幂等律
$$A \Leftrightarrow A \vee A, \; A \Leftrightarrow A \wedge A.$$

3. 交换律
$$A \vee B \Leftrightarrow B \vee A, \; A \wedge B \Leftrightarrow B \wedge A.$$

4. 结合律
$$(A \vee B) \vee C \Leftrightarrow A \vee (B \vee C),$$
$$(A \wedge B) \wedge C \Leftrightarrow A \wedge (B \wedge C).$$

5. 分配律
$$A \vee (B \wedge C) \Leftrightarrow (A \vee B) \wedge (A \vee C), \quad (\vee \text{ 对 } \wedge \text{ 的分配律})$$

$$A \land (B \lor C) \Leftrightarrow (A \land B) \lor (A \land C). \quad (\land \text{ 对 } \lor \text{ 的分配律})$$

6. 德摩根律

$$\lnot(A \lor B) \Leftrightarrow \lnot A \land \lnot B,\ \lnot(A \land B) \Leftrightarrow \lnot A \lor \lnot B.$$

7. 吸收律

$$A \lor (A \land B) \Leftrightarrow A,\ A \land (A \lor B) \Leftrightarrow A.$$

8. 零律

$$A \lor 1 \Leftrightarrow 1,\ A \land 0 \Leftrightarrow 0.$$

9. 同一律

$$A \lor 0 \Leftrightarrow A,\ A \land 1 \Leftrightarrow A.$$

10. 排中律

$$A \lor \lnot A \Leftrightarrow 1.$$

11. 矛盾律

$$A \land \lnot A \Leftrightarrow 0.$$

12. 蕴涵等值式

$$A \to B \Leftrightarrow \lnot A \lor B.$$

13. 等价等值式

$$A \leftrightarrow B \Leftrightarrow (A \to B) \land (B \to A).$$

14. 假言易位

$$A \to B \Leftrightarrow \lnot B \to \lnot A.$$

15. 等价否定等值式

$$A \leftrightarrow B \Leftrightarrow \lnot A \leftrightarrow \lnot B.$$

16. 归谬论

$$(A \to B) \land (A \to \lnot B) \Leftrightarrow \lnot A.$$

等值演算

　　由已知的等值式推演出另外一些等值式的过程称作 等值演算.

置换规则

　　设 $\varPhi(A)$ 是含公式 A 的命题公式, $\varPhi(B)$ 是用公式 B 置换 $\varPhi(A)$ 中 A 的所有出现后得到的命题公式. 若 $B \Leftrightarrow A$, 则 $\varPhi(A) \Leftrightarrow \varPhi(B)$.

重言式与矛盾式的判别法

　　A 为重言式当且仅当 $A \Leftrightarrow 1$, A 为矛盾式当且仅当 $A \Leftrightarrow 0$.

16.1.2　析取范式与合取范式

基本概念

　　定义 16.1.2　命题变项及其否定统称作 文字. 仅由有限个文字构成的析取式称作 简单析取式. 仅由有限个文字构成的合取式称作 简单合取式.

　　定义 16.1.3　由有限个简单合取式的析取构成的命题公式称作 析取范式. 由有限个简单析取式的合取构成的命题公式称作 合取范式. 析取范式与合取范式统称作 范式.

　　定义 16.1.4　在含有 n 个命题变项的简单合取式（简单析取式）中，若每个命题变项和它的否定式恰好出现一个且仅出现一次，而且命题变项或它的否定式按照下标从小到大或按照字典顺序排列，则称这样的简单合取式（简单析取式）为 极小项（极大项）.

　　定义 16.1.5　所有简单合取式都是极小项的析取范式称为 主析取范式，所有简单析取式都是极大项的合取范式称为 主合取范式.

主要定理

　　定理 16.1.1(范式存在定理)　任一命题公式都存在与之等值的析取范式与合取范式.

　　定理 16.1.2　任何命题公式都存在与之等值的主析取范式和主合取范式，并且是唯一的.

求公式 A 的主析取范式的方法与步骤

　　方法一　等值演算法.

　　(1) 消去 A 中的联结词 $\rightarrow, \leftrightarrow$（若存在）.

　　(2) 否定联结词 $\neg$ 的内移 ($\neg(A_1 \vee A_2) \Leftrightarrow \neg A_1 \wedge \neg A_2, \neg(A_1 \wedge A_2) \Leftrightarrow \neg A_1 \vee \neg A_2$)，或消去 ($\neg \neg A_1 \Leftrightarrow A_1$).

　　(3) 使用分配律 ($A_1 \wedge (A_2 \vee A_3) \Leftrightarrow (A_1 \wedge A_2) \vee (A_1 \wedge A_3)$).

　　使用以上 3 个步骤将 A 等值地化成析取范式.

　　(4) 将析取范式中不是极小项的简单合取式利用排中律、同一律、分配律化成若干个极小项.

　　(5) 将极小项用名称 m_i 表示，使用幂等律，最后排序.

　　方法二　真值表法.

　　(1) 写出 A 的真值表.

　　(2) 找出 A 的成真赋值.

　　(3) 写出每个成真赋值对应的极小项（用名称表示），按下标从小到大顺序析取.

求公式 A 的主合取范式的方法与步骤

　　方法一　等值演算法.

　　方法二　真值表法.

　　(1) 写出 A 的真值表.

(2) 找出 A 的成假赋值.

(3) 写出每个成假赋值对应的极大项（用名称表示），按下标从小到大顺序合取.

<u>方法三</u>   由 A 的主析取范式求 A 的主合取范式.

主析取范式的用途（与真值表相同）

(1) 求公式的成真赋值和成假赋值.

(2) 判断公式的类型.

(3) 判断两个公式是否等值.

(4) 解实际问题等.

16.1.3   联结词的完备集

真值函数

    定义 16.1.6   称 $F:\{0,1\}^n \to \{0,1\}$ 为 n 元真值函数.

    任何一个含 n 个命题变项的命题公式 A，都唯一地存在一个 n 元真值函数与之等值. 若 A, B 与同一个真值函数等值，则 $A \Leftrightarrow B$.

联结词完备集

    定义 16.1.7   设 S 是一个联结词集合，如果任何 $n(n \geqslant 1)$ 元真值函数都可以由仅含 S 中的联结词构成的公式表示，那么称 S 是 联结词完备集.

    定义 16.1.8   设 p, q 是两个命题.

    (1) 复合命题"p 与 q 的否定式"称作 p, q 的 与非式，记作 $p \uparrow q$. 即 $p \uparrow q \Leftrightarrow \neg(p \wedge q)$. 符号 $\uparrow$ 称作 与非联结词.

    (2) 复合命题"p 或 q 的否定式"称作 p, q 的 或非式，记作 $p \downarrow q$. 即 $p \downarrow q \Leftrightarrow \neg(p \vee q)$. 符号 $\downarrow$ 称作 或非联结词.

    定理 16.1.3 $\{\neg, \wedge, \vee\}$, $\{\neg, \wedge, \vee, \to\}$, $\{\neg, \wedge, \vee, \to, \leftrightarrow\}$, $\{\neg, \wedge\}$, $\{\neg, \vee\}$, $\{\neg, \to\}$, $\{\uparrow\}$, $\{\downarrow\}$ 等都是联结词完备集.

16.1.4   消解法

消解规则

    设 l 是一个文字，记

$$l^{\mathrm{c}} = \begin{cases} \neg p, & \text{若 } l = p, \\ p, & \text{若 } l = \neg p, \end{cases}$$

称 l^{c} 为文字 l 的 补.

    定义 16.1.9   设 C_1, C_2 是两个简单析取式，C_1 含文字 l，C_2 含 l^{c}. 从 C_1 中删去 l，从 C_2 中删去 l^{c}，然后再将所得到的结果析取成一个简单析取式，称这样得到的简单析取

式为 C_1, C_2 的（以 l 和 l^c 为 消解文字的）消解式 或 消解结果，记为 $\text{Res}(C_1, C_2)$. 即设 $C_1 = C_1' \vee l, C_2 = C_2' \vee l^c$，则 $\text{Res}(C_1, C_2) = C_1' \vee C_2'$. 由 C_1, C_2 得到 $\text{Res}(C_1, C_2)$ 的规则 称作 消解规则.

合取范式的消解序列和否证

　　定义 16.1.10　设 S 是一个合取范式，$C_1, C_2, \cdots, C_n$ 是一个简单析取式序列. 如果 对每一个 $i, 1 \leqslant i \leqslant n$，$C_i$ 是 S 中的一个简单析取式或者 C_i 是它之前的某两个简单析取 式 $C_j, C_k(1 \leqslant j < k < i)$ 的消解结果，则称此序列是由 S 导出 C_n 的 消解序列. 当 $C_n = \lambda$（空简单析取式）时，称此序列是 S 的一个 否证.

定理

　　定理 16.1.4(消解的完全性)　合取范式 S 是不可满足的当且仅当它有否证.

消解法

　　利用消解规则求解可满足性问题（判断任意给定的合式公式是否是可满足的）的算法.

　　输入：合式公式 A.

　　输出：若 A 是可满足的，则回答 "yes"；否则回答 "no".

```
1   求 A 的合取范式 S
2   令 S_0 和 S_2 为不含任何元素的集合，S_1 为 S 的所有简单析取式组成的集合
3   对 S_0 中每一个简单析取式 C_1 与 S_1 中每一个简单析取式 C_2
4     若 C_1, C_2 可以消解，则
5       计算 C = Res(C_1, C_2)
6       若 C = λ，则
7         输出 "no"，计算结束
8       若 S_0 与 S_1 都不包含 C，则
9         把 C 加入 S_2
10  对 S_1 中每一对子句 C_1, C_2
11    若 C_1, C_2 可以消解，则
12      计算 C = Res(C_1, C_2)
13      若 C = λ，则
14        输出 "no"，计算结束
15      若 S_0 与 S_1 都不包含 C，则
16        把 C 加入 S_2
17  若 S_2 中没有任何元素，则
18    输出 "yes"，计算结束
19  否则把 S_1 加入 S_0，令 S_1 等于 S_2，清空 S_2，返回 3
```

16.2 基本要求

1. 深刻理解等值式的定义，知道公式之间的等值关系具有自反性、对称性、传递性.
2. 牢记基本等值式的名称及它们的内容.
3. 熟练应用基本等值式及置换规则进行等值演算.
4. 掌握文字、简单析取式、简单合取式、析取范式、合取范式等概念.
5. 深刻理解极小项、极大项的定义、名称、下标与成真赋值的关系，主析取范式与主合取范式.
6. 熟练掌握求主析取范式与主合取范式的方法.
7. 会用主析取范式求公式的成真赋值和成假赋值，判断公式的类型，判断两个公式是否等值.
8. 会将任何命题公式等值地化成某联结词完备集上的公式.
9. 掌握消解规则、合取范式的消解序列和否证及其性质，会用消解法.

16.3 习题课

16.3.1 题型一：用等值演算法证明重言式和矛盾式

1. 证明下列公式为重言式.

(1) $p \to (p \vee \neg q \vee r)$.

(2) $\neg(p \leftrightarrow q) \leftrightarrow ((p \wedge \neg q) \vee (\neg p \wedge q))$.

2. 证明下列公式为矛盾式.

(1) $\neg((p \vee q) \wedge \neg p \to q)$.

(2) $(\neg(p \to q) \wedge q) \wedge r$.

证明与分析

1. (1) 要用等值演算证明 A 为重言式，只需证明 $A \Leftrightarrow 1$. 演算如下.

$$p \to (p \vee \neg q \vee r) \Leftrightarrow \neg p \vee (p \vee \neg q \vee r) \qquad （蕴涵等值式）$$

$$\Leftrightarrow (\neg p \vee p) \vee (\neg q \vee r) \qquad （结合律）$$

$$\Leftrightarrow 1 \vee (\neg q \vee r) \qquad （排中律）$$

$$\Leftrightarrow 1. \qquad （零律）$$

由以上演算结果可知，$p \to (p \vee \neg q \vee r)$ 为重言式.

(2) 要证明 $A \leftrightarrow B$ 为重言式，可用以下两种方法.

方法一　用等值演算证明 $A \Leftrightarrow B$. 证明如下.

$$\neg(p \leftrightarrow q) \Leftrightarrow \neg((p \to q) \wedge (q \to p)) \qquad （等价等值式）$$

$$\Leftrightarrow \neg((\neg p \vee q) \wedge (\neg q \vee p)) \qquad （蕴涵等值式）$$

$$\Leftrightarrow \neg(\neg p \vee q) \vee \neg(\neg q \vee p) \qquad （德摩根律）$$

$$\Leftrightarrow (p \wedge \neg q) \vee (\neg p \wedge q). \qquad （德摩根律、交换律）$$

得证 $\neg(p \leftrightarrow q) \Leftrightarrow (p \wedge \neg q) \vee (\neg p \wedge q)$，故 $\neg(p \leftrightarrow q) \leftrightarrow (p \wedge \neg q) \vee (\neg p \wedge q)$ 为重言式.

方法二　直接证明 $A \leftrightarrow B \Leftrightarrow 1$.

通常方法二比方法一麻烦，这里不证，请读者自己证明，并进行对照.

2. 要证明 B 为矛盾式，只需证明 $B \Leftrightarrow 0$. 演算如下.

(1) $\qquad \neg((p \vee q) \wedge \neg p \to q) \Leftrightarrow \neg(\neg((p \vee q) \wedge \neg p) \vee q) \qquad （蕴涵等值式）$

$$\Leftrightarrow (p \vee q) \wedge \neg p \wedge \neg q \qquad （德摩根律）$$

$$\Leftrightarrow (p \vee q) \wedge \neg(p \vee q) \qquad （结合律、德摩根律）$$

$$\Leftrightarrow 0. \qquad （矛盾律）$$

得证 $\neg((p \vee q) \wedge \neg p \to q)$ 为矛盾式.

(2) $\qquad (\neg(p \to q) \wedge q) \wedge r \Leftrightarrow (\neg(\neg p \vee q) \wedge q) \wedge r \qquad （蕴涵等值式）$

$$\Leftrightarrow p \wedge (\neg q \wedge q) \wedge r \qquad （德摩根律、结合律）$$

$$\Leftrightarrow p \wedge 0 \wedge r \qquad （矛盾律）$$

$$\Leftrightarrow 0. \qquad （零律）$$

得证 $(\neg(p \to q) \wedge q) \wedge r$ 为矛盾式.

若演算比较熟练，在演算中有些步骤可以省略，并且每个步骤所注基本等值式也可以不写出来.

16.3.2　题型二：用等值演算法证明等值式

证明下列等值式.

1. $(p \vee q) \wedge \neg(p \wedge q) \Leftrightarrow \neg(p \leftrightarrow q)$.

2. $q \to (p \to r) \Leftrightarrow (p \wedge q) \to r$.

证明与分析

在证明等值式时, 可从左边公式开始, 也可从右边公式开始. 下面的演算过程省去了一些中间步骤, 每个步骤后所注的基本等值式也被省去.

1. 从左边开始演算, 有

$$(p \vee q) \wedge \neg(p \wedge q) \Leftrightarrow \neg\neg((p \vee q) \wedge \neg(p \wedge q))$$

$$\Leftrightarrow \neg((\neg p \wedge \neg q) \vee (p \wedge q))$$

$$\Leftrightarrow \neg((\neg p \vee p) \wedge (\neg p \vee q) \wedge (\neg q \vee p) \wedge (\neg q \vee q))$$

$$\Leftrightarrow \neg((\neg p \vee q) \wedge (\neg q \vee p))$$

$$\Leftrightarrow \neg(p \rightarrow q) \wedge (q \rightarrow p)$$

$$\Leftrightarrow \neg(p \leftrightarrow q).$$

2. 从右边开始演算, 有

$$(p \wedge q) \rightarrow r \Leftrightarrow \neg(p \wedge q) \vee r$$

$$\Leftrightarrow \neg p \vee \neg q \vee r$$

$$\Leftrightarrow \neg q \vee (\neg p \vee r)$$

$$\Leftrightarrow q \rightarrow (p \rightarrow r).$$

16.3.3　题型三: 用主析取范式或主合取范式判断公式类型

1. 用主析取范式判断下列公式的类型, 并对可满足式求成真赋值.

(1) $p \rightarrow ((p \wedge q) \vee (p \wedge \neg q))$.

(2) $(p \vee q) \rightarrow (q \rightarrow p)$.

(3) $\neg(p \rightarrow r) \wedge r \wedge q$.

2. 用主合取范式判断第 1 题中 3 个公式的类型, 并对可满足式求成假赋值.

解答与分析

1. (1)　　　　$p \rightarrow ((p \wedge q) \vee (p \wedge \neg q))$

$$\Leftrightarrow \neg p \vee (p \wedge q) \vee (p \wedge \neg q)$$

$$\Leftrightarrow \neg p \vee p \qquad\qquad\qquad （析取范式）$$

$$\Leftrightarrow (\neg p \wedge (\neg q \vee q)) \vee (p \wedge (\neg q \vee q))$$

$$\Leftrightarrow (\neg p \wedge \neg q) \vee (\neg p \wedge q) \vee (p \wedge \neg q) \vee (p \wedge q)$$

$$\Leftrightarrow m_0 \vee m_1 \vee m_2 \vee m_3. \qquad （主析取范式）$$

因为公式中含 2 个命题变项，共产生 4 个极小项，主析取范式中含全部极小项，所以为重言式. 注意，当演算到第二步 $(\neg p \vee p)$ 时，已知公式为重言式，因而以下的演算均可省，直接写出 $2^2 = 4$ 个极小项即可，即演算如下：

$$p \to ((p \wedge q) \vee (p \wedge \neg q)) \Leftrightarrow \neg p \vee p (\Leftrightarrow 1)$$

$$\Leftrightarrow m_0 \vee m_1 \vee m_2 \vee m_3.$$

(2) $\qquad (p \vee q) \to (q \to p)$

$$\Leftrightarrow \neg (p \vee q) \vee (\neg q \vee p)$$

$$\Leftrightarrow (\neg p \wedge \neg q) \vee (p \vee \neg q)$$

$$\Leftrightarrow (\neg p \wedge \neg q) \vee p \vee \neg q \qquad （析取范式）$$

$$\Leftrightarrow p \vee \neg q \qquad （吸收律，还是析取范式）$$

$$\Leftrightarrow (p \wedge \neg q) \vee (p \wedge q) \vee (\neg p \wedge \neg q)$$

$$\Leftrightarrow m_0 \vee m_2 \vee m_3. \qquad （排序）$$

该式为非重言式的可满足式，其成真赋值为 00，10，11.

(3) $\neg (p \to r) \wedge r \wedge q \Leftrightarrow \neg (\neg p \vee r) \wedge r \wedge q$

$$\Leftrightarrow (p \wedge \neg r) \wedge r \wedge q$$

$$\Leftrightarrow p \wedge (\neg r \wedge r) \wedge q$$

$$\Leftrightarrow 0.$$

该式为矛盾式.

2. (1) $p \to ((p \wedge q) \vee (p \wedge \neg q)) \Leftrightarrow \neg p \vee p$

$$\Leftrightarrow 1.$$

该式为重言式，它的主合取范式为 1，不含任何极大项.

(2) $(p \vee q) \to (q \to p) \Leftrightarrow \neg (p \vee q) \vee \neg q \vee p$

$$\Leftrightarrow p \vee \neg q$$

$$\Leftrightarrow M_1.$$

该式为非重言式的可满足式，其成假赋值为 01.

(3) $\neg(p \to r) \land r \land q \Leftrightarrow (p \land \neg r) \land r \land q$

$$\Leftrightarrow 0$$

$$\Leftrightarrow M_0 \land M_1 \land M_2 \land M_3 \land M_4 \land M_5 \land M_6 \land M_7.$$

演算到第二步即知该式为矛盾式，由于公式中含 3 个命题变项，因而主合取范式含全部 $2^3 = 8$ 个极大项.

公式的类型与它的主析取范式和主合取范式有下述关系：设 A 是含 n 个命题变项的公式.

(1) 若 A 是重言式，则 A 的主析取范式中，含全部 2^n 个极小项，主合取范式为 1.

(2) 若 A 是矛盾式，则 A 的主析取范式为 0，主合取范式含全部 2^n 个极大项.

(3) 若 A 是非重言式的可满足式，A 的主析取范式含 $s(1 \leqslant s < 2^n)$ 个极小项，则主合取范式含 $2^n - s$ 个极大项，且 s 个极小项下标的二进制表示为 A 的全部成真赋值，$2^n - s$ 个极大项下标的二进制表示为全部成假赋值. 由此可知，知道了 A 的主析取范式，即可知 A 的主合取范式，反之亦然.

16.3.4　题型四：用主析取范式判断公式等值

1. 设 $A = (p \land q) \lor (\neg p \land q \land r), B = (p \lor (q \land r)) \land (q \lor (\neg p \land r))$，判断 A 与 B 是否等值.

2. 设 $A = (p \to (p \land q)) \lor r, B = (\neg p \lor q) \land (\neg r \to q)$，判断 A 与 B 是否等值.

解答与分析

由于任何公式都存在唯一的主析取范式，因而 $A \Leftrightarrow B$ 当且仅当 A 与 B 有相同的主析取范式.

1. 求 A 和 B 的主析取范式.

$$A = (p \land q) \lor (\neg p \land q \land r) \Leftrightarrow (p \land q \land \neg r) \lor (p \land q \land r) \lor (\neg p \land q \land r)$$

$$\Leftrightarrow m_3 \lor m_6 \lor m_7. \quad （重排序）$$

$$B = (p \lor (q \land r)) \land (q \lor (\neg p \land r)) \Leftrightarrow (p \land q) \lor (p \land \neg p \land r) \lor (q \land r) \lor (\neg p \land q \land r)$$

$$\Leftrightarrow (p \land q) \lor (q \land r) \lor (\neg p \land q \land r)$$

$$\Leftrightarrow (p \land q \land \neg r) \lor (p \land q \land r) \lor (\neg p \land q \land r)$$

$$\Leftrightarrow m_3 \vee m_6 \vee m_7. \qquad （重排序）$$

由于 A 和 B 有相同的主析取范式, 所以 $A \Leftrightarrow B$.

2. 求 A 和 B 的主析取范式.

$$A = (p \to (p \wedge q)) \vee r \Leftrightarrow \neg p \vee (p \wedge q) \vee r$$

$$\Leftrightarrow (\neg p \vee p) \wedge (\neg p \vee q) \vee r$$

$$\Leftrightarrow \neg p \vee q \vee r$$

$$\Leftrightarrow M_4$$

$$\Leftrightarrow m_0 \vee m_1 \vee m_2 \vee m_3 \vee m_5 \vee m_6 \vee m_7.$$

$$B = (\neg p \vee q) \wedge (\neg r \to q) \Leftrightarrow (\neg p \vee q) \wedge (r \vee q)$$

$$\Leftrightarrow (\neg p \vee q \vee \neg r) \wedge (\neg p \vee q \vee r) \wedge (p \vee q \vee r)$$

$$\Leftrightarrow M_0 \wedge M_4 \wedge M_5 \qquad （重排序）$$

$$\Leftrightarrow m_1 \vee m_2 \vee m_3 \vee m_6 \vee m_7.$$

由于 A 和 B 的主析取范式不同, 所以 $A \not\Leftrightarrow B$.

两点说明如下.

(1) 第 2 题在演算中发现, 求主合取范式比较方便, 因而先求主合取范式, 然后由主合取范式写出主析取范式.

(2) 也可用主合取范式判断两个公式是否等值. 如第 2 题, $A \Leftrightarrow M_4$, $B \Leftrightarrow M_0 \wedge M_4 \wedge M_5$, 两者的主合取范式不同, 故 $A \not\Leftrightarrow B$.

16.3.5　题型五：将命题公式转化成给定联结词完备集上的公式

1. 将公式 $A = (p \to q) \vee r$ 化成 $S_1 = \{\neg, \wedge\}$ 上的公式.

2. 将公式 $B = (\neg p \to q) \wedge \neg r$ 化成 $S_2 = \{\neg, \vee\}$ 上的公式.

3. 将公式 $C = (p \wedge \neg q) \vee r$ 化成 $S_3 = \{\neg, \to\}$ 上的公式.

4. 将公式 $D = p \to q$ 化成 $S_4 = \{\uparrow\}$ 上的公式.

5. 将公式 $E = p \wedge \neg q$ 化成 $S_5 = \{\downarrow\}$ 上的公式.

解答与分析

这类题目的答案是不唯一的, 但各答案应该是等值的, 可用真值表验证所得公式是否与原来公式等值, 这样就不会犯错误了.

1. $(p \to q) \vee r \Leftrightarrow \neg p \vee q \vee r$

$$\Leftrightarrow \neg(p \wedge \neg q \wedge \neg r),$$

这里最后的公式 $\neg(p \wedge \neg q \wedge \neg r)$ 已为 S_1 上公式.

2. $(\neg p \to q) \wedge \neg r \Leftrightarrow (p \vee q) \wedge \neg r$

$$\Leftrightarrow \neg(\neg(p \vee q) \vee r),$$

这里最后的公式 $\neg(\neg(p \vee q) \vee r)$ 已为 S_2 上公式.

3. $(p \wedge \neg q) \vee r \Leftrightarrow (p \vee r) \wedge (\neg q \vee r)$

$$\Leftrightarrow (\neg p \to r) \wedge (q \to r)$$

$$\Leftrightarrow \neg(\neg(\neg p \to r) \vee \neg(q \to r))$$

$$\Leftrightarrow \neg((\neg p \to r) \to \neg(q \to r)),$$

或者

$$(p \wedge \neg q) \vee r \Leftrightarrow \neg(p \wedge \neg q) \to r$$

$$\Leftrightarrow (\neg p \vee q) \to r$$

$$\Leftrightarrow (p \to q) \to r,$$

上面 $\neg((\neg p \to r) \to \neg(q \to r))$ 和 $(p \to q) \to r$ 都是 S_3 上公式. 尽管这两个公式具有不同的形式，但它们是等值的.

4. $p \to q \Leftrightarrow \neg p \vee q$

$$\Leftrightarrow \neg(p \wedge \neg q)$$

$$\Leftrightarrow p \uparrow \neg q$$

$$\Leftrightarrow p \uparrow (q \uparrow q),$$

这里 $p \uparrow (q \uparrow q)$ 已为 S_4 上公式.

5. $p \wedge \neg q \Leftrightarrow \neg(\neg p \vee q)$

$$\Leftrightarrow \neg p \downarrow q$$

$$\Leftrightarrow (p \downarrow p) \downarrow q,$$

这里 $(p \downarrow p) \downarrow q$ 已为 S_5 上公式.

注意，解本类型问题，常用双重否定律和德摩根律.

16.3.6 题型六：用等值演算等求解实际问题

讨论派遣方案：某公司派小李或小张去上海出差. 若派小李去，则小赵要加班. 若派小张去，小王也得去. 小赵没加班. 问公司是如何派遣的.

解答与分析

解此类问题的步骤如下.

(1) 先找出简单命题并将其符号化.

(2) 写出复合命题（或公式）.

(3) 求成真赋值.

在本题中，具体步骤如下.

(1) 令 p：派小李去上海.

q：派小张去上海.

r：小赵要加班.

s：派小王去上海.

(2) $A = (p \vee q) \wedge (p \to r) \wedge (q \to s) \wedge \neg r$.

(3) 先用等值演算法化简 A：

$$(p \vee q) \wedge (p \to r) \wedge (q \to s) \wedge \neg r$$

$$\Leftrightarrow (p \vee q) \wedge (\neg p \vee r) \wedge (\neg q \vee s) \wedge \neg r$$

$$\Leftrightarrow (p \vee q) \wedge (\neg p \vee r) \wedge \neg r \wedge (\neg q \vee s) \qquad （交换律）$$

$$\Leftrightarrow (p \vee q) \wedge (\neg p \wedge \neg r) \wedge (\neg q \vee s) \qquad （分配律、矛盾律）$$

$$\Leftrightarrow (\neg p \wedge q \wedge \neg r) \wedge (\neg q \vee s) \qquad （分配律、矛盾律）$$

$$\Leftrightarrow \neg p \wedge q \wedge \neg r \wedge s \qquad （分配律、矛盾律）$$

$$\Leftrightarrow m_5.$$

本题化简的结果为主析取范式，因而可立即得到成真赋值，它只有一个成真赋值 0101，即只有一个派遣方案为：派小张和小王去上海出差.

也可以用观察法求 A 的成真赋值. A 为真当且仅当 $p \vee q, p \to r, q \to s, \neg r$ 均为真. 由 $\neg r = 1$，得 $r = 0$. 由 $p \to r$ 为真和 $r = 0$，得 $p = 0$. 由 $p \vee q$ 为真和 $p = 0$，得 $q = 1$. 最后，由 $q \to s$ 为真和 $q = 1$，得 $s = 1$. 故 A 有唯一的成真赋值 0101.

16.3.7 题型七：消解规则及其性质

1. 给出下列每一对简单析取式的消解结果.

(1) $C_1 = \neg p \vee q \vee \neg r$, $C_2 = p \vee \neg r \vee s$.

(2) $C_1 = p \vee \neg q \vee r$, $C_2 = \neg p \vee q \vee r$.

2. 设 l 是一个文字, 合取范式 S 中含有简单析取式 l. 从 S 中删去所有包含 l 的简单析取式 (包括简单析取式 l 本身), 再在剩下的简单析取式中删去 l^c, 把这样得到的合取范式记作 S'. 证明: $S \approx S'$.

解答与分析

1. (1) $\mathrm{Res}(C_1, C_2) = q \vee \neg r \vee s$, 这里以 p 和 $\neg p$ 为消解文字.

(2) 这里可以以 p 和 $\neg p$ 为消解文字, 也可以以 q 和 $\neg q$ 为消解文字. 以 p 和 $\neg p$ 为消解文字的消解结果是 $R_1 = q \vee \neg q \vee r$, 以 q 和 $\neg q$ 为消解文字的消解结果是 $R_2 = p \vee \neg p \vee r$.

2. 根据定义, 要证明 S 的成真赋值也是 S' 的成真赋值, 反之亦然. 设 α 是 S 的成真赋值. 由于 S 中含有简单析取式 l, 必有 $\alpha(l) = 1$, 自然又有 $\alpha(l^c) = 0$. 设 C' 是 S' 中的任意一个简单析取式, 由 S' 的构造方法, 在 S 中有简单析取式 C 使得 $C = C' \vee l^c$. 由于 $\alpha(C) = 1$, $\alpha(l^c) = 0$, 必有 $\alpha(C') = 1$. 得证 α 也是 S' 的成真赋值.

反之, 设 α' 是 S' 的成真赋值. 由于 S' 中不含文字 l 和 l^c, 按如下方法把 α' 扩充成 S 的赋值 α: 若 p 在 S' 中出现, 则令 $\alpha(p) = \alpha'(p)$; 若 $p = l$, 则令 $\alpha(p) = 1$; 若 $p = \neg l$, 则令 $\alpha(p) = 0$; 否则 (p 不在 S' 中出现, 且不等于 l 和 $\neg l$), 任意地令 $\alpha(p)$ 等于 1 或 0.

设 C 是 S 中任意一个简单析取式. 若 C 中含有 l, 由于 $\alpha(l) = 1$, 必有 $\alpha(C) = 1$. 若 C 中含有 l^c, 则从 C 中删去 l^c 后得到的 C' 是 S' 的简单析取式. 由于 α' 是 S' 的成真赋值, C' 中存在文字 l' 使得 $\alpha'(l') = 1$. 于是, $\alpha(l') = \alpha'(l') = 1$, 从而 $\alpha(C) = 1$. 否则 C 也是 S' 的简单析取式, 于是 C 中存在文字 l' 使得 $\alpha'(l') = 1$, 从而 $\alpha(l') = \alpha'(l') = 1$, $\alpha(C) = 1$. 得证 α 是 S 的成真赋值.

16.3.8　题型八: 消解序列与消解法

1. 构造公式 $A = (p \vee q) \wedge (\neg q \vee r) \wedge (\neg p \vee q) \wedge \neg r$ 的否证, 从而证明它是矛盾式.

2. 用消解法判断下列公式是否是可满足的.

(1) $(p \vee \neg q) \wedge (q \vee \neg r) \wedge (\neg q \vee \neg r)$.

(2) $(p \vee \neg q) \wedge \neg p \wedge q$.

解答与分析

1. 消解序列:

① $p \vee q$　　　　　　　　　A 的简单析取式

② $\neg p \vee q$　　　　　　　　A 的简单析取式

③ q　　　　　　　　　　　①②消解

④ $\neg q \vee r$　　　　　　　　A 的简单析取式

⑤ $\neg r$　　　　　　　　　　A 的简单析取式

⑥ $\neg q$　　　　　　　　　　④⑤消解

⑦ λ　　　　　　　　　　③⑥消解

这是 A 的一个否证, 从而证明 A 是矛盾式.

2. (1) $S = (p \vee \neg q) \wedge (q \vee \neg r) \wedge (\neg q \vee \neg r)$ 已是合取范式.

第 1 次循环: $S_0 = \varnothing, S_1 = \{p \vee \neg q, q \vee \neg r, \neg q \vee \neg r\}, S_2 = \varnothing$.

$p \vee \neg q, q \vee \neg r$ 消解得到 $p \vee \neg r$.

$q \vee \neg r, \neg q \vee \neg r$ 消解得到 $\neg r$.

$S_2 = \{p \vee \neg r, \neg r\}$.

第 2 次循环: $S_0 = \{p \vee \neg q, q \vee \neg r, \neg q \vee \neg r\}, S_1 = \{p \vee \neg r, \neg r\}, S_2 = \varnothing$.

$S_2 = \varnothing$.

输出 "yes", 计算结束.

结论: $(p \vee \neg q) \wedge (q \vee \neg r) \wedge (\neg q \vee \neg r)$ 是可满足的.

(2) $S = (p \vee \neg q) \wedge \neg p \wedge q$ 已是合取范式.

第 1 次循环: $S_0 = \varnothing, S_1 = \{p \vee \neg q, \neg p, q\}, S_2 = \varnothing$.

$p \vee \neg q, \neg p$ 消解得到 $\neg q$.

$p \vee \neg q, q$ 消解得到 p.

$S_2 = \{p, \neg q\}$.

第 2 次循环: $S_0 = \{p \vee \neg q, \neg p, q\}, S_1 = \{p, \neg q\}, S_2 = \varnothing$.

$\neg p, p$ 消解得到 λ.

输出 "no", 计算结束.

结论: $(p \vee \neg q) \wedge \neg p \wedge q$ 是不可满足的, 即矛盾式.

16.4　习题、解答或提示

16.4.1　习题 16

16.1 设公式 $A = p \rightarrow q, B = p \wedge \neg q$, 用真值表验证公式 A 和 B 满足德摩根律:

$$\neg(A \vee B) \Leftrightarrow \neg A \wedge \neg B.$$

16.2 公式 A 与 B 同第 16.1 题, 用真值表验证公式 A 和 B 满足蕴涵等值式:

$$A \rightarrow B \Leftrightarrow \neg A \vee B.$$

16.3 用等值演算法判断下列公式的类型，对不是重言式的可满足式，再用真值表法求出成真赋值.

    (1) $\neg(p \wedge q \rightarrow q)$.

    (2) $(p \rightarrow (p \vee q)) \vee (p \rightarrow r)$.

    (3) $(p \vee q) \rightarrow (p \wedge r)$.

16.4 用等值演算法证明下列等值式.

    (1) $p \Leftrightarrow (p \wedge q) \vee (p \wedge \neg q)$.

    (2) $((p \rightarrow q) \wedge (p \rightarrow r)) \Leftrightarrow (p \rightarrow (q \wedge r))$.

    (3) $\neg(p \leftrightarrow q) \Leftrightarrow (p \vee q) \wedge \neg(p \wedge q)$.

    (4) $(p \wedge \neg q) \vee (\neg p \wedge q) \Leftrightarrow (p \vee q) \wedge \neg(p \wedge q)$.

16.5 求下列公式的主析取范式，并求成真赋值.

    (1) $(\neg p \rightarrow q) \rightarrow (\neg q \vee p)$.

    (2) $(\neg p \rightarrow q) \wedge (q \wedge r)$.

    (3) $(p \vee (q \wedge r)) \rightarrow (p \vee q \vee r)$.

16.6 求下列公式的主合取范式，并求成假赋值.

    (1) $\neg(q \rightarrow \neg p) \wedge \neg p$.

    (2) $(p \wedge q) \vee (\neg p \vee r)$.

    (3) $(p \rightarrow (p \vee q)) \vee r$.

16.7 求下列公式的主析取范式，再用主析取范式求主合取范式.

    (1) $(p \wedge q) \vee r$.

    (2) $(p \rightarrow q) \wedge (q \rightarrow r)$.

16.8 求下列公式的主合取范式，再用主合取范式求主析取范式.

    (1) $(p \wedge q) \rightarrow q$.

    (2) $(p \leftrightarrow q) \rightarrow r$.

    (3) $\neg(r \rightarrow p) \wedge p \wedge q$.

16.9 用真值表求下列公式的主析取范式.

    (1) $(p \vee q) \vee (\neg p \wedge r)$.

    (2) $(p \rightarrow q) \rightarrow (p \leftrightarrow \neg q)$.

16.10 用真值表求下列公式的主合取范式.

    (1) $(p \wedge q) \vee r$.

    (2) $(p \rightarrow q) \wedge (q \rightarrow r)$.

16.11 用真值表求下列公式的主析取范式和主合取范式.

    (1) $(p \vee q) \wedge r$.

    (2) $p \rightarrow (p \vee q \vee r)$.

(3) $\neg(q \to \neg p) \wedge \neg p$.

16.12 已知公式 A 含 3 个命题变项 p, q, r，并且它的成真赋值为 000, 011, 110，求 A 的主合取范式和主析取范式.

16.13 已知公式 A 含 3 个命题变项 p, q, r，并且它的成假赋值为 010, 011, 110, 111，求 A 的主析取范式和主合取范式.

16.14 已知公式 A 含 n 个命题变项 $p_1, p_2, \cdots, p_n$，并且无成假赋值，求 A 的主合取范式.

16.15 用主析取范式判断下列公式是否等值.

    (1) $(p \to q) \to r$ 与 $q \to (p \to r)$.

    (2) $\neg(p \wedge q)$ 与 $\neg(p \vee q)$.

16.16 用主合取范式判断下列公式是否等值.

    (1) $p \to (q \to r)$ 与 $\neg(p \wedge q) \vee r$.

    (2) $p \to (q \to r)$ 与 $(p \to q) \to r$.

16.17 将下列公式化成与之等值且仅含 $\{\neg, \wedge, \vee\}$ 中联结词的公式.

    (1) $\neg(p \to (q \leftrightarrow (q \wedge r)))$.

    (2) $(p \wedge q) \vee \neg r$.

    (3) $p \leftrightarrow (q \leftrightarrow r)$.

16.18 将下列公式化成与之等值且仅含 $\{\neg, \wedge\}$ 中联结词的公式.

    (1) $p \vee \neg q \vee \neg r$.

    (2) $(p \leftrightarrow r) \wedge q$.

    (3) $(p \to (q \wedge r)) \vee p$.

16.19 将下列公式化成与之等值且仅含 $\{\neg, \vee\}$ 中联结词的公式.

    (1) $(\neg p \vee \neg q) \wedge r$.

    (2) $(p \to (q \wedge \neg p)) \wedge q \wedge r$.

    (3) $p \wedge q \wedge \neg r$.

16.20 将下列公式化成与之等值且仅含 $\{\neg, \to\}$ 中联结词的公式.

    (1) $(p \wedge q) \vee r$.

    (2) $(p \to \neg q) \wedge r$.

    (3) $(p \wedge q) \leftrightarrow r$.

16.21 证明：

    (1) $(p \uparrow q) \Leftrightarrow (q \uparrow p)$, $(p \downarrow q) \Leftrightarrow (q \downarrow p)$.

    (2) $((p \uparrow q) \uparrow r) \not\Leftrightarrow (p \uparrow (q \uparrow r))$, $((p \downarrow q) \downarrow r) \not\Leftrightarrow (p \downarrow (q \downarrow r))$.

16.22 从主教材表 16.3.2 中找出与下列公式等值的真值函数.

    (1) $p \uparrow q$.

    (2) $p \downarrow q$.

(3) $(p \wedge \neg q) \vee (\neg p \wedge q)$.

(4) $\neg(p \to q)$.

16.23 设 A, B, C 为任意的命题公式. 证明等值关系有以下性质.

(1) 自反性：$A \Leftrightarrow A$.

(2) 对称性：若 $A \Leftrightarrow B$，则 $B \Leftrightarrow A$.

(3) 传递性：若 $A \Leftrightarrow B$ 且 $B \Leftrightarrow C$，则 $A \Leftrightarrow C$.

16.24 设 A, B 为任意命题公式，证明

$$\neg A \Leftrightarrow \neg B \text{ 当且仅当 } A \Leftrightarrow B.$$

16.25 设 A, B, C 为任意命题公式，分别举例说明：

(1) 当 $A \vee C \Leftrightarrow B \vee C$ 时，$A \Leftrightarrow B$ 不一定成立.

(2) 当 $A \wedge C \Leftrightarrow B \wedge C$ 时，$A \Leftrightarrow B$ 不一定成立.

由此可知，联结词 $\vee$ 与 $\wedge$ 不满足消去律.

16.26 在上题中，若已知 $A \vee C \Leftrightarrow B \vee C$，在什么条件下 $A \Leftrightarrow B$ 一定成立？又若已知 $A \wedge C \Leftrightarrow B \wedge C$，在什么条件下，$A \Leftrightarrow B$ 一定成立？

16.27 要设计由 1 个灯泡和 3 个开关 A, B, C 组成的电路，要求在且仅在下述 4 种情况下灯亮：

(1) C 的扳键向上，A, B 的扳键向下.

(2) A 的扳键向上，B, C 的扳键向下.

(3) B, C 的扳键向上，A 的扳键向下.

(4) A, B 的扳键向上，C 的扳键向下.

设 F 为 1 表示灯亮，p, q, r 分别表示 A, B, C 的扳键向上.

(a) 求 F 的主析取范式.

(b) 在联结词完备集 $\{\neg, \wedge\}$ 上构造 F.

(c) 在联结词完备集 $\{\neg, \to, \leftrightarrow\}$ 上构造 F.

16.28 一个排队线路，输入为 A, B, C，输出为 F_A, F_B, F_C. 在同一时刻只能输出一个信号；当同时有 2 个或 2 个以上信号申请输出时，按 A, B, C 的顺序输出. 试写出 F_A, F_B, F_C 在联结词完备集 $\{\neg, \wedge\}$ 中的表达式.

16.29 在某班班委成员的选举中，已知王小红、李强、丁金生三位同学被选进了班委会. 该班的甲、乙、丙三名学生预言如下.

甲说：王小红为班长，李强为生活委员.

乙说：丁金生为班长，王小红为生活委员.

丙说：李强为班长，王小红为学习委员.

班委会分工名单公布后发现，甲、乙、丙三人都恰好猜对了一半. 问：王小红、李

强、丁金生各任何职（用等值演算法求解）？

16.30 某公司要从赵、钱、孙、李、周五名新毕业的大学生中选派一些人出国学习. 选派必须满足以下条件：

(1) 若赵去，则钱也去.

(2) 李、周两人中必有一人去.

(3) 钱、孙两人中去且仅去一人.

(4) 孙、李两人同去或同不去.

(5) 若周去，则赵、钱也同去.

用等值演算法分析该公司如何选派他们出国.

16.31 给出下述每一对 C_1, C_2 的消解结果.

(1) $C_1 = \neg p \vee \neg q \vee r,\ C_2 = \neg q \vee \neg r \vee s \vee \neg t$.

(2) $C_1 = p \vee \neg q \vee r \vee \neg s,\ C_2 = s$.

(3) $C_1 = \neg p \vee q \vee r,\ C_2 = p \vee \neg r \vee \neg s$.

16.32 用消解原理证明下列公式是矛盾式.

(1) $(\neg p \vee q) \wedge (\neg p \vee r) \wedge (\neg q \vee \neg r) \wedge (p \vee \neg r) \wedge r$.

(2) $\neg((p \vee q) \wedge \neg p \to q)$.

16.33 用消解法判断下列公式是否是可满足的.

(1) $p \wedge (\neg p \vee \neg q) \wedge q$.

(2) $(p \vee q) \wedge (p \vee \neg q) \wedge (\neg p \vee r)$.

16.34 如果 C_1, C_2 可对多对文字消解，那么其消解结果都是等值的.

16.35 设文字 l 在合取范式 S 中出现，而 l^c 不在 S 中出现. 把删去 S 中所有含 l 的简单析取式后得到的合取范式记作 S'. 证明：$S \approx S'$.

16.36 设 S 是一个合取范式，U 是一个命题变项集合，$R_U(S)$ 表示实施如下操作后得到的合取范式：对 S 中出现的每一个文字 l，若 l 的命题变项属于 U，则将它换成 l^c. 证明：$R_U(S) \approx S$.

16.4.2 解答或提示

16.1、16.2 请自行验证.

16.3 (1) 为矛盾式. (2) 为重言式. (3) 为可满足式.

用等值演算法容易得出 $\neg(p \wedge q \to q) \Leftrightarrow 0$，而 $(p \to (p \vee q)) \vee (p \to r) \Leftrightarrow 1$，所以 (1) 为矛盾式，(2) 为重言式. 而 (3) 中公式 $(p \vee q) \to (p \wedge r) \Leftrightarrow (\neg p \wedge \neg q) \vee (p \wedge r)$，容易观察出 000，111 等是成真赋值，110，010 等是成假赋值，因而既不是重言式，也不是矛盾式. 而要求出全体成真赋值（或成假赋值），可用真值表法. 若学完主析取范式后再解此题，也可以用主析取范式求解. 其实, (3) 中公式的主析取范式非常容易求出，为

$m_0 \lor m_1 \lor m_5 \lor m_7$, 故成真赋值为 000, 001, 101, 111.

16.4 略.

16.5 (1) $m_0 \lor m_2 \lor m_3$, 成真赋值为 00, 10, 11.

(2) $m_3 \lor m_7$, 成真赋值为 011, 111.

(3) $m_0 \lor m_1 \lor m_2 \lor m_3 \lor m_4 \lor m_5 \lor m_6 \lor m_7$, 重言式, 000, 001, 010, 011, 100, 101, 110, 111 全部为成真赋值.

16.6 (1) $M_0 \land M_1 \land M_2 \land M_3$, 矛盾式, 00, 01, 10, 11 全为成假赋值.

(2) M_4, 成假赋值为 100.

(3) 1, 重言式, 无成假赋值.

16.7 (1) $m_1 \lor m_3 \lor m_5 \lor m_6 \lor m_7 \Leftrightarrow M_0 \land M_2 \land M_4$.

(2) $m_0 \lor m_1 \lor m_3 \lor m_7 \Leftrightarrow M_2 \land M_4 \land M_5 \land M_6$.

16.8 (1) $1 \Leftrightarrow m_0 \lor m_1 \lor m_2 \lor m_3$, 重言式.

(2) $M_0 \land M_6 \Leftrightarrow m_1 \lor m_2 \lor m_3 \lor m_4 \lor m_5 \lor m_7$.

(3) $M_0 \land M_1 \land M_2 \land M_3 \land M_4 \land M_5 \land M_6 \land M_7 \Leftrightarrow 0$, 矛盾式.

16.9 (1) 由真值表可得成真赋值为 001, 010, 011, 100, 101, 110, 111, 故主析取范式为 $m_1 \lor m_2 \lor m_3 \lor m_4 \lor m_5 \lor m_6 \lor m_7$.

(2) 由真值表可得成真赋值为 01, 10, 故主析取范式为 $m_1 \lor m_2$.

16.10 (1) 由真值表可得成假赋值为 000, 010, 100, 故主合取范式为 $M_0 \land M_2 \land M_4$.

(2) 由真值表可得成假赋值为 010, 100, 101, 110, 故主合取范式为 $M_2 \land M_4 \land M_5 \land M_6$.

16.11 (1) 由真值表可得成真赋值为 011, 101, 111, 故主析取范式为 $m_3 \lor m_5 \lor m_7$, 主合取范式为 $M_0 \land M_1 \land M_2 \land M_4 \land M_6$.

(2) 由真值表, 无成假赋值, 故主析取范式为 $m_0 \lor m_1 \lor m_2 \lor m_3 \lor m_4 \lor m_5 \lor m_6 \lor m_7$, 主合取范式为 1.

(3) 由真值表, 无成真赋值, 故主析取范式为 0, 主合取范式为 $M_0 \land M_1 \land M_2 \land M_3$.

16.12 A 的主析取范式为 $m_0 \lor m_3 \lor m_6$, 主合取范式为 $M_1 \land M_2 \land M_4 \land M_5 \land M_7$.

16.13 A 的主合取范式为 $M_2 \land M_3 \land M_6 \land M_7$, 主析取范式为 $m_0 \lor m_1 \lor m_4 \lor m_5$.

16.14 A 的主合取范式为 1. (重言式的主合取范式为 1.)

16.15 (1) $(p \to q) \to r \Leftrightarrow m_1 \lor m_3 \lor m_4 \lor m_5 \lor m_7$,

$q \to (p \to r) \Leftrightarrow m_0 \lor m_1 \lor m_2 \lor m_3 \lor m_4 \lor m_5 \lor m_7$,

结论: 不等值.

(2) $\neg(p \land q) \Leftrightarrow m_0 \lor m_1 \lor m_2$,

$\neg(p \lor q) \Leftrightarrow m_0$,

结论: 不等值.

16.16 (1) $p \to (q \to r) \Leftrightarrow M_6$,

$\neg(p \wedge q) \vee r \Leftrightarrow M_6$,

结论: 等值.

(2) $p \rightarrow (q \rightarrow r) \Leftrightarrow M_6$,

$(p \rightarrow q) \rightarrow r \Leftrightarrow M_0 \wedge M_2 \wedge M_6$,

结论: 不等值.

第 16.17 ~ 16.20 题答案不唯一, 下面每题只给出一个答案.

16.17 (1) $\neg(\neg p \vee ((\neg q \vee (q \wedge r)) \wedge (\neg(q \wedge r) \vee q)))$.

(2) $(p \wedge q) \vee \neg r$. （本身已满足要求）

(3) $(\neg p \vee ((\neg q \vee r) \wedge (q \vee \neg r))) \wedge (\neg((\neg q \vee r) \wedge (q \vee \neg r)) \vee p)$.

16.18 (1) $\neg(\neg p \wedge q \wedge r)$.

(2) $(\neg(p \wedge \neg r) \wedge \neg(\neg p \wedge r)) \wedge q$.

(3) $\neg((p \wedge \neg(q \wedge r)) \wedge \neg p)$.

16.19 (1) $\neg(\neg(\neg p \vee \neg q) \vee \neg r)$.

(2) $\neg(\neg(\neg p \vee \neg(\neg q \vee p)) \vee \neg q \vee \neg r)$.

(3) $\neg(\neg p \vee \neg q \vee r)$.

16.20 (1) $(p \rightarrow \neg q) \rightarrow r$.

(2) $\neg((p \rightarrow \neg q) \rightarrow \neg r)$.

(3) $(\neg(p \rightarrow \neg q) \rightarrow r) \wedge (r \rightarrow \neg(p \rightarrow \neg q)) \Leftrightarrow \neg((\neg(p \rightarrow \neg q) \rightarrow r) \rightarrow \neg(r \rightarrow \neg(p \rightarrow \neg q)))$.

16.21 (1) $p \uparrow q \Leftrightarrow \neg(p \wedge q) \Leftrightarrow \neg(q \wedge p) \Leftrightarrow q \uparrow p$.

证明中用到合取具有交换律, 类似可证 $p \downarrow q \Leftrightarrow q \downarrow p$.

(2) 只需找到一个赋值使左、右两边的值不同即可. 可以取 001, 它是 $p \uparrow (q \uparrow r)$ 的成真赋值, 而是 $(p \uparrow q) \uparrow r$ 的成假赋值, 故 $p \uparrow (q \uparrow r) \not\Leftrightarrow (p \uparrow q) \uparrow r$. 类似可证 $p \downarrow (q \downarrow r) \not\Leftrightarrow (p \downarrow q) \downarrow r$.

16.22 先写出公式的真值表, 再与主教材中表 16.3.2 对照, 即可找到对应的函数.

(1) $F_{14}^{(2)}$.　(2) $F_8^{(2)}$.　(3) $F_6^{(2)}$.　(4) $F_2^{(2)}$.

16.23 (1) $A \leftrightarrow A \Leftrightarrow (A \rightarrow A) \wedge (A \rightarrow A) \Leftrightarrow A \rightarrow A \Leftrightarrow \neg A \vee A \Leftrightarrow 1$, 得证 $A \Leftrightarrow A$.

(2) $B \leftrightarrow A \Leftrightarrow (\neg B \vee A) \wedge (\neg A \vee B) \Leftrightarrow (\neg A \vee B) \wedge (\neg B \vee A) \Leftrightarrow A \leftrightarrow B$. 因为 $A \Leftrightarrow B$, 即 $A \leftrightarrow B$ 为重言式, 所以 $B \leftrightarrow A$ 也为重言式, 故有 $B \Leftrightarrow A$.

(3) 用定义或主析取范式证方便, 下面用主析取范式证明. 因为 $A \Leftrightarrow B$, 所以 A 与 B 有相同的主析取范式. 同理 B 与 C 有相同的主析取范式. 因此, A 与 C 有相同的主析取范式, 故 $A \Leftrightarrow C$.

16.24 证明方法不唯一, 这里用等值演算法.

$$\neg A \leftrightarrow \neg B \Leftrightarrow (A \vee \neg B) \wedge (B \vee \neg A)$$

$$\Leftrightarrow (\neg A \vee B) \wedge (\neg B \vee A)$$

$$\Leftrightarrow (A \rightarrow B) \wedge (B \rightarrow A)$$

$$\Leftrightarrow A \leftrightarrow B.$$

因而，$\neg A \Leftrightarrow \neg B$ 当且仅当 $A \Leftrightarrow B$.

16.25 (1) 取 $A = p \rightarrow q, B = \neg p \rightarrow q, C = p \rightarrow p$. C 为重言式，有 $A \vee C \Leftrightarrow B \vee C$，但显然 $A \not\Leftrightarrow B$.

(2) 取 $A \not\Leftrightarrow B$，而取 C 为矛盾式即可.

16.26 当 C 为矛盾式时，若 $A \vee C \Leftrightarrow B \vee C$，则一定有 $A \Leftrightarrow B$. 当 C 为重言式时，若 $A \wedge C \Leftrightarrow B \wedge C$，则一定有 $A \Leftrightarrow B$.

16.27 (a) $m_1 \vee m_3 \vee m_4 \vee m_6$.

(b) $\neg(\neg(\neg p \wedge r) \wedge \neg(p \wedge \neg r))$.

(c) $\neg(p \leftrightarrow r)$.

16.28 设 $p : A$ 输入，$q : B$ 输入，$r : C$ 输入. 根据输出规则，可得

$$F_A \Leftrightarrow (p \wedge \neg q \wedge \neg r) \vee (p \wedge \neg q \wedge r) \vee (p \wedge q \wedge \neg r) \vee (p \wedge q \wedge r)$$

$$\Leftrightarrow (p \wedge \neg q) \vee (p \wedge q)$$

$$\Leftrightarrow p.$$

$$F_B \Leftrightarrow (\neg p \wedge q \wedge \neg r) \vee (\neg p \wedge q \wedge r)$$

$$\Leftrightarrow \neg p \wedge q.$$

$$F_C \Leftrightarrow \neg q \wedge \neg q \wedge r.$$

16.29 王小红是学习委员，李强是生活委员，丁金生是班长.

设 p_1：王小红是班长，p_2：丁金生是班长，p_3：李强是班长，q_1：王小红是生活委员，q_3：李强是生活委员，r_1：王小红是学习委员，则有

$$F \Leftrightarrow ((p_1 \wedge \neg q_3) \vee (\neg p_1 \wedge q_3)) \wedge ((p_2 \wedge \neg q_1) \vee (\neg p_2 \wedge q_1))$$

$$\wedge ((p_3 \wedge \neg r_1) \vee (\neg p_3 \wedge r_1))$$

$$\Leftrightarrow \neg p_1 \wedge p_2 \wedge q_3 \wedge \neg q_1 \wedge \neg p_3 \wedge r_1.$$

演算主要用分配律，并注意每人只能担任一职，每职只能由一人担任，从而 p_1, q_1, r_1 中有且仅有一个为真，p_1, p_2, p_3 中有且仅有一个为真，由最后结果可知，王小红是学习委员，李强是生活委员，丁金生是班长.

16.30 有以下两个方案：

方案 1：赵、钱、周去，而孙、李不去.

方案 2：孙、李去，而赵、钱、周不去.

提示：参见第 16.3.6 节习题课中的题型六.

16.31 (1) $\mathrm{Res}(C_1, C_2) = \neg p \vee \neg q \vee s \vee \neg t$.

(2) $\mathrm{Res}(C_1, C_2) = p \vee \neg q \vee r$.

(3) $\mathrm{Res}(C_1, C_2) = q \vee r \vee \neg r \vee \neg s$ 或 $\mathrm{Res}(C_1, C_2) = \neg p \vee q \vee p \vee \neg s$.

16.32 先将公式化成合取范式的形式，然后构造它的一个否证.

(1) 构造 $(\neg p \vee q) \wedge (\neg p \vee r) \wedge (\neg q \vee \neg r) \wedge (p \vee \neg r) \wedge r$ 的消解序列如下.

① $\neg p \vee r$ 公式中的简单析取式

② $\neg q \vee \neg r$ 公式中的简单析取式

③ $\neg p \vee \neg q$ ①②消解

④ $\neg p \vee q$ 公式中的简单析取式

⑤ $\neg p$ ③④消解

⑥ $p \vee \neg r$ 公式中的简单析取式

⑦ r 公式中的简单析取式

⑧ p ⑥⑦消解

⑨ λ ⑤⑧消解

这是一个否证，故公式为矛盾式.

(2) $\neg((p \vee q) \wedge \neg p \to q) \Leftrightarrow (p \vee q) \wedge \neg p \wedge \neg q$，消解序列如下.

① $p \vee q$ 公式中的简单析取式

② $\neg p$ 公式中的简单析取式

③ q ①②消解

④ $\neg q$ 公式中的简单析取式

⑤ λ ③④消解

得到一个否证，故公式为矛盾式.

16.33 (1) 第 1 次循环：$S_0 = \varnothing, S_1 = \{p, \neg p \vee \neg q, q\}, S_2 = \varnothing$.

$p, \neg p \vee \neg q$ 消解得到 $\neg q$.

$\neg p \vee \neg q, q$ 消解得到 $\neg p$.

$S_2 = \{\neg p, \neg q\}$.

第 2 次循环：$S_0 = \{p, \neg p \vee \neg q, q\}, S_1 = \{\neg p, \neg q\}, S_2 = \varnothing$.

$p, \neg p$ 消解得到 λ.

输出 "no"，计算结束.

结论：$p \wedge (\neg p \vee \neg q) \wedge q$ 是不可满足的，即矛盾式.

(2) 第 1 次循环：$S_0 = \varnothing, S_1 = \{p \vee q, p \vee \neg q, \neg p \vee r\}, S_2 = \varnothing$.

$p \vee q, p \vee \neg q$ 消解得到 p.

$p \vee q, \neg p \vee r$ 消解得到 $q \vee r$.

$p \vee \neg q, \neg p \vee r$ 消解得到 $\neg q \vee r$.

$S_2 = \{p, q \vee r, \neg q \vee r\}$.

第 2 次循环：$S_0 = \{p \vee q, p \vee \neg q, \neg p \vee r\}, S_1 = \{p, q \vee r, \neg q \vee r\}, S_2 = \varnothing$.

$p \vee q, \neg q \vee r$ 消解得到 $p \vee r$.

$p \vee \neg q, q \vee r$ 消解得到 $p \vee r$.

$\neg p \vee r, p$ 消解得到 r.

$q \vee r, \neg q \vee r$ 消解得到 r.

$S_2 = \{p \vee r, r\}$.

第 3 次循环：$S_0 = \{p \vee q, p \vee \neg q, \neg p \vee r, p, q \vee r, \neg q \vee r\}, S_1 = \{p \vee r, r\}, S_2 = \varnothing$.

$\neg p \vee r, p \vee r$ 消解得到 r.

$S_2 = \varnothing$.

输出 "yes"，计算结束.

结论：$(p \vee q) \wedge (p \vee \neg q) \wedge (\neg p \vee r)$ 是可满足的.

16.34 只需证明当 C_1, C_2 可对两对文字消解时，其消解结果是等值的.

设 $C_1 = D_1 \vee l_1 \vee l_2, C_2 = D_2 \vee l_1^c \vee l_2^c$，其中 $l_1(l_1^c)$ 不等于 $l_2(l_2^c)$. 于是，以 l_1 和 l_1^c 为消解文字，C_1 和 C_2 的消解结果为 $R_1 = D_1 \vee D_2 \vee l_2 \vee l_2^c$，以 l_2 和 l_2^c 为消解文字，C_1 和 C_2 的消解结果为 $R_2 = D_1 \vee D_2 \vee l_1 \vee l_1^c$. R_1 和 R_2 均为重言式，自然等值.

16.35 设 α 是 S 的成真赋值，由于 S' 的简单析取式都是 S 的简单析取式，故 α 也是 S' 的成真赋值.

反之，设 α' 是 S' 的成真赋值，按如下方法将 α' 扩充成 S 的赋值 α：若 p 在 S' 中出现，则令 $\alpha(p) = \alpha'(p)$；若 $l = p$，则令 $\alpha(p) = 1$；若 $l = \neg p$，则令 $\alpha(p) = 0$. 对 S 的每一个简单析取式 C，如果 C 含有文字 l，由于 $\alpha(l) = 1$，必有 $\alpha(C) = 1$；否则，C 是 S' 的简单析取式，有 $\alpha(C) = \alpha'(C) = 1$. 所以，$\alpha$ 是 S 的成真赋值. 得证 $S \approx S'$.

16.36 提示：S 与 $R_U(S)$ 的关系如下. 若命题变项 $p \notin U$，则 $p (\neg p)$ 同时出现在

S 和 $R_U(S)$ 的相同位置上；若 $p \in U$，则在 $R_U(S)$ 对应 S 出现 $p\,(\neg p)$ 的位置上出现 $\neg p\,(p)$. 据此，不难根据 S 的成真赋值构造出 $R_U(S)$ 的成真赋值，反之亦然.

16.5   小测验

16.5.1   试题

1. 填空题（6 小题，每小题 5 分，共 30 分）.

(1) 设 A 为含命题变项 p, q, r 的重言式，则公式 $A \vee ((p \wedge q) \to r)$ 的类型为_____.

(2) 设 B 为含命题变项 p, q, r 的矛盾式，则公式 $B \wedge ((p \leftrightarrow q) \to r)$ 的类型为_____.

(3) 设 p, q 为命题变项，则 $(\neg p \leftrightarrow q)$ 的成真赋值为_____.

(4) 设 p, q 为真命题，r, s 为假命题，则复合命题 $(p \leftrightarrow r) \leftrightarrow (\neg q \to s)$ 的真值为_____.

(5) 矛盾式的主析取范式为_____.

(6) 设公式 A 含命题变项 p, q, r，又已知 A 的主合取范式为 $M_0 \wedge M_2 \wedge M_3 \wedge M_5$，则 A 的主析取范式为_____.

2. 用等值演算法求公式的主析取范式或主合取范式（3 小题，每小题 10 分，共 30 分）.

(1) 求公式 $p \to ((q \wedge r) \wedge (p \vee (\neg q \wedge \neg r)))$ 的主析取范式.

(2) 求公式 $\neg(\neg(p \to q)) \vee (\neg q \to \neg p)$ 的主合取范式.

(3) 求公式 $((p \vee q) \wedge (p \to q)) \leftrightarrow (q \to p)$ 的主析取范式，再由主析取范式求出主合取范式.

3. 用真值表求公式 $(p \to q) \leftrightarrow r$ 的主析取范式（10 分）.

4. 将公式 $p \to (q \to r)$ 化成与之等值且仅含 $\{\neg, \wedge\}$ 中联结词的公式（10 分）.

5. 用主析取范式判断 $\neg(p \leftrightarrow q)$ 与 $(p \vee q) \wedge (\neg(p \wedge q))$ 是否等值（10 分）.

6. 用消解原理证明 $p \wedge (\neg p \vee q) \wedge (\neg r) \wedge (\neg p \vee \neg q \vee r)$ 是矛盾式（10 分）.

16.5.2   答案或解答

1. (1) 重言式. (2) 矛盾式.   (3) 01，10.

(4) 0. (5) 0. (6) $m_1 \vee m_4 \vee m_6 \vee m_7$.

2. (1) $m_0 \vee m_1 \vee m_2 \vee m_3 \vee m_7$，演算如下：

$$p \to ((q \wedge r) \wedge (p \vee (\neg q \wedge \neg r))) \Leftrightarrow \neg p \vee ((p \wedge q \wedge r) \vee 0)$$

$$\Leftrightarrow m_0 \vee m_1 \vee m_2 \vee m_3 \vee m_7.$$

注意，$\neg p$ 派生出 4 个极小项.

(2) M_2，演算如下：

$$\neg(\neg(p \to q)) \vee (\neg q \to \neg p) \Leftrightarrow (p \to q) \vee (p \to q)$$

$$\Leftrightarrow p \to q$$

$$\Leftrightarrow \neg p \vee q$$

$$\Leftrightarrow M_2.$$

(3) $m_3 \Leftrightarrow M_0 \wedge M_1 \wedge M_2$，演算如下：

$$((p \vee q) \wedge (p \to q)) \leftrightarrow (q \to p) \Leftrightarrow ((p \vee q) \wedge (\neg p \vee q)) \leftrightarrow (q \to p)$$

$$\Leftrightarrow q \leftrightarrow (q \to p)$$

$$\Leftrightarrow (q \to (q \to p)) \wedge ((q \to p) \to q)$$

$$\Leftrightarrow (p \vee \neg q) \wedge q$$

$$\Leftrightarrow (p \wedge q) \vee 0$$

$$\Leftrightarrow m_3$$

$$\Leftrightarrow M_0 \wedge M_1 \wedge M_2.$$

3. $m_1 \vee m_3 \vee m_4 \vee m_7$.

由真值表，公式的成真赋值为 001，011，100，111.

4. $\neg(p \wedge q \wedge \neg r)$.

5. 等值.

由于 $p \leftrightarrow q$ 的成真赋值为 00，11，所以它的否定式的成真赋值为 01 和 10，因而 $\neg(p \leftrightarrow q)$ 的主析取范式为 $m_1 \vee m_2$. 当然也可以用等值演算、真值表等方法求解. 下面用等值演算法求另一式的主析取范式.

$$(p \vee q) \wedge (\neg(p \wedge q)) \Leftrightarrow (p \vee q) \wedge (\neg p \vee \neg q)$$

$$\Leftrightarrow (p \wedge \neg q) \vee (\neg p \wedge q)$$

$$\Leftrightarrow m_1 \vee m_2.$$

由于两个公式有相同的主析取范式，所以它们等值.

6. 消解序列：

① p　　　　　　　　　　公式的简单析取式

② $\neg p \lor q$ 公式的简单析取式

③ q ①②消解

④ $\neg p \lor \neg q \lor r$ 公式的简单析取式

⑤ $\neg p \lor r$ ③④消解

⑥ $\neg r$ 公式的简单析取式

⑦ $\neg p$ ⑤⑥消解

⑧ λ ①⑦消解

这是公式的一个否证，故公式是矛盾式.

第 17 章
命题逻辑的推理理论

17.1 内容提要

17.1.1 推理的形式结构

推理

所谓 推理 是指从前提出发推导出结论的思维过程，而 前提 是已知的命题公式集合，结论 是从前提出发应用推理规则推导出的命题公式.

定义 17.1.1 设 $A_1, A_2, \cdots, A_k$ 和 B 都是命题公式，若对于 $A_1, A_2, \cdots, A_k$ 和 B 中出现的命题变项的任意一组赋值，或者 $A_1 \wedge A_2 \wedge \cdots \wedge A_k$ 为假，或者当 $A_1 \wedge A_2 \wedge \cdots \wedge A_k$ 为真时 B 也为真，则称由前提 $A_1, A_2, \cdots, A_k$ 推导出结论 B 的推理是 有效的 或 正确的，并称 B 为 有效的结论.

推理形式结构的符号化形式

设前提为集合 Γ，将由 Γ 推导出 B 的推理记为 $\Gamma \vdash B$. 若推理是正确的，则记为 $\Gamma \models B$，否则记为 $\Gamma \nvDash B$. 这里称 $\Gamma \vdash B$ 或 $\{A_1, A_2, \ldots, A_k\} \vdash B$ 为 推理的形式结构.

定理 17.1.1 命题公式 $A_1, A_2, \cdots, A_k$ 推导出 B 的推理正确当且仅当

$$A_1 \wedge A_2 \wedge \cdots \wedge A_k \to B$$

为重言式.

根据定理 17.1.1, 由前提 $A_1, A_2, \cdots, A_k$ 推导出 B 的推理的形式结构

$$\{A_1, A_2, \cdots, A_k\} \vdash B \tag{17.1.1}$$

等同于蕴涵式

$$A_1 \wedge A_2 \wedge \cdots \wedge A_k \to B. \tag{17.1.2}$$

推理正确

$$\{A_1, A_2, \cdots, A_k\} \models B \tag{17.1.3}$$

等同于

$$A_1 \wedge A_2 \wedge \cdots \wedge A_k \Rightarrow B, \tag{17.1.4}$$

其中 $\Rightarrow$ 同 $\Leftrightarrow$ 一样是一种元语言符号, 表示蕴涵式为重言式.

通常将推理的形式结构写成

$$\begin{aligned} &\text{前提：} A_1, A_2, \cdots, A_k. \\ &\text{结论：} B. \end{aligned} \tag{17.1.5}$$

并且也把式 (17.1.2) 称作推理的形式结构,

判断推理是否正确的方法

通过判断式 (17.1.2) 是否为重言式来确定推理是否正确. 根据前面两章的讨论, 判断式 (17.1.2) 是否为重言式有下面 3 种方法.

1. 真值表法.
2. 等值演算法.
3. 主析取范式法.

推理定律 (重言蕴涵式)

重要的推理定律有以下 9 条.

附加律	$A \Rightarrow (A \vee B)$
化简律	$(A \wedge B) \Rightarrow A$
假言推理	$(A \to B) \wedge A \Rightarrow B$
拒取式	$(A \to B) \wedge \neg B \Rightarrow \neg A$
析取三段论	$(A \vee B) \wedge \neg B \Rightarrow A$
假言三段论	$(A \to B) \wedge (B \to C) \Rightarrow (A \to C)$

等价三段论 $\qquad (A \leftrightarrow B) \wedge (B \leftrightarrow C) \Rightarrow (A \leftrightarrow C)$

构造性二难 $\qquad (A \rightarrow B) \wedge (C \rightarrow D) \wedge (A \vee C) \Rightarrow (B \vee D)$

破坏性二难 $\qquad (A \rightarrow B) \wedge (C \rightarrow D) \wedge (\neg B \vee \neg D) \Rightarrow (\neg A \vee \neg C)$

17.1.2 自然推理系统 P

定义 17.1.2 自然推理系统 P 定义如下.

1. 字母表

(1) 命题变项符号: $p, q, r, \ldots, p_i, q_i, r_i, \cdots$, 其中 $i \geqslant 1$.

(2) 联结词符号: $\neg, \wedge, \vee, \rightarrow, \leftrightarrow$.

(3) 括号与逗号: $(,)$, $,$.

2. 合式公式

同定义 15.1.1.

3. 推理规则

(1) 前提引入规则: 在证明的任何步骤都可以引入前提.

(2) 结论引入规则: 在证明的任何步骤所得到的结论都可以作为后继证明的前提.

(3) 置换规则: 在证明的任何步骤, 命题公式中的子公式都可以用等值的公式置换, 得到公式序列中的又一个公式.

由 9 条推理定律和结论引入规则可以导出以下各条推理规则.

(4) 假言推理规则 (或分离规则): 若证明的公式序列中已出现过 $A \rightarrow B$ 和 A, 则由假言推理定律 $(A \rightarrow B) \wedge A \Rightarrow B$ 可知, B 是 $A \rightarrow B$ 和 A 的有效结论. 由结论引入规则可知, 可以将 B 引入命题序列. 用图示表示为如下形式.

$$
\begin{array}{c}
A \rightarrow B \\
\underline{\qquad A} \\
B
\end{array}
$$

以下各条推理规则直接以图示给出, 不再加以说明.

(5) 附加规则:

$$
\frac{A}{A \vee B}
$$

(6) 化简规则:

$$
\frac{A \wedge B}{A}
$$

(7) 拒取式规则：

$$A \to B$$
$$\frac{\neg B}{\neg A}$$

(8) 假言三段论规则：

$$A \to B$$
$$B \to C$$
$$\frac{}{A \to C}$$

(9) 析取三段论规则：

$$A \lor B$$
$$\frac{\neg B}{A}$$

(10) 构造性二难推理规则：

$$A \to B$$
$$C \to D$$
$$\frac{A \lor C}{B \lor D}$$

(11) 破坏性二难推理规则：

$$A \to B$$
$$C \to D$$
$$\frac{\neg B \lor \neg D}{\neg A \lor \neg C}$$

(12) 合取引入规则：

$$A$$
$$B$$
$$\frac{}{A \land B}$$

17.1.3 构造证明

设前提 $A_1, A_2, \cdots, A_k$, 结论 B 和公式序列 $C_1, C_2, \cdots, C_l$. 如果每一个 $C_i(i=1,2,\cdots, l)$ 是某个 A_j, 或者可由序列中前面的公式应用推理规则得到, 并且 $C_l = B$, 那么称公式序列 $C_1, C_2, \cdots, C_l$ 是由 $A_1, A_2, \cdots, A_k$ 推导出 B 的证明.

下面是几种常见的构造证明的方法.

直接证明法

根据式(17.1.5)，推理有如下的形式结构：

$$前提：A_1, A_2, \cdots, A_k.$$

$$结论：B.$$

直接证明法就是，由前提 $A_1, A_2, \ldots, A_k$ 出发，应用推理规则，推导出 B.

附加前提证明法

当结论为 $C \to B$ 形式时，可以将 C 列入前提，然后用直接证明法推导出 B. 这里称 C 为附加前提.

设推理的形式结构具有如下形式

$$(A_1 \wedge A_2 \wedge \cdots \wedge A_k) \to (A \to B), \tag{17.1.6}$$

其结论也为蕴涵式. 此时可以将结论中的前件也作为推理的前提，使结论为 B，即把推理的形式结构改写为

$$(A_1 \wedge A_2 \wedge \cdots \wedge A_k \wedge A) \to B. \tag{17.1.7}$$

不难证明，式 (17.1.6) 与式 (17.1.7) 是等值的，因而若能证明式 (17.1.7) 是重言式，则式 (17.1.6) 也是重言式. 在证明式 (17.1.6) 时采用形式结构式 (17.1.7)，称作 *附加前提证明法*，并将 A 称作 *附加前提*.

归谬证明法

将结论 B 的否定式 $\neg B$ 列入前提，然后用直接证明法推导出矛盾式.

在构造形式结构为

$$(A_1 \wedge A_2 \wedge \cdots \wedge A_k) \to B$$

的推理证明中，若将 $\neg B$ 作为前提能推导出矛盾来，比如说得出 $(A \wedge \neg A)$，则说明推理正确.

这种将结论的否定式作为附加前提引入并推导出矛盾式的证明方法称作 *归谬法*.

消解证明法

消解证明法 是根据归谬法的思想，采用消解规则构造证明的方法. 它的基本做法是，把前提中的公式和结论的否定都化成等值的合取范式，以这些合取范式中的所有简单析取式为前提，用消解规则构造证明. 如果能得到空式（即矛盾式），那么证明推理是正确的. 消解证明法除准备工作外，只使用前提引入和消解两条规则.

17.2   基本要求

1. 理解并记住推理形式结构的以下两种形式.

(1) $(A_1 \wedge A_2 \wedge \cdots \wedge A_k) \to B$.

(2) 前提：$A_1, A_2, \cdots, A_k$.

   结论：B.

2. 熟练掌握判断推理是否正确的不同方法，如真值表法、等值演算法、主析取范式法等.

3. 牢记自然推理系统 P 中各条推理规则的内容及名称.

4. 熟练掌握在自然推理系统 P 中构造证明的直接证明法、附加前提证明法和归谬证明法.

5. 熟练掌握消解证明法.

6. 会将日常生活、社会活动、科学领域中的某些推理形式化，即写出符号化形式的前提、结论，并能判断推理是否正确. 对于正确的推理能在自然推理系统 P 中给出证明.

17.3   习题课

17.3.1   题型一：用等值演算法判断推理

用等值演算法判断下列推理是否正确.

(1) 若今天不下雨，我就不去图书馆. 今天下雨. 所以，我去图书馆.

(2) 若今天不是星期六，明天就不是星期一. 明天是星期一. 所以，今天是星期六.

解答与分析

解此类问题，应首先将简单语句（或命题）符号化，找出前提和结论，写成推理的形式结构 (17.1.2)的形式，然后用等值演算法（因为题目要求）进行判断.

(1) 令 p：今天下雨，q：我去图书馆，则推理的形式结构为

$$(\neg p \to \neg q) \wedge p \to q. \tag{17.3.1}$$

对式 (17.3.1) 进行等值演算：

$$(\neg p \to \neg q) \wedge p \to q \Leftrightarrow (p \vee \neg q) \wedge p \to q$$

$$\Leftrightarrow p \to q. \qquad \text{（吸收律）}$$

演算到此，已知式 (17.3.1) 不是重言式，10 为式 (17.3.1) 的成假赋值，所以推理不正确.

这里应该指出，用等值演算法判断不正确的推理，其实是通过等值演算将推理形式结构化简，使其容易观察出成假赋值.

(2) 令 p：今天是星期六，q：明天是星期一，则推理的形式结构为

$$(\neg p \to \neg q) \wedge q \to p. \tag{17.3.2}$$

对式 (17.3.2) 进行等值演算

$$(\neg p \to \neg q) \wedge q \to p \Leftrightarrow (p \vee \neg q) \wedge q \to p$$

$$\Leftrightarrow (p \wedge q) \to p \qquad （矛盾律与同一律）$$

$$\Leftrightarrow (\neg p \vee \neg q) \vee p$$

$$\Leftrightarrow 1.$$

这说明式 (17.3.2) 为重言式，所以推理正确. 其实，本题中推理的形式结构即为拒取式推理定律.

17.3.2　题型二：用主析取范式法判断推理

用主析取范式法判断下列推理是否正确.
(1) n 不是偶数或 m 不是奇数. n 是偶数. 所以，m 不是奇数.
(2) 一到晚上 7 点钟，我就看电视新闻. 没到晚上 7 点钟. 所以，我没看电视新闻.

解答与分析

(1) 设 p：n 是偶数，q：m 是奇数，则推理的形式结构为

$$(\neg p \vee \neg q) \wedge p \to \neg q. \tag{17.3.3}$$

下面求式 (17.3.3) 的主析取范式.

$$(\neg p \vee \neg q) \wedge p \to \neg q \Leftrightarrow (p \wedge \neg q) \to \neg q$$

$$\Leftrightarrow \neg(p \wedge \neg q) \vee \neg q$$

$$\Leftrightarrow \neg p \vee q \vee \neg q$$

$$\Leftrightarrow m_0 \vee m_1 \vee m_2 \vee m_3.$$

由于式 (17.3.3) 的主析取范式含全部 $2^2 = 4$ 个极小项，所以式 (17.3.3) 为重言式，故推理正确.

其实，$\neg p \vee q \vee \neg q \Leftrightarrow \neg p \vee 1 \Leftrightarrow 1$，也可知式 (17.3.3) 为重言式.

(2) 设 p：到晚上 7 点钟，q：我看电视新闻，则推理的形式结构为

$$(p \to q) \land \neg p \to \neg q. \tag{17.3.4}$$

下面求式 (17.3.4) 的主析取范式.

$$(p \to q) \land \neg p \to \neg q \Leftrightarrow (\neg p \lor q) \land \neg p \to \neg q$$

$$\Leftrightarrow \neg p \to \neg q \quad （吸收律）$$

$$\Leftrightarrow p \lor \neg q$$

$$\Leftrightarrow m_0 \lor m_2 \lor m_3.$$

由于式 (17.3.4) 的主析取范式没有含全部 4 个极小项，只含其中的 3 个，所以式 (17.3.4) 不是重言式，故推理不正确.

一般地，关于判断推理是否正确有以下两点说明.

(1) 若推理正确，即推理的形式结构(17.1.2)为重言式，用等值演算法比较方便，只要演算到(17.1.2)$\Leftrightarrow$ 1 即可.

(2) 若推理不正确，即推理的形式结构(17.1.2)不是重言式，用主析取范式法比较方便，只要(17.1.2)的主析取范式不含全部极小项，推理就不正确.

一般情况下，对于不知是否正确的推理，可先用等值演算法，若推理形式结构(17.1.2)$\Leftrightarrow$ 1，则推理正确；否则，对化简的结果观察其成假赋值，从而断言推理不正确，或者通过进一步求出主析取范式来判断.

还应该指出，若推理的形式结构中所含命题变项较少，用真值表法判断推理是否正确应该是方便的，而且不容易犯错误.

17.3.3 题型三：在自然推理系统 P 中直接证明推理

在自然推理系统 P 中用直接证明法证明下列推理.

(1) 前提：$p \to (q \to r), p \land q.$
   结论：$\neg r \to s.$

(2) 前提：$(p \land q) \to r, r \to s, \neg s \land p.$
   结论：$\neg q.$

证明与分析

(1) 证明：

① $p \to (q \to r)$ 前提引入

② $p \land q$ 前提引入

③ p　　　　　　　　　　　　②化简

④ q　　　　　　　　　　　　②化简

⑤ $q \rightarrow r$　　　　　　　　　　①③假言推理

⑥ r　　　　　　　　　　　　⑤④假言推理

⑦ $r \vee s$　　　　　　　　　　⑥附加

⑧ $\neg\neg r \vee s$　　　　　　　　⑦置换

⑨ $\neg r \rightarrow s$　　　　　　　　⑧置换

注意，证明的方法是不唯一的，如下的证明步骤更少些.
证明：

① $p \rightarrow (q \rightarrow r)$　　　　　　前提引入

② $p \wedge q \rightarrow r$　　　　　　　①置换

③ $p \wedge q$　　　　　　　　　前提引入

④ r　　　　　　　　　　　　②③假言推理

⑤ $r \vee s$　　　　　　　　　　④附加

⑥ $\neg\neg r \vee s$　　　　　　　　⑤置换

⑦ $\neg r \rightarrow s$　　　　　　　　⑥置换

还应该注意，有的读者开始审题时，认为此题有错误，其理由为：前提中无 s，结论中有 s，这是不可能的. 有这样想法的读者，可能是忘了附加推理规则. 实际上，当 r 为真时，$\neg r \rightarrow s$ 恒为真，而与 s 的取值无关.

(2) 证明：

① $r \rightarrow s$　　　　　　　　　前提引入

② $\neg s \wedge p$　　　　　　　　前提引入

③ $\neg s$　　　　　　　　　　②化简

④ $\neg r$　　　　　　　　　　①③拒取式

⑤ $(p \wedge q) \rightarrow r$　　　　　　前提引入

⑥ $\neg(p \wedge q)$　　　　　　④⑤拒取式

⑦ $\neg p \vee \neg q$　　　　　　⑥置换

⑧ p　　　　　　　　　　②化简

⑨ $\neg q$　　　　　　　　⑦⑧析取三段论

也可以给出不同的证明：

① $(p \wedge q) \rightarrow r$　　　　　　前提引入

② $r \rightarrow s$　　　　　　　　前提引入

③ $(p \wedge q) \rightarrow s$　　　　①②假言三段论

④ $\neg s \wedge p$　　　　　　　前提引入

⑤ $\neg s$　　　　　　　　④化简

⑥ $\neg(p \wedge q)$　　　　　　③⑤拒取式

⑦ $\neg p \vee \neg q$　　　　　　⑥置换

⑧ p　　　　　　　　　④化简

⑨ $\neg q$　　　　　　　　⑦⑧析取三段论

17.3.4　题型四：在自然推理系统 P 中用附加前提法证明推理

在自然推理系统 P 中用附加前提证明法证明下列推理.
(1) 前提：$\neg p \vee (q \rightarrow r), \neg s \vee p, q$.
　　结论：$s \rightarrow r$.
(2) 前提：$p \vee q, p \rightarrow r, q \rightarrow s$.
　　结论：$\neg r \rightarrow s$.

证明与分析
　　(1) 证明：

① $\neg s \vee p$　　　　　　　　前提引入

② s　　　　　　　　　　附加前提引入

③ p　　　　　　　　　①②析取三段论

④ $\neg p \vee (q \to r)$　　　　　　前提引入

⑤ $q \to r$　　　　　　③④析取三段论

⑥ q　　　　　　前提引入

⑦ r　　　　　　⑤⑥假言推理

本题也可以直接证明：

① $\neg p \vee (q \to r)$　　　　　　前提引入

② $p \to (q \to r)$　　　　　　①置换

③ $\neg s \vee p$　　　　　　前提引入

④ $s \to p$　　　　　　③置换

⑤ $s \to (q \to r)$　　　　　　④②假言三段论

⑥ $q \to (s \to r)$　　　　　　⑤置换

⑦ q　　　　　　前提引入

⑧ $s \to r$　　　　　　⑥⑦假言推理

一般说来，当结论是蕴涵式时，用附加前提证明法比较方便.
(2) 证明：

① $\neg r$　　　　　　附加前提引入

② $p \to r$　　　　　　前提引入

③ $\neg p$　　　　　　①②拒取式

④ $p \vee q$　　　　　　前提引入

⑤ q　　　　　　③④析取三段论

⑥ $q \to s$　　　　　　前提引入

⑦ s　　　　　　⑤⑥假言推理

17.3.5　题型五：在自然推理系统 P 中用归谬法证明推理

在自然推理系统 P 中用归谬法证明下列推理.

(1) 前提：$p \to r, p \vee q$.

　　结论：$\neg r \to q$.

(2) 前提：$p \to \neg q, r \to q, r$.

　　结论：$\neg p$.

证明与分析

(1) 证明：

① $\neg(\neg r \to q)$	结论否定引入
② $\neg(r \vee q)$	①置换
③ $\neg r \wedge \neg q$	②置换
④ $p \vee q$	前提引入
⑤ $\neg q$	③化简
⑥ p	④⑤析取三段论
⑦ $p \to r$	前提引入
⑧ r	⑥⑦假言推理
⑨ $\neg r$	③化简
⑩ $r \wedge \neg r$	⑧⑨合取

由于 $r \wedge \neg r$ 为矛盾式，所以推理正确.

不过，本题用附加前提证明法更方便，证明如下.

① $\neg r$	附加前提引入
② $p \to r$	前提引入
③ $\neg p$	①②拒取式
④ $p \vee q$	前提引入
⑤ q	③④析取三段论

(2) 证明：

| ① p | 结论否定引入 |
| ② $p \to \neg q$ | 前提引入 |

③ $\neg q$　　　　　　　　　　　①②假言推理

④ $r \to q$　　　　　　　　　　前提引入

⑤ $\neg r$　　　　　　　　　　　③④拒取式

⑥ r　　　　　　　　　　　　　前提引入

⑦ $\neg r \wedge r$　　　　　　　　⑤⑥合取

17.3.6　题型六：寻找给定前提的有效结论

已知推理的前提为：$q \leftrightarrow p, p \to s, \neg s \vee t, \neg t \wedge r$，试寻找 1~2 个有效结论.

解答与分析

前提：$q \leftrightarrow p, p \to s, \neg s \vee t, \neg t \wedge r$.

结论：?

用以上所有前提，寻找 $1 \sim 2$ 个结论，使推理正确.

① $\neg t \wedge r$　　　　　　　　　前提引入

② $\neg t$　　　　　　　　　　　　①化简

③ r　　　　　　　　　　　　　　①化简

④ $\neg s \vee t$　　　　　　　　　　前提引入

⑤ $\neg s$　　　　　　　　　　　　②④析取三段论

⑥ $q \to s$　　　　　　　　　　　前提引入

⑦ $\neg q$　　　　　　　　　　　　⑤⑥拒取式

⑧ $q \leftrightarrow p$　　　　　　　　　前提引入

⑨ $(q \to p) \wedge (p \to q)$　　　　⑧置换

⑩ $p \to q$　　　　　　　　　　　⑨化简

⑪ $\neg p$　　　　　　　　　　　　⑦⑩拒取式

⑫ $\neg p \wedge r$　　　　　　　　　③⑪合取

不难看出以下两个推理均是正确的.

推理 1

前提：$q \leftrightarrow p, q \rightarrow s, \neg s \lor t, \neg t \land r.$

结论：$\neg p.$

推理 2

前提：$q \leftrightarrow p, q \rightarrow s, \neg s \lor t, \neg t \land r.$

结论：$\neg p \land r.$

当然，还可以得到许多满足要求的其他结论.

17.3.7　题型七：用消解证明法构造推理证明

用消解证明法构造下面推理的证明.

前提：$\neg p \lor (q \rightarrow r), \neg s \lor p, q.$

结论：$s \rightarrow r.$

证明与分析

先将前提中的公式和结论的否定化成合取范式.

$$\neg p \lor (q \rightarrow r) \Leftrightarrow \neg p \lor \neg q \lor r,$$

$$\neg(s \rightarrow r) \Leftrightarrow s \land \neg r.$$

把前提改写成：$\neg p \lor \neg q \lor r, \neg s \lor p, q, s, \neg r.$

证明：

① $\neg p \lor \neg q \lor r$		前提引入
② $\neg s \lor p$		前提引入
③ $\neg q \lor r \lor \neg s$		①②消解
④ q		前提引入
⑤ $r \lor \neg s$		③④消解
⑥ s		前提引入
⑦ r		⑤⑥消解
⑧ $\neg r$		前提引入
⑨ λ		⑦⑧消解

17.3.8 题型八：在自然推理系统 P 中构造自然语言描述的推理

在自然推理系统 P 中，分别构造下列自然语言描述的推理.

1. 若张超与李志都是计算机系学生，则王红是中文系学生. 若王红是中文系学生，则她爱看小说. 可是，王红不爱看小说，张超是计算机系学生. 所以，李志不是计算机系学生.

2. 若 n 是偶数并且大于 5，则 m 是奇数. 只有 n 是偶数，m 才大于 6. n 大于 5. 所以，若 m 大于 6，则 m 是奇数.

解答与分析

解此类题型的推理步骤如下.

(1) 将简单陈述句符号化.

(2) 写出前提和结论.

(3) 在自然推理系统 P 中给出证明.

1. 设 p：张超是计算机系学生，q：李志是计算机系学生，r：王红是中文系学生，s：王红爱看小说.

前提：$(p \wedge q) \to r, r \to s, \neg s, p$.

结论：$\neg q$.

证明：

① $(p \wedge q) \to r$	前提引入
② $r \to s$	前提引入
③ $(p \wedge q) \to s$	①②假言三段论
④ $\neg s$	前提引入
⑤ $\neg(p \wedge q)$	③④拒取式
⑥ $\neg p \vee \neg q$	⑤置换
⑦ p	前提引入
⑧ $\neg q$	⑥⑦析取三段论

2. 设 p：n 是偶数，q：n 大于 5，r：m 是奇数，s：m 大于 6.

前提：$(p \wedge q) \to r, s \to p, q$.

结论：$s \to r$.

证明: 用附加前提证明法证明.

　　　① s　　　　　　　　　　　附加前提引入

　　　② $s \to p$　　　　　　　　前提引入

　　　③ p　　　　　　　　　　①②假言推理

　　　④ q　　　　　　　　　　前提引入

　　　⑤ $p \wedge q$　　　　　　　③④合取

　　　⑥ $(p \wedge q) \to r$　　　　前提引入

　　　⑦ r　　　　　　　　　　⑤⑥假言推理

也可以用直接证明法证明, 证明如下.

　　　① q　　　　　　　　　　　前提引入

　　　② $\neg s \vee q$　　　　　　　①附加

　　　③ $s \to q$　　　　　　　　②置换

　　　④ $s \to p$　　　　　　　　前提引入

　　　⑤ $(s \to p) \wedge (s \to q)$　　③④合取

　　　⑥ $s \to (p \wedge q)$　　　　⑤置换

　　　⑦ $(p \wedge q) \to r$　　　　前提引入

　　　⑧ $s \to r$　　　　　　　　⑥⑦假言三段论

在这个证明中, ②是关键.

17.4　习题、解答或提示

17.4.1　习题 17

17.1 从日常生活或数学的各种推理中, 构造两个满足附加律的推理定律, 并将它们符号化. 例如, "若 2 是偶数, 则 2 是偶数或 3 是奇数." 令 $p:2$ 是偶数, $q:3$ 是奇数, 则该附加律符号化为

$$p \Rightarrow p \vee q.$$

17.2 从日常生活或数学的各种推理中，构造两个满足化简律的推理定律，并将它们符号化. 例如，"我去过广州和北京，所以我去过广州."令 p : 我去过广州，q : 我去过北京，则该化简律符号化为

$$p \wedge q \Rightarrow p.$$

17.3 构造 3 个满足假言推理定律的推理，并将它们符号化. 例如，"如果 2 是素数，那么雪是黑色的；2 是素数. 所以雪是黑色的."令 p : 2 是素数，q : 雪是黑色的，该假言推理定律符号化为

$$(p \wedge q) \wedge p \Rightarrow q.$$

17.4 参照第 17.1、17.2、17.3 题，构造满足拒取式、析取三段论、假言三段论、等价三段论、构造性二难等推理定律的实例各一个，并将它们符号化.

17.5 分别写出由德摩根律、吸收律所产生的推理定律（每个等值式产生两条推理定律）.

17.6 判断下面推理是否正确. 先将简单命题符号化，再写出前提、结论、推理的形式结构（以蕴涵式的形式给出）和判断过程（至少给出两种判断方法）.
  (1) 若今天是星期一，则明天是星期三. 今天是星期一. 所以明天是星期三.
  (2) 若今天是星期一，则明天是星期二. 明天是星期二. 所以今天是星期一.
  (3) 若今天是星期一，则明天是星期三. 明天不是星期三. 所以今天不是星期一.
  (4) 若今天是星期一，则明天是星期二. 今天不是星期一. 所以明天不是星期二.
  (5) 若今天是星期一，则明天是星期二或星期三. 今天是星期一. 所以明天是星期二.
  (6) 今天是星期一当且仅当明天是星期三. 今天不是星期一. 所以明天不是星期三.

17.7 对下面每个前提给出两个结论，要求一个是有效的，另一个不是有效的.
  (1) 前提：$p \rightarrow q, q \rightarrow r$.
  (2) 前提：$(p \wedge q) \rightarrow r, \neg r, q$.
  (3) 前提：$p \rightarrow (q \rightarrow r), p, q$.

17.8 对下面每个前提给出两个结论，要求一个是有效的，另一个不是有效的.
  (1) 只有天气热，我才去游泳. 我正在游泳. 所以……
  (2) 只要天气热，我就去游泳. 我没去游泳. 所以……
  (3) 除非天气热并且我有时间，我才去游泳. 天气不热或我没有时间. 所以……

17.9 用 3 种方法（真值表法、等值演算法、主析取范式法）证明下面推理是正确的.
  若 a 是奇数，则 a 不能被 2 整除. 若 a 是偶数，则 a 能被 2 整除. 因此，若 a 是偶数，则 a 不是奇数.

17.10 用真值表法和主析取范式法证明下面推理不正确.

如果 a 和 b 之积是负数，那么 a 和 b 中恰有一个是负数. a 和 b 之积不是负数. 所以 a 和 b 都不是负数.

17.11 补充下面推理证明中没有写出的推理规则.

前提：$\neg p \vee q, \neg q \vee r, r \to s, p$.

结论：s.

证明：

    ① p 前提引入

    ② $\neg p \vee q$ 前提引入

    ③ q

    ④ $\neg q \vee r$ 前提引入

    ⑤ r

    ⑥ $r \to s$ 前提引入

    ⑦ s

17.12 补充下面推理证明中没有写出的推理规则.

前提：$p \to (q \to r), q \to (r \to s)$.

结论：$(p \wedge q) \to s$.

证明：

    ① $p \wedge q$

    ② p

    ③ q

    ④ $p \to (q \to r)$ 前提引入

    ⑤ $q \to r$

    ⑥ r

    ⑦ $q \to (r \to s)$ 前提引入

    ⑧ $r \to s$

    ⑨ s

17.13 前提：$\neg(p \to q) \wedge q, p \vee q, r \to s$.

　　　结论 1：r.

　　　结论 2：s.

　　　结论 3：$r \vee s$.

　　　(1) 证明：从此前提出发，推导出结论 1、结论 2、结论 3 的推理都是正确的.

　　　(2) 证明：从此前提出发，推导出任何结论的推理都是正确的.

17.14 在自然推理系统 P 中构造下面推理的证明.

　　　(1) 前提：$p \to (q \to r), p, q$.

　　　　　结论：$r \vee s$.

　　　(2) 前提：$p \to q, \neg(q \wedge r), r$.

　　　　　结论：$\neg p$.

　　　(3) 前提：$p \to q$.

　　　　　结论：$p \to (p \wedge q)$.

　　　(4) 前提：$q \to p, q \leftrightarrow s, s \leftrightarrow t, t \wedge r$.

　　　　　结论：$p \wedge q$.

　　　(5) 前提：$p \to r, q \to s, p \wedge q$.

　　　　　结论：$r \wedge s$.

　　　(6) 前提：$\neg p \vee r, \neg q \vee s, p \wedge q$.

　　　　　结论：$t \to (r \wedge s)$.

17.15 在自然推理系统 P 中用附加前提法证明下面的推理.

　　　(1) 前提：$p \to (q \to r), s \to p, q$.

　　　　　结论：$s \to r$.

　　　(2) 前提：$(p \vee q) \to (r \wedge s), (s \vee t) \to u$.

　　　　　结论：$p \to u$.

17.16 在自然推理系统 P 中用归谬法证明下面的推理.

　　　(1) 前提：$p \to \neg q, \neg r \vee q, r \wedge \neg s$.

　　　　　结论：$\neg p$.

　　　(2) 前提：$p \vee q, p \to r, q \to s$.

　　　　　结论：$r \vee s$.

17.17 在自然推理系统 P 中构造下面推理的证明.

　　　只要 A 曾到过受害者房间并且 11 点以前没离开，A 就是犯罪嫌疑人. A 曾到过受害者房间. 如果 A 在 11 点以前离开，看门人就会看见他. 看门人没有看见他. 所以 A 是犯罪嫌疑人.

17.18 在自然推理系统 P 中构造下面推理的证明.

(1) 如果今天是星期六, 我们就要到颐和园或圆明园去玩. 如果颐和园游人太多, 我们就不去颐和园玩. 今天是星期六. 颐和园游人太多. 所以我们去圆明园玩.

(2) 如果小王是理科生, 那么他的数学成绩一定很好. 如果小王不是文科生, 那么他一定是理科生. 小王的数学成绩不好. 所以小王是文科生.

17.19 用消解证明法构造下列推理的证明.

(1) 前提: $p \to (q \to r), p, q$.

结论: $r \vee s$.

(2) 前提: $p \to q$.

结论: $p \to (p \wedge q)$.

(3) 前提: $q \to p, q \leftrightarrow s, s \leftrightarrow t, t \wedge r$.

结论: $p \wedge q$.

(4) 前提: $\neg p \vee r, \neg q \vee s, p \wedge q$.

结论: $t \to (r \wedge s)$.

(5) 前提: $p \vee q, p \to r, q \to s$.

结论: $r \vee s$.

17.4.2 解答或提示

17.1~17.5 略.

17.6 在解本题时, 应首先将简单陈述语句符号化, 写出推理的形式结构(17.1.2), 然后判断式(17.1.2)是否为重言式. 若式(17.1.2)是重言式, 推理就正确, 否则推理就不正确. 这里不考虑简单语句之间的内在联系.

(1)、(3)、(6) 推理正确, 其余的均不正确. 下面以 (1)、(2) 为例, 证明 (1) 推理正确, (2) 推理不正确.

(1) 设 p: 今天是星期一, q: 明天是星期三, 则推理的形式结构为

$$(p \to q) \wedge p \to q. \tag{17.4.1}$$

在实际生活中 p 与 q 是有内在联系的, p 与 q 不可能同时为真. 但在形式推理的证明中, 不考虑这一点, 而只考虑式 (17.4.1) 是否为重言式.

可以用多种方法 (如真值表法、等值演算法、主析取范式法等) 证明式 (17.4.1) 为重言式, 特别是, 不难看出, 式 (17.4.1) 为假言推理定律, 即

$$(p \to q) \wedge p \Rightarrow q,$$

所以推理正确.

(2) 设 p：今天是星期一，q：明天是星期二，则推理的形式结构为

$$(p \rightarrow q) \land q \rightarrow p. \tag{17.4.2}$$

下面求式 (17.4.2) 的主合取范式.

$$
\begin{aligned}
(p \rightarrow q) \land q \rightarrow p &\Leftrightarrow (\neg p \lor q) \land q \rightarrow p \\
&\Leftrightarrow q \rightarrow p \qquad\qquad \text{（吸收律）} \\
&\Leftrightarrow p \lor \neg q \\
&\Leftrightarrow M_1.
\end{aligned}
$$

从而可知，式 (17.4.2) 不是重言式，故推理不正确. 注意，虽然这里的 p 与 q 同时为真或同时为假，但当不考虑内在联系时，式 (17.4.2) 不是重言式，就认为推理不正确.

17.7 由已知的推理前提，可以构造出推理的许多有效结论和无效结论，这里均各给出一个.

(1) 结论 1：$p \rightarrow r$

　　结论 2：p

很容易证明结论 1 是有效的，结论 2 是无效的，这里不再赘述.

(2)、(3) 请读者自己给出结论.

17.8 解此题，需先将简单陈述语句符号化，写出前提，然后像第 17.7 题一样求解.

(1) 设 p：天气热，q：我去游泳.

前提：$q \rightarrow p, q$.

结论 1：p，有效结论.

结论 2：$\neg p$，无效结论.

(2) 设 p：天气热，q：我去游泳.

前提：$p \rightarrow q, \neg q$.

结论 1：$\neg p$，有效结论.

结论 2：p，无效结论.

(3) 设 p：天气热，q：我有时间，r：我去游泳.

前提：$\neg(p \land q) \rightarrow \neg r$（或 $r \rightarrow (p \land q)$），$\neg p \lor \neg q$.

结论 1：$\neg r$，无效结论.

结论 2：r，无效结论.

17.9 设 p：a 是奇数，q：a 能被 2 整除，r：a 是偶数，则推理的形式结构为

$$(p \rightarrow \neg q) \land (r \rightarrow q) \rightarrow (r \rightarrow \neg p). \tag{17.4.3}$$

方法一 真值表法.

由表 17.4.1，式 (17.4.3) 为重言式，故推理正确.

表 17.4.1

p	q	r	$p \to \neg q$	$r \to q$	$r \to \neg p$	A
0	0	0	1	1	1	1
0	0	1	1	0	1	1
0	1	0	1	1	1	1
0	1	1	1	1	1	1
1	0	0	1	1	1	1
1	0	1	1	0	0	1
1	1	0	0	1	1	1
1	1	1	0	1	0	1

方法二 等值演算法.

$$(p \to \neg q) \wedge (r \to q) \to (r \to \neg p) \Leftrightarrow (\neg p \vee \neg q) \wedge (q \vee \neg r) \to (\neg p \vee \neg r)$$

$$\Leftrightarrow (p \wedge q) \vee (\neg q \wedge r) \vee \neg p \vee \neg r$$

$$\Leftrightarrow ((p \wedge q) \vee \neg p) \vee ((\neg q \wedge r) \vee \neg r)$$

$$\Leftrightarrow (\neg p \vee q) \vee (\neg q \vee \neg r)$$

$$\Leftrightarrow \neg p \vee (q \vee \neg q) \vee \neg r$$

$$\Leftrightarrow 1,$$

得证推理正确.

方法三 主析取范式法.

$$(p \to \neg q) \wedge (r \to q) \to (r \to \neg p)$$

$$\Leftrightarrow (\neg p \vee \neg q) \wedge (q \vee \neg r) \to (\neg p \vee \neg r)$$

$$\Leftrightarrow (p \wedge q) \vee (\neg q \wedge r) \vee \neg p \vee \neg r$$

$$\Leftrightarrow (m_6 \vee m_7) \vee (m_1 \vee m_5) \vee (m_0 \vee m_1 \vee m_2 \vee m_3) \vee (m_0 \vee m_2 \vee m_4 \vee m_6)$$

$$\Leftrightarrow m_0 \vee m_1 \vee m_2 \vee m_3 \vee m_4 \vee m_5 \vee m_6 \vee m_7.$$

由于式 (17.4.3) 的主析取范式含全部 8 个极小项，为重言式，故推理正确.

17.10　设 $p:a,b$ 两数之积为负数，$q:a$ 为负数，$r:b$ 为负数，则推理的形式结构为

$$((p \to ((q \wedge \neg r) \vee (\neg q \wedge r))) \wedge \neg p) \to (\neg q \wedge \neg r). \tag{17.4.4}$$

方法一　真值表法.

由表 17.4.2，式 (17.4.4) 不是重言式，故推理不正确.

表 17.4.2

p	q	r	$(q \wedge \neg r) \vee (\neg q \wedge r)$	$p \to ((q \wedge \neg r) \vee (\neg q \wedge r))$	$\neg q \wedge \neg r$	A
0	0	0	0	1	1	1
0	0	1	1	1	0	0
0	1	0	1	1	0	0
0	1	1	0	1	0	0
1	0	0	0	0	1	1
1	0	1	1	1	0	1
1	1	0	1	1	0	1
1	1	1	0	0	0	1

方法二　主析取范式法.

$$((p \to ((q \wedge \neg r) \vee (\neg q \wedge r))) \wedge \neg p) \to (\neg q \wedge \neg r)$$

$$\Leftrightarrow (\neg p \vee (q \wedge \neg r) \vee (\neg q \wedge r)) \wedge \neg p \to (\neg q \wedge \neg r)$$

$$\Leftrightarrow \neg p \to (\neg q \wedge \neg r)$$

$$\Leftrightarrow p \vee (\neg q \wedge \neg r)$$

$$\Leftrightarrow m_0 \vee m_4 \vee m_5 \vee m_6 \vee m_7.$$

由于主析取范式中只含 5 个极小项，式 (17.4.4) 不是重言式，故推理不正确.

7.11、7.12 略.

17.13　提示：在推理的形式结构

$$A_1 \wedge A_2 \wedge \cdots \wedge A_k \to B \tag{17.4.5}$$

中，若 $A_1, A_2, \cdots, A_k$ 中有矛盾式，则式(17.4.5)恒为重言式（前件在任何赋值下均为假），因而无论结论如何，推理总是正确的. 在本题推理的前提中，$\neg(p \to q) \wedge q$ 为矛盾式，因而推导任何结论都是正确的.

17.14　证明的命题序列不唯一，下面对每一小题各给出一个证明.

(1) 证明:

　　　　① $p \to (q \to r)$　　　　　　前提引入

　　　　② p　　　　　　　　　　　　前提引入

　　　　③ $q \to r$　　　　　　　　　①②假言推理

　　　　④ q　　　　　　　　　　　　前提引入

　　　　⑤ r　　　　　　　　　　　③④假言推理

　　　　⑥ $r \lor s$　　　　　　　　　⑤附加

(2) 证明:

　　　　① $\lnot(q \land r)$　　　　　　前提引入

　　　　② $\lnot q \lor \lnot r$　　　　　①置换

　　　　③ r　　　　　　　　　　　　前提引入

　　　　④ $\lnot q$　　　　　　　　　②③析取三段论

　　　　⑤ $p \to q$　　　　　　　　前提引入

　　　　⑥ $\lnot p$　　　　　　　　　④⑤拒取式

(3) 证明:

　　　　① $p \to q$　　　　　　　　　前提引入

　　　　② $\lnot p \lor q$　　　　　　　①置换

　　　　③ $(\lnot p \lor q) \land (\lnot p \lor p)$　　②置换

　　　　④ $\lnot p \lor (q \land p)$　　　　③置换

　　　　⑤ $p \to (p \land q)$　　　　　④置换

本题用附加前提证明法证明更简单.

(4) 证明:

　　　　① $s \leftrightarrow t$　　　　　　　　前提引入

　　　　② $(s \to t) \land (t \to s)$　　　①置换

③ $t \rightarrow s$　　　　　　　　　　②化简

④ $t \wedge r$　　　　　　　　　　　前提引入

⑤ t　　　　　　　　　　　　　　④化简

⑥ s　　　　　　　　　　　　　　③⑤假言推理

⑦ $q \leftrightarrow s$　　　　　　　　　　前提引入

⑧ $(q \rightarrow s) \wedge (s \rightarrow q)$　　　　⑦置换

⑨ $s \rightarrow q$　　　　　　　　　　⑧化简

⑩ q　　　　　　　　　　　　　　⑥⑨假言推理

⑪ $q \rightarrow p$　　　　　　　　　　前提引入

⑫ p　　　　　　　　　　　　　　⑩⑪假言推理

⑬ $p \wedge q$　　　　　　　　　　　⑩⑫合取

(5) 证明:

　　　　① $p \wedge q$　　　　　　　　前提引入

　　　　② p　　　　　　　　　　　①化简

　　　　③ q　　　　　　　　　　　①化简

　　　　④ $p \rightarrow r$　　　　　　　前提引入

　　　　⑤ r　　　　　　　　　　　②④假言推理

　　　　⑥ $q \rightarrow s$　　　　　　　前提引入

　　　　⑦ s　　　　　　　　　　　③⑥假言推理

　　　　⑧ $r \wedge s$　　　　　　　　⑤⑦合取

(6) 证明:

　　　　① $p \wedge q$　　　　　　　　前提引入

　　　　② p　　　　　　　　　　　①化简

　　　　③ q　　　　　　　　　　　①化简

④ $\neg p \vee r$	前提引入
⑤ r	②④析取三段论
⑥ $\neg q \vee s$	前提引入
⑦ s	③⑥析取三段论
⑧ $r \wedge s$	⑤⑦合取
⑨ $\neg t \vee (r \wedge s)$	⑧附加
⑩ $t \rightarrow (r \wedge s)$	⑨置换

17.15 (1) 证明：

① s	附加前提引入
② $s \rightarrow p$	前提引入
③ p	①②假言推理
④ $p \rightarrow (q \rightarrow r)$	前提引入
⑤ $q \rightarrow r$	③④假言推理
⑥ q	前提引入
⑦ r	⑤⑥假言推理

(2) 证明：

① p	附加前提引入
② $p \vee q$	①附加
③ $(p \vee q) \rightarrow (r \wedge s)$	前提引入
④ $r \wedge s$	②③假言推理
⑤ s	④化简
⑥ $s \vee t$	⑤附加
⑦ $(s \vee t) \rightarrow u$	前提引入
⑧ u	⑥⑦假言推理

17.16 (1) 证明：

   ① p 结论否定引入

   ② $p \rightarrow \neg q$ 前提引入

   ③ $\neg q$ ①②假言推理

   ④ $\neg r \vee q$ 前提引入

   ⑤ $\neg r$ ③④析取三段论

   ⑥ $r \wedge \neg s$ 前提引入

   ⑦ r ⑥化简

   ⑧ $\neg r \wedge r$ ⑤⑦合取

(2) 证明：

   ① $\neg(r \vee s)$ 结论否定引入

   ② $\neg r \wedge \neg s$ ①置换

   ③ $\neg r$ ②化简

   ④ $\neg s$ ②化简

   ⑤ $p \rightarrow r$ 前提引入

   ⑥ $\neg p$ ③⑤拒取式

   ⑦ $q \rightarrow s$ 前提引入

   ⑧ $\neg q$ ④⑦拒取式

   ⑨ $\neg p \wedge \neg q$ ⑥⑧合取

   ⑩ $\neg(p \vee q)$ ⑨置换

   ⑪ $p \vee q$ 前提引入

   ⑫ $\neg(p \vee q) \wedge (p \vee q)$ ⑩⑪合取

17.17 设 p : A 到过受害者房间，q : A 在 11 点以前离开，r : A 是犯罪嫌疑人，s : 看门人看见 A.

前提：$(p \wedge \neg q) \to r, p, q \to s, \neg s.$

结论：$r.$

证明：

     ① $q \to s$ 前提引入

     ② $\neg s$ 前提引入

     ③ $\neg q$ ①②拒取式

     ④ p 前提引入

     ⑤ $p \wedge \neg q$ ③④合取

     ⑥ $(p \wedge \neg q) \to r$ 前提引入

     ⑦ r ⑤⑥假言推理

17.18 (1) 设 p：今天是星期六，q：我们到颐和园玩，r：我们到圆明园玩，s：颐和园游人太多.

前提：$p \to (q \vee r), s \to \neg q, p, s.$

结论：$r.$

证明：

     ① $s \to \neg q$ 前提引入

     ② s 前提引入

     ③ $\neg q$ ①②假言推理

     ④ p 前提引入

     ⑤ $p \to (q \vee r)$ 前提引入

     ⑥ $q \vee r$ ④⑤假言推理

     ⑦ r ③⑥析取三段论

(2) 设 p：小王是理科生，q：小王数学成绩好，r：小王是文科生.

前提：$p \to q, \neg r \to p, \neg q.$

结论：$r.$

证明：

     ① $p \to q$ 前提引入

② $\neg q$	前提引入
③ $\neg p$	①②拒取式
④ $\neg r \to p$	前提引入
⑤ r	③④拒取式

17.19 (1) 先将前提中的公式和结论的否定化成合取范式.

$$p \to (q \to r) \Leftrightarrow \neg p \vee \neg q \vee r,$$

$$\neg(r \vee s) \Leftrightarrow \neg r \wedge \neg s.$$

把前提改写成：$\neg p \vee \neg q \vee r, p, q, \neg r, \neg s$.
证明：

① $\neg p \vee \neg q \vee r$	前提引入
② p	前提引入
③ $\neg q \vee r$	①②消解
④ q	前提引入
⑤ r	③④消解
⑥ $\neg r$	前提引入
⑦ λ	⑤⑥消解

没有用到前提中的 $\neg s$，这不妨碍证明. 实际上，只要推导出 r，就推导出了 $r \vee s$. 后面还可能出现类似情况，不再赘述.

(2) 先将前提中的公式和结论的否定化成合取范式.

$$p \to q \Leftrightarrow \neg p \vee q,$$

$$\neg(p \to (p \wedge q)) \Leftrightarrow p \wedge (\neg p \vee \neg q).$$

把前提改写成：$\neg p \vee q, p, \neg p \vee \neg q$
证明：

| ① $\neg p \vee q$ | 前提引入 |
| ② $\neg p \vee \neg q$ | 前提引入 |

    ③ $\neg p$ ①②消解

    ④ p 前提引入

    ⑤ λ ③④消解

(3) 先将前提中的公式和结论的否定化成合取范式.

$$q \rightarrow p \Leftrightarrow \neg q \vee p,$$

$$q \leftrightarrow s \Leftrightarrow (\neg q \vee s) \wedge (q \vee \neg s),$$

$$s \leftrightarrow t \Leftrightarrow (\neg s \vee t) \wedge (s \vee \neg t),$$

$$\neg(p \wedge q) \Leftrightarrow \neg p \vee \neg q.$$

把前提改写成：$\neg q \vee p, \neg q \vee s, q \vee \neg s, \neg s \vee t, s \vee \neg t, t, r, \neg p \vee \neg q$.
证明：

    ① $\neg q \vee p$ 前提引入

    ② $\neg p \vee \neg q$ 前提引入

    ③ $\neg q$ ①②消解

    ④ $q \vee \neg s$ 前提引入

    ⑤ $\neg s$ ③④消解

    ⑥ $s \vee \neg t$ 前提引入

    ⑦ $\neg t$ ⑤⑥消解

    ⑧ t 前提引入

    ⑨ λ ⑦⑧消解

(4) 先将结论的否定化成合取范式.

$$\neg(t \rightarrow (r \wedge s)) \Leftrightarrow t \wedge (\neg r \vee \neg s).$$

把前提改写成：$\neg p \vee r, \neg q \vee s, p, q, t, \neg r \vee \neg s$.
证明：

    ① $\neg p \vee r$ 前提引入

② p 前提引入

③ r ①②消解

④ $\neg r \vee \neg s$ 前提引入

⑤ $\neg s$ ③④消解

⑥ $\neg q \vee s$ 前提引入

⑦ $\neg q$ ⑤⑥消解

⑧ q 前提引入

⑨ λ ⑦⑧消解

(5) 先将结论的否定化成合取范式.

$$p \rightarrow r \Leftrightarrow \neg p \vee r,$$

$$q \rightarrow s \Leftrightarrow \neg q \vee s,$$

$$\neg (r \vee s) \Leftrightarrow \neg r \wedge \neg s.$$

把前提改写成：$p \vee q, \neg p \vee r, \neg q \vee s, \neg r, \neg s$.
证明：

① $p \vee q$ 前提引入

② $\neg p \vee r$ 前提引入

③ $q \vee r$ ①②消解

④ $\neg q \vee s$ 前提引入

⑤ $r \vee s$ ③④消解

⑥ $\neg r$ 前提引入

⑦ s ⑤⑥消解

⑧ $\neg s$ 前提引入

⑨ λ ⑦⑧消解

17.5 小测验

17.5.1 试题

1. 填空题（4 小题，每小题 5 分，共 20 分）.

(1) $(A \to B) \wedge \neg B \Rightarrow$ _____ 为拒取式推理定律.

(2) $(A \vee \neg B) \wedge B \Rightarrow$ _____ 为析取三段论推理定律.

(3) $(\neg A \to B) \wedge (B \to \neg C) \Rightarrow$ _____ 为假言三段论推理定律.

(4) $(\neg A \to \neg B) \wedge \neg A \Rightarrow$ _____ 为假言推理定律.

2. 判断下面推理是否正确，并证明之（方法不限）（2 小题，每小题 10 分，共 20 分）.

(1) 如果王红学过英语和法语，那么她也学过日语. 可她没学过日语，但学过法语. 所以，她也没学过英语.

(2) 若小李是文科生，则他爱看电影. 小李不是文科生. 所以，他不爱看电影.

3. 在自然推理系统 P 中，用直接证明法构造下列推理的证明（2 小题，每小题 10 分，共 20 分）.

(1) 前提：$\neg(p \wedge \neg q), q \to \neg r, r$.

  结论：$\neg p$.

(2) 前提：$p \to r, q \to s, p, q$.

  结论：$r \wedge s$.

4. 在自然推理系统 P 中，用附加前提证明法证明下列推理（10 分）.

前提：$\neg p \vee (q \to r), s \to p, q$.

结论：$\neg r \to \neg s$.

5. 在自然推理系统 P 中，用归谬法证明下列推理（10 分）.

前提：$p \to (q \to r), p \wedge q$.

结论：$r \vee s$.

6. 用消解证明法证明下列推理（10 分）.

前提：$p \to q, p \vee r, q \to s$.

结论：$\neg r \to s$.

7. 在自然推理系统 P 中，构造下面用自然语言陈述的推理（10 分）.

若小张喜欢数学，则小李或小赵也喜欢数学. 若小李喜欢数学，则他也喜欢物理. 小张确实喜欢数学，可小李不喜欢物理. 所以，小赵喜欢数学.

17.5.2 答案或解答

1. (1) $\neg A$. (2) A. (3) $\neg A \to \neg C$. (4) $\neg B$.

2. (1) 设 p：王红学过英语，q：王红学过法语，r：王红学过日语，则推理的形式结构为

$$((p \land q) \to r) \land \neg r \land q \to \neg p. \tag{17.5.1}$$

可以用多种方法（如等值演算法、真值表法等）证明式 (17.5.1) 为重言式，从而推理正确．若用构造证明法证明推理正确，则应先将式 (17.5.1) 写成如下形式．

前提：$(p \land q) \to r, \neg r, q.$

结论：$\neg p.$

(2) 设 p：小李是文科生，q：小李爱看电影，则推理的形式结构为

$$(p \to q) \land \neg p \to \neg q. \tag{17.5.2}$$

可以用多种方法证明式 (17.5.2) 不是重言式，从而推理不正确．

3. (1) 证明：

① $q \to \neg r$	前提引入
② r	前提引入
③ $\neg q$	①②拒取式
④ $\neg(p \land \neg q)$	前提引入
⑤ $\neg p \lor q$	④置换
⑥ $\neg p$	③⑤析取三段论

(2) 证明：

① $p \to r$	前提引入
② p	前提引入
③ r	①②假言推理
④ $q \to s$	前提引入
⑤ q	前提引入
⑥ s	④⑤假言推理
⑦ $r \land s$	③⑥合取

4. 证明：

① $\neg r$	附加前提引入
② q	前提引入
③ $\neg r \wedge q$	①②合取
④ $\neg(\neg q \vee r)$	③置换
⑤ $\neg(q \rightarrow r)$	④置换
⑥ $\neg p \vee (q \rightarrow r)$	前提引入
⑦ $\neg p$	⑤⑥析取三段论
⑧ $s \rightarrow p$	前提引入
⑨ $\neg s$	⑦⑧拒取式

由于 $\neg r \rightarrow \neg s \Leftrightarrow s \rightarrow r$，可以将结论改成 $s \rightarrow r$，然后用附加前提证明法证明要容易一些.

5. 证明：

① $p \wedge q$	前提引入
② p	①化简
③ $p \rightarrow (q \rightarrow r)$	前提引入
④ $q \rightarrow r$	②③假言推理
⑤ $\neg(r \vee s)$	结论否定引入
⑥ $\neg r \wedge \neg s$	⑤置换
⑦ $\neg r$	⑥化简
⑧ $\neg q$	④⑦拒取式
⑨ q	①化简
⑩ $\neg q \wedge q$	⑧⑨合取

6. 先将前提中的公式和结论的否定化成合取范式.

$$p \rightarrow q \Leftrightarrow \neg p \vee q,$$

$$q \to s \Leftrightarrow \neg q \vee s,$$

$$\neg(\neg r \to s) \Leftrightarrow \neg r \wedge \neg s.$$

把前提改写成：$\neg p \vee q, p \vee r, \neg q \vee s, \neg s, \neg r$.
证明：

① $\neg p \vee q$		前提引入
② $p \vee r$		前提引入
③ $q \vee r$		①②消解
④ $\neg q \vee s$		前提引入
⑤ $r \vee s$		③④消解
⑥ $\neg r$		前提引入
⑦ s		⑤⑥消解
⑧ $\neg s$		前提引入
⑨ λ		⑦⑧消解

7. 设 p：小张喜欢数学，q：小李喜欢数学，r：小赵喜欢数学，s：小李喜欢物理.
前提：$p \to (q \vee r), q \to s, p, \neg s$.
结论：r.
证明：

① $q \to s$		前提引入
② $\neg s$		前提引入
③ $\neg q$		①②拒取式
④ $p \to (q \vee r)$		前提引入
⑤ p		前提引入
⑥ $q \vee r$		④⑤假言推理
⑦ r		③⑥析取三段论

第 18 章
一阶逻辑基本概念

18.1 内容提要

18.1.1 一阶逻辑命题符号化

个体词和个体域

个体词是指所研究对象中可以独立存在的、具体的或抽象的客体.

将表示具体或特定的客体的个体词称作个体常项，一般用小写英文字母 a, b, c 等表示，而将表示抽象或泛指的个体词称作个体变项，常用 x, y, z 等表示.

称个体变项的取值范围为个体域（或称作论域）. 个体域可以是有穷集合，也可以是无穷集合. 有一个特殊的个体域，它是由宇宙间一切事物组成的，称作全总个体域. 作为一种约定，本书在论述或推理中若没有特别指明所采用的个体域，则都是使用全总个体域.

谓词

谓词是用来刻画个体词性质及个体词之间相互关系的词，常用 F, G, H 等表示. 表示具体性质或关系的谓词称作谓词常项；表示抽象的或泛指的性质或关系的谓词称作谓词变项. 无论是谓词常项或变项都用大写英文字母 F, G, H 等表示，要根据上下文区分.

一般地，含 $n(n \geqslant 1)$ 个个体变项 $x_1, x_2, \cdots, x_n$ 的谓词 P 称作 n 元谓词，记作 $P(x_1, x_2, \cdots, x_n)$. 当 $n = 1$ 时，$P(x_1)$ 表示 x_1 具有性质 P；当 $n \geqslant 2$ 时，$P(x_1, x_2, \cdots, x_n)$ 表示 $x_1, x_2, \cdots, x_n$ 具有关系 P. n 元谓词是以个体域为定义域，以 $\{0, 1\}$ 为值域的 n 元

函数或关系.

有时将不带个体变项的谓词称作 零元谓词. 当 F, G, P 为谓词常项时, 零元谓词为命题. 反之, 任何命题均可以表示成零元谓词, 因而可以将命题看成特殊的谓词.

有时同一个命题在不同的个体域中符号化的形式可能不一样, 当使用全总个体域时, 一般需要引入 特性谓词 来限制个体域, 它将个体变元限制在满足该谓词代表的性质或关系的范围内.

量词及其分类

表示个体常项或变项之间数量关系的词称作 量词. 有两种量词.

(1) 全称量词. 日常生活和数学中常用的"一切的""所有的""每一个""任意的""凡""都"等词统称作 全称量词, 用符号"$\forall$"表示, $\forall x$ 表示个体域里的所有个体 x, 其中个体域是事先约定的.

(2) 存在量词. 日常生活和数学中常用的"存在""有一个""有的""至少有一个"等词统称作 存在量词, 用符号"$\exists$"表示. $\exists x$ 表示个体域里有一个个体 x.

全称量词和存在量词可以联合使用.

命题符号化

设 D 为个体域.

(1) "D 中所有 x 都有性质 F" 符号化为

$$\forall x F(x).$$

(2) "D 中有的 x 有性质 F" 符号化为

$$\exists x F(x).$$

(3) "对 D 中所有 x 而言, 如果 x 有性质 F, x 就有性质 G" 符号化为

$$\forall x(F(x) \to G(x)). \quad （基本公式 1）$$

(4) "D 中有的 x 既有性质 F 又有性质 G" 符号化为

$$\exists x(F(x) \land G(x)). \quad （基本公式 2）$$

(5) "对 D 中所有 x, y 而言, 若 x 有性质 F, y 有性质 G, 则 x 与 y 就有关系 H" 符号化为

$$\forall x \forall y(F(x) \land G(y) \to H(x, y)).$$

(6) "对于 D 中所有 x 而言, 若 x 有性质 F, 就存在 y 有性质 G, 使得 x 与 y 有关系 H" 符号化为

$$\forall x(F(x) \to \exists y(G(y) \land H(x, y))).$$

(7) "D 中存在 x 有性质 F，并且对 D 中所有的 y 而言，如果 y 有性质 G，那么 x 与 y 就有关系 H" 符号化为

$$\exists x(F(x) \wedge \forall y(G(y) \to H(x,y))).$$

18.1.2   一阶逻辑公式及解释

一阶语言 $\mathscr{L}$

在描述对象和形式化时要使用个体常项、个体变项、函数、谓词、量词、联结词、括号与逗号. 个体常项符号、函数符号和谓词符号称作 非逻辑符号，个体变项符号、量词符号、联结词符号、括号与逗号称作 逻辑符号.

定义 18.1.1   设 L 是一个非逻辑符号集合，由 L 生成的一阶语言 $\mathscr{L}$ 的 字母表 包括下述符号.

非逻辑符号：

(1) L 中的个体常项符号，常用 $a, b, c, \cdots$ 或 $a_i, b_i, c_i, \cdots$ 表示，这里 $i \geqslant 1$；

(2) L 中的函数符号，常用 $f, g, h, \cdots$ 或 $f_i, g_i, h_i, \cdots$ 表示，这里 $i \geqslant 1$；

(3) L 中的谓词符号，常用 $F, G, H, \cdots$ 或 $F_i, G_i, H_i, \cdots$ 表示，这里 $i \geqslant 1$.

逻辑符号：

(4) 个体变项符号：$x, y, z, \cdots, x_i, y_i, z_i, \cdots$，这里 $i \geqslant 1$；

(5) 量词符号：$\forall, \exists$；

(6) 联结词符号：$\neg, \wedge, \vee, \to, \leftrightarrow$；

(7) 括号与逗号：$(,), ,$.

定义 18.1.2 $\mathscr{L}$ 的 项 定义如下.

(1) 个体常项符号和个体变项符号是项.

(2) 若 $\varphi(x_1, x_2, \cdots, x_n)$ 是 n 元函数符号，$t_1, t_2, \cdots, t_n$ 是 n 个项，则 $\varphi(t_1, t_2, \cdots, t_n)$ 是项.

(3) 所有的项都是有限次使用 (1)，(2) 得到的.

定义 18.1.3   设 $R(x_1, x_2, \cdots, x_n)$ 是 $\mathscr{L}$ 的 $n(n \geqslant 1)$ 元谓词符号，$t_1, t_2, \cdots, t_n$ 是 $\mathscr{L}$ 的 n 个项，则称 $R(t_1, t_2, \cdots, t_n)$ 是 $\mathscr{L}$ 的 原子公式.

定义 18.1.4 $\mathscr{L}$ 的 合式公式 定义如下.

(1) 原子公式是合式公式.

(2) 若 A 是合式公式，则 $(\neg A)$ 也是合式公式.

(3) 若 A, B 是合式公式，则 $(A \wedge B), (A \vee B), (A \to B), (A \leftrightarrow B)$ 也是合式公式.

(4) 若 A 是合式公式，则 $\forall x A, \exists x A$ 也是合式公式.

(5) 只有有限次地应用 (1)~(4) 构成的符号串才是合式公式.

$\mathscr{L}$ 的合式公式也称作 谓词公式，简称为 公式.

量词的辖域

量词的辖域、指导变元、个体变项的自由出现与约束出现、闭式.

定义 18.1.5　在公式 $\forall x A$ 和 $\exists x A$ 中，称 x 为 指导变元，A 为量词的 辖域. 在 $\forall x$ 和 $\exists x$ 的辖域中，x 的所有出现都称作 约束出现，A 中不是约束出现的其他变项均称作 自由出现.

定义 18.1.6　设 A 是任意的公式，若 A 中不含自由出现的个体变项，则称 A 为 封闭的公式，简称作 闭式.

一阶语言的解释

对公式中个体域及个体常项符号、函数符号、谓词符号的指定称作 解释，指定自由出现的个体变项的值称作 赋值. 定义如下.

定义 18.1.7　设 $\mathscr{L}$ 是由 L 生成的一阶语言，$\mathscr{L}$ 的 解释 I 由下面 4 部分组成.

(a) 非空个体域 D_I.

(b) 对每一个个体常项符号 $a \in L$，有一个 $\overline{a} \in D_I$，称 $\overline{a}$ 为 a 在 I 中的解释.

(c) 对每一个 n 元函数符号 $f \in L$，有一个 D_I 上的 n 元函数 $\overline{f}: D_I^n \to D_I$，称 $\overline{f}$ 为 f 在 I 中的解释.

(d) 对每一个 n 元谓词符号 $F \in L$，有一个 D_I 上的 n 元谓词常项 $\overline{F}$，称 $\overline{F}$ 为 F 在 I 中的解释.

I 下的赋值 σ：对每一个个体变项符号 x 指定 D_I 中的一个值 $\sigma(x)$.

设公式 A，规定：在解释 I 和赋值 σ 下，

1. 取个体域 D_I，
2. 若 A 中含个体常项符号 a 就将它替换成 $\overline{a}$，
3. 若 A 中含函数符号 f 就将它替换成 $\overline{f}$，
4. 若 A 中含谓词符号 F 就将它替换成 $\overline{F}$，
5. 若 A 中含自由出现的个体变项符号 x 就将它替换成 $\sigma(x)$，

把这样操作后得到的公式记作 A'. 称 A' 为 A 在 I 下的 解释，或 A 在 I 下 被解释 成 A'.

公式的类型

定义 18.1.8　设 A 为一公式，若 A 在任何解释和该解释下的任何赋值下均为真，则称 A 为 永真式（或称作 逻辑有效式）. 若 A 在任何解释和该解释下的任何赋值下均为假，则称 A 为 矛盾式（或 永假式）. 若至少存在一个解释和该解释下的一个赋值使 A 为真，则称 A 是 可满足式.

定义 18.1.9　设 A_0 是含命题变项 $p_1, p_2, \cdots, p_n$ 的命题公式，$A_1, A_2, \cdots, A_n$ 是 n 个谓词公式，用 $A_i (1 \leqslant i \leqslant n)$ 处处代替 A_0 中的 p_i，所得公式 A 称为 A_0 的 代换实例.

定理 18.1.1　重言式的代换实例都是永真式，矛盾式的代换实例都是矛盾式.

18.2   基本要求

1. 准确地将给定命题符号化. 分清各种符号化形式, 如在 18.1.1 节中 "命题符号化" 下给出的 (1)～(7), 特别要注意两个基本公式, 即 (3) 和 (4) 中量词与联结词的搭配情况. 其实, (5)、(6)、(7) 都是两个基本公式的应用.

2. 深刻理解永真式、矛盾式、可满足式的概念及其判别方法.

3. 对于给定的解释 I 和 I 下的赋值 σ, 会在解释 I 和赋值 σ 下解释公式, 判断公式是真命题还是假命题.

18.3   习题课

18.3.1   题型一: 一阶逻辑命题符号化

1. 设个体域为自然数集 $\mathbb{N}$, $F(x) : x$ 是偶数, $G(x) : x$ 是素数, 用零元谓词将下列命题符号化, 并讨论它们的真假.

(1) 2 是偶素数.

(2) 若 2 是素数, 则 4 不是素数.

(3) 只有 2 是素数, 6 才能是素数.

(4) 除非 6 是素数, 否则 4 是素数.

(5) 5 是素数当且仅当 6 是素数.

(6) 5 不是素数当且仅当 6 是素数.

2. 设个体域 $D = \{0, 1, 2, \cdots, 10\}$, 将下列命题符号化.

(1) D 中所有元素都是整数.

(2) D 中有的元素是偶数.

(3) D 中所有的偶数都能被 2 整除.

(4) D 中有的偶数是 4 的倍数.

3. 设个体域为 $D = \{x \,|\, x \text{ 为人}\}$, 将下列命题符号化.

(1) 人都生活在地球上.

(2) 有的人长着黑头发.

(3) 中国人都用筷子吃饭.

(4) 有的美国人不住在美国.

4. 将下列命题符号化.

(1) 人都生活在地球上.

(2) 有的人长着黑头发.

(3) 并不是所有的实数都能表示成分数.

(4) 没有能表示成分数的无理数.

5. 将下列命题符号化.

(1) 任意的偶数 x 和 y 都有大于 1 的公因数.

(2) 存在奇数 x 和 y 没有大于 1 的公因数.

(3) 说所有火车比所有汽车都快是不对的.

(4) 说有的火车比所有汽车都快是正确的.

解答与分析

1. 在本题中, F 和 G 均为谓词常项, 而 x 是个体变项, 因而 $F(x)$ 和 $G(x)$ 是命题变项, 在用个体常项取代 x 后, 得出零元谓词, 都变成了命题常项.

(1) $F(2) \wedge G(2)$, 由于 $F(2)$ 和 $G(2)$ 均为真命题, 故此复合命题为真命题.

(2) $G(2) \to \neg G(4)$, 由于蕴涵式前件、后件均为真, 故复合命题 $G(2) \to \neg G(4)$ 为真命题.

(3) $G(6) \to G(2)$, 由于 $G(6)$ 为假, 所以复合命题 $G(6) \to G(2)$ 为真命题.

(4) $\neg G(6) \to G(4)$（或 $\neg G(4) \to G(6)$）, 由于蕴涵式的前件为真, 后件为假, 故复合命题 $\neg G(6) \to G(4)$ 为假命题.

(5) $G(5) \leftrightarrow G(6)$, 假命题.

(6) $\neg G(5) \leftrightarrow G(6)$, 真命题.

2. 本题 (1)、(2) 不引入特性谓词, 而 (3)、(4) 要引入特性谓词.

(1) $\forall x F(x)$, 其中 $F(x)$: x 是整数.

(2) $\exists x G(x)$, 其中 $G(x)$: x 是偶数.

(3) $\forall x(G(x) \to H(x))$, 其中 $G(x)$: x 是偶数, $H(x)$: x 能被 2 整除, $G(x)$ 在这里是特性谓词.

(4) $\exists x(G(x) \wedge R(x))$, 其中 $G(x)$: x 是偶数, $R(x)$: x 是 4 的倍数, 这里 $G(x)$ 是特性谓词.

3. (1) 与 (2) 不用引入特性谓词, 而 (3) 与 (4) 要引入特性谓词.

(1) $\forall x F(x)$, 其中 $F(x)$: x 生活在地球上.

(2) $\exists x G(x)$, 其中 $G(x)$: x 长着黑头发.

(3) $\forall x(F(x) \to G(x))$, 其中 $F(x)$: x 为中国人, $G(x)$: x 用筷子吃饭.

(4) $\exists x(F(x) \wedge \neg G(x))$, 其中 $F(x)$: x 是美国人, $G(x)$: 住在美国.

4. 在本题中没有指明个体域, 因而使用全总个体域. 在使用全总个体域时, 第 3 题 (1) 与 (2) 中的命题在本题中也要使用特性谓词, 将人从宇宙间的所有事物中分离出来.

(1) $\forall x(F(x) \to G(x))$, 其中 $F(x)$: x 是人, $G(x)$: x 生活在地球上.

(2) $\exists x(F(x) \wedge G(x))$，其中 $F(x)$: x 是人，$G(x)$: x 长着黑头发.

(3) $\neg \forall x(F(x) \rightarrow G(x))$ 或 $\exists x(F(x) \wedge \neg G(x))$，其中 $F(x)$: x 为实数，$G(x)$: x 能表示成分数.

(4) $\neg \exists x(F(x) \wedge G(x))$ 或 $\forall x(F(x) \rightarrow \neg G(x))$，其中 $F(x)$: x 是无理数，$G(x)$: x 能表示成分数.

学完第 19 章之后，可以验证 (3)、(4) 中两种符号化形式是等值的.

5. 本题中仍然应该使用全总个体域.

(1) $\forall x \forall y(F(x) \wedge F(y) \rightarrow H(x,y))$，其中 $F(x)$: x 是偶数，$H(x,y)$: x 和 y 有大于 1 的公因数.

(2) $\exists x \exists y(G(x) \wedge G(y) \wedge \neg H(x,y))$，其中 $G(x)$: x 是奇数，$H(x,y)$: x 和 y 有大于 1 的公因数.

(3) $\neg \forall x \forall y(F(x) \wedge G(y) \rightarrow H(x,y))$ 或 $\exists x \exists y(F(x) \wedge G(y) \wedge \neg H(x,y))$，其中 $F(x)$: x 是火车，$G(y)$: y 是汽车，$H(x,y)$: x 比 y 块.

(4) $\exists x(F(x) \wedge \forall y(G(y) \rightarrow H(x,y)))$，其中，$F(x)$: x 为火车，$G(y)$: y 为汽车，$H(x,y)$: x 比 y 快.

18.3.2　题型二：一阶逻辑中数学命题符号化

1. 设个体域为整数集 $\mathbb{Z}$，将下列问题符号化.

(1) 对于任意的 x 和 y，存在 z，使得 $x + y = z$.

(2) "存在 x，对于任意的 y 和 z，均有 $y - z = x$" 是不成立的.

2. 设个体域为非 0 有理数集 $\mathbb{Q}^*$，将下列命题符号化.

(1) 对于任意的 x，存在 y，使得 $x \cdot y = 1$.

(2) "对于任意的 x 和 y，存在 z，使得 $x^2 + y^2 = z^2$" 不为真.

3. 设个体域为实数集 $\mathbb{R}$，将下列命题符号化.

(1) 对于任意的 x 和 y，存在 z，使得 $x^2 + y^2 = z^2$.

(2) 任给 $\varepsilon > 0$，存在 $\delta > 0$，使得当 $|x - x_0| < \delta$ 时，均有 $|f(x) - f(x_0)| < \varepsilon$.

解答与分析

解本题型时，数学公式不再重新符号化.

1. (1) $\forall x \forall y \exists z(x + y = z)$.

(2) $\neg(\exists x \forall y \forall z(y - z = x))$ 或 $\forall x \exists y \exists z(y - z \neq x)$.

2. (1) $\forall x \exists y(x \cdot y = 1)$.

(2) $\neg(\forall x \forall y \exists z(x^2 + y^2 = z^2))$ 或 $\exists x \exists y \forall z(x^2 + y^2 \neq z^2)$.

3. (1) $\forall x \forall y \exists z(x^2 + y^2 = z^2)$.

(2) $\forall \varepsilon(\varepsilon > 0 \rightarrow (\exists \delta(\delta > 0 \wedge (|x - x_0| < \delta \rightarrow |f(x) - f(x_0)| < \varepsilon))))$.

此命题是函数 $y = f(x)$ 在 x_0 点连续的定义.

18.3.3　题型三：解释公式

1. 设解释 I 为：

(a) 个体域为自然数集 $\mathbb{N}$.

(b) $\mathbb{N}$ 中特定元素 $\overline{a} = 0$.

(c) $\mathbb{N}$ 上特定函数 $\overline{f}(x,y) = x+y$, $\overline{g}(x,y) = x \cdot y$.

(d) $\mathbb{N}$ 上特定谓词 $\overline{F}(x,y) : x = y$.

I 下的赋值 $\sigma : \sigma(x) = 1$, $\sigma(y) = 0$.

讨论下列各式在 I 和 σ 下的真值.

(1) $\forall x F(f(x,a), y)$.

(2) $\forall x F(g(x,a), y)$.

(3) $\forall x \forall y (F(x,y) \to F(f(x,y), g(x,y)))$.

(4) $\forall x \forall y (F(f(x,a), y) \to F(f(y,a), x))$.

(5) $\exists x F(f(x,y), g(x,y))$.

2. 设解释 I 为：

(a) 个体域为实数集 $\mathbb{R}$.

(b) $\mathbb{R}$ 上特定元素 $\overline{a} = 0$.

(c) $\mathbb{R}$ 上特定函数 $\overline{f}(x,y) = x-y$, $\overline{g}(x,y) = x+y$.

(d) $\mathbb{R}$ 上特定谓词 $\overline{F}(x,y) : x = y$, $\overline{G}(x,y) : x < y$.

I 下的赋值 $\sigma : \sigma(x) = 1, \sigma(y) = -1$.

讨论下列各式在 I 和 σ 下的真值.

(1) $\forall x \forall y (G(x,y) \to F(x,y))$.

(2) $\forall x \forall y (G(x,y) \to \neg F(x,y))$.

(3) $\forall x (F(f(x,y), a) \to \forall y G(x,y))$.

(4) $\exists x F(x,y) \wedge \exists y G(x,y)$.

(5) $\forall x (G(x,y) \to \neg F(f(x,y), a))$.

(6) $\forall x (G(g(x,y), a) \to F(x,y))$.

解答与分析

1. 先给出各式在 I 和 σ 下的解释，然后讨论其真值. 各式的解释如下，其中 x, y 的取值范围均为自然数集 $\mathbb{N}$.

(1) $\forall x (x + 0 = 0)$.

(2) $\forall x (x \cdot 0 = 0)$.

(3) $\forall x \forall y ((x = y) \to (x + y = x \cdot y))$.

(4) $\forall x \forall y((x + 0 = y) \rightarrow (y + 0 = x))$.

(5) $\exists x(x + 0 = x \cdot 0)$.

以上各式均为命题, 其中 (2)、(4)、(5) 为真命题, (1)、(3) 为假命题.

2. 各式在 I 和 σ 下的解释如下, 其中 x, y 的取值范围均为实数集 $\mathbb{R}$.

(1) $\forall x \forall y((x < y) \rightarrow (x = y))$.

(2) $\forall x \forall y((x < y) \rightarrow (x \neq y))$.

(3) $\forall x((x + 1 = 0) \rightarrow \forall y(x < y))$.

(4) $\exists x(x = -1) \wedge \exists y(1 < y)$.

(5) $\forall x((x < -1) \rightarrow (x + 1 \neq 0))$.

(6) $\forall x((x - 1 < 0) \rightarrow (x = -1))$.

不难看出, (1)、(3)、(5)、(6) 为假命题, 而 (2)、(4) 为真命题.

18.3.4   题型四: 证明公式为非永真式或非矛盾式

1. 证明公式 $A = \forall x(F(x) \rightarrow G(x))$ 既不是永真式, 也不是矛盾式.

2. 证明公式 $B = \exists x(F(x) \wedge G(x))$ 既不是永真式, 也不是矛盾式.

解答与分析

这两个公式都是闭式, 不需要考虑赋值, 只需找到给定公式的一个成真的解释和一个成假的解释即可.

1. 取解释 I_1 为: 个体域 D 为实数集 $\mathbb{R}$, $F(x) : x$ 为有理数, $G(x) : x$ 能表示成分数. 在 I_1 下, 公式被解释为: "对于任意的实数 x, 若 x 是有理数, 则 x 能表示成分数", 这是真命题, 这说明 A 不是矛盾式.

取解释 I_2 为: 个体域 D 为全总个体域, $F(x) : x$ 为人, $G(x) : x$ 用右手写字. 在 I_2 下 A 被解释为 "对于宇宙间的一切事物 x 而言, 如果 x 是人, 那么 x 用右手写字", 简言之, "人都用右手写字", 这是假命题, 因而 A 不是永真式.

2. 取解释 I_1 为: 个体域为全总个体域, $F(x) : x$ 为人, $G(x) : x$ 到过月球. B 被解释为 "有的人到过月球", 这是真命题, 所以 B 不是矛盾式.

取解释 I_2 为: 个体域仍为全总个体域, $F(x) : x$ 是人, $G(x) : x$ 去过火星. B 被解释为 "有人去过火星", 到目前为止, 这个命题还是假命题, 因而 B 不是永真式.

18.3.5   题型五: 证明永真式或矛盾式

1. 证明下列各式均为永真式.

(1) $\forall x(F(x) \rightarrow (F(x) \vee G(x)))$.

(2) $((\forall x F(x) \rightarrow \exists y G(y)) \wedge \forall x F(x)) \rightarrow \exists y G(y)$.

2. 证明下列各式均为矛盾式.

(1) $\neg(\forall x F(x) \to \forall y G(y)) \wedge \forall y G(y)$.

(2) $\forall x((F(x) \vee \neg F(x)) \to (G(y) \wedge \neg G(y)))$.

解答与分析

这 4 个公式都是闭式, 只需考虑解释.

1. (1) 设 I 为任意的解释, D 为 I 的个体域, 对 D 中任意的 x, 若 $F(x)$ 为假, 则蕴涵式 $F(x) \to (F(x) \vee G(x))$ 为真; 若 $F(x)$ 为真, 则 $F(x) \vee G(x)$ 为真, $F(x) \to (F(x) \vee G(x))$ 也为真. 于是, 该式在任何解释下均为真, 故为永真式.

(2) <u>方法一</u> 用 (1) 中使用的方法证明. 设 I 为任意的解释, D 为 I 的个体域, 若 $\forall x F(x)$ 为假, 则显然该式的解释为真. 若 $\forall x F(x)$ 为真, 当 $\exists y G(y)$ 为真时, 该式解释的前件、后件均为真, 故为真; 当 $\exists y G(y)$ 为假时, 该式解释的前件、后件均为假, 故也为真. 因此, 该式在任何解释下均为真, 故为永真式.

<u>方法二</u> 取 $A = \forall x F(x), B = \exists y G(y)$, 则该式是假言推理定律 $(A \to B) \wedge A \Rightarrow B$ 的代换实例. 由主教材中定理 18.2.1 可知, 该式为永真式.

2. (1) 可类似上题 (2), 用两种方法证明.

(2) 该式中的蕴涵式在任何解释下, 总是前件为真, 后件为假, 因而蕴涵式为假, 所以公式为假.

18.4 习题、解答或提示

18.4.1 习题 18

18.1 将下列命题用零元谓词符号化.

(1) 小王学过英语和法语.

(2) 除非李健是东北人, 否则他一定怕冷.

(3) 2 大于 3 仅当 2 大于 4.

(4) 3 不是偶数.

(5) 2 或 3 是素数.

18.2 在一阶逻辑中, 分别在 (a), (b) 时将下列命题符号化, 并讨论各命题的真值.

(1) 凡整数都能被 2 整除.

(2) 有的整数能被 2 整除.

其中,

(a) 个体域为整数集,

(b) 个体域为实数集.

18.3 在一阶逻辑中, 分别在 (a), (b) 时将下列命题符号化, 并讨论各命题的真值.

(1) 对于任意的 x, 均有 $x^2 - 2 = (x + \sqrt{2})(x - \sqrt{2})$.

(2) 存在 x, 使得 $x + 5 = 9$.

其中,

(a) 个体域为自然数集,

(b) 个体域为实数集.

18.4 在一阶逻辑中将下列命题符号化.

(1) 没有不能表示成分数的有理数.

(2) 去八达岭长城游玩的人不全是外地人.

(3) 乌鸦都是黑色的.

(4) 有的人天天锻炼身体.

18.5 在一阶逻辑中将下列命题符号化.

(1) 火车都比轮船快.

(2) 有的火车比有的汽车快.

(3) 不存在比所有火车都快的汽车.

(4) 说凡是汽车就比火车慢是不对的.

18.6 将下列命题符号化, 个体域为实数集 $\mathbb{R}$, 并指出各命题的真值.

(1) 对所有的 x, 都存在 y 使得 $x \cdot y = 0$.

(2) 存在 x, 使得对所有 y 都有 $x \cdot y = 0$.

(3) 对所有的 x, 都存在 y 使得 $y = x + 1$.

(4) 对所有的 x 和 y, 都有 $x \cdot y = y \cdot x$.

(5) 对任意的 x 和 y, 都有 $x \cdot y = x + y$.

(6) 对于任意的 x, 存在 y 使得 $x^2 + y^2 < 0$.

18.7 将下列公式翻译成自然语言, 并判断各命题的真假, 其中个体域为整数集 $\mathbb{Z}$.

(1) $\forall x \forall y \exists z (x - y = z)$.

(2) $\forall x \exists y (x \cdot y = 1)$.

(3) $\exists x \forall y \forall z (x + y = z)$.

18.8 指出下列公式中的指导变元、量词的辖域、各个体变项的自由出现和约束出现.

(1) $\forall x (F(x) \rightarrow G(x, y))$.

(2) $\forall x F(x, y) \rightarrow \exists y G(x, y)$.

(3) $\forall x \exists y (F(x, y) \wedge G(y, z)) \vee \exists x H(x, y, z)$.

18.9 给定解释 I 和 I 下的赋值 σ 如下.

(a) 个体域为实数集 $\mathbb{R}$.

(b) 特定元素 $\overline{a} = 0$.

(c) 函数 $\overline{f}(x,y) = x - y, x, y \in \mathbb{R}$.

(d) 谓词 $\overline{F}(x,y) : x = y, \overline{G}(x,y) : x < y, x, y \in \mathbb{R}$.

(e) $\sigma(x) = 1, \sigma(y) = -1$.

给出下列公式在 I 与 σ 下的解释, 并指出它们的真值.

(1) $\forall x(G(x,y) \to \exists y F(x,y))$.

(2) $\forall y(F(f(x,y),a) \to \forall x G(x,y))$.

(3) $\exists x G(x,y) \to \forall y F(f(x,y),a)$.

(4) $\forall y G(f(x,y),a) \to \exists x F(x,y)$.

18.10 给定解释 I 和 I 下的赋值 σ 如下.

(a) 个体域 $D = \mathbb{N}$.

(b) 特定元素 $\overline{a} = 2$.

(c) $\mathbb{N}$ 上的函数 $\overline{f}(x,y) = x + y, \overline{g}(x,y) = x \cdot y$.

(d) $\mathbb{N}$ 上的谓词 $\overline{F}(x,y) : x = y$.

(e) $\sigma(x) = 2, \sigma(y) = 3, \sigma(z) = 4$.

给出下列各式在 I 与 σ 下的解释, 并讨论它们的真值.

(1) $\forall x F(g(x,a),y)$.

(2) $\exists x F(f(x,a),y) \to \exists y F(f(y,a),x)$.

(3) $\forall x \forall y \exists z F(f(x,y),z)$.

(4) $\exists x F(f(x,y),g(x,z))$.

18.11 判断下列公式的类型.

(1) $F(x,y) \to (G(x,y) \to F(x,y))$.

(2) $\forall x(F(x) \to F(x)) \to \exists y(G(y) \wedge \neg G(y))$.

(3) $\forall x \exists y F(x,y) \to \exists x \forall y F(x,y)$.

(4) $\exists x \forall y F(x,y) \to \forall y \exists x F(x,y)$.

(5) $\forall x \forall y(F(x,y) \to F(y,x))$.

(6) $\neg(\forall x F(x) \to \exists y G(y)) \wedge \exists y G(y)$.

18.12 判断下列各式的类型.

(1) $F(x) \to \forall x F(x)$.

(2) $\exists x F(x) \to F(x)$.

(3) $\forall x(F(x) \to G(x)) \to (\forall x F(x) \to \forall x G(x))$.

(4) $(\forall x F(x) \to \forall x G(x)) \to \forall x(F(x) \to G(x))$.

18.13 分别给出下列公式的一个成真解释和一个成假解释.

(1) $\forall x(F(x) \vee G(x))$.

(2) $\exists x(F(x) \wedge G(x) \wedge H(x))$.

(3) $\exists x(F(x) \wedge \forall y(G(y) \wedge H(x,y)))$.

18.14 证明下列公式既不是永真式也不是矛盾式.

(1) $\forall x(F(x) \rightarrow \exists y(G(y) \wedge H(x,y)))$.

(2) $\forall x \forall y(F(x) \wedge G(y) \rightarrow H(x,y))$.

18.4.2　解答或提示

18.1 (1) 设 $F(x): x$ 学过英语, $G(x): x$ 学过法语, $a:$ 小王, 命题符号化为 $F(a) \wedge G(a)$.

(2) 设 $F(x): x$ 怕冷, $G(x): x$ 是东北人, $a:$ 李健, 命题符号化为 $\neg G(a) \rightarrow F(a)$ 或 $\neg F(a) \rightarrow G(a)$.

(3) 设 $F(x,y): x > y$, 命题符号化为 $F(2,3) \rightarrow F(2,4)$.

(4) 设 $F(x): x$ 是偶数, 命题符号化为 $\neg F(3)$.

(5) 设 $F(x): x$ 为素数, 命题符号化为 $F(2) \vee F(3)$.

18.2 设 $F(x): x$ 能被 2 整除, $G(x): x$ 是整数.

(a) (1) $\forall x F(x)$, 真值为 0; (2) $\exists x F(x)$, 真值为 1.

(b) (1) $\forall x(G(x) \rightarrow F(x))$, 真值为 0; (2) $\exists x(G(x) \wedge F(x))$, 真值为 1.

18.3 设 $F(x): x^2 - 2 = (x + \sqrt{2})(x - \sqrt{2}), G(x): x + 5 = 9$.

(a) (1) $\forall x F(x)$, 真值为 0; (2) $\exists x G(x)$, 真值为 1.

(b) (1) $\forall x F(x)$, 真值为 1; (2) $\exists x G(x)$, 真值为 1.

18.4 (1) $\neg \exists x(F(x) \wedge \neg G(x))$ 或 $\forall x(F(x) \rightarrow G(x))$, 其中 $F(x): x$ 是有理数, $G(x): x$ 能表示成分数.

(2) $\neg \forall x(F(x) \rightarrow G(x))$ 或 $\exists x(F(x) \wedge \neg G(x))$, 其中 $F(x): x$ 去八达岭长城游玩, $G(x): x$ 是外地人.

(3) $\forall x(F(x) \rightarrow G(x))$, 其中 $F(x): x$ 是乌鸦, $G(x): x$ 是黑色的.

(4) $\exists x(F(x) \wedge G(x))$, 其中 $F(x): x$ 是人, $G(x): x$ 天天锻炼身体.

因为本题中没有指明个体域, 因而使用全总个体域.

18.5 (1) $\forall x \forall y(F(x) \wedge G(y) \rightarrow H(x,y))$, 其中 $F(x): x$ 是火车, $G(y): y$ 是轮船, $H(x,y): x$ 比 y 快.

(2) $\exists x \exists y(F(x) \wedge (G(y) \wedge H(x,y)))$, 其中 $F(x): x$ 是火车, $G(y): y$ 是汽车, $H(x,y): x$ 比 y 快.

(3) $\neg \exists x(G(x) \wedge \forall y(F(y) \rightarrow H(x,y)))$ 或 $\forall x(G(x) \rightarrow \exists y(F(y) \wedge \neg H(x,y)))$, 其中, $F(x): x$ 是火车, $G(y): y$ 是汽车, $H(x,y): x$ 比 y 快.

(4) $\neg \forall x(G(x) \rightarrow \forall y(F(y) \rightarrow H(x,y)))$ 或 $\exists x \exists y(G(x) \wedge F(y) \wedge \neg H(x,y))$, 其中, $F(x): x$ 是火车, $G(y): y$ 是汽车, $H(x,y): x$ 比 y 慢.

18.6　各命题符号化形式如下.

(1) $\forall x \exists y(x \cdot y = 0)$.

(2) $\exists x \forall y(x \cdot y = 0)$.

(3) $\forall x \exists y(y = x + 1)$.

(4) $\forall x \forall y(x \cdot y = y \cdot x)$.

(5) $\forall x \forall y(x \cdot y = x + y)$.

(6) $\forall x \exists y(x^2 + y^2 < 0)$.

其中, (1)、(2)、(3)、(4) 真值为 1, (5)、(6) 真值为 0.

18.7　(1) 对所有整数 x, y, 存在整数 z 使得 $x - y = z$, 为真命题.

(2) 对任意的整数 x, 存在整数 y 使得 $x \cdot y = 1$, 为假命题.

(3) 存在整数 x, 使得对于任意的整数 y 与 z, 均有 $x + y = z$, 为假命题.

18.8　(1) 指导变元为 x, 全称量词 $\forall$ 的辖域为 $F(x) \to G(x, y)$, 其中 x 是约束出现的, y 是自由出现的.

(2) 蕴涵式前件 $\forall x F(x, y)$ 中, 指导变元是 x, $\forall$ 的辖域为 $F(x, y)$, 其中 x 是约束出现的, y 是自由出现的. 在后件 $\exists y G(x, y)$ 中, 指导变元是 y, $G(x, y)$ 是 $\exists$ 的辖域, x 是自由出现的, 而 y 是约束出现的.

(3) 在 $\forall x \exists y(F(x, y) \wedge G(y, z))$ 中, 指导变元为 x 和 y, $\forall x$ 的辖域为 $\exists y(F(x, y) \wedge G(y, z))$, $\exists y$ 的辖域为 $(F(x, y) \wedge G(y, z))$, 其中 x 和 y 是约束出现的, 而 z 是自由出现的. 在 $\exists z H(x, y, z)$ 中, z 是指导变元, 辖域为 $H(x, y, z)$, 其中 z 是约束出现的, x, y 是自由出现的.

18.9　各式在 I 和 σ 下的解释如下.

(1) $\forall x((x < -1) \to \exists(x = y))$, 即对任意的实数 x, 若 $x < -1$, 则存在实数 y 使得 $x = y$.

(2) $\forall y((1 - y = 0) \to \forall x(x < y))$, 即对任意的实数 y, 若 $y = 1$, 则对任意的实数 x, $x < y$.

(3) $\exists x((x < -1) \to \forall y(1 - y = 0))$, 即若存在实数 x 使得 $x < -1$, 则对任意的实数 y 有 $y = 1$.

(4) $\forall y((1 - y < 0) \to \exists x(x = -1))$, 即若对任意的实数 y 有 $y > 1$, 则存在实数 x 使得 $x = -1$.

其中, (1)、(4) 真值为 1, (2)、(3) 真值为 0.

18.10　各式在 I 和 σ 下的解释如下.

(1) $\forall x(2x = 3)$, 即对任意的自然数 x, 都有 $2x = 3$.

(2) $\exists x(x + 2 = 3) \to \exists y(y + 2 = 2)$, 即如果存在自然数 x 使得 $x = 1$, 那么存在自然数 y 使得 $y = 0$.

(3) $\forall x \forall y \exists z(x+y=z)$，即对任意的自然数 x 和 y，都存在自然数 z 使得 $x+y=z$.

(4) $\exists x(x+3=4x)$，即存在自然数 x，使得 $x+3=4x$，即使得 $x=1$.

其中，(2)、(3)、(4) 是真命题，(1) 是假命题.

18.11 (1)、(4) 为永真式；(2)、(6) 为矛盾式；(3)、(5) 为可满足式，但不是永真式. 这里对 (3)、(4)、(6) 给出证明.

(3) 取解释 I_1 为：个体域为自然数集 $\mathbb{N}$，$F(x,y): x \leqslant y$. 在 I_1 下，$\forall x \exists y F(x,y)$ 为真，而 $\exists x \forall y F(x,y)$ 也为真（只需 $x=0$ 即可），因而该公式为真.

取解释 I_2 为：个体域仍为自然数集 $\mathbb{N}$，而 $F(x,y): x=y$. 在 I_2 下，$\forall x \exists y F(x,y)$ 为真，而 $\exists x \forall y F(x,y)$ 为假，因而该公式为假. 这说明该公式为可满足式，但不是永真式.

(4) 设 I 为任意一个解释，若在 I 下，蕴涵式前件 $\exists x \forall y F(x,y)$ 为假，则 $\exists x \forall y F(x,y) \rightarrow \forall y \exists x F(x,y)$ 为真. 若前件 $\exists x \forall y F(x,y)$ 为真，则必存在 I 的个体域 D_I 中的个体常项 x_0，使 $\forall y F(x_0,y)$ 为真，即对任意的 $y \in D_I$，$F(x_0,y)$ 为真. 由于有 $x_0 \in D_I$ 使得 $F(x_0,y)$ 为真，所以 $\exists x F(x,y)$ 为真. 而其中 y 是任意个体变项，所以 $\forall y \exists x F(x,y)$ 为真. 故蕴涵式 $\exists x \forall y F(x,y) \rightarrow \forall y \exists x F(x,y)$ 为真. 由于 I 的任意性，所以该公式为永真式.

(6) $\neg(\forall x F(x) \rightarrow \exists y G(y)) \wedge \exists y G(y)$ 是 $\neg(A \rightarrow B) \wedge B$ 的代换实例，而

$$\neg(A \rightarrow B) \wedge B \Leftrightarrow A \wedge \neg B \wedge B \Leftrightarrow 0.$$

根据主教材中定理 18.2.1，$\neg(\forall x F(x) \rightarrow \exists y G(y)) \wedge \exists y G(y)$ 是矛盾式.

18.12 (1) 取解释 I：个体域为自然数集 $\mathbb{N}$，$\overline{F}(x): x$ 是偶数. 取 I 下的赋值 $\sigma_1(x) = 1, \sigma_2(x) = 2$. $F(x) \rightarrow \forall x F(x)$ 在 I 和 σ_1 下为真命题，而在 I 和 σ_2 下为假命题，故公式是非永真式的可满足式.

(2) 取解释 I 和赋值 σ_1, σ_2 与 (1) 相同. $\exists x F(x) \rightarrow F(x)$ 在 I 和 σ_1 下为假命题，而在 I 和 σ_2 下为真命题，故公式是非永真式的可满足式.

(3) $\forall x(F(x) \rightarrow G(x)) \rightarrow (\forall x F(x) \rightarrow \forall x G(x))$ 是闭式，只需考虑解释. 在任何解释下，如果前件 $\forall x(F(x) \rightarrow G(x))$ 为真，即对所有的 x 都有 $F(x) \rightarrow G(x)$，那么在后件中，当 $\forall x F(x)$ 为真时，必有 $\forall x G(x)$ 为真，从而后件为真，进而整个公式为真. 因此，公式为永真式.

(4) $(\forall x F(x) \rightarrow \forall x G(x)) \rightarrow \forall x(F(x) \rightarrow G(x))$ 是闭式，只需考虑解释. 取解释 I_1：个体域为自然数集 $\mathbb{N}$，$\overline{F}(x): x$ 是奇数，$\overline{G}(x): x \geqslant 1$. 在 I_1 下公式是真命题. 把 $\overline{G}(x)$ 改为 $x \geqslant 2$ 作为解释 I_2，在 I_2 下公式是假命题. 因此，公式是非永真式的可满足式.

18.13 (1) 取解释 I_1 为：个体域为自然数集 $\mathbb{N}$，$F(x): x$ 为奇数，$G(x): x$ 为偶数. 在 I_1 下，$\forall x(F(x) \vee G(x))$ 为真命题.

取解释 I_2：个体域为整数集 $\mathbb{Z}$，$F(x): x$ 为正整数，$G(x): x$ 为负整数. 在 I_2 下，$\forall x(F(x) \vee G(x))$ 为假命题.

(2) 和 (3) 请读者自己给出解答.

18.14 提示：对每个公式分别找一个成真的解释、一个成假的解释.

18.5　小测验

18.5.1　试题

1. 填空题（6 小题，每小题 5 分，共 30 分）.

(1) 设 $F(x)$: x 具有性质 F, $G(x)$: x 具有性质 G. 命题"对所有的 x 而言，若 x 有性质 F，则 x 就有性质 G"的符号化形式为_____.

(2) 设 $F(x)$: x 具有性质 F, $G(x)$: x 具有性质 G. 命题"有的 x 既具有性质 F 又具有性质 G"的符号化形式为_____.

(3) 设 $F(x)$: x 具有性质 F, $G(y)$: y 具有性质 G. 命题"若所有的 x 都有性质 F，则所有的 y 都有性质 G"的符号化形式为_____.

(4) 设 $F(x)$: x 具有性质 F, $G(y)$: y 具有性质 G. 命题"若存在 x 具有性质 F，则所有的 y 都没有性质 G"的符号化形式为_____.

(5) 设 A 为任意的一阶逻辑公式，若 A 中_____，则称 A 为封闭的公式.

(6) 在一阶逻辑中将命题符号化时，若没指明个体域，则使用_____ 个体域.

2. 用零元谓词将下列命题符号化（3 小题，每小题 5 分，共 15 分）.

(1) 只要 4 不是素数，3 就是素数.

(2) 只有 2 是偶数，4 才是偶数.

(3) 5 是奇数当且仅当 5 不能被 2 整除.

3. 在一阶逻辑中将下列命题符号化（3 小题，每小题 5 分，共 15 分）.

(1) 所有的整数，不是负整数，就是正整数，或者是 0.

(2) 有的实数是有理数，有的实数是无理数.

(3) 发明家都是聪明的并且是勤劳的. 王前进是发明家. 所以，王前进是聪明的并且是勤劳的.

4. 在一阶逻辑中，将下列命题符号化（2 小题，每小题 5 分，共 10 分）.

(1) 实数不都是有理数.

(2) 不存在能表示成分数的无理数.

5. 在一阶逻辑中，将下列命题符号化（2 小题，每小题 5 分，共 10 分）.

(1) 若 x 与 y 都是实数且 $x > y$，则 $x + 2 > y + 2$.

(2) 不存在最大的自然数.

6. 证明题（2 小题，每小题 10 分，共 20 分）．

(1) 证明 $\forall x(F(x) \to G(y))$ 为可满足式，但不是永真式．

(2) 证明 $(\forall xF(x) \lor \exists yG(y)) \land \neg \exists yG(y) \to \forall xF(x)$ 为永真式．

18.5.2　答案或解答

1. (1) $\forall x(F(x) \to G(x))$．

(2) $\exists x(F(x) \land G(x))$．

(3) $\forall xF(x) \to \forall yG(y)$．

(4) $\exists xF(x) \to \forall y\neg G(y)$．

(5) 不含自由出现的个体变项．

(6) 全总．

2. (1) $\neg F(4) \to F(3)$，其中 $F(x)$：x 是素数．

(2) $F(4) \to F(2)$，其中 $F(x)$：x 是偶数．

(3) $F(5) \leftrightarrow \neg G(5)$，其中 $F(x)$：x 是奇数，$G(x)$：x 能被 2 整除．

3. (1) $\forall x(F(x) \to (G(x) \lor H(x) \lor R(x)))$，其中 $F(x)$：x 是整数，$G(x)$：x 是负整数，$H(x)$：x 是正整数，$R(x)$：$x = 0$．

(2) $\exists x(F(x) \land G(x)) \land \exists y(F(y) \land H(y))$，其中 $F(x)$：x 是实数，$G(x)$：x 是有理数，$H(y)$：y 是无理数．

(3) $(\forall x(F(x) \to (G(x) \land H(x))) \land F(a)) \to (G(a) \land H(a))$，其中 $F(x)$：x 是发明家，$G(x)$：x 是聪明的，$H(x)$：x 是勤劳的，a：王前进．

4. (1) $\neg\forall x(F(x) \to G(x))$ 或 $\exists x(F(x) \land \neg G(x))$，其中 $F(x)$：x 为实数，$G(x)$：x 为有理数．

(2) $\neg\exists x(F(x) \land G(x))$ 或 $\forall x(F(x) \to \neg G(x))$，其中 $F(x)$：x 为无理数，$G(x)$：x 能表示成分数．

5. (1) $\forall x\forall y((F(x) \land F(y) \land H(x,y)) \to H(x+2, y+2))$，其中 $F(x)$：x 为实数，$H(x,y)$：$x > y$．

(2) $\neg\exists x(F(x) \land \forall y(F(y) \to H(x,y)))$ 或 $\forall x(F(x) \to \exists y(F(y) \land \neg H(x,y)))$，其中 $F(x)$：x 为自然数，$H(x,y)$：$x \geqslant y$．

6. (1) 取解释 I 为：个体域为全总个体域，$F(x)$：x 为自然数，$G(y)$：y 为整数，I 下的赋值 $\sigma_1(y) = 1$．不难看出，在 I 和 σ_1 下，(1) 中的公式为真命题，所以它为可满足式．取 $\sigma_2(y) = 1.5$．则在 I 和 σ_2 下公式为假命题，所以它不是永真式．

(2) **方法一**　该公式为闭式，只需考虑解释．设 I 为任意的一个解释，在 I 下，若 $\forall xF(x)$ 与 $\exists yG(y)$ 同时为真或同时为假，则该式的前件为假，故为真．若 $\forall xF(x)$ 与 $\exists yG(y)$ 真值相异，当 $\forall xF(x)$ 为真，$\exists yG(y)$ 为假时，该蕴涵式的前件、后件均为真，故为真．而

当 $\forall x F(x)$ 为假，$\exists y G(y)$ 为真时，蕴涵式的前件、后件均为假，所以也为真. 所以公式为永真式.

方法二 该式是命题逻辑中析取三段论推理定律 $(A \vee B) \wedge \neg B \Rightarrow A$ 的代换实例，由主教材中定理 18.2.1 可知，它为永真式.

第 19 章
一阶逻辑等值演算与推理

19.1 内容提要

19.1.1 等值式与置换规则

等值式

定义 19.1.1 设 A, B 是一阶逻辑中任意两个公式, 若 $A \leftrightarrow B$ 是永真式, 则称 A 与 B 等值, 记作 $A \Leftrightarrow B$. 称 $A \Leftrightarrow B$ 是 等值式.

基本的等值式

第 1 组 命题逻辑中基本等值式的代换实例.

例如, $\forall x F(x) \to \exists y G(y) \Leftrightarrow \neg \forall x F(x) \vee \exists y G(y)$ 为命题逻辑中蕴涵等值式 $A \to B \Leftrightarrow \neg A \vee B$ 的代换实例. 又如, $\neg(\forall x F(x) \wedge \exists y G(y)) \Leftrightarrow \neg \forall x F(x) \vee \neg \exists y G(y)$ 为命题逻辑中德摩根律 $\neg(A \wedge B) \Leftrightarrow \neg A \vee \neg B$ 的代换实例.

第 2 组 一阶逻辑中的重要等值式.

1. 消去量词等值式.

设个体域为有限集 $D = \{a_1, a_2, \cdots, a_n\}$, 则有

(1) $\forall x A(x) \Leftrightarrow A(a_1) \wedge A(a_2) \wedge \cdots \wedge A(a_n)$.

$$(19.1.1)$$

(2) $\exists x A(x) \Leftrightarrow A(a_1) \vee A(a_2) \vee \cdots \vee A(a_n)$.

2. **量词否定等值式**.

设公式 $A(x)$ 含自由出现的个体变项 x，则

(1) $\neg\forall x A(x) \Leftrightarrow \exists x\neg A(x)$.

(2) $\neg\exists x A(x) \Leftrightarrow \forall x\neg A(x)$.

$$(19.1.2)$$

3. **量词辖域收缩与扩张等值式**.

设公式 $A(x)$ 含自由出现的个体变项 x，B 不含 x 的自由出现，则

(1) $\forall x(A(x) \vee B) \Leftrightarrow \forall x A(x) \vee B$.

$\forall x(A(x) \wedge B) \Leftrightarrow \forall x A(x) \wedge B$.

$\forall x(A(x) \to B) \Leftrightarrow \exists x A(x) \to B$.

$\forall x(B \to A(x)) \Leftrightarrow B \to \forall x A(x)$.

$$(19.1.3)$$

(2) $\exists x(A(x) \vee B) \Leftrightarrow \exists x A(x) \vee B$.

$\exists x(A(x) \wedge B) \Leftrightarrow \exists x A(x) \wedge B$.

$\exists x(A(x) \to B) \Leftrightarrow \forall x A(x) \to B$.

$\exists x(B \to A(x)) \Leftrightarrow B \to \exists x A(x)$.

$$(19.1.4)$$

4. **量词分配等值式**.

设公式 $A(x), B(x)$ 含自由出现的个体变项 x，则

(1) $\forall x(A(x) \wedge B(x)) \Leftrightarrow \forall x A(x) \wedge \forall x B(x)$.

(2) $\exists x(A(x) \vee B(x)) \Leftrightarrow \exists x A(x) \vee \exists x B(x)$.

$$(19.1.5)$$

两个主要规则

1. **置换规则**.

设 $\Phi(A)$ 是含公式 A 的公式，$\Phi(B)$ 是用公式 B 取代 $\Phi(A)$ 中所有的 A 之后所得到的公式. 那么，若 $A \Leftrightarrow B$，则 $\Phi(A) \Leftrightarrow \Phi(B)$.

一阶逻辑中的置换规则与命题逻辑中的置换规则形式上完全相同，只是这里的 A, B 是一阶逻辑公式.

2. **换名规则**.

设 A 为一公式，将 A 中某量词辖域中的一个约束变项的所有出现及相应的指导变元全部改成该量词辖域中未曾出现过的某个个体变项符号，公式中其余部分不变，将所得公式记作 A'，则 $A' \Leftrightarrow A$.

19.1.2　一阶逻辑前束范式

定义 19.1.2　具有如下形式

$$Q_1 x_1 Q_2 x_2 \ldots Q_k x_k B$$

的一阶逻辑公式称作 前束范式，其中 $Q_i (1 \leqslant i \leqslant k)$ 为 $\forall$ 或 $\exists$，B 为不含量词的公式.

定理 19.1.1(前束范式存在定理)　一阶逻辑中的任何公式都存在等值的前束范式.

求给定公式的前束范式

利用重要的等值式、置换规则、换名规则等，对给定公式进行等值演算即可求出给定公式的前束范式.

19.1.3　一阶逻辑的推理理论

推理的形式结构 1

$$A_1 \wedge A_2 \wedge \cdots \wedge A_k \to B, \tag{19.1.6}$$

其中 $A_1, A_2, \cdots, A_k, B$ 均为一阶逻辑公式. 若式 (19.1.6) 为永真式，则称 推理正确，否则称 推理不正确.

推理的形式结构 2

前提：$A_1, A_2, \cdots, A_k$.

结论：B.

重要的推理定律

在一阶逻辑中称永真式的蕴涵式为 推理定律.

第 1 组　命题逻辑推理定律的代换实例.

如：

$$\forall x F(x) \Rightarrow \forall x F(x) \vee \forall y G(y)$$

为命题逻辑中附加律 $A \Rightarrow A \vee B$ 的代换实例.

第 2 组　一阶逻辑中每个基本等值式均生成两条推理定律.

例如，由量词否定等值式 $\neg \forall x A(x) \Leftrightarrow \exists x \neg A(x)$ 产生下述两条推理定律：

$$\neg \forall x A(x) \Rightarrow \exists x \neg A(x),$$

$$\exists x \neg A(x) \Rightarrow \neg \forall x A(x).$$

第 3 组　一些常用的重要推理定律.

(1) $\forall x A(x) \vee \forall x B(x) \Rightarrow \forall x (A(x) \vee B(x))$.

(2) $\exists x (A(x) \wedge B(x)) \Rightarrow \exists x A(x) \wedge \exists x B(x)$.

(3) $\forall x(A(x) \to B(x)) \Rightarrow \forall x A(x) \to \forall x B(x)$.

(4) $\exists x(A(x) \to B(x)) \Rightarrow \exists x A(x) \to \exists x B(x)$.

消去量词和引入量词的规则

设前提 $\Gamma = \{A_1, A_2, \cdots, A_k\}$.

1. 全称量词消去规则（简记为 $\forall -$ ）

$$\frac{\forall x A(x)}{A(y)} \quad 或 \quad \frac{\forall x A(x)}{A(c)},$$

其中 x, y 是个体变项符号, c 是个体常项符号, 且在 A 中 x 不在 $\forall y$ 和 $\exists y$ 的辖域内自由出现.

2. 全称量词引入规则（简记为 $\forall +$ ）

$$\frac{A(y)}{\forall x A(x)},$$

其中 y 是个体变项符号, 且不在 Γ 的任何公式中自由出现.

3. 存在量词消去规则（简记为 $\exists -$ ）

$$\frac{\begin{array}{c}\exists x A(x)\\A(y) \to B\end{array}}{B} \quad 或 \quad \frac{A(y) \to B}{\exists x A(x) \to B},$$

$$\frac{\begin{array}{c}\exists x A(x)\\A(c) \to B\end{array}}{B} \quad 或 \quad \frac{A(c) \to B}{\exists x A(x) \to B},$$

其中 y 是个体变项符号, 且不在 Γ 的任何公式和 B 中自由出现; c 是个体常项符号, 且不在 Γ 的任何公式和 A, B 中出现.

4. 存在量词引入规则（简记为 $\exists +$ ）

$$\frac{A(y)}{\exists x A(x)} \quad 或 \quad \frac{B \to A(y)}{B \to \exists x A(x)},$$

$$\frac{A(c)}{\exists x A(x)} \quad 或 \quad \frac{B \to A(c)}{B \to \exists x A(x)},$$

其中 x, y 是个体变项符号, c 是个体常项符号, 并且在 A 中 y 和 c 分别不在 $\forall x, \exists x$ 的辖域内自由出现和出现.

19.1.4 自然推理系统 $N_{\mathscr{L}}$

定义 19.1.3 *自然推理系统* $N_{\mathscr{L}}$ 定义如下.

1. 字母表. 同一阶语言 $\mathscr{L}$ 的字母表（见定义 18.1.1）.

2. 合式公式. 同 $\mathscr{L}$ 的合式公式的定义（见定义 18.1.4）.

3. 推理规则.

    (3.1) 前提引入规则.

    (3.2) 结论引入规则.

    (3.3) 置换规则.

    (3.4) 假言推理规则.

    (3.5) 附加规则.

    (3.6) 化简规则.

    (3.7) 拒取式规则.

    (3.8) 假言三段论规则.

    (3.9) 析取三段论规则.

    (3.10) 构造性二难推理规则.

    (3.11) 合取引入规则.

    (3.12) $\forall-$ 规则.

    (3.13) $\forall+$ 规则.

    (3.14) $\exists-$ 规则.

    (3.15) $\exists+$ 规则.

推理的证明

设有前提 $A_1, A_2, \cdots, A_k$，结论 B 和公式序列 $C_1, C_2, \cdots, C_l$. 如果每一个 $C_i (i = 1, 2, \cdots, l)$ 是某个 A_j，或者可以由序列中前面的公式应用推理规则得到，并且 $C_l = B$，那么称公式序列 $C_1, C_2, \cdots, C_l$ 是由 $A_1, A_2, \cdots, A_k$ 推导出 B 的证明.

19.2 基本要求

1. 深刻理解并牢记一阶逻辑中的重要等值式，并能够准确而熟练地应用它们.

2. 熟练且正确地使用置换规则、换名规则.

3. 熟练地求出给定公式的前束范式.

4. 深刻理解自然推理系统 $N_{\mathscr{L}}$ 的定义，牢记 $N_{\mathscr{L}}$ 中的各条推理规则，特别是要正确使用 $\forall-$、$\forall+$、$\exists+$、$\exists-$ 这 4 条推理规则，注意使用这些推理规则的条件.

5. 能够正确地给出有效推理的证明.

19.3　习题课

19.3.1　题型一：由已知等值式证明新等值式

1. 已知

(a) $\forall x(A(x) \vee B) \Leftrightarrow \forall x A(x) \vee B$，$B$ 中不含 x 的自由出现.

(b) $\neg \exists x A(x) \Leftrightarrow \forall x \neg A(x)$.

证明：$\forall x(A(x) \rightarrow B) \Leftrightarrow \exists x A(x) \rightarrow B$，$B$ 同 (a) 中说明.

2. 已知

(a) $\exists x(A(x) \vee B) \Leftrightarrow \exists x A(x) \vee B$，$B$ 中不含 x 的自由出现.

(b) $\neg \forall x A(x) \Leftrightarrow \exists x \neg A(x)$.

证明：$\exists x(A(x) \rightarrow B) \Leftrightarrow \forall x A(x) \rightarrow B$，$B$ 同 (a) 中说明.

证明与分析

1. 本题要求在证明的演算过程中，除命题逻辑中等值式的代换实例外，只使用给定的已知等值式.

$$\forall x(A(x) \rightarrow B) \Leftrightarrow \forall x(\neg A(x) \vee B) \qquad （蕴涵等值式）$$

$$\Leftrightarrow \forall x \neg A(x) \vee B \qquad \text{(a)}$$

$$\Leftrightarrow \neg \exists x A(x) \vee B \qquad \text{(b)}$$

$$\Leftrightarrow \exists x A(x) \rightarrow B. \qquad （蕴涵等值式）$$

2. $\quad \forall x A(x) \rightarrow B \Leftrightarrow \neg \forall x A(x) \vee B \qquad （蕴涵等值式）$

$$\Leftrightarrow \exists x \neg A(x) \vee B \qquad \text{(b)}$$

$$\Leftrightarrow \exists x(\neg A(x) \vee B) \qquad \text{(a)}$$

$$\Leftrightarrow \exists x(A(x) \rightarrow B). \qquad （蕴涵等值式）$$

19.3.2　题型二：在有限个体域内消去公式中量词

1. 设个体域 $D = \{a, b, c\}$，消去下列公式中的量词.

(1) $\exists x F(x) \rightarrow \forall y G(y)$.

(2) $\forall x \forall y(F(x) \rightarrow G(y))$.

(3) $(\forall x F(x) \wedge \exists y G(y)) \rightarrow H(y)$.

2. 设个体域 $D = \{a, b\}$，消去下列公式中的量词.

(1) $\forall x \exists y(F(x) \rightarrow G(y))$.

(2) $\forall x \exists y(F(x, y) \to G(x, y))$.

3. 设个体域 $= \{1, 2, 3, 4\}$, $F(x)$: x 是 2 的倍数. $G(x)$: x 是奇数. 将命题 $\forall x(F(x) \to \neg G(x))$ 中的量词消去，并讨论命题的真值.

解答与分析

1. (1) $\exists x F(x) \to \forall y G(y) \Leftrightarrow (F(a) \vee F(b) \vee F(c)) \to (G(a) \wedge G(b) \wedge G(c))$.

(2) <u>方法一</u> 对公式不做变化，直接消去量词.

$$\forall x \forall y(F(x) \to G(y)) \Leftrightarrow \forall x((F(x) \to G(a)) \wedge (F(x) \to G(b)) \wedge (F(x) \to G(c)))$$

$$\Leftrightarrow ((F(a) \to G(a)) \wedge (F(a) \to G(b)) \wedge (F(a) \to G(c))) \wedge$$

$$((F(b) \to G(a)) \wedge (F(b) \to G(b)) \wedge (F(b) \to G(c))) \wedge$$

$$((F(c) \to G(a)) \wedge (F(c) \to G(b)) \wedge (F(c) \to G(c))).$$

<u>方法二</u>   先缩小量词辖域，再消去量词.

$$\forall x \forall y(F(x) \to G(y)) \Leftrightarrow \forall x(F(x) \to \forall y G(y))$$

$$\Leftrightarrow \exists x F(x) \to \forall y G(y)$$

$$\Leftrightarrow (F(a) \vee F(b) \vee F(c)) \to (G(a) \wedge G(b) \wedge G(c)).$$

可见，方法二要好得多. 因此，当能够缩小量词辖域时，应先缩小量词辖域，再消去量词.

(3) $(\forall x F(x) \wedge \exists y G(y)) \to H(y) \Leftrightarrow (F(a) \wedge F(b) \wedge F(c)) \wedge (G(a) \vee G(b) \vee G(c)) \to H(y)$.
注意，消去量词后，仍然含自由出现的个体变项 y，因为 $H(y)$ 不在任何量词的辖域中.

2. (1) $\forall x \exists y(F(x) \to G(y)) \Leftrightarrow \forall x(F(x) \to \exists y G(y))$

$$\Leftrightarrow \exists x F(x) \to \exists y G(y)$$

$$\Leftrightarrow (F(a) \vee F(b)) \to (G(a) \vee G(b)).$$

(2) $\forall x \exists y(F(x, y) \to G(x, y)) \Leftrightarrow \forall x((F(x, a) \to G(x, a)) \vee (F(x, b) \to G(x, b)))$

$$\Leftrightarrow ((F(a, a) \to G(a, a)) \vee (F(a, b) \to G(a, b))) \wedge$$

$$((F(b, a) \to G(b, a)) \vee (F(b, b) \to G(b, b))).$$

在 (1) 中，量词辖域可以缩小，因而先缩小量词辖域，再消去量词. 但在 (2) 中，因为全称量词与存在量词均约束了 F 与 G 中的个体变量 x 和 y，因而它们的辖域不能缩小，消去量词后所得公式也不易化得更简单.

3. $\forall x(F(x) \to \neg G(x)) \Leftrightarrow (F(1) \to \neg G(1)) \wedge (F(2) \to \neg G(2)) \wedge (F(3) \to \neg G(3)) \wedge (F(4) \to \neg G(4))$.

因为，在 $(F(1) \to \neg G(1))$ 和 $(F(3) \to \neg G(3))$ 中，前件与后件均为假，所以这两个蕴涵式均为真. 在 $(F(2) \to \neg G(2))$ 和 $(F(4) \to \neg G(4))$ 中，前件与后件均为真，因而蕴涵式也均为真，故此命题在以上解释下是真命题.

19.3.3　题型三：求前束范式

1. 求下列否定式的前束范式.

(1) $\neg \forall x(F(x) \to G(x))$.

(2) $\neg \exists x(F(x) \wedge G(x))$.

2. 求下列公式的前束范式.

(1) $\forall x F(x) \wedge \forall y G(y)$.

(2) $\exists x F(x) \vee \exists y G(y)$.

3. 求下列公式的前束范式.

(1) $\forall x F(x) \vee \forall y G(y)$.

(2) $\exists x F(x) \wedge \exists y G(y)$.

4. 求下列公式的前束范式.

(1) $\exists y F(x, y) \wedge \forall x G(x, y, z)$.

(2) $\forall x F(x) \to \exists y(G(x, y) \wedge H(x, y))$.

(3) $\exists x F(x, y) \wedge \forall x(G(x) \to H(x, y))$.

解答与分析

1. (1)　$\neg \forall x(F(x) \to G(x)) \Leftrightarrow \exists x \neg(F(x) \to G(x))$　　（量词否定等值式）

$$\Leftrightarrow \exists x \neg(\neg F(x) \vee G(x))$$

$$\Leftrightarrow \exists x(F(x) \wedge \neg G(x)).$$

其实，在以上演算中后 3 个公式都是原公式的前束范式，这正说明公式的前束范式不是唯一的.

(2)　$\neg \exists x(F(x) \wedge G(x)) \Leftrightarrow \forall x \neg(F(x) \wedge G(x))$　　（量词否定等值式）

$$\Leftrightarrow \forall x(\neg F(x) \vee \neg G(x))$$

$$\Leftrightarrow \forall x(F(x) \to \neg G(x)).$$

同样地，后 3 个公式都是原公式的前束范式.

2. (1)　$\forall x F(x) \wedge \forall y G(y) \Leftrightarrow \forall x F(x) \wedge \forall x G(x)$　　（换名规则）

$$\Leftrightarrow \forall x(F(x) \wedge G(x)). \qquad （量词分配等值式）$$

也可以不用量词分配等值式，见下面演算：

$$\forall x F(x) \wedge \forall y G(y) \Leftrightarrow \forall x(F(x) \wedge \forall y G(y))$$

$$\Leftrightarrow \forall x \forall y(F(x) \wedge G(y)).$$

在这个演算过程中，用的是量词辖域收缩与扩张等值式，其结果是在前束范式中含两个量词，显然前者更好些.

当然，这两个结果是等值的，$\forall x(F(x) \wedge G(x)) \Leftrightarrow \forall x \forall y(F(x) \wedge G(y))$.

(2) $\exists x F(x) \vee \exists y G(y) \Leftrightarrow \exists x F(x) \vee \exists x G(x) \qquad （换名规则）$

$$\Leftrightarrow \exists x(F(x) \vee G(x)). \qquad （量词分配等值式）$$

也可以不用量词分配等值式，

$$\exists x F(x) \vee \exists y G(y) \Leftrightarrow \exists x \exists y(F(x) \vee G(y)). \qquad （量词辖域收缩扩张等值式）$$

本题表明，当可以使用全称量词 $\forall$ 对 $\wedge$ 和存在量词 $\exists$ 对 $\vee$ 的分配律时，经过换名后用量词分配等值式，有可能减少前束范式中的量词数.

3. 注意全称量词 $\forall$ 对 $\vee$ 和存在量词 $\exists$ 对 $\wedge$ 都不适合分配律，所以本题的两个小题均不能利用量词分配等值式.

(1) $\forall x F(x) \vee \forall y G(y) \Leftrightarrow \forall x(F(x) \vee \forall y G(y))$

$$\Leftrightarrow \forall x \forall y(F(x) \vee G(y)).$$

在演算过程中两次使用量词辖域收缩与扩张等值式.

(2) $\exists x F(x) \wedge \exists y G(y) \Leftrightarrow \exists x(F(x) \wedge \exists y G(y))$

$$\Leftrightarrow \exists x \exists y(F(x) \wedge G(y)).$$

4. (1) 公式中 x, y 既有约束出现，又有自由出现，因此需要使用换名规则.

$$\exists y F(x, y) \wedge \forall x G(x, y, z) \Leftrightarrow \exists v F(x, v) \wedge \forall u G(u, y, z) \qquad （换名规则）$$

$$\Leftrightarrow \exists v \forall u(F(x, v) \wedge G(u, y, z)).$$

(2) $\forall x F(x) \rightarrow \exists y(G(x, y) \wedge H(x, y)) \Leftrightarrow \forall z F(z) \rightarrow \exists y(G(x, y) \wedge H(x, y))$

$$\Leftrightarrow \exists z(F(z) \rightarrow \exists y(G(x, y) \wedge H(x, y)))$$

$$\Leftrightarrow \exists z \exists y (F(z) \to (G(x,y) \land H(x,y))).$$

(3) 在这个公式中量词 $\exists$ 与 $\forall$ 的指导变元相同，必须使用换名规则.

$$\exists x F(x,y) \land \forall x (G(x) \to H(x,y)) \Leftrightarrow \exists z F(z,y) \land \forall x (G(x) \to H(x,y))$$

$$\Leftrightarrow \exists z (F(z,y) \land \forall x (G(x) \to H(x,y)))$$

$$\Leftrightarrow \exists z \forall x (F(z,y) \land (G(x) \to H(x,y))).$$

19.3.4　题型四：在自然推理系统 $N_{\mathscr{L}}$ 中构造推理证明

1. 构造下列推理的证明.
(1) 前提：$\forall x(F(x) \to G(x)), \forall x F(x)$.
　　结论：$\forall x G(x)$.
(2) 前提：$\forall x(F(x) \to G(x)), \exists x F(x)$.
　　结论：$\exists x G(x)$.
(3) 前提：$\forall x(F(x) \lor G(x)), \neg G(a), a$ 为个体常项.
　　结论：$F(a)$.

2. 用归谬法构造下列推理的证明.
(1) 前提：$\forall x(F(x) \lor G(x)), \neg \exists x G(x)$.
　　结论：$\exists x F(x)$.
(2) 前提：$\forall x(F(x) \lor G(x)), \forall x(F(x) \to H(x))$.
　　结论：$\forall x(\neg H(x) \to G(x))$.

3. 用附加前提证明法构造下列推理的证明.
前提：$\forall x(F(x) \to G(x)), \forall x(G(x) \to H(x))$.
结论：$\forall x F(x) \to \forall x H(x)$.

4. 说明下列推理不能用附加前提证明法证明.
前提：$\forall x(F(x) \to G(x)), \forall x(G(x) \to H(x))$.
结论：$\forall x(F(x) \to H(x))$.

证明与分析

1. (1) 证明：

①　$\forall x(F(x) \to G(x))$ 　　　　　前提引入

②　$F(y) \to G(y)$ 　　　　　　①$\forall-$

③　$\forall x F(x)$ 　　　　　　　前提引入

④ $F(y)$ 　　　　　　　③∀−

⑤ $G(y)$ 　　　　　　　②④假言推理

⑥ $\forall y G(y)$ 　　　　　　⑤∀+

⑦ $\forall x G(x)$ 　　　　　　⑥置换

证明中要特别注意使用 ∀− 和 ∀+ 的条件. 由于 $F(x) \to G(x)$ 中没有量词, 自然 x 也就不在 $\forall y$ 和 $\exists y$ 的辖域中自由出现, 因而在步骤②中可以对①使用 ∀− 规则. 在步骤⑥中, 由于 y 不在前提中自由出现, 因而可以对⑤使用 ∀+ 规则.

(2) 证明:

① $\forall x(F(x) \to G(x))$ 　　　　前提引入

② $F(y) \to G(y)$ 　　　　　　①∀−

③ $F(y) \to \exists x G(x)$ 　　　　②∃+

④ $\exists y F(y) \to \exists x G(x)$ 　　　③∃−

⑤ $\exists x F(x)$ 　　　　　　　前提引入

⑥ $\exists y F(y)$ 　　　　　　　置换

⑦ $\exists x G(x)$ 　　　　　　　④⑥假言推理

同样地, 在使用 ∀−,∃+,∃− 规则时要特别注意所要求满足的条件.

(3) 证明:

① $\forall x(F(x) \lor G(x))$ 　　　　前提引入

② $F(a) \lor G(a)$ 　　　　　　①∀−

③ $\neg G(a)$ 　　　　　　　　前提引入

④ $F(a)$ 　　　　　　　　　②③析取三段论

为了能使用前提 $\neg G(a)$ 和析取三段论, 在步骤②中使用 ∀− 规则时应引入个体常项 a.

以上 3 个推理都很简单, 但它们包含了构造推理证明中的典型注意事项.

2. 用归谬法证明, 将结论的否定式也当成前提, 然后推导出矛盾式即可.

(1) 证明:

① $\neg \exists x F(x)$ 　　　　　　结论否定引入

② $\forall x \neg F(x)$　　　　　　　　　　①置换

③ $\neg \exists x G(x)$　　　　　　　　　　前提引入

④ $\forall x \neg G(x)$　　　　　　　　　　③置换

⑤ $\forall x(F(x) \vee G(x))$　　　　　　　前提引入

⑥ $\neg F(c)$　　　　　　　　　　　②$\forall -$

⑦ $\neg G(c)$　　　　　　　　　　　④$\forall -$

⑧ $F(c) \vee G(c)$　　　　　　　　　⑤$\forall -$

⑨ $G(c)$　　　　　　　　　　　　⑥⑧析取三段论

⑩ $\neg G(c) \wedge G(c)$　　　　　　　⑦⑨合取引入

(2) 证明：

① $\neg \forall x(\neg H(x) \to G(x))$　　　　　　　　结论否定引入

② $\exists x \neg(H(x) \vee G(x))$　　　　　　　　①置换

③ $\forall x(F(x) \vee G(x))$　　　　　　　　　前提引入

④ $\forall x(F(x) \to H(x))$　　　　　　　　　前提引入

⑤ $F(y) \vee G(y)$　　　　　　　　　　　③$\forall -$

⑥ $F(y) \vee G(y) \vee H(y)$　　　　　　　　⑤附加

⑦ $F(y) \to H(y)$　　　　　　　　　　　④$\forall -$

⑧ $\neg F(y) \vee H(y)$　　　　　　　　　　⑦置换

⑨ $\neg F(y) \vee H(y) \vee G(y)$　　　　　　　⑧附加

⑩ $(F(y) \vee H(y) \vee G(y)) \wedge (\neg F(y) \vee H(y) \vee G(y))$　　　⑥⑨合取

⑪ $(H(y) \vee G(y)) \vee (F(y) \wedge (\neg F(y)))$　　　　⑩置换

⑫ $\neg(H(y) \vee G(y)) \to 0$　　　　　　　　⑪置换

⑬ $\exists y \neg(H(y) \vee G(y)) \to 0$　　　　　　　⑫$\exists -$

⑭ $\exists y \neg(H(y) \vee G(y))$　　　　　　　　②置换

⑮ 0   ⑬⑭假言推理

在步骤⑫中把 $\neg(H(y) \vee G(y)) \to (F(y) \wedge (\neg F(y)))$ 改写成 $\neg(H(y) \vee G(y)) \to 0$，是为了在步骤⑬中明显地看出满足使用 $\exists-$ 规则的条件——个体变项 y 不在后件中自由出现.

3. 证明：

① $\forall x F(x)$ 附加前提引入

② $F(x)$ ①$\forall-$

③ $\forall x(F(x) \to G(x))$ 前提引入

④ $F(x) \to G(x)$ ③$\forall-$

⑤ $\forall x(G(x) \to H(x))$ 前提引入

⑥ $G(x) \to H(x)$ ⑤$\forall-$

⑦ $F(x) \to H(x)$ ④⑥假言三段论

⑧ $H(x)$ ②⑦假言推理

⑨ $\forall x H(x)$ ⑧$\forall+$

4. 本题的结论不是蕴涵式，并且 $\forall x F(x) \to \forall x G(x) \not\Rightarrow \forall x(F(x) \to G(x))$，因而不能用附加前提证明法证明. 用直接证明法证明如下.

① $\forall x(F(x) \to G(x))$ 前提引入

② $F(y) \to G(y)$ ①$\forall-$

③ $\forall x(G(x) \to H(x))$ 前提引入

④ $G(y) \to H(y)$ ③$\forall-$

⑤ $F(y) \to H(y)$ ②④假言三段论

⑥ $\forall y(F(y) \to H(y))$ ⑤$\forall+$

⑦ $\forall x(F(x) \to H(x))$ ⑥置换

19.3.5   题型五：在自然推理系统 $N_{\mathscr{L}}$ 中构造自然语言描述的推理证明

1. 实数不是有理数就是无理数. 无理数都不是分数. 所以，若有分数，则必有有理数（个体域为实数集 $\mathbb{R}$ ）.

2. 人都喜欢吃蔬菜. 但不是所有的人都喜欢吃鱼. 所以，存在喜欢吃蔬菜而不喜欢吃鱼的人.

证明与分析

1. 设 $F(x)$: x 是有理数，$G(x)$: x 是无理数，$H(x)$: x 是分数.

前提：$\forall x(F(x) \lor G(x)), \forall x(G(x) \to \neg H(x))$.

结论：$\exists x H(x) \to \exists x F(x)$.

证明：

① $\forall x(F(x) \lor G(x))$	前提引入
② $F(y) \lor G(y)$	①$\forall-$
③ $\neg F(y) \to G(y)$	②置换
④ $\forall x(G(x) \to \neg H(x))$	前提引入
⑤ $G(y) \to \neg H(y)$	④$\forall-$
⑥ $\neg F(y) \to \neg H(y)$	③⑤假言三段论
⑦ $H(y) \to F(y)$	⑥置换
⑧ $H(y) \to \exists x F(x)$	⑦$\exists+$
⑨ $\exists y H(y) \to \exists x F(x)$	⑧$\exists-$
⑩ $\exists x H(x) \to \exists x F(x)$	⑨置换

2. 因为本题没指明个体域，因而使用全总个体域.

令 $F(x)$: x 为人，$G(x)$: x 喜欢吃蔬菜，$H(x)$: x 喜欢吃鱼.

前提：$\forall x(F(x) \to G(x)), \neg\forall x(F(x) \to H(x))$.

结论：$\exists x(F(x) \land G(x) \land \neg H(x))$.

证明：用归谬法.

① $\neg\exists x(F(x) \land G(x) \land \neg H(x))$	结论否定引入
② $\forall x \neg(F(x) \land G(x) \land \neg H(x))$	①置换
③ $\neg(F(y) \land G(y) \land \neg H(y))$	②$\forall-$
④ $G(y) \to \neg F(y) \lor H(y)$	③置换
⑤ $\forall x(F(x) \to G(x))$	前提引入

⑥ $F(y) \to G(y)$ ⑤∀−

⑦ $F(y) \to \neg F(y) \vee H(y)$ ④⑥假言三段论

⑧ $F(y) \to H(y)$ ⑦置换

⑨ $\forall y(F(y) \to H(y))$ ⑧∀+

⑩ $\forall x(F(x) \to H(x))$ ⑨置换

⑪ $\neg\forall x(F(x) \to H(x))$ 前提引入

⑫ $\forall x(F(x) \to H(x)) \wedge \neg\forall x(F(x) \to H(x))$ ⑩⑪合取

注意，先将 $\neg\exists x(F(x) \wedge G(x) \wedge \neg H(x))$ 开头的 $\neg$ 内移化成前束范式后，才能消去量词.

19.4   习题、解答或提示

19.4.1   习题 19

19.1 设个体域 $D = \{a, b, c\}$，在 D 中消去公式 $\forall x(F(x) \wedge \exists y G(y))$ 的量词. 甲、乙用了不同的演算过程. 甲的演算过程如下.

$$\forall x(F(x) \wedge \exists y G(y)) \Leftrightarrow \forall x(F(x) \wedge (G(a) \vee G(b) \vee G(c)))$$

$$\Leftrightarrow (F(a) \wedge (G(a) \vee G(b) \vee G(c)))$$

$$\wedge (F(b) \wedge (G(a) \vee G(b) \vee G(c)))$$

$$\wedge (F(c) \wedge (G(a) \vee G(b) \vee G(c))).$$

乙的演算过程如下.

$$\forall x(F(x) \wedge \exists y G(y)) \Leftrightarrow \forall x F(x) \wedge \exists y G(y)$$

$$\Leftrightarrow (F(a) \wedge F(b) \wedge F(c)) \wedge (G(a) \vee G(b) \vee G(c)).$$

显然，乙的演算过程简单些. 试指出乙在演算过程中的关键步骤.

19.2 设个体域 $D = \{a, b, c\}$，消去下列各式的量词.

(1) $\forall x \exists y(F(x) \wedge G(y))$.

(2) $\forall x \forall y(F(x) \vee G(y))$.

(3) $\forall x F(x) \to \forall y G(y)$.

(4) $\forall x(F(x,y) \to \exists yG(y))$.

19.3 设个体域 $D = \{1,2\}$，请给出两种不同的解释 I_1 和 I_2，使得下面公式在 I_1 下都是真命题，而在 I_2 下都是假命题.

(1) $\forall x(F(x) \to G(x))$.

(2) $\exists x(F(x) \land G(x))$.

19.4 给定公式 $A = \exists xF(x) \to \forall xF(x)$.

(1) 在解释 I_1 中，个体域 $D = \{a\}$，证明公式 A 在 I_1 下的真值为 1.

(2) 在解释 I_2 中，个体域 $D = \{a_1, a_2, \ldots, a_n\}, n \geqslant 2, A$ 在 I_2 下的真值还一定是 1 吗? 为什么?

19.5 给定解释 I 如下.

(a) 个体域 $D = \{3,4\}$；

(b) $\overline{f}(x) : \overline{f}(3) = 4, \overline{f}(4) = 3$；

(c) $\overline{F}(x,y) : \overline{F}(3,3) = \overline{F}(4,4) = 0, \overline{F}(3,4) = \overline{F}(4,3) = 1$.

试求下列各式在 I 下的真值.

(1) $\forall x\exists yF(x,y)$.

(2) $\exists x\forall yF(x,y)$.

(3) $\forall x\forall y(F(x,y) \to F(f(x), f(y)))$.

19.6 甲使用量词辖域收缩与扩张等值式进行如下演算：

$$\forall x(F(x) \to G(x,y)) \Leftrightarrow \exists xF(x) \to G(x,y).$$

乙说甲错了. 乙说得对吗? 为什么?

19.7 请指出下列等值演算中的两处错误.

$$\neg\exists x\forall y(F(x) \land (G(y) \to H(x,y)))$$

$$\Leftrightarrow \forall x\exists y(F(x) \land (G(y) \to H(x,y)))$$

$$\Leftrightarrow \forall x\exists y((F(x) \land G(y)) \to H(x,y)).$$

19.8 在一阶逻辑中将下列命题符号化，要求用两种不同的等值形式.

(1) 没有小于负数的正数.

(2) 相等的两个角未必都是对顶角.

19.9 设个体域 D 为实数集，命题"有的实数既是有理数，又是无理数". 这显然是假命题. 可是某人却说这是真命题，其理由如下. 设 $F(x) : x$ 是有理数，$G(x) : x$ 是无理数. $\exists xF(x)$ 与 $\exists xG(x)$ 都是真命题，因此 $\exists xF(x) \land \exists xG(x)$ 是真命题. 又

$$\exists xF(x) \land \exists xG(x) \Leftrightarrow \exists x(F(x) \land G(x)).$$

故 $\exists x(F(x) \wedge G(x))$ 也是真命题, 即有的实数既是有理数, 又是无理数. 问: 错误出在哪里?

19.10 $\neg \exists x(F(x) \wedge G(x))$ 是前束范式吗? 为什么?

19.11 有人说无法求公式

$$\forall x(F(x) \to G(x)) \to \exists x G(x, y)$$

的前束范式, 因为公式中的两个量词的指导变元相同. 他的理由对吗? 为什么?

19.12 求下列各式的前束范式.

(1) $\forall x F(x) \to \forall y G(x, y)$.

(2) $\forall x(F(x, y) \to \exists y G(x, y, z))$.

(3) $\forall x F(x, y) \leftrightarrow \exists x G(x, y)$.

(4) $\forall x_1(F(x_1) \to G(x_1, x_2)) \to (\exists x_2 H(x_2) \to \exists x_3 L(x_2, x_3))$.

(5) $\exists x_1 F(x_1, x_2) \to (F(x_1) \to \neg \exists x_2 G(x_1, x_2))$.

19.13 将下列命题符号化, 要求符号化的公式为前束范式.

(1) 有的汽车比有的火车跑得快.

(2) 有的火车比所有的汽车跑得快.

(3) 不是所有的火车都比所有汽车跑得快.

(4) 有的飞机比有的汽车慢是不对的.

19.14 试给出实例说明, 在自然推理系统 $N_{\mathscr{L}}$ 中使用 $\exists +$ 和 $\exists -$ 规则时, 若不符合规则要求的条件则可能 "证明" 错误的推理.

19.15 在自然推理系统 $N_{\mathscr{L}}$ 中, 构造下列推理的证明.

(1) 前提: $\exists x F(x) \to \forall y((F(y) \vee G(y)) \to R(y)), \exists x F(x)$.
　　结论: $\exists x R(x)$.

(2) 前提: $\forall x(F(x) \to (G(a) \wedge R(x))), \exists x F(x)$.
　　结论: $\exists x(F(x) \wedge R(x))$.

(3) 前提: $\forall x(F(x) \vee G(x)), \neg \exists G(x)$.
　　结论: $\exists x F(x)$.

(4) 前提: $\forall x(F(x) \vee G(x)), \forall x(\neg G(x) \vee \neg R(x)), \forall x R(x)$.
　　结论: $\forall x F(x)$.

19.16 给出一个解释 I, 使得在 I 下, $\forall x F(x) \to \forall x G(x)$ 为真, 而 $\forall x(F(x) \to G(x))$ 为假, 从而说明 $\forall x F(x) \to \forall x G(x) \not\Leftrightarrow \forall x(F(x) \to G(x))$.

19.17 有人给出下述推理证明.

前提: $\forall x(F(x) \to \neg G(x)), \forall x(H(x) \to G(x))$.

结论: $\forall x(H(x) \to \neg F(x))$.

证明：

① $\forall x H(x)$	附加前提引入
② $H(x)$	① $\forall -$
③ $\forall x(H(x) \to G(x))$	前提引入
④ $H(x) \to G(x)$	③ $\forall -$
⑤ $G(x)$	②④假言推理
⑥ $\forall x(F(x) \to \neg G(x))$	前提引入
⑦ $F(x) \to \neg G(x)$	⑥ $\forall -$
⑧ $\neg F(x)$	⑤⑦拒取式
⑨ $\forall x \neg F(x)$	⑧ $\forall +$

试指出上述证明中的错误.

19.18 给出题 19.17 推理的正确证明.

19.19 在自然推理系统 $N_{\mathscr{L}}$ 中，构造下列推理的证明.

前提：$\exists x F(x) \to \forall x G(x)$.

结论：$\forall x(F(x) \to G(x))$.

19.20 在自然推理系统 $N_{\mathscr{L}}$ 中，构造下列推理的证明（可以使用附加前提证明法）.

(1) 前提：$\forall x(F(x) \to G(x))$.

结论：$\forall x F(x) \to \forall x G(x)$.

(2) 前提：$\forall x(F(x) \vee G(x))$.

结论：$\neg \forall x F(x) \to \exists x G(x)$.

19.21 在自然推理系统 $N_{\mathscr{L}}$ 中，构造下列推理的证明.

没有白色的乌鸦. 北京鸭是白色的. 因此，北京鸭不是乌鸦.

19.22 在自然推理系统 $N_{\mathscr{L}}$ 中，构造下列推理的证明.

(1) 偶数都能被 2 整除. 6 是偶数. 所以 6 能被 2 整除.

(2) 凡大学生都是勤奋的. 王晓山不勤奋. 所以王晓山不是大学生.

19.23 在自然推理系统 $N_{\mathscr{L}}$ 中，证明下列推理.

(1) 每个有理数都是实数. 有的有理数是整数. 因此，有的实数是整数.

(2) 有理数和无理数都是实数. 虚数不是实数. 因此，虚数既不是有理数，也不是无理数.

19.24 在自然推理系统 $N_{\mathscr{L}}$ 中，构造下列推理的证明.

每个喜欢步行的人都不喜欢骑自行车. 每个人或者喜欢骑自行车或者喜欢乘汽车. 有的人不喜欢乘汽车. 所以有的人不喜欢步行（个体域为人类集合）.

19.25 在自然推理系统 $N_{\mathscr{L}}$ 中, 构造下列推理的证明.

每个科学工作者都是刻苦钻研的, 每个刻苦钻研而又聪明的人在他的事业中都将获得成功. 王大海是科学工作者, 并且是聪明的. 所以王大海在他的事业中将获得成功（个体域为人类集合）.

19.4.2　解答或提示

19.1　乙在演算中的关键步骤是, 开始时利用量词辖域收缩与扩张等值式, 将量词的辖域缩小, 从而简化了演算.

19.2　(1) $(F(a) \wedge F(b) \wedge F(c)) \wedge (G(a) \vee G(b) \vee G(c))$.

(2) $(F(a) \wedge F(b) \wedge F(c)) \vee (G(a) \wedge G(b) \wedge G(c))$.

(3) $(F(a) \wedge F(b) \wedge F(c)) \rightarrow (G(a) \wedge G(b) \wedge G(c))$.

(4) $(F(a, y) \vee F(b, y) \vee F(c, y)) \rightarrow (G(a) \vee G(b) \vee G(c))$.

在本题 (1)、(2)、(4) 中均先将量词的辖域缩小, 这样可使演算结果比较简单.

19.3　取解释 I_1 为 $F(x)$: x 为偶数, $G(x)$: x 为素数.

取解释 I_2 为 $F(x)$: x 是奇数, $G(x)$: x 是素数.

19.4　(1) 在 I_1 下, $\exists x F(x) \rightarrow \forall x F(x) \Leftrightarrow F(a) \rightarrow F(a) \Leftrightarrow \neg F(a) \vee F(a) \Leftrightarrow 1$.

(2) 在 I_2 下, $\exists x F(x) \rightarrow \forall x F(x) \Leftrightarrow (F(a_1) \vee F(a_2) \vee \cdots \vee F(a_n)) \rightarrow (F(a_1) \wedge F(a_2) \wedge \cdots \wedge F(a_n))$ 为可满足式, 但不是永真式. 设 $F(x)$: x 为奇数, $a_i = i, i = 1, 2, \cdots, n, n \geqslant 2$. 此时, 蕴涵式的前件为真, 后件为假, 故蕴涵式的真值为 0. 若将 $F(x)$ 改为令 $F(x)$: x 为整数, $a_i = i, i = 1, 2, \cdots, n, n \geqslant 2$, 则蕴涵式的前件、后件均为真, 故其真值为 1. 问题的关键是 $n \geqslant 2$. 当 $n \geqslant 2$ 时, n 项的析取为真, 只要其中有一项为真即可, 因而不能保证所有项为真.

19.5　提示：先消去量词, 后求真值, 注意, 本题 3 个小题消去量词时, 量词的辖域均不能缩小. 经过演算, 真值分别为 $1, 0, 1$.

例如, (1) 的演算如下.

$$\forall x \exists y F(x, y) \Leftrightarrow \forall x (F(x, 3) \vee F(x, 4))$$

$$\Leftrightarrow (F(3, 3) \vee F(3, 4)) \wedge (F(4, 3) \vee F(4, 4))$$

$$\Leftrightarrow 1 \wedge 1$$

$$\Leftrightarrow 1.$$

19.6　乙说得对, 甲错了. 本题中, 全称量词 $\forall$ 的指导变元为 x, 辖域为 $(F(x) \rightarrow$

$G(x,y))$，其中 $F(x)$ 与 $G(x,y)$ 中的 x 都是约束变元，因而不能将量词的辖域缩小.

19.7　在演算的第一步中，应用量词否定等值式时丢掉了否定联结词"$\neg$". 在演算的第二步中，在原错的基础上又用错了等值式，即

$$F(x) \wedge (G(y) \to H(x,y)) \not\Leftrightarrow (F(x) \wedge G(y)) \to H(x,y).$$

19.8　(1) $\neg\exists x(F(x) \wedge G(x)) \Leftrightarrow \forall x(G(x) \to \neg F(x))$，其中，$F(x)$: x 小于负数，$G(x)$: x 是正数.

(2) $\neg\forall x\forall y(F(x) \wedge F(y) \wedge H(x,y) \to L(x,y)) \Leftrightarrow \exists x\exists y(F(x) \wedge F(y) \wedge H(x,y) \wedge \neg L(x,y))$，其中，$F(x)$: x 是角，$H(x,y)$: $x = y, L(x,y)$: x 与 y 是对顶角.

19.9　提示：存在量词对 $\wedge$ 无分配律.

19.10　提示：在前束范式中，否定联结词不能在量词前面出现（见前束范式的定义）.

19.11　提示：用换名规则可使两个指导变元不相同.

19.12　公式的前束范式不唯一，下面每题各给出一个答案.

(1) $\exists z\forall y(F(z) \to G(x,y))$.

(2) $\forall x\exists t(F(x,y) \to G(x,t,z))$.

(3) $\exists x_1\exists x_2\forall x_3\forall x_4((F(x_1,y) \to G(x_2,y)) \wedge (G(x_3,y) \to F(x_4,y)))$.

(4) $\exists y_1\forall y_2\exists y_3((F(y_1) \to G(y_1,x_2)) \to (H(y_2) \to L(x_2,y_3)))$.

(5) $\forall y_1\forall y_2(F(y_1,x_2) \to (F(x_1) \to \neg G(x_1,y_2)))$.

19.13　(1) $\exists x\exists y(F(x) \wedge G(y) \wedge H(x,y))$，其中，$F(x)$: x 是汽车，$G(y)$: y 是火车，$H(x,y)$: x 比 y 跑得快.

(2) $\exists x\forall y(F(x) \wedge (G(y) \to H(x,y)))$，其中，$F(x)$: x 是火车，$G(y)$: y 是汽车，$H(x,y)$: x 比 y 跑得快.

(3) $\exists x\exists y(F(x) \wedge G(x) \wedge \neg H(x,y))$，其中，$F(x)$: x 是火车，$G(y)$: y 是汽车，$H(x,y)$: x 比 y 跑得快.

(4) $\forall x\forall y(F(x) \wedge (G(y) \to \neg H(x,y)))$，其中，$F(x)$: x 是飞机，$G(y)$: y 是汽车，$H(x,y)$: x 比 y 慢.

19.14　取个体域为整数集 $\mathbb{Z}$，$B(x,y)$: $x > y, A(y) = \exists xB(x,y)$. 显然，$A(y)$ 为真. 如果应用 $\exists+$，得到

$$\exists xA(x) = \exists x\exists xB(x,x) \Leftrightarrow \exists xB(x,x).$$

它的意思是：存在 x，使得 $x > x$，它的真值为假. 产生错误的原因是 y 在 $A(y) = \exists xB(x,y)$ 中 $\exists x$ 的辖域内自由出现，不满足使用 $\exists+$ 规则的条件.

对 $A(y) \to A(y)$ 应用 $\exists-$ 规则，得到 $\exists yA(y) \to A(y) \Leftrightarrow \exists xA(x) \to A(y)$，显然这个推理是错误的. 例如，取个体域为整数集 $\mathbb{Z}$，$A(y)$: $y > 5, A(y) \to A(y)$ 为真（实际上它

是永真式), 而 $\exists x A(x) \to A(y)$ 的真值不定, 当取赋值 $\sigma(y) = 4$ 时为假. 产生错误的原因是 y 在蕴涵式的后件中自由出现.

又如, 前提: $F(x), G(x, y) \to H(y), \exists z G(z, y)$; 结论: $H(y)$. 这个推理也是无效的. 例如, 取解释: 个体域为整数集 $\mathbb{Z}$, $F(x)$: $x \geqslant 0, G(x, y)$: $y \geqslant x, H(y)$: $y \geqslant 0$. 取赋值 $\sigma : \sigma(x) = 1, \sigma(y) = -1, \exists z G(z, y), F(x), G(x, y) \to H(y)$ 均为真, 而 $H(y)$ 为假.

错误证明:

① $G(x, y) \to H(y)$	前提引入
② $\exists z G(z, y)$	前提引入
③ $H(y)$	①②∃−

错误出在步骤③中使用 ∃− 规则时, x 在前提中自由出现.

19.15 (1) 证明:

① $\exists x F(x)$	前提引入
② $\exists x F(x) \to \forall y((F(y) \lor G(y)) \to R(y))$	前提引入
③ $\forall y((F(y) \lor G(y)) \to R(y))$	①②假言推理
④ $(F(y) \lor G(y)) \to R(y)$	③∀−
⑤ $(\neg F(y) \lor R(y)) \land (\neg G(y) \lor R(y))$	④置换
⑥ $\neg F(y) \lor R(y)$	⑤化简
⑦ $F(y) \to R(y)$	⑥置换
⑧ $F(y) \to \exists x R(x)$	⑦∃+
⑨ $\exists x R(x)$	①⑧∃−

(2) 证明:

① $\exists x F(x)$	前提引入
② $\forall x(F(x) \to (G(a) \land R(x)))$	前提引入
③ $F(y) \to (G(a) \land R(y))$	②∀−
④ $F(y) \to R(y)$	③化简
⑤ $F(y) \to F(y) \land R(y)$	④置换

⑥ $F(y) \rightarrow \exists x(F(x) \wedge R(x))$　　　　　　　　⑤∃+

⑦ $\exists x(F(x) \wedge R(x))$　　　　　　　　　　　①⑥∃−

(3) 证明:

　　　① $\neg \exists x G(x)$　　　　　　　　　　前提引入

　　　② $\forall x \neg G(x)$　　　　　　　　　　①置换

　　　③ $\neg G(c)$　　　　　　　　　　　　②∀−

　　　④ $\forall x(F(x) \vee G(x))$　　　　　　　前提引入

　　　⑤ $F(c) \vee G(c)$　　　　　　　　　④∀−

　　　⑥ $F(c)$　　　　　　　　　　　　③⑤析取三段论

　　　⑦ $\exists x F(x)$　　　　　　　　　　　⑥∃+

(4) 证明:

　　　① $\forall x(F(x) \vee G(x))$　　　　　　　前提引入

　　　② $F(y) \vee G(y)$　　　　　　　　　①∀−

　　　③ $\forall x(\neg G(x) \vee \neg R(x))$　　　　　前提引入

　　　④ $\neg G(y) \vee \neg R(y)$　　　　　　③∀−

　　　⑤ $\forall x R(x)$　　　　　　　　　　前提引入

　　　⑥ $R(y)$　　　　　　　　　　　　⑤∀−

　　　⑦ $\neg G(y)$　　　　　　　　　　　④⑥析取三段论

　　　⑧ $F(y)$　　　　　　　　　　　　②⑦析取三段论

　　　⑨ $\forall x F(x)$　　　　　　　　　　⑧∀+

19.16　满足要求的解释很多, 例如, 取个体域为自然数集 $\mathbb{N}$, $F(x)$: x 为奇数, $G(x)$: x 为偶数. 显然在以上解释下, $\forall x F(x) \rightarrow \forall x G(x)$ 为真 (前件为假), 而 $\forall x(F(x) \rightarrow G(x))$ 为假.

19.17　本题不能用附加前提证明法. 这个证明所证明的结论是 $\forall x H(x) \rightarrow \forall x \neg F(x)$, 而不是 $\forall x(H(x) \rightarrow \neg F(x))$. 前者不能推导出后者 (见题 19.16).

19.18 证明：

① $\forall x(F(x) \to \neg G(x))$	前提引入
② $\forall x(H(x) \to G(x))$	前提引入
③ $F(y) \to \neg G(y)$	①$\forall-$
④ $H(y) \to G(y)$	②$\forall-$
⑤ $G(y) \to \neg F(y)$	③置换
⑥ $H(y) \to \neg F(y)$	④⑤假言三段论
⑦ $\forall x(H(x) \to \neg F(x))$	⑥$\forall+$

19.19 证明：

① $\exists xF(x) \to \forall xG(x)$	前提引入
② $\forall x\forall y(F(x) \to G(y))$	①置换
③ $\forall x(F(x) \to G(x))$	②$\forall-$

说明：

(1) 关键是先将前提化成前束范式.

(2) 步骤③是对 $\forall y(F(x) \to G(y))$ 使用 $\forall-$ 规则.

19.20 (1) 证明：

① $\forall x(F(x) \to G(x))$	前提引入
② $F(y) \to G(y)$	①$\forall-$
③ $\forall xF(x)$	附加前提引入
④ $F(y)$	③$\forall-$
⑤ $G(y)$	③④假言推理
⑥ $\forall xG(x)$	⑤$\forall+$

(2) 证明：

① $\forall x(F(x) \lor G(x))$	前提引入
② $F(y) \lor G(y)$	①$\forall-$

③ $\neg F(y) \rightarrow G(y)$	②置换
④ $\neg F(y) \rightarrow \exists x G(x)$	③∃+
⑤ $\exists x \neg F(x) \rightarrow \exists x G(x)$	④∃−
⑥ $\neg \forall x F(x) \rightarrow \exists x G(x)$	⑤置换

19.21 设 $F(x)$: x 是乌鸦，$G(x)$: x 是北京鸭，$H(x)$: x 是白色的.

前提：$\neg \exists x(F(x) \wedge H(x)), \forall x(G(x) \rightarrow H(x))$.

结论：$\forall x(G(x) \rightarrow \neg F(x))$.

证明提示：先将 $\neg \exists x(F(x) \wedge H(x))$ 化成前束范式，然后可参看题 19.18 的证明.

19.22 (1) 设 $F(x)$: x 为偶数，$G(x)$: x 能被 2 整除.

前提：$\forall x(F(x) \rightarrow G(x)), F(6)$.

结论：$G(6)$.

证明提示：消去全称量词时，用 6 取代 x.

(2) 设 $F(x)$: x 是大学生，$G(x)$: x 是勤奋的，a：王晓山.

前提：$\forall x(F(x) \rightarrow G(x)), \neg G(a)$.

结论：$\neg F(a)$.

19.23 (1) 设 $F(x)$: x 是有理数，$G(x)$: x 是实数，$H(x)$: x 是整数.

前提：$\forall x(F(x) \rightarrow G(x)), \exists x(F(x) \wedge H(x))$.

结论：$\exists x(G(x) \wedge H(x))$.

证明：

① $\forall x(F(x) \rightarrow G(x))$	前提引入
② $F(y) \rightarrow G(y)$	①∀−
③ $\neg F(y) \vee G(y)$	②置换
④ $\neg F(y) \vee (G(y) \wedge (\neg H(y) \vee H(y)))$	③置换
⑤ $\neg F(y) \vee (G(y) \wedge \neg H(y)) \vee (G(y) \wedge H(y))$	④置换
⑥ $(\neg F(y) \vee \neg H(y)) \vee (G(y) \wedge H(y))$	⑤化简
⑦ $F(y) \wedge H(y) \rightarrow G(y) \wedge H(y)$	⑥置换
⑧ $F(y) \wedge H(y) \rightarrow \exists x(G(x) \wedge H(x))$	⑦∃+
⑨ $\exists x(F(x) \wedge H(x))$	前提引入

⑩ $\exists x(G(x) \wedge H(x))$ 　　　　　　　　　　　　⑧⑨∃−

(2) 设 $F(x)$: x 是有理数，$G(x)$: x 是无理数，$H(x)$: x 是实数，$I(x)$: x 是虚数.

前提：$\forall x((F(x) \vee G(x)) \to H(x)), \forall x(I(x) \to \neg H(x))$.

结论：$\forall x(I(x) \to (\neg F(x) \wedge \neg G(x)))$.

证明：

① $\forall x(I(x) \to \neg H(x))$ 　　　　　　　　前提引入

② $I(y) \to \neg H(y)$ 　　　　　　　　　　　　①∀−

③ $\forall x((F(x) \vee G(x)) \to H(x))$ 　　　　前提引入

④ $(F(y) \vee G(y)) \to H(y)$ 　　　　　　　③∀−

⑤ $\neg H(y) \to (\neg F(y) \wedge \neg G(y))$ 　　　　④置换

⑥ $I(y) \to (\neg F(y) \wedge \neg G(y))$ 　　　　②⑤假言三段论

⑦ $\forall x(I(x) \to (\neg F(x) \wedge \neg G(x)))$ 　　⑥∀+

19.24 设 $F(x)$: x 喜欢步行，$G(x)$: x 喜欢骑自行车，$H(x)$: x 喜欢乘汽车.

前提：$\forall x(F(x) \to \neg G(x)), \forall x(G(x) \vee H(x)), \exists x \neg H(x)$.

结论：$\exists x \neg F(x)$.

证明：

① $\forall x(F(x) \to \neg G(x))$ 　　　　　　　前提引入

② $F(y) \to \neg G(y)$ 　　　　　　　　　　　①∀−

③ $\forall x(G(x) \vee H(x))$ 　　　　　　　　　前提引入

④ $G(y) \vee H(y)$ 　　　　　　　　　　　　③∀−

⑤ $\neg G(y) \to H(y)$ 　　　　　　　　　　　④置换

⑥ $F(y) \to H(y)$ 　　　　　　　　　　　　②⑤假言三段论

⑦ $\neg H(y) \to \neg F(y)$ 　　　　　　　　　⑥置换

⑧ $\neg H(y) \to \exists x \neg F(x)$ 　　　　　　⑦∃+

⑨ $\exists y \neg H(y) \to \exists x \neg F(x)$ 　　　　⑧∃−

⑩ $\exists x \neg H(x)$ 　　　　　　　　　　　　前提引入

| ⑪ $\exists x \neg F(x)$ | ⑨⑩假言推理 |

也可以直接对⑧和⑩运用 $\exists -$ 得到 $\exists x \neg F(x)$.

19.25 设 $F(x)$: x 是科学工作者，$G(x)$: x 是刻苦钻研的，$H(x)$: x 是聪明的，$I(x)$: x 在事业中获得成功，a: 王大海.

前提：$\forall x(F(x) \to G(x)), \forall x((G(x) \wedge H(x)) \to I(x)), F(a), H(a)$.

结论：$I(a)$.

证明：

① $F(a)$	前提引入
② $\forall x(F(x) \to G(x))$	前提引入
③ $F(a) \to G(a)$	②$\forall -$
④ $G(a)$	①③假言推理
⑤ $H(a)$	前提引入
⑥ $\forall x((G(x) \wedge H(x)) \to I(x))$	前提引入
⑦ $(G(a) \wedge H(a)) \to I(a)$	⑥$\forall -$
⑧ $G(a) \wedge H(a)$	④⑤合取
⑨ $I(a)$	⑦⑧假言推理

19.5　小测验

19.5.1　试题

1. 填空题（6 小题，每小题 5 分，共 30 分）.

(1) $\neg \exists x \forall y F(x, y)$ 的前束范式为_____.

(2) 由量词分配等值式，$\exists x(A(x) \vee B(x)) \Leftrightarrow$_____.

(3) 缩小量词的辖域，$\forall x(F(x) \to B) \Leftrightarrow$_____.

(4) 公式 $((\forall x \neg G(x) \wedge \forall x F(x)) \wedge \exists y G(y)) \to \forall x F(x)$ 的类型为_____.

(5) 取解释 I 为：个体域为 $D = \{a\}$，$F(x)$: x 具有性质 F，在 I 下 $\forall x F(x) \leftrightarrow \exists x F(x)$ 的真值为_____.

(6) 前提：$\forall x \exists y F(x, y)$.

结论：$\exists y F(y, y)$.

以上推理是错误的，某学生却给出了如下证明：

　　　　　① $\forall x \exists y F(x, y)$　　　　　　　　　前提引入

　　　　　② $\exists y F(y, y)$　　　　　　　　　　　①$\forall-$

此证明错在_____.

2. 在有限个体域内消去量词（2 小题，每小题 10 分，共 20 分）.

(1) 个体域 $D = \{1, 2, 3\}$，公式为

$$\forall x \forall y (F(x) \to G(y)).$$

(2) 个体域 $D = \{a, b\}$，公式为

$$\forall x \exists y (F(x, y) \to G(y, x)).$$

3. 求前束范式（2 小题，每小题 10 分，共 20 分）.

(1) $\forall x (F(x, y) \to \forall y (G(x, y) \to \exists z H(x, y, z)))$.

(2) $(\exists x F(x, y) \to \forall y G(x, y, z)) \to \exists z H(z)$.

4. 在自然推理系统 $N_{\mathscr{L}}$ 中，构造下列推理的证明（2 小题，每小题 10 分，共 20 分）.

(1) 前提：$\forall x \forall y (F(x) \to G(y)), F(a)$.

　　结论：$\exists x G(x)$.

(2) 前提：$\forall x (F(x) \to \forall y (G(y) \wedge H(x))), \exists x F(x)$.

　　结论：$\exists x (F(x) \wedge G(x) \wedge H(x))$.

5. 在自然推理系统 $N_{\mathscr{L}}$ 中，构造下面用自然语言描述的推理（10 分）.

　　火车都比汽车快，汽车都比轮船快，a 是火车，b 是汽车，c 是轮船. 所以，a 比 b 快，b 比 c 快.

19.5.2　答案或解答

1. (1) $\forall x \exists y \neg F(x, y)$.

(2) $\exists x A(x) \vee \exists x B(x)$.

(3) $\exists x F(x) \to B$.

(4) 永真式.

(5) 1.

(6) 步骤②使用 $\forall-$ 规则时，用 y 替换 $F(x, y)$ 中的 x 不满足使用 $\forall-$ 规则的条件.

2. (1) $(F(1) \vee F(2) \vee F(3)) \to (G(1) \wedge G(2) \wedge G(3))$.

(2) $((F(a, a) \to G(a, a)) \vee (F(a, b) \to G(b, a))) \wedge ((F(b, a) \to G(a, b)) \vee (F(b, b) \to G(b, b)))$.

3. (1) $\forall x \forall t \exists z (F(x, y) \to (G(x, t) \to H(x, t, z)))$.

(2) $\exists t \exists u \exists v((F(t,y) \to G(x,u,z)) \to H(v))$.

4. (1) 证明：

① $\forall x \forall y(F(x) \to G(y))$	前提引入
② $\forall y(F(a) \to G(y))$	①$\forall-$
③ $F(a) \to \forall y G(y)$	②置换
④ $F(a)$	前提引入
⑤ $\forall y G(y)$	③④假言推理
⑥ $G(x)$	⑤$\forall-$
⑦ $\exists x G(x)$	⑥$\exists+$

(2) 证明：

① $\forall x(F(x) \to \forall y(G(y) \wedge H(x)))$	前提引入
② $\forall x(F(x) \to (G(x) \wedge H(x)))$	①$\forall-$
③ $F(z) \to (G(z) \wedge H(z))$	②$\forall-$
④ $F(z) \to (F(z) \wedge G(z) \wedge H(z))$	③置换
⑤ $F(z) \to \exists x(F(x) \wedge G(x) \wedge H(x))$	④$\exists+$
⑥ $\exists z F(z) \to \exists x(F(x) \wedge G(x) \wedge H(x))$	⑤$\exists-$
⑦ $\exists x F(x)$	前提引入
⑧ $\exists x(F(x) \wedge G(x) \wedge H(x))$	⑥⑦假言推理

也可以直接对⑤和⑦应用 $\exists-$.

5. 设 $F(x)$: x 是火车，$G(y)$: y 是汽车，$H(z)$: z 是轮船，$L(x,y)$: x 比 y 快.

前提：$\forall x \forall y(F(x) \wedge G(y) \to L(x,y))$，$\forall y \forall z(G(y) \wedge H(z) \to L(y,z))$，$F(a)$，$G(b)$，$H(c)$.

结论：$L(a,b) \wedge L(b,c)$.

证明：

① $F(a)$	前提引入
② $G(b)$	前提引入

③ $H(c)$ 　　　　　　　　　　　　　前提引入

④ $\forall x \forall y(F(x) \wedge G(y) \rightarrow L(x,y))$ 　　　前提引入

⑤ $\forall x(F(x) \wedge G(b) \rightarrow L(x,b))$ 　　　④∀−

⑥ $F(a) \wedge G(b) \rightarrow L(a,b)$ 　　　　⑤∀−

⑦ $\forall y \forall z(G(y) \wedge H(z) \rightarrow L(y,z))$ 　　前提引入

⑧ $\forall y(G(y) \wedge H(c) \rightarrow L(y,c))$ 　　　⑦∀−

⑨ $G(b) \wedge H(c) \rightarrow L(b,c)$ 　　　　⑧∀−

⑩ $F(a) \wedge G(b)$ 　　　　　　　①②合取

⑪ $L(a,b)$ 　　　　　　　　　　⑥⑩假言推理

⑫ $G(b) \wedge H(c)$ 　　　　　　　②③合取

⑬ $L(b,c)$ 　　　　　　　　　　⑨⑫假言推理

⑭ $L(a,b) \wedge L(b,c)$ 　　　　　⑪⑬合取

模拟试题及解答

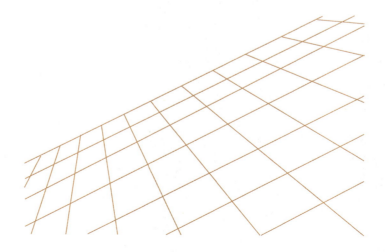

试　题　1

一、填空题（14 题，每题 2 分，共 28 分）.

1. 设 $\Sigma = \{a, b\}$ 是字母表，Σ^* 表示由 Σ 上的字符构成的有限长度的串的集合（包含长度为 0 的串，即空串在内）. $A = \{a, b, aa, bb, aaa, bbb\}$，$B = \{\omega \in \Sigma^* \mid |\omega| \geqslant 2\}$，$C = \{\omega \in \Sigma^* \mid |\omega| \leqslant 2\}$，则 $A - (B \cap C) = $_____.

2. 设 $A = \{1, 2, 3\}$，R 是 $P(A)$ 上的关系，且 $R = \{\langle X, Y \rangle \mid X \cap Y \neq \varnothing\}$. 在自反、反自反、对称、反对称、传递 5 种性质中，R 满足_____ 性质.

3. 设函数 $f : \mathbb{Z} \to \mathbb{Z}, f(n) = \dfrac{1}{2}[(-1)^n + 1]$，如果 f 是 $\mathbb{Z}$ 的某个子集 A 的特征函数，那么 $A = $_____.

4. 若 n 阶无向简单图 G 的 $\Delta = \delta = n - 1$，则 G 为_____.

5. 设 $G = \langle V, E \rangle$ 为无向图，命题"若 $\forall V' \subset V$ 且 $V' \neq \varnothing$，均有 $p(G - V') \leqslant |V'| + 1$，则 G 中存在哈密顿通路"的真值为_____.

6. 设 T 为 $n(n \geqslant 2)$ 阶，m 条边的无向连通图 G 的生成树，若 T 无弦，则 G 为_____.

7. 已知轮图都是平面图. 轮图 W_{2k} $(k \geqslant 1)$ 的对偶图 W_{2k}^* 的点色数 $\chi = $_____.

8. 方程 $x_1 + x_2 + x_3 = 14$ $(x_1, x_2, x_3 \geqslant 2)$ 的整数解的个数是_____.

9. 已知指数生成函数

$$\sum_{n=0}^{+\infty} a_n \frac{x^n}{n!} = \left(\sum_{n=0}^{+\infty} 2^n \frac{x^n}{n!} \right)^2 \left(\sum_{n=0}^{+\infty} 3^n \frac{x^n}{n!} \right)^2,$$

则 $a_n =$ _____.

10. 一只手镯等距离地镶嵌着 5 颗彩珠，每颗彩珠可以从红、白、蓝、绿、黄 5 种颜色中挑选. 如果要求手镯上的彩珠颜色排列都不相同，那么可以构成_____种不同的手镯.

11. 令 p：天下大雨，q：小王迟到. 命题"除非天下大雨，否则小王不会迟到"的符号化形式为_____.

12. 令 $F(x)$：x 是实数，$G(x)$：x 是有理数. 命题"实数不全是有理数"的符号化形式为_____.

13. 若含 $n(n \geqslant 1)$ 个命题变项的公式 A 是重言式，则 A 的主合取范式为_____.

14. 设解释 I 为：个体域 $D = \{a, b\}$，$F(x)$ 和 $G(x)$ 为 2 个一元谓词，且 $F(a) = 0, F(b) = 1, G(a) = 1, G(b) = 0$. 在 I 下，公式 $\forall x(F(x) \rightarrow G(x))$ 的真值为_____.

二、计算或简答题（9 题，每题 5 分，共 45 分）.

1. 求以下集合等式成立的充分必要条件.

$$(A - C) \cup B = A \cup B.$$

2. 设 $R = \{\langle \varnothing, \{\varnothing\} \rangle, \langle \{\varnothing\}, a \rangle, \langle b, \varnothing \rangle\}$，求 $\text{dom } R, \text{ran } R, R \uparrow \{\{\varnothing\}\}, R[\{\varnothing, b\}], R \circ R$.

3. 求 260 和 450 的最大公因数和最小公倍数.

4. 一次同余方程 $14x \equiv 4 \pmod 6$ 是否有解？若有解，试给出它的全部解.

5. 无向图 G 有 11 条边，4 个 3 度顶点，其余顶点均为 5 度顶点，求 G 的阶数 n.

6. 设 $S = \{2 \cdot a_1, 2 \cdot a_2, \cdots, 2 \cdot a_k\}$ 是多重集，如果在 S 的全排列中相同的两个 a_i $(i = 1, 2, \cdots, k)$ 不相邻，问这样的全排列有多少个.

7. 已知 $a_n = c \cdot 3^n + d(-1)^n$，$c$ 和 d 为常数，$n \in \mathbb{N}$. 求 $a_0 = 0, a_1 = -4$ 时的 c 和 d 以及 $\{a_n\}$ 满足的递推方程.

8. 判断下列集合 A 和二元运算 $*$ 是否构成代数系统. 如果 $V = \langle A, * \rangle$ 是代数系统，那么说明 V 是否具有交换律、结合律，是否有单位元，并找出 V 中所有可逆元及它们的逆.

   (1) 设 $A = \mathbb{R}, a * b = a + b + ab, \mathbb{R}$ 为实数集，$+$ 为普通加法.

   (2) $A = \{1, -2, 3, 2, -4\}, a * b = |b|$.

9. 用等值演算法求以下公式的主析取范式.

$$(((p \vee q) \wedge \neg p) \rightarrow q) \wedge r.$$

三、证明题（4 题，每题 5 分，共 20 分）.

1. 设 R, S 为非空集合 A 上的反对称关系，证明：$R \cap S$ 也是 A 上的反对称关系.

2. 设 n 阶 m 条边连通的无向图 G 是 3–正则平面图，G 中次数为 i 的面有 S_i 个.
证明：

$$6\sum_{i\geqslant 3} S_i - \sum_{i\geqslant 3} iS_i = 12.$$

3. 设 u 是群 G 中任意固定元素，定义运算 $\cdot$ 为：$\forall a,b \in G, a\cdot b = au^{-1}b$. 证明：$G$ 关于 $\cdot$ 运算构成群.

4. 在命题逻辑自然推理系统 P 中构造下面推理的证明.
$\sqrt{2}$ 是有理数或无理数. 若 $\sqrt{2}$ 是有理数，则 2 能整除 3. 若 $\sqrt{2}$ 是无理数，则 $\sqrt{3}$ 也是无理数. 而 2 不能整除 3. 所以，$\sqrt{2}$ 和 $\sqrt{3}$ 都是无理数.

四、应用题（7 分）.

A, B, C, D 这 4 个旅游点之间的距离（单位为 km）如图 1 所示，某游客现在位于 A 处，求他游完 4 个旅游点回到 A 处的最短路径及距离.

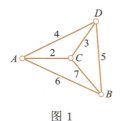

图 1

试题1解答

一、填空题

1. $\{a, b, aaa, bbb\}$.

2. 对称.

3. $\{2k | k \in \mathbb{Z}\}$.

4. 无向完全图 K_n.

5. 0（或假）.

6. 无向树.

7. 4.

8. $\mathrm{C}_{10}^2 = 45$.

9. 10^n.

10. $\dfrac{5!}{10} = 12$.

11. $\neg p \to \neg q$ 或 $q \to p$.

12. $\neg \forall x(F(x) \to G(x))$ 或 $\exists x(F(x) \wedge \neg G(x))$.

13. 1.

14. 0.

二、计算或简答题

1. 条件为 $A \cap C \subseteq B$. 充分性容易验证. 下面证明必要性.

$$(A - C) \cup B = A \cup B \Leftrightarrow (A - C) \cup B = ((A - C) \cup (A \cap C)) \cup B$$

$$\Leftrightarrow (A - C) \cup B = ((A - C) \cup B) \cup (A \cap C)$$

$$\Leftrightarrow A \cap C \subseteq (A - C) \cup B$$

$$\Rightarrow A \cap C \cap C \subseteq ((A - C) \cup B) \cap C$$

$$\Leftrightarrow A \cap C \subseteq B \cap C$$

$$\Rightarrow A \cap C \subseteq B.$$

2. $\operatorname{dom} R = \{\varnothing, \{\varnothing\}, b\}$,

   $\operatorname{ran} R = \{\varnothing, \{\varnothing\}, a\}$,

   $R \upharpoonright \{\{\varnothing\}\} = \{\langle \{\varnothing\}, a \rangle\}$,

   $R[\{\varnothing, b\}] = \{\{\varnothing\}, \varnothing\}$,

   $R \circ R = \{\langle \varnothing, a \rangle, \langle b, \{\varnothing\} \rangle\}$.

3. $260 = 2^2 \times 5 \times 13, 450 = 2 \times 3^2 \times 5^2$，故

   $\gcd(260, 450) = 2 \times 5 = 10$,

   $\operatorname{lcm}(260, 450) = 2^2 \times 3^2 \times 5^2 \times 13 = 11\ 700$.

4. $\gcd(14, 6) = 2, 2 \mid 4$，故方程有解. 检查模 6 等价类的代表元 $0, \pm 1, \pm 2, 3$，结果如下：

$$14 \times 0 \equiv 14 \times 3 \equiv 0 \ (\mathrm{mod}\ 6),$$

$$14 \times 1 \equiv 14 \times (-2) \equiv 2 \ (\mathrm{mod}\ 6),$$

$$14 \times 2 \equiv 14 \times (-1) \equiv 4 \ (\mathrm{mod}\ 6).$$

得方程的解为 $x \equiv 2, -1 \ (\mathrm{mod}\ 6)$，即

$$2 = 6k + 2, 6k - 1,\ 其中\ k\ 为任意整数.$$

5. 设 G 有 x 个 5 度顶点，由握手定理可知

$$2 \times 11 = 4 \times 3 + 5x.$$

解得 $x = 2$，因而阶数 $n = 4 + 2 = 6$.

6. 令 $A = \{x \mid x\ 是\ S\ 的全排列\}, A_i = \{x \in A \mid\ 含有两个相邻的\ a_i\}, i = 1, 2, \cdots, k$，则

$$|A| = \frac{(2k)!}{2^k},$$

$$|A_i| = \frac{(2k-1)!}{2^{k-1}},\ i = 1, 2, \cdots, k,$$

$$|A_i \cap A_j| = \frac{(2k-2)!}{2^{k-2}}, \ 1 \leqslant i < j \leqslant k,$$

$$\cdots\cdots$$

$$|A_1 \cap A_2 \cap \cdots \cap A_r| = \frac{(2k-r)!}{2^{k-r}}, \ r = 1, 2, \cdots, k,$$

$$|\overline{A_1} \cap \overline{A_2} \cap \cdots \cap \overline{A_k}| = \sum_{r=0}^{k} (-1)^r \binom{k}{r} \frac{(2k-r)!}{2^{k-r}}.$$

7. $a_n = c \cdot 3^n + d(-1)^n$, 代入 $a_0 = 0, a_1 = -4$, 求出 $c = -1, d = 1$.
由 $a_n = c \cdot 3^n + d(-1)^n$ 可知其递推式的特征根是 3 和 -1, 所以递推方程是

$$a_n - 2a_{n-1} - 3a_{n-2} = 0.$$

8. (1) 是代数系统, 满足交换律、结合律, 单位元 0, $a^{-1} = -\dfrac{a}{a+1}$, 其中 $a \neq -1$.

(2) 不构成代数系统.

9.

$$(((p \vee q) \wedge \neg p) \to q) \wedge r \Leftrightarrow (((p \wedge \neg p) \vee (\neg p \wedge q)) \to q) \wedge r$$

$$\Leftrightarrow ((\neg p \wedge q) \to q) \wedge r$$

$$\Leftrightarrow (p \vee \neg q \vee q) \wedge r$$

$$\Leftrightarrow r$$

$$\Leftrightarrow (\neg p \wedge \neg q \wedge r) \vee (\neg p \wedge q \wedge r) \vee (p \wedge \neg q \wedge r) \vee (p \wedge q \wedge r)$$

$$\Leftrightarrow m_1 \vee m_3 \vee m_5 \vee m_7.$$

三、证明题

1. 任取 $\langle x, y \rangle$, 若 $\langle x, y \rangle \in R \cap S$ 且 $\langle y, x \rangle \in R \cap S$, 则有 $\langle x, y \rangle \in R$ 且 $\langle y, x \rangle \in R$. 因为 R 是反对称关系, 所以有 $x = y$, 从而证明了 $R \cap S$ 也是 A 上的反对称关系.

2. 注意, 3–正则图是简单图, 因而平面图 G 的每个面的次数至少是 3, 所以 $i \geqslant 3$.
由欧拉公式有

$$n - m + r = 2. \tag{1}$$

由握手定理有

$$2m = 3n. \tag{2}$$

由定理 8.1.3 有

$$2m = \sum_{i \geqslant 3} iS_i. \tag{3}$$

而

$$r = \sum_{i \geqslant 3} S_i. \tag{4}$$

将 (2)、(3)、(4) 代入 (1) 得

$$\frac{1}{3} \sum_{i \geqslant 3} iS_i - \frac{1}{2} \sum_{i \geqslant 3} iS_i + \sum_{i \geqslant 3} S_i = 2,$$

整理后得

$$6 \sum_{i \geqslant 3} S_i - \sum_{i \geqslant 3} iS_i = 12.$$

3. 易见 G 关于 $\cdot$ 运算是封闭的.

任取 $a, b, c \in G$,

$$(a \cdot b) \cdot c = (au^{-1}b) \cdot c = (au^{-1}b)u^{-1}c = au^{-1}bu^{-1}c,$$

$$a \cdot (b \cdot c) = a \cdot (bu^{-1}c) = au^{-1}(bu^{-1}c) = au^{-1}bu^{-1}c,$$

结合律成立.

单位元是 u, 因为

$$a \cdot u = au^{-1}u = a, \; u \cdot a = uu^{-1}a = a.$$

a 的逆元是 $ua^{-1}u$, 因为

$$a \cdot (ua^{-1}u) = au^{-1}ua^{-1}u = u, \; (ua^{-1}u) \cdot a = ua^{-1}uu^{-1}a = u.$$

4. 设 p: $\sqrt{2}$ 是有理数, q: $\sqrt{2}$ 是无理数, r: 2 能整除 3, s: $\sqrt{3}$ 是无理数.

前提: $p \vee q, p \to r, q \to s, \neg r$.

结论: $q \wedge s$.

证明:

    ① $p \to r$ 前提引入

    ② $\neg r$ 前提引入

    ③ $\neg p$ ①②拒取式

④ $p \lor q$　　　　　　　　　前提引入

⑤ q　　　　　　　　　　　③④析取三段论

⑥ $q \to s$　　　　　　　　　前提引入

⑦ s　　　　　　　　　　　⑤⑥假言推理

⑧ $q \land s$　　　　　　　　⑤⑦合取

四、应用题

本题给出的图为完全带权图 K_4，带权图 K_n 中存在 $\dfrac{(n-1)!}{2}$ 条不同的哈密顿回路. $n = 4$ 时，有 3 条不同的哈密顿回路. 可取 $C_1 = ABCDA, W(C_1) = 20; C_2 = ABDCA, W(C_2) = 16; C_3 = ACBDA, W(C_3) = 18.$ 显然 C_2 是最短路径，距离为 16 km.

试 题 2

一、填空题（14 题，每题 2 分，共 28 分）.

1. 考虑下述集合：$A = \{3,4\}$，$B = \{4,3\} \cup \varnothing$，$C = \{4,3\} \cup \{\varnothing\}$，$D = \{x \in \mathbb{R} \mid x^2 - 7x + 12 = 0\}$，$E = \{\varnothing, 3, 4\}$，$F = \{4, 4, 3\}$，$G = \{4, \varnothing, \varnothing, 3\}$. 那么其中相等的集合是_____.

2. 设 $A = \{1, 2, \cdots, 10\}$，那么 A 上的自反、对称关系有_____ 个.

3. $A = \{a, b, c, d\}$，$B = \{0, 1, 2\}$，则 $\operatorname{card} B^A =$_____.

4. 设 v 为 n 阶有向完全图中的任意一个顶点，则 v 的先驱元集 $\Gamma(v)$ 含_____ 个元素.

5. 在顶点标定顺序的无向完全图 K_n ($n \geqslant 3$) 中，在定义意义下共含有_____ 条不同的哈密顿回路.

6. 设 G 为 5 阶无向连通简单图，则 G 中至多有_____ 非同构的生成树.

7. 6 阶 11 条边连通简单非同构的非平面图共有_____ 个.

8. 用 m 种可能的颜色着色 $1 \times n$ 的方格，如果没有两个相邻方格的颜色相同，那么有_____ 方法.

9. 由 $1, 2, 3, 4$ 构成具有不同数字的四位数，如果 1 不能在千位，2 不能在百位，3 不能在十位，4 不能在个位，那么有_____ 个满足要求的四位数.

10. 设 $|A| = 5$，$|B| = 2$，从 A 到 B 不同的满射函数有_____ 个.

11. 令 p：他怕困难，q：他战胜困难. 命题"他战胜困难是因为他不怕困难"的符号化形式为_____.

12. 令 $F(x)$：x 为苹果，$H(x, y)$：x 与 y 完全相同，$L(x, y)$：$x = y$. 命题"没有完全

相同的苹果"的符号化形式为_____.

13. 设 A, B 为任意的命题公式, 吸收律的两种形式分别为_____ 和_____.

14. 公式 $p \wedge \neg(q \rightarrow r) \wedge r$ 的主析取范式为_____.

二、计算或简答题（9 题, 每题 5 分, 共 45 分）.

1. 设 $A = \{1, 2, 3\}$, R 为 $A \times A$ 上的等价关系, 且 $\langle\langle a, b\rangle, \langle c, d\rangle\rangle \in R$ 当且仅当 $ab = cd$.
   (1) 设 I 为 $A \times A$ 上的恒等关系, 求 $R - I$.
   (2) 求 R 对应的 $A \times A$ 的划分 π.

2. 对于下列给定集合 A 和 B, 构造从 A 到 B 的双射函数.
   (1) $A = \mathbb{Z}, B = \mathbb{N}$, 其中 $\mathbb{Z}, \mathbb{N}$ 分别表示整数集和自然数集.
   (2) $A = [\pi, 2\pi], B = [-1, 1]$ 是实数区间.

3. 求 130 和 450 的最大公因数, 并将它表示成 130 和 450 的线性组合, 即求 x 和 y 使得 $\gcd(130, 450) = 130x + 450y$.

4. $123^{1\,000}$ 的十进制表示的个位数是多少?

5. 有向图 D 如图 2 所示. 求:
   (1) D 中从 v_1 到自身长度小于或等于 3 的回路数.
   (2) D 中从 v_1 到 v_3 长度小于或等于 3 的通路数.
   (3) D 中长度为 3 的通路数, 并指出其中的回路数.

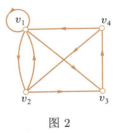

图 2

6. 在一个核反应堆中有两类粒子: α 粒子和 β 粒子. 每经过 1 个单位时间, 一个 α 粒子分裂为 3 个 β 粒子, 一个 β 粒子分裂为 1 个 α 粒子和 2 个 β 粒子. 假设在时间 0, 反应堆中只有 1 个 α 粒子, 那么在时间 100 反应堆中总共有多少个粒子?

7. 设代数系统 $V = \langle A, \circ\rangle$ 的运算表如图 3 所示.
   (1) 说明 $\circ$ 运算是否满足交换律、结合律、幂等律.
   (2) 求出 $\circ$ 运算的单位元和零元（如果存在）.
   (3) 求出所有可逆元素的逆元.

8. 用 2 种颜色对正四面体的棱涂色, 如果允许正四面体在空间中任意转动, 问有多少种不同的涂色方案.

∘	a	b	c	d
a	a	b	c	d
b	b	c	b	d
c	c	a	b	c
d	d	a	c	c

图 3

9. 求下面公式的前束范式:

$$\forall x(\neg \exists x F(x) \to \exists y G(x, y, z)).$$

三、证明题（4 题，每题 5 分，共 20 分）.

1. 设 A, B, C 为集合，证明: $A \cap (B - C) = (A - C) \cap (B - C)$.

2. 证明如图 4 所示的图 G 不是哈密顿图.

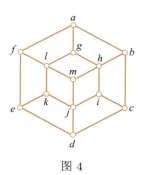

图 4

3. 设 $V = \langle S, \circ \rangle$ 是半群，$\forall a, b, c \in S$，如果 a, b 都与 c 课交换，证明: $a \circ b$ 也与 c 是可交换的.

4. 在一阶逻辑自然推理系统 $N_{\mathscr{L}}$ 中构造下面推理的证明.

   不存在不能表示成分数的有理数. 无理数都不能表示成分数. 所以，无理数都不是有理数.

四、应用题（7 分）.

在通信中要传输字母 a, b, c, d, e, f, g，它们出现的频率为

$$a : 30\%, \ b : 20\%, \ c : 15\%, \ d : 10\%, \ e : 10\%, \ f : 9\%, \ g : 6\%.$$

设计传输上述字母的最佳二元前缀码，并求传输 100 个按上述频率出现的字母所需二进制数字的个数.

试题2解答

一、填空题

1. $A = B = D = F, C = E = G$.

2. 2^{45}.

3. 81.

4. $n - 1$.

5. $n!$.

6. 3 棵.

7. 4.

8. $m(m-1)^n$.

9. $D_4 = 4!\left(1 - \dfrac{1}{1!} + \dfrac{1}{2!} - \dfrac{1}{31} + \dfrac{1}{4!}\right) = 9$.

10. $\left\{ \begin{matrix} 5 \\ 2 \end{matrix} \right\} 2! = 30$.

11. $\neg p \to q$.

12. $\neg \exists x \exists y (F(x) \wedge F(y) \wedge \neg L(x,y) \wedge H(x,y))$ 或 $\forall x \forall y ((F(x) \wedge F(y) \wedge \neg L(x,y)) \to \neg H(x,y))$.

13. $A \vee (A \wedge B) \Leftrightarrow A,\ A \wedge (A \vee B) \Leftrightarrow A$.

14. 0.

二、计算或简答题

1. (1) $R - I = \{\langle\langle 1,2\rangle, \langle 2,1\rangle\rangle, \langle\langle 2,1\rangle, \langle 1,2\rangle\rangle, \langle\langle 1,3\rangle, \langle 3,1\rangle\rangle, \langle\langle 3,1\rangle, \langle 1,3\rangle\rangle, \langle\langle 2,3\rangle, \langle 3,2\rangle\rangle,$

$\langle\langle 3,2\rangle,\langle 2,3\rangle\rangle\}$.

(2) $\{\{\langle 1,2\rangle,\langle 2,1\rangle\},\{\langle 1,3\rangle,\langle 3,1\rangle\},\{\langle 2,3\rangle,\langle 3,2\rangle\},\{\langle 1,1\rangle\},\{\langle 2,2\rangle\},\{\langle 3,3\rangle\}\}$.

2. (1) $f:\mathbb{Z}\to\mathbb{Z}, f(x)=\begin{cases} 2x, & x\geqslant 0, \\ -2x-1, & x<0. \end{cases}$

(2) $f:[\pi,2\pi]\to[-1,1], f(x)=\cos x$ 或 $\sin\left(x+\dfrac{\pi}{2}\right)$.

3. 做辗转相除，得

$$450 = 3\times 130 + 60,$$

$$130 = 2\times 60 + 10,$$

$$60 = 6\times 10,$$

得 $\gcd(450,130)=10$.
回代，有

$$10 = 130 - 2\times 60 = 130 - 2\times(450-3\times 130) = 7\times 130 - 2\times 450.$$

4. $123^{1\,000}\equiv 3^{1\,000}\equiv 3^{2\times 500}\equiv(-1)^{500}\equiv 1\ (\mathrm{mod}\ 10)$，得 $123^{1\,000}\bmod 10 = 1$.

5. 解本题只需求出 D 的邻接矩阵的前 3 次幂.

$$\boldsymbol{A}=\begin{pmatrix} 1 & 1 & 1 & 0 \\ 1 & 0 & 1 & 0 \\ 0 & 0 & 0 & 1 \\ 1 & 1 & 0 & 0 \end{pmatrix},\quad \boldsymbol{A}^2=\begin{pmatrix} 2 & 1 & 2 & 1 \\ 1 & 1 & 1 & 1 \\ 1 & 1 & 0 & 0 \\ 2 & 1 & 2 & 0 \end{pmatrix},\quad \boldsymbol{A}^3=\begin{pmatrix} 4 & 3 & 3 & 2 \\ 3 & 2 & 2 & 1 \\ 2 & 1 & 2 & 0 \\ 3 & 2 & 3 & 2 \end{pmatrix}.$$

(1) 从 v_1 到自身长度小于或等于 3 的回路数为

$$\sum_{i=1}^{3} a_{11}^{(i)} = 1 + 2 + 4 = 7.$$

(2) 从 v_1 到 v_3 长度小于或等于 3 的通路数为

$$\sum_{i=1}^{3} a_{13}^{(i)} = 1 + 2 + 3 = 6.$$

(3) D 中长度为 3 的通路数为

$$\sum_{i=1}^{3}\sum_{j=1}^{3} a_{ij}^{(3)} = 35,$$

其中回路数为

$$\sum_{i=1}^{3} a_{ii}^{(3)} = 4 + 2 + 2 + 2 = 10.$$

6. 设 a_n 和 b_n 分别代表 n 时间反应堆中的 α 粒子和 β 粒子数目，那么

$$\begin{cases} a_n = b_{n-1}, \\ b_n = 3a_{n-1} + 2b_{n-1}, \end{cases}$$

且初值是 $a_0 = 1, b_0 = 0$. 通过代入消去 a_n 得

$$\begin{cases} b_n - 2b_{n-1} - 3b_{n-2} = 0, \\ b_0 = 0, b_1 = 3. \end{cases}$$

从而解出

$$b_n = \frac{3}{4}3^n - \frac{3}{4}(-1)^n, \quad a_n = \frac{3}{4}3^{n-1} - \frac{3}{4}(-1)^{n-1}.$$

在时间 n 反应堆中的粒子总数是 $a_n + b_n = 3^n$，因此在时间 100 反应堆中总共有 3^{100} 个粒子.

7. (1) 不交换，因为 $c \circ b = a \neq b = b \circ c$；不结合，因为 $(b \circ c) \circ d = b \circ d = d$，而 $b \circ (c \circ d) = b \circ c = b$；不满足幂等律，因为 $b \circ b \neq b$.

(2) 单位元是 a，没有零元.

(3) 只有 a 是可逆元，$a^{-1} = a$.

8. 如图 5 所示，正四面体旋转的对称轴有两种，由旋转构成的置换的结构是：

图 5

恒等置换：$(\bullet)(\bullet)(\bullet)(\bullet)(\bullet)(\bullet)$ 1 个；

围绕垂直轴旋转 120°、240°：（·　·　·）（·　·　·）　　8 个；

围绕过一对棱中点的直线翻转 180°：（·　·）（·　·）（·）（·）　　3 个

根据波利亚计数定理, 着色方案数

$$M = \frac{1}{12}(2^6 + 8 \times 2^2 + 3 \times 2^4) = 12.$$

9.
$$\forall x(\neg \exists x F(x) \to \exists y G(x, y, z))$$

$$\Leftrightarrow \forall x(\exists x F(x) \vee \exists y G(x, y, z)) \qquad （蕴涵等值式）$$

$$\Leftrightarrow x(\exists t F(t) \vee \exists y G(x, y, z)) \qquad （换名规则）$$

$$\Leftrightarrow \forall x \exists t \exists y(F(t) \vee G(x, y, z)). \qquad （量词辖域收缩与扩张等值式）$$

前束范式形式可以不唯一.

三、证明题

1. $(A - C) \cap (B - C) = (A \cap \sim C) \cap (B \cap \sim C) = A \cap B \cap \sim C = A \cap (B \cap \sim C) = A \cap (B - C)$.

2. **方法一**　取图 G 的顶点集的子集 $V_1 = \{a, l, h, e, j, c\}, p(G - V_1) = 7 > |V_1| = 6$,
由定理 6.1.6 得证, G 不是哈密顿图.

　　方法二　G 为二部图 $\langle V_1, V_2, E \rangle$, 其中 $V_1 = \{a, l, h, e, j, c\}, V_2 = \{f, g, b, m, k, i, d\}$.
而二部图为哈密顿图的必要条件是两个互补顶点子集元素个数相等, 而在这里
$|V_1| = 6 \neq 7 = |V_2|$. 故 G 不是哈密顿图.

3. $\forall a, b, c \in S, (a \circ b) \circ c = a \circ (b \circ c) = a \circ (c \circ b) = (a \circ c) \circ b = (c \circ a) \circ b = c \circ (a \circ b)$.

4. 令 $F(x) : x$ 为有理数, $G(x) : x$ 为无理数, $H(x) : x$ 能表示成分数.

前提：$\neg \exists x(F(x) \wedge \neg H(x)), \forall x(G(x) \to \neg H(x))$.

结论：$\forall x(G(x) \to \neg F(x))$.

证明：

① $\neg \exists x(F(x) \wedge \neg H(x))$	前提引入
② $\forall x(F(x) \to H(x))$	①置换
③ $F(y) \to H(y)$	②∀−
④ $\neg H(y) \to \neg F(y)$	③置换
⑤ $\forall x(G(x) \to \neg H(x))$	前提引入
⑥ $G(y) \to \neg H(y)$	⑤∀−

⑦ $G(y) \to \neg F(y)$ ⑥④假言三段论

⑧ $\forall x(G(x) \to \neg F(x))$ ⑦∀+

四、应用题

按字母顺序,令 p_i 为传输第 i 个字母的频率,$i = 1, 2, \cdots, 7$,则传输 100 个字母,各字母出现的频数为 $w_i = 100p_i$,得 $w_1 = 30, w_2 = 20, w_3 = 15, w_4 = 10, w_5 = 10, w_6 = 9, w_7 = 6$. 将它们按照从小到大顺序排列, 得

$$6 \leqslant 9 \leqslant 10 \leqslant 10 \leqslant 15 \leqslant 20 \leqslant 30.$$

以 w_i 为权求最优二叉树 T 如图 6 所示.

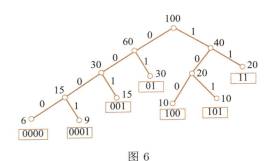

图 6

传输的前缀码分别为

a:01, b:11, c:001, d:100, e:101, f:0001, g:0000.

传 100 个所需二进制数字个数为 $W(T) = 265$.

试 题 3

一、填空题（14 题，每题 2 分，共 28 分）.

1. 设 $A = \{a,b\}^{\mathbb{N}}$，其中 $\mathbb{N}$ 为自然数集，那么 $\operatorname{card} A = $ _____ .

2. 设 $R = \{\langle x,y \rangle \mid x,y \in \mathbb{Z}^+, \gcd(x,y) = 2, \operatorname{lcm}(x,y) = 12\}$，其中 $\mathbb{Z}^+$ 是正整数集，$\gcd(x,y), \operatorname{lcm}(x,y)$ 分别表示 x 和 y 的最大公因数和最小公倍数，则 R 的元素是 _____ .

3. 设偏序集 $\langle A, \mid \rangle$，其中 $A = \{2,3,4,\cdots,1\,000\}$，$\mid$ 表示整除关系，那么该偏序集的所有极大元构成的集合是 _____ .

4. 若 G 是阶数 $n = 6$，边数 $m = 12$ 的连通的简单平面图，则 G 各面的次数均为 _____ .

5. K_5 的非同构的生成子图中有 _____ 个是生成树.

6. 设 $r \geqslant 1, s \geqslant 1$，则完全二部图 $K_{r,s}$ 的边色数 $\chi' = $ _____ .

7. 已知 n 阶无向简单图 G 有 m 条边，则 G 的补图 $\overline{G}$ 中有 _____ 条边.

8. 在 8×8 的棋盘的方格内放置 5 个 0 和 3 个 1，如果没有两个数字被放在同一行，也没有两个数字被放在同一列，那么有 _____ 种放法.

9. 在 $1 \sim 1\,000$ 的整数（含 1 和 1 000 在内）中既不被 6 整除，也不被 10 整除的数有 _____ 个.

10. 用多米诺骨牌覆盖 $2 \times n (n \geqslant 1)$ 的方格图形，每个骨牌恰好覆盖 2 个方格，则覆盖方案数 a_n 构成 _____ 序列.

11. 令 p：小丽拿一个苹果，q：小丽拿一个梨. 命题"小丽只能拿一个苹果或一个梨"的符号化形式为 _____ .

12. 令 $F(x):x$ 是人，$G(x):x$ 喜欢吃馒头. $H(x):x$ 喜欢吃米饭. 命题"虽然有人不喜欢吃馒头，但也不是所有的人都喜欢吃米饭"的符号化形式为_____.

13. 设 A 是含 $n(n \geqslant 1)$ 个命题变项的公式，若 A 为重言式，则 A 的主析取范式含_____个极小项.

14. 设 $A(x),B(x)$ 均为含 x 自由出现的公式，则公式 $\exists x A(x) \vee \exists x B(x) \to \exists x(A(x) \vee B(x))$ 的类型为_____.

二、计算或简答题（9 题，每题 5 分，共 45 分）.

1. 设 R 的关系图如图 7 所示.

   (1) 说明 R 具有什么性质（指自反性、反自反性、对称性、反对称性、传递性）.

   (2) 求 R^2 的集合表达式.

   (3) 求 $r(R),s(R),t(R)$ 的关系矩阵.

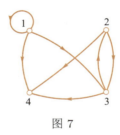

图 7

2. 设 $f:\mathbb{N} \to \mathbb{N} \times \mathbb{N}$，其中 $\mathbb{N}$ 为自然数集，$f(x) = \langle x,x^2 \rangle$.

   (1) 求 $f(\{1,2,3\})$.

   (2) 讨论 f 是否为单射或满射，如果不是说明理由.

3. 125 的模 8 逆是否存在? 若存在，试求之.

4. 验证 294 和 65 互素，并求整数 x 和 y 使得 $294x + 65y = 1$.

5. 在如图 8 所示的无向图 G 中，实线边所表示的子图为 G 的一棵生成树 T.

   (1) 求 G 对应 T 的所有基本回路.

   (2) 求 G 对应 T 的所有基本割集.

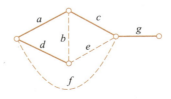

图 8

6. 利用递推方程求和：$1^2 + 2^2 + \cdots + n^2$.

7. 把 n 本不同的书分给 A, B, C, D 这 4 个人，使得 B, C, D 每个人至少得到 1 本书，且 A 得到的书为偶数，问这样的分法有多少种.

8. 设 $G = \langle \mathbb{R}^*, \cdot \rangle$ 是非 0 实数关于乘法构成的群，说明下列映射是否构成 G 的自同态. 如果构成，说明是否为单同态或满同态，并计算 $f(G)$.

(1) $f(x) = |x|$.

(2) $f(x) = 2x$.

(3) $f(x) = 1$.

9. 设解释 I 为：个体域 $D = \{a, b, c\}, F(a) = F(b) = 1, F(c) = 0, G(a) = 1, G(b) = G(c) = 0$. 求下面公式在 I 下的真值.

$$\forall x \exists y (F(x) \to G(y)).$$

三、证明题（4 题，每题 5 分，共 20 分）

1. 证明：若 R 是 A 上的自反关系，则 $R \circ R^{-1}$ 是 A 上自反、对称关系.

2. 设 G 是 $n(n \geqslant 4)$ 阶连通的简单的平面图，已知 G 中不含长度为 3 的圈. 证明：G 中存在顶点 $v, d(v) \leqslant 3$.

3. 设 G 是阶大于 2 的群，且 $\forall a \in G, a^2 = e$. 证明：G 必含 4 阶子群.

4. 在一阶逻辑自然推理系统 $N_{\mathscr{L}}$ 中构造下面推理的证明.

前提：$\forall x((F(x) \vee G(x)) \to H(x)), \forall x(R(x) \to \neg H(x))$.

结论：$\forall x(R(x) \to (\neg F(x) \wedge \neg G(x)))$.

四、应用题（7 分）

给定算式 $\{[(a + b) * c] * (d + e)\} - [f - (g * h)]$.

1. 用一棵二叉有序正则树表示上面的算式.

2. 用波兰符号法表示上面的算式.

试题3解答

一、填空题

1. $2^{\aleph_0}$（或 $\aleph$）.

2. $\langle 2, 12 \rangle, \langle 4, 6 \rangle, \langle 6, 4 \rangle, \langle 12, 2 \rangle$.

3. $\{x \in A \mid 501 \leqslant x \leqslant 1\,000\}$.

4. 3（先用欧拉公式求出面数 r，再根据定理 8.1.3 讨论）.

5. 3.

6. $\max(r, s)$.

7. $\dfrac{n(n-1)}{2} - m$.

8. $\dbinom{8}{3} 8!$.

9. 767.

10. 斐波那契数（或 $1, 2, 3, 5, 8, \cdots$）.

11. $(p \wedge \neg q) \vee (\neg p \wedge q)$.

12. $\exists x(F(x) \wedge \neg G(x)) \wedge \neg \forall x(F(x) \to H(x))$ 或 $\exists x(F(x) \wedge \neg G(x)) \wedge \exists x(F(x) \wedge \neg H(x))$.

13. 2^n.

14. 永真式.

二、计算或简答题

1. (1) 不具有任何性质.

    (2) $\{\langle 1, 1 \rangle, \langle 1, 2 \rangle, \langle 1, 3 \rangle, \langle 1, 4 \rangle, \langle 2, 2 \rangle, \langle 2, 4 \rangle, \langle 3, 3 \rangle, \langle 3, 4 \rangle\}$.

(3) $M_r = \begin{pmatrix} 1 & 0 & 1 & 1 \\ 0 & 1 & 1 & 1 \\ 0 & 1 & 1 & 1 \\ 0 & 0 & 0 & 1 \end{pmatrix}, M_s = \begin{pmatrix} 1 & 0 & 1 & 1 \\ 0 & 0 & 1 & 1 \\ 1 & 1 & 0 & 1 \\ 1 & 1 & 1 & 0 \end{pmatrix}, M_t = \begin{pmatrix} 1 & 1 & 1 & 1 \\ 0 & 1 & 1 & 1 \\ 0 & 1 & 1 & 1 \\ 0 & 0 & 0 & 0 \end{pmatrix}.$

2. (1) $\{\langle 1,1 \rangle, \langle 2,4 \rangle, \langle 3,9 \rangle\}$.

   (2) 单射, 不是满射, 因为 $\langle 1,2 \rangle \notin \operatorname{ran} f$.

3. 因为 125 与 8 互素, 故 125 的模 8 逆存在.

   $125 \equiv 5 \pmod 8, 5 \times 5 \equiv 1 \pmod 8$, 得 $125^{-1} \equiv 5^{-1} \equiv 5 \pmod 8$.

4. 做辗转相除, 得

   $$294 = 4 \times 65 + 34,$$

   $$65 = 34 + 31,$$

   $$34 = 31 + 3,$$

   $$31 = 10 \times 3 + 1,$$

   得 $\gcd(294, 65) = 1$, 得证 294 与 65 互素.
   回代, 有

   $$1 = 31 - 10 \times 3 = 31 - 10 \times (34 - 31) = 11 \times 31 - 10 \times 34$$

   $$= 11 \times (65 - 34) - 10 \times 34 = 11 \times 65 - 21 \times 34$$

   $$= 11 \times 65 - 21 \times (294 - 4 \times 65)$$

   $$= 294 \times (-21) + 65 \times 95.$$

5. (1) 基本回路: $C_b = bad, C_e = ecad, C_f = fca$.

   (2) 基本割集: $S_a = \{a, b, e, f\}, S_c = \{c, e, f\}, S_d = \{d, b, e\}, S_g = \{g\}$.

6. 令 $a_n = 1^2 + 2^2 + \cdots + n^2$, 则

   $$\begin{cases} a_n - a_{n-1} = n^2, \\ a_1 = 1^2 = 1, \end{cases}$$

   $$a_n^* = An^3 + Bn^2 + Cn.$$

   解得

   $$a_n^* = \frac{1}{3}n^3 + \frac{1}{2}n^2 + \frac{n}{6} = \frac{n}{6}(n+1)(2n+1).$$

通解为

$$a_n = c \cdot 1^n + \frac{n}{6}(n+1)(2n+1),$$

代入初值得 $c = 0$，于是 $a_n = \frac{n}{6}(n+1)(2n+1)$.

7. 用指数生成函数

$$\begin{aligned} G_e(x) &= (e^x - 1)^3 \cdot \frac{e^x + e^{-x}}{2} \\ &= \frac{1}{2}(e^{3x} - 3e^{2x} + 3e^x - 1)(e^x + e^{-x}) \\ &= \frac{1}{2}(e^{4x} - 3e^{3x} + 4e^{2x} - 4e^x + 3 - e^{-x}), \end{aligned}$$

得

$$\begin{cases} a_n = \frac{1}{2}[4^n - 3^{n+1} + 2^{n+2} - 4 - (-1)^n], \ n \geqslant 1, \\ a_0 = 0. \end{cases}$$

8. (1) 是同态映射，不是单同态，也不是满同态. $f(G) = \mathbb{R}^+$.

(2) 不是同态映射.

(3) 是同态映射，不是单同态，也不是满同态. $f(G) = \{1\}$.

9. 先收缩量词的辖域，然后消去量词，再求真值.

$$\begin{aligned} \forall x \exists y (F(x) \to G(y)) &\Leftrightarrow \exists x F(x) \to \exists y G(y) \\ &\Leftrightarrow (F(a) \vee F(b) \vee F(c)) \to (G(a) \vee G(b) \vee G(c)) \\ &\Leftrightarrow 1 \to 1 \\ &\Leftrightarrow 1. \end{aligned}$$

故在解释 I 下，公式的真值为 1.

三、证明题

1. 自反性. 对 $\forall x \in A$，因为 R 是 A 上自反关系，所以有 $\langle x, x \rangle \in R$，从而也有 $\langle x, x \rangle \in R^{-1}$，故 $\langle x, x \rangle \in R \circ R^{-1}$. 这就证明了 $R \circ R^{-1}$ 具有自反性.

对称性. 对 $\forall \langle x, y \rangle \in R \circ R^{-1}$，存在 t，使得 $\langle x, t \rangle \in R, \langle t, y \rangle \in R^{-1}$. 因此，存在 t，使得 $\langle y, t \rangle \in R, \langle t, x \rangle \in R^{-1}$. 于是有，$\langle y, x \rangle \in R \circ R^{-1}$，故 $R \circ R^{-1}$ 具有对称性.

2. 反证法. 否则，$\forall v \in V(G)$，均有 $d(v) \geqslant 4$，由握手定理有

$$2m \geqslant 4n, \ 即 \ n \leqslant \frac{m}{2}. \tag{1}$$

因为 G 为简单图, 无环和平行边, 于是 G 中无长度为 $1, 2$ 的圈, 由题设无长度为 3 的圈, 故 G 中任何面的次数均大于或等于 4. 由定理 8.1.3, 得

$$2m \geqslant 4r, \text{ 即 } r \leqslant \frac{m}{2}, \tag{2}$$

其中 r 为面数. 又因为 G 连通, 因而满足欧拉公式

$$n - m + r = 2. \tag{3}$$

将 (1)、(2) 代入 (3) 得,

$$2 = n - m + r \leqslant \frac{m}{2} - m + \frac{m}{2} = 0,$$

矛盾.

3. $\forall a \in G, a^2 = e$ 当且仅当 $a = a^{-1}$. 因此, $\forall x, y \in G$, 有

$$xy = (xy)^{-1} = y^{-1}x^{-1} = yx,$$

故 G 为交换群. 由于 $|G| > 2$, 所以 G 中至少存在 2 个 2 阶元. 取其中的 2 个 2 阶元, 设为 $a, b, a \neq b$. 令

$$H = \{e, a, b, ab\},$$

易证 H 为 G 的 4 阶子群.

4. 证明

① $\forall x((F(x) \vee G(x)) \to H(x))$	前提引入
② $(F(y) \vee G(y)) \to H(y)$	①$\forall-$
③ $\forall x(R(x) \to \neg H(x))$	前提引入
④ $R(y) \to \neg H(y)$	③$\forall-$
⑤ $\neg H(y) \to (\neg F(y) \wedge \neg G(y))$	②置换
⑥ $R(y) \to (\neg F(y) \wedge \neg G(y))$	④⑤假言三段论
⑦ $\forall x(R(x) \to (\neg F(x) \wedge \neg G(x)))$	⑥$\forall+$

四、应用题

1. 如图 9 所示.

2. $-**+abc+de-f*gh$.

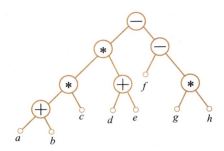

图 9

试 题 4

一、填空题（14 题，每题 2 分，共 28 分）.

1. card $P(\mathbb{N} \times \mathbb{N}) =$ _____.

2. $A = \{0, \pm1, \pm2, \pm3, \pm4\}, R = \{\langle x, y \rangle \mid x, y \in A, y - 1 < x < y + 2\}$ 为 A 上的关系，令 $R(x) = \{y \mid xRy\}$，则 $R(0) =$ _____.

3. R 为自然数集 $\mathbb{N}$ 上的关系，$\forall x, y \in \mathbb{N}, xRy \Leftrightarrow 2 \mid (x + y)$，则 R 对应的 $\mathbb{N}$ 的划分是_____.

4. 无向完全图 K_4 的非同构的连通的生成子图共有_____ 个.

5. $n(n \geqslant 3)$ 阶无向树的点连通度 $\kappa =$ _____.

6. $n(n \geqslant 4)$ 阶轮图 W_n 的支配数 $\gamma_0 =$ _____.

7. 已知 2 个连通分支的平面图 G 的对偶图 G^* 的阶数 $n^* = 4$，边数 $m^* = 9$，则 G 的阶数 $n =$ _____.

8. 设 $A(x) = \dfrac{1}{1 - x^2}$ 是序列 $\{a_n\}$ 的生成函数，则 $a_n =$ _____.

9. 由 2 个 a，3 个 b 构成全排列，要求其中不能出现 aa 和 bbb，则有_____ 种方案.

10. 满足递推方程

$$\begin{cases} h_n = \displaystyle\sum_{k=1}^{n-1} h_k h_{n-k}, \ n \geqslant 2, \\ h_1 = 1, \end{cases}$$

的组合计数 h_n 是_____ 数.

11. 令 p：下午下雨，q：我去颐和园. r：家里来客人. 命题"若下午不下雨，我就去颐和园，除非家里来客人"的符号化形式为_____.

12. 令 $F(x):x$ 是火车，$G(y):y$ 是汽车，$H(x,y):x$ 比 y 快. 命题"说火车都比汽车快是不对的"的符号化形式为_____.

13. 设 A,B,C,D 为任意的命题公式，构造性二难推理定律为_____.

14. 给定解释 I 为：个体域 $D=\{a,b\}$，函数 $f(x)$ 为：$f(a)=b$, $f(b)=a$. 谓词 $F(x)$ 为：$F(a)=0$, $F(b)=1$, $G(x,y)$ 为：$G(a,a)=G(a,b)=G(b,a)=1$, $G(b,b)=0$. 在 I 下公式"$\exists x(F(f(x))\land G(x,f(x)))$"的真值为_____.

二、计算或简答题（9 题，每题 5 分，共 45 分）.

1. 已知集合 A,B，其中 $A\neq\varnothing$，$\langle B,\preccurlyeq\rangle$ 是偏序集，定义 B^A 上的二元关系 R 如下：

$$fRg\Leftrightarrow f(x)\preccurlyeq g(x),\ \forall x\in A,$$

那么 R 为 B^A 上的偏序. 给出 $\langle B^A,R\rangle$ 存在最大元的充分必要条件和最大元的一般形式.

2. 设 $S=\{x\in\mathbb{R}\,|\,x\geqslant-1\}$，$T=\{x\in\mathbb{R}\,|\,x\geqslant0\}$，$\mathbb{R}$ 为实数集，f 是从 S 到 T 的函数，$f(x)=\sqrt{x+1}$.

   (1) 说明 f 是否为单射或满射.

   (2) 说明 f 是否有反函数，若有，求出 f 的反函数.

   (3) 求 $f\circ f$.

3. 方程 $6x+4y=10$ 是否有整数解？若有，试给出它的全部解.

4. 利用费马小定理计算 $5^{562}\bmod 11$.

5. 无向图 G 如图 10 所示，求 G 的

   (1) 点连通度 $\kappa(G)$.

   (2) 边连通度 $\lambda(G)$.

   (3) 点覆盖数 α_0.

   (4) 边覆盖数 α_1.

   (5) 匹配数 β_1.

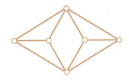

图 10

6. 设 $3n+1$ 个球中恰好有 n 个相同，证明：从这 $3n+1$ 个球中选 n 个球的方案数是 2^{2n}.

7. 有 n 枚外形完全一样的硬币，其中 1 枚偏重，$n=2^k$，k 为正整数. 现在要用一架天平把这枚硬币找出来，下述算法 Test 是分治算法.

   Test(S,n) $//S$ 为 n 枚硬币的集合

   ① if $n=2$ then 用 1 次称重可直接找出这枚硬币

② else 将 S 分成大小相等的子集 S_1, S_2

③   if $W(S_1) < W(S_2)$ //$W(S_i)$ 表示 S_i 中硬币的总重

④   then Test$(S_2, n/2)$

⑤   else Test$(S_1, n/2)$

(1) 设算法 Test 最坏情况下对 n 枚硬币需要的称重次数是 $T(n)$，列出 $T(n)$ 满足的递推方程和初值.

(2) 计算 $T(n)$.

8. 设多项式 $f = (x_1 + x_2)(x_3 + x_4)$，找出使得 f 保持不变的所有下标的置换，这些置换是否构成对称群 S_4 的子群?

9. 将公式 $(\neg p \to q) \wedge r$ 化成与之等值且仅含 $\{\neg, \to\}$ 中联结词的公式.

三、证明题（4 题，每题 5 分，共 20 分）.

1. 设 R, S 都是二元关系，证明：$\mathrm{dom}(R \cup S) = \mathrm{dom}\, R \cup \mathrm{dom}\, S$.

2. 设 G 是边数 $m < 30$ 的连通的简单平面图，证明：$\delta(G) \leqslant 4$.

3. 若群 G 中只有一个 2 阶元，则这个 2 阶元一定与 G 中所有元素可交换.

4. 用主析取范式或主合取范式法证明：

$$(p \vee q) \to r \not\Leftrightarrow (p \wedge q) \to r.$$

四、应用题（7 分）.

今有 6 名学生要去完成 3 个试验，已知他们中的任何人至少与其余 5 个人中的 3 个人能相互合作. 问能否将他们分成 3 个小组，每组 2 个人能相互合作，分别去完成 3 个试验.

试题4解答

一、填空题

1. $\aleph$（或 $2^{\aleph_0}$）.

2. $\{-1, 0\}$.

3. $A = \{2x \mid x \in \mathbb{N}\}$，划分 $\mathbb{N}/R = \{A, \mathbb{N} - A\}$.

4. 6.

5. 1.

6. 1.

7. 8（提示：由对偶图 G^* 的连通性，根据欧拉公式可知 $r^* = 2 + m^* - n^* = 2 + 9 - 4 = 7$，再由 $r^* = n - k + 1$ 可得 $n = 8$）.

8. $a_n = \dfrac{1 + (-1)^n}{2}$.

9. $\dfrac{5!}{2!\,3!} - \left(\dfrac{4!}{1!\,3!} + \dfrac{3!}{2!\,1!}\right) + \dfrac{2!}{1!\,1!} = 5$.

10. 卡塔兰数.

11. $\neg r \to (\neg p \to q)$ 或 $(\neg r \wedge \neg p) \to q$.

12. $\neg \forall x \exists y((F(x) \wedge G(y)) \to H(x, y))$ 或 $\exists x \exists y(F(x) \wedge G(y) \wedge \neg H(x, y))$.

13. $(A \to B) \wedge (C \to D) \wedge (A \vee C) \Rightarrow (B \vee D)$.

14. 1.

二、计算或简答题

1. 充分必要条件是偏序集 $\langle B, \preccurlyeq \rangle$ 存在最大元.

设 B 的最大元为 b，那么 B^A 上的最大元为 $f: A \to B, f(x) = b$.

2. (1) 是单射也是满射.

(2) 反函数存在. $f^{-1}(x) = x^2 - 1$.

(3) $f \circ f(x) = \sqrt{\sqrt{x+1}+1}$.

3. $6x + 4y = 10$ 有整数解当且仅当一次同余方程 $6x \equiv 10 \pmod{4}$ 有解. 由于 $\gcd(6, 4) = 2, 2 \mid 10$，故 $6x \equiv 10 \pmod{4}$ 有解，从而 $6x + 4y = 10$ 有整数解.

检查模 4 等价类的代表元 $0, \pm 1, 2$，结果如下：

$$6 \times 0 \equiv 6 \times 2 \equiv 0 \pmod{4},$$

$$6 \times 1 \equiv 6 \times (-1) \equiv 2 \equiv 10 \pmod{4},$$

得 $x \equiv \pm 1 \pmod{4}$，即 $x_1 = 4k + 1, x_2 = 4k - 1$.

代入方程，得

$$y_1 = -6k + 1, \quad y_2 = -6k + 4.$$

于是，方程的整数解为

$$\begin{cases} x_1 = 4k + 1, \\ y_1 = -6k + 1, \end{cases} \quad \begin{cases} x_2 = 4k - 1, \\ y_2 = -6k + 4, \end{cases} \quad \text{其中 } k \text{ 为任意整数.}$$

4. $5^{562} \equiv 5^{56 \times 10 + 2} \equiv 5^2 \equiv 3 \pmod{11}$，得 $5^{562} \bmod 11 = 3$.

5. (1) 2. (2) 3. (3) 4. (4) 3. (5) 3.

6. 令 $S = \{1 \cdot a_1, 1 \cdot a_2, \cdots, 1 \cdot a_{2n+1}, n \cdot b\}$，求 S 的 n 组合数，按照含多少个 b 分类处理.

不含 b： C_{2n+1}^n,

含 1 个 b： C_{2n+1}^{n-1},

$\cdots$

含 n 个 b： C_{2n+1}^0.

$$N = C_{2n+1}^n + C_{2n+1}^{n-1} + \cdots + C_{2n+1}^0$$

$$= \left[C_{2n+1}^{2n+1} + \cdots + C_{2n+1}^0 \right] - \left[C_{2n+1}^{2n+1} + \cdots + C_{2n+1}^{n+1} \right]$$

$$= 2^{2n+1} - N.$$

从而解得

$$N = \frac{2^{2n+1}}{2} = 2^{2n}.$$

7. (1) $T(n) = T\left(\dfrac{n}{2}\right) + 1,\ T(2) = 1.$

　(2) $T(n) = \log n.$

8. $(1), (1\ 2), (3\ 4), (1\ 2)(3\ 4), (1\ 3)(2\ 4), (1\ 4)(2\ 3), (1\ 4\ 2\ 3), (1\ 3\ 2\ 4);$ 构成子群.

9. $(\neg p \to q) \wedge r \Leftrightarrow \neg(\neg(\neg p \to q) \vee \neg r)$

$$\Leftrightarrow \neg((\neg p \to q) \to \neg r).$$

三、证明题

1. 任取 x,

$$x \in \mathrm{dom}(R \cup S) \Leftrightarrow \exists y(\langle x, y\rangle \in R \cup S)$$

$$\Leftrightarrow \exists y(\langle x, y\rangle \in R \vee \langle x, y\rangle \in S)$$

$$\Leftrightarrow \exists y(\langle x, y\rangle \in R) \vee \exists y(\langle x, y\rangle \in S)$$

$$\Leftrightarrow x \in \mathrm{dom}\,R \vee x \in \mathrm{dom}\,S$$

$$\Leftrightarrow x \in \mathrm{dom}\,R \cup \mathrm{dom}\,S.$$

2. 反证法. 假设不然, $\delta(G) \geqslant 5.$ 由握手定理可知

$$2m \geqslant 5n,\ \text{即}\ n \leqslant \frac{2}{5}m. \tag{1}$$

又因为 G 为简单平面图, G 的每个面的次数至少为 3, 所以

$$2m \geqslant 3r,\ \text{即}\ r \leqslant \frac{2}{3}m. \tag{2}$$

由于 G 的连通性, n, m, r 满足欧拉公式

$$n - m + r = 2. \tag{3}$$

将 (1)、(2) 代入 (3) 得

$$2 = n - m + r \leqslant \frac{2}{5}m - m + \frac{2}{3}m = \frac{m}{15},$$

即, $m \geqslant 30$, 这与 $m < 30$ 的假设矛盾.

3. 设 2 阶元为 a, 任取 G 中元素 x, 易证 xax^{-1} 也是 2 阶元. 事实上,

$$(xax^{-1})(xax^{-1}) = xa^2x^{-1} = xex^{-1} = e,$$

因此 $|xax^{-1}| = 2$ 或者 1. 如果 $|xax^{-1}| = 1$，那么 $xax^{-1} = e$，从而得到 $xa = x$. 根据消去律得 $a = e$，与 a 是 2 阶元矛盾. 由已知，只有 1 个 2 阶元，必有 $a = xax^{-1}$，从而得到 $ax = xa$.

4. 设 $A = (p \vee q) \to r, B = (p \wedge q) \to r$. 下面用主合取范式法证明.

$$A = (p \vee q) \to r \Leftrightarrow \neg(p \vee q) \vee r$$
$$\Leftrightarrow (\neg p \wedge \neg q) \vee r$$
$$\Leftrightarrow (\neg p \vee r) \wedge (\neg q \vee r)$$
$$\Leftrightarrow (\neg p \vee \neg q \vee r) \wedge (\neg p \vee q \vee r) \wedge (\neg p \vee \neg q \vee r) \wedge (p \vee \neg q \vee r)$$
$$\Leftrightarrow (\neg p \vee \neg q \vee r) \wedge (\neg p \vee q \vee r) \wedge (p \vee \neg q \vee r)$$
$$\Leftrightarrow M_6 \wedge M_4 \wedge M_2$$
$$\Leftrightarrow M_2 \wedge M_4 \wedge M_6,$$
$$B = (p \wedge q) \to r \Leftrightarrow \neg(p \wedge q) \vee r$$
$$\Leftrightarrow \neg p \vee \neg q \vee r$$
$$\Leftrightarrow M_6.$$

由于 A 和 B 的主合取范式不同，所以 $A \not\Leftrightarrow B$.

四、应用题

考虑无向图 $G = \langle V, E \rangle$，其中，

V 由 6 名学生组成，

$E = \{(u, v) \mid u, v \in V, u \neq v, u \text{与} v \text{能合作}\}$.

则 G 为简单图，且 $\delta(G) \geqslant 3$. 于是，$\forall u, v \in V$，

$$d(u) + d(v) \geqslant 3 + 3 = 6.$$

由定理 6.1.7 的推论 6.1.2 可知，G 为哈密顿图，因而存在哈密顿回路. 在回路上相邻的两个顶点所代表的两个人能合作. 设 $C = v_1 v_2 v_3 v_4 v_5 v_6 v_1$ 为 G 中的一条哈密顿回路，则 $\{v_1, v_2\}, \{v_3, v_4\}, \{v_5, v_6\}$ 是一种满足要求的分组方案.

符 号 注 释

$\wedge$	合取，最大下界运算	$\mathbb{R}$	实数集
$\vee$	析取，最小上界运算	$\mathbb{R}^+$	正实数集
$\neg$	否定联结词	$\mathbb{R}^*$	非零实数集
$\rightarrow$	蕴涵联结词	$\mathbb{C}$	复数集
$\leftrightarrow$	等价联结词	$\varnothing$	空集
$\Rightarrow$	推出	E	全集
$\Leftrightarrow$	当且仅当	e	单位元
$\in$	属于	θ	零元
$\notin$	不属于	x^{-1}	x 的逆元
$\subseteq$	包含	$-x$	x 的负元
$\subset$	真包含	x'	x 的补元
$\preccurlyeq$	偏序的小于	p^*	p 的对偶命题
$\preceq$	偏序	a^+	a 的后继
$\mathbb{N}$	自然数集	$\overline{G}$	G 的补图
$\mathbb{Z}$	整数集	$\overline{T}$	生成树 T 的余树
$\mathbb{Z}^+$	正整数集	$\overline{A}$	集合 A 的补集
$\mathbb{Z}^*$	非零整数集	$\aleph_0$	自然数集的基数
$\mathbb{Z}_n$	集合 $\{0,1,\cdots,n-1\}$ 或整	$\aleph$	实数集的基数
	数集模 n 的剩余类集合	h_n	卡塔兰数
$\mathbb{Q}$	有理数集	f_n	斐波那契数
$\mathbb{Q}^+$	正有理数集	$|A|$	有穷集 A 的基数
$\mathbb{Q}^*$	非零有理数集	$|x|$	x 的绝对值

M^{T}	矩阵 M 的转置	$A \times B$	A 与 B 的笛卡儿积
$\lfloor x \rfloor$	小于或等于 x 的最大整数	$A \oplus B$	A 与 B 的对称差
$\lceil x \rceil$	大于或等于 x 的最小整数	$x \oplus y$	x 与 y 的模 n 加
$[x]$	x 的等价类	$G_1 \oplus G_2$	图 G_1 与 G_2 的环和
$[x]_m$	x 的模 m 等价类	$x \otimes y$	x 与 y 的模 n 乘
I_A	A 上的恒等关系	$\sim A$	A 的绝对补
E_A	A 上的全域关系	$x \sim y$	x 等价于 y
$\boldsymbol{M}_R$	R 的关系矩阵	$V_1 \sim V_2$	V_2 是 V_1 的同态像
G_R	R 的关系图	$A \approx B$	A 与 B 等势
N_n	n 阶零图	$A \preccurlyeq \cdot B$	B 优势于 A
W_n	n 阶轮图	$A \prec \cdot B$	B 真优势于 A
K_n	n 阶无向完全图	$G_1 \cong G_2$	G_1 同构于 G_2
$K_{r,s}$	互补顶点子集基数为 r,s 的完全二部图	$V_1 \cong V_2$	代数系统 V_1 同构于 V_2
$\exists$	存在量词	$\mathrm{card}\, A$	A 的基数
$\forall$	全称量词	$\mathrm{dom}\, R$	关系 R 的定义域
$\exists-$	存在量词消去规则	$\mathrm{ran}\, R$	关系 R 的值域
$\exists+$	存在量词引入规则	$\mathrm{fld}\, R$	关系 R 的域
$\forall-$	全称量词消去规则	R^{-1}	R 的逆关系
$\forall+$	全称量词引入规则	R^n	R 的 n 次幂
$\det \boldsymbol{M}$	矩阵 M 的行列式	$r(R)$	R 的自反闭包
$P(A)$	A 的幂集	$s(R)$	R 的对称闭包
$\cup \mathcal{A}$	$\mathcal{A}$ 的广义并	$t(R)$	R 的传递闭包
$\cap \mathcal{A}$	$\mathcal{A}$ 的广义交	$F \circ G$	F 与 G 的右复合
$\langle x, y \rangle$	有序对,序偶	$R \upharpoonright A$	R 限制在 A 上
$A \cup B$	集合 A 与 B 的并	$R[A]$	A 在 R 下的像
$G_1 \cup G_2$	图 G_1 和 G_2 的并	$G[V_1]$	以 V_1 为顶点集的导出子图
$G \cup (u,v)$	在图 G 中加边 (u,v)	$G[E_1]$	以 E_1 为边集的导出子图
$A \cap B$	集合 A 与 B 的交	$f: A \to B$	从 A 到 B 的函数
$G_1 \cap G_2$	G_1 与 G_2 的交	$f: x \mapsto y$	$f(x) = y$
$A - B$	集合 B 对 A 的相对补	$f(x)$	f 在 x 的值
$G_1 - G_2$	图 G_1 与 G_2 的差图	$f(A)$	集合 A 在 f 下的像
$G - v$	从图 G 中删除顶点 v	$f^{-1}(B)$	集合 B 在 f 下的原像
$G - V$	从图 G 中删除 V 中所有顶点	$V(G)$	图 G 的顶点集
$G - e$	从图 G 中删除边 e	$E(G)$	图 G 的边集
$G - E$	从图 G 中删除 E 中全部边	$\xi(G)$	图 G 的圈秩
$G \backslash e$	图 G 中边 e 的收缩	$\eta(G)$	图 G 的割集秩
$G + (u,v)$	同 $G \cup (u,v)$	$\kappa(G)$	图 G 的点连通度
		$\lambda(G)$	图 G 的边连通度
		$\chi(G)$	图 G 的点色数

$\chi'(G)$	图 G 的边色数	$\langle a \rangle$	由 a 生成的子群
$\chi^*(G)$	图 G 的面色数	$\langle B \rangle$	集合 B 生成的子群
$d_D^+(v)$	有向图 D 中顶点 v 的出度	$\chi_{A'}$	集合 A' 的特征函数
$d_D^-(v)$	有向图 D 中顶点 v 的入度	B^A	B 上 A
$d_D(v)$	有向图 D 中顶点 v 的度数	$H \leqslant G$	H 是 G 的子群
$d_G(v)$	无向图 G 中顶点 v 的度数	$H < G$	H 是 G 的真子群
$I_G(v)$	图 G 中顶点 v 关联的边集	$[G:H]$	H 在 G 中的指数
$N_D(v)$	有向图 D 中顶点 v 的邻域	$\max(x,y)$	x 与 y 中较大的数
$\overline{N}_D(v)$	有向图 D 中顶点 v 的闭	$\min(x,y)$	x 与 y 中较小的数
	邻域	$d(u,v)$	无向图中 u 到 v 的距离
$\Gamma_D^-(v)$	有向图 D 中顶点 v 的先驱	$d\langle u,v \rangle$	有向图中 u 到 v 的距离
	元集	$\mathrm{lcm}(x_1,\cdots,x_n)$	$x_1,\cdots,x_n$ 的最小公倍数
$\Gamma_D^+(v)$	有向图 D 中顶点 v 的后继	$\gcd(x_1,\cdots,x_n)$	$x_1,\cdots,x_n$ 的最大公因数
	元集	$b \mid a$	b 整除 a
$N_G(v)$	无向图 G 中顶点 v 的邻域	$b \nmid a$	b 不整除 a
$\overline{N}_G(v)$	无向图图 G 中顶点 v 的闭	$a \equiv b \pmod{m}$	a 与 b 模 m 同余（相等）
	邻域	$a \not\equiv b \pmod{m}$	a 与 b 模 m 不同余（不相
$\alpha_0(G)$	图 G 的点覆盖数		等）
$\alpha_1(G)$	图 G 的边覆盖数	$a^{-1} \pmod{m}$	a 的模 m 逆
$\beta_0(G)$	图 G 的点独立数	$x \bmod n$	x 除以 n 的余数
$\beta_1(G)$	图 G 的匹配数或图 G 的边	$(i_1 i_2 \cdots i_k)$	k 阶轮换
	独立数	P_n^r	n 元集的 r 排列数
$\gamma(G)$	图 G 的支配数	C_n^r 或 $\binom{n}{r}$	n 元集的 r 组合数，二项
$\Delta(G)$	图 G 的最大度		式系数
$\Delta(D)$	有向图 D 的最大度		
$\Delta^+(D)$	有向图 D 的最大出度	$\binom{n}{n_1 n_2 \cdots n_k}$	多重集 $\{n_1 \cdot a_1, n_2 \cdot a_2, \cdots,$
$\Delta^-(D)$	有向图 D 的最大入度		$n_k \cdot a_k\}$ 的全排列数，多项
$\delta(G)$	图 G 的最小度		式系数
$\delta(D)$	有向图 D 的最小度		
$\delta^+(D)$	有向图 D 的最小出度	$\begin{bmatrix} n \\ r \end{bmatrix}$	第一类斯特林数
$\delta^-(D)$	有向图 D 的最小入度		
$\phi(n)$	欧拉函数	$\begin{Bmatrix} n \\ r \end{Bmatrix}$	第二类斯特林数
A/R	A 的商集		
$M_n(\mathbb{R})$	n 阶实矩阵的集合		